Jürgen Schnakenberg

Elektrodynamik

Einführung in die theoretischen Grundlagen mit zahlreichen, ausführlich gelösten Übungsaufgaben

WILEY-VCH

WILEY-VCH GmbH & Co. KGaA

Autor
Prof. Jürgen Schnakenberg
RWTH Aachen, Institut für Theoretische Physik D
e-mail: schnakenberg@physik.rwth-aachen.de

1. Auflage

Bibliografische Information
Der Deutschen Bibliothek
Die Deutsche Bibliothek verzeichnet diese Publikation in der Deutschen Nationalbibliografie; detaillierte bibliografische Daten sind im Internet über http://dnb.ddb.de abrufbar.

ISBN 978-3-527-40369-1

Inhaltsverzeichnis

Kapitel 1

Das elektrische Feld und seine Wirbel

1.1 Warum ist eine Feldtheorie erforderlich?

Zwischen Körpern bestehen *Wechselwirkungen.* Am besten vertraut sind uns die *Gravitationswechselwirkung*, nämlich aus der Mechanik, und die *Coulomb-Wechselwirkung* zwischen elektrisch geladenen Körpern, von der in diesem Text noch ausführlich die Rede sein wird. Man kennt noch zwei weitere Wechselwirkungen in der Physik, und zwar die sogenannte *schwache* und die sogenannte *starke Wechselwirkung.* Die letzteren beiden treten aber nur bei sehr kurzen Entfernungen zwischen Teilchen auf, z.B. in Atomkernen, und sie sind nur quantentheoretisch in einer geeigneten *Quantenfeldtheorie* beschreibbar. Die in diesem Text zu entwickelnde Elektrodynamik ist eine klassische Feldtheorie, die keinen Gebrauch von der Quantentheorie macht. Allerdings gibt es von ihr eine Quantenversion, die sogenannte Quantenelektrodynamik. Wir werden sie im weiteren Verlauf dieses Textes immerhin einmal streifen, jedoch nicht vertiefen.

Alle beobachtbaren Wechselwirkungsphänomene zwischen Körpern lassen sich auf die genannten vier Wechselwirkungen zurückführen. In der makroskopischen Physik, d.h. in der Physik unserer menschlichen Dimensionen, spielen ausschließlich Gravitation und Coulomb-Wechselwirkung eine Rolle, unter irdischen Verhältnissen auch nur die Coulomb-Wechselwirkung zwischen elektrischen Ladungen, wenn wir von der allgegenwärtigen Schwerkraft aller Körper auf der Erde aufgrund der Gravitation einmal absehen. Auf der Coulomb-Wechselwirkung zwischen elektrischen Ladungen beruhen z.B. gegenseitige Deformation, Stoßen, Wärmeübergang bei Kontakt,

Reiben, Haften, Kleben usw. Die elektrischen Ladungen, die dabei eine Rolle spielen, sind diejenigen der Elektronen und Atomkerne im mikroskopischen Gefüge der jeweiligen Materialien. Die Gravitation ist für die Bewegung der Himmelskörper verantwortlich.

Wir wollen jetzt verstehen, dass Wechselwirkungen immer notwendigerweise auf die Vorstellung von "Feldern" führen, für die dann natürlich Feldtheorien entwickelt werden müssen. Wir betrachten eine sehr einfache Situation: Zwei Körper 1 und 2 mit den Massen m_1 und m_2 sollen miteinander wechselwirken, z.B. aufgrund von elektrischen Ladungen, die sie tragen. Es sei $\boldsymbol{F}_{12}$ diejenige Kraft, die auf den Körper 1 von dem Körper 2 vermöge der Wechselwirkung ausgeübt wird, umgekehrt $\boldsymbol{F}_{21}$ diejenige Kraft, die auf den Körper 2 von dem Körper 1 ausgeübt wird. Wir setzen voraus, dass keine weiteren Kräfte auf die beiden Körper einwirken. Dann lauten deren Newtonsche Bewegungsgleichungen

$$m_1 \ddot{\boldsymbol{r}}_1 = \boldsymbol{F}_{12}, \qquad m_2 \ddot{\boldsymbol{r}}_2 = \boldsymbol{F}_{21}. \tag{1.1}$$

$\boldsymbol{r}_1$ und $\boldsymbol{r}_2$ sind die Orte, $\ddot{\boldsymbol{r}}_1$ und $\ddot{\boldsymbol{r}}_2$ die Beschleunigungen der beiden Körper. Nun besagt das 3. Newtonsche Prinzip "actio=reactio", dass die beiden Wechselwirkungskräfte entgegengesetzt gleich sind, also

$$\boldsymbol{F}_{12} + \boldsymbol{F}_{21} = 0. \tag{1.2}$$

Wenn wir die beiden Bewegungsgleichungen in (1.1) addieren, finden wir somit

$$m_1 \ddot{\boldsymbol{r}}_1 + m_2 \ddot{\boldsymbol{r}}_2 = 0, \qquad m_1 \dot{\boldsymbol{r}}_1 + m_2 \dot{\boldsymbol{r}}_2 = \boldsymbol{P} = \text{const.} \tag{1.3}$$

Der Gesamtimpuls $\boldsymbol{P}$ der beiden Körper ist erhalten.

Nun ist jedoch das Prinzip "actio=reactio" in (1.2) physikalisch problematisch. Es macht nämlich eine Aussage über zwei Kräfte $\boldsymbol{F}_{12}$ und $\boldsymbol{F}_{21}$ an zwei verschiedenen Orten $\boldsymbol{r}_1$ und $\boldsymbol{r}_2$, aber zur gleichen Zeit. Das setzt voraus, dass physikalische Information *instantan* vom Ort $\boldsymbol{r}_1$ zum Ort $\boldsymbol{r}_2$ übertragen werden kann. Wenn etwa der Körper 1 am Ort $\boldsymbol{r}_1$ durch eine kurzzeitige Einwirkung einer äußeren Kraft eine Lageänderung erfährt, so dass die im Allgemeinen vom Ort abhängige Wechselwirkungskraft $\boldsymbol{F}_{12}$ geändert wird, dann soll sich das im gleichen Augenblick auf die Kraft $\boldsymbol{F}_{21}$ am Ort $\boldsymbol{r}_2$ auswirken. Diese Voraussetzung widerspricht dem empirischen Befund, dass es eine maximale Ausbreitungsgeschwindigkeit

$$\boxed{c = 299\,792\,458 \text{ m/s}} \tag{1.4}$$

für physikalische Wirkungen gibt. (Dass dieses die Geschwindigkeit des Lichtes ist und was Licht eigentlich ist, werden wir im weiteren Verlauf des Textes lernen.) Wir müssen also unsere obige Herleitung der Erhaltung des Gesamtimpulses aufgeben. Es stellt sich sogar die Frage, ob wir überhaupt den Satz von der Erhaltung des Impulses aufgeben müssen. Diesen Satz zeigt man in der Mechanik als Konsequenz des sogenannten Noetherschen Theorems: die Erhaltung des Impulses ist äquivalent zur räumlichen Translationsinvarianz eines abgeschlossenen Systems. Es handelt sich also um eine physikalisch sehr grundlegende Aussage, die man nicht ohne größte Not wird aufgeben wollen. Wenn wir aber an der Erhaltung des Gesamtimpulses festhalten und die Impulssumme $\boldsymbol{P} = m_1\,\dot{\boldsymbol{r}}_1 + m_2\,\dot{\boldsymbol{r}}_2$ der beiden Körper allein nicht mehr erhalten ist, muss bei der Übertragung der Wechselwirkung zwischen den beiden Körpern ein "Medium" existieren, das wir "Feld" nennen und das Impuls aufnehmen und abgeben kann. Es leuchtet ein, dass wir analoge Aussagen für die weiteren Erhaltungsgrößen Energie und Drehimpuls machen können. Das "Feld" überträgt also Wechselwirkungen zwischen den Körpern, und es kann Impuls, Energie und Drehimpuls tragen. Damit hat das "Feld" dieselbe physikalische Realität, die wir auch den beiden Körpern zuschreiben.

Es stellt sich nun die Aufgabe, Eigenschaften des Feldes aus der Kenntnis der Struktur der Wechselwirkung zu erschließen, also eine Feldtheorie zu entwerfen. Solange wir stationäre, also zeitunabhängige Situationen betrachten, wird das Feld lediglich ein nützlicher Hilfsbegriff sein, denn stationär kommt es ja nicht zu dem obigen Widerspruch zwischen "actio=reactio" und der endlichen Ausbreitungsgeschwindigkeit physikalischer Information, d.h., wir könnten weiter mit Wechselwirkungskräften arbeiten. Das physikalische Konzept des Feldes wird seine entscheidende Bewährung erfahren, wenn wir zeitlich veränderliche Situationen einschließen. Schon jetzt können wir die Forderung formulieren, dass die dynamische Feldtheorie mit dem Prinzip einer universellen maximalen Ausbreitungsgeschwindigkeit physikalischer Wirkungen verträglich sein muss.

1.2 Die Coulomb–Wechselwirkung und das elektrische Feld

1.2.1 Die Gravitationswechselwirkung

Im Sinne einer Vorbemerkung erinnern wir an die Gravitationswechselwirkung, die uns aus der Mechanik bekannt ist. Zwei Körper mit den Massen m_1 und m_2 an den

Orten $\boldsymbol{r}_1$ und $\boldsymbol{r}_2$ üben eine Wechselwirkung aufeinander aus, so dass die Kraft $\boldsymbol{F}_{12}$ auf den Körper 1 von dem Körper 2

$$\boldsymbol{F}_{12} = -\gamma \frac{m_1 m_2}{r_{12}^2} \frac{\boldsymbol{r}_1 - \boldsymbol{r}_2}{r_{12}}, \qquad r_{12} := |\boldsymbol{r}_1 - \boldsymbol{r}_2|, \tag{1.5}$$

lautet, und nach dem stationär weiterhin unproblematischen "actio=reactio" $\boldsymbol{F}_{21} = -\boldsymbol{F}_{12}$. Der Betrag der Wechselwirkungskräfte $|\boldsymbol{F}_{12}| = |\boldsymbol{F}_{21}|$ ist also proportional zu beiden (stets positiven) Massen m_1 und m_2 der Körper und umgekehrt proportional zum Quadrat des Abstands r_{12} zwischen den beiden Körpern. Die Schreibweise in (1.5) benutzt den Einheitsvektor $(\boldsymbol{r}_1 - \boldsymbol{r}_2)/r_{12}$ in der Richtung vom Körper 2 zum Körper 1. Die Richtung der Wechselwirkungskraft ist also die der Verbindungslinie zwischen den beiden Körpern.

Wenn wir zuvor Messvorschriften und Einheiten für Massen (kg=Kilogramm) und Kräfte (N=Newton=kg m/s^2) festgelegt haben, dann ist das Kraftgesetz (1.5) durch ein Experiment zu bestätigen und insbesondere die Proportionalitätskonstante γ, die sogenannte *Gravitationskonstante* zu bestimmen:

$$\gamma = 6,672 \cdot 10^{-11} \, \frac{\text{m}^3}{\text{kg s}^2}. \tag{1.6}$$

Da $\gamma > 0$ und auch die Massen m_1 und m_2 stets positiv sind, ist die Wechselwirkungskraft $\boldsymbol{F}_{12}$ dem Verbindungsvektor $\boldsymbol{r}_1 - \boldsymbol{r}_2$ vom Körper 2 zum Körper 1 entgegengesetzt, d.h., die Gravitationswechselwirkung ist stets anziehend.

Wir schreiben die Gravitationskraft $\boldsymbol{F}_{12}$ auf den Körper 1 vom Körper 2 in die Form

$$\boldsymbol{F}_{12} = m_1 \, \boldsymbol{G}_2(\boldsymbol{r}_1), \qquad \boldsymbol{G}_2(\boldsymbol{r}) = -\gamma \frac{m_2}{|\boldsymbol{r} - \boldsymbol{r}_2|^2} \frac{\boldsymbol{r} - \boldsymbol{r}_2}{|\boldsymbol{r} - \boldsymbol{r}_2|} \tag{1.7}$$

um und interpretieren diese Darstellung folgendermaßen:

- $\boldsymbol{G}_2(\boldsymbol{r})$ ist das *Gravitationsfeld*, das von der am Ort $\boldsymbol{r}_2$ befindlichen Masse m_2 am Ort $\boldsymbol{r}$ erzeugt wird.

- Die Kraft auf den Körper 1 ist das Produkt seiner Masse m_1 und des Gravitationsfeldes $\boldsymbol{G}_2(\boldsymbol{r}_1)$, das von m_2 am Ort $\boldsymbol{r}_1$ des Körpers 1 erzeugt wird.

Die Darstellung $\boldsymbol{F}_{12} = m_1\, \boldsymbol{G}_2(\boldsymbol{r}_1)$ teilt die Kraftwirkung auf den Körper 1 in eine individuelle Eigenschaft des Körpers 1, nämlich seine Masse m_1, und ein vom Körper 1 unabhängiges Feld auf. Selbstverständlich lässt die Kraft $\boldsymbol{F}_{21}$ auf den Körper 2 vom Körper 1 eine völlig analoge Darstellung zu.

Konsequenterweise wäre nun eine Feldtheorie für Gravitationsfelder $\boldsymbol{G}(\boldsymbol{r})$ zu entwickeln, die von irgendeiner Massenverteilung erzeugt werden. Diese Theorie existiert auch, ist jedoch sehr viel komplizierter (nicht–linear, allgemein relativistisch invariant) als die in diesem Text zu entwickelnde Elektrodynamik. Letztere ist darum nicht nur wegen ihrer Bedeutung in der "gewöhnlichen" makroskopischen Physik, sondern wegen ihrer einfacheren Struktur *das* Modell für eine klassische Feldtheorie, das begrifflich am Anfang stehen sollte.

1.2.2 Die Coulomb–Wechselwirkung

Masse ist die für die Gravitation verantwortliche Eigenschaft von Körpern. Eine andere Eigenschaft von Körpern, die zu Wechselwirkungen zwischen ihnen führt, ist die der *elektrischen Ladung*. Dass es diese Eigenschaft von Körpern gibt, setzen wir als eine empirische Tatsache an den Anfang der Entwicklung der Feldtheorie Elektrodynamik.

Während Masse in unserer physikalischen Anschauung untrennbar mit einem Körper verbunden ist und nicht verändert werden kann, ohne den Körper selbst zu verändern, kann elektrische Ladung zwischen Körpern ausgetauscht werden, wie wir später noch lernen werden. Dass elektrische Ladung aber dennoch eine zur Masse analoge Eigenschaft ist, erkennen wir am besten im Fall von atomaren oder subatomaren Teilchen: Ein Elektron etwa besitzt neben seiner charakteristischen Masse ebenso eine charakteristische elektrische Ladung, und beide Eigenschaften sind mit dem Elektron als Teilchen untrennbar verbunden.

Als eine weitere empirische Tatsache haben wir zur Kenntnis zu nehmen, dass es im Gegensatz zur Masse zwei verschiedene Arten von elektrischer Ladung gibt. Die Bezeichnung der beiden Arten von elektrischer Ladung ist natürlich beliebig: Wir könnten sie etwa grün und rot nennen. Weiterhin ist empirisch festzustellen, dass gleichnamige Ladungen zu einer Abstoßung führen, ungleichnamige Ladungen zu einer Anziehung, wobei die Form der Wechselwirkung zwischen elektrisch geladenen Körpern, also der Kräfte $\boldsymbol{F}_{12}$ bzw. $\boldsymbol{F}_{21}$ auf die beiden Körper, dieselbe ist wie bei der Gravitation. Wir schreiben deshalb

$$\boldsymbol{F}_{12} = \kappa_{12}\, \frac{q_1\, q_2}{r_{12}^2}\, \frac{\boldsymbol{r}_1 - \boldsymbol{r}_2}{r_{12}}, \tag{1.8}$$

sowie $\boldsymbol{F}_{21} = -\boldsymbol{F}_{12}$. Hier bezeichnen q_1 und q_2 die Menge der elektrischen Ladungen der Körper 1 und 2 und κ_{12} ist eine Proportionalitätskonstante analog zur Gravitationskonstante γ, jedoch mit der Besonderheit, dass $\kappa_{12} > 0$ für gleichnamige Ladungen (Abstoßung) und $\kappa_{12} < 0$ für ungleichnamige Ladungen (Anziehung).

Wir können eine erhebliche Vereinfachung der Schreibweise von $\boldsymbol{F}_{12}$ in (1.8) erreichen, wenn wir eine spezielle Bezeichnung für elektrische Ladungen einführen, nämlich die eine Art, z.B. "grün", als *positiv*, entsprechend $q > 0$, und die andere Art, z.B. "rot", als *negativ*, entsprechend $q < 0$. Dann vereinfacht sich (1.8) zu

$$\boldsymbol{F}_{12} = \kappa \frac{q_1 q_2}{r_{12}^2} \frac{\boldsymbol{r}_1 - \boldsymbol{r}_2}{r_{12}}. \tag{1.9}$$

Die Sprechweise von positiver und negativer elektrischer Ladung nimmt eine Eigenschaft der elektrischen Ladung sprachlich vorweg, die physikalisch im Zusammenhang dieses Kapitels noch überhaupt keine Rolle spielt: Gleiche Mengen von positiver und negativer elektrischer Ladung kompensieren einander. Bei ungleichen Mengen bleibt ein Überschuss entweder von positiver oder negativer Ladung. Die allgemeinere Ausdrucksweise ist, dass die Summe von (positiver und negativer) Ladung erhalten bleibt. In der Sprechweise von "grüner" und "roter" Ladung hieße der Erhaltungssatz, dass die *Differenz* von "grüner" und "roter" Ladung erhalten bleibt.

1.2.3 Einheiten, Stärke der Wechselwirkung

Die in (1.9) verbleibende Proportionalitätskonstante κ hängt von der Wahl der Einheiten für die Ladungen q_1 und q_2 ab. Eine sehr naheliegende Einheitenwahl setzt $\kappa = 1$ und definiert dadurch die Einheit von Ladung, weil ja die Einheiten aller anderen in (1.9) auftretenden Größen bereits festgelegt sind, nämlich Abstände (in m) und Kraft (in $\mathrm{N{=}kg\,m/s^2}$). Diese in der älteren Literatur der theoretischen Physik übliche Einheitenwahl, die sogenannten *cgs–Einheiten*, führt mit der Verwendung des Gramms (g) statt kg für Masse und cm statt m für Länge auf

$$\text{el. Ladung} \cong \sqrt{\text{Kraft Abstand}} \cong \mathrm{g^{1/2}\,cm^{3/2}\,s^{-1}}.$$

Einer der Nachteile dieser Einheitenwahl besteht darin, dass man später in der Magnetostatik, wenn man eine weitere Version von Wechselwirkung zwischen elektrischen Ladungen in die Theorie einschließt, nämlich die zwischen bewegten Ladungen bzw. Strömen, zu einer anderen Einheitenwahl für elektrische Ladungen kommt.

Heute werden durchweg die sogenannten MKSI–Einheiten verwendet, die übrigens ja auch gesetzlich festgeschrieben sind. In ihnen erhält die elektrische Stromstärke, also die pro Zeiteinheit transportierte elektrische Ladung, eine neue, nicht abgeleitete Einheit, nämlich das Ampere (abgekürzt A). Die elektrische Ladung selbst erhält damit die Einheit Amperesekunde (A s), auch Coulomb (C) genannt. Dann wird die Proportionalitätskonstante κ in (1.9) eine experimentell bestimmbare Größe. Sie wird in der Form $\kappa = 1/(4\pi\epsilon_0)$ geschrieben, und ϵ_0, die sogenannte *Influenzkonstante*, ergibt sich zu

$$\epsilon_0 = 8,8542 \cdot 10^{-12} \, \frac{\mathrm{C}^2}{\mathrm{N\,m}^2}. \tag{1.10}$$

Die Coulomb–Wechselwirkung erhält damit die Form

$$\boldsymbol{F}_{12} = \frac{1}{4\pi\epsilon_0} \frac{q_1 q_2}{r_{12}^2} \frac{\boldsymbol{r}_1 - \boldsymbol{r}_2}{r_{12}}. \tag{1.11}$$

Die formale Ähnlichkeit von Gravitations– und Coulomb–Wechselwirkung legt einen Vergleich ihrer "Stärken" nahe. Wir vergleichen den Betrag der Gravitationsanziehung F_G zwischen zwei Protonen (Masse $m_P \approx 1,67 \cdot 10^{-27}$ kg) mit dem Betrag ihrer Coulomb–Abstoßung F_E (Elementarladung $e \approx 1,60 \cdot 10^{-19}$ C) im gleichen Abstand und finden

$$\frac{F_G}{F_E} = 4\pi\epsilon_0 \gamma \left(\frac{m_P}{e}\right)^2 \approx 8 \cdot 10^{-37}.$$

1.2.4 Das elektrische Feld

Ganz analog wie im Fall der Gravitationswechselwirkung in (1.7) schreiben wir die Coulomb–Kraft $\boldsymbol{F}_{12}$ auf den mit q_1 elektrisch geladenen Körper 1 um in die Form

$$\boldsymbol{F}_{12} = q_1 \boldsymbol{E}_2(\boldsymbol{r}_1), \qquad \boldsymbol{E}_2(\boldsymbol{r}) = -\frac{1}{4\pi\epsilon_0} \frac{q_2}{|\boldsymbol{r} - \boldsymbol{r}_2|^2} \frac{\boldsymbol{r} - \boldsymbol{r}_2}{|\boldsymbol{r} - \boldsymbol{r}_2|}. \tag{1.12}$$

$\boldsymbol{E}_2(\boldsymbol{r})$ ist das *elektrische Feld* am Ort $\boldsymbol{r}$, erzeugt von der Ladung q_2, die sich am Ort $\boldsymbol{r}_2$ befindet. Die Kraft $\boldsymbol{F}_{12}$ auf den Körper 1 ist also das Produkt des elektrischen

Feldes am Ort $\boldsymbol{r}_1$ und der individuellen Eigenschaft der elektrischen Ladung q_1 des Körpers 1.

Die Schreibweise in (1.12) führt zugleich zu einer Messvorschrift für das elektrische Feld $\boldsymbol{E}(\boldsymbol{r})$ am Ort $\boldsymbol{r}$:

$$\boldsymbol{E}(\boldsymbol{r}) = \frac{1}{\Delta q} \boldsymbol{F}_{\Delta q}(\boldsymbol{r}). \tag{1.13}$$

Man bringt einen mit Δq geladenen Körper an den Ort $\boldsymbol{r}$ und misst die Kraft $\boldsymbol{F}_{\Delta q}$ auf den Körper. Diese sogenannte *Probeladung* Δq übt natürlich ihrerseits Wechselwirkungskräfte auf diejenigen felderzeugenden Ladungen aus, deren Feld $\boldsymbol{E}(\boldsymbol{r})$ es zu messen gilt. Sie könnte dadurch Änderungen der Positionen der felderzeugenden Ladungen bewirken, was möglichst ausgeschlossen werden soll. Die Probeladung Δq muss demnach hinreichend klein sein, was durch die Schreibweise

$$\boxed{\boldsymbol{E}(\boldsymbol{r}) = \lim_{\Delta q \to 0} \frac{1}{\Delta q} \boldsymbol{F}_{\Delta q}(\boldsymbol{r})} \tag{1.14}$$

statt (1.13) ausgedrückt wird. (1.13) oder (1.14) weisen darauf hin, dass das elektrische Feld im Rahmen der hier zunächst formulierten Elektrostatik äquivalent durch die aus der Mechanik bekannten Kräfte ausgedrückt werden kann. Das wird sich aber grundlegend ändern, wenn wir später dynamische, also zeitabhängige Vorgänge einschließen. Auch die Überlegungen im vorangehenden Abschnitt 1.1 zeigten ja, dass der Feldbegriff erst im dynamischen Fall zwingend wird. Gleichwohl wird uns die Verwendung des Feldbegriffs in der statischen Theorie bereits Anlass zum Studium einer Fülle von physikalischen und mathematischen Begriffen und Techniken geben.

Aus (1.12) und der Angabe (1.10) für ϵ_0 entnehmen wir die physikalische Einheit für das elektrische Feld:

$$\begin{aligned} \text{elektrisches Feld } \boldsymbol{E} &\cong \frac{1}{\epsilon_0} \frac{\text{el. Ladung}}{(\text{Abstand})^2} \cong \frac{\text{N m}^2}{\text{C}^2} \frac{\text{C}}{\text{m}^2} = \frac{\text{kg m}}{\text{C s}^2} =: \frac{\text{V}}{\text{m}}, \\ \text{V} &= \text{Volt} := \frac{\text{kg m}^2}{\text{C s}^2} = \frac{\text{J}}{\text{C}} = \frac{\text{W}}{\text{A}} \end{aligned} \tag{1.15}$$

mit J (Joule)=W s (Wattsekunden). Nach der Einführung der Einheit A (Ampere) für die elektrische Stromstärke ist die Einheit V (Volt) eine "abgeleitete" Einheit, d.h., ihre Definition benutzt nur bereits bekannte Einheiten.

1.3 Potential und Wirbel des elektrischen Feldes

Der Gegenstand unserer weiteren Untersuchungen ist das elektrische Feld $\boldsymbol{E}(\boldsymbol{r})$ am Ort $\boldsymbol{r}$, das von einer Ladung q erzeugt wird. Der Ort der Ladung q ist wegen der Homogenität des physikalischen Raumes offensichtlich beliebig. Um eine möglichst einfache Schreibweise zu erhalten, setzen wir die Ladung q an den Ort $\boldsymbol{r} = 0$, also in den Ursprung eines beliebigen Koordinatensystems, so dass

$$\boxed{\boldsymbol{E}(\boldsymbol{r}) = \frac{1}{4\pi\epsilon_0}\frac{q}{r^2}\frac{\boldsymbol{r}}{r}.} \tag{1.16}$$

1.3.1 Das elektrische Potential

In (1.16) ist

$$r = \sqrt{x_1^2 + x_2^2 + x_3^2} \tag{1.17}$$

der Abstand des Punktes

$$\boldsymbol{r} = x_1\,\boldsymbol{e}_1 + x_2\,\boldsymbol{e}_2 + x_3\,\boldsymbol{e}_3 = \sum_{\alpha=1}^{3} x_\alpha\,\boldsymbol{e}_\alpha \tag{1.18}$$

vom Ursprung $\boldsymbol{r} = 0$ des Koordinatensystems. x_1, x_2, x_3 heißen die Koordinaten des Punktes, der durch den Ortsvektor $\boldsymbol{r}$ gekennzeichnet ist, oder einfach die *Komponenten* des Vektors $\boldsymbol{r}$ bezüglich des verwendeten Koordinatensystems. Die Vektoren $\boldsymbol{e}_1, \boldsymbol{e}_2, \boldsymbol{e}_3$ sind die normierten Basisvektoren des Koordinatensystems, die paarweise senkrecht aufeinander stehen. Das lässt sich sehr kompakt durch das Skalarprodukt

$$\boldsymbol{e}_\alpha\,\boldsymbol{e}_\beta = \delta_{\alpha\beta}, \qquad \alpha, \beta = 1, 2, 3, \tag{1.19}$$

ausdrücken. $\delta_{\alpha\beta}$ ist das *Kronecker-Symbol*: $\delta_{\alpha\beta} = 1$, wenn $\alpha = \beta$, und $\delta_{\alpha\beta} = 0$, wenn $\alpha \neq \beta$. Koordinatensysteme mit der Eigenschaft (1.19) nennt man auch *kartesisch*. Berechnen wir nun $\boldsymbol{r}^2 \equiv r^2$ unter Verwendung von (1.18) und (1.19), so erhalten wir

$$r^2 = \boldsymbol{r}^2 = \sum_{\alpha,\beta=1}^{3} x_\alpha\, x_\beta\, \underbrace{\boldsymbol{e}_\alpha\, \boldsymbol{e}_\beta}_{=\delta_{\alpha\beta}} = \sum_{\alpha,\beta=1}^{3} x_\alpha\, x_\beta\, \delta_{\alpha\beta} = \sum_{\alpha=1}^{3} x_\alpha^2.$$

Beim Ausmultiplizieren von $\boldsymbol{r}^2 = \boldsymbol{r} \cdot \boldsymbol{r}$ müssen wir natürlich verschiedene Summationsindizes α und β verwenden. Die β–Summe über Summanden $\sim \delta_{\alpha\beta}$ liefert nur Beiträge für $\beta = \alpha$. Durch Bildung der Quadratwurzel erhalten wir wieder (1.17). Dieser Zusammenhang gibt Anlass zur Schreibweise $|\boldsymbol{r}| := r$.

Wenn wir nun r in (1.17) nach irgendeiner der Komponenten x_α differenzieren, erhalten wir nach einer elementaren Rechnung

$$\frac{\partial r}{\partial x_\alpha} = \frac{x_\alpha}{r}, \quad \alpha = 1, 2, 3, \tag{1.20}$$

und daraus weiter unter Benutzung der Kettenregel

$$\frac{\partial}{\partial x_\alpha} \frac{1}{r} = \left(\frac{\partial}{\partial r} \frac{1}{r} \right) \frac{\partial r}{\partial x_\alpha} = -\frac{1}{r^2} \frac{x_\alpha}{r}, \qquad \alpha = 1, 2, 3. \tag{1.21}$$

Wir führen jetzt eine in der Elektrodynamik (und in vielen anderen Theorien der Physik) sehr oft verwendete formale Schreibweise ein:

$$\frac{\partial}{\partial \boldsymbol{r}} := \boldsymbol{e}_1 \frac{\partial}{\partial x_1} + \boldsymbol{e}_2 \frac{\partial}{\partial x_2} + \boldsymbol{e}_3 \frac{\partial}{\partial x_3} = \sum_{\alpha=1}^{3} \boldsymbol{e}_\alpha \frac{\partial}{\partial x_\alpha}. \tag{1.22}$$

Diese Schreibweise soll bedeuten, dass wir die Ableitungen z.B. von r oder von $1/r$ nach den x_1, x_2, x_3 nacheinander ausführen und die Ergebnisse zu einem Vektor, dem sogenannten *Gradienten* $\partial/\partial\boldsymbol{r}$ zusammenfassen, der auch durch das Symbol "grad" bezeichnet wird. Für die genannten Beispiele erhalten wir also aus den Ergebnissen (1.20) und (1.21)

$$\frac{\partial r}{\partial \boldsymbol{r}} = \frac{\boldsymbol{r}}{r}, \qquad \frac{\partial}{\partial \boldsymbol{r}} \frac{1}{r} = -\frac{1}{r^2} \frac{\boldsymbol{r}}{r}. \tag{1.23}$$

Die rechte Seite der zweiten Beziehung in (1.23) hat dieselbe Struktur wie das elektrische Feld der Ladung q in (1.16). Wir können also schreiben

$$\boxed{\boldsymbol{E}(\boldsymbol{r}) = \frac{1}{4\,\pi\,\epsilon_0}\,\frac{q}{r^2}\,\frac{\boldsymbol{r}}{r} = -\frac{\partial\Phi(\boldsymbol{r})}{\partial\boldsymbol{r}}, \qquad \Phi(\boldsymbol{r}) := \frac{1}{4\,\pi\,\epsilon_0}\,\frac{q}{r}.} \tag{1.24}$$

$\Phi(\boldsymbol{r})$ heißt das *Potential* des elektrischen Feldes, in unserem speziellen Fall das Potential der Ladung q bei $\boldsymbol{r} = 0$. Die Existenz eines Potentials hat weitreichende Konsequenzen für das Feld, wie wir in diesem Abschnitt noch feststellen werden.

1.3.2 Summationskonvention, Transformationen

Ausdrücke wie

$$\boldsymbol{r} = \sum_{\alpha=1}^{3} x_\alpha\,\boldsymbol{e}_\alpha \qquad \text{oder} \qquad \frac{\partial}{\partial\boldsymbol{r}} = \sum_{\alpha=1}^{3} \boldsymbol{e}_\alpha\,\frac{\partial}{\partial x_\alpha} \tag{1.25}$$

kommen nun so oft in der Elektrodynamik vor, dass man sich zu einer sehr platz– und zeitsparenden Abkürzung, der sogenannten *Summationskonvention* entschließt. Statt (1.25) schreiben wir vereinfachend

$$\boldsymbol{r} = x_\alpha\,\boldsymbol{e}_\alpha \qquad \text{oder} \qquad \frac{\partial}{\partial\boldsymbol{r}} = \boldsymbol{e}_\alpha\,\partial_\alpha. \tag{1.26}$$

Es werden in dieser vereinfachenden Schreibweise die Summenzeichen über die Koordinaten–Indizes $\alpha = 1, 2, 3$ in *Produktausdrücken* mit zwei Indizes α fortgelassen, aber es wird vereinbart, dass dennoch die Summen ausgeführt werden sollen. Das Skalarprodukt zwischen zwei Vektoren $\boldsymbol{a}$ und $\boldsymbol{b}$ schreibt sich mit dieser Abkürzung

$$\boldsymbol{a}\,\boldsymbol{b} = a_\alpha\,b_\alpha \quad \left(= \sum_{\alpha=1}^{3} a_\alpha\,b_\alpha \right).$$

Außerdem haben wir in (1.26) die abkürzende Schreibweise

$$\frac{\partial}{\partial x_\alpha} \equiv \partial_\alpha$$

verwendet.

Wir wenden die Schreibweise der Summationskonvention auf Transformationen zwischen verschiedenen Koordinatensystemen an. Es seien $\boldsymbol{e}_\alpha$ und $\boldsymbol{e}'_\alpha$ die Basisvektoren zweier kartesischer Koordinatensysteme:

$$\boldsymbol{e}_\alpha\,\boldsymbol{e}_\beta = \delta_{\alpha\beta}, \qquad \boldsymbol{e}'_\alpha\,\boldsymbol{e}'_\beta = \delta_{\alpha\beta}. \tag{1.27}$$

Die Ursprünge der beiden Systeme wählen wir einfachheitshalber gleich, womit Translationen ausgeschlossen sind. Nun müssen sich die Basisvektoren $\boldsymbol{e}_\alpha$ auch durch die $\boldsymbol{e}'_\alpha$ (und umgekehrt) auf lineare Weise darstellen lassen:

$$\boldsymbol{e}_\alpha = U_{\alpha\beta}\,\boldsymbol{e}'_\beta \qquad \left(= \sum_{\beta=1}^{3} U_{\alpha\beta}\,\boldsymbol{e}'_\beta\right). \tag{1.28}$$

Wenn wir diese Gleichung skalar mit einem $\boldsymbol{e}'_\gamma$ multiplizieren, erhalten wir

$$\boldsymbol{e}_\alpha\,\boldsymbol{e}'_\gamma = U_{\alpha\beta}\,\underbrace{\boldsymbol{e}'_\beta\,\boldsymbol{e}'_\gamma}_{=\delta_{\beta\gamma}} \left(= \sum_{\beta=1}^{3} U_{\alpha\beta}\,\underbrace{\boldsymbol{e}'_\beta\,\boldsymbol{e}'_\gamma}_{=\delta_{\beta\gamma}}\right) = U_{\alpha\gamma}.$$

Natürlich können wir die Indizes auch wieder umbenennen und z.B.

$$U_{\alpha\beta} = \boldsymbol{e}_\alpha\,\boldsymbol{e}'_\beta \tag{1.29}$$

schreiben.

Die Matrix $U_{\alpha\beta}$ beschreibt die Transformation zwischen den Koordinatensystemen $\boldsymbol{e}_\alpha$ und $\boldsymbol{e}'_\alpha$. Mit ihr können wir auch die Koordinaten x_α bzw. x'_α bzw. die Komponenten von $\boldsymbol{r}$ in den beiden Systemen ineinander umrechnen. Zunächst sei

$$\boldsymbol{r} = x_\alpha\,\boldsymbol{e}_\alpha = x'_\alpha\,\boldsymbol{e}'_\alpha. \tag{1.30}$$

Wir multiplizieren skalar mit $\boldsymbol{e}_\beta$:

$$\begin{aligned} x_\alpha\, \boldsymbol{e}_\alpha\, \boldsymbol{e}_\beta &= x'_\alpha\, \boldsymbol{e}'_\alpha\, \boldsymbol{e}_\beta, \\ x_\beta &= U_{\beta\alpha}\, x'_\alpha, \end{aligned}$$

und durch Vertauschung der Bezeichnungen α und β auch

$$x_\alpha = U_{\alpha\beta}\, x'_\beta. \tag{1.31}$$

Wenn wir in (1.30) mit $\boldsymbol{e}'_\beta$ statt $\boldsymbol{e}_\beta$ multipliziert hätten, dann hätten wir die Umkehrung von (1.31) erhalten, nämlich

$$x'_\alpha = U_{\beta\alpha}\, x_\beta. \tag{1.32}$$

Die beiden Relationen (1.31) und (1.32) kann man auch in Matrizen–Schreibweise formulieren:

$$x = U\, x', \qquad x' = U^T\, x. \tag{1.33}$$

x und x' sind die Spaltenvektoren aus den Komponenten x_α bzw. x'_α, U ist die Matrix der $U_{\alpha\beta}$ und U^T deren Transponierte, d.h. das Element $(\alpha\beta)$ von U^T ist $U_{\beta\alpha}$. Aus (1.33) entnehmen wir, dass

$$U^T = U^{-1}, \qquad U\, U^T = U^T\, U = 1, \tag{1.34}$$

worin "1" auf der rechten Seite die Einheitsmatrix ist, deren Elemente die Kronecker–Symbole $\delta_{\alpha\beta}$ sind. Diese Beziehung können wir auch in der Komponenten–Schreibweise herleiten, indem wir in (1.31) x'_β durch die Umkehr–Transformation (1.32) ersetzen. Letztere müssen wir allerdings in der Form

$$x'_\beta = U_{\gamma\beta}\, x_\gamma$$

verwenden, um nicht eine Indexbezeichnung mehrfach zu benutzen. Die Einsetzung führt auf

$$x_\alpha = U_{\alpha\beta}\, U_{\gamma\beta}\, x_\gamma .$$

Dieses ist eine identische Transformation, d.h. es muss

$$U_{\alpha\beta}\, U_{\gamma\beta} = \delta_{\alpha\gamma}$$

sein, was gleichbedeutend mit der Matrizengleichung $U\,U^T = 1$ ist. Entsprechend erhalten wir auch $U^T\,U = 1$, wenn wir x_α in (1.32) durch (1.31) ersetzen.

Matrizen U mit der Eigenschaft (1.34) nennt man *orthogonal*: Transformationen zwischen kartesischen Koordinatensystemen werden durch orthogonale Matrizen beschrieben.

Schließlich bestimmen wir noch das Transformationsverhalten des Gradienten $\partial/\partial\boldsymbol{r}$ mit den Komponenten ∂_α, vgl. (1.26). Unter Verwendung der Kettenregel der Differentialrechnung wird

$$\partial_\alpha = \frac{\partial}{\partial x_\alpha} = \frac{\partial x'_\beta}{\partial x_\alpha}\,\frac{\partial}{\partial x'_\beta} \left(= \sum_{\beta=1}^{3} \frac{\partial x'_\beta}{\partial x_\alpha}\,\frac{\partial}{\partial x'_\beta} \right).$$

Aus der Transformation (1.32) entnehmen wir, wenn wir dort die Bezeichnungen α und β vertauschen,

$$\frac{\partial x'_\beta}{\partial x_\alpha} = U_{\alpha\beta},$$

so dass

$$\partial_\alpha = \frac{\partial}{\partial x_\alpha} = U_{\alpha\beta}\,\frac{\partial}{\partial x'_\beta} = U_{\alpha\beta}\,\partial'_\beta . \tag{1.35}$$

Auf analoge Weise finden wir dazu die Umkehrformel

$$\partial'_\alpha = U_{\beta\alpha}\,\partial_\beta . \tag{1.36}$$

Wir vergleichen mit (1.31) und (1.32) und stellen fest, dass sich die Ableitungen ∂_α auf dieselbe Weise transformieren wie die Komponenten x_α des Vektors $\boldsymbol{r}$. Aus diesem Grund stellt der Gradient $\partial/\partial\boldsymbol{r}$ tatsächlich einen *Vektoroperator* dar, d.h., wir können mit $\partial/\partial\boldsymbol{r}$ wie mit einem Vektor umgehen und rechnen. Wir werden dafür sogleich Beispiele kennenlernen.

Der Hintergrund zu der letzteren Bemerkung ist ein Umkehrschluss. Wir haben die Transformationsformeln (1.31) und (1.32) aus der Annahme gewonnen, dass die x_α bzw. x'_α die Komponenten eines Vektors $\boldsymbol{r}$ sind, vgl. (1.30). Von jetzt an werden wir sagen, dass die drei Komponenten a_α, $\alpha = 1, 2, 3$, einen Vektor darstellen, wenn sie sich wie (1.31) bzw. (1.32) transformieren, d.h., wenn sie

$$a_\alpha = U_{\alpha\beta}\, a'_\beta, \qquad a'_\alpha = U_{\beta\alpha}\, a_\beta \tag{1.37}$$

für eine beliebige orthogonale Matrix $U_{\alpha\beta}$ erfüllen. In diesem Sinn beschreiben die Ableitungen ∂_α einen "Vektor", nämlich einen Vektoroperator.

1.3.3 Rotation und Wirbel des elektrischen Feldes

Wir schließen direkt an die Bemerkung an, dass wir mit dem Vektoroperator $\partial/\partial\boldsymbol{r}$ wie mit einem gewöhnlichen Vektor umgehen können. Die Darstellung des elektrischen Feldes $\boldsymbol{E}(\boldsymbol{r})$ durch das elektrische Potential $\Phi(\boldsymbol{r})$ in (1.24),

$$\boldsymbol{E}(\boldsymbol{r}) = -\frac{\partial}{\partial\boldsymbol{r}}\,\Phi(\boldsymbol{r}),$$

können wir auf der rechten Seite so lesen wie die Multiplikation eines Vektors, nämlich von $\partial/\partial\boldsymbol{r}$, mit einem Skalar, nämlich mit dem skalaren Potential $\Phi(\boldsymbol{r})$. Weil es sich aber bei $\partial/\partial\boldsymbol{r}$ um einen Operator handelt, müssen wir bei dieser Multiplikation auf die Reihenfolge achten. In Komponenten lautet diese Aussage

$$E_\alpha(\boldsymbol{r}) = -\partial_\alpha\,\Phi(\boldsymbol{r}). \tag{1.38}$$

Wir können den Vektoroperator $\partial/\partial\boldsymbol{r}$ aber auch skalar mit einem Vektor multiplizieren. Das macht nur Sinn, wenn dieser Vektor von $\boldsymbol{r}$ abhängt, weil das Ergebnis sonst verschwinden würde. Wir betrachten also ein beliebiges *Vektorfeld* $\boldsymbol{C}(\boldsymbol{r})$, z.B. das elektrische Feld $\boldsymbol{E}(\boldsymbol{r})$, und bilden

$$\frac{\partial}{\partial \boldsymbol{r}} \boldsymbol{C}(\boldsymbol{r}) = \partial_\alpha C_\alpha(\boldsymbol{r}) \left(= \sum_{\alpha=1}^{3} \frac{\partial C_\alpha(\boldsymbol{r})}{\partial x_\alpha} \right).$$

Das Ergebnis ist offensichtlich ein Skalar, die sogenannte *Divergenz* von $\boldsymbol{C}(\boldsymbol{r})$, auch durch das Symbol "div" bezeichnet. Sie wird eine sehr wichtige Rolle bei der Formulierung der Quellen des elektrischen Feldes im folgenden Kapitel bilden. In diesem Abschnitt beschäftigen wir uns mit einer weiteren Möglichkeit, dem Vektorprodukt oder Kreuzprodukt von $\partial/\partial\boldsymbol{r}$ mit dem Vektorfeld $\boldsymbol{C}(\boldsymbol{r})$:

$$\frac{\partial}{\partial \boldsymbol{r}} \times \boldsymbol{C}(\boldsymbol{r}).$$

Das Ergebnis ist wieder ein Vektor, im Allgemeinen ein Vektorfeld, die sogenannte *Rotation*, auch durch das Symbol "rot" bezeichnet.

Wir erinnern zunächst an die Definition des Kreuzprodukts zweier gewöhnlicher Vektoren $\boldsymbol{a}$ und $\boldsymbol{b}$:

$$\boldsymbol{a} \times \boldsymbol{b} = \boldsymbol{e}_1 \, (a_2 \, b_3 - a_3 \, b_2) + \boldsymbol{e}_2 \, (a_3 \, b_1 - a_1 \, b_3) + \boldsymbol{e}_3 \, (a_1 \, b_2 - a_2 \, b_1) \,. \tag{1.39}$$

Man kann sich diese Definition am besten dadurch merken, dass die Indizes auf der rechten Seite ein zyklisches Schema bilden. Eine andere Möglichkeit ist die Darstellung durch eine Determinante:

$$\boldsymbol{a} \times \boldsymbol{b} = \begin{vmatrix} \boldsymbol{e}_1 & \boldsymbol{e}_2 & \boldsymbol{e}_3 \\ a_1 & a_2 & a_3 \\ b_1 & b_2 & b_3 \end{vmatrix} . \tag{1.40}$$

Die Komponenten des Kreuzprodukts lassen sich nicht unmittelbar in der Schreibweise der Summationskonvention darstellen. Das wird jedoch möglich, wenn wir den sogenannten (3–dimensionalen) *Levi–Civita–Tensor* $\epsilon_{\alpha\beta\gamma}$ benutzen. Dieser ist definiert durch

$$\epsilon_{\alpha\beta\gamma} = \begin{cases} +1 & (\alpha\beta\gamma) = \text{ gerade Permutation von } (1,2,3) \\ -1 & (\alpha\beta\gamma) = \text{ ungerade Permutation von } (1,2,3) \\ 0 & \text{sonst} \end{cases} \tag{1.41}$$

äquivalent mit dieser Definition ist

$$\epsilon_{123} = \epsilon_{231} = \epsilon_{312} = +1, \qquad \epsilon_{213} = \epsilon_{132} = \epsilon_{321} = -1$$

und $\epsilon_{\alpha\beta\gamma} = 0$ für alle anderen Kombinationen von Indizes, d.h insbesondere ist $\epsilon_{\alpha\beta\gamma} = 0$, wenn zwei oder drei Indizes übereinstimmen. Der Tensor $\epsilon_{\alpha\beta\gamma}$ ist in allen seinen Indizes antisymmetrisch. Er wird uns als ein sehr effektives Hilfsmittel dienen, um die zahlreichen Beziehungen der Vektoranalysis, die in der Elektrodynamik benutzt werden, auf sehr einfache Weise herzuleiten. So lässt sich z.B. schon die Determinante in (1.39) wie folgt mit dem Tensor $\epsilon_{\alpha\beta\gamma}$ ausdrücken:

$$\boldsymbol{a} \times \boldsymbol{b} = \begin{vmatrix} \boldsymbol{e}_1 & \boldsymbol{e}_2 & \boldsymbol{e}_3 \\ a_1 & a_2 & a_3 \\ b_1 & b_2 & b_3 \end{vmatrix} = \epsilon_{\alpha\beta\gamma}\, \boldsymbol{e}_\alpha\, a_\beta\, b_\gamma \left(= \sum_{\alpha,\beta,\gamma=1}^{3} \epsilon_{\alpha\beta\gamma}\, \boldsymbol{e}_\alpha\, a_\beta\, b_\gamma \right). \tag{1.42}$$

Hier wird die Summationskonvention wirksam, weil jeder der Indizes α, β, γ paarweise in einem Produktausdruck auftritt. (1.42) ist nichts anderes als die Definition einer 3×3–Determinante unter Verwendung von $\epsilon_{\alpha\beta\gamma}$. Vergleichen wir nun (1.42) mit der Definition (1.39) des Kreuzproduktes, dann lesen wir für die α–Komponente von $\boldsymbol{a} \times \boldsymbol{b}$ direkt ab, dass

$$(\boldsymbol{a} \times \boldsymbol{b})_\alpha = \epsilon_{\alpha\beta\gamma}\, a_\beta\, b_\gamma. \tag{1.43}$$

Unter Verwendung von (1.43) können wir sehr einfach zeigen, dass $\boldsymbol{a} \times \boldsymbol{a} = 0$. Es ist nämlich gemäß (1.43)

$$(\boldsymbol{a} \times \boldsymbol{a})_\alpha = \epsilon_{\alpha\beta\gamma}\, a_\beta\, a_\gamma.$$

Auf der rechten Seite führen wir zwei Schritte aus: (1) Vertauschung von β und γ in $\epsilon_{\alpha\beta\gamma}$. Dabei wird $\epsilon_{\alpha\beta\gamma} = -\epsilon_{\alpha\gamma\beta}$, weil $\epsilon_{\alpha\beta\gamma}$ in allen Indizes antisymmetrisch ist.

(2) Vertauschung der Bezeichnungen von β und γ. Das ist möglich, weil (per Summationskonvention) über beide Indizes summiert wird. Dabei ändert sich natürlich nichts. Das Ergebnis lautet

$$\epsilon_{\alpha\beta\gamma}\, a_\beta\, a_\gamma = -\epsilon_{\alpha\gamma\beta}\, a_\beta\, a_\gamma = -\epsilon_{\alpha\beta\gamma}\, a_\beta\, a_\gamma.$$

Wenn ein Ausdruck mit seinem Negativen übereinstimmt, muss er verschwinden, womit der erwünschte Nachweis geführt ist.

Im Anhang C gehen wir ausführlich auf den Levi–Civita–Tensor ein und leiten eine Reihe von Rechenregeln her, auf die wir im weiteren Verlauf dieses Textes immer wieder zurückgreifen werden. Auch die Bezeichnung *Tensor* bedarf noch eines besonderen Nachweises, denn wir werden in Analogie zur Definition eines *Vektors* durch sein Transformationsverhalten im Abschnitt 1.3.2 auch einen Tensor durch ein entsprechendes Transformationsverhalten definieren.

Jetzt kommen wir zurück auf die Rotation eines Vektorfeldes $\boldsymbol{C}(\boldsymbol{r})$. Unter Verwendung des Tensors $\epsilon_{\alpha\beta\gamma}$ können wir analog zu (1.43) schreiben

$$\left(\frac{\partial}{\partial \boldsymbol{r}} \times \boldsymbol{C}(\boldsymbol{r})\right)_\alpha = \epsilon_{\alpha\beta\gamma}\, \partial_\beta\, C_\gamma(\boldsymbol{r}). \tag{1.44}$$

Wir berechnen die Rotation des elektrischen Feldes $\boldsymbol{E}(\boldsymbol{r})$ und beachten dabei, dass gemäß (1.38) $E_\alpha(\boldsymbol{r}) = -\partial_\alpha\, \Phi(\boldsymbol{r})$:

$$\left(\frac{\partial}{\partial \boldsymbol{r}} \times \boldsymbol{E}(\boldsymbol{r})\right)_\alpha = \epsilon_{\alpha\beta\gamma}\, \partial_\beta\, E_\gamma(\boldsymbol{r}) = -\epsilon_{\alpha\beta\gamma}\, \partial_\beta\, \partial_\gamma\, \Phi(\boldsymbol{r}) = 0, \tag{1.45}$$

denn es ist $\epsilon_{\alpha\beta\gamma}\, \partial_\beta\, \partial_\gamma = 0$ aus demselben Grund wie $\epsilon_{\alpha\beta\gamma}\, a_\beta\, a_\gamma = 0$.

Das Fazit ist, dass

$$\boxed{\frac{\partial}{\partial \boldsymbol{r}} \times \boldsymbol{E}(\boldsymbol{r}) = 0.} \tag{1.46}$$

Die Rotation des elektrischen Feldes verschwindet. In der physikalischen Ausdrucksweise bezeichnet man die Rotation auch als *Wirbel*: die Wirbel des elektrischen Feldes verschwinden. Dieses ist die erste der elektrostatischen Feldgleichungen. Wir weisen jetzt schon darauf hin, dass diese Aussage im dynamischen, also zeitabhängigen Fall modifiziert werden wird.

1.4 Der Stokessche Integralsatz

Im vorhergehenden Abschnitt haben wir aus der Existenz eines Potentials für das elektrische Feld geschlossen, dass seine Rotation verschwindet:

$$\boldsymbol{E}(\boldsymbol{r}) = -\frac{\partial}{\partial \boldsymbol{r}}\,\Phi(\boldsymbol{r}) \qquad \succ \qquad \frac{\partial}{\partial \boldsymbol{r}} \times \boldsymbol{E}(\boldsymbol{r}) = 0. \tag{1.47}$$

In diesem Abschnitt wollen wir zeigen, dass auch das Umgekehrte gilt: aus dem Verschwinden der Rotation folgt die Existenz eines Potentials. Wir werden dabei einen wichtigen Integralsatz kennenlernen, den sogenannten *Stokesschen Integralsatz*, auf den wir im weiteren Verlauf des Textes immer wieder zurückgreifen werden.

Übrigens sind (1.47) und seine Umkehrung bereits aus der Theoretischen Mechanik bekannt. Genau dann, wenn ein Kraftfeld konservativ ist, d.h., wenn es als Gradient einer potentiellen Energie darstellbar ist, verschwindet seine Rotation.

1.4.1 Das Potential als Linienintegral

Es sei ein beliebiges Vektorfeld $\boldsymbol{a}(\boldsymbol{r})$ gegeben. Wir definieren dazu ein Potential $\phi(\boldsymbol{r})$ durch ein *Linienintegral*:

$$\phi(\boldsymbol{r}) := -\int_{\boldsymbol{r}_0,W}^{\boldsymbol{r}} d\boldsymbol{r}'\,\boldsymbol{a}(\boldsymbol{r}'). \tag{1.48}$$

Zunächst ist das Linienintegral auf der rechten Seite zu erklären. Es sei W ein Weg (eine Kurve) im Raum, der von einem Punkt $\boldsymbol{r}_0$ zum Punkt $\boldsymbol{r}$ führt. Wir approximieren W durch einen Polygonzug mit den Kanten $\Delta\boldsymbol{r}'_i$, $i = 1, 2, \ldots, N$, vgl. Abbildung 1.1. In einem beliebigen Punkt $\boldsymbol{r}'_i$ auf jeder Kante, z.B. in einem ihrer Endpunkte, bilden wir das Skalarprodukt des Feldes $\boldsymbol{a}(\boldsymbol{r}'_i)$ mit $\Delta\boldsymbol{r}'_i$ und addieren diese Skalarprodukte über $i = 1, 2, \ldots, N$. Schließlich führen wir den Limes $N \to \infty$ aus, so dass jedes $|\Delta\boldsymbol{r}'_i| \to 0$:

$$\int_{\boldsymbol{r}_0,W}^{\boldsymbol{r}} d\boldsymbol{r}'\,\boldsymbol{a}(\boldsymbol{r}') = \lim_{|\Delta\boldsymbol{r}'_i|\to 0} \sum_{i=1}^{N} \Delta\boldsymbol{r}'_i\,\boldsymbol{a}(\boldsymbol{r}'_i). \tag{1.49}$$

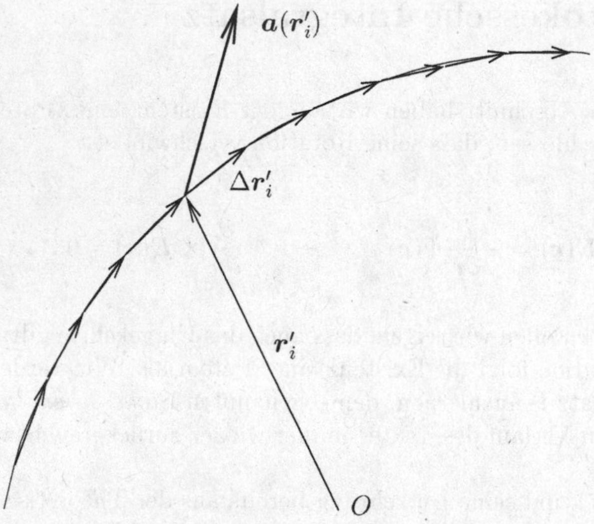

Abbildung 1.1: Zur Definition des Linienintegrals

Der Limes auf der rechten Seite existiert im Sinne des Riemannschen Integralbegriffs, wenn z.B. das Feld $\boldsymbol{a}(\boldsymbol{r})$ und der Weg W stetig sind.

Die Definition (1.48) des Potentials $\phi(\boldsymbol{r})$ ist eindeutig, wenn das Linienintegral auf der rechten Seite unabhängig von dem Weg W ist, der von $\boldsymbol{r}_0$ nach $\boldsymbol{r}$ führt. *Wenn* das der Fall ist, dann bilden wir auf beiden Seiten von (1.48) jeweils das vollständige Differential. Nach den Regeln der Differentialrechnung erhalten wir

$$\begin{aligned} d\phi(\boldsymbol{r}) &= \phi(\boldsymbol{r}+d\boldsymbol{r}) - \phi(\boldsymbol{r}) = \\ &= \frac{\partial\phi(\boldsymbol{r})}{\partial x_1}\,dx_1 + \frac{\partial\phi(\boldsymbol{r})}{\partial x_2}\,dx_2 + \frac{\partial\phi(\boldsymbol{r})}{\partial x_3}\,dx_3 = \partial_\alpha\,\phi(\boldsymbol{r})\,dx_\alpha, \\ d\left(\int_{\boldsymbol{r}_0}^{\boldsymbol{r}} d\boldsymbol{r}'\,\boldsymbol{a}(\boldsymbol{r}')\right) &= d\boldsymbol{r}\,\boldsymbol{a}(\boldsymbol{r}) = a_\alpha(\boldsymbol{r})\,dx_\alpha, \end{aligned}$$

so dass wegen der Unabhängigkeit der Differentiale dx_α mit (1.48) folgt, dass

$$a_\alpha(\boldsymbol{r}) = -\partial_\alpha\,\phi(\boldsymbol{r}) \qquad \text{bzw.} \qquad \boldsymbol{a}(\boldsymbol{r}) = -\frac{\partial}{\partial \boldsymbol{r}}\,\phi(\boldsymbol{r}). \tag{1.50}$$

Wenn also das Linienintegral unabhängig vom Weg W ist, dann hat die dadurch definierte Funktion $\phi(\boldsymbol{r})$ die Eigenschaften eines Potentials. Jetzt wenden wir uns der Frage zu, *wann* das Linienintegral von $\boldsymbol{r}_0$ nach $\boldsymbol{r}$ unabhängig von dem verwendeten Weg W ist. Es sei W' ein zweiter Weg, der von $\boldsymbol{r}_0$ nach $\boldsymbol{r}$ führt. Es stellt sich die Frage, wann

$$\int_{\boldsymbol{r}_0,W}^{\boldsymbol{r}} d\boldsymbol{r}'\,\boldsymbol{a}(\boldsymbol{r}') = \int_{\boldsymbol{r}_0,W'}^{\boldsymbol{r}} d\boldsymbol{r}'\,\boldsymbol{a}(\boldsymbol{r}') \tag{1.51}$$

für alle Paare von Wegen W, W' von $\boldsymbol{r}_0$ nach $\boldsymbol{r}$. Wenn wir einen der Wege in umgekehrter Richtung orientieren, erhalten wir offensichtlich den negativen Wert des betreffenden Integrals. (1.51) ist also äquivalent mit

$$\int_{\boldsymbol{r}_0,W}^{\boldsymbol{r}} d\boldsymbol{r}'\,\boldsymbol{a}(\boldsymbol{r}') + \int_{\boldsymbol{r}_0,-W'}^{\boldsymbol{r}} d\boldsymbol{r}'\,\boldsymbol{a}(\boldsymbol{r}') = 0,$$

oder

$$\int_{W+(-W')} d\boldsymbol{r}'\,\boldsymbol{a}(\boldsymbol{r}') = 0,$$

worin $-W'$ die Umkehrung der Orientierung des Weges W' bedeuten soll. Die Wegfolge $W+(-W')$ bildet aber eine geschlossene Kurve. Also ist das Verschwinden der Linienintegrale über alle geschlossenen Wege,

$$\oint d\boldsymbol{r}\,\boldsymbol{a}(\boldsymbol{r}) = 0, \tag{1.52}$$

hinreichend dafür, dass die Definition des Potentials $\phi(\boldsymbol{r})$ in (1.48) eindeutig ist.

1.4.2 Der Stokessche Integralsatz

Das hinreichende Kriterium (1.52) für die Unabhängigkeit des Linienintegrals vom Weg können wir mit dem *Stokesschen Integralsatz* durch die Rotation von $\boldsymbol{a}(\boldsymbol{r})$ ausdrücken:

$$\boxed{\oint_{\partial F} d\boldsymbol{r}\,\boldsymbol{a}(\boldsymbol{r}) = \int_F d\boldsymbol{f}\,\frac{\partial}{\partial \boldsymbol{r}} \times \boldsymbol{a}(\boldsymbol{r}).} \tag{1.53}$$

(Eine Beweisskizze geben wir im folgenden Unterabschnitt.) Hier ist F ein Flächenstück im 3–dimensionalen Raum und ∂F seine Berandung. Letztere bildet einen geschlossenen Weg, möglicherweise auch mehrere geschlossene Wege, wenn F mehrfach zusammenhängt, z.B. "Löcher" enthält. Das Integral auf der rechten Seite ist ein Flächenintegral vom Typ

$$\int_F d\boldsymbol{f}\,\boldsymbol{b}(\boldsymbol{r}).$$

In (1.53) ist das Vektorfeld $\boldsymbol{b}(\boldsymbol{r})$ die Rotation von $\boldsymbol{a}(\boldsymbol{r})$. Wir erklären zunächst, wie das Flächenintegral über ein Vektorfeld $\boldsymbol{b}(\boldsymbol{r})$ zu bilden ist. Wir approximieren das Flächenstück F durch eine polyedrische Fläche, d.h., durch ein zusammenhängendes Gebilde von jeweils ebenen Vielecken, die wir mit $i = 1, 2, \ldots, N$ durchzählen, vgl. Abbildung 1.2. Das ist z.B. mit einem zusammenhängenden Gebilde von Dreiecken immer möglich (sogenannte "Triangulierung" einer Fläche). Jedem der Vielecke $i = 1, 2, \ldots, N$ ordnen wir einen Vektor $\Delta\boldsymbol{f}_i$ mit den folgenden Eigenschaften zu:

1. $\Delta\boldsymbol{f}_i$ steht senkrecht auf der Fläche des Vielecks,
2. Die Länge $\Delta f_i := |\Delta\boldsymbol{f}_i|$ des Vektors $\Delta\boldsymbol{f}_i$ ist gleich der Fläche des Vielecks,
3. Alle Vektoren $\Delta\boldsymbol{f}_i$ des Flächenstücks F zeigen in dieselbe der beiden noch möglichen Richtungen relativ zu F, die sogenannte *Normalenrichtung.* Im Stokesschen Integralsatz in (1.53) ist angenommen, dass der Rand ∂F die Fläche F im mathematisch positiven, also Gegenuhrzeigersinn umläuft, wenn die Kreuzprodukte bzw. die Rotation des Feldes $\boldsymbol{a}(\boldsymbol{r})$ im Sinne der "Rechten–Hand–Regel" definiert werden. Letzteres bedeutet nichts anderes als $\epsilon_{123} = +1$.

Es sei $\boldsymbol{b}(\boldsymbol{r}_i)$ das Vektorfeld $\boldsymbol{b}(\boldsymbol{r})$ in einem beliebigen Punnkt $\boldsymbol{r} = \boldsymbol{r}_i$ auf dem i–ten Vieleck. Wir bilden nun das Skalarprodukt $\Delta\boldsymbol{f}_i\,\boldsymbol{b}(\boldsymbol{r}_i)$, addieren die Ergebnisse für $i = 1, 2, \ldots, N$ und führen den Limes $N \to \infty$ mit $\Delta f_i := |\Delta\boldsymbol{f}_i| \to 0$ für alle $i = 1, 2, \ldots, N$ aus:

$$\int_F d\boldsymbol{f}\,\boldsymbol{b}(\boldsymbol{r}) := \lim_{\Delta f_i \to 0} \sum_{i=1}^{N} \Delta\boldsymbol{f}_i\,\boldsymbol{b}(\boldsymbol{r}_i). \tag{1.54}$$

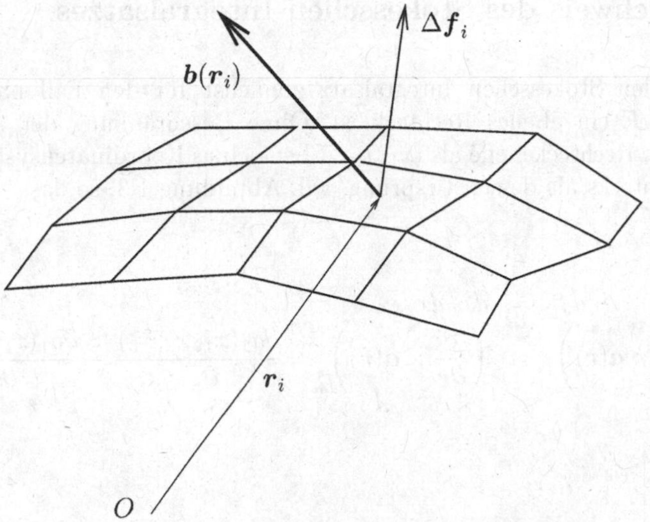

Abbildung 1.2: Zur Definition des Flächenintegrals

Der Limes auf der rechten Seite existiert im Sinne des Riemannschen Integralbegriffs, wenn z.B. $\boldsymbol{b}(\boldsymbol{r})$ und das Flächenstück F stetig sind.

Wenden wir nun den Stokesschen Integralsatz (1.53) auf das elektrische Feld $\boldsymbol{E}(\boldsymbol{r})$ an, dann erhalten wir

$$\oint_{\partial F} d\boldsymbol{r}\,\boldsymbol{E}(\boldsymbol{r}) = \int_F d\boldsymbol{f}\,\frac{\partial}{\partial \boldsymbol{r}} \times \boldsymbol{E}(\boldsymbol{r}) = 0 \tag{1.55}$$

und damit die Eindeutigkeit des durch

$$\Phi(\boldsymbol{r}) = -\int_{\boldsymbol{r}_0}^{\boldsymbol{r}} d\boldsymbol{r}'\,\boldsymbol{E}(\boldsymbol{r}') \tag{1.56}$$

definierten elektrischen Potentials, *wenn* die Wirbel des elektrischen Feldes verschwinden. Damit ist die Umkehrung von (1.47) gezeigt. Wir beachten, dass weder (1.47) noch seine Umkehrung in (1.55) und (1.56) von der speziellen Form von $\boldsymbol{E}(\boldsymbol{r})$ abhängen, also nicht etwa nur für elektrische Felder einer Ladung q, sondern für beliebige elektrische Felder mit den genannten Voraussetzungen gelten.

1.4.3 Nachweis des Stokesschen Integralsatzes

Wir weisen den Stokesschen Integralsatz zunächst für den Fall nach, dass das Flächenstück F ein ebenes Rechteck ist. Ohne Beschränkung der Allgemeinheit wählen wir die Rechteckebene als (x_1, x_2)–Ebene eines Koordinatensystems und eine Ecke des Rechtecks als dessen Ursprung, vgl. Abbildung 1.3, so dass

$$\begin{aligned} d\boldsymbol{f} &= dx_1\, dx_2\, \boldsymbol{e}_3, \\ \boldsymbol{e}_3 \left(\frac{\partial}{\partial \boldsymbol{r}} \times \boldsymbol{a}(\boldsymbol{r})\right) &= \left(\frac{\partial}{\partial \boldsymbol{r}} \times \boldsymbol{a}(\boldsymbol{r})\right)_3 = \frac{\partial a_2(x_1, x_2, x_3)}{\partial x_1} - \frac{\partial a_1(x_1, x_2, x_3)}{\partial x_2}. \end{aligned}$$

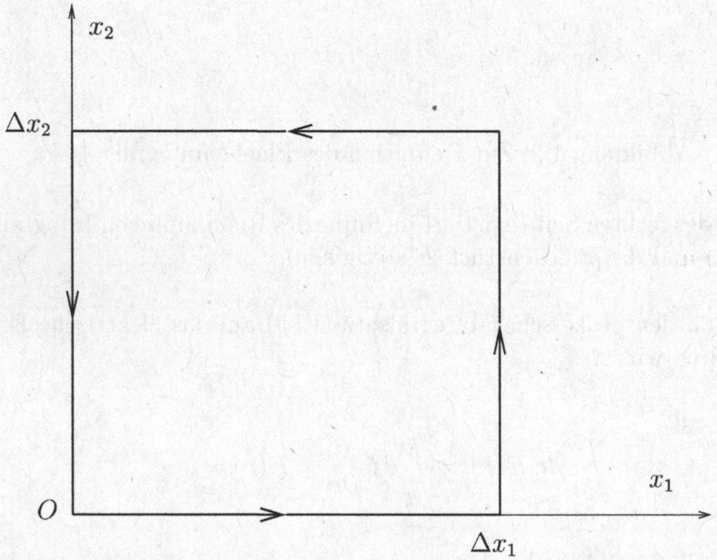

Abbildung 1.3: Zum Nachweis des Stokesschen Integralsatzes

Alle nun folgenden Integrationen finden in der Ebene $x_3 = 0$ statt, so dass wir die Variable x_3 nicht mehr mitschreiben.

$$\begin{aligned} &\int_F d\boldsymbol{f} \left(\frac{\partial}{\partial \boldsymbol{r}} \times \boldsymbol{a}(\boldsymbol{r})\right) = \\ &\quad = \int_0^{\Delta x_1} dx_1 \int_0^{\Delta x_2} dx_2 \left(\frac{\partial a_2(x_1, x_2)}{\partial x_1} - \frac{\partial a_1(x_1, x_2)}{\partial x_2}\right) \end{aligned}$$

$$
\begin{aligned}
&= \int_0^{\Delta x_2} dx_2 \int_0^{\Delta x_1} dx_1 \, \frac{\partial a_2(x_1,x_2)}{\partial x_1} - \int_0^{\Delta x_1} dx_1 \int_0^{\Delta x_2} dx_2 \, \frac{\partial a_1(x_1,x_2)}{\partial x_2} \\
&= \int_0^{\Delta x_2} dx_2 \, [a_2(\Delta x_1, x_2) - a_2(0,x_2)] - \\
&\quad - \int_0^{\Delta x_1} dx_1 \, [a_1(x_1, \Delta x_2) - a_1(x_1, 0)] \\
&= \int_0^{\Delta x_1} dx_1 \, a_1(x_1,0) + \int_0^{\Delta x_2} dx_2 \, a_2(\Delta x_1, x_2) + \\
&\quad + \int_{\Delta x_1}^0 dx_1 \, a_1(x_1, \Delta x_2) + \int_{\Delta x_2}^0 dx_2 \, a_2(0,x_2) \\
&= \oint_{\partial F} d\boldsymbol{r} \, \boldsymbol{a}(\boldsymbol{r}).
\end{aligned}
\tag{1.57}
$$

In der vorletzten Zeile haben wir die Integrationen so angeordnet, dass sich gerade das Linienintegral über die Rechteck–Kanten im Gegenuhrzeigersinn ergibt, vgl. Abbildung 1.3.

Das Flächenintegral auf der linken Seite von (1.57) können wir mit einem entsprechend verallgemeinerten Mittelwertsatz der Integralrechnung in die Form

$$
\int_{\Delta f} d\boldsymbol{f} \left(\frac{\partial}{\partial \boldsymbol{r}} \times \boldsymbol{a}(\boldsymbol{r}) \right) = \Delta \boldsymbol{f} \left(\frac{\partial}{\partial \boldsymbol{r}} \times \boldsymbol{a}(\boldsymbol{r}) \right)_{\boldsymbol{r}=\boldsymbol{r}_0}
$$

bringen, worin $\Delta \boldsymbol{f} = \Delta x_1 \, \Delta x_2 \, \boldsymbol{e}_3$, $\Delta f = |\Delta \boldsymbol{f}|$ und $\boldsymbol{r}_0$ ein Punkt auf $\Delta \boldsymbol{f}$ ist. Wenn wir die genaue Lage des Punktes $\boldsymbol{r}_0$ unberücksichtigt lassen, erhalten wir einen Fehler der Ordnung $\Delta f \, O(\Delta f)$, wobei $O(\xi)$ bedeutet, dass $O(\xi) \to 0$ für $\xi \to 0$. Also können wir auch schreiben, dass

$$
\Delta \boldsymbol{f} \left(\frac{\partial}{\partial \boldsymbol{r}} \times \boldsymbol{a}(\boldsymbol{r}) \right) = \oint_{\partial(\Delta f)} d\boldsymbol{r} \, \boldsymbol{a}(\boldsymbol{r}) + \Delta f \, O(\Delta f). \tag{1.58}
$$

gilt. Diese Form des Stokesschen Satz begründet eigentlich erst die Sprechweise "Wirbel" für Rotation. Wenn das Linienintegral über einen geschlossenen Weg auf der rechten Seite nicht verschwindet, sagt man, dass das Feld $\boldsymbol{a}(\boldsymbol{r})$ dort einen Wirbel besitzt. Dieser wird dargestellt durch die Komponente der Rotation von $\boldsymbol{a}(\boldsymbol{r})$ senkrecht zu Δf bzw. in Richtung von $\Delta \boldsymbol{f}$.

Die Aussage des Stokesschen Integralsatz in (1.57) oder (1.58) ist nicht auf ebene Rechtecke beschränkt, sondern lässt sich verallgemeinern. Sei F ein beliebiges, aber zunächst noch ebenes Flächenstück. F lässt sich durch zusammenhängende Rechtecke Δf_i, $i = 1, 2, \ldots, N$ beliebig genau approximieren. Wir formulieren (1.58) für jedes der Δf_i und bilden die Summe über $i = 1, 2, \ldots, N$. Bei der i–Summe der Linienintegrale auf der rechten Seite heben sich alle Beiträge von inneren Kanten auf, weil jede innere Kante zweimal mit entgegengesetzten Orientierungen durchlaufen wird. Es verbleibt rechts also das Linienintegral nur über die äußeren Kanten. Mit $N \to \infty$, so dass jedes $\Delta f_i \to 0$, erhalten wir so den Stokesschen Integralsatz in der Form von (1.57) für beliebige ebene Flächenstücke F.

Für den Fall gekrümmter Flächenstücke F greifen wir auf die Konstruktion zur Definition des Flächenintegrals im vorhergehenden Unterabschnitt zurück. Dort hatten wir solche Flächenstücke durch eine polyedrische Fläche, d.h., durch ein zusammenhängendes Gebilde von jeweils ebenen Vielecken approximiert. Für jedes von ihnen gilt gemäß unserer obigen überlegung der Stokessche Integralsatz. Wieder bilden wir die Summe über alle ebenen Vielecke und wieder heben sich die Linienintegrale über die inneren Kanten gegenseitig auf. Im Limes Anzahl der Vielecke $N \to 0$, so dass für die Fläche Δf_i jedes der Vielecke $\Delta f_i \to 0$, erhalten wir dann den Stokesschen Integralsatz auch für beliebig gekrümmte Flächenstücke F.

Kapitel 2

Die Quellen des elektrischen Feldes

Die physikalische Charakterisierung von Feldern beruht auf den beiden Eigenschaften "Wirbel" und "Quellen". Die Wirbel eines Feldes $\boldsymbol{a}(\boldsymbol{r})$ sind durch seine Rotation definiert. Im Kapitel 1 haben wir nachgewiesen, dass ein Feld keine Wirbel besitzt, wenn es als Gradient eines Potentials darstellbar ist, und umgekehrt. In diesem Kapitel werden wir nun den anderen grundlegenden Begriff zur physikalischen Charakterisierung von Feldern kennenlernen, nämlich die Quellen.

2.1 Die Divergenz des elektrischen Feldes einer Punktladung

Bereits in 1.3.3 hatten wir die Möglichkeit erwähnt, den Vektoroperator $\partial/\partial\boldsymbol{r}$ im Sinne eines Skalarprodukts auf ein Vektorfeld $\boldsymbol{a}(\boldsymbol{r})$ anzuwenden:

$$\frac{\partial}{\partial \boldsymbol{r}}\,\boldsymbol{a}(\boldsymbol{r}) = \partial_\alpha\, a_\alpha(\boldsymbol{r}) \qquad \left(= \sum_{\alpha=1}^{3} \frac{\partial a_\alpha(\boldsymbol{r})}{\partial x_\alpha}\right). \tag{2.1}$$

Dieses Skalarprodukt von $\partial/\partial\boldsymbol{r}$ mit $\boldsymbol{a}(\boldsymbol{r})$ nennt man auch die *Divergenz* von $\boldsymbol{a}(\boldsymbol{r})$. Wir berechnen nun die Divergenz des elektrischen Feldes einer Punktladung q am Ort $\boldsymbol{r} = \boldsymbol{0}$. Dieses ist gemäß 1.3.1 durch ein Potential $\Phi(\boldsymbol{r})$ darstellbar:

$$\boldsymbol{E}(\boldsymbol{r}) = \frac{1}{4\,\pi\,\epsilon_0}\,\frac{q}{r^2}\,\frac{\boldsymbol{r}}{r} = -\frac{\partial}{\partial \boldsymbol{r}}\,\Phi(\boldsymbol{r}), \qquad \Phi(\boldsymbol{r}) = \frac{1}{4\,\pi\,\epsilon_0}\,\frac{q}{r} \tag{2.2}$$

Wir führen die Rechnung in der Komponentenschreibweise unter Verwendung der Summationskonvention aus, vgl. (2.1):

$$\frac{\partial \boldsymbol{E}(\boldsymbol{r})}{\partial \boldsymbol{r}} = \partial_\alpha\, E_\alpha(\boldsymbol{r}) = -\partial_\alpha\,\partial_\alpha\,\Phi(\boldsymbol{r}) = -\frac{q}{4\,\pi\,\epsilon_0}\,\partial_\alpha\,\partial_\alpha\,\frac{1}{r}. \tag{2.3}$$

Da das Potential und das Feld bei $r = 0$ bzw. $\boldsymbol{r} = \boldsymbol{0}$ eine Singularität, nämlich einen Pol 1. bzw. 2. Ordnung besitzen, müssen wir die folgenden Rechnungen auf $\boldsymbol{r} \neq \boldsymbol{0}$ beschränken. Wir beachten, dass der Operator $\partial_\alpha\,\partial_\alpha$ mit der Summationskonvention die Gestalt

$$\partial_\alpha\,\partial_\alpha = \frac{\partial^2}{\partial x_1^2} + \frac{\partial^2}{\partial x_2^2} + \frac{\partial^2}{\partial x_3^2} =: \Delta \tag{2.4}$$

besitzt. Der Operator Δ wird auch *Laplace–Operator* genannt. Als Skalarprodukt von zwei Vektoroperatoren, nämlich von ∂_α mit sich selbst, ist der Operator Δ wie z.B. auch $\boldsymbol{r}^2 = r^2 = x_\alpha\,x_\alpha$ invariant gegen orthogonale Koordinatentransformationen, vgl. auch 1.3.2. Nun ist

$$\partial_\alpha\,\frac{1}{r} = -\frac{x_\alpha}{r^3},$$

vgl. (1.21), und weiter unter Verwendung der Produktregel und der Kettenregel der Differentiation

$$\begin{aligned}
\partial_\alpha\,\partial_\alpha\,\frac{1}{r} &= -\partial_\alpha\left(\frac{x_\alpha}{r^3}\right) = -\frac{\partial_\alpha\,x_\alpha}{r^3} - x_\alpha\,\partial_\alpha\,\frac{1}{r^3},\\
\partial_\alpha\,x_\alpha &= \frac{\partial\,x_1}{\partial\,x_1} + \frac{\partial\,x_2}{\partial\,x_2} + \frac{\partial\,x_3}{\partial\,x_3} = 3,\\
\partial_\alpha\,\frac{1}{r^3} &= \left(\frac{\partial}{\partial r}\,\frac{1}{r^3}\right)\frac{\partial\,r}{\partial\,x_\alpha} = -\frac{3}{r^4}\,\frac{x_\alpha}{r} = -\frac{3\,x_\alpha}{r^5},\\
x_\alpha\,\partial_\alpha\,\frac{1}{r^3} &= -\frac{3\,x_\alpha\,x_\alpha}{r^5} = -\frac{3}{r^3},
\end{aligned}$$

worin wir $x_\alpha \, x_\alpha = r^2$ benutzt haben. Also wird

$$\Delta \frac{1}{r} = \partial_\alpha \, \partial_\alpha \, \frac{1}{r} = -\frac{3}{r^3} + \frac{3}{r^3} = 0 \qquad \text{für} \qquad \boldsymbol{r} \neq \boldsymbol{0} \tag{2.5}$$

bzw. auch

$$\frac{\partial \boldsymbol{E}(\boldsymbol{r})}{\partial \boldsymbol{r}} = 0 \qquad \text{für} \qquad \boldsymbol{r} \neq \boldsymbol{0}. \tag{2.6}$$

2.2 Der Gaußsche Integralsatz

Über die Divergenz eines elektrischen Feldes einer Punktladung q am Ort $\boldsymbol{r} = \boldsymbol{0}$ konnten wir in 2.1 nur Aussagen im Bereich $\boldsymbol{r} \neq \boldsymbol{0}$, also nur außerhalb des Ortes der Ladung machen. Wir wollen nun versuchen, auch eine Aussage über den Ort $\boldsymbol{r} = \boldsymbol{0}$ der Ladung einzuschließen. Dafür verwenden wir einen zweiten wichtigen Integralsatz, nämlich den Gaußschen Integralsatz.

2.2.1 Der Gaußsche Integralsatz

Es sei $\boldsymbol{a}(\boldsymbol{r})$ ein beliebiges (differenzierbares) Vektorfeld und V ein 3–dimensionaler Raumbereich mit der Grenzfläche ("Einhüllenden") ∂V. Letztere bildet eine geschlossene Oberfläche, möglicherweise auch mehrere geschlossene Oberflächen, wenn V z.B. "Löcher" enthält. Der Gaußsche Integralsatz besagt nun, dass

$$\boxed{\oint_{\partial V} d\boldsymbol{f} \, \boldsymbol{a}(\boldsymbol{r}) = \int_V d^3r \, \frac{\partial \boldsymbol{a}(\boldsymbol{r})}{\partial \boldsymbol{r}}.} \tag{2.7}$$

(Eine Beweisskizze dieses Satzes geben wir in 2.2.3.) Auf der linken Seite steht ein uns bereits aus (1.48) bekanntes Flächenintegral über das Vektorfeld $\boldsymbol{a}(\boldsymbol{r})$. Die Besonderheit ist hier, dass der Integrationsbereich eine in sich geschlossene Fläche ∂V ist, während wir im Kapitel 1 allgemeiner mit Flächenintegralen über beliebige Flächenstücke F zu tun hatten. Auf der rechten Seite von (2.7) steht ein *Volumenintegral* über eine skalare Funktion

$$f(\boldsymbol{r}) := \frac{\partial \boldsymbol{a}(\boldsymbol{r})}{\partial \boldsymbol{r}}.$$

Diese Art von Integral bedarf keiner weiteren Erläuterung. Wir können es uns als ein dreifaches Integral über die Koordinatenrichtungen

$$\int_V d^3r\, f(\boldsymbol{r}) = \int\!\!\int\!\!\int_V dx_1\, dx_2\, dx_3\, f(x_1, x_2, x_3)$$

vorstellen.

Wir wollen nun den Gaußschen Integralsatz auf das elektrische Feld $\boldsymbol{E}(\boldsymbol{r})$ einer Punktladung q bei $\boldsymbol{r} = \boldsymbol{0}$ anwenden. Wenn das Integrationsvolumen V den Ort der Ladung, d.h., den Punkt $\boldsymbol{r} = \boldsymbol{0}$ *nicht* enthält, ist

$$\oint_{\partial V} d\boldsymbol{f}\, \boldsymbol{E}(\boldsymbol{r}) = \int_V d^3r\, \frac{\partial \boldsymbol{E}(\boldsymbol{r})}{\partial \boldsymbol{r}} = 0, \qquad (\boldsymbol{r} = \boldsymbol{0}) \notin V, \tag{2.8}$$

weil $\partial \boldsymbol{E}(\boldsymbol{r})/\partial \boldsymbol{r} = 0$ in $\boldsymbol{r} \neq \boldsymbol{0}$, vgl. (2.6). Wenn dagegen das Integrationsvolumen V den Punkt $\boldsymbol{r} = \boldsymbol{0}$ enthält, stoßen wir auf ein Problem, weil $\partial \boldsymbol{E}(\boldsymbol{r})/\partial \boldsymbol{r}$ in $\boldsymbol{r} = \boldsymbol{0}$ nicht definiert, sondern sogar singulär ist, vgl. Abschnitt 2.1. Das Flächenintegral links in (2.8) lässt sich aber auch dann sinnvoll berechnen, wenn das Integrationsvolumen V den Punkt $\boldsymbol{r} = \boldsymbol{0}$ enthält. Wir wählen für V eine Kugel K_r mit dem Radius r und dem Mittelpunkt bei $\boldsymbol{r} = \boldsymbol{0}$. Als Flächenelemente $d\boldsymbol{f}$ auf der Kugeloberfläche ∂K_r wählen wir Flächenstücke, die zu einem Raumwinkelelement $d\Omega$ gehören, so dass

$$d\boldsymbol{f} = d\Omega\, r^2\, \frac{\boldsymbol{r}}{r}.$$

Wir erhalten damit

$$\oint_{\partial K_r} d\boldsymbol{f}\, \boldsymbol{E}(\boldsymbol{r}) = \oint_{4\pi} d\Omega\, r^2\, \frac{\boldsymbol{r}}{r}\, \frac{q}{4\,\pi\,\epsilon_0}\, \frac{\boldsymbol{r}}{r^3} = \frac{q}{4\,\pi\,\epsilon_0} \oint_{4\pi} d\Omega = \frac{q}{\epsilon_0}. \tag{2.9}$$

Diese Rechnung lässt sich sogar auf beliebige Volumina V erweitern, die den Punkt $\boldsymbol{r} = \boldsymbol{0}$ enthalten. Wir wählen eine Kugel K_r, die noch ganz in V liegt. Das ist durch eine geeignete Wahl des Radius r immer möglich, falls $\boldsymbol{r} = \mathbf{0}$ wirklich *innerhalb* von V, d.h., nicht auf der Grenzfläche ∂V von V liegt. Das Volumen V besteht dann aus zwei Teilen: $V = K_r + V'$, wobei das Restvolumen V' den Punkt $\boldsymbol{r} = \mathbf{0}$ *nicht* enthält, also $\partial \boldsymbol{E}(\boldsymbol{r})/\partial \boldsymbol{r} = 0$ in V':

$$\int_{V'} d^3r \, \frac{\partial \boldsymbol{E}(\boldsymbol{r})}{\partial \boldsymbol{r}} = 0. \tag{2.10}$$

V' ist nun ein zweifach zusammenhängendes Volumen mit den beiden Einhüllenden ∂V nach außen und ∂K_r nach innen. Die Anwendung des Gaußschen Integralsatzes (2.7) auf das Integral links in (2.10) ergibt also

$$\int_{V'} d^3r \, \frac{\partial \boldsymbol{E}(\boldsymbol{r})}{\partial \boldsymbol{r}} = \oint_{\partial V} d\boldsymbol{f}\, \boldsymbol{E}(\boldsymbol{r}) - \oint_{\partial K_r} d\boldsymbol{f}\, \boldsymbol{E}(\boldsymbol{r}). \tag{2.11}$$

Das negative Vorzeichen vor dem Flächenintegral über ∂K_r erklärt sich dadurch, dass die Flächenelemente $d\boldsymbol{f}$ auf ∂K_r von K_r und V' aus bei einer beliebigen Festlegung der Normalenrichtung immer entgegengesetzt zueinander sind. (2.10) und (2.11) ergeben zusammen das behauptete Ergebnis

$$\oint_{\partial V} d\boldsymbol{f}\, \boldsymbol{E}(\boldsymbol{r}) = \oint_{\partial K_r} d\boldsymbol{f}\, \boldsymbol{E}(\boldsymbol{r}) = \frac{q}{\epsilon_0}, \qquad (\boldsymbol{r} = \mathbf{0}) \in V. \tag{2.12}$$

2.2.2 Schreibweise mit der Diracschen δ–Funktion

Wir wollen jetzt eine formale Schreibweise einführen, die es erlaubt, den Gaußschen Integralsatz (2.7) auf das elektrische Feld $\boldsymbol{E}(\boldsymbol{r})$ einer Punktladung q bei $\boldsymbol{r} = \mathbf{0}$ für beliebige Integrationsvolumina V anzuwenden, also auch dann, wenn V den Punkt $\boldsymbol{r} = \mathbf{0}$ enthält. (2.8) und (2.12) würden dann auf die folgenden Aussagen führen:

$$\begin{aligned} \int_V d^3r \, \frac{\partial \boldsymbol{E}(\boldsymbol{r})}{\partial \boldsymbol{r}} &= \begin{cases} q/\epsilon_0 & (\boldsymbol{r} = \mathbf{0}) \in V, \\ 0 & (\boldsymbol{r} = \mathbf{0}) \notin V, \end{cases} \\ \text{obwohl} \quad \frac{\partial \boldsymbol{E}(\boldsymbol{r})}{\partial \boldsymbol{r}} &= 0 \quad \text{in} \quad \boldsymbol{r} \neq \mathbf{0}. \end{aligned} \tag{2.13}$$

Das ist mit den gewöhnlichen Begriffen des Riemannschen Integralbegriffs nicht verträglich. Wir würden erwarten, dass ein Integral über V, dessen Integrand in V

bis auf den Punkt $\boldsymbol{r} = \boldsymbol{0}$ überall verschwindet, selbst verschwindet. Tatsächlich soll (2.13) auch nur eine formale Schreibweise darstellen, die zusammen mit der formalen Anwendung des Gaußschen Integralsatzes die Ergebnisse der Flächenintegrationen im Abschnitt 2.2.1 reproduziert. Man drückt diese formale Schreibweise auch durch die sogenannte *Diracsche δ–Funktion* $\delta(\boldsymbol{r})$ aus,

$$\frac{\partial \boldsymbol{E}(\boldsymbol{r})}{\partial \boldsymbol{r}} = \frac{q}{\epsilon_0}\,\delta(\boldsymbol{r}), \tag{2.14}$$

worin $\delta(\boldsymbol{r})$ die formalen Eigenschaften

$$\begin{aligned} \delta(\boldsymbol{r}) &= 0 \quad \text{in} \quad \boldsymbol{r} \neq \boldsymbol{0}, \\ \int_V d^3r\,\delta(\boldsymbol{r}) &= \begin{cases} 1 & (\boldsymbol{r} = \boldsymbol{0}) \in V, \\ 0 & (\boldsymbol{r} = \boldsymbol{0}) \notin V, \end{cases} \end{aligned} \tag{2.15}$$

besitzt. Im Anhang B gehen wir ausführlich auf die δ–Funktion ein, wollen hier aber noch eine wichtige und sehr oft verwendete ihrer Eigenschaften kennenlernen und damit zugleich erfahren, dass wir mit ihr formal ebenso rechnen können wie mit einer gewöhnlichen Funktion. Wir zeigen, dass für eine differenzierbare Funktion $\phi(\boldsymbol{r})$

$$\int_V d^3r\,\phi(\boldsymbol{r})\,\delta(\boldsymbol{r}) = \begin{cases} \phi(\boldsymbol{0}) & (\boldsymbol{r} = \boldsymbol{0}) \in V, \\ 0 & (\boldsymbol{r} = \boldsymbol{0}) \notin V, \end{cases} \tag{2.16}$$

gilt. Diese Aussage ist anschaulich klar: wenn $\delta(\boldsymbol{r}) = 0$ für $\boldsymbol{r} \neq \boldsymbol{0}$, dann können wir die differenzierbare Funktion $\phi(\boldsymbol{r})$ an der Stelle $\boldsymbol{r} = \boldsymbol{0}$ vor das Integral ziehen und (2.15) verwenden. Für $(\boldsymbol{r} = \boldsymbol{0}) \notin V$ ist die Aussage in (2.16) trivial, weil $\delta(\boldsymbol{r}) = 0$ für $\boldsymbol{r} \neq \boldsymbol{0}$. Für $(\boldsymbol{r} = \boldsymbol{0}) \in V$ führen wir den formalen Nachweis unter Verwendung der Darstellung

$$\delta(\boldsymbol{r}) = -\frac{1}{4\pi}\,\Delta\,\frac{1}{r} = -\frac{1}{4\pi}\,\partial_\alpha^2\,\frac{1}{r}, \tag{2.17}$$

die aus (2.14) zusammen mit (2.3) folgt. Wir setzen diese Darstellung in das Integral links in (2.16) ein und führen nach der Produktregel der Differentiation die folgende Umformung durch:

$$\phi(\boldsymbol{r})\,\Delta\,\frac{1}{r} = \phi(\boldsymbol{r})\,\partial_\alpha^2\,\frac{1}{r} \;=\; \partial_\alpha\left(\phi(\boldsymbol{r})\,\partial_\alpha\,\frac{1}{r}\right) - (\partial_\alpha\,\phi(\boldsymbol{r}))\,\partial_\alpha\,\frac{1}{r} =$$
$$= \frac{\partial}{\partial\boldsymbol{r}}\left(\phi(\boldsymbol{r})\,\frac{\partial}{\partial\boldsymbol{r}}\,\frac{1}{r}\right) - \frac{\partial\phi(\boldsymbol{r})}{\partial\boldsymbol{r}}\,\frac{\partial}{\partial\boldsymbol{r}}\,\frac{1}{r}.$$

Damit wird

$$\int_V d^3r\,\phi(\boldsymbol{r})\,\delta(\boldsymbol{r}) =$$
$$= \int_V d^3r\,\phi(\boldsymbol{r})\left(-\frac{1}{4\pi}\,\Delta\,\frac{1}{r}\right)$$
$$= -\frac{1}{4\pi}\int_V d^3r\,\frac{\partial}{\partial\boldsymbol{r}}\left(\phi(\boldsymbol{r})\,\frac{\partial}{\partial\boldsymbol{r}}\,\frac{1}{r}\right) + \frac{1}{4\pi}\int_V d^3r\,\frac{\partial\phi(\boldsymbol{r})}{\partial\boldsymbol{r}}\,\frac{\partial}{\partial\boldsymbol{r}}\,\frac{1}{r}. \tag{2.18}$$

Wir beachten, dass wegen $\delta(\boldsymbol{r}) = 0$ in $\boldsymbol{r} \neq \boldsymbol{0}$ das Integrationsvolumen V beliebig verformt werden kann, solange der Punkt $\boldsymbol{r} = \boldsymbol{0}$ entweder immer in V oder immer außerhalb von V liegt. Für $(\boldsymbol{r} = \boldsymbol{0}) \in V$ wählen wir $V = K_r$, worin K_r wieder eine Kugel mit dem Mittelpunkt im Ursprung $\boldsymbol{r} = \boldsymbol{0}$ und mit dem Radius r ist, und führen den Limes $r \to 0$ aus. Für das erste Integral in (2.18) erhalten wir damit durch formale Anwendung des Gaußschen Integralsatzes

$$-\frac{1}{4\pi}\int_V d^3r\,\frac{\partial}{\partial\boldsymbol{r}}\left(\phi(\boldsymbol{r})\,\frac{\partial}{\partial\boldsymbol{r}}\,\frac{1}{r}\right) =$$
$$= \lim_{r\to 0}\left(-\frac{1}{4\pi}\right)\int_{K_r} d^3r\,\frac{\partial}{\partial\boldsymbol{r}}\left(\phi(\boldsymbol{r})\,\frac{\partial}{\partial\boldsymbol{r}}\,\frac{1}{r}\right)$$
$$= \lim_{r\to 0}\left(-\frac{1}{4\pi}\right)\oint_{\partial K_r} d\boldsymbol{f}\,\phi(\boldsymbol{r})\,\frac{\partial}{\partial\boldsymbol{r}}\,\frac{1}{r}$$
$$= \phi(\boldsymbol{0})\,\lim_{r\to 0}\left(-\frac{1}{4\pi}\right)\oint_{\partial K_r} d\boldsymbol{f}\,\frac{\partial}{\partial\boldsymbol{r}}\,\frac{1}{r}$$
$$= \phi(\boldsymbol{0})\,\lim_{r\to 0}\frac{1}{4\pi}\oint_{4\pi} d\Omega\,r^2\,\frac{\boldsymbol{r}}{r}\,\frac{\boldsymbol{r}}{r^3} = \phi(\boldsymbol{0}), \tag{2.19}$$

worin wir die aus der Differenzierbarkeit von $\phi(\boldsymbol{r})$ folgende Stetigkeit und im letzten Schritt das Ergebnis der Rechnung zu (2.9) verwendet haben. Wir müssen jetzt noch zeigen, dass das zweite Integral in (2.18) verschwindet. Dazu nehmen wir an, dass $|\partial\phi(\boldsymbol{r})/\partial\boldsymbol{r}| < C$, also beschränkt ist. Dann wird mit $V = K_r$

$$\left|\int_{K_r} d^3r\, \frac{\partial\phi(\boldsymbol{r})}{\partial\boldsymbol{r}}\, \frac{\partial}{\partial\boldsymbol{r}}\, \frac{1}{r}\right| < C \int_0^r dr'\, 4\,\pi\, r'^2\, \frac{1}{r'^2} = 4\,\pi\, r, \tag{2.20}$$

woraus mit $r \to 0$ die Behauptung folgt. Hier haben wir $d^3r = 4\,\pi\, r^2\, dr$ für rotationssymmetrische Integranden gesetzt, vgl. auch Anhang A.

Die Aussage (2.16) lässt sich auf jeden beliebigen Punkt $\boldsymbol{r}_0$ übertragen, d.h., es gilt auch

$$\int_V d^3r\, \phi(\boldsymbol{r})\, \delta(\boldsymbol{r} - \boldsymbol{r}_0) = \begin{cases} \phi(\boldsymbol{r}_0) & \boldsymbol{r}_0 \in V, \\ 0 & \boldsymbol{r}_0 \notin V, \end{cases} \tag{2.21}$$

Wir führen den Nachweis durch die Substitution $\boldsymbol{r}' = \boldsymbol{r} - \boldsymbol{r}_0$, wobei $d^3r = d^3r'$. Das Integrationsgebiet V verschiebt sich in das Gebiet V', und V' enthält den Punkt $\boldsymbol{r} = \boldsymbol{0}$ genau dann, wenn V den Punkt $\boldsymbol{r}_0$ enthält:

$$\int_V d^3r\, \phi(\boldsymbol{r})\, \delta(\boldsymbol{r} - \boldsymbol{r}_0) = \int_{V'} d^3r'\, \phi(\boldsymbol{r}' + \boldsymbol{r}_0)\, \delta(\boldsymbol{r}') = [\phi(\boldsymbol{r}' + \boldsymbol{r}_0)]_{\boldsymbol{r}'=0} = \phi(\boldsymbol{r}_0),$$

wenn $\boldsymbol{r}_0 \in V$, anderenfalls verschwindet das Integral.

2.2.3 Nachweis des Gaußschen Integralsatzes

Wir gehen wie in 1.4.3 vor und weisen den Gaußschen Integralsatz zunächst für ein quaderförmiges Volumen V nach. Wir wählen ein Koordinatensystem mit dem Ursprung in einer der Ecken des Quaders und mit den Achsen $\boldsymbol{e}_1, \boldsymbol{e}_2, \boldsymbol{e}_3$ parallel zu den Kanten des Quaders. Dessen Kantenlängen seien $\Delta x_1, \Delta x_2, \Delta x_3$, vgl. Abbildung 2.1. Es seien $F_\alpha^\pm$, $\alpha = 1, 2, 3$ die beiden Quaderflächen senkrecht zu den Richtungen von $\boldsymbol{e}_\alpha$.

Es ist

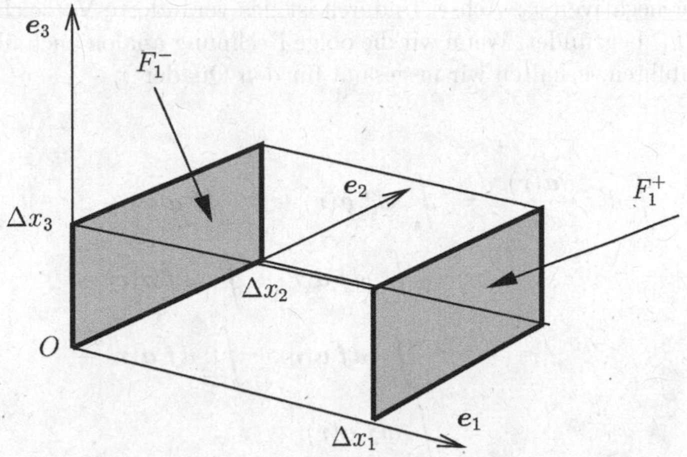

Abbildung 2.1: Zum Nachweis des Gaußschen Integralsatzes

$$\int_V d^3r\,\frac{\partial \boldsymbol{a}(\boldsymbol{r})}{\partial \boldsymbol{r}} =$$

$$= \int_0^{\Delta x_1} dx_1 \int_0^{\Delta x_2} dx_2 \int_0^{\Delta x_3} dx_3 \left(\frac{\partial a_1(\boldsymbol{r})}{\partial x_1} + \frac{\partial a_2(\boldsymbol{r})}{\partial x_2} + \frac{\partial a_3(\boldsymbol{r})}{\partial x_3}\right),$$

$$\int_0^{\Delta x_1} dx_1 \int_0^{\Delta x_2} dx_2 \int_0^{\Delta x_3} dx_3\,\frac{\partial a_1(x_1,x_2,x_3)}{\partial x_1} =$$

$$= \int_0^{\Delta x_2} dx_2 \int_0^{\Delta x_3} dx_3 \underbrace{\int_0^{\Delta x_1} dx_1\,\frac{\partial a_1(x_1,x_2,x_3)}{\partial x_1}}_{=a_1(\Delta x_1,x_2,x_3)-a_1(0,x_2,x_3)}$$

$$= \int_{F_1^+} df_1\, a_1(\Delta x_1,x_2,x_3) - \int_{F_1^-} df_1\, a_1(0,x_2,x_3)$$

$$= \int_{F_1^+} d\boldsymbol{f}\,\boldsymbol{a}(\boldsymbol{r}) + \int_{F_1^-} d\boldsymbol{f}\,\boldsymbol{a}(\boldsymbol{r}).$$

Hier haben wir benutzt, dass die Flächenelemente $d\boldsymbol{f}$ auf den Flächen $F_1^{\pm}$ die Gestalt

$$d\boldsymbol{f} = \pm dx_2\,dx_3\,\boldsymbol{e}_1 \qquad \text{auf} \qquad F_1^{\pm}$$

haben. Mit der Vereinbarung, dass die Normalenrichtung der $\boldsymbol{df}$ aus dem Volumen V nach außen weist, haben die $\boldsymbol{df}$ auf F_1^+ die Richtung der positiven x_1–Achse, auf F_1^- die der negativen x_1–Achse. Dadurch ist das veränderte Vorzeichen in dem Integral über F_1^- begründet. Wenn wir die obige Rechnung analog auch über die $F_2^\pm$ und $F_3^\pm$ durchführen, erhalten wir insgesamt für den Quader V

$$\begin{aligned}\int_V d^3r\,\frac{\partial \boldsymbol{a}(\boldsymbol{r})}{\partial \boldsymbol{r}} &= \int_{F_1^+} d\boldsymbol{f}\,\boldsymbol{a}(\boldsymbol{r}) + \int_{F_1^-} d\boldsymbol{f}\,\boldsymbol{a}(\boldsymbol{r}) + \\ &\quad + \int_{F_2^+} d\boldsymbol{f}\,\boldsymbol{a}(\boldsymbol{r}) + \int_{F_2^-} d\boldsymbol{f}\,\boldsymbol{a}(\boldsymbol{r}) + \\ &\quad + \int_{F_3^+} d\boldsymbol{f}\,\boldsymbol{a}(\boldsymbol{r}) + \int_{F_3^-} d\boldsymbol{f}\,\boldsymbol{a}(\boldsymbol{r}) + \\ &= \int_{\partial V} d\boldsymbol{f}\,\boldsymbol{a}(\boldsymbol{r}). \end{aligned} \tag{2.22}$$

Wenn wir den Gaußschen Integralsatz für ein kleines Volumen ΔV statt V formulieren, dann können wir das Volumenintegral auf der linken Seite mit einem entsprechend verallgemeinerten Mittelwertsatz der Integralrechnung in die Form

$$\int_{\Delta V} d^3r\,\frac{\partial \boldsymbol{a}(\boldsymbol{r})}{\partial \boldsymbol{r}} = \Delta V \left(\frac{\partial \boldsymbol{a}(\boldsymbol{r})}{\partial \boldsymbol{r}}\right)_{\boldsymbol{r}=\boldsymbol{r}_0} \tag{2.23}$$

bringen, worin $\boldsymbol{r}_0$ ein Punkt in dem Volumen ΔV ist. Wenn wir die genaue Lage des Punktes $\boldsymbol{r}_0$ unberücksichtigt lassen, erhalten wir einen Fehler der Ordnung $\Delta V\, O(\Delta V)$, so dass der Gaußsche Satz auch

$$\Delta V\,\frac{\partial \boldsymbol{a}(\boldsymbol{r})}{\partial \boldsymbol{r}} = \int_{\partial\Delta V} d\boldsymbol{f}\,\boldsymbol{a}(\boldsymbol{r}) + \Delta V\, O(\Delta V) \tag{2.24}$$

lautet. Diese Form des Gaußschen Satzes begründet erst die Sprechweise "Quelle" für die Divergenz. Das Integral über die geschlossene Fläche $\partial\Delta V$ auf der rechten Seite lässt sich als der gesamte *Fluss* des Vektorfeldes aus dem Volumen ΔV deuten. Ein solcher Fluss kann nur auftreten, wenn sich in dem Volumen ΔV eine "Quelle" (oder "Senke") befindet.

Wir verallgemeinern die Aussage des Gaußschen Integralsatzes von einem Quader auf beliebige Volumina V, indem wir dieses beliebig genau durch einander berührende

Quader ΔV_i, $i = 1, 2, \ldots, N$ approximieren. Wir formulieren (2.22) für jedes der ΔV_i und bilden die Summe über $i = 1, 2, \ldots, N$. Bei der i–Summe der Flächenintegrale auf der rechten Seite heben sich alle Beiträge von inneren Flächen auf, weil über jede solche Fläche zweimal mit entgegengesetzten Orientierungen integriert wird. Mit $N \to \infty$, so dass jedes $\Delta V_i \to 0$, erhalten wir so den Gaußschen Integralsatz für beliebige Volumina V in der Form (2.7).

2.3 System von Punktladungen

Bisher haben wir das elektrische Feld einer einzelnen Punktladung diskutiert. Wir wollen unsere Überlegungen nunmehr auf den Fall verallgemeinern, dass wir es mit einem System von N Punktladungen q_i, $i = 1, 2, \ldots, N$ zu tun haben, die sich jeweils an festen Orten $\boldsymbol{r}_i$ befinden sollen. Von dieser Situation ausgehend werden wir im folgenden Abschnitt auch kontinuierliche Ladungsverteilungen betrachten.

Wenn es nur eine einzelne Punktladung q_i am Ort $\boldsymbol{r}_i$ gäbe, dann könnten wir sofort unsere bisherigen Ergebnisse aus dem Kapitel 1 und den vorhergehenden Abschnitten dieses Kapitels durch eine Translation $\boldsymbol{r} \to \boldsymbol{r} - \boldsymbol{r}_i$ übernehmen: Wir hätten den Abstandsvektor $\boldsymbol{r}$ zum bisherigen Ort $\boldsymbol{r} = \boldsymbol{0}$ einer Punktladung durch den Abstandsvektor $\boldsymbol{r} - \boldsymbol{r}_i$ vom Ort $\boldsymbol{r}_i$ einer Punktladung q_i zu ersetzen. Für das elektrische Feld $\boldsymbol{E}_i(\boldsymbol{r})$ am Ort $\boldsymbol{r}$ erhielten wir somit

$$\begin{aligned} \boldsymbol{E}_i(\boldsymbol{r}) &= \frac{1}{4\pi\epsilon_0} \frac{q_i}{|\boldsymbol{r} - \boldsymbol{r}_i|^2} \frac{\boldsymbol{r} - \boldsymbol{r}_i}{|\boldsymbol{r} - \boldsymbol{r}_i|} = -\frac{\partial}{\partial \boldsymbol{r}} \Phi_i(\boldsymbol{r}), \\ \Phi_i(\boldsymbol{r}) &= \frac{1}{4\pi\epsilon_0} \frac{q_i}{|\boldsymbol{r} - \boldsymbol{r}_i|}, \end{aligned} \tag{2.25}$$

vgl. (1.24) im Abschnitt 1.3.1. Aus der Existenz eines Potentials $\Phi_i(\boldsymbol{r})$ folgt wiederum, dass die Wirbel des Feldes $\boldsymbol{E}_i(\boldsymbol{r})$ verschwinden,

$$\frac{\partial}{\partial \boldsymbol{r}} \times \boldsymbol{E}_i(\boldsymbol{r}) = 0, \tag{2.26}$$

vgl. (1.44) im Abschnitt 1.3.3. Ebenso folgt für die Quellen des Feldes $\boldsymbol{E}_i(\boldsymbol{r})$

$$\frac{\partial}{\partial \boldsymbol{r}} \boldsymbol{E}_i(\boldsymbol{r}) = \frac{q_i}{\epsilon_0} \delta(\boldsymbol{r} - \boldsymbol{r}_i), \tag{2.27}$$

vgl. (2.14) im Abschnitt 2.2.2.

Von diesen Formulierungen aus können wir auf das elektrische Feld $\boldsymbol{E}(\boldsymbol{r})$ des gesamten Systems von Punktladungen q_i, $i = 1, 2, \ldots, N$ schließen, indem wir auf eine Überlegung im Abschnitt 1.2.4 zurückgreifen, gemäß der wir das elektrische Feld am Ort $\boldsymbol{r}$ durch die Kraft $\boldsymbol{F}_{\Delta q}(\boldsymbol{r})$ auf eine Probeladung Δq am Ort $\boldsymbol{r}$ messen wollten:

$$\boldsymbol{E}(\boldsymbol{r}) = \lim_{\Delta q \to 0} \frac{1}{\Delta q} \boldsymbol{F}_{\Delta q}(\boldsymbol{r}),$$

vgl. 1.14. Jetzt benutzen wir das vierte Newtonsche Prinzip, nach dem sich die Gesamtkraft auf einen Körper additiv, nämlich im Sinne der Vektoraddition, aus den einzelnen Kräften auf diesen Körper zusammensetzt. Als Körper stellen wir uns den Träger der Probeladung Δq vor, als die einzelnen Kräfte diejenigen, die die einzelnen Ladungen q_i auf Δq ausüben. Damit überträgt sich das vierte Newtonsche Prinzip offensichtlich von den Kräften auf die elektrischen Felder, d.h., das Feld $\boldsymbol{E}(\boldsymbol{r})$ des Gesamtsystems der Ladungen setzt sich additiv aus den einzelnen $\boldsymbol{E}_i(\boldsymbol{r})$ zusammen, so dass durch Summation von (2.25) über $i = 1, 2, \ldots, N$ folgt:

$$\begin{aligned} \boldsymbol{E}(\boldsymbol{r}) &= \frac{1}{4\pi\epsilon_0} \sum_{i=1}^{N} \frac{q_i}{|\boldsymbol{r}-\boldsymbol{r}_i|^2} \frac{\boldsymbol{r}-\boldsymbol{r}_i}{|\boldsymbol{r}-\boldsymbol{r}_i|} = -\frac{\partial}{\partial \boldsymbol{r}} \Phi(\boldsymbol{r}), \\ \Phi(\boldsymbol{r}) &= \frac{1}{4\pi\epsilon_0} \sum_{i=1}^{N} \frac{q_i}{|\boldsymbol{r}-\boldsymbol{r}_i|}. \end{aligned} \tag{2.28}$$

Nach wie vor existiert ein Potential $\Phi(\boldsymbol{r})$, so dass die Wirbel von $\boldsymbol{E}(\boldsymbol{r})$ verschwinden. Außerdem summieren wir auch die Quellengleichung (2.27) über $i = 1, 2, \ldots, N$ und erhalten für $\boldsymbol{E}(\boldsymbol{r})$ die Feldgleichungen

$$\frac{\partial}{\partial \boldsymbol{r}} \times \boldsymbol{E}(\boldsymbol{r}) = 0, \qquad \frac{\partial}{\partial \boldsymbol{r}} \boldsymbol{E}(\boldsymbol{r}) = \sum_{i=1}^{N} \frac{q_i}{\epsilon_0} \delta(\boldsymbol{r}-\boldsymbol{r}_i). \tag{2.29}$$

Um uns die Aussage der Quellengleichung in (2.29) zu veranschaulichen, integrieren wir sie über ein beliebiges Volumen V:

$$\int_V d^3r \, \frac{\partial}{\partial \boldsymbol{r}} \boldsymbol{E}(\boldsymbol{r}) = \sum_{i=1}^{N} \frac{q_i}{\epsilon_0} \int_V d^3r \, \delta(\boldsymbol{r}-\boldsymbol{r}_i). \tag{2.30}$$

Auf der linken Seite wenden wir den Gaußschen Integralsatz an, auf der rechten Seite ist offensichtlich

$$\int_V d^3r\, \delta(\boldsymbol{r} - \boldsymbol{r}_i) = \begin{cases} 1 & \boldsymbol{r}_i \in V, \\ 0 & \boldsymbol{r}_i \notin V. \end{cases}$$

Damit wird aus (2.30)

$$\int_{\partial V} d\boldsymbol{f}\, \boldsymbol{E}(\boldsymbol{r}) = \frac{1}{\epsilon_0} \sum_{q_i \in V} q_i = Q_V. \tag{2.31}$$

Q_V ist die gesamte, in dem Volumen V enthaltene elektrische Ladung.

Die Verwendung des vierten Newtonschen Prinzips zur Verallgemeinerung des elektrischen Feldes einer einzelnen Punktladung auf ein System von Punktladungen bedarf einer kritischen Diskussion. Durch die übertragung des vierten Newtonschen Prinzips, das naheliegenderweise auch *Superpositionsprinzip* genannt wird, auf das elektrische Feld wird die durch die Gleichungen (2.29) beschriebene Feldtheorie für das Feld $\boldsymbol{E}(\boldsymbol{r})$ zu einer *linearen* Feldtheorie: Das elektrische Feld $\boldsymbol{E}(\boldsymbol{r})$ hängt *linear* mit den elektrischen Ladungen q_i zusammen. Eine Vervielfachung der Ladungen um einen beliebigen Faktor λ führt zu einer Vervielfachung des Feldes um denselben Faktor λ. Es zeigt sich also, dass das vierte Newtonsche Prinzip zwar eine Aussage über Kräfte macht, die in der Mechanik als Ursachen von Bewegungen von Körpern betrachtet werden, dass es jedoch in seinen Konsequenzen über den Bereich der Mechanik hinausgeht, nämlich eine Aussage über das Verhalten von Feldern macht. Folglich könnte man das vierte Newtonsche Prinzip auch in der Form *"Feldtheorien sind linear"* aussprechen, jedoch ist diese Aussage keinesfalls allgemein zutreffend. Schon die Feldtheorie für die Gravitationskräfte stellt sich als nicht–linear heraus, desgleichen z.B. die Quantenfeldtheorie der sogenannten *starken Wechselwirkung*, die etwa den Zusammenhalt von Nukleonen im Kern beschreibt.

Konsequenter wäre es gewesen, wenn wir beim Übergang von der Feldtheorie einer einzelnen Punktladung in (2.26) und (2.27) zur Feldtheorie eines Systems von Punktladungen in (2.29) *gefordert* hätten, dass wir eine lineare Feldtheorie entwerfen wollten. Die Berechtigung dieser Forderung müssen wir, wie immer bei Forderungen für physikalische Theorien, auf das Experiment stützen. Tatsächlich zeigt das Experiment, dass elektrische Felder sich im Sinne der Vektoraddition addieren bzw. überlagern.

2.4 Kontinuierliche Ladungsverteilungen

2.4.1 Die Ladungsdichte

In einer weiteren Verallgemeinerung wollen wir übergehen von einem System von Punktladungen q_i zu einer *kontinuierlichen Ladungsverteilung.* Wir zeigen nun zunächst, dass

$$\boxed{\rho(\boldsymbol{r}) := \sum_i q_i \, \delta(\boldsymbol{r} - \boldsymbol{r}_i)} \tag{2.32}$$

die Bedeutung einer räumlichen *Ladungsdichte* hat. Dazu integrieren wir (2.32) über ein Volumenelement ΔV:

$$\int_{\Delta V} d^3r \, \rho(\boldsymbol{r}) = \sum_i q_i \int_{\Delta V} d^3r \, \delta(\boldsymbol{r} - \boldsymbol{r}_i) = Q_{\Delta V}, \tag{2.33}$$

worin $Q_{\Delta V}$ die in ΔV enthaltene elektrische Ladung ist, vgl. (2.30) im vorhergehenden Abschnitt. Aus (2.33) folgt mit $\Delta V \to 0$ auch

$$\rho(\boldsymbol{r}) = \lim_{\Delta V \to 0} \frac{Q_{\Delta V}}{\Delta V}, \tag{2.34}$$

worin $\boldsymbol{r}$ der Ort des Volumenelements ΔV ist. Mit (2.33) oder (2.34) ist der erwünschte Nachweis erbracht.

2.4.2 Formulierung der Feldgleichungen

Unter Verwendung der Ladungsdichte $\rho(\boldsymbol{r})$ können wir nun den Ausdruck (2.28) für das Potential eines Systems von Punktladungen wie folgt umformen:

$$\Phi(\boldsymbol{r}) \;=\; \frac{1}{4\pi\epsilon_0} \sum_i \frac{q_i}{|\boldsymbol{r} - \boldsymbol{r}_i|}$$

$$
\begin{aligned}
&= \frac{1}{4\pi\epsilon_0}\sum_i \int d^3r'\,\delta(\boldsymbol{r}'-\boldsymbol{r}_i)\,\frac{q_i}{|\boldsymbol{r}-\boldsymbol{r}'|} \\
&= \frac{1}{4\pi\epsilon_0}\int d^3r'\,\frac{1}{|\boldsymbol{r}-\boldsymbol{r}'|}\sum_i q_i\,\delta(\boldsymbol{r}'-\boldsymbol{r}_i) \\
&= \frac{1}{4\pi\epsilon_0}\int d^3r'\,\frac{\rho(\boldsymbol{r}')}{|\boldsymbol{r}-\boldsymbol{r}'|}. \qquad (2.35)
\end{aligned}
$$

Die Volumenintegration erfolgt über die Ortsvariable $\boldsymbol{r}'$, die die Ladungsdichte $\rho(\boldsymbol{r}')$ "abtastet". Der Ort $\boldsymbol{r}$, der sogenannte *Aufpunkt*, ist der Ort, an dem das Potential $\Phi(\boldsymbol{r})$ bestimmt wird. Alle Punkte $\boldsymbol{r}'$ mit einer nichtverschwindenden Ladungsdichte $\rho(\boldsymbol{r}')$ tragen zum Potential $\Phi(\boldsymbol{r})$ am Ort $\boldsymbol{r}$ bei.

Mit einer völlig analogen Umformung finden wir für das elektrische Feld den Ausdruck

$$
\boldsymbol{E}(\boldsymbol{r}) = \frac{1}{4\pi\epsilon_0}\int d^3r'\,\frac{\rho(\boldsymbol{r}')}{|\boldsymbol{r}-\boldsymbol{r}'|^2}\,\frac{\boldsymbol{r}-\boldsymbol{r}'}{|\boldsymbol{r}-\boldsymbol{r}'|} = \frac{1}{4\pi\epsilon_0}\int d^3r'\,\rho(\boldsymbol{r}')\,\frac{\boldsymbol{r}-\boldsymbol{r}'}{|\boldsymbol{r}-\boldsymbol{r}'|^3}. \qquad (2.36)
$$

Nach wie vor gilt auch

$$
\boldsymbol{E}(\boldsymbol{r}) = -\frac{\partial}{\partial\boldsymbol{r}}\,\Phi(\boldsymbol{r}), \qquad (2.37)
$$

denn es ist

$$
\begin{aligned}
-\frac{\partial}{\partial\boldsymbol{r}}\,\Phi(\boldsymbol{r}) &= \frac{1}{4\pi\epsilon_0}\left(-\frac{\partial}{\partial\boldsymbol{r}}\right)\int d^3r'\,\frac{\rho(\boldsymbol{r}')}{|\boldsymbol{r}-\boldsymbol{r}'|} \\
&= \frac{1}{4\pi\epsilon_0}\int d^3r'\,\rho(\boldsymbol{r}')\left(-\frac{\partial}{\partial\boldsymbol{r}}\,\frac{1}{|\boldsymbol{r}-\boldsymbol{r}'|}\right) \\
&= \frac{1}{4\pi\epsilon_0}\int d^3r'\,\rho(\boldsymbol{r}')\,\frac{\boldsymbol{r}-\boldsymbol{r}'}{|\boldsymbol{r}-\boldsymbol{r}'|^3}.
\end{aligned}
$$

Darin können wir den Operator $\partial/\partial\boldsymbol{r}$ in das Integral "hineinziehen", weil dieses über $\boldsymbol{r}'$ und nicht über $\boldsymbol{r}$ integriert. Außerdem haben wir die aus (1.23) im Abschnitt 1.3.1 durch Translation um $-\boldsymbol{r}'$ folgende Relation

$$\frac{\partial}{\partial \boldsymbol{r}} \frac{1}{|\boldsymbol{r}-\boldsymbol{r}'|} = -\frac{\boldsymbol{r}-\boldsymbol{r}'}{|\boldsymbol{r}-\boldsymbol{r}'|^3}$$

benutzt. Es existiert also weiterhin ein Potential für das elektrische Feld, so dass dessen Wirbel wie bisher verschwinden. Die Aussage über die Quellen des elektrischen Feldes können wir direkt aus (2.29) im vorhergehenden Abschnitt unter Verwendung der Definition der Ladungsdichte in (2.32) übernehmen. Insgesamt erhalten wir so als Feldgleichungen

$$\boxed{\frac{\partial}{\partial \boldsymbol{r}} \times \boldsymbol{E}(\boldsymbol{r}) = 0, \qquad \frac{\partial}{\partial \boldsymbol{r}} \boldsymbol{E}(\boldsymbol{r}) = \frac{1}{\epsilon_0}\,\rho(\boldsymbol{r}).} \tag{2.38}$$

Jede dieser beiden Feldgleichungen enthält eine Differentiation 1. Ordnung des Feldes, nämlich Rotation und Divergenz. Die Feldgleichungen (2.38) sind also zwei Differentialgleichungen 1. Ordnung für das elektrische Feld. Diese lassen sich zu einer Differentialgleichung 2. Ordnung kombinieren. Wenn wir nämlich die aus dem Verschwinden der Rotation folgende Potentialdarstellung (2.37) in die Quellengleichung in (2.38) einsetzen, erhalten wir

$$-\frac{\partial}{\partial \boldsymbol{r}}\left(\frac{\partial}{\partial \boldsymbol{r}}\,\Phi(\boldsymbol{r})\right) = \frac{1}{\epsilon_0}\,\rho(\boldsymbol{r}).$$

Die auf der linken Seite auftretende Operatorkombination schreiben wir in folgender Weise um:

$$\frac{\partial}{\partial \boldsymbol{r}}\left(\frac{\partial}{\partial \boldsymbol{r}}\,\Phi(\boldsymbol{r})\right) = \partial_\alpha\,\partial_\alpha\,\Phi(\boldsymbol{r}) = \Delta\Phi(\boldsymbol{r}),$$

vgl. den Abschnitt 2.1. Δ ist wiederum der Laplace–Operator, nicht zu verwechseln mit der oben verwendeten Schreibweise ΔV. Wir erhalten also aus den beiden Feldgleichungen (2.38) die äquivalente Gleichung

$$\boxed{\Delta\Phi(\boldsymbol{r}) = -\frac{1}{\epsilon_0}\,\rho(\boldsymbol{r}),} \tag{2.39}$$

auch *Poisson–Gleichung* genannt. Da der Laplace–Operator zwei Differentiationen enthält, ist die Poisson–Gleichung in der Tat eine Differentialgleichung 2. Ordnung.

Das Problem der durch die Feldgleichungen (2.38) oder durch die Poisson–Gleichung beschriebenen Elektrostatik besteht darin, aus einer vorzugebenden Ladungsdichte $\rho(\boldsymbol{r})$ das elektrische Feld $\boldsymbol{E}(\boldsymbol{r})$ bzw. sein Potential $\Phi(\boldsymbol{r})$ zu berechnen. Zur Lösung dieses Problems sind *Randbedingungen* vorzugeben, z.B. das Verhalten von $\boldsymbol{E}(\boldsymbol{r})$ bzw. von $\Phi(\boldsymbol{r})$ für $|\boldsymbol{r}| \to \infty$. Wir werden auf einige der Lösungstechniken der Elektrostatik im weiteren Verlauf des Textes eingehen. Dabei werden wir auch andere als die eben genannten Randbedingungen kennenlernen.

Diese letztere Bemerkung gibt Anlass zu einer Rückschau auf unsere bisherige Vorgehensweise in diesem und im vorhergehenden Kapitel. Was die Lösungen der elektrostatischen Feldgleichungen bzw. der Poisson–Gleichung betrifft, so kennen wir ja bereits eine solche Lösung, nämlich $\boldsymbol{E}(\boldsymbol{r})$ aus (2.36) bzw. $\Phi(\boldsymbol{r})$ aus (2.35). Diese beiden Lösungen erfüllen als Randbedingung $\boldsymbol{E}(\boldsymbol{r}) \to 0$ bzw. $\Phi(\boldsymbol{r}) \to 0$ für $|\boldsymbol{r}| \to \infty$. (Hierzu müssen wir die physikalisch sinnvolle Voraussetzung machen, dass die Ladungsdichte $\rho(\boldsymbol{r})$ nur in einem endlichen Bereich des Raumes nichtverschwindende Beiträge liefert.) Tatsächlich sind wir sogar umgekehrt vorgegangen: Aus der Lösung $\boldsymbol{E}(\boldsymbol{r})$ für eine einzelne Punktladung $\rho(\boldsymbol{r}) = q\,\delta(\boldsymbol{r})$ haben wir auf die Feldgleichungen geschlossen, nämlich auf das Verschwinden der Wirbel im Kapitel 1 und auf die Ladung als Quelle des Feldes in diesem Kapitel. Diese Vorgehensweise erscheint problematisch: Aus einer speziellen Lösung schließen wir auf die Art der Feldgleichungen, um aus diesen später weitere Lösungen zu anderen Randbedingungen zu gewinnen und für physikalisch real zu halten. Die spezielle Lösung für eine Punktladung erfüllt natürlich auch andere Gleichungen als die in (2.38) formulierten Feldgleichungen, sogar beliebig viele andere Gleichungen. Es ist zu begründen, warum wir die Wirbel und Quellen des Feldes zur Formulierung einer Feldtheorie heranziehen. Ein wesentliches Argument dafür ist, dass Rotation und Divergenz geometrisch invariante Operationen sind, d.h., dass die mit ihnen formulierten Feldgleichungen unter Koordinatentransformationen, wie wir sie in den Abschnitten 1.3.2 und 1.3.3 betrachtet haben, ihre Form behalten, d.h., *forminvariant* sind. Das müssen wir selbstverständlich von einer physikalisch realen Feldtheorie fordern, dass ihre Form nicht von dem verwendeten Koordinatensystem abhängt. Diesen Invarianzgedanken werden wir später bei der relativistischen Formulierung der Feldtheorie verwenden, um dort einen ganz anderen Weg ihrer physikalischen Begründung zu finden. Vorerst müssen wir nochmals darauf verweisen, dass das physikalische Experiment die Formulierung der Feldgleichungen in (2.38) bestätigt.

2.4.3 Glatte Ladungsverteilungen

Die in (2.32) bzw. (2.34) definierte räumliche Ladungsdichte

$$\rho(\boldsymbol{r}) = \sum_i q_i \, \delta(\boldsymbol{r} - \boldsymbol{r}_i) = \lim_{\Delta V \to 0} \frac{Q_{\Delta V}}{\Delta V} \tag{2.40}$$

besitzt nur am Ort der Ladungen q_i nichtverschwindende Werte, ist also eine sehr unstetige "Funktion", vgl. Abschnitt 2.2.2. Wir könnten uns vorstellen, dass die Ladungen q_i diejenigen von Teilchen wie Elektronen, Atome oder Moleküle sind. Dann wäre $\rho(\boldsymbol{r})$ eine auf der *mikroskopischen* Längenskala, d.h. auf der Längenskala der Teilchenabstände sehr unstetige Funktion. Auf einer *makroskopischen* Längenskala, die typischerweise immer nur über sehr viele Teilchen variiert, erwarten wir aber einen glatten Verlauf der Ladungsdichte. Diese Glättung können wir dadurch erreichen, dass wir den Limes $\Delta V \to 0$ in (2.40) fallenlassen, also

$$\rho(\boldsymbol{r}) = \frac{Q_{\Delta V}}{\Delta V} \tag{2.41}$$

schreiben und ΔV so wählen, dass es

- einerseits immer noch sehr viele mikroskopische Teilchen enthält, aber
- andererseits hinreichend klein ist, um noch änderungen der Ladungsdichte auf einer makroskopischen Längenskala zu erfassen.

Hierzu müssen wir voraussetzen, dass es ein entsprechendes "Fenster" zwischen der mikroskopischen und der makroskopischen Längenskala gibt, wodurch die sinnvoll beschreibbaren Änderungen der Ladungsdichte eingeschränkt werden, nämlich auf solche, die sich über viele Teilchenabstände erstrecken. Wir werden auf diese Problematik ausführlicher zurückkommen, wenn wir das Verhalten von Materie in Feldern beschreiben werden.

2.4.4 Feldlinien

Feldlinien sind ein anschauliches Hilfsmittel, um sich den Verlauf von Feldern vorzustellen. Mit der Angabe eines Feldes $\boldsymbol{E}(\boldsymbol{r})$ wird jedem Punkt $\boldsymbol{r}$ des Raumes ein

Vektor $\boldsymbol{E}$ zugeordnet, d.h. ein "Pfeil" bestimmter Länge und bestimmter Richtung. Diese Zuordnung lässt sich grafisch, z.B. schon in zwei Dimensionen, nur sehr schwer darstellen. Die Feldlinie ist eine vereinfachte Darstellung des Feldes. Sie wird so konstruiert, dass sie von einem beliebigen Punkt $\boldsymbol{r}_0$ ausgehend immer in die jeweilige Feldrichtung fortgesetzt wird, d.h., dass die Linien–Elemente $d\boldsymbol{r}$ am Ort $\boldsymbol{r}$ immer parallel zu $\boldsymbol{E}(\boldsymbol{r})$ sein sollen. Denken wir uns die Feldlinie in Parameterform dargestellt, $\boldsymbol{r} = \boldsymbol{r}(s)$, dann soll

$$\frac{d\boldsymbol{r}}{ds} = \boldsymbol{E}(\boldsymbol{r}(s)) \tag{2.42}$$

sein, bzw. die Feldlinie $\boldsymbol{r}(s)$ soll eine Lösung der vektoriellen Differential–Gleichung (2.42) sein. Dabei soll s ein beliebiger Parameter sein, z.B. die Bogenlänge. Die Feldlinie charakterisiert nur die Richtung des Feldes, zunächst jedoch nicht seine Stärke, also nicht seinen Betrag $|\boldsymbol{E}(\boldsymbol{r})|$. Das ergibt sich bereits aus der Beliebigkeit der Parameterwahl für s.

Wenn wir die isolierten Punkte ausschließen, in denen $\boldsymbol{E}(\boldsymbol{r}) = 0$, dann ist eine Feldlinie durch Vorgabe eines Punktes $\boldsymbol{r}_0$, z.B. $\boldsymbol{r}(s=0) = \boldsymbol{r}_0$, eindeutig bestimmt. Das folgt insbesondere aus der physikalisch begründeten Annahme, dass $\boldsymbol{E}(\boldsymbol{r})$ jedem Punkt $\boldsymbol{r}$ nur einen Wert des Feldes und damit nur eine Feldrichtung zuordnet. Folglich können sich Feldlinien nicht schneiden.

Eine entscheidende Frage ist, ob die Feldlinien einen Anfang und ein Ende besitzen oder ob sie in sich geschlossene Linien sind. Um diese Frage zu beantworten, betrachten wir den Ausdruck

$$\oint_{\partial V} d\boldsymbol{f}\, \boldsymbol{E}(\boldsymbol{r}) = \int_V d^3r\, \frac{\partial}{\partial \boldsymbol{r}}\, \boldsymbol{E}(\boldsymbol{r}),$$

worin wir den Gaußschen Integralsatz verwendet haben und V ein beliebiges Volumen mit der Randfläche ∂V sei. Wir setzen auf der linken Seite die Differential-Gleichung (2.42) ein, auf der rechten Seite die Feldgleichung (2.38) für die Divergenz des elektrischen Feldes und erhalten

$$\oint_{\partial V} d\boldsymbol{f}\, \frac{d\boldsymbol{r}}{ds} = \frac{1}{\epsilon_0} \int_V d^3r\, \rho(\boldsymbol{r}) = \frac{Q}{\epsilon_0}, \tag{2.43}$$

worin Q die Ladung in V ist. Das Flächen–Integral auf der linken Seite liefert einen positiven Beitrag, wenn eine Feldlinie das Volumen V verlässt, d.h., die Richtung von $\boldsymbol{df}$ besitzt, und einen negativen Beitrag, wenn eine Feldlinie in das Volumen V eintritt. Das bedeutet, dass eine Feldlinie nur dann in V beginnen oder enden kann, wenn das Volumen V eine elektrische Ladung besitzt, bzw. dass Feldlinien des elektrischen Feldes bei positiven Ladungen beginnen und bei negativen Ladungen enden.

Wir fragen weiter, ob es auch in sich geschlossene elektrische Feldlinien geben kann. Dazu betrachten wir den Ausdruck

$$\oint_{\partial F} d\boldsymbol{r}\, \boldsymbol{E}(\boldsymbol{r}) = \int_F d\boldsymbol{f}\, \frac{\partial}{\partial \boldsymbol{r}} \times \boldsymbol{E}(\boldsymbol{r}),$$

worin wir den Stokesschen Integralsatz verwendet haben und F ein beliebiges Flächenstück mit der geschlossenen Randlinie ∂F ist. Wiederum setzen wir links die Differential–Gleichung (2.42) ein, auf der rechten Seite die Feldgleichung (2.38) für die Rotation des elektrischen Feldes und erhalten

$$\oint_{\partial F} d\boldsymbol{r}\, \frac{d\boldsymbol{r}}{ds} = 0. \tag{2.44}$$

Wir führen jetzt einen Widerspruchs–Beweis. Es sei L eine in sich geschlossene Feldlinie, die wir als Randlinie eines entsprechenden Flächenstücks F wählen können. Dann folgt

$$\oint_{L} d\boldsymbol{r}\, \frac{d\boldsymbol{r}}{ds} = 0. \tag{2.45}$$

Ohne Beschränkung der Allgemeinheit nehmen wir an, dass der Parameter s die Bogenlänge sei, so dass $(d\boldsymbol{r})^2 = (ds)^2$. Dann wird aus (2.45)

$$\oint_{L} ds = 0. \tag{2.46}$$

Auf der linken Seite steht die Bogenlänge von L. Diese kann aber für eine endliche, in sich geschlossene Linie nicht verschwinden: Es gibt also keine elektrischen Feldlinien, die in sich geschlossen sind.

Kapitel 3

Feldenergie, Multipole, Kräfte und Momente

In diesem Kapitel geht es darum, welche *Feldenergie* das von einer Ladungsverteilung erzeugte elektrische Feld enthält, wie sich eine Ladungsverteilung charakterisieren lässt, welche Energie eine Ladungsverteilung in einem äußeren, also nicht von ihr selbst erzeugten Feld besitzt und welche Kräfte und Drehmomente sie in dem Feld erfährt.

3.1 Feldenergie

3.1.1 Potentielle Energie

Wir betrachten eine elektrische Ladung q in einem Feld $\boldsymbol{E}(\boldsymbol{r})$, das von anderen Ladungen erzeugt sein soll. Die Ladung q erfährt in dem Feld eine Kraft

$$\boldsymbol{F}(\boldsymbol{r}) = q\,\boldsymbol{E}(\boldsymbol{r}) = -q\,\frac{\partial}{\partial \boldsymbol{r}}\,\Phi(\boldsymbol{r}) = -\frac{\partial}{\partial \boldsymbol{r}}\,V(\boldsymbol{r}), \tag{3.1}$$

worin

$$V(\boldsymbol{r}) := q\,\Phi(\boldsymbol{r}) \tag{3.2}$$

offensichtlich die Bedeutung einer potentiellen Energie der Ladung q im Feld $\boldsymbol{E}(\boldsymbol{r})$ besitzt. $V(\boldsymbol{r})$ ist nur bis auf eine Konstante bestimmt, so dass nur Differenzen eine physikalisch reale Aussage machen können: $V(\boldsymbol{r}_B) - V(\boldsymbol{r}_A)$ ist die Energie, die aufzubringen ist oder abgegeben wird, wenn die Ladung q von $\boldsymbol{r}_A$ nach $\boldsymbol{r}_B$ im Feld $\boldsymbol{E}(\boldsymbol{r})$ verschoben wird.

Wir wollen nun die potentielle Energie eines Systems von Ladungen q_i bestimmen. Jede der Ladungen q_i besitzt im Feld der anderen Ladungen q_j, $j \neq i$, eine potentielle Energie W_{ij}. Zunächst ist

$$\Phi_j(\boldsymbol{r}) = \frac{1}{4\pi\epsilon_0} \frac{q_j}{|\boldsymbol{r} - \boldsymbol{r}_j|}$$

das Potential am Ort $\boldsymbol{r}$, das von einer Ladung q_j am Ort $\boldsymbol{r}_j$ erzeugt wird. Folglich ist

$$W_{ij} = q_i\,\Phi_j(\boldsymbol{r}_i) = \frac{1}{4\pi\epsilon_0} \frac{q_i\,q_j}{|\boldsymbol{r}_i - \boldsymbol{r}_j|} \tag{3.3}$$

die potentielle Energie der Ladung q_i am Ort $\boldsymbol{r}_i$ in dem elektrischen Feld, das von der Ladung q_j erzeugt wird. Dieser Ausdruck ist offensichtlich symmetrisch in den beiden Ladungen, so dass W_{ij} auch die potentielle Energie der Ladung q_j in dem elektrischen Feld ist, das von der Ladung q_i erzeugt wird. Ferner gilt $W_{ij} \to 0$, wenn entweder $|\boldsymbol{r}_i| \to \infty$ oder $|\boldsymbol{r}_j| \to \infty$. Wir können also W_{ij} als die Energie interpretieren, die aufzubringen ist oder abgegeben wird, wenn die Ladung q_i aus dem unendlich Fernen bei festgehaltenem $\boldsymbol{r}_j$ an den Ort $\boldsymbol{r}_i$ gebracht wird, oder auch umgekehrt.

Wir bauen nun das System von Ladungen auf, indem wir zunächst q_1 aus dem unendlich Fernen an den Ort $\boldsymbol{r}_1$ bringen. Dabei findet kein Energieaustausch statt, weil noch kein elektrisches Feld vorhanden ist. In einem zweiten Schritt bringen wir q_2 aus dem unendlich Fernen bei festgehaltenem $\boldsymbol{r}_1$ an den Ort $\boldsymbol{r}_2$. Dazu ist die Energie W_{21} aufzubringen bzw. wird die Energie W_{21} frei. Im nächsten Schritt wird q_3 aus dem unendlich Fernen bei festgehaltenen $\boldsymbol{r}_1$ und $\boldsymbol{r}_2$ an den Ort $\boldsymbol{r}_3$ gebracht. Dabei treten die Energiebeiträge W_{31} und W_{32} hinzu usw. Die gesamte potentielle Energie des Systems von Ladungen q_i, $i = 1, 2, \ldots, N$ lautet also

$$W = \sum_{i,j\,(i>j)}^{N} W_{ij} = \frac{1}{4\pi\epsilon_0} \sum_{i,j\,(i>j)}^{N} \frac{q_i\,q_j}{|\boldsymbol{r}_i - \boldsymbol{r}_j|} \tag{3.4}$$

oder, weil $W_{ij} = W_{ji}$, auch

$$W = \frac{1}{2} \sum_{i,j\,(i \neq j)}^{N} W_{ij} = \frac{1}{8\,\pi\,\epsilon_0} \sum_{i,j\,(i \neq j)}^{N} \frac{q_i\,q_j}{|\boldsymbol{r}_i - \boldsymbol{r}_j|}. \tag{3.5}$$

Der Faktor 1/2 ist einzufügen, weil in (3.5) über jedes Paar von Indizes i, j doppelt summiert wird.

3.1.2 Feldenergie und ihre Dichte

Den Ausdruck W für die potentielle Energie des Systems von Ladungen q_i in (3.5) formen wir wie folgt um:

$$\begin{aligned} W &= \frac{1}{2} \sum_{i=1}^{N} q_i \frac{1}{4\,\pi\,\epsilon_0} \sum_{j\,(j \neq i)}^{N} \frac{q_j}{|\boldsymbol{r}_i - \boldsymbol{r}_j|} \\ &= \frac{1}{2} \sum_{i=1}^{N} q_i\,\Phi(\boldsymbol{r}_i) \\ &= \frac{1}{2} \int d^3r \sum_{i=1}^{N} q_i\,\delta(\boldsymbol{r} - \boldsymbol{r}_i)\,\Phi(\boldsymbol{r}) \\ &= \frac{1}{2} \int d^3r\,\rho(\boldsymbol{r})\,\Phi(\boldsymbol{r}). \end{aligned} \tag{3.6}$$

Hier ist

$$\Phi(\boldsymbol{r}_i) = \frac{1}{4\,\pi\,\epsilon_0} \sum_{j\,(j \neq i)}^{N} \frac{q_j}{|\boldsymbol{r}_i - \boldsymbol{r}_j|}$$

das für q_i wirksame Potential. Es wird von den Ladungen q_j mit $j \neq i$ gebildet. Damit sind energetische Beiträge einer Selbstwechselwirkung von q_i mit sich selbst ausgeschlossen. Außerdem haben wir den Ausdruck (2.32),

$$\rho(\boldsymbol{r}) = \sum_i q_i \, \delta(\boldsymbol{r} - \boldsymbol{r}_i), \tag{3.7}$$

für die räumliche Ladungsdichte $\rho(\boldsymbol{r})$ eines Systems von Punktladungen aus dem Abschnitt 2.4.1 verwendet.

In einem weiteren Schritt ersetzen wir die Ladungsdichte $\rho(\boldsymbol{r})$ in (3.6) durch die Quellengleichung

$$\frac{\partial}{\partial \boldsymbol{r}} \boldsymbol{E}(\boldsymbol{r}) = \frac{1}{\epsilon_0} \, \rho(\boldsymbol{r})$$

und führen eine *partielle Integration* aus:

$$W = \frac{\epsilon_0}{2} \int d^3r \left[\frac{\partial}{\partial \boldsymbol{r}} \boldsymbol{E}(\boldsymbol{r}) \right] \Phi(\boldsymbol{r}) = -\frac{\epsilon_0}{2} \int d^3r \, \boldsymbol{E}(\boldsymbol{r}) \, \frac{\partial \Phi(\boldsymbol{r})}{\partial \boldsymbol{r}}. \tag{3.8}$$

Die partielle Integration geht wie im Fall eines eindimensionalen Integrals von einer Produktregel aus, nämlich

$$\frac{\partial}{\partial \boldsymbol{r}} \left[\boldsymbol{E}(\boldsymbol{r}) \, \Phi(\boldsymbol{r}) \right] = \left[\frac{\partial}{\partial \boldsymbol{r}} \boldsymbol{E}(\boldsymbol{r}) \right] \Phi(\boldsymbol{r}) + \boldsymbol{E}(\boldsymbol{r}) \, \frac{\partial \Phi(\boldsymbol{r})}{\partial \boldsymbol{r}}. \tag{3.9}$$

Diese folgt aus der gewöhnlichen Produktregel der Differentiation nach einer Variablen. Das erkennen wir, wenn wir (3.9) in der Komponentenschreibweise (einschließlich Summationskonvention) formulieren,

$$\partial_\alpha \left[E_\alpha \, \Phi \right] = \left[\partial_\alpha \, E_\alpha \right] \Phi + E_\alpha \, \partial_\alpha \, \Phi,$$

wobei wir zur Vereinfachung der Schreibweise das Argument $\boldsymbol{r}$ fortgelassen haben.

Wenn wir nun die Produktregel (3.9) über ein Volumen V integrieren und auf der linken Seite den Gaußschen Integralsatz verwenden, erhalten wir

$$\int_{\partial V} d\boldsymbol{f} \, \boldsymbol{E}(\boldsymbol{r}) \, \Phi(\boldsymbol{r}) = \int_V d^3r \left[\frac{\partial}{\partial \boldsymbol{r}} \boldsymbol{E}(\boldsymbol{r}) \right] \Phi(\boldsymbol{r}) + \int_V d^3r \, \boldsymbol{E}(\boldsymbol{r}) \, \frac{\partial \Phi(\boldsymbol{r})}{\partial \boldsymbol{r}}. \tag{3.10}$$

Jetzt soll das Integrationsvolumen V den gesamten Raum umfassen. Wenn wir nun als Randbedingung voraussetzen, dass das elektrische Feld $\boldsymbol{E}(\boldsymbol{r})$ im unendlich Fernen, also für $|\boldsymbol{r}| \to \infty$ verschwindet, dann verschwindet offensichtlich das Flächenintegral über ∂V auf der linken Seite von (3.10). Die dann verbleibende Aussage ist gerade die in (3.8) verwendete partielle Integration. Partielle Integrationen werden in diesem Text noch häufiger und auch in anderen Kombinationen vorkommen.

Wenn wir in (3.8) $\boldsymbol{E} = -\partial\Phi/\partial\boldsymbol{r}$ beachten, können wir den Ausdruck für die potentielle Energie W in der Form

$$\boxed{W = \int d^3r\, w(\boldsymbol{r}), \qquad w(\boldsymbol{r}) := \frac{\epsilon_0}{2}\boldsymbol{E}^2(\boldsymbol{r})} \tag{3.11}$$

schreiben. Hier hat $w(\boldsymbol{r})$ offensichtlich die Bedeutung der *räumlichen Dichte* der Energie des Systems von Ladungen q_i. Wenn wir die beiden Ausdrücke (3.5) und (3.11) nebeneinander schreiben,

$$W = \frac{1}{8\,\pi\,\epsilon_0} \sum_{i,j\,(i\neq j)}^{N} \frac{q_i\,q_j}{|\boldsymbol{r}_i - \boldsymbol{r}_j|} = \int d^3r\, w(\boldsymbol{r}), \tag{3.12}$$

erkennen wir, dass wir die Energie W alternativ als potentielle Energie der Ladungen q_i untereinander oder als eine inhärente Eigenschaft des Feldes $\boldsymbol{E}(\boldsymbol{r})$ mit einer räumlichen Dichte $w(\boldsymbol{r}) = \epsilon_0\,\boldsymbol{E}^2(\boldsymbol{r})/2$ interpretieren können.

3.1.3 Der kontinuierliche Fall

Für den Übergang von einem System punktförmiger Ladungen q_i zu einer kontinuierlichen Ladungsverteilung mit der räumlichen Dichte $\rho(\boldsymbol{r})$ benutzen wir nochmals die Definition (3.7) von $\rho(\boldsymbol{r})$ wie schon in der letzten Zeile von (3.6) und erhalten für W

$$\begin{aligned}
W &= \frac{1}{8\,\pi\,\epsilon_0} \sum_{i,j}^{N} \frac{q_i\,q_j}{|\boldsymbol{r}_i - \boldsymbol{r}_j|} \\
&= \frac{1}{8\,\pi\,\epsilon_0} \int d^3r \int d^3r'\, \frac{1}{|\boldsymbol{r} - \boldsymbol{r}'|} \sum_i q_i\,\delta(\boldsymbol{r} - \boldsymbol{r}_i) \sum_j q_j\,\delta(\boldsymbol{r}' - \boldsymbol{r}_j) \\
&= \frac{1}{8\,\pi\,\epsilon_0} \int d^3r \int d^3r'\, \frac{\rho(\boldsymbol{r})\,\rho(\boldsymbol{r}')}{|\boldsymbol{r} - \boldsymbol{r}'|}.
\end{aligned} \tag{3.13}$$

Alle anderen Umformungen und Überlegungen folgen dem Schema ab der Gleichung (3.6). Auch die Überlegungen zur Glättung der Ladungsverteilung $\rho(\boldsymbol{r})$ von Punktladungen zu makroskopisch glatten Ladungsverteilungen können wir aus dem Abschnitt 2.4.3 übertragen.

Wenn wir die obige Umformung in (3.13) von unten nach oben verfolgen, erkennen wir, dass in der Summe über die i, j der Fall $i = j$ nicht mehr ausgeschlossen ist. Die kontinuierliche Version der Feldenergie W enthält also auch energetische Beiträge von Selbstwechselwirkungen. Wir müssten sie in dem Doppelintegral über $\boldsymbol{r}$ und $\boldsymbol{r}'$ konsequenterweise durch die Nebenbedingung $\boldsymbol{r} \neq \boldsymbol{r}'$ ausschließen. Wenn das Doppelintegral aber überhaupt konvergiert, würde die Nebenbedingung $\boldsymbol{r} \neq \boldsymbol{r}'$ keinen endlichen Beitrag zum Wert des Integrals leisten.

3.1.4 Alternative Herleitung des kontinuierlichen Falls

Wegen der soeben erwähnten Probleme beim Übergang vom Fall punktförmiger Ladungen zu einer kontinuierlichen Ladungsverteilung geben wir hier noch eine alternative Herleitung der Dichte der Feldenergie im kontinuierlichen Fall. Wir wollen die Ladungsdichte $\rho(\boldsymbol{r})$ und das durch sie erzeugte Potential $\Phi(\boldsymbol{r})$ bzw. Feld $\boldsymbol{E}(\boldsymbol{r})$ in infinitesimalen Schritten $\delta\rho(\boldsymbol{r}), \delta\Phi(\boldsymbol{r}), \delta\boldsymbol{E}(\boldsymbol{r})$ aufbauen. Dieses Vorgehen entspricht dem im Abschnitt 3.1.1, wo wir das System aus Punktladungen schrittweise durch Einbringen der Ladungen $q_1, q_2, q_3, \ldots$ aufgebaut haben. Das soll jetzt an jedem Ort $\boldsymbol{r}$ geschehen. Die Differentiale $\delta \ldots$ sind also unabhängig von den Raumelementen d^3r. Wie im Abschnitt 3.1.1 begründet, ist das Einbringen einer zusätzlichen Ladung $\delta\rho(\boldsymbol{r})$ aus dem unendlich Fernen an den Ort $\boldsymbol{r}$ mit einer potentiellen Energie

$$\delta w(\boldsymbol{r}) = \delta\rho(\boldsymbol{r})\,\Phi(\boldsymbol{r}) \tag{3.14}$$

verbunden, wo $\Phi(\boldsymbol{r})$ das Potential der bereits vorhandenen Ladungen ist. Für den gesamten Raum ist also die potentielle Energie

$$\delta W = \int d^3r\,\delta\rho(\boldsymbol{r})\,\Phi(\boldsymbol{r}) \tag{3.15}$$

aufzubringen. Wegen der Linearität der Feldgleichungen erfüllt die mit $\delta\rho(\boldsymbol{r})$ verknüpfte Änderung des Potentials $\delta\Phi(\boldsymbol{r})$ die Poisson–Gleichung

$$\Delta \delta \Phi(\boldsymbol{r}) = -\frac{1}{\epsilon_0}\, \delta \rho(\boldsymbol{r}), \tag{3.16}$$

worin

$$\Delta = \partial_\alpha \partial_\alpha = \frac{\partial}{\partial x_\alpha} \frac{\partial}{\partial x_\alpha} = \frac{\partial}{\partial \boldsymbol{r}} \frac{\partial}{\partial \boldsymbol{r}}$$

wiederum der Laplace–Operator ist. Wir setzen diese Darstellung von Δ in (3.16) ein, führen eine partielle Integration aus und beachten, dass

$$\boldsymbol{E}(\boldsymbol{r}) = -\frac{\partial}{\partial \boldsymbol{r}}\, \Phi(\boldsymbol{r}), \qquad \delta \boldsymbol{E}(\boldsymbol{r}) = -\frac{\partial}{\partial \boldsymbol{r}}\, \delta \Phi(\boldsymbol{r}).$$

Auf diese Weise erhalten wir

$$\begin{aligned} \delta W &= -\epsilon_0 \int d^3 r \, [\Delta\, \delta \Phi(\boldsymbol{r})]\, \Phi(\boldsymbol{r}) \\ &= -\epsilon_0 \int d^3 r \, \frac{\partial}{\partial \boldsymbol{r}} \left[\frac{\partial \delta \Phi(\boldsymbol{r})}{\partial \boldsymbol{r}} \right] \Phi(\boldsymbol{r}) \\ &= \epsilon_0 \int d^3 r \, \frac{\partial \delta \Phi(\boldsymbol{r})}{\partial \boldsymbol{r}} \frac{\partial \Phi(\boldsymbol{r})}{\partial \boldsymbol{r}} \\ &= \epsilon_0 \int d^3 r \, \delta \boldsymbol{E}(\boldsymbol{r})\, \boldsymbol{E}(\boldsymbol{r}). \end{aligned} \tag{3.17}$$

Jetzt denken wir uns die Integration bezüglich des Differentials δ, also den schrittweisen infinitesimalen Aufbau der Ladungsverteilung und des Feldes durchgeführt. Wie bei der gewöhnlichen Integration über eine skalare Variable ergibt sich daraus

$$W = \frac{\epsilon_0}{2} \int d^3 r \, \boldsymbol{E}^2(\boldsymbol{r}), \tag{3.18}$$

gleichlautend mit (3.11)

3.2 Multipolentwicklung

3.2.1 Die Entwicklung

Die *Multipolentwicklung* erlaubt eine sehr einfache Berechnung des Potentials

$$\Phi(\boldsymbol{r}) = \frac{1}{4\,\pi\,\epsilon_0} \int d^3r'\,\frac{\rho(\boldsymbol{r}')}{|\boldsymbol{r}-\boldsymbol{r}'|} \tag{3.19}$$

und des daraus folgenden Feldes $\boldsymbol{E}(\boldsymbol{r}) = -\partial\,\Phi(\boldsymbol{r})/\partial\boldsymbol{r}$, wenn die Ladungsverteilung $\rho(\boldsymbol{r}')$ auf die Umgebung eines Punktes $\boldsymbol{r}_0$ konzentriert ist, also $\rho(\boldsymbol{r}') \neq 0$ nur in $|\boldsymbol{r}'-\boldsymbol{r}_0| < R$, und wenn der Aufpunkt $\boldsymbol{r}$, für den $\Phi(\boldsymbol{r})$ und $\boldsymbol{E}(\boldsymbol{r})$ berechnet werden sollen, hinreichend weit von $\boldsymbol{r}_0$ entfernt ist, $|\boldsymbol{r}-\boldsymbol{r}_0| \gg R$. Man kann $\boldsymbol{r}_0$ als den *Ladungsschwerpunkt* von $\rho(\boldsymbol{r}')$ bezeichnen und z.B. durch

$$\boldsymbol{r}_0 := \frac{\int d^3r'\,\boldsymbol{r}'\,|\rho(\boldsymbol{r}')|}{\int d^3r'\,|\rho(\boldsymbol{r}')|}$$

definieren. Anders als beim Massenschwerpunkt ist in dieser Definition $|\rho(\boldsymbol{r}')|$ statt $\rho(\boldsymbol{r}')$ selbst zu verwenden, weil $\rho(\boldsymbol{r}')$ zum Unterschied von der Massendichte positiv oder negativ werden kann.

Zur Vereinfachung der Schreibweise wollen wir aber annehmen, dass $\boldsymbol{r}_0 = 0$, was durch eine Translation immer erreichbar ist. Da die Integrationsvariable $\boldsymbol{r}'$ in (3.19) auf den Bereich $|\boldsymbol{r}'| < R$ beschränkt ist, entwickeln wir $1/|\boldsymbol{r}-\boldsymbol{r}'|$ im Integranden in eine Taylor–Reihe nach $\boldsymbol{r}'$ bzw. nach dessen Komponenten x'_α:

$$\frac{1}{|\boldsymbol{r}-\boldsymbol{r}'|} = \frac{1}{r} - x'_\alpha\,\partial_\alpha\,\frac{1}{r} + \frac{1}{2}\,x'_\alpha\,x'_\beta\,\partial_\alpha\,\partial_\beta\,\frac{1}{r} + O\left(|\boldsymbol{r}'|^3\right), \tag{3.20}$$

worin $r = |\boldsymbol{r}|$. Außerdem gilt wiederum die Summationskonvention als vereinbart. Nun ist

$$\partial_\alpha\,\frac{1}{r} = -\frac{x_\alpha}{r^3},$$

vgl. Abschnitt 2.1, und durch nochmalige Differentiation nach x_β

$$\partial_\alpha \, \partial_\beta \, \frac{1}{r} = \partial_\beta \left(-\frac{x_\alpha}{r^3} \right) = \frac{3 \, x_\alpha}{r^4} \, \partial_\beta r - \frac{\delta_{\alpha\beta}}{r^3} = \frac{3 \, x_\alpha \, x_\beta}{r^5} - \frac{\delta_{\alpha\beta}}{r^3},$$

so dass die Entwicklung (3.20)

$$\frac{1}{|\boldsymbol{r} - \boldsymbol{r}'|} = \frac{1}{r} + \frac{x_\alpha \, x'_\alpha}{r^3} + \frac{1}{2} \, x'_\alpha \, x'_\beta \left(\frac{3 \, x_\alpha \, x_\beta}{r^5} - \frac{\delta_{\alpha\beta}}{r^3} \right) + O\left(|\boldsymbol{r}'|^3 \right). \tag{3.21}$$

lautet. Diese Entwicklung setzen wir in den Ausdruck (3.19) für $\Phi(\boldsymbol{r})$ ein und erhalten eine Reihe, deren Terme, wie wir sogleich erkennen werden, sich $\sim 1/r^n$ mit $n = 1, 2, \ldots$ verhalten:

$$\Phi(\boldsymbol{r}) = \Phi^{(0)}(\boldsymbol{r}) + \Phi^{(1)}(\boldsymbol{r}) + \Phi^{(2)}(\boldsymbol{r}) + \ldots. \tag{3.22}$$

Der *Monopolterm* hat die Form

$$\Phi^{(0)}(\boldsymbol{r}) = \frac{1}{4 \, \pi \epsilon_0} \, \frac{1}{r} \int d^3r' \, \rho(\boldsymbol{r}') = \frac{1}{4 \, \pi \epsilon_0} \, \frac{Q}{r}. \tag{3.23}$$

Hier ist

$$Q := \int d^3r' \, \rho(\boldsymbol{r}') \tag{3.24}$$

die gesamte Ladung der Ladungsverteilung $\rho(\boldsymbol{r})$. Als Funktion des Abstands r des Aufpunktes vom Ort der Ladungsverteilung ist $\Phi^{(0)}(\boldsymbol{r}) \sim 1/r$.

Der *Dipolterm* hat die Form

$$\begin{aligned} \Phi^{(1)}(\boldsymbol{r}) &= \frac{1}{4 \, \pi \epsilon_0} \, \frac{x_\alpha}{r^3} \int d^3r' \, x'_\alpha \, \rho(\boldsymbol{r}') = \\ &= \frac{1}{4 \, \pi \epsilon_0} \, \frac{x_\alpha \, p_\alpha}{r^3} = \frac{1}{4 \, \pi \epsilon_0} \, \frac{\boldsymbol{p} \, \boldsymbol{r}}{r^3}. \end{aligned} \tag{3.25}$$

Hier ist

$$p_\alpha := \int d^3r'\, x'_\alpha\, \rho(\boldsymbol{r}') \qquad \text{bzw.} \qquad \boldsymbol{p} := \int d^3r'\, \boldsymbol{r}'\, \rho(\boldsymbol{r}') \tag{3.26}$$

das sogenannte *Dipolmoment* der Ladungsverteilung $\rho(\boldsymbol{r})$. Für $|\boldsymbol{r}| = r \to \infty$ verhält sich das Skalarprodukt wie $|\boldsymbol{p}\,\boldsymbol{r}| \sim r$, so dass $\Phi^{(1)}(\boldsymbol{r}) \sim 1/r^2$.

Im *Quadrupolterm*

$$\Phi^{(2)}(\boldsymbol{r}) = \frac{1}{4\,\pi\epsilon_0}\,\frac{1}{2}\int d^3r\, x'_\alpha\, x'_\beta \left(\frac{3\,x_\alpha\, x_\beta}{r^5} - \frac{\delta_{\alpha\beta}}{r^3}\right)\rho(\boldsymbol{r}') \tag{3.27}$$

führen wir die folgende Umformung im zweiten Teil durch:

$$x'_\alpha\, x'_\beta\, \frac{\delta_{\alpha\beta}}{r^3} = \frac{x'_\alpha\, x'_\alpha}{r^3} = \frac{r'^2}{r^3} = \frac{r'^2}{r^5}\, x_\alpha\, x_\alpha = \frac{r'^2}{r^5}\, x_\alpha\, x_\beta\, \delta_{\alpha\beta}.$$

Damit lässt sich der Quadrupolterm $\Phi^{(2)}(\boldsymbol{r})$ wie folgt schreiben:

$$\begin{aligned} \Phi^{(2)}(\boldsymbol{r}) &= \frac{1}{4\,\pi\epsilon_0}\,\frac{1}{2\,r^5}\int d^3r' \left(3\,x'_\alpha\, x'_\beta - r'^2\,\delta_{\alpha\beta}\right)\rho(\boldsymbol{r}')\, x_\alpha\, x_\beta = \\ &= \frac{1}{4\,\pi\epsilon_0}\,\frac{1}{2\,r^5}\, D_{\alpha\beta}\, x_\alpha\, x_\beta. \end{aligned} \tag{3.28}$$

Hier ist

$$D_{\alpha\beta} := \int d^3r' \left(3\,x'_\alpha\, x'_\beta - r'^2\,\delta_{\alpha\beta}\right)\rho(\boldsymbol{r}') \tag{3.29}$$

das sogenannte *Quadrupolmoment* der Ladungsverteilung $\rho(\boldsymbol{r})$. Für $|\boldsymbol{r}| = r \to \infty$ verhält sich $D_{\alpha\beta}\, x_\alpha\, x_\beta \sim r^2$, so dass $\Phi^{(2)}(\boldsymbol{r}) \sim 1/r^3$. Entsprechend sind die in (3.22) nicht explizit mitgeschriebenen Restterme $\sim 1/r^4$.

Wir schreiben die Multipol–Entwicklung noch einmal geschlossen auf,

$$\boxed{\Phi(\boldsymbol{r}) = \frac{1}{4\pi\epsilon_0}\frac{Q}{r} + \frac{1}{4\pi\epsilon_0}\frac{\boldsymbol{p}\,\boldsymbol{r}}{r^3} + \frac{1}{4\pi\epsilon_0}\frac{1}{2\,r^5}\,D_{\alpha\beta}\,x_\alpha\,x_\beta + \ldots,} \tag{3.30}$$

und erkennen, dass die Ladungsverteilung aus sehr großen Entfernungen gesehen so wirkt, als sei ihre gesamte Ladung Q in einem Punkt vereinigt. Verschwindet die gesamte Ladung Q, d.h., ist die Ladungsverteilung elektrisch neutral, dann besitzt sie aus sehr großen Entfernungen gesehen das Potential eines Dipols $\boldsymbol{p}$. Während sich das Monopol–Potential wie $\sim 1/r$ verhält, gilt für das Dipol–Potential $\sim 1/r^2$. Verschwindet auch das Dipolmoment der Ladungsverteilung, dann wirkt sie aus sehr großen Entfernungen gesehen wie ein Quadrupol mit einem Potential $\sim 1/r^3$.

Aus (3.30) können wir das zugehörige elektrische Feld durch Bildung des Gradienten berechnen. Wir führen diese Rechnung bis einschließlich des Dipolterms durch:

$$E_\alpha(\boldsymbol{r}) = -\frac{Q}{4\,\pi\,\epsilon_0}\,\partial_\alpha\frac{1}{r} - \frac{1}{4\pi\,\epsilon_0}\,\partial_\alpha\,\frac{p_\beta\,x_\beta}{r^3} + \ldots. \tag{3.31}$$

Es ist $\partial_\alpha\, r^{-1} = -x_\alpha/r^3$, s.o., und

$$\partial_\alpha\,\frac{p_\beta\,x_\beta}{r^3} = -3\,\frac{p_\beta\,x_\beta}{r^4}\,\partial_\alpha\,r + \frac{p_\alpha}{r^3} = -3\,\frac{p_\beta\,x_\beta\,x_\alpha}{r^5} + \frac{p_\alpha}{r^3},$$

eingesetzt in (3.31)

$$\begin{aligned} E_\alpha(\boldsymbol{r}) &= \frac{Q}{4\,\pi\,\epsilon_0}\,\frac{x_\alpha}{r^3} + \frac{1}{4\,\pi\,\epsilon_0}\,\frac{3\,p_\beta\,x_\beta\,x_\alpha - r^2\,p_\alpha}{r^5} + \ldots, \\ \boldsymbol{E}(\boldsymbol{r}) &= \frac{1}{4\,\pi\,\epsilon_0}\,\frac{Q}{r^2}\,\frac{\boldsymbol{r}}{r} + \frac{1}{4\,\pi\,\epsilon_0}\,\frac{3\,(\boldsymbol{p}\,\boldsymbol{r})\,\boldsymbol{r} - r^2\,\boldsymbol{p}}{r^5} + \ldots. \end{aligned} \tag{3.32}$$

3.2.2 Vektoren und Tensoren: das Quadrupolmoment als Tensor

Wir kommen auf eine Bemerkung am Ende des Abschnitts 1.3.2 zurück, dass wir indizierte "Objekte" a_α mit $\alpha = 1, 2, 3$ dann einen Vektor nennen wollten, wenn diese sich unter einer orthogonalen Transformation $U_{\alpha\beta}$ wie

$$a_\alpha = U_{\alpha\beta}\,\widetilde{a}_\beta \qquad \text{bzw.} \qquad \widetilde{a}_\alpha = U_{\beta\alpha}\,a_\beta \tag{3.33}$$

transformieren. (Wir benutzen hier für die transformierten Variablen das Symbol $\widetilde{a}$ statt a', weil wir im vorhergehenden Abschnitt x'_α bereits als Integrationsvariable benutzt haben.) Wir hatten nachgewiesen, dass sich die Komponenten x_α des Ortsvektors wie (3.33) transformieren, desgleichen die Komponenten ∂_α des Gradienten, d.h., dass der Operator $\partial/\partial\boldsymbol{r}$ Vektorcharakter besitzt. Aus dieser Bemerkung folgt bereits, dass das elektrische Feld wegen

$$\boldsymbol{E}(\boldsymbol{r}) = -\frac{\partial}{\partial\boldsymbol{r}}\Phi(\boldsymbol{r}) \qquad \text{bzw.} \qquad E_\alpha = -\partial_\alpha\,\Phi$$

ein Vektor ist, denn das Potential $\Phi = \Phi(\boldsymbol{r})$ ist ein *Skalar*, der invariant gegen orthogonale Transformationen ist.

Dass auch das Dipolmoment p_α ein Vektor ist, geht bereits direkt aus seiner Definition in (3.26) hervor, denn dort überträgt sich der Vektorcharakter des Ortsvektors x'_α auf die p_α. Wir führen die Rechnung explizit aus. Die Transformation des Ortsvektors lautet

$$x'_\alpha = U_{\alpha\beta}\,\widetilde{x}'_\beta, \tag{3.34}$$

vgl. (3.33), eingesetzt in die Definition (3.26) für die p_α:

$$p_\alpha = \int d^3\widetilde{r}'\,U_{\alpha\beta}\,\widetilde{x}'_\beta\,\rho(\widetilde{\boldsymbol{r}}') = U_{\alpha\beta}\,\widetilde{p}_\beta, \qquad \widetilde{p}_\beta = \int d^3\widetilde{r}'\,\widetilde{x}'_\beta\,\rho(\widetilde{\boldsymbol{r}}'). \tag{3.35}$$

In dieser Umformung haben wir auch das Volumenelement d^3r' transformiert. Als Skalar ist es gegen orthogonale Transformationen wie Längen und Winkel invariant, d.h. $d^3r' = d^3\widetilde{r}'$.

Das in (3.29) definierte Quadrupolmoment $D_{\alpha\beta}$ ist ein Objekt mit zwei Indizes α, β, also zunächst einmal eine Matrix. Wir zeigen nun, dass auch $D_{\alpha\beta}$ ein bestimmtes Verhalten unter orthogonalen Transformationen besitzt, sich nämlich wie das Produkt $x'_\alpha\,x'_\beta$ von zwei Vektorkomponenten transformiert. Ein solches Produkt nennt man auch ein *äußeres Produkt*, zum Unterschied vom (invarianten) Skalarprodukt $x'_\alpha\,x'_\alpha$, in dem über α summiert wird. Zum Nachweis dieser Behauptung gehen wir aus von

$$x'_\alpha\, x'_\beta = U_{\alpha\gamma}\, U_{\beta\kappa}\, \widetilde{x}'_\gamma\, \widetilde{x}'_\kappa, \tag{3.36}$$

was direkt aus (3.34) folgt. Außerdem benutzen wir, dass wegen der Orthogonalität der $U_{\alpha\beta}$

$$\delta_{\alpha\beta} = U_{\alpha\gamma}\, U_{\beta\gamma} = U_{\alpha\gamma}\, U_{\beta\kappa}\, \delta_{\gamma\kappa}. \tag{3.37}$$

Damit formen wir $D_{\alpha\beta}$ aus (3.29) wie folgt um:

$$\begin{aligned} D_{\alpha\beta} &= \int d^3r' \left(3\, x'_\alpha\, x'_\beta - r'^2\, \delta_{\alpha\beta}\right) \rho(\boldsymbol{r}') \\ &= \int d^3\widetilde{r}'\, U_{\alpha\gamma}\, U_{\beta\kappa} \left(3\, \widetilde{x}'_\gamma\, \widetilde{x}'_\kappa - \widetilde{r}'^2\, \delta_{\gamma\kappa}\right) \rho(\widetilde{\boldsymbol{r}}') = U_{\alpha\gamma}\, U_{\beta\kappa}\, \widetilde{D}_{\gamma\kappa}, \qquad (3.38) \\ \widetilde{D}_{\gamma\kappa} &= \int d^3\widetilde{r}' \left(3\, \widetilde{x}'_\gamma\, \widetilde{x}'_\kappa - \widetilde{r}'^2\, \delta_{\gamma\kappa}\right) \rho(\widetilde{\boldsymbol{r}}'). \end{aligned}$$

Hier haben wir außerdem $r'^2 = \widetilde{r}'^2$ benutzt, also die Invarianz einer Länge gegen orthogonale Transformationen.

Matrizen, die sich unter orthogonalen Transformationen wie $D_{\alpha\beta}$ in (3.38), also wie das äußere Produkt von Vektorkomponenten transformieren, heißen *Tensoren*. Das Quadrupolmoment einer Ladungsverteilung ist demnach ein Tensor. Im allgemeinen ist eine Matrix kein Tensor, z.B. transformiert sich $A_{\alpha\beta} := x_\alpha + x_\beta$ nicht wie ein äußeres Produkt. Wir werden später auch Tensoren mit mehr als zwei Indizes kennenlernen. Man bezeichnet deshalb $D_{\alpha\beta}$ als Tensor *2. Stufe*. Entsprechend ist ein Vektor dann ein Tensor 1. Stufe. übrigens lässt sich die Beziehung (3.37) auch so lesen, dass sich das Kronecker–Symbol $\delta_{\alpha\beta}$ wie ein Tensor transformiert, jedoch stets dieselbe Form behält.

Das Quadrupolmoment hat weitere spezielle Eigenschaften. Wir bilden die Summe über seine Diagonalelemente $\alpha = \beta$. Wir übertragen die Summationskonvention auch auf Matrizen. In dem Ausdruck $D_{\alpha\alpha}$ soll also über $\alpha = 1, 2, 3$ summiert werden. Wir erhalten damit

$$D_{\alpha\alpha} = \int d^3r' \left(3\, x'_\alpha\, x'_\alpha - r'^2\, \delta_{\alpha\alpha}\right) \rho(\boldsymbol{r}') = 0, \tag{3.39}$$

weil $x'_\alpha x'_\alpha = r'^2$ und $\delta_{\alpha\alpha} = 3$. $D_{\alpha\alpha}$ ist wie ein Skalarprodukt $x'_\alpha x'_\alpha$ invariant gegen orthogonale Transformationen. Man nennt $D_{\alpha\alpha}$ auch die *Spur* des Tensors $D_{\alpha\beta}$. Die Spur des Quadrupoltensors verschwindet also.

Aus der Definition (3.29) folgt auch, dass $D_{\alpha\beta} = D_{\beta\alpha}$, d.h., dass der Tensor des Quadrupolmoments *symmetrisch* ist. Für symmetrische (und reelle) Matrizen gilt nun der Satz, dass es eine orthogonale Transformation gibt, unter der die Matrix *diagonal* wird. Dieser Satz gilt dann natürlich auch für Tensoren. Wir können uns vorstellen, dass $D_{\alpha\beta}$ bereits diagonal ist, d.h., $D_{\alpha\beta} = 0$ für $\alpha \neq \beta$. Dann ist das Quadrupolmoment einer Ladungsverteilung nur durch die drei Diagonalelemente bestimmt. Da, wie wir soeben gesehen haben, aber die Spur verschwindet, also $D_{11} + D_{22} + D_{33} = 0$, ist das Quadrupolmoment einer Ladungsverteilung tatsächlich nur durch zwei unabhängige Größen bestimmt.

3.3 Ladungsverteilungen in äußeren Feldern

Im vorhergehenden Abschnitt haben wir eine Ladungsverteilung $\rho(\boldsymbol{r})$ auf ihre Rolle als *felderzeugende* Ladung untersucht. Falls die Ladungsverteilung hinreichend eng begrenzt ist bzw. aus sehr weiter Entfernung betrachtet wird, kann das elektrische Feld, das durch sie als Quelle erzeugt wird, als Überlagerung der Felder einer Gesamtladung, eines Dipols, eines Quadrupols usw. betrachtet werden. In diesem Abschnitt wollen wir eine ganz andere Situation untersuchen, nämlich, wie sich eine Ladungsverteilung in einem *äußeren* elektrischen Feld verhält, also in einem Feld, das nicht durch das betrachtete $\rho(\boldsymbol{r})$, sondern von anderen, hinreichend weit entfernten Ladungen erzeugt wird. Wir wollen diese Situation durch folgende Verabredungen präzisieren: es sei $\rho(\boldsymbol{r}')$ eine Ladungsverteilung in der Umgebung des Ladungsschwerpunktes $\boldsymbol{r}$, d.h., $\rho(\boldsymbol{r}') \neq 0$ in $|\boldsymbol{r}' - \boldsymbol{r}| \leq R$. Außerdem sei $\boldsymbol{E}(\boldsymbol{r})$ für $\rho(\boldsymbol{r}')$ ein äußeres elektrisches Feld:

$$\frac{\partial}{\partial \boldsymbol{r}'} \boldsymbol{E}(\boldsymbol{r}') = 0 \qquad \text{im Bereich} \qquad \rho(\boldsymbol{r}') \neq 0. \tag{3.40}$$

Durch die Einwirkung des äußeren elektrischen Feldes soll die Ladungsverteilung $\rho(\boldsymbol{r}')$ nur translatorisch verschoben oder gegen die Feldrichtung gedreht werden können. Ihre innere Struktur soll dabei ungeändert bleiben, insbesondere soll das Dipolmoment dem Betrage nach konstant bleiben: $|\boldsymbol{p}|$ =const.

3.3.1 Energie

Gemäß (3.2) hat eine Ladung q in einem äußeren Feld $\boldsymbol{E}(\boldsymbol{r})$ mit dem Potential $\Phi(\boldsymbol{r})$ die Energie $q\,\Phi(\boldsymbol{r})$. Folglich hat die Ladungsverteilung $\rho(\boldsymbol{r}')$ die Energie

$$W = \int d^3r'\, \rho(\boldsymbol{r}')\, \Phi(\boldsymbol{r}'). \tag{3.41}$$

Wir nehmen an, dass wir das äußere Potential $\Phi(\boldsymbol{r}')$ um den Ort $\boldsymbol{r}$ der Ladungsverteilung in eine Taylor–Reihe entwickeln können. Diese Entwicklung lautet in Komponentenschreibweise

$$\Phi(\boldsymbol{r}') = \Phi(\boldsymbol{r}) + (x'_\alpha - x_\alpha)\,\partial_\alpha\,\Phi(\boldsymbol{r}) + \frac{1}{2}\,(x'_\alpha - x_\alpha)\,(x'_\beta - x_\beta)\,\partial_\alpha\,\partial_\beta\,\Phi(\boldsymbol{r}) + \ldots \tag{3.42}$$

Es ist $\partial_\alpha\,\Phi(\boldsymbol{r}) = -E_\alpha(\boldsymbol{r})$. Außerdem verwenden wir die Umformung

$$\begin{aligned}
&\frac{1}{2}\,(x'_\alpha - x_\alpha)\,(x'_\beta - x_\beta)\,\partial_\alpha\,\partial_\beta\,\Phi = \\
&\quad = -\frac{1}{2}\,(x'_\alpha - x_\alpha)\,(x'_\beta - x_\beta)\,\partial_\beta\,E_\alpha \\
&\quad = -\frac{1}{6}\left[3\,(x'_\alpha - x_\alpha)\,(x'_\beta - x_\beta) - \delta_{\alpha\beta}\,(\boldsymbol{r}' - \boldsymbol{r})^2\right]\,\partial_\alpha\,E_\beta - \frac{1}{6}\,(\boldsymbol{r}' - \boldsymbol{r})^2\,\partial_\alpha\,E_\alpha,
\end{aligned}$$

worin wir zur Vereinfachung der Schreibweise die Argumente $\boldsymbol{r}$ fortgelassen haben. Einsetzen in die Entwicklung (3.42) und in das Integral in (3.41) ergibt unter Beachtung von $\partial_\alpha\,E_\alpha = 0$, vgl. (3.40),

$$\boxed{W = Q\,\Phi(\boldsymbol{r}) - \boldsymbol{p}\,\boldsymbol{E}(\boldsymbol{r}) - \frac{1}{6}\,D_{\alpha\beta}\,\partial_\alpha\,E_\beta + \ldots} \tag{3.43}$$

Hier haben wir die Definitionen der Gesamtladung Q, des Dipolmoments $\boldsymbol{p}$ und des Quadrupolmoments $D_{\alpha\beta}$ der Ladungsverteilung $\rho(\boldsymbol{r}')$ aus dem vorhergehenden Abschnitt übernommen, allerdings nunmehr für einen nichtverschwindenden Ladungsschwerpunkt bei $\boldsymbol{r}$:

$$\begin{aligned} \boldsymbol{p} &= \int d^3r' \, (\boldsymbol{r}' - \boldsymbol{r}) \, \rho(\boldsymbol{r}'), \\ D_{\alpha\beta} &= \int d^3r' \, \left[3\,(x'_\alpha - x_\alpha)\,(x'_\beta - x_\beta) - (\boldsymbol{r}' - \boldsymbol{r})^2 \, \delta_{\alpha\beta} \right] \, \rho(\boldsymbol{r}'). \end{aligned}$$

Wir interpretieren dieses Ergebnis wie folgt:

(1) Wenn die Ladungsverteilung $\rho(\boldsymbol{r}')$ eine Gesamtladung $Q \neq 0$ besitzt, dann beschreibt der führende Term in (3.43) die uns bereits bekannte potentielle Energie $W = Q\,\Phi(\boldsymbol{r})$ einer Ladung Q in einem äußeren Potential $\Phi(\boldsymbol{r})$.

(2) Wenn $Q = 0$, ist der führende Term der Dipolterm $W = -\boldsymbol{p}\,\boldsymbol{E}(\boldsymbol{r})$. Dieser Ausdruck wird sehr häufig auf die Situation angewendet, dass der Ort $\boldsymbol{r}$ des Dipols konstant bleibt, dass aber $\boldsymbol{p}$ seine Orientierung relativ zum Feld $\boldsymbol{E}(\boldsymbol{r})$ (bei $|\boldsymbol{p}|$ =const) ändern kann. Dann können wir auch

$$W = -|\boldsymbol{p}|\,|\boldsymbol{E}(\boldsymbol{r})|\,\cos\theta \tag{3.44}$$

schreiben, worin θ der von $\boldsymbol{p}$ und $\boldsymbol{E}(\boldsymbol{r})$ eingeschlossene Winkel ist. Die potentielle Energie des Dipols ist minimal, wenn dieser sich in Richtung von $\boldsymbol{E}(\boldsymbol{r})$ orientiert, also $\theta = 0$.

Wenn das elektrische Feld homogen ist, also $\boldsymbol{E}(\boldsymbol{r})$ =const, hat der Dipol offensichtlich an jeder Stelle des Feldes dieselbe potentielle Energie. Wir erwarten deshalb, dass es nur dann einen Dipolbeitrag zur Kraft auf eine Ladungsverteilung gibt, wenn das äußere Feld nicht homogen ist.

(3) Wenn $Q = 0$ und $\boldsymbol{p} = 0$, ist der führende Term der Quadrupolterm. Er leistet nur in inhomogenen Feldern $\partial_\alpha\,E_\beta \neq 0$ einen Beitrag. Da das Quadrupolmoment symmetrisch ist, $D_{\alpha\beta} = D_{\beta\alpha}$, lässt sich der Quadrupolbeitrag zur Energie auch in symmetrisierter Form

$$-\frac{1}{6}\,D_{\alpha\beta}\,\partial_\alpha\,E_\beta = -\frac{1}{12}\,D_{\alpha\beta}\,(\partial_\alpha\,E_\beta + \partial_\beta\,E_\alpha) \tag{3.45}$$

schreiben.

3.3.2 Kräfte

Eine Ladung q erfährt in einem äußeren Feld $\boldsymbol{E}(\boldsymbol{r})$ die Kraft $\boldsymbol{F}(\boldsymbol{r}) = q\,\boldsymbol{E}(\boldsymbol{r})$. Folglich erfährt die Ladungsverteilung $\rho(\boldsymbol{r}')$ die Kraft

$$\boldsymbol{F}(\boldsymbol{r}) = \int d^3r'\,\rho(\boldsymbol{r}')\,\boldsymbol{E}(\boldsymbol{r}') \qquad \text{bzw.} \qquad F_\alpha(\boldsymbol{r}) = \int d^3r'\,\rho(\boldsymbol{r}')\,E_\alpha(\boldsymbol{r}'). \tag{3.46}$$

Jetzt nehmen wir an, dass sich das Feld $E_\alpha(\boldsymbol{r}')$ um den Ort $\boldsymbol{r}$ der Ladungsverteilung in eine Taylorreihe entwickeln lässt:

$$E_\alpha(\boldsymbol{r}') = E_\alpha(\boldsymbol{r}) + (x'_\beta - x_\beta)\,\partial_\beta\,E_\alpha(\boldsymbol{r}) + \ldots \tag{3.47}$$

Wir setzen in die Entwicklung (3.46) ein und erhalten

$$\begin{aligned} F_\alpha(\boldsymbol{r}) &= \int d^3r'\,\rho(\boldsymbol{r}')\,\left[E_\alpha(\boldsymbol{r}) + (x'_\beta - x_\beta)\,\partial_\beta\,E_\alpha(\boldsymbol{r}) + \ldots\right] \\ &= Q\,E_\alpha(\boldsymbol{r}) + p_\beta\,\partial_\beta\,E_\alpha(\boldsymbol{r}) + \ldots, \\ \boldsymbol{F}(\boldsymbol{r}) &= Q\,\boldsymbol{E}(\boldsymbol{r}) + \left(\boldsymbol{p}\,\frac{\partial}{\partial \boldsymbol{r}}\right)\,\boldsymbol{E}(\boldsymbol{r}) + \ldots \end{aligned} \tag{3.48}$$

$Q\,\boldsymbol{E}(\boldsymbol{r})$ ist wieder der uns bekannte Monopolterm: In niedrigster Ordnung verhält sich die Ladungsverteilung wie die Gesamtladung Q als Punktladung. Der Dipolbeitrag enthält den sogenannten *Vektorgradienten*

$$\boldsymbol{p}\,\frac{\partial}{\partial \boldsymbol{r}} = p_\alpha\,\partial_\alpha, \tag{3.49}$$

der allerdings ein skalarer Operator ist. Seine Anwendung auf das Feld $\boldsymbol{E}(\boldsymbol{r})$ ist zu vergleichen mit der Multiplikation des Feldes mit einem Skalar. Wir benutzen nun die im Anhang C hergeleitete Hilfsformel

$$\boldsymbol{C} \times \left(\frac{\partial}{\partial \boldsymbol{r}} \times \boldsymbol{D}(\boldsymbol{r})\right) = \frac{\partial}{\partial \boldsymbol{r}}\,(\boldsymbol{C}\,\boldsymbol{D}(\boldsymbol{r})) - \left(\boldsymbol{C}\,\frac{\partial}{\partial \boldsymbol{r}}\right)\,\boldsymbol{D}(\boldsymbol{r}), \tag{3.50}$$

worin $\boldsymbol{C}$ ein konstanter Vektor und und $\boldsymbol{D}(\boldsymbol{r})$ ein beliebiges (differenzierbares) Vektorfeld sei. Wir setzen $\boldsymbol{C} = \boldsymbol{p}$ und $\boldsymbol{D}(\boldsymbol{r}) = \boldsymbol{E}(\boldsymbol{r})$ und erhalten unter Beachtung von

$$\frac{\partial}{\partial \boldsymbol{r}} \times \boldsymbol{E}(\boldsymbol{r}) = 0$$

die Identität

$$\left(\boldsymbol{p}\,\frac{\partial}{\partial \boldsymbol{r}}\right) \boldsymbol{E}(\boldsymbol{r}) = \frac{\partial}{\partial \boldsymbol{r}}\,(\boldsymbol{p}\,\boldsymbol{E}(\boldsymbol{r}))\,, \tag{3.51}$$

eingesetzt in (3.48)

$$\boxed{\boldsymbol{F}(\boldsymbol{r}) = Q\,\boldsymbol{E}(\boldsymbol{r}) - \frac{\partial}{\partial \boldsymbol{r}}\,(-\boldsymbol{p}\,\boldsymbol{E}(\boldsymbol{r})) + \ldots} \tag{3.52}$$

Der Dipolbeitrag lässt sich also als Gradient des Dipol–Potentials $W_{\boldsymbol{p}} = -\boldsymbol{p}\,\boldsymbol{E}(\boldsymbol{r})$ schreiben. Der Gradient $\partial/\partial\boldsymbol{r}$ ist hier aber mit einer Translation des Ortes $\boldsymbol{r}$ des Dipols zu bilden, nicht etwa mit einer Änderung seiner Orientierung. Wir erkennen auch, dass es wie erwartet nur in einem inhomogenen Feld $\boldsymbol{E}(\boldsymbol{r})$ überhaupt einen Dipolbeitrag zur Kraft gibt.

3.3.3 Drehmomente

Analog zum Fall der Kraft in (3.46) erfährt eine Ladungsverteilung $\rho(\boldsymbol{r}')$ bezogen auf ihren Ladungsschwerpunkt bei $\boldsymbol{r}$ das Drehmoment

$$\boldsymbol{\tau} = \int d^3r'\,\rho(\boldsymbol{r}')\,(\boldsymbol{r}' - \boldsymbol{r}) \times \boldsymbol{E}(\boldsymbol{r}') \tag{3.53}$$

Wieder verwenden wir die Taylor–Reihe (3.47) für $\boldsymbol{E}(\boldsymbol{r}')$ und finden in niedrigster nichtverschwindender Ordnung

$$\boxed{\boldsymbol{\tau} = \boldsymbol{p} \times \boldsymbol{E}(\boldsymbol{r}) + \ldots} \tag{3.54}$$

Im Drehmoment tritt kein Monopolterm auf.

Auch das Dipol–Drehmoment $\boldsymbol{\tau}$ lässt sich als "Gradient" des Dipol–Potentials $W_{\boldsymbol{p}} = -\boldsymbol{p}\,\boldsymbol{E}$ schreiben, allerdings nicht in Bezug auf den Ladungsschwerpunkt wie bei den Kräften, sondern in Bezug auf den Winkel von $\boldsymbol{E}$ nach $\boldsymbol{p}$ bei $|\boldsymbol{p}|$ =const. Es sei $\boldsymbol{n} = \boldsymbol{\tau}/|\boldsymbol{\tau}|$ der Einheitsvektor in Richtung von $\boldsymbol{\tau}$. Dann ist

$$\begin{aligned} \boldsymbol{n}\,\boldsymbol{\tau} &= \boldsymbol{n}\,(\boldsymbol{p} \times \boldsymbol{E}) = -\boldsymbol{n}\,(\boldsymbol{E} \times \boldsymbol{p}) = -|\boldsymbol{p}|\,|\boldsymbol{E}|\,\sin\phi = \\ &= \frac{d}{d\phi}\,(|\boldsymbol{p}|\,|\boldsymbol{E}|\,\cos\phi) = -\frac{dW_{\boldsymbol{p}}}{d\phi}. \end{aligned} \tag{3.55}$$

Hier ist ϕ der von der $\boldsymbol{E}$–Richtung aus zu messende Winkel zwischen $\boldsymbol{E}$ und $\boldsymbol{p}$, da sich das Dipolmoment $\boldsymbol{p}$ und nicht das Feld $\boldsymbol{E}$ drehen soll.

3.3.4 Induzierte Dipole

Bisher haben wir in diesem Abschnitt den Fall betrachtet, dass die Ladungsverteilungen $\rho(\boldsymbol{r}')$ in einem äußeren Feld sich nur translatorisch bewegen oder gegen die Richtung des Feldes $\boldsymbol{E}$ drehen können sollten. Im Übrigen aber sollte das Feld die Ladungsverteilung $\rho(\boldsymbol{r}')$ nicht verändern können. So sollte das Dipolmoment dem Betrage nach konstant bleiben: $|\boldsymbol{p}|$ =const. Jetzt betrachten wir eine ganz andere Situation: Durch die Einwirkung des äußeren Feldes $\boldsymbol{E}$ soll überhaupt erst ein Dipolmoment entstehen, bzw. *induziert* werden. Es soll also $\boldsymbol{p} = 0$ sein, wenn $\boldsymbol{E} = 0$. Eine solche Situation tritt dann auf, wenn sich neutrale Teilchen, z.B. Atome oder Moleküle, in einem äußeren Feld befinden und dort durch Ladungstrennung, z.B. Verschiebung der negativen Elektronen gegen die positiven Atomrümpfe, *polarisiert* werden. Dieser Vorgang ist einer der elementaren Prozesse für das Verhalten von Materie in elektrischen Feldern. Wir werden später in diesem Text ausführlich darauf eingehen und wollen hier nur die energetischen Beziehungen betrachten und von den bisher diskutierten Situationen zu unterscheiden lernen.

Sehr häufig findet man, dass die Dipolmomente dem elektrischen Feld, durch das sie induziert werden, proportional sind, dass also

$$\boldsymbol{p} = \alpha\,\boldsymbol{E} \tag{3.56}$$

gilt. Die Proportionalitätskonstante α heißt dann die *Polarisierbarkeit.* Wir wollen jetzt die Bildung eines induzierten Dipols in infinitesimalen Schritten $\delta \boldsymbol{p}$ verfolgen. Bei jedem solchen Schritt ändert sich die Feldenergie des Dipols um $\delta W = -\boldsymbol{E}\,\delta \boldsymbol{p}$. Das folgt aus (3.43), wenn wir Ladungsneutralität annehmen, also $Q = 0$, und nur den Dipolbeitrag berücksichtigen. Nun kann sich das Dipolmoment von induzierten Dipolen nur durch Änderungen $\delta \boldsymbol{E}$ des Feldes verändern, wobei gemäß (3.56) $\delta \boldsymbol{p} = \alpha\,\delta \boldsymbol{E}$ gilt. Somit ist

$$\delta W = -\boldsymbol{E}\,\delta \boldsymbol{p} = -\frac{1}{\alpha}\,\boldsymbol{p}\,\delta \boldsymbol{p},$$

und durch Integration über $\delta \boldsymbol{p}$

$$W = -\frac{1}{2\,\alpha}\,\boldsymbol{p}^2 = -\frac{1}{2}\,\boldsymbol{p}\,\boldsymbol{E}. \tag{3.57}$$

Gegenüber dem Fall des gedrehten Dipols mit $|\boldsymbol{p}|$ =const tritt ein Faktor 1/2 auf: Der induzierte Dipol gewinnt nur die Hälfte der Energie des gedrehten Dipols.

Kapitel 4

Elektrostatik

Das Grundproblem der Elektrostatik besteht darin, die Poisson–Gleichung

$$\boxed{\Delta\Phi(\boldsymbol{r}) = -\frac{1}{\epsilon_0}\,\rho(\boldsymbol{r})} \tag{4.1}$$

für eine vorzugebende Ladungsverteilung $\rho(\boldsymbol{r})$ zu lösen. Die Poisson–Gleichung ist eine partielle Differential–Gleichung, deren Lösung nur dann eindeutig wird, wenn außerdem *Randbedingungen* vorgegeben werden. Eine besonders einfache Randbedingung ist die Forderung, dass das Potential $\Phi(\boldsymbol{r})$ im Unendlichen verschwinden soll:

$$|\boldsymbol{r}| \to \infty: \qquad \Phi(\boldsymbol{r}) \to 0. \tag{4.2}$$

Die partielle Differential–Gleichung (4.1) zusammen mit einer Randbedingung wie (4.2) nennt man auch ein *Randwert–Problem.* Für das obige Randwert–Problem ist uns die Lösung bereits aus dem Kapitel 3 bekannt, nämlich

$$\Phi(\boldsymbol{r}) = \frac{1}{4\,\pi\,\epsilon_0}\int d^3r'\,\frac{\rho(\boldsymbol{r}')}{|\boldsymbol{r}-\boldsymbol{r}'|}. \tag{4.3}$$

Die Theorie der Randwert–Probleme der Elektrostatik (und ebenfalls der später in diesem Text noch einzuführenden Magnetostatik) befasst sich mit sehr verschiedenen Typen von Randbedingungen, insbesondere im Endlichen, und stellt ein eigenständiges und sehr umfangreiches Kapitel der Elektrodynamik dar, das wir im

Rahmen dieses Textes nur sehr begrenzt behandeln können. Wir werden in diesem Kapitel einige typische elektrostatische Situationen behandeln und auch kurz auf die allgemeine Problematik eingehen.

Wir erwähnen an dieser Stelle noch eine einfache Folgerung aus der Poisson–Gleichung für den Fall verschwindender Ladungsdichte. Wenn in einem Bereich B des Raumes $\rho(\boldsymbol{r}) = 0$, also auch $\Delta\Phi(\boldsymbol{r}) = 0$, dann kann das Potential $\Phi(\boldsymbol{r})$ im Inneren von B kein relatives Extremum besitzen. Wenn es nämlich ein solches relatives Extremum an einem Ort $\boldsymbol{r}_e \in B$ gäbe, dann existierte wegen der Differenzierbarkeit von $\Phi(\boldsymbol{r})$ auch eine Kugel $K_e \in B$ mit dem Mittelpunkt in $\boldsymbol{r}_e$, so dass $\partial\Phi(\boldsymbol{r})/\partial\boldsymbol{r}$ überall auf der Grenzfläche ∂K_e von K_e nach innen (relatives Maximum) oder nach außen (relatives Minimum) zeigte. Dann wäre aber

$$\oint_{\partial K_e} d\boldsymbol{f}\, \frac{\partial\Phi(\boldsymbol{r})}{\partial\boldsymbol{r}} \neq 0, \qquad \succ \qquad \int_{Ke} d^3r\, \Delta\Phi(\boldsymbol{r}) \neq 0,$$

im Widerspruch zur Annahme $\Delta\Phi(\boldsymbol{r}) = 0$ in B.

4.1 Elektrische Leiter und Kapazitäten

4.1.1 Elektrische Leiter

Elektrische Leiter sind eine Klasse von Materialien mit einem speziellen Verhalten in elektrischen Feldern. Das Verhalten von Materialien in elektrischen Feldern werden wir später allgemein in einem besonderen Kapitel behandeln. Elektrische Leiter im Besonderen sind aber sehr einfach zu beschreiben und führen zu interessanten und sehr oft auftretenden Randwert–Problemen, so dass wir sie bereits hier vorwegnehmen wollen.

Elektrische Leiter zeichnen sich dadurch aus, dass in ihnen frei bewegliche elektrisch geladene Teilchen, sogenannte *elektrische Ladungsträger* existieren. Unter den elektrischen Leitern befinden sich vor allem die *Metalle*, in denen Elektronen als Ladungsträger frei beweglich sind. In Halbleitern können aber auch sogenannte Elektronen–Löcher als freie Ladungsträger auftreten, und in Ionen-Leitern auch Ionen. Eine Folge der Existenz von freien Ladungsträgern besteht darin, dass im Inneren von Leitern offenbar keine elektrischen Felder auftreten können:

$$\boldsymbol{E}(\boldsymbol{r}) = 0 \qquad \text{im Inneren von Leitern.} \tag{4.4}$$

Gäbe es dort nämlich ein $\boldsymbol{E}(\boldsymbol{r}) \neq 0$, dann würde eine Kraft $\boldsymbol{F}(\boldsymbol{r}) = q\,\boldsymbol{E}(\boldsymbol{r}) \neq 0$ auf die Ladungsträger auftreten und diese verschieben. Das geschieht so lange, bis die Ladungsträger insgesamt eine räumliche Konfiguration angenommen haben, die zu einem Gegenfeld $\boldsymbol{E}'(\boldsymbol{r}) = -\boldsymbol{E}(\boldsymbol{r})$ führt und somit das ursprüngliche Feld $\boldsymbol{E}(\boldsymbol{r})$ kompensiert. (Dass tatsächlich eine solche Endsituation zustande kommt und nicht etwa eine fortwährende Schwingung der Ladungsträger, liegt daran, dass die Bewegung der Ladungsträger gedämpft ist, also Bewegungs–Energie in Form von Wärme an den Leiter abgibt.)

Die Folge von $\boldsymbol{E}(\boldsymbol{r}) = 0$ im Inneren von Leitern ist, dass wegen $\boldsymbol{E}(\boldsymbol{r}) = -\partial\Phi(\boldsymbol{r})/\partial\boldsymbol{r}$ das elektrische Potential dort konstant ist: $\Phi(\boldsymbol{r})$ =const. Diese Aussage reicht vom Inneren des Leiters aus bis an seine Randfläche, denn anderenfalls könnten Felder im inneren Randbereich auftreten. Folglich ist die Randfläche eines Leiters eine *Äquipotentialfläche*:

$$\boxed{\Phi(\boldsymbol{r}) = \text{const auf der Randfläche eines Leiters.}} \tag{4.5}$$

Aus der Feldgleichung

$$\epsilon_0 \frac{\partial}{\partial \boldsymbol{r}} \boldsymbol{E}(\boldsymbol{r}) = \rho(\boldsymbol{r}) \tag{4.6}$$

folgt dann weiter, dass $\rho(\boldsymbol{r}) = 0$ *im Inneren* des Leiters. Diese Aussage gilt nicht notwendig für seine Randfläche, weil im Äußeren des Leiters $\boldsymbol{E}(\boldsymbol{r}) \neq 0$ sein kann, so dass die Ableitung auf der Randfläche, z.B. in Normalen–Richtung, einen von Null verschiedenen Wert liefern kann. Eine weitere Folgerung aus dieser Feststellung ist, dass Leiter eine elektrische Ladung nur auf ihrer Randfläche tragen können. In Analogie zur räumlichen Ladungsdichte $\rho(\boldsymbol{r})$, die wir im Kapitel 3 definiert hatten, beschreiben wir die Ladung auf Randflächen von Leitern durch eine *Flächendichte* $\sigma(\boldsymbol{r})$(=Ladung pro Fläche) der elektrischen Ladung.

Wir werden jetzt eine wichtige Relation zwischen $\sigma(\boldsymbol{r})$ und dem elektrischen Feld $\boldsymbol{E}(\boldsymbol{r})$ außerhalb des Leiters herleiten. Dazu benutzen wir die in der Elektrodynamik noch häufiger vorkommende *Pillendosen–Konstruktion*, die in der Abbildung 4.1 skizziert ist. Dort ist ein Ausschnitt aus einer Randfläche S eines Leiters gezeigt. In diese denken wir uns einen Zylinder der Höhe $2\,\Delta s$ mit seiner Achse senkrecht zu S eingesetzt, sodass sich jeweils ein Stück der Höhe Δs des Zylinders im Inneren und

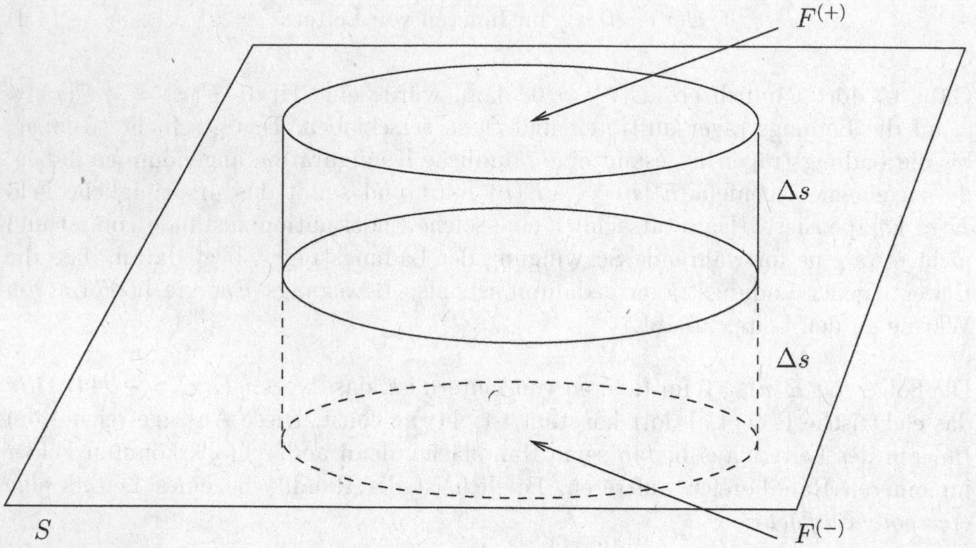

Abbildung 4.1: Pillendosen–Konstruktion

im Äußeren des Leiters befindet. Es seinen weiterhin $F^{(+)}$ und $F^{(-)}$ die Stirnflächen des Zylinders im Äußeren und im Inneren. Wir integrieren die Feldgleichung (4.6) über das Zylinder–Volumen V:

$$\epsilon_0 \int_V d^3r \, \frac{\partial}{\partial \boldsymbol{r}} \boldsymbol{E}(\boldsymbol{r}) = \int_V d^3r \, \rho(\boldsymbol{r}) \tag{4.7}$$

Die linke Seite formen wir mit dem Gaußschen Integralsatz um. Unter Beachtung von $\boldsymbol{E}(\boldsymbol{r}) = 0$ im Inneren, also auf $F^{(-)}$, finden wir

$$\begin{aligned} \epsilon_0 \int_V d^3r \, \frac{\partial}{\partial \boldsymbol{r}} \boldsymbol{E}(\boldsymbol{r}) &= \epsilon_0 \oint_{\partial V} d\boldsymbol{f} \, \boldsymbol{E}(\boldsymbol{r}) \\ &= \epsilon_0 \int_{F^{(+)}} d\boldsymbol{f} \, \boldsymbol{E}(\boldsymbol{r}) + \epsilon_0 \int_{F^{(-)}} d\boldsymbol{f} \, \boldsymbol{E}(\boldsymbol{r}) + O(\Delta s) \\ &= \epsilon_0 \int_{F^{(+)}} d\boldsymbol{f} \, \boldsymbol{E}(\boldsymbol{r}) + O(\Delta s) \\ &= \epsilon_0 \int_{F^{(+)}} df \, \boldsymbol{n} \, \boldsymbol{E}(\boldsymbol{r}) + O(\Delta s), \end{aligned} \tag{4.8}$$

worin $O(\Delta s)$ die Größenordnung der Integral–Beiträge von der Mantelfläche und $\boldsymbol{n}$ die (nach außen gerichtete) Normalen–Richtung des Zylinders bezeichnen. Da sich Ladung nur auf der Randfläche des Leiters befindet, finden wir für die rechte Seite von (4.7)

$$\int_V d^3r\, \rho(\boldsymbol{r}) = \int_F df\, \sigma(\boldsymbol{r}), \tag{4.9}$$

worin F das von dem Zylinder auf der Randfläche S des Leiters ausgeschnittene Flächenstück ist. Jetzt führen wir den Grenzübergang $\Delta s \to 0$ aus. Dabei wird $F^{(+)} \to F$. Indem wir (4.8) und (4.9) in (4.7) einsetzen, finden wir

$$\epsilon_0 \int_F df\, \boldsymbol{n}\, \boldsymbol{E}(\boldsymbol{r}) = \int_F df\, \sigma(\boldsymbol{r}), \tag{4.10}$$

und weil das Flächenstück F auf S beliebig ist, auch

$$\epsilon_0\, \boldsymbol{n}\, \boldsymbol{E}(\boldsymbol{r}) = \sigma(\boldsymbol{r}). \tag{4.11}$$

Auf der Randfläche S des Leiters muss das Feld $\boldsymbol{E}(\boldsymbol{r})$ die Normalen–Richtung $\boldsymbol{n}$ besitzen, weil jede Tangential–Komponente durch Bewegung freier Ladungsträger im Leiter kompensiert wird. Damit folgt schließlich aus (4.11)

$$\boxed{\boldsymbol{E}(\boldsymbol{r}) = \frac{1}{\epsilon_0}\, \sigma(\boldsymbol{r})\, \boldsymbol{n}.} \tag{4.12}$$

Das elektrische Feld an der Randfläche des Leiters ist durch die Flächendichte der Ladung des Leiters bestimmt.

4.1.2 Die Kapazität eines Leiters

Es sei im Raum ein einzelner Leiter L mit seiner Randfläche S vorhanden. Der Leiter trage die elektrische Ladung Q, und sein elektrisches Potential sei Φ_L. Das elektrostatische Problem dieser Anordnung lautet

$$\begin{aligned} \Delta\Phi(\boldsymbol{r}) &= 0 && \text{für } \boldsymbol{r} \notin L, \\ \Phi(\boldsymbol{r}) &\to \Phi_L && \text{für } \boldsymbol{r} \to S, \\ \Phi(\boldsymbol{r}) &\to 0 && \text{für } |\boldsymbol{r}| \to \infty. \end{aligned} \tag{4.13}$$

($\boldsymbol{r} \notin L$ bedeutet, dass der Ort $\boldsymbol{r}$ weder in dem Leiter L noch auf seiner Randfläche S liegt.) Da das Problem linear ist, machen wir den Ansatz

$$\Phi(\boldsymbol{r}) = \Phi_L\, f(\boldsymbol{r}). \tag{4.14}$$

Die dimensionslose Funktion $f(\boldsymbol{r})$ ist dann zu bestimmen aus

$$\begin{aligned} \Delta f(\boldsymbol{r}) &= 0 && \text{für } \boldsymbol{r} \notin L, \\ f(\boldsymbol{r}) &\to 1 && \text{für } \boldsymbol{r} \to S, \\ f(\boldsymbol{r}) &\to 0 && \text{für } |\boldsymbol{r}| \to \infty. \end{aligned} \tag{4.15}$$

Wir denken uns das Problem gelöst und bestimmen die elektrische Ladung Q des Leiters, indem wir die Relation (4.12) verwenden:

$$\begin{aligned} Q &= \oint_S df\,\sigma = \epsilon_0 \oint_S df\,\boldsymbol{n}\,\boldsymbol{E} = \epsilon_0 \oint_S d\boldsymbol{f}\,\boldsymbol{E} = \\ &= -\epsilon_0 \oint_S d\boldsymbol{f} \left(\frac{\partial\Phi(\boldsymbol{r})}{\partial\boldsymbol{r}}\right)_{+S} = -\Phi_L\,\epsilon_0 \oint_S d\boldsymbol{f} \left(\frac{\partial f(\boldsymbol{r})}{\partial\boldsymbol{r}}\right)_{+S}. \end{aligned} \tag{4.16}$$

Der Index $+S$ soll bedeuten, dass der Gradient von $\Phi(\boldsymbol{r})$ bzw. von $f(\boldsymbol{r})$ auf der Randfläche S des Leiters nach außen zu bilden ist. Es ist ja

$$d\boldsymbol{f} \left(\frac{\partial f(\boldsymbol{r})}{\partial\boldsymbol{r}}\right)_{+S} = df\,\boldsymbol{n} \left(\frac{\partial f(\boldsymbol{r})}{\partial\boldsymbol{r}}\right)_{+S},$$

sodass

$$\boldsymbol{n}\left(\frac{\partial f(\boldsymbol{r})}{\partial \boldsymbol{r}}\right)_{+S}$$

als *Normalen–Ableitung* von $f(\boldsymbol{r})$ (nach außen), also senkrecht zu S, interpretiert werden kann.

Als *Kapazität* des Leiters wird definiert

$$C = \frac{Q}{\Phi_L} = -\epsilon_0 \oint_S d\boldsymbol{f} \left(\frac{\partial f(\boldsymbol{r})}{\partial \boldsymbol{r}}\right)_{+S} . \tag{4.17}$$

Wir erkennen, dass die Kapazität C des Leiters nicht von Φ_L und Q abhängt, sondern nur noch von der Geometrie des Leiters, die ja in das Randwert–Problem für $f(\boldsymbol{r})$ in (4.15) eingeht. Wir können auch nachweisen, dass $C > 0$ sein muss. Die Funktion $f(\boldsymbol{r})$ muss nämlich von dem Wert $f(\boldsymbol{r}) = 1$ auf der Randfläche $\boldsymbol{r} \in S$ auf den Wert $f(\boldsymbol{r}) = 0$ für $|\boldsymbol{r}| \to \infty$ abfallen. Dieser Abfall muss monoton sein, weil $f(\boldsymbol{r})$ anderenfalls im Außenraum des Leiters ein relatives Extremum haben müsste. Das ist aber nicht möglich, weil $f(\boldsymbol{r})$ dort $\Delta f(\boldsymbol{r}) = 0$ erfüllt, vgl. den Nachweis in der Einleitung zu diesem Kapitel. Der Gradient $\partial f(\boldsymbol{r})/\partial \boldsymbol{r}$ zeigt an der Randfläche S in den Leiter hinein.

Die Einheit der Kapazität lautet

$$\text{Kapazität } C \cong \frac{\text{el. Ladung}}{\text{Potential}} \cong \frac{\text{C}}{\text{V}} = \frac{\text{A s}}{\text{V}} =: \text{F} = \text{Farad}. \tag{4.18}$$

Beispiel: Kugelkondensator

Ein kugelförmiger Leiter mit dem Radius R (und dem Mittelpunkt im Ursprung 0) trage die Ladung Q. Wir integrieren die Feldgleichung (4.6) über eine mit dem Leiter konzentrische Kugel V mit einem Radius $r > R$

$$\epsilon_0 \int_V d^3r \, \frac{\partial}{\partial \boldsymbol{r}} \boldsymbol{E}(\boldsymbol{r}) = \underbrace{\int_V d^3r \, \rho(\boldsymbol{r})}_{=Q} . \tag{4.19}$$

Die linke Seite formen wir mit dem Gaußschen Integralsatz um:

$$\int_V d^3r\,\frac{\partial}{\partial \boldsymbol{r}}\,\boldsymbol{E}(\boldsymbol{r}) = \oint_{\partial V} d\boldsymbol{f}\,\boldsymbol{E}(\boldsymbol{r}) = 4\,\pi\,r^2\,\frac{\boldsymbol{r}}{r}\,\boldsymbol{E}(\boldsymbol{r}),$$

eingesetzt in (4.19):

$$4\,\pi\,r^2\,\frac{\boldsymbol{r}}{r}\,\boldsymbol{E}(\boldsymbol{r}) = Q. \tag{4.20}$$

(Auf der Kugel–Randfläche ist der Normalen–Vektor gegeben durch $\boldsymbol{n} = \boldsymbol{r}/r$.) Aus der Kugel–Symmetrie folgt, dass das Feld $\boldsymbol{E}(\boldsymbol{r})$ Normalen–Richtung besitzt, also

$$\boldsymbol{E}(\boldsymbol{r}) = \frac{Q}{4\,\pi\,\epsilon_0\,r^2}\,\frac{\boldsymbol{r}}{r} = -\frac{\partial\Phi(\boldsymbol{r})}{\partial \boldsymbol{r}}, \qquad \Phi(\boldsymbol{r}) = \frac{Q}{4\,\pi\,\epsilon_0\,r}, \qquad r > R. \tag{4.21}$$

Auf der Randfläche der Kugel, $r = R$, besitzt das Potential also den Wert $\Phi_L = Q/(4\,\pi\,\epsilon_0\,R)$, so dass sich für die Kapazität

$$C = \frac{Q}{\Phi_L} = 4\,\pi\,\epsilon_0\,R \tag{4.22}$$

ergibt.

4.1.3 Die Kapazität eines Systems von Leitern

Wir verallgemeinern die obigen Überlegungen auf ein System von Leitern L_α, $\alpha = 1, 2, \ldots$. Es seien S_α die Randflächen der Leiter, Q_α ihre Ladungen und Φ_α ihre Potentiale. Zu lösen ist das Randwert–Problem

$$\begin{aligned} \Delta\Phi(\boldsymbol{r}) &= 0 \qquad \text{für } \boldsymbol{r} \notin L_\alpha, \\ \Phi(\boldsymbol{r}) &\to \Phi_\alpha \qquad \text{für } \boldsymbol{r} \to S_\alpha, \\ \Phi(\boldsymbol{r}) &\to 0 \qquad \text{für } |\boldsymbol{r}| \to \infty. \end{aligned} \tag{4.23}$$

($\boldsymbol{r} \notin L_\alpha$ bedeutet, dass $\boldsymbol{r}$ in keinem der Leiter L_α und auch nicht auf deren Randflächen S_α liegen soll.) Wiederum machen wir von der Linearität des Problems Gebrauch und setzen für die Lösung $\Phi(\boldsymbol{r})$ an

$$\Phi(\boldsymbol{r}) = \sum_\beta \Phi_\beta\, f_\beta(\boldsymbol{r}). \tag{4.24}$$

(Auch die Indizes β bezeichnen die Leiter L_β.) Dieser Ansatz wird zu einer Lösung von (4.23), wenn die $f_\beta(\boldsymbol{r})$ die folgenden Forderungen erfüllen:

$$\begin{aligned} \Delta f_\beta(\boldsymbol{r}) &= 0 \qquad \text{für } \boldsymbol{r} \notin L_\alpha, \\ f_\beta(\boldsymbol{r}) &\to 1 \qquad \text{für } \boldsymbol{r} \to S_\beta, \\ f_\beta(\boldsymbol{r}) &\to 0 \qquad \text{für } \boldsymbol{r} \to S_\alpha, \qquad \alpha \neq \beta, \\ f_\beta(\boldsymbol{r}) &\to 0 \qquad \text{für } |\boldsymbol{r}| \to \infty. \end{aligned} \tag{4.25}$$

Für die Flächendichte σ_α der Ladung auf L_α folgt aus (4.12)

$$\sigma_\alpha = \epsilon_0\, (\boldsymbol{n}\, \boldsymbol{E}(\boldsymbol{r}))_{S_\alpha} = -\epsilon_0 \left(\boldsymbol{n} \frac{\partial \Phi(\boldsymbol{r})}{\partial \boldsymbol{r}} \right)_{S_\alpha},$$

und daraus weiter für die Ladung Q_α unter Verwendung des Ansatzes (4.24) für $\Phi(\boldsymbol{r})$:

$$\begin{aligned} Q_\alpha &= \oint_{S_\alpha} df\, \sigma_\alpha = -\epsilon_0 \oint_{S_\alpha} df\, \boldsymbol{n} \frac{\partial \Phi(\boldsymbol{r})}{\partial \boldsymbol{r}} = -\epsilon_0 \oint_{S_\alpha} d\boldsymbol{f} \frac{\partial \Phi(\boldsymbol{r})}{\partial \boldsymbol{r}} = \\ &= \sum_\beta \left\{ -\epsilon_0 \oint_{S_\alpha} d\boldsymbol{f} \frac{\partial f_\beta(\boldsymbol{r})}{\partial \boldsymbol{r}} \right\} \Phi_\beta = \sum_\beta C_{\alpha\beta}\, \Phi_\beta, \end{aligned} \tag{4.26}$$

$$C_{\alpha\beta} = -\epsilon_0 \oint_{S_\alpha} d\boldsymbol{f} \frac{\partial f_\beta(\boldsymbol{r})}{\partial \boldsymbol{r}}. \tag{4.27}$$

An die Stelle der Kapazität C eines einzelnen Leiters tritt die *Kapazitäts–Matrix* $C_{\alpha\beta}$. Im folgenden Unterabschnitt werden wir nachweisen, dass die Kapazitätsmatrix *symmetrisch* ist: $C_{\alpha\beta} = C_{\beta\alpha}$.

Beispiel: Plattenkondensator

Das System von Leitern bestehe aus zwei parallelen metallischen Platten der Fläche F im Abstand a. Das lineare Gleichungs–System (4.26) lautet hier

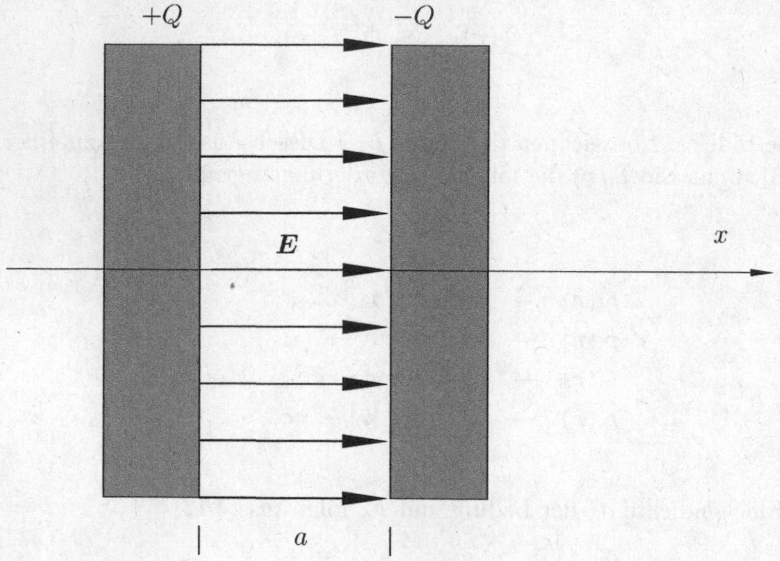

Abbildung 4.2: Idealisierter Plattenkondensator

$$\left.\begin{array}{rcl} Q_1 & = & C_{11}\,\Phi_1 + C_{12}\,\Phi_2 \\ Q_2 & = & C_{21}\,\Phi_1 + C_{22}\,\Phi_2 \end{array}\right\} \tag{4.28}$$

Da die $C_{\alpha\beta}$ wiederum unabhängig von den Ladungen und Potentialen sind, nämlich nur von der Geometrie der Anordnung abhängen, können wir ohne Beschränkung der Allgemeinheit annehmen, dass $Q_2 = -Q_1 =: Q$. Ferner ist aus Gründen der Symmetrie zwischen den beiden Platten $C_{11} = C_{22} =: C$. Damit wird aus (4.28)

$$\left.\begin{array}{rcl} Q & = & C\,\Phi_1 + C_{12}\,\Phi_2 \\ -Q & = & C_{21}\,\Phi_1 + C\,\Phi_2 \end{array}\right\} \tag{4.29}$$

Diese beiden Gleichungen müssen offensichtlich äquivalent sein, woraus folgt, dass $C_{12} = C_{21} = -C$, und somit

$$Q = C\,(\Phi_1 - \Phi_2)\,, \qquad C = \frac{Q}{\Phi_1 - \Phi_2}\,. \tag{4.30}$$

Der Plattenkondensator ist in der Abbildung 4.2 skizziert. Wir nehmen an, dass das Feld den Raum zwischen den Platten homogen erfüllt, was natürlich nur dann der Fall ist, wenn die Fläche F der Platten in jeder Richtung $\to \infty$ geht. Da der Raum zwischen den Platten ladungsfrei ist, ist das Feld $\boldsymbol{E}$ dort räumlich konstant und hat die Richtung senkrecht zu den Platten, in der Abbildung die x–Richtung. Bei endlichen Flächen treten an den Rändern der Platten Verzerrungen auf, die aus Dimensionsgründen von der Ordnung $O(a^2/F)$ sein werden. Diese Verzerrungen werden vernachlässigt.

Wir integrieren die Feldgleichung (4.6) über ein Volumen V, das die linke Platte als Quader umschließen soll:

$$\epsilon_0 \int_V d^3r \, \frac{\partial}{\partial \boldsymbol{r}} \boldsymbol{E}(\boldsymbol{r}) = \epsilon_0 \oint_{\partial V} d\boldsymbol{f} \, \boldsymbol{E}(\boldsymbol{r}) = Q. \tag{4.31}$$

Da das Feld $\boldsymbol{E}$ die Randfläche ∂V nur über die Plattenfläche F durchdringt, hat das Integral auf der linken Seite den Wert $\epsilon_0 \, F \, E$, worin E die x–Komponente des Feldes $\boldsymbol{E}$ ist. Da das Feld zwischen den Platten konstant sein sollte, ist das Potential eine lineare Funktion in x, nämlich $\Phi(x) = -E\,x{+}\text{const}$, und $\Phi_1 - \Phi_2 = E\,a$. Damit folgt aus (4.31) für C aus (4.30)

$$C = \frac{Q}{\Phi_1 - \Phi_2} = \frac{\epsilon_0 \, F \, E}{E \, a} = \epsilon_0 \, \frac{F}{a}. \tag{4.32}$$

Dieses C wird auch als *die* Kapazität des Plattenkondensators bezeichnet.

4.1.4 Die Feldenergie in einem System von Leitern

Wir berechnen die Energie des elektrischen Feldes $\boldsymbol{E}(\boldsymbol{r})$ in einem System von Leitern. Es sei im Folgenden V das Volumen außerhalb der Leiter L_α, so dass in V keine elektrischen Ladungen auftreten. Im Übrigen werden alle Bezeichnung aus dem vorhergehenden Unterabschnitt übernommen. Die Feldenergie lautet gemäß Kapitel 3

$$W = \frac{\epsilon_0}{2} \int_V d^3r \, \boldsymbol{E}^2(\boldsymbol{r}) = \frac{\epsilon_0}{2} \int_V d^3r \left(\frac{\partial \Phi(\boldsymbol{r})}{\partial \boldsymbol{r}} \right)^2. \tag{4.33}$$

Wir formen um unter Benutzung der Produkt–Regel der Differentiation für den Gradienten:

$$\left(\frac{\partial\Phi(\boldsymbol{r})}{\partial\boldsymbol{r}}\right)^2 = \frac{\partial}{\partial\boldsymbol{r}}\left(\Phi(\boldsymbol{r})\,\frac{\partial\Phi(\boldsymbol{r})}{\partial\boldsymbol{r}}\right) - \Phi(\boldsymbol{r})\,\Delta\Phi(\boldsymbol{r}),$$

vgl. auch Abschnitt 2.2.2. Nun ist $\Delta\Phi(\boldsymbol{r}) = 0$ in V, so dass sich die Feldenergie W aus (4.33) mit dieser Umformung und unter Benutzung des Gaußschen Integralsatzes in der Form

$$W = \frac{\epsilon_0}{2}\int_V d^3r\,\frac{\partial}{\partial\boldsymbol{r}}\left(\Phi(\boldsymbol{r})\,\frac{\partial\Phi(\boldsymbol{r})}{\partial\boldsymbol{r}}\right) = \frac{\epsilon_0}{2}\oint_{\partial V} d\boldsymbol{f}\,\Phi(\boldsymbol{r})\,\frac{\partial\Phi(\boldsymbol{r})}{\partial\boldsymbol{r}} \tag{4.34}$$

schreiben lässt. Die Randfläche ∂V von V besteht aus

(1) der ∞–fernen Randfläche, auf der $\Phi(\boldsymbol{r}) = 0$ und somit auch $\partial\Phi(\boldsymbol{r})/\partial\boldsymbol{r} = 0$,

(2) und aus allen Randflächen S_α der Leiter L_α, allerdings mit einer Normalen–Richtung, die von V aus gesehen in die Leiter L_α hineinzeigt. Wie bisher wollen wir aber Flächen–Integrale über die Randflächen S_α mit einer Normalen–Richtung aus dem Leiter L_α in das Volumen V hinein notieren, wodurch ein Vorzeichen wechselt.

Wir beachten außerdem, dass $\Phi(\boldsymbol{r}) = \Phi_\alpha$ auf der Randfläche S_α. Insgesamt erhalten wir damit

$$W = -\frac{\epsilon_0}{2}\sum_\alpha \oint_{S_\alpha} d\boldsymbol{f}\,\frac{\partial\Phi(\boldsymbol{r})}{\partial\boldsymbol{r}}. \tag{4.35}$$

Schließlich setzen wir den linearen Ansatz (4.24) in der Gestalt

$$\frac{\partial\Phi(\boldsymbol{r})}{\partial\boldsymbol{r}} = \sum_\beta \Phi_\beta\,\frac{\partial f_\beta(\boldsymbol{r})}{\partial\boldsymbol{r}}$$

in den Ausdruck für W ein und erhalten

$$W = \frac{1}{2}\sum_{\alpha,\beta}\left\{-\epsilon_0\oint_{S_\alpha} d\boldsymbol{f}\,\frac{\partial f_\beta(\boldsymbol{r})}{\partial\boldsymbol{r}}\right\}\Phi_\alpha\,\Phi_\beta = \frac{1}{2}\sum_{\alpha,\beta} C_{\alpha\beta}\,\Phi_\alpha\,\Phi_\beta, \tag{4.36}$$

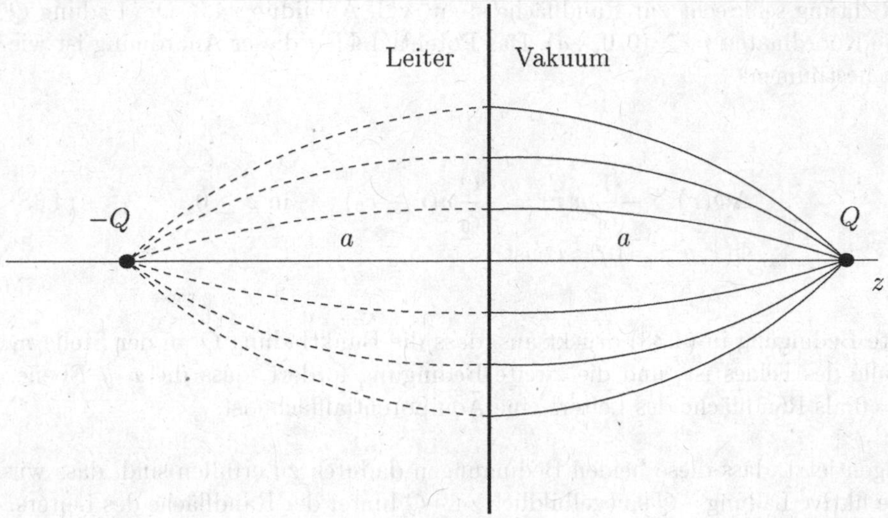

Abbildung 4.3: Spiegelladung hinter einer Grenzfläche Leiter–Vakuum

worin wir die Definition (4.27) benutzt haben. Die Feldenergie W ist also eine quadratische Funktion der Potentiale Φ_α auf den Randflächen der Leiter. Aus (4.36) folgt auch

$$C_{\alpha\beta} = \frac{\partial^2 W}{\partial\Phi_\alpha\,\partial\Phi_\beta}, \tag{4.37}$$

und daraus bereits die schon früher behauptete Symmetrie $C_{\alpha\beta} = C_{\beta\alpha}$, denn W als quadratische Funktion der Φ_α ist sicher zweimal stetig differenzierbar, so dass die Ableitungen nach Φ_α und Φ_β in (4.37) vertauschbar sind.

4.2 Die Methode der Spiegelladungen

Die Methode der Spiegelladungen ist eine Konstruktion zur Bestimmung des elektrischen Feldes bei Anwesenheit von Leitern. Wir erläutern diese Methode für den einfachsten Fall, dass sich eine elektrische Ladung Q im Abstand a vor einer ebenen und ∞–weit ausgedehnten Randfläche eines Leiters befindet. Wir wählen ein Koordinatensystem, so dass dessen x–y–Ebene die Randfläche des Leiters beschreibt und die z–Richtung senkrecht zur Randfläche steht, vgl. Abbildung 4.3. Die Ladung Q habe die Koordinaten $\boldsymbol{r}_1 \cong (0, 0, +a)$. Das Potential $\Phi(\boldsymbol{r})$ dieser Anordnung ist wie folgt zu bestimmen:

$$\Delta\Phi(\boldsymbol{r}) = -\frac{1}{\epsilon_0}\,\rho(\boldsymbol{r}) = -\frac{Q}{\epsilon_0}\,\delta(\boldsymbol{r} - \boldsymbol{r}_0) \qquad \text{in } z \geq 0, \tag{4.38}$$
$$\Phi(x, y, z = 0) = \text{const.}$$

Die erste Bedingung in (4.38) drückt aus, dass die Punktladung Q an der Stelle $\boldsymbol{r}_1$ die Quelle des Feldes ist, und die zweite Bedingung fordert, dass die x–y–Ebene, also $z = 0$ als Randfläche des Leiters eine Äquipotentialfläche ist.

Wir zeigen jetzt, dass diese beiden Bedingungen dadurch zu erfüllen sind, dass wir uns eine fiktive Ladung $-Q$ spiegelbildlich zu $+Q$ hinter der Randfläche des Leiters, also am Ort $\boldsymbol{r}_2 \cong (0, 0, -a)$ angebracht denken und das Potential in $z \geq 0$ als von den beiden Ladungen $+Q$ bei $\boldsymbol{r}_1$ und $-Q$ bei $\boldsymbol{r}_2$ erzeugt denken:

$$\Phi(\boldsymbol{r}) = \frac{Q}{4\,\pi\,\epsilon_0}\left(\frac{1}{|\boldsymbol{r} - \boldsymbol{r}_1|} - \frac{1}{|\boldsymbol{r} - \boldsymbol{r}_2|}\right) \qquad z \geq 0. \tag{4.39}$$

Zunächst ist klar, dass dieses Potential die Poisson–Gleichung (4.38) in $z \geq 0$ löst, denn

$$\Delta\Phi(\boldsymbol{r}) = \frac{Q}{4\,\pi\,\epsilon_0}\left(\underbrace{\Delta\,\frac{1}{|\boldsymbol{r} - \boldsymbol{r}_1|}}_{=-4\,\pi\,\delta(\boldsymbol{r}-\boldsymbol{r}_1)} - \underbrace{\frac{1}{|\boldsymbol{r} - \boldsymbol{r}_2|}}_{=-4\,\pi\,\delta(\boldsymbol{r}-\boldsymbol{r}_2)=0}\right) = -\frac{Q}{\epsilon_0}\,\delta(\boldsymbol{r} - \boldsymbol{r}_1), \tag{4.40}$$

weil

$$|\boldsymbol{r} - \boldsymbol{r}_2| = \sqrt{x^2 + y^2 + (z + a)^2} > 0$$

in $z \geq 0$, also $\delta(\boldsymbol{r} - \boldsymbol{r}_2) = 0$ in $z \geq 0$. Wegen

$$|\boldsymbol{r} - \boldsymbol{r}_1| = \sqrt{x^2 + y^2 + (z - a)^2} > 0$$

ist für $z = 0$ $|\boldsymbol{r} - \boldsymbol{r}_1| = |\boldsymbol{r} - \boldsymbol{r}_2|$, also $\Phi(\boldsymbol{r}) = 0$, womit auch die zweite Bedingung in (4.38), dass die Ebene $z = 0$ eine Äquipotentialfläche sein soll, erfüllt ist.

Wie im vorhergehenden Abschnitt begründet, kann sich die elektrische Ladung eines Leiters nur an seiner Randfläche befinden. In unserem Fall *muss* sich dort auch Ladungen befinden, weil Feldlinien von der Randfläche ausgehen. Diese Ladung heißt auch *Influenzladung.* Wir berechnen die Flächendichte der Ladung auf der Randfläche des Leiters, indem wir (4.11) verwenden:

$$\sigma(\boldsymbol{r}) = \epsilon_0\, \boldsymbol{n}\, \boldsymbol{E}(\boldsymbol{r})\big|_{z=+0} = -\epsilon_0\, \boldsymbol{n} \left(\frac{\partial \Phi(\boldsymbol{r})}{\partial \boldsymbol{r}}\right)_{z=+0} = -\epsilon_0 \left(\frac{\partial \Phi(\boldsymbol{r})}{\partial z}\right)_{z=+0}. \tag{4.41}$$

Es ist

$$\begin{aligned} \frac{\partial}{\partial z}\frac{1}{|\boldsymbol{r} - \boldsymbol{r}_{1,2}|} &= \frac{\partial}{\partial z}\frac{1}{\sqrt{x^2 + y^2 + (z \mp a)^2}} = -\frac{z \mp a}{[x^2 + y^2 + (z \mp a)^2]^{3/2}}, \\ \sigma(x, y) &= -\frac{Q\,a}{2\,\pi}\frac{1}{[x^2 + y^2 + a^2]^{3/2}} \end{aligned} \tag{4.42}$$

Wir berechnen nun die gesamte Influenzladung Q':

$$\begin{aligned} Q' &= \int df'\, \sigma(x, y) = -\frac{Q\,a}{2\,\pi}\int_0^\infty \frac{2\,\pi\, r'\, dr'}{[r'^2 + a^2]^{3/2}} = \\ &= Q\,a \left\{\left[r'^2 + a^2\right]^{-1/2}\right\}_{r'=0}^{r'=\infty} = -Q. \end{aligned} \tag{4.43}$$

(In dieser Umrechnung haben wir $r'^2 = x^2 + y^2$, $df = 2\,\pi\, r'\, dr'$ substituiert.) Auf der Randfläche des Leiters, die der Ladung Q zugewandt ist, wird also insgesamt die Ladung $Q' = -Q$ influenziert. Wenn der Leiter vor dem Einbringen der Ladung Q neutral (=ungeladen) war, muss sich die Gegenladung zur Influenzladung auf einer ∞–entfernten Randfläche des Leiters befinden.

4.3 Das allgemeine Randwert–Problem

Zur Lösung der Poisson–Gleichung

$$\Delta\Phi(\boldsymbol{r}) = -\frac{1}{\epsilon_0}\,\rho(\boldsymbol{r}) \tag{4.44}$$

für eine vorgegebene Ladungsdichte $\rho(\boldsymbol{r})$ ist die Vorgabe von *Randbedingungen* erforderlich. Für einen speziellen Fall, nämlich $\rho(\boldsymbol{r}) = 0$ in Anwesenheit von Leitern, haben wir das bereits im Abschnitt 4.1 gesehen. Den allgemeinen Fall formulieren wir wie folgt: es ist die Poisson–Gleichung (4.44) zu lösen, wobei die Ladungsdichte $\rho(\boldsymbol{r})$ innerhalb eines Volumens V vorgegeben sei und die Lösung $\Phi(\boldsymbol{r})$ auf der Randfläche ∂V von V gewisse Bedingungen erfüllen soll. Diese Problemstellung nennt man das *Randwert-Problem* der Elektrostatik. Welche Bedingungen $\Phi(\boldsymbol{r})$ auf ∂V erfüllen soll, werden wir später formulieren. Eine spezielle Version des elektrostatischen Randwert–Problems ist der Fall, dass V das gesamte Volumen ist und dass die Lösung $\Phi(\boldsymbol{r})$ auf der ∞–fernen Randfläche von V verschwinden soll. Die Lösung dieses Randwert–Problems ist uns aus dem Abschnitt 2.4.2 bekannt:

$$\Phi(\boldsymbol{r}) = \frac{1}{4\,\pi\,\epsilon_0}\int d^3r'\,\frac{\rho(\boldsymbol{r}')}{|\boldsymbol{r}-\boldsymbol{r}'|}. \tag{4.45}$$

Um Aussagen über das allgemeine Randwert–Problem machen zu können, benötigen wir zwei wichtige Integralsätze, die sogenannten *Greenschen Identitäten*.

4.3.1 Die Greenschen Identitäten

Ausgangspunkt ist der Gaußsche Satz

$$\int_V d^3r\,\frac{\partial}{\partial\boldsymbol{r}}\,\boldsymbol{a}(\boldsymbol{r}) = \oint_{\partial V} d\boldsymbol{f}\,\boldsymbol{a}(\boldsymbol{r}), \tag{4.46}$$

in den wir

$$\boldsymbol{a}(\boldsymbol{r}) = \phi(\boldsymbol{r})\,\frac{\partial}{\partial\boldsymbol{r}}\,\psi(\boldsymbol{r})$$

einsetzen. Dann ist unter Benutzung einer Umformung aus dem Abschnitt 3.1.2

$$\begin{aligned}\frac{\partial}{\partial \boldsymbol{r}}\,\boldsymbol{a}(\boldsymbol{r}) &= \frac{\partial}{\partial \boldsymbol{r}}\left(\phi(\boldsymbol{r})\,\frac{\partial}{\partial \boldsymbol{r}}\,\psi(\boldsymbol{r})\right) = \\ &= \partial_\alpha\,(\phi\,\partial_\alpha\,\psi) = (\partial_\alpha\,\phi)\;(\partial_\alpha\,\psi) + \partial_\alpha^2\,\psi = \\ &= \frac{\partial\phi(\boldsymbol{r})}{\partial \boldsymbol{r}}\,\frac{\partial\psi(\boldsymbol{r})}{\partial \boldsymbol{r}} + \phi(\boldsymbol{r})\,\Delta\,\psi(\boldsymbol{r}).\end{aligned}$$

Mit diesen Definitionen und Umformungen wird aus dem Gaußschen Satz (4.46)

$$\int_V d^3r\,\left(\frac{\partial\phi}{\partial \boldsymbol{r}}\,\frac{\partial\psi}{\partial \boldsymbol{r}} + \phi\,\Delta\,\psi\right) = \oint_{\partial V}\,d\boldsymbol{f}\,\phi\,\frac{\partial\psi}{\partial \boldsymbol{r}}. \tag{4.47}$$

(Aus Gründen der Übersichtlichkeit haben wir die Argumente $\boldsymbol{r}$ in ϕ und ψ fortgelassen.) Es ist $d\boldsymbol{f} = \boldsymbol{n}\,df$, worin $\boldsymbol{n}$ der Einheits–Vektor in der Normalen–Richtung von ∂V (nach außen) ist, so dass

$$d\boldsymbol{f}\,\frac{\partial\psi}{\partial \boldsymbol{r}} = df\,\left(\boldsymbol{n}\,\frac{\partial}{\partial \boldsymbol{r}}\right)\,\psi.$$

$\boldsymbol{n}\,\partial/\partial\boldsymbol{r}$ hat die Bedeutung einer *Normalen–Ableitung* der Funktion ψ, also ihres Gradienten in Normalen–Richtung. Hierfür ist die Schreibweise

$$\left(\boldsymbol{n}\,\frac{\partial}{\partial \boldsymbol{r}}\right)\,\psi =: \frac{\partial\psi}{\partial n}, \tag{4.48}$$

üblich, die allerdings missverständlich ist, weil nicht etwa nach dem Normalen–Vektor, sondern nach dem senkrechten Abstand von der Randfläche ∂V abgeleitet wird. Setzen wir nun (4.48) in (4.47) ein, so erhalten wir die *erste Greensche Identität*

$$\boxed{\int_V d^3r\,\left(\frac{\partial\phi}{\partial \boldsymbol{r}}\,\frac{\partial\psi}{\partial \boldsymbol{r}} + \phi\,\Delta\,\psi\right) = \oint_{\partial V}\,df\,\phi\,\frac{\partial\psi}{\partial n}} \tag{4.49}$$

Wir denken uns die erste Greensche Identität (4.49) mit ϕ statt ψ und umgekehrt hingeschrieben und bilden die Differenz der beiden Identitäten. Dabei fällt das Produkt der Gradienten von ϕ und ψ heraus, und wir erhalten die *zweite Greensche Identität*

$$\boxed{\int_V d^3r\,(\phi\,\Delta\,\psi - \psi\,\Delta\,\phi) = \oint_{\partial V} df\,\left(\phi\,\frac{\partial\psi}{\partial n} - \psi\,\frac{\partial\phi}{\partial n}\right).} \tag{4.50}$$

4.3.2 Die formale Lösung des Randwert–Problems

Wir denken uns die zweite Greensche Identität (4.50) mit der Variablen $\boldsymbol{r}'$ statt $\boldsymbol{r}$ formuliert und wählen $\phi(\boldsymbol{r}') = \Phi(\boldsymbol{r}')$ =elektrisches Potential sowie $\psi(\boldsymbol{r}') = 1/|\boldsymbol{r}-\boldsymbol{r}'|$. Dabei benutzen wir, dass

$$\begin{aligned} \Delta'\,\phi(\boldsymbol{r}') &= \Delta'\,\Phi(\boldsymbol{r}') = -\frac{1}{\epsilon_0}\,\rho(\boldsymbol{r}'), \\ \Delta'\,\frac{1}{|\boldsymbol{r}-\boldsymbol{r}'|} &= -4\,\pi\,\delta\,(\boldsymbol{r}-\boldsymbol{r}'). \end{aligned}$$

Die erste dieser Beziehungen ist wieder die Poisson–Gleichung, die zweite haben wir ausführlich im Abschnitt 2.2.2 hergeleitet. (Δ' ist der Laplace–Operator mit der Variablen $\boldsymbol{r}'$ statt $\boldsymbol{r}$.) Mit diesen Vereinbarungen und den obigen Beziehungen erhalten wir aus der zweiten Greenschen Identität

$$\begin{aligned} &\int_V d^3r'\,\left(-4\,\pi\,\Phi(\boldsymbol{r}')\,\delta\,(\boldsymbol{r}-\boldsymbol{r}') + \frac{1}{\epsilon_0}\,\frac{\rho(\boldsymbol{r}')}{|\boldsymbol{r}-\boldsymbol{r}'|}\right) = \\ &= \oint_{\partial V} df'\,\left(\Phi(\boldsymbol{r}')\,\frac{\partial}{\partial n'}\,\frac{1}{|\boldsymbol{r}-\boldsymbol{r}'|} - \frac{1}{|\boldsymbol{r}-\boldsymbol{r}'|}\,\frac{\partial\Phi(\boldsymbol{r}')}{\partial n'}\right). \end{aligned} \tag{4.51}$$

(Alle gestrichenen Variablen beziehen sich auf $\boldsymbol{r}'$.) Wir betrachten den Fall, dass der Punkt $\boldsymbol{r}$ *innerhalb* von V liegt. Dann liefert das Integral über den Term mit der δ–Funktion $-4\,\pi\,\Phi(\boldsymbol{r})$, und wir erhalten

$$\Phi(\boldsymbol{r}) = \frac{1}{4\,\pi\,\epsilon_0} \int d^3r' \, \frac{\rho(\boldsymbol{r}')}{|\boldsymbol{r}-\boldsymbol{r}'|} + \\ + \oint_{\partial V} df' \left(\frac{1}{|\boldsymbol{r}-\boldsymbol{r}'|} \frac{\partial \Phi(\boldsymbol{r}')}{\partial n'} - \Phi(\boldsymbol{r}') \frac{\partial}{\partial n'} \frac{1}{|\boldsymbol{r}-\boldsymbol{r}'|} \right). \tag{4.52}$$

Wenn in (4.51) der Punkt $\boldsymbol{r}$ *außerhalb* von V gewählt wird, erhalten wir offensichtlich die Aussage, dass der Ausdruck auf der rechten Seite von (4.52) verschwindet.

Offensichtlich ist (4.52) noch keine explizite Lösung des Problems, weil das gesuchte elektrische Potential $\Phi(\boldsymbol{r})$ auf beiden Seiten der Gleichung auftritt. (4.52) ist eine *Integral–Gleichung*, die äquivalent zu dem anfangs gestellten Randwert–Problem ist. Nun tritt das gesuchte elektrische Potential $\Phi(\boldsymbol{r})$ auf der rechten Seite aber nur auf der Randfläche ∂V auf. Das legt den Schluss nahe, (4.52) tatsächlich als explizite Lösung zu interpretieren, wenn das Potential $\Phi(\boldsymbol{r})$ und seine Normal–Ableitung $\partial\Phi(\boldsymbol{r})/\partial n$ auf der Randfläche ∂V als Randbedingungen vorgegeben sind. Eine solche Vorgabe nennt man auch *Cauchysche Randbedingungen*. Wir werden im folgenden Unterabschnitt lernen, dass diese Randbedingungen eine Überbestimmung darstellen und im Allgemeinen nicht miteinander verträglich sind.

Aus (4.52) geht die Lösung (4.45) hervor, wenn wir das Volumen V als den gesamten Raum, ∂V also als die ∞–entfernte Randfläche wählen und annehmen, dass

$$\frac{\partial \Phi(\boldsymbol{r}')}{\partial n'} = -\boldsymbol{n}'\,\boldsymbol{E}(\boldsymbol{r}'),$$

also die (negative) Normal–Komponente des elektrischen Feldes mit $|\boldsymbol{r}'| \to \infty$ schneller als $1/|\boldsymbol{r}-\boldsymbol{r}'|$ verschwindet.

Schließlich formulieren wir (4.52) für den Fall, dass das Innere von V ladungsfrei ist, also $\rho(\boldsymbol{r}') = 0$:

$$\Phi(\boldsymbol{r}) = \oint_{\partial V} df' \left(\frac{1}{|\boldsymbol{r}-\boldsymbol{r}'|} \frac{\partial \Phi(\boldsymbol{r}')}{\partial n'} - \Phi(\boldsymbol{r}') \frac{\partial}{\partial n'} \frac{1}{|\boldsymbol{r}-\boldsymbol{r}'|} \right). \tag{4.53}$$

4.3.3 Dirichletsche und von Neumannsche Randbedingungen, Eindeutigkeit der Lösung

Wir zeigen jetzt, dass die Lösung des elektrostatischen Randwert–Problems

$$\Delta\,\Phi(\boldsymbol{r}) = -\frac{1}{\epsilon_0}\,\rho(\boldsymbol{r}) \tag{4.54}$$

in einem Volumen V eindeutig ist, wenn entweder

(1) *Dirichletsche Randbedingung:*
das Potential $\Phi(\boldsymbol{r})$ auf der Randfläche ∂V oder

(2) *von Neumannsche Randbedingung:*
die Normal–Ableitung $\partial\Phi(\boldsymbol{r})/\partial n$ des Potentials $\Phi(\boldsymbol{r})$ auf der Randfläche ∂V vorgegeben ist.

Wir führen den Nachweis durch einen Widerspruchsbeweis. Es seien $\Phi_1(\boldsymbol{r})$ und $\Phi_2(\boldsymbol{r})$ zwei Lösungen von (4.54), die dieselben Randbedingungen, also Dirichletsche oder von Neumannsche, erfüllen. Es sei $U(\boldsymbol{r}) := \Phi_1(\boldsymbol{r}) - \Phi_2(\boldsymbol{r})$ die Differenz zwischen den beiden Lösungen. Dann ist U (Argument $\boldsymbol{r}$ nicht mehr mitgeschrieben) offensichtlich Lösung des folgenden Randwert–Problems:

$$\Delta\, U = 0 \;\text{ in } V, \qquad \left\{\begin{array}{ll} \text{entweder} & U = 0 \\ \text{oder} & \partial U/\partial n = 0 \end{array}\right\} \;\text{ auf } \partial V. \tag{4.55}$$

Jetzt verwenden wir die erste Greensche Identität (4.49) mit der Wahl $\phi = \psi = U$:

$$\int_V d^3r \left(\frac{\partial U}{\partial \boldsymbol{r}}\,\frac{\partial U}{\partial \boldsymbol{r}} + U\,\Delta\, U\right) = \oint_{\partial V} df\, U\,\frac{\partial U}{\partial n}.$$

Da $\Delta\, U = 0$ in V und entweder $U = 0$ oder $\partial U/\partial n = 0$ auf ∂V, folgt

$$\int_V d^3r\,\frac{\partial U}{\partial \boldsymbol{r}}\,\frac{\partial U}{\partial \boldsymbol{r}} = \int_V d^3r\,\left|\frac{\partial U}{\partial \boldsymbol{r}}\right|^2 = 0 : \;\succ\; \frac{\partial U}{\partial \boldsymbol{r}} = 0.$$

Φ_1 und Φ_2 können sich also nur um eine Konstante unterscheiden. Im Fall der Dirichletschen Randbedingung muss diese Konstante sogar den Wert 0 haben, weil $U = 0$ auf ∂V. In jedem Fall liefern Φ_1 und Φ_2 dasselbe elektrische Feld.

Wenn also die Vorgabe entweder von Φ *oder* von $\partial\Phi/\partial n$ auf der Randfläche ∂V die Lösung Φ des Randwert–Problems schon eindeutig macht, dann wird die Vorgabe von Cauchyschen Randbedingungen, also Φ *und* $\partial\Phi/\partial n$ auf der Randfläche ∂V, im Allgemeinen eine Überbestimmung darstellen.

Alle obigen Überlegungen sind auf den Fall von *gemischten Randbedingungen* übertragbar, bei denen auf Teilen von ∂V das Potential Φ und auf dem verbleibenden Teil von ∂V die Normal–Ableitung $\partial\Phi/\partial n$ des Potentials vorgegeben sind.

4.4 Lösung mit der Greenschen Funktion

Eine *Greensche Funktion* $G(\boldsymbol{r}, \boldsymbol{r}')$ soll definiert sein als eine Lösung von

$$\Delta' G(\boldsymbol{r}, \boldsymbol{r}') = -\frac{1}{\epsilon_0}\,\delta(\boldsymbol{r} - \boldsymbol{r}'). \tag{4.56}$$

Es ist zu beachten, dass der Laplace–Operator Δ' auf die Variable $\boldsymbol{r}'$ in $G(\boldsymbol{r}, \boldsymbol{r}')$ wirkt. Man kann $G(\boldsymbol{r}, \boldsymbol{r}')$ als Potential am Ort $\boldsymbol{r}'$ betrachten, das von einer punktförmigen Einheitsladung $Q = 1$ am Ort $\boldsymbol{r}$ erzeugt wird, wobei die Randbedingungen zunächst offen bleiben. Aus dem Abschnitt 2.2.2 kennen wir eine spezielle Lösung von (4.56), nämlich

$$G(\boldsymbol{r}, \boldsymbol{r}') = \frac{1}{4\,\pi\,\epsilon_0}\,\frac{1}{|\boldsymbol{r} - \boldsymbol{r}'|}.$$

Hier ist es offenbar gleichgültig, ob Δ oder Δ' auf $G(\boldsymbol{r}, \boldsymbol{r}')$ angewendet wird. Die allgemeine Lösung von (4.56) können wir in der Form

$$G(\boldsymbol{r}, \boldsymbol{r}') = \frac{1}{4\,\pi\,\epsilon_0}\,\frac{1}{|\boldsymbol{r} - \boldsymbol{r}'|} + H(\boldsymbol{r}, \boldsymbol{r}') \quad \text{mit} \quad \Delta' H(\boldsymbol{r}, \boldsymbol{r}') = 0 \tag{4.57}$$

schreiben. Ziel dieses Abschnitts ist es, die Freiheit bei der Wahl von $H(\boldsymbol{r}, \boldsymbol{r}')$ zu nutzen, um die Integral–Gleichung (4.52) für die Lösung $\Phi(\boldsymbol{r})$ eines Randwert–Problems so umzuschreiben, dass sie nur noch eine der beiden möglichen Randwert–Vorgaben enthält, nämlich die Dirichletsche für $\Phi(\boldsymbol{r})$ oder die von Neumannsche für $\partial\Phi(\boldsymbol{r})/\partial n$ auf ∂V.

Wir führen jetzt eine Umformung durch, die derjenigen im Abschnitt 4.3.2 völlig analog ist. Wir greifen also wieder auf die zweite Greensche Identität (4.50) zurück, denken uns diese mit $\boldsymbol{r}'$ statt $\boldsymbol{r}$ als Integrations–Variable formuliert und wählen $\phi(\boldsymbol{r}') = \Phi(\boldsymbol{r}')$ sowie $\psi(\boldsymbol{r}') = G(\boldsymbol{r}, \boldsymbol{r}')$. Wir erhalten damit

$$\begin{aligned}\int_V d^3r'\,\left(\Phi(\boldsymbol{r}')\,\Delta' G(\boldsymbol{r}, \boldsymbol{r}') - G(\boldsymbol{r}, \boldsymbol{r}')\,\Delta'\Phi(\boldsymbol{r}')\right) &= \\ = \oint_{\partial V} df'\,\left(\Phi(\boldsymbol{r}')\,\frac{\partial}{\partial n'}\,G(\boldsymbol{r}, \boldsymbol{r}') - G(\boldsymbol{r}, \boldsymbol{r}')\,\frac{\partial}{\partial n'}\,\Phi(\boldsymbol{r}')\right).\end{aligned}$$

Wir beachten nun, dass $G(\boldsymbol{r},\boldsymbol{r}')$ die Beziehung (4.56) und $\Phi(\boldsymbol{r}')$ die Poisson–Gleichung (4.54) (mit $\boldsymbol{r}'$ statt $\boldsymbol{r}$) erfüllt. Außerdem nehmen wir an, dass der Ort $\boldsymbol{r}$ im Volumen V liegt. Wir erhalten dann nach dem Vorbild von (4.52)

$$\Phi(\boldsymbol{r}) = \int d^3r'\, G(\boldsymbol{r},\boldsymbol{r}')\,\rho(\boldsymbol{r}') + \\ +\epsilon_0 \oint_{\partial V} df' \left(G(\boldsymbol{r},\boldsymbol{r}')\,\frac{\partial}{\partial n'}\,\Phi(\boldsymbol{r}') - \Phi(\boldsymbol{r}')\,\frac{\partial}{\partial n'}\,G(\boldsymbol{r},\boldsymbol{r}')\right). \tag{4.58}$$

Jetzt trennen sich die Wege für die beiden Typen von Randbedingungen.

Dirichletsche Randbedingung:

Wir wählen als Randbedingung für die Greensche Funktion $G_D(\boldsymbol{r},\boldsymbol{r}') = 0$ auf dem Rand $\boldsymbol{r}' \in \partial V$. (Index D für Dirichletsche Randbedingung.) Dann wird aus (4.58)

$$\Phi(\boldsymbol{r}) = \int d^3r'\, G_D(\boldsymbol{r},\boldsymbol{r}')\,\rho(\boldsymbol{r}') - \epsilon_0 \oint_{\partial V} df'\, \Phi(\boldsymbol{r}')\,\frac{\partial}{\partial n'}\,G_D(\boldsymbol{r},\boldsymbol{r}'). \tag{4.59}$$

Die Bedeutung dieses Ergebnisses liegt darin, dass wir nur noch ein einziges Dirichletsches Randwert–Problem lösen müssen, nämlich

$$\Delta' G_D(\boldsymbol{r},\boldsymbol{r}') = -\frac{1}{\epsilon_0}\,\delta(\boldsymbol{r}-\boldsymbol{r}') \quad \text{in } V, \qquad G_D(\boldsymbol{r},\boldsymbol{r}') = 0 \quad \text{auf} \quad \boldsymbol{r}' \in \partial V, \tag{4.60}$$

d.h. für eine Punktladung und verschwindenden Randwert auf ∂V, und damit die Lösung $\Phi(\boldsymbol{r})$ für alle Dirichletschen Randwert–Probleme

$$\Delta\,\Phi(\boldsymbol{r}) = -\frac{1}{\epsilon_0}\,\rho(\boldsymbol{r}) \tag{4.61}$$

und vorgegebenem $\Phi(\boldsymbol{r})$ auf ∂V ausdrücken können.

von Neumannsche Randbedingung:

Wir können hier nicht völlig analog zum Dirichletschen Fall vorgehen, weil wir als Randbedingung nicht etwa $\partial G(\boldsymbol{r},\boldsymbol{r}')/\partial n' = 0$ auf ∂V fordern können. Das erkennen wir, wenn wir die Definitions–Beziehung (4.56) für Greensche Funktionen über ein Volumen V integrieren,

$$\int_V d^3r'\,\Delta'\,G(\boldsymbol{r},\boldsymbol{r}') = -\frac{1}{\epsilon_0}\int_V d^3r'\,\delta(\boldsymbol{r}-\boldsymbol{r}'),$$

auf der linken Seite den Gaußschen Integralsatz anwenden,

$$\int_V d^3r'\,\Delta'\,G(\boldsymbol{r},\boldsymbol{r}') = \int_V d^3r'\,\frac{\partial}{\partial \boldsymbol{r}'}\,\frac{\partial}{\partial \boldsymbol{r}'}\,G(\boldsymbol{r},\boldsymbol{r}') =$$

$$= \oint_{\partial V} d\boldsymbol{f}'\,\frac{\partial}{\partial \boldsymbol{r}'}\,G(\boldsymbol{r},\boldsymbol{r}') = \oint_{\partial V} df'\,\frac{\partial}{\partial n'}\,G(\boldsymbol{r},\boldsymbol{r}'),$$

außerdem annehmen, dass der Ort $\boldsymbol{r}$ in V liegt, so dass

$$\int_V d^3r'\,\delta(\boldsymbol{r}-\boldsymbol{r}') = 1.$$

Insgesamt erhalten wir also

$$\oint_{\partial V} df'\,\frac{\partial}{\partial n'}\,G(\boldsymbol{r},\boldsymbol{r}') = -\frac{1}{\epsilon_0}$$

und diese Beziehung ist im Allgemeinen mit $\partial\,G(\boldsymbol{r},\boldsymbol{r}')/\partial n' = 0$ für $\boldsymbol{r}' \in \partial V$ nicht verträglich. Sie besagt aber, dass wir

$$\frac{\partial}{\partial n'}\,G_N(\boldsymbol{r},\boldsymbol{r}') = -\frac{1}{\epsilon_0}\,\frac{1}{|\partial V|} \tag{4.62}$$

als von Neumannsche Randbedingung fordern können, worin $|\partial V|$ den Flächeninhalt der Randfläche ∂V bedeutet. Setzen wir diese Randbedingung in (4.58) ein, so erhalten wir

$$\Phi(\boldsymbol{r}) = \langle\Phi\rangle_{\partial V} + \int d^3r'\,G_N(\boldsymbol{r},\boldsymbol{r}')\,\rho(\boldsymbol{r}') + \epsilon_0\oint_{\partial V} df'\,G_N(\boldsymbol{r},\boldsymbol{r}')\,\frac{\partial}{\partial n'}\,\Phi(\boldsymbol{r}'), \tag{4.63}$$

worin

$$\langle\Phi\rangle_{\partial V} := \frac{1}{|\partial V|}\oint_{\partial V} df'\,\Phi(\boldsymbol{r}')$$

der (räumlich konstante) Mittelwert des Potentials auf der Randfläche ∂V ist. Jetzt müssen wir also nur noch das einzige von Neumannsche Randwert–Problem

$$\Delta'\,G_N(\boldsymbol{r},\boldsymbol{r}') = -\frac{1}{\epsilon_0}\,\delta(\boldsymbol{r}-\boldsymbol{r}') \quad \text{in } V \tag{4.64}$$

mit dem Randwert (4.62) lösen und können damit die Lösungen $\Phi(\boldsymbol{r})$ für alle von Neumannschen Randwert–Probleme

$$\Delta\,\Phi(\boldsymbol{r}) = -\frac{1}{\epsilon_0}\,\rho(\boldsymbol{r}) \tag{4.65}$$

und vorgegebenem $\partial\Phi(\boldsymbol{r})/\partial n$ auf ∂V ausdrücken. Im Übrigen fällt die Konstante $\langle\Phi\rangle_{\partial V}$ bei der Bildung des elektrischen Feldes heraus.

Die Möglichkeit, alle Dirichletschen und von Neumannschen Randwert–Probleme auf zwei Typen von Greenschen Funktionen G_D und G_N zu reduzieren, beruht entscheidend auf der *Linearität* der Poisson–Gleichung. Die Bestimmung dieser beiden Greenschen Funktionen gelingt allerdings nur für recht einfache Randflächen ∂V.

Kapitel 5

Elektrischer Strom und magnetische Flussdichte

Diese Einführung in die Elektrodynamik geht – zunächst – von empirischen Befunden aus. Die Coulomb–Wechselwirkung zwischen elektrischen Ladungen gab Anlass zur Einführung des Begriffs des elektrischen Feldes und zur Formulierung von Feldgleichungen. Auch die Einführung des magnetischen Feldes und die Formulierung von Feldgleichungen dafür werden wir auf einen weiteren empirischen Befund gründen. Tatsächlich jedoch sind die beiden grundlegenden empirischen Befunde nicht unabhängig, und elektrisches und magnetisches Feld werden sich in der später zu formulierenden nicht–statischen Theorie als miteinander verknüpft erweisen. Hinweise darauf werden wir bereits in diesem Kapitel erhalten, obwohl es auch hier zunächst um die Formulierung einer statischen Theorie des magnetischen Feldes geht.

5.1 Erhaltung der elektrischen Ladung

5.1.1 Die elektrische Flussdichte

Wie wir bereits im Unterabschnitt 1.2.2 bemerkt hatten, ist elektrische Ladung eine charakteristische Eigenschaft gewisser Teilchen, z.B. von Elektronen oder Protonen. Wenn sich solche Teilchen bewegen, kommt es offensichtlich zum Transport von elektrischer Ladung, allgemeiner ausgedrückt, zu einem *elektrischen Strom.* Wir wollen hier von vornherein die kontinuierliche Betrachtungsweise wählen, die wir für die Beschreibung der elektrischen Ladung durch eine räumliche Dichte $\rho(\boldsymbol{r})$ im Kapitel

2.4 begründet hatten. Wir stellen uns vor, dass sich die elektrische Ladung durch Veränderung ihres Orts im Raum bewegt. Eine erste Konsequenz daraus ist, dass sich dann im Allgemeinen die elektrische Ladung pro Volumen, die von einem Beobachter an einem festen Ort registriert wird, also die Ladungsdichte auch *zeitlich* ändern wird. Wir werden deshalb die elektrische Ladungsdichte nicht nur wie bisher als Funktion des Ortes $\boldsymbol{r}$, sondern auch als Funktion der *Zeit* schreiben: $\rho(\boldsymbol{r}, t)$.

Die Bewegung der elektrischen Ladung beschreiben wir nun durch eine elektrische *Flussdichte* $\boldsymbol{j}(\boldsymbol{r}, t)$, die ebenfalls vom Ort und von der Zeit abhängen kann. Diese Flussdichte, auch *elektrische Stromdichte* genannt, wird wie folgt definiert:

(1) $\boldsymbol{j}(\boldsymbol{r}, t)$ soll die Richtung der Ladungsbewegung am Ort $\boldsymbol{r}$ zur Zeit t haben.

(2) Es sei df_n ein differentielles Flächen–Element am Ort $\boldsymbol{r}$ mit der Normalen–Richtung parallel zu $\boldsymbol{j}(\boldsymbol{r}, t)$. Dann soll

$$dQ = |\boldsymbol{j}(\boldsymbol{r}, t)|\, df_n\, dt \tag{5.1}$$

die Ladungsmenge sein, die dort in der Richtung von $\boldsymbol{j}(\boldsymbol{r}, t)$ durch df_n im Zeitintervall dt transportiert wird.

Die Einheit der elektrischen Flussdichte ist

$$\text{Flussdichte} \qquad \boldsymbol{j} \cong \frac{\text{Ladung}}{\text{Fläche} \cdot \text{Zeit}} \cong \frac{\text{A}}{\text{m}^2}.$$

Wir bestimmen jetzt den elektrischen Strom dI durch ein Flächen–Element $d\boldsymbol{f}$ mit beliebiger Normalen–Richtung $\boldsymbol{n} = d\boldsymbol{f}/df$, $df = |d\boldsymbol{f}|$. Es soll dI als die elektrische Ladung definiert sein, die pro Zeit durch $d\boldsymbol{f}$ fließt. In der Abbildung 5.1 ist eine "Röhre" mit einer Querschnitts–Fläche df_n und der Achsenrichtung parallel zu $\boldsymbol{j}$ skizziert. (Der Querschnitt muss nicht notwendig kreisförmig sein). Die "Röhre" schneide aus einer Fläche ein Flächenstück $d\boldsymbol{f}$ aus, das eine beliebige Orientierung habe, so dass α der Winkel zwischen $d\boldsymbol{f}$ und $\boldsymbol{j}$ ist. Der Strom durch die Querschnittsfläche df_n ist derselbe wir durch $d\boldsymbol{f}$, also

$$dI = |\boldsymbol{j}(\boldsymbol{r}, t)|\; df_n = |\boldsymbol{j}(\boldsymbol{r}, t)|\; |d\boldsymbol{f}|\; \cos\alpha = \boldsymbol{j}(\boldsymbol{r}, t)\, d\boldsymbol{f}. \tag{5.2}$$

Wenn die Bewegung der Ladungsträger durch ein Geschwindigkeitsfeld $\boldsymbol{v}(\boldsymbol{r}, t)$ beschrieben werden kann, d.h., durch die Geschwindigkeit $\boldsymbol{v}(\boldsymbol{r}, t)$, die ein geladenes

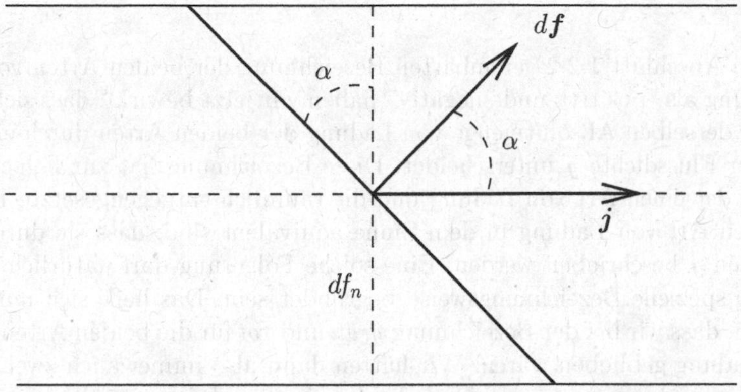

Abbildung 5.1: Stromdichte und Stromfluss

Teilchen zur Zeit t am Ort $\boldsymbol{r}$ besitzt, dann ist das entsprechende $\boldsymbol{j}(\boldsymbol{r},t)$ parallel zu $\boldsymbol{v}(\boldsymbol{r},t)$. Während des differentiellen Zeitintervalls dt schiebt sich dann durch einen Querschnitt der "Röhre" in Abbildung 5.1 diejenige Ladungsmenge dQ, die in dem Volumen $df_n\,|\boldsymbol{v}(\boldsymbol{r},t)|\,dt$ enthalten ist, also

$$dQ = \rho(\boldsymbol{r},t)\,df_n\,|\boldsymbol{v}(\boldsymbol{r},t)|\,dt = \rho(\boldsymbol{r},t)\,\boldsymbol{v}(\boldsymbol{r},t)\,d\boldsymbol{f}\,dt,$$

worin $\rho(\boldsymbol{r},t)$ wieder die Ladungsdichte ist. Dem entspricht ein Strom

$$dI = \rho(\boldsymbol{r},t)\,\boldsymbol{v}(\boldsymbol{r},t)\,d\boldsymbol{f}.$$

Durch den Vergleich mit (5.2) erkennen wir, dass die entsprechende Flussdichte

$$\boldsymbol{j}(\boldsymbol{r},t) = \rho(\boldsymbol{r},t)\,\boldsymbol{v}(\boldsymbol{r},t) \tag{5.3}$$

lautet. Diesen Ausdruck nennt man auch eine *konvektive* Flussdichte. Nicht immer lässt sich eine Flussdichte $\boldsymbol{j}(\boldsymbol{r},t)$ sinnvollerweise als konvektive Flussdichte beschreiben. Für die Elektronen in einem Leiter z.B. ist deren Geschwindigkeit eine statistisch verteilte Größe, so dass auf der rechten Seite von (5.3) ein Mittelwert zu bilden wäre. In solchen Fällen ist es einfacher, nur mit der phänomenologischen Flussdichte $\boldsymbol{j}(\boldsymbol{r},t)$ zu arbeiten.

5.1.2 Die Erhaltung der elektrischen Ladung

Mit der im Abschnitt 1.2.2 vereinbarten Bezeichnung der beiden Arten von elektrischer Ladung als "positiv" und "negativ" haben wir jetzt bewirkt, dass sich dieselbe Bewegung derselben Absolutmenge von Ladung der beiden Arten durch ein Vorzeichen in der Flussdichte $\boldsymbol{j}$ unterscheidet. Diese Bezeichnung hat zur Folge, dass die Bewegung der einen Art von Ladung und die räumlich entgegengesetzte Bewegung der anderen Art von Ladung in dem Sinne äquivalent sind, dass sie durch gleiche Flussdichten $\boldsymbol{j}$ beschrieben werden. Eine solche Folgerung darf natürlich nicht nur durch eine spezielle Bezeichnungsweise begründet sein. Das ließe sich nur dadurch verhindern, dass wir bei der Bezeichnung *grün* und *rot* für die beiden Arten von elektrischer Ladung geblieben wären. Wir hätten dann also immer auch zwei Ladungsdichten $\rho_{\text{grün}}$ und ρ_{rot} sowie zwei Flussdichten $\boldsymbol{j}_{\text{grün}}$ und $\boldsymbol{j}_{\text{rot}}$ mitführen müssen. Bis zum jetzigen Stand unserer Überlegungen würden sich die beiden Arten von Ladungen, "grüne" und "rote" unabhängig voneinander durch den Raum bewegen können. Diese Bemerkung ist wichtig, um die Tragweite der jetzt einzuführenden Erhaltung von elektrischer Ladung zu ermessen.

Wir führen an dieser Stelle einen weiteren, grundlegenden empirischen Befund in die Theorie ein, der im Allgemeinen in der folgenden Form ausgesprochen wird: *Die elektrische Ladung ist erhalten.* In der Bezeichnungsweise "grün" und "rot" für die beiden Arten von Ladungen müsste dieser Befund so ausgedrückt werden: gleiche Absolutmengen jeweils "grüner" und "roter" Ladungen können sich vernichten (kompensieren), und ebenso können nur gleiche Absolutmengen jeweils "grüner" und "roter" Ladungen gebildet werden. Jetzt bewährt sich die Zählung der beiden Arten von Ladungen als "positiv" und "negativ" erneut, weil bereits mit dieser Zählung der Satz von der Erhaltung der Ladung auf elegante Weise berücksichtigt werden kann. Nochmals: die Zählung "positiv" und "negativ" für die beiden Arten von Ladungen begründet nicht etwa die Erhaltung von Ladung, sondern die Erhaltung erlaubt die Zählung von Ladung als "positiv" und "negativ".

Wir wollen den Satz von der Erhaltung der Ladung in eine Aussage über die Ladungsdichte $\rho(\boldsymbol{r}, t)$ und die Flussdichte $\boldsymbol{j}(\boldsymbol{r}, t)$ umformen. Dazu betrachten wir die Ladung Q (positiv oder negativ) in einem beliebigen Volumen V. Wir nehmen an, dass die Form und die Position des Volumens V zeitlich konstant sind. Dann lässt sich Q und seine zeitliche Änderung wie folgt durch die Ladungsdichte $\rho(\boldsymbol{r}, t)$ ausdrücken:

$$Q = \int_V d^3r\, \rho(\boldsymbol{r}, t), \qquad \frac{dQ}{dt} = \int_V d^3r\, \frac{\partial}{\partial t}\rho(\boldsymbol{r}, t). \tag{5.4}$$

Die Zeitableitung kann durch das Raum–Integral "hindurchgezogen" werden, weil das Integrationsgebiet V verabredungsgemäß zeitlich konstant sein sollte. Sie muss innerhalb des Integral aber als partielle Zeitableitung geschrieben werden, weil der Ort $\boldsymbol{r}$ als Integrationsvariable in V nicht von der Zeitableitung betroffen ist. Wir werden im folgenden Unterabschnitt die Bedeutung einer *totalen* Zeitableitung $d\rho(\boldsymbol{r},t)/dt$ kennen lernen.

Der Satz von der Erhaltung der Ladung kann nun auch so ausgedrückt werden: Die Ladung Q in V kann sich nur dadurch ändern, dass Ladung durch die Randfläche ∂V von V in V hinein– oder aus V herausfließt. Wir formulieren das in der Form

$$\frac{dQ}{dt} = -\oint_{\partial V} dI. \tag{5.5}$$

Die dI sollen die Ströme durch die Flächen–Elemente df von ∂V sein. $dI > 0$ soll bedeuten, dass der Strom in Normalen–Richtung fließt, d.h. für positive Ladung von innen nach außen oder äquivalent für negative Ladung von außen nach innen, entsprechend $dI < 0$. Diese Vereinbarung begründet das negative Vorzeichen auf der rechten Seite. In jedem Fall wird durch das Integral auf der rechten Seite die *Bilanz* aller Ladungstransporte über die Randfläche ∂V gebildet und damit gesagt, dass sich positive und negative Ladung kompensieren. Wenn das Integral auf der rechten Seite von (5.5) verschwindet, kompensieren sich sämtliche Ladungstransporte über ∂V (oder es fließt überhaupt kein Strom) und es ist $dQ/dt = 0$.

Unter Verwendung von (5.2) und des Gaußschen Integralsatzes kann das Integral auf der rechten Seite von (5.5) wie folgt geschrieben werden:

$$\oint_{\partial V} dI = \oint_{\partial V} d\boldsymbol{f}\,\boldsymbol{j}(\boldsymbol{r},t) = \int_V d^3r\,\frac{\partial}{\partial \boldsymbol{r}}\,\boldsymbol{j}(\boldsymbol{r},t). \tag{5.6}$$

Wir setzen diese Umformung sowie dQ/dt aus (5.4) in (5.5) ein und fassen die beiden Volumen–Integrale zusammen:

$$\int_V d^3r\,\left(\frac{\partial}{\partial t}\,\rho(\boldsymbol{r},t) + \frac{\partial}{\partial \boldsymbol{r}}\,\boldsymbol{j}(\boldsymbol{r},t)\right) = 0. \tag{5.7}$$

Diese Aussage gilt für beliebige Volumina V. Das ist nur möglich, wenn der Integrand an jedem Ort $\boldsymbol{r}$ verschwindet:

$$\boxed{\frac{\partial}{\partial t}\,\rho(\boldsymbol{r},t)+\frac{\partial}{\partial \boldsymbol{r}}\,\boldsymbol{j}(\boldsymbol{r},t)=0.} \tag{5.8}$$

Diese Gleichung, die sogenannte *Kontinuitäts–Gleichung*, ist die *lokale Version* des Satzes von der Erhaltung der Ladung. Weil sich die obigen Umformungen auch in umgekehrter Richtung durchführen lassen, ist die Kontinuitäts–Gleichung äquivalent zu allen anderen Formulierungen des Erhaltungssatzes für die Ladung.

Wir werden im weiteren Verlauf dieses Textes zunächst die *stationäre* Theorie formulieren. Sie ist dadurch definiert, dass sämtliche Feldgrößen einschließlich der Dichten von Ladung und Fluss *zeitunabhängig* sind: $\boldsymbol{E}=\boldsymbol{E}(\boldsymbol{r})$, $\rho=\rho(\boldsymbol{r})$ usw., aber auch $\boldsymbol{j}=\boldsymbol{j}(\boldsymbol{r})$. Aus der Kontinuitäts–Gleichung (5.8) folgt dann

$$\frac{\partial}{\partial \boldsymbol{r}}\,\boldsymbol{j}(\boldsymbol{r})=0 \qquad \text{für stationäre Flussdichten.} \tag{5.9}$$

Durch Integration über ein beliebiges Volumen V folgt daraus, dass sich im stationären Fall die Ströme durch beliebige geschlossene Flächen immer kompensieren müssen.

5.1.3 Konvektive Flussdichten und totale Zeitableitung

Wir nehmen an, dass die Bewegung der Ladungsträger durch ein Geschwindigkeits–Feld $\boldsymbol{v}(\boldsymbol{r},t)$ beschrieben sei, wie wir das bereits im vorhergehenden Unterabschnitt erläutert hatten, so dass $\boldsymbol{j}(\boldsymbol{r},t)=\rho(\boldsymbol{r},t)\,\boldsymbol{v}(\boldsymbol{r},t)$, vgl. (5.3). Wir denken uns nun einen Beobachter, der ausgehend von einem beliebigen Ort $\boldsymbol{r}_0$ mit den Ladungsträgern "mitschwimmt". Das soll bedeuten, dass der Ortsvektor $\boldsymbol{r}(t)$ dieses mitbewegten Beobachters bei vorzugebendem Geschwindigkeitsfeld $\boldsymbol{v}(\boldsymbol{r},t)$ aus der Differential–Gleichung

$$\frac{d\boldsymbol{r}}{dt}=\boldsymbol{v}(\boldsymbol{r},t) \tag{5.10}$$

für eine Anfangs–Position $\boldsymbol{r}_0$ z.B. zur Zeit $t=0$ zu lösen ist. Wenn dieser mitbewegte Beobachter eine vorgebene Ladungsdichte $\rho(\boldsymbol{r},t)$ messend verfolgt, wird er nicht nur eine zeitliche Änderung aufgrund der expliziten Zeitabhängigkeit in $\rho(\boldsymbol{r},t)$ feststellen, sondern auch aufgrund seiner eigenen Ortsänderung im Ort $\boldsymbol{r}$. Die von dem mitbewegten Beobachter gemessene Zeitableitung wird zur Unterscheidung von

$\partial/\partial t$ mit d/dt bezeichnet. Für sie gilt in Bezug auf $\rho(\boldsymbol{r},t)$ unter Beachtung der Kettenregel der Differentiation

$$\frac{d}{dt}\,\rho(\boldsymbol{r},t) = \frac{\partial}{\partial t}\,\rho(\boldsymbol{r},t) + \frac{\partial}{\partial \boldsymbol{r}}\,\rho(\boldsymbol{r},t)\,\frac{d\boldsymbol{r}}{dt} = \frac{\partial}{\partial t}\,\rho(\boldsymbol{r},t) + \boldsymbol{v}(\boldsymbol{r},t)\,\frac{\partial}{\partial \boldsymbol{r}}\,\rho(\boldsymbol{r},t), \qquad (5.11)$$

vgl. auch (5.10). Wenn wir nun andererseits $\boldsymbol{j}(\boldsymbol{r},t) = \rho(\boldsymbol{r},t)\,\boldsymbol{v}(\boldsymbol{r},t)$ in die Kontinuitäts–Gleichung (5.8) einsetzen und dort die Produkt–Regel für die Divergenz von $\rho(\boldsymbol{r},t)\,\boldsymbol{v}(\boldsymbol{r},t)$ ausführen, (Argumente $(\boldsymbol{r},t)$ zur Vereinfachung der Schreibweise nicht mehr mitgeschrieben)

$$\frac{\partial}{\partial \boldsymbol{r}}\,(\rho\,\boldsymbol{v}) = \partial_\alpha\,(\rho\,v_\alpha) = (\partial_\alpha\,\rho)\,v_\alpha + \rho\,(\partial_\alpha\,v_\alpha) = \boldsymbol{v}\,\frac{\partial}{\partial \boldsymbol{r}}\,\rho + \rho\,\frac{\partial}{\partial \boldsymbol{r}}\,\boldsymbol{v},$$

vgl. auch Abschnitt 2.2.2, dann erhalten wir

$$\frac{\partial}{\partial t}\,\rho + \boldsymbol{v}\,\frac{\partial}{\partial \boldsymbol{r}}\,\rho + \rho\,\frac{\partial}{\partial \boldsymbol{r}}\,\boldsymbol{v} = 0,$$

bzw. unter Beachtung von (5.11)

$$\frac{d\rho}{dt} + \rho\,\frac{\partial}{\partial \boldsymbol{r}}\,\boldsymbol{v} = 0. \qquad (5.12)$$

Dieses ist die Form der lokalen Version der Ladungserhaltung für den *mitbewegten* Beobachter, oft auch die *substantielle* Version zum Unterschied von der *expliziten* Version (5.8) genannt. Wenn der mitbewegte Beobachter keine zeitliche Änderung der Ladungsdichte beobachtet, also $d\rho/dt = 0$, dann folgt dort, wo überhaupt Ladung vorhanden ist, also wo $\rho \neq 0$, dass die Divergenz der Geschwindigkeit verschwindet: $\partial\boldsymbol{v}/\partial\boldsymbol{r} = 0$. Ein solches Geschwindigkeitsfeld nennt man auch *inkompressibel.* Wie wir aus (5.11) ablesen, sind die Bedingungen $d\rho/dt = 0$ für die Inkompressibilität und $\partial\rho/\partial t = 0$ für die Stationarität *keinesfalls äquivalent.*

Die Beziehung (5.11) gilt offensichtlich für jede beliebige skalare Funktion $\rho(\boldsymbol{r},t)$ und wird deshalb allgemein in der "Operatorform"

$$\frac{d}{dt} = \frac{\partial}{\partial t} + \boldsymbol{v}(\boldsymbol{r},t)\,\frac{\partial}{\partial \boldsymbol{r}} \qquad (5.13)$$

geschrieben. Man nennt d/dt auch die *totale Zeitableitung* im Gegensatz zur partiellen Zeitableitung $\partial/\partial t$.

5.2 Lorentz–Kraft und magnetische Flussdichte

Ausgangspunkt der Theorie elektrischer Felder war die Coulomb–Wechselwirkung zwischen elektrischen Ladungen. Aus Gründen z.B. bereits der Galilei–Invarianz von Inertial–Systemen, die sich relativ zueinander mit konstanter Geschwindigkeit bewegen, muss es auch eine Wechselwirkung zwischen bewegten Ladungen, also zwischen elektrischen Flussdichten geben. Eine statische Ladungs–Verteilung $\rho(\boldsymbol{r},t)$ in einem Inertial–System muss ja als eine Flussdichte $\boldsymbol{j}(\boldsymbol{r},t)$ in einem anderen Inertial–System auftreten, die Wechselwirkung zwischen den statischen Ladungen im ersten System also als Wechselwirkung zwischen Flüssen im zweiten System. Wenn uns die korrekte Relativitäts–Theorie der Elektrodynamik bekannt wäre, dann müssten wir mit ihrer Hilfe aus der Coulomb–Wechselwirkung zwischen Ladungen auf die gesuchte Wechselwirkungen zwischen Flüssen schließen können. (Tatsächlich fällt, wie wir später lernen werden, die korrekte Relativitäts–Theorie der Elektrodynamik nur bei sehr kleinen Relativ–Geschwindigkeiten mit der Galilei–Relativität der Newtonschen Mechanik zusammen.)

5.2.1 Formulierung der Lorentz–Kraft und der magnetischen Flussdichte

Wir werden hier zunächst einen anderen Weg gehen, nämlich die Wechselwirkung zwischen elektrischen Strömen bzw. Flussdichten als einen weiteren empirischen Befund in die Theorie einführen. Wir betrachten zwei Ladungen q und q' an den Orten $\boldsymbol{r}$ bzw. $\boldsymbol{r}'$. Diese beiden Ladungen sollen sich mit den Geschwindigkeiten $\boldsymbol{v}$ bzw. $\boldsymbol{v}'$ bewegen. Dann übt q' die sogenannte *Lorentz-Kraft*

$$\boldsymbol{F} = q\,\boldsymbol{v} \times \boldsymbol{B}(\boldsymbol{r}), \tag{5.14}$$

auf q aus. Darin ist $\boldsymbol{B}(\boldsymbol{r})$ die sogenannte *magnetische Flussdichte* (auch magnetische Induktion genannt), die von der bewegten Ladung q' erzeugt wird und die folgende Form hat:

$$\boldsymbol{B}(\boldsymbol{r}) = \frac{\mu_0}{4\,\pi}\,q'\,\boldsymbol{v}' \times \frac{\boldsymbol{r}-\boldsymbol{r}'}{|\boldsymbol{r}-\boldsymbol{r}'|^3}. \tag{5.15}$$

μ_0 ist die sogenannte *magnetische Feldkonstante* (auch magnetische Permeabilität des Vakuums oder einfach Induktions–Konstante genannt), über die sogleich noch etwas zu sagen ist. Wenn wir $\boldsymbol{B}(\boldsymbol{r})$ aus (5.15) in (5.14) einsetzen, dann erhalten wir für die "magnetische" Wechselwirkung zwischen q und q' den Ausdruck

$$\boldsymbol{F}_{qq'}^{(m)} = \frac{\mu_0}{4\,\pi}\,q\,q'\,\boldsymbol{v} \times \left(\boldsymbol{v}' \times \frac{\boldsymbol{r}-\boldsymbol{r}'}{|\boldsymbol{r}-\boldsymbol{r}'|^3} \right), \tag{5.16}$$

der das Analogon zur Coulomb–Wechselwirkung

$$\boldsymbol{F}_{qq'}^{(e)} = \frac{1}{4\,\pi\,\epsilon_0}\,q\,q'\,\frac{\boldsymbol{r}-\boldsymbol{r}'}{|\boldsymbol{r}-\boldsymbol{r}'|^3} \tag{5.17}$$

darstellt. Ebenso ist offensichtlich das elektrische Feld

$$\boldsymbol{E}(\boldsymbol{r}) = \frac{1}{4\,\pi\,\epsilon_0}\,q'\,\frac{\boldsymbol{r}-\boldsymbol{r}'}{|\boldsymbol{r}-\boldsymbol{r}'|^3} \tag{5.18}$$

einer Punktladung q' am Ort $\boldsymbol{r}'$ das Analogon zu $\boldsymbol{B}(\boldsymbol{r})$ in (5.15).

Wir können sogleich auch vom Fall diskreter Punktladungen zu kontinuierlichen Ladungsverteilungen $\rho(\boldsymbol{r})$ bzw. Flussdichten $\boldsymbol{j}(\boldsymbol{r})$ übergehen, indem wir die Überlegungen für den elektrischen Fall im Abschnitt 2.2 auf den magnetischen Fall analog übertragen. Im elektrischen Fall lautete die Verallgemeinerung für $\boldsymbol{E}(\boldsymbol{r})$ in (5.18) auf eine Ladungsdichte

$$\boldsymbol{E}(\boldsymbol{r}) = \frac{1}{4\,\pi\,\epsilon_0} \int d^3r'\,\rho(\boldsymbol{r}')\,\frac{\boldsymbol{r}-\boldsymbol{r}'}{|\boldsymbol{r}-\boldsymbol{r}'|^3}, \tag{5.19}$$

d.h., nach dem allgemeinen Schema

$$q' \rightarrow \int d^3r'\,\rho(\boldsymbol{r}')\ldots$$

Das analoge Schema für bewegte Ladungen lautet

$$q'\,\boldsymbol{v}' \rightarrow \int d^3r'\,\rho(\boldsymbol{r}')\,\boldsymbol{v}'\ldots \rightarrow \int d^3r'\,\boldsymbol{j}'(\boldsymbol{r}')\ldots,$$

so dass sich die kontinuierliche Version der magnetischen Flussdichte aus (5.15) zu

$$\boxed{\boldsymbol{B}(\boldsymbol{r}) = \frac{\mu_0}{4\pi} \int d^3r' \, \boldsymbol{j}(\boldsymbol{r}') \times \frac{\boldsymbol{r} - \boldsymbol{r}'}{|\boldsymbol{r} - \boldsymbol{r}'|^3}.} \tag{5.20}$$

ergibt. Die Bemerkungen über glatte Ladungsverteilungen in 2.4.3 übertragen sich entsprechend auf den magnetischen Fall.

5.2.2 Einheiten

Die physikalische Einheit für die magnetische Flussdichte ist aus der Lorentz–Kraft in (5.14) ablesbar:

$$\begin{aligned} \text{Magn. Flussdichte} \qquad \boldsymbol{B} \;&\cong\; \frac{\text{Kraft}}{\text{el. Ladung} \cdot \text{Geschwindigkeit}} \cong \frac{\text{N s}}{\text{C m}} = \\ &= \frac{\text{V s}}{\text{m}^2} =: \text{Tesla} = \text{T}, \end{aligned}$$

worin wir die Definition des Volt (V) aus dem Abschnitt 1.2.4 benutzt haben. Damit sind in (5.15) die Einheiten der Größen $\boldsymbol{B}, q, \boldsymbol{v}$ und $\boldsymbol{r}$ festgelegt, so dass die Konstante μ_0 durch eine Messung bestimmt werden kann. Deren Ergebnis lautet

$$\mu_0 = 1,2566\ldots \cdot 10^{-6} \qquad \frac{\text{V} \cdot \text{s}}{\text{A} \cdot \text{m}}.$$

Offensichtlich hängt dieser Wert von der früher im Abschnitt 1.2.3 getroffenen Wahl für die Einheit der elektrischen Ladung ab. Wir wollen jetzt untersuchen, welche Auswirkungen eine andere Wahl für die elektrische Ladung haben würde. Wir notieren $\overline{q}$ statt q für die andere Einheit. Die Coulomb–Wechselwirkung

$$\boldsymbol{F} = \frac{1}{4\pi\epsilon_0} \, q \, q' \, \frac{\boldsymbol{r} - \boldsymbol{r}'}{|\boldsymbol{r} - \boldsymbol{r}'|^3}$$

würde dann etwa die Form

$$\boldsymbol{F} = \frac{1}{4\,\pi\,\overline{\epsilon}_0}\,\overline{q}\,\overline{q}'\,\frac{\boldsymbol{r}-\boldsymbol{r}'}{|\boldsymbol{r}-\boldsymbol{r}'|^3}$$

erhalten, denn auch die Einheit von ϵ_0 hängt von der Wahl der Einheit für die Ladung ab. Da auf der linken Seite in jedem Fall eine Kraft steht, deren Einheit unabhängig von der Wahl der Einheit der Ladung ist, müssen die einheiten von q und ϵ_0 die folgende Relation erfüllen:

$$\frac{\overline{q}^2}{\overline{\epsilon}_0} = \frac{q^2}{\epsilon_0}, \qquad \succ \qquad \overline{q} = \lambda\,q, \qquad \lambda := \sqrt{\frac{\overline{\epsilon}_0}{\epsilon_0}}.$$

Da die elektrische Flussdichte $\boldsymbol{j}$ die Einheit Ladung/(Fläche·Zeit) hat, vgl. Abschnitt 5.1.1, gilt auch

$$\overline{\boldsymbol{j}} = \lambda\,\boldsymbol{j}$$

Ferner folgt aus der Lorentz–Kraft

$$\boldsymbol{F} = q\,\boldsymbol{v}\times\boldsymbol{B} = \overline{q}\,\boldsymbol{v}\times\overline{\boldsymbol{B}}$$

die Einheiten–Relation

$$\overline{\boldsymbol{B}} = \frac{q}{\overline{q}}\,\boldsymbol{B} = \frac{1}{\lambda}\,\boldsymbol{B}.$$

Schließlich erhält die Darstellung der magnetischen Flussdichte in (5.20) in den veränderten Einheiten die Form

$$\overline{\boldsymbol{B}}(\boldsymbol{r}) = \frac{\overline{\mu}_0}{4\,\pi}\int d^3r'\,\overline{\boldsymbol{j}}(\boldsymbol{r}')\times\frac{\boldsymbol{r}-\boldsymbol{r}'}{|\boldsymbol{r}-\boldsymbol{r}'|^3}.$$

Wenn wir hierin $\overline{\boldsymbol{B}}$ und $\overline{\boldsymbol{j}}$ gemäß den obigen Umrechnungen durch $\boldsymbol{B}$ und $\boldsymbol{j}$ ersetzen und das Ergebnis mit (5.20) vergleichen, erhalten wir die folgende Relation zwischen $\overline{\mu}_0$ und μ_0:

$$\overline{\mu}_0 = \frac{1}{\lambda^2}\,\mu_0 = \frac{\epsilon_0}{\overline{\epsilon}_0}\,\mu_0 \qquad \text{bzw.} \qquad \overline{\epsilon}_0 \cdot \overline{\mu}_0 = \epsilon_0 \cdot \mu_0 .$$

Das Produkt der Konstanten ϵ_0 und μ_0 ist also von der Wahl der Einheiten unabhängig. Mit der Wahl des Coulomb als Einheit für die elektrische Ladung lauteten die beiden Konstanten

$$\epsilon_0 = 8,8542 \cdot 10^{-12} \quad \frac{\mathrm{A \cdot s}}{\mathrm{V \cdot m}}, \qquad \mu_0 = 1,2566 \cdot 10^{-6} \quad \frac{\mathrm{V \cdot s}}{\mathrm{A \cdot m}}.$$

Hieraus erkennen wir zunächst, dass das Produkt $\epsilon_0\,\mu_0$ die Einheit $\mathrm{s}^2/\mathrm{m}^2$, also die einer inversen Geschwindigkeit hat. Wir berechnen deshalb $1/\sqrt{\epsilon_0\,\mu_0}$ in der Einheit Geschwindigkeit und erhalten mit den obigen Angaben

$$\frac{1}{\sqrt{\epsilon_0\,\mu_0}} \approx 2,9998 \cdot 10^8 \quad \frac{\mathrm{m}}{\mathrm{s}},$$

also die Geschwindigkeit des Lichtes, vgl. Abschnitt 1.1. Warum hier die Geschwindigkeit des Lichtes auftritt, werden wir später in der zeitabhängigen (nicht–stationären) Theorie lernen.

5.3 Drahtförmige elektrische Leiter, Biot–Savartsches Gesetz

In (5.20),

$$\boldsymbol{B}(\boldsymbol{r}) = \frac{\mu_0}{4\,\pi} \int d^3r'\,\boldsymbol{j}(\boldsymbol{r}') \times \frac{\boldsymbol{r} - \boldsymbol{r}'}{|\boldsymbol{r} - \boldsymbol{r}'|^3},$$

ist angegeben, wie die magnetische Flussdichte $\boldsymbol{B}(\boldsymbol{r})$ für eine vorgegebene elektrische Flussdichte $\boldsymbol{j}(\boldsymbol{r}')$ zu berechnen ist. Der in der Magnetostatik übliche Fall ist jedoch, dass nicht eine Flussdichte $\boldsymbol{j}(\boldsymbol{r}')$, sondern elektrische Ströme I' in drahtförmigen Leitern ("Drähten") vorgegeben sind. Wir wollen deshalb (5.20) auf diese Situation umschreiben.

5.3.1 Biot–Savartsches Gesetz

Wir betrachten ein Volumen–Element d^3r', das ein Stück $\boldsymbol{dr'}$ eines drahtförmigen Leiters L' enthalte. $\boldsymbol{dr'}$ ist ein Linien–Element längs des Leiters L'. Durch den Leiter L' soll der elektrische Strom $I' = dq'/dt$ (Einheit: Ampere) fließen. Der Fluss der Ladungsträger durch L' sei durch eine mittlere Geschwindigkeit $\boldsymbol{v}'$ beschreibbar, für die $\boldsymbol{v}' = \boldsymbol{dr}'/dt$ gilt. Damit ist $\boldsymbol{j}(\boldsymbol{r}') = \rho(\boldsymbol{r}')\,\boldsymbol{v}'$, worin $\rho(\boldsymbol{r}')$ die Ladungsdichte ist, die die Ladungsträgern im Draht L' bilden. Folglich ist $dq' = \rho'(\boldsymbol{r}')\,d^3r'$ die elektrische Ladung im Volumen–Element d^3r'. Damit können wir die folgende Umformung durchführen:

$$d^3r'\,\boldsymbol{j}(\boldsymbol{r}') = d^3r'\,\rho(\boldsymbol{r}')\,\boldsymbol{v}' = dq'\,\frac{\boldsymbol{dr}'}{dt} = \frac{dq'}{dt}\,\boldsymbol{dr}' = I'\,\boldsymbol{dr}'.$$

Diese setzen wir in den obigen Ausdruck (5.20) für $\boldsymbol{B}(\boldsymbol{r})$ ein und erhalten

$$\boldsymbol{B}(\boldsymbol{r}) = \frac{\mu_0}{4\,\pi}\,I'\int_{L'}\boldsymbol{dr}'\times\frac{\boldsymbol{r}-\boldsymbol{r}'}{|\boldsymbol{r}-\boldsymbol{r}'|^3}. \tag{5.21}$$

Das Integral längs L' ist jetzt als *Linien–Integral* zu interpretieren.

Beispiel: Unendlich langer, geradförmiger Draht

Wir wollen (5.21) für einen unendlich langen, geradlinigen Draht auswerten. Dieses Problem hat zwei Symmetrien:

- Rotations–Symmetrie um den Draht als Achse,
- Translations–Symmetrie längs des Drahtes

Wir wählen den Ursprung O des Bezugssystems (x', y', z') auf dem Draht. Die Drahtachse sei zugleich die z'–Achse. Wegen der Translations–Symmetrie können wir O auf dem Draht so wählen, dass der Ortsvektor $\boldsymbol{r}$ des "Aufpunktes" A, für dessen Position wir $\boldsymbol{B}(\boldsymbol{r})$ berechnen wollen, senkrecht auf dem Draht steht, vgl. Abbildung 5.2. Mit den Bezeichnungen in dieser Abbildung ist dann

$$\boldsymbol{dr}'\times(\boldsymbol{r}-\boldsymbol{r}') = |\boldsymbol{dr}'|\,|\boldsymbol{r}-\boldsymbol{r}'|\,\sin\theta\,\boldsymbol{e}_\phi = dz'\,r\,\boldsymbol{e}_\phi,$$

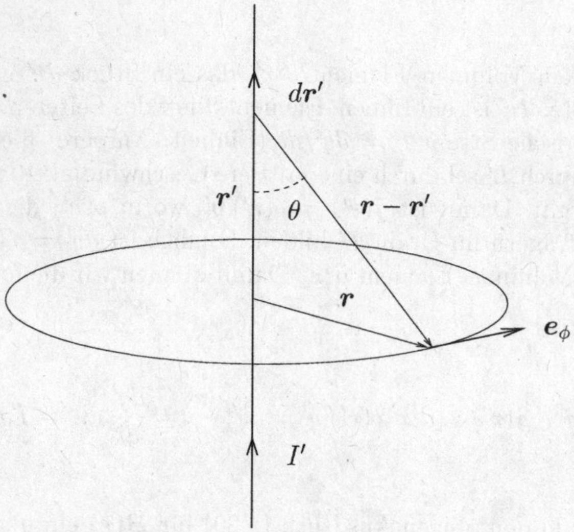

Abbildung 5.2: Magnetische Flussdichte eines ∞–langen, geradlinigen Leiterdrahtes.

worin $\boldsymbol{e}_\phi$ der Einheits–Vektor in Azimutal–Richtung ist, $dz' := |d\boldsymbol{r}'|$ und $|\boldsymbol{r}| = r = |\boldsymbol{r} - \boldsymbol{r}'| \sin\theta$, vgl. Abbildung 5.2. Ferner ist

$$|\boldsymbol{r} - \boldsymbol{r}'| = \sqrt{r^2 + r'^2} = \sqrt{r^2 + z'^2}.$$

Damit erhalten wir

$$\boldsymbol{B}(\boldsymbol{r}) = \frac{\mu_0}{4\pi} I' r \int_{-\infty}^{+\infty} dz' \left(r^2 + z'^2\right)^{-3/2} \boldsymbol{e}_\phi.$$

Mit der Substitution

$$z' = r \sinh\xi, \qquad dz' = r \cosh\xi \, d\xi, \qquad r^2 + z'^2 = r^2 \cosh^2\xi$$

wird

$$\int_{-\infty}^{+\infty} dz' \left(r^2 + z'^2\right)^{-3/2} = \frac{1}{r^2} \int_{-\infty}^{+\infty} \frac{d\xi}{\cosh^2 \xi} = \frac{1}{r^2} \left[\tanh \xi\right]_{-\infty}^{+\infty} = \frac{2}{r^2},$$

sodass das Endergebnis

$$\boldsymbol{B}(\boldsymbol{r}) = \frac{\mu_0 \, I'}{2 \, \pi \, r} \, \boldsymbol{e}_\phi. \tag{5.22}$$

lautet. Man beachte, dass r nunmehr der senkrechte Abstand des Aufpunktes A vom Draht bedeutet. Die Feldlinien von $\boldsymbol{B}(\boldsymbol{r})$ sind konzentrische Kreise um den Draht (mit Ebenen senkrecht zum Draht). Das Feld $\boldsymbol{B}(\boldsymbol{r})$ fällt $\sim 1/r$ mit dem Abstand r vom Draht ab, so lange r klein im Vergleich zur Drahtausdehnung ist.

5.3.2 Kraft auf einen stromdurchflossenen Draht

Wir berechnen die Lorentz–Kraft auf einen stromdurchflossenen Leiter L, die von einem anderen stromdurchflossenen Leiter L' ausgeübt wird. Wir betrachten ein Stück $d\boldsymbol{r}$ des Leiters L am Ort $\boldsymbol{r}$, in dem sich die Ladung dq mit einer Geschwindigkeit $\boldsymbol{v}$ bewegt. Die Lorentz–Kraft auf $d\boldsymbol{r}$ lautet

$$d\boldsymbol{F} = dq \, \boldsymbol{v} \times \boldsymbol{B}(\boldsymbol{r}) = dq \, \frac{d\boldsymbol{r}}{dt} \times \boldsymbol{B}(\boldsymbol{r}) = \frac{dq}{dt} \, d\boldsymbol{r} \times \boldsymbol{B}(\boldsymbol{r}) = I \, d\boldsymbol{r} \times \boldsymbol{B}(\boldsymbol{r}).$$

Insgesamt erfährt der Leiter L also die Kraft

$$\boldsymbol{F} = I \int_L d\boldsymbol{r} \times \boldsymbol{B}(\boldsymbol{r}). \tag{5.23}$$

$\boldsymbol{B}(\boldsymbol{r})$ sollte von dem Strom I' im Leiter L' erzeugt werden, so dass wir dafür den Ausdruck (5.21) einsetzen können:

$$\boldsymbol{F}_{LL'} = \frac{\mu_0}{4 \, \pi} \, I \, I' \int_L d\boldsymbol{r} \times \int_{L'} d\boldsymbol{r}' \times \frac{\boldsymbol{r} - \boldsymbol{r}'}{|\boldsymbol{r} - \boldsymbol{r}'|^3}. \tag{5.24}$$

Mit der Regel $\boldsymbol{a} \times (\boldsymbol{b} \times \boldsymbol{c}) = \boldsymbol{b} \, (\boldsymbol{a} \, \boldsymbol{c}) - \boldsymbol{c} \, (\boldsymbol{a} \, \boldsymbol{b})$ (vgl. Anhang C.1.2) wird

$$d\boldsymbol{r} \times \big(d\boldsymbol{r}' \times (\boldsymbol{r} - \boldsymbol{r}')\big) = \big(d\boldsymbol{r}\ (\boldsymbol{r} - \boldsymbol{r}')\big)\, d\boldsymbol{r}' - (d\boldsymbol{r}\, d\boldsymbol{r}')\ (\boldsymbol{r} - \boldsymbol{r}'),$$

eingesetzt in (5.24)

$$\begin{aligned} \boldsymbol{F}_{LL'} &= \frac{\mu_0}{4\pi}\, I\, I' \int_{L'} d\boldsymbol{r}' \left(\int_L d\boldsymbol{r}\, \frac{\boldsymbol{r} - \boldsymbol{r}'}{|\boldsymbol{r} - \boldsymbol{r}'|^3} \right) \\ &\quad - \frac{\mu_0}{4\pi}\, I\, I' \int_L \int_{L'} (d\boldsymbol{r}\, d\boldsymbol{r}')\ \frac{\boldsymbol{r} - \boldsymbol{r}'}{|\boldsymbol{r} - \boldsymbol{r}'|^3}. \end{aligned} \tag{5.25}$$

In dem inneren Integral des ersten Beitrags machen wir die folgende Umformung:

$$\int_L d\boldsymbol{r}\, \frac{\boldsymbol{r} - \boldsymbol{r}'}{|\boldsymbol{r} - \boldsymbol{r}'|^3} = -\int_L d\left(\frac{1}{|\boldsymbol{r} - \boldsymbol{r}'|} \right) = \left[-\frac{1}{|\boldsymbol{r} - \boldsymbol{r}'|} \right]_{L\text{–Anfang}}^{L\text{–Ende}} = 0,$$

weil der Leiter L nach Voraussetzung unendlich lang ausgedehnt sein sollte. Dasselbe Ergebnis erhalten wir übrigens auch mit der Vorstellung, dass der Leiter L eine geschlossene Schleife mit ∞–großem Radius ist. Wir haben in der obigen Umformung außerdem benutzt, dass

$$\frac{\partial}{\partial \boldsymbol{r}}\, \frac{1}{|\boldsymbol{r} - \boldsymbol{r}'|} = -\frac{\boldsymbol{r} - \boldsymbol{r}'}{|\boldsymbol{r} - \boldsymbol{r}'|^3},$$

vgl. Abschnitt 1.3.1. Das Endergebnis lautet also

$$\boldsymbol{F}_{LL'} = -\frac{\mu_0}{4\pi}\, I\, I' \int_L \int_{L'} (d\boldsymbol{r}\, d\boldsymbol{r}')\ \frac{\boldsymbol{r} - \boldsymbol{r}'}{|\boldsymbol{r} - \boldsymbol{r}'|^3}. \tag{5.26}$$

Diese Kraft $\boldsymbol{F}_{LL'}$ kann Anziehung oder Abstoßung der beiden Leiter L und L' bewirken:

$$\begin{array}{lrcl} \text{Parallele Ströme:} & I\, I'\, d\boldsymbol{r}\, d\boldsymbol{r}' > 0: & \text{Anziehung,} \\ \text{Antiparallele Ströme:} & I\, I'\, d\boldsymbol{r}\, d\boldsymbol{r}' < 0: & \text{Abstoßung.} \end{array} \tag{5.27}$$

Schließlich bemerken wir, dass $\boldsymbol{F}_{LL'}$ *antisymmetrisch* gegen eine Vertauschung $L \leftrightarrow L'$ ist. Wir müssen dazu $\boldsymbol{r}$, $d\boldsymbol{r}$, I mit $\boldsymbol{r}'$, $d\boldsymbol{r}'$, I' vertauschen, woraus $\boldsymbol{F}_{L'L} = -\boldsymbol{F}_{LL'}$ folgt. Die Wechselwirkungskraft $\boldsymbol{F}_{LL'}$ erfüllt also das dritte Newtonsche Prinzip *actio=reactio*.

Kapitel 6

Magnetostatische Feldgleichungen

Das Ziel dieses Kapitels ist die Formulierung von *magnetostatischen Feldgleichungen* für die magnetische Flussdichte $\boldsymbol{B}(\boldsymbol{r})$. Wir suchen also das magnetische Analogon zu den elektrostatischen Feldgleichungen

$$\frac{\partial}{\partial \boldsymbol{r}} \times \boldsymbol{E}(\boldsymbol{r}) = 0, \qquad \frac{\partial}{\partial \boldsymbol{r}} \boldsymbol{E}(\boldsymbol{r}) = \frac{1}{\epsilon_0} \rho(\boldsymbol{r}),$$

vgl. Abschnitt 2.4.2. Auch im magnetischen Fall werden wir die Rotation und die Divergenz von $\boldsymbol{B}(\boldsymbol{r})$ bestimmen und dabei eine gewisse "spiegelbildliche Symmetrie" zum elektrischen Fall finden.

6.1 Das Vektor–Potential und die Divergenz der magnetischen Flussdichte

6.1.1 Das Vektor–Potential

Der Ausgangspunkt unserer Überlegungen ist die Darstellung der magnetischen Flussdichte $\boldsymbol{B}(\boldsymbol{r})$ für eine vorgegebene elektrische Flussdichte $\boldsymbol{j}(\boldsymbol{r})$,

$$\boldsymbol{B}(\boldsymbol{r}) = \frac{\mu_0}{4\,\pi} \int d^3r' \, \boldsymbol{j}(\boldsymbol{r}') \times \frac{\boldsymbol{r} - \boldsymbol{r}'}{|\boldsymbol{r} - \boldsymbol{r}'|^3},$$

vgl. Abschnitt 5.2.1. In dieser Darstellung verwenden wir – zum wiederholten Mal –

$$\frac{\boldsymbol{r}-\boldsymbol{r}'}{|\boldsymbol{r}-\boldsymbol{r}'|^3} = -\frac{\partial}{\partial \boldsymbol{r}}\frac{1}{|\boldsymbol{r}-\boldsymbol{r}'|},$$

so dass $\boldsymbol{B}(\boldsymbol{r})$ auch in der Form

$$\boldsymbol{B}(\boldsymbol{r}) = -\frac{\mu_0}{4\pi}\int d^3r'\, \boldsymbol{j}(\boldsymbol{r}') \times \left(\frac{\partial}{\partial \boldsymbol{r}}\frac{1}{|\boldsymbol{r}-\boldsymbol{r}'|}\right). \tag{6.1}$$

geschrieben werden kann. Die Kombination innerhalb des Integrals formen wir mit Hilfe des Levi–Civita–Tensors wie folgt um:

$$\begin{aligned}\left\{\boldsymbol{j}(\boldsymbol{r}') \times \left(\frac{\partial}{\partial \boldsymbol{r}}\frac{1}{|\boldsymbol{r}-\boldsymbol{r}'|}\right)\right\}_\alpha &= \epsilon_{\alpha\beta\gamma}\, j_\beta(\boldsymbol{r}')\, \partial_\gamma \frac{1}{|\boldsymbol{r}-\boldsymbol{r}'|} = -\epsilon_{\alpha\gamma\beta}\, \partial_\gamma \frac{j_\beta(\boldsymbol{r}')}{|\boldsymbol{r}-\boldsymbol{r}'|} = \\ &= -\left\{\frac{\partial}{\partial \boldsymbol{r}} \times \frac{\boldsymbol{j}(\boldsymbol{r}')}{|\boldsymbol{r}-\boldsymbol{r}'|}\right\}_\alpha .\end{aligned}$$

Hierin haben wir benutzt, dass $\boldsymbol{j}(\boldsymbol{r}')$ nicht von $\boldsymbol{r}$ abhängt, also $\partial_\gamma j_\beta(\boldsymbol{r}') = 0$, und dass $\epsilon_{\alpha\beta\gamma} = -\epsilon_{\alpha\gamma\beta}$. Damit erhalten wir für die magnetische Flussdichte

$$\begin{aligned}\boldsymbol{B}(\boldsymbol{r}) &= \frac{\mu_0}{4\pi}\int d^3r'\, \frac{\partial}{\partial \boldsymbol{r}} \times \frac{\boldsymbol{j}(\boldsymbol{r}')}{|\boldsymbol{r}-\boldsymbol{r}'|} = \frac{\partial}{\partial \boldsymbol{r}} \times \frac{\mu_0}{4\pi}\int d^3r'\, \frac{\boldsymbol{j}(\boldsymbol{r}')}{|\boldsymbol{r}-\boldsymbol{r}'|} = \\ &= \frac{\partial}{\partial \boldsymbol{r}} \times \boldsymbol{A}(\boldsymbol{r}),\end{aligned} \tag{6.2}$$

$$\boxed{\boldsymbol{A}(\boldsymbol{r}) = \frac{\mu_0}{4\pi}\int d^3r'\, \frac{\boldsymbol{j}(\boldsymbol{r}')}{|\boldsymbol{r}-\boldsymbol{r}'|}.} \tag{6.3}$$

Die darin ausgeführte Vertauschung von Integration und Rotation,

$$\int d^3r'\, \frac{\partial}{\partial \boldsymbol{r}} \times \ldots = \frac{\partial}{\partial \boldsymbol{r}} \times \int d^3r' \ldots$$

ist erlaubt, weil die Integration über $\boldsymbol{r}'$ geht und auch das Integrationsgebiet, nämlich der gesamte Raum, in dem $\boldsymbol{j}(\boldsymbol{r}') \neq 0$, von $\boldsymbol{r}$ unabhängig ist.

$\boldsymbol{A}(\boldsymbol{r})$ heißt das *Vektor–Potential.* Wir werden lernen, dass es eine ähnliche Bedeutung wie das skalare Potential $\Phi(\boldsymbol{r})$ des elektrischen Feldes besitzt.

6.1.2 Die Divergenz der magnetischen Flussdichte

Wir berechnen die Divergenz der magnetischen Flussdichte, indem wir deren Darstellung durch das Vektor–Potential benutzen und wiederum den Formalismus des Levi–Civita–Tensors verwenden:

$$\begin{aligned} \boldsymbol{B}(\boldsymbol{r}) &= \frac{\partial}{\partial \boldsymbol{r}} \times \boldsymbol{A}(\boldsymbol{r}) : \qquad B_\alpha = \epsilon_{\alpha\beta\gamma}\, \partial_\beta\, A_\gamma, \\ \frac{\partial}{\partial \boldsymbol{r}} \boldsymbol{B}(\boldsymbol{r}) &= \partial_\alpha\, B_\alpha = \epsilon_{\alpha\beta\gamma}\, \partial_\alpha\, \partial_\beta\, A_\gamma = 0, \end{aligned} \tag{6.4}$$

$$\boxed{\frac{\partial}{\partial \boldsymbol{r}} \boldsymbol{B}(\boldsymbol{r}) = 0.} \tag{6.5}$$

weil die Kombination des Levi–Civita–Tensors mit einem symmetrischen Ausdruck verschwindet: $\epsilon_{\alpha\beta\gamma}\, \partial_\alpha\, \partial_\beta = 0$, vgl. Abschnitt 1.3.3. Wir haben also gezeigt, dass die magnetische Flussdichte $\boldsymbol{B}(\boldsymbol{r})$ *keine Quellen* besitzt.

Wir können jetzt auch schon die erste Analogie zwischen den elektrostatischen und magnetostatischen Feldgleichungen formulieren:

$$\begin{aligned} \boldsymbol{E}(\boldsymbol{r}) &= -\frac{\partial}{\partial \boldsymbol{r}}\, \Phi(\boldsymbol{r}) : \;\succ\; & \frac{\partial}{\partial \boldsymbol{r}} \times \boldsymbol{E}(\boldsymbol{r}) &= 0, \\ \boldsymbol{B}(\boldsymbol{r}) &= \frac{\partial}{\partial \boldsymbol{r}} \times \boldsymbol{A}(\boldsymbol{r}) : \;\succ\; & \frac{\partial}{\partial \boldsymbol{r}} \boldsymbol{B}(\boldsymbol{r}) &= 0. \end{aligned} \tag{6.6}$$

Die Ausdrucksweise *spiegelbildliche* Symmetrie soll zum Ausdruck bringen, dass in dieser Analogie zwischen Elektrostatik und Magnetostatik Rotation und Divergenz ihre Rollen tauschen. Damit muss aber auch das "magnetische Potential" ein Vektor–Potential werden. Wir werden im nächsten Abschnitt lernen, dass die *spiegelbildliche* Symmetrie auch für die Rotation der magnetischen Flussdichte zutrifft.

6.1.3 Vektor–Potential für quellenfreie Felder

Bereits in der klassischen Mechanik wird gezeigt, dass die beiden folgenden Aussagen richtig sind:

- Wenn ein Feld als Gradient eines skalaren Potentials darstellbar ist, dann verschwinden seine Wirbel (seine Rotation).
- Wenn die Wirbel (die Rotation) eines Feldes verschwinden (verschwindet), dann ist dieses Feld als Gradient eines skalaren Potentials darstellbar.

(Hier ist vorauszusetzen, dass die Wirbel in einem einfach zusammenhängenden Gebiet des Raumes verschwinden.) Die Wirbelfreiheit eines Feldes und seine Darstellbarkeit als Gradient einer skalaren Funktion sind also äquivalent:

$$\frac{\partial}{\partial \boldsymbol{r}} \times \boldsymbol{E}(\boldsymbol{r}) = 0 \qquad \Longleftrightarrow \qquad \boldsymbol{E}(\boldsymbol{r}) = -\frac{\partial}{\partial \boldsymbol{r}}\,\Phi(\boldsymbol{r}). \tag{6.7}$$

Diese Äquivalenz haben wir auch im Kapitel 1 dieses Textes noch einmal gezeigt.

Wir zeigen jetzt, dass die analoge Aussage auch für Quellen und Vektor–Potential gilt:

- Wenn ein Feld als Rotation eines Vektor–Potentials darstellbar ist, dann verschwinden (verschwindet) seine Quellen (seine Divergenz).
- Wenn die Quellen (die Divergenz) eines Feldes verschwinden (verschwindet), dann ist dieses Feld als Rotation eines Vektor–Potentials darstellbar.

Die erste Aussage haben wir soeben, nämlich in (6.4) gezeigt. Um auch die zweite Aussage nachzuweisen, setzen wir voraus, dass $\boldsymbol{B}(\boldsymbol{r})$ ein quellenfreies Feld sei, d.h., seine Divergenz verschwindet. Wir zeigen, dass unter dieser Bedingung das folgende Feld $\boldsymbol{A}(\boldsymbol{r})$ ein Vektor–Potential zu $\boldsymbol{B}(\boldsymbol{r})$ ist:

$$\begin{aligned}
A_1(x_1, x_2, x_3) &= \int_{x_{30}}^{x_3} d\xi_3\, B_2(x_1, x_2, \xi_3) - \int_{x_{20}}^{x_2} d\xi_2\, B_3(x_1, \xi_2, x_{30}),\\
A_2(x_1, x_2, x_3) &= -\int_{x_{30}}^{x_3} d\xi_3\, B_1(x_1, x_2, \xi_3),\\
A_3(x_1, x_2, x_3) &= 0.
\end{aligned}$$

Hierin sollen die ξ_2, ξ_3 kartesische Integrations–Variablen und x_{20} und x_{30} beliebige, konstante Anfangswerte der Integration sein. Die Ableitungen der Komponenten von $\boldsymbol{A}(\boldsymbol{r})$ lauten, soweit sie nicht verschwinden:

$$
\begin{aligned}
\partial_2 A_1 &= \int_{x_{30}}^{x_3} d\xi_3\, \partial_2 B_2(x_1, x_2, \xi_3) - B_3(x_1, x_2, x_{30}), \\
\partial_3 A_1 &= B_2(x_1, x_2, x_3), \\
\partial_1 A_2 &= -\int_{x_{30}}^{x_3} d\xi_3\, \partial_1 B_1(x_1, x_2, \xi_3), \\
\partial_3 A_2 &= -B_1(x_1, x_2, x_3).
\end{aligned}
$$

Damit bilden wir komponentenweise die Rotation des Feldes $\boldsymbol{A}(\boldsymbol{r})$:

$$
\begin{aligned}
\partial_2 A_3 - \partial_3 A_2 &= B_1(x_1, x_2, x_3), \\
\partial_3 A_1 - \partial_1 A_3 &= B_2(x_1, x_2, x_3), \\
\partial_1 A_2 - \partial_2 A_1 &= -\int_{x_{30}}^{x_3} d\xi_3\, \left(\partial_1 B_1(x_1, x_2, \xi_3) + \partial_2 B_2(x_1, x_2, \xi_3)\right) + B_3(x_1, x_2, x_{30}) \\
&= \int_{x_{30}}^{x_3} d\xi_3\, \partial_3 B_3(x_1, x_2, \xi_3) + B_3(x_1, x_2, x_{30}) \\
&= \left[B_3(x_1, x_2, \xi_3)\right]_{\xi_3 = x_{30}}^{\xi_3 = x_3} + B_3(x_1, x_2, x_{30}) = B_3(x_1, x_2, x_3),
\end{aligned}
$$

womit der Nachweis erbracht ist. Das hier angegebene Vektor–Potential $\boldsymbol{A}(\boldsymbol{r})$ ist eine spezielle Wahl. Wir werden später sehen, dass man $\boldsymbol{A}(\boldsymbol{r})$ auf sehr viefältige Weise in äquivalente Vektor–Potentiale, d.h., in solche, die dieselbe Rotation besitzen, "umeichen kann".

Wir fassen das Ergebnis nochmals zusammen: Die Quellenfreiheit eines Feldes und seine Darstellbarkeit als Rotation eines Vektor–Potentials sind äquivalent

$$
\boxed{\frac{\partial}{\partial \boldsymbol{r}} \boldsymbol{B}(\boldsymbol{r}) = 0 \qquad \Longleftrightarrow \qquad \boldsymbol{B}(\boldsymbol{r}) = \frac{\partial}{\partial \boldsymbol{r}} \times \boldsymbol{A}(\boldsymbol{r}).} \tag{6.8}
$$

6.2 Die Wirbel der magnetischen Flussdichte

6.2.1 Die Feldgleichung

Wir folgen der bisher festgestellten Analogie mit den elektrostatischen Feldgleichungen. Dort wurden Aussagen über die Wirbel und die Quellen des elektrischen Feldes gemacht. Im Abschnitt 6.1.2 haben wir bereits eine Aussage über die Wirbel der magnetischen Flussdichte gemacht, nämlich, dass diese verschwinden. Wir werden jetzt also die Wirbel der magnetischen Flussdichte untersuchen. Indem wir die magnetische Flussdichte durch das Vektor–Potential darstellen und einen im Anhang C.1.2 bewiesenen Hilfssatz verwenden, erhalten wir

$$\frac{\partial}{\partial \boldsymbol{r}} \times \boldsymbol{B}(\boldsymbol{r}) = \frac{\partial}{\partial \boldsymbol{r}} \times \left(\frac{\partial}{\partial \boldsymbol{r}} \times \boldsymbol{A}(\boldsymbol{r}) \right) = \frac{\partial}{\partial \boldsymbol{r}} \left(\frac{\partial}{\partial \boldsymbol{r}} \boldsymbol{A}(\boldsymbol{r}) \right) - \Delta\, \boldsymbol{A}(\boldsymbol{r}). \tag{6.9}$$

Der erste Term auf der rechten Seite ist der Gradient eines Skalars, nämlich der Divergenz von $\boldsymbol{A}(\boldsymbol{r})$, der zweite Term bedeutet die Anwendung des skalaren Laplace–Operators Δ auf das Vektorfeld $\boldsymbol{A}(\boldsymbol{r})$. Wir müssen diese beiden Terme getrennt auswerten, wobei wir die Darstellung (6.3),

$$\boldsymbol{A}(\boldsymbol{r}) = \frac{\mu_0}{4\,\pi} \int d^3r' \, \frac{\boldsymbol{j}(\boldsymbol{r}')}{|\boldsymbol{r} - \boldsymbol{r}'|},$$

verwenden.

(1) $\dfrac{\partial}{\partial \boldsymbol{r}} \left(\dfrac{\partial}{\partial \boldsymbol{r}} \boldsymbol{A}(\boldsymbol{r}) \right)$:

$$\begin{aligned}
\frac{\partial}{\partial \boldsymbol{r}} \boldsymbol{A}(\boldsymbol{r}) &= \frac{\partial}{\partial \boldsymbol{r}} \frac{\mu_0}{4\,\pi} \int d^3r' \, \frac{\boldsymbol{j}(\boldsymbol{r}')}{|\boldsymbol{r} - \boldsymbol{r}'|} = \frac{\mu_0}{4\,\pi} \int d^3r' \, \frac{\partial}{\partial \boldsymbol{r}} \frac{\boldsymbol{j}(\boldsymbol{r}')}{|\boldsymbol{r} - \boldsymbol{r}'|} = \\
&= \frac{\mu_0}{4\,\pi} \int d^3r' \, \boldsymbol{j}(\boldsymbol{r}') \frac{\partial}{\partial \boldsymbol{r}} \frac{1}{|\boldsymbol{r} - \boldsymbol{r}'|} = -\frac{\mu_0}{4\,\pi} \int d^3r' \, \boldsymbol{j}(\boldsymbol{r}') \frac{\partial}{\partial \boldsymbol{r}'} \frac{1}{|\boldsymbol{r} - \boldsymbol{r}'|}.
\end{aligned}$$

Hier haben wir benutzt, dass $\boldsymbol{j}(\boldsymbol{r}')$ nicht von $\boldsymbol{r}$ abhängt, also $\partial \boldsymbol{j}(\boldsymbol{r}')/\partial \boldsymbol{r} = 0$, sowie

$$\frac{\partial}{\partial \boldsymbol{r}} \frac{1}{|\boldsymbol{r} - \boldsymbol{r}'|} = -\frac{\partial}{\partial \boldsymbol{r}'} \frac{1}{|\boldsymbol{r} - \boldsymbol{r}'|}.$$

Zur weiteren Umformung verwenden wir die Produkt–Regel

$$\frac{\partial}{\partial \boldsymbol{r}'} \left(\frac{\boldsymbol{j}(\boldsymbol{r}')}{|\boldsymbol{r} - \boldsymbol{r}'|} \right) = \boldsymbol{j}(\boldsymbol{r}') \frac{\partial}{\partial \boldsymbol{r}'} \frac{1}{|\boldsymbol{r} - \boldsymbol{r}'|} + \frac{1}{|\boldsymbol{r} - \boldsymbol{r}'|} \frac{\partial}{\partial \boldsymbol{r}'} \boldsymbol{j}(\boldsymbol{r}'),$$

vgl. Abschnitt 3.1.2, so dass

$$\frac{\partial}{\partial \boldsymbol{r}} \boldsymbol{A}(\boldsymbol{r}) = -\frac{\mu_0}{4\pi} \int d^3r' \frac{\partial}{\partial \boldsymbol{r}'} \left(\frac{\boldsymbol{j}(\boldsymbol{r}')}{|\boldsymbol{r}-\boldsymbol{r}'|} \right) + \frac{\mu_0}{4\pi} \int d^3r' \frac{1}{|\boldsymbol{r}-\boldsymbol{r}'|} \frac{\partial}{\partial \boldsymbol{r}'} \boldsymbol{j}(\boldsymbol{r}').$$

Der zweite Term auf der rechten Seite verschwindet für stationäre Flussdichten, $\partial \boldsymbol{j}(\boldsymbol{r}')/\partial \boldsymbol{r}' = 0$, vgl. Abschnitt 5.1.2, wie wir sie hier vorausgesetzt haben. Im ersten Term auf der rechten Seite formen wir mit dem Gaußschen Integralsatz um:

$$\frac{\mu_0}{4\pi} \int d^3r' \frac{\partial}{\partial \boldsymbol{r}'} \left(\frac{\boldsymbol{j}(\boldsymbol{r}')}{|\boldsymbol{r}-\boldsymbol{r}'|} \right) = \oint_\infty d\boldsymbol{f}' \frac{\boldsymbol{j}(\boldsymbol{r}')}{|\boldsymbol{r}-\boldsymbol{r}'|} = 0,$$

denn die Flächen–Integration erstreckt sich über eine Randfläche, die alle Flussdichten $\boldsymbol{j}(\boldsymbol{r}')$ in ihrem Inneren enthält, auf der also $\boldsymbol{j}(\boldsymbol{r}') = 0$. Diese Randfläche kann möglicherweise die ∞–weit entfernte Randfläche sein, für die $1/|\boldsymbol{r}-\boldsymbol{r}'| \to 0$. In jedem Fall ist also

$$\frac{\partial}{\partial \boldsymbol{r}} \boldsymbol{A}(\boldsymbol{r}) = 0. \tag{6.10}$$

Es sei nochmals betont, dass dieses Resultat die obige Darstellung (6.3) für das Vektor–Potential $\boldsymbol{A}(\boldsymbol{r})$ voraussetzt.

(2) $\Delta \boldsymbol{A}(\boldsymbol{r})$.

Da die Integrationsvariable $\boldsymbol{r}'$ von den Ableitungen nach $\boldsymbol{r}$ im Laplace–Operator Δ nicht betroffen ist, wird

$$\Delta \boldsymbol{A}(\boldsymbol{r}) = \frac{\mu_0}{4\pi} \int d^3r' \, \boldsymbol{j}(\boldsymbol{r}') \, \Delta \frac{1}{|\boldsymbol{r}-\boldsymbol{r}'|}.$$

Nun ist, wie im Abschnitt 2.2.2 gezeigt,

$$\Delta \frac{1}{|\boldsymbol{r}-\boldsymbol{r}'|} = -4\pi \, \delta(\boldsymbol{r}-\boldsymbol{r}'),$$

also

$$\Delta \boldsymbol{A}(\boldsymbol{r}) = -\mu_0 \, \boldsymbol{j}(\boldsymbol{r}).$$

Damit können wir das Ergebnis der Rechnung in (6.9) formulieren:

$$\frac{\partial}{\partial \boldsymbol{r}} \times \boldsymbol{B}(\boldsymbol{r}) = \mu_0 \, \boldsymbol{j}(\boldsymbol{r}). \tag{6.11}$$

Dieses ist die gesucht zweite Feldgleichung für die Wirbel der magnetischen Flussdichte. Damit lauten die Feldgleichungen für die magnetische Flussdichte insgesamt

$$\boxed{\frac{\partial}{\partial \boldsymbol{r}} \times \boldsymbol{B}(\boldsymbol{r}) = \mu_0 \, \boldsymbol{j}(\boldsymbol{r}), \qquad \frac{\partial}{\partial \boldsymbol{r}} \boldsymbol{B}(\boldsymbol{r}) = 0.} \tag{6.12}$$

Um die "spiegelbildliche" Symmetrie zwischen den elektrostatischen und den magnetostatischen Feldgleichungen deutlich zu machen, stellen wir die beiden Paare von Feldgleichungen einander gegenüber:

$$\left.\begin{array}{rclrcl} \dfrac{\partial}{\partial \boldsymbol{r}} \times \boldsymbol{E}(\boldsymbol{r}) & = & 0, & \dfrac{\partial}{\partial \boldsymbol{r}} \boldsymbol{E}(\boldsymbol{r}) & = & \dfrac{1}{\epsilon_0} \rho(\boldsymbol{r}), \\ \dfrac{\partial}{\partial \boldsymbol{r}} \times \boldsymbol{B}(\boldsymbol{r}) & = & \mu_0 \, \boldsymbol{j}(\boldsymbol{r}), & \dfrac{\partial}{\partial \boldsymbol{r}} \boldsymbol{B}(\boldsymbol{r}) & = & 0. \end{array}\right\} \tag{6.13}$$

6.2.2 Magnetische Feldlinien

Wir greifen zurück auf die Diskussion der elektrischen Feldlinien im Abschnitt 2.4.4. Wir hatten dort begründet, dass die elektrischen Feldlinien an den Quellen des elektrischen Feldes, den elektrischen Ladungen, beginnen und enden und dass es keine in sich geschlossenen elektrischen Feldlinien gibt, weil die Wirbel des elektrischen Feldes in der statischen Theorie verschwinden.

Im magnetischen Fall liegen die Verhältnisse genau umgekehrt. Die magnetische Feldgleichungen (6.13) besagen, dass es keine Quellen des magnetischen Feldes, also keine "magnetischen Ladungen" gibt. Daran wird sich auch in der zeitabhängigen Theorie nichts ändern. (Diese Aussage ist zunächst einmal auf die klassische Elektrodynamik begrenzt; es ist eine offene Frage, ob in der Quantenfeld–Theorie der Elementarteilchen nicht vielleicht doch "magnetische Ladungen", sogenannte *magnetische Monopole* auftreten können.) Für die magnetischen Feldlinien bedeutet das, dass diese keinen Anfang und kein Ende haben können, also stets in sich geschlossen sein müssen.

Wir hatten im Abschnitt 2.4.4 auch bereits begründet, dass in sich geschlossene Feldlinien nur dann auftreten können, wenn das betreffende Feld nicht–verschwindende Wirbel besitzt und ein endlicher Fluss dieser Wirbel durch die in sich geschlossenen Feldlinien hindurchtritt. Es sei L eine in sich geschlossene Feldlinie und F ein beliebiges Flächenstück, das von L berandet wird. Wir bilden das Linien–Integral über die magnetische Flussdichte $\boldsymbol{B}(\boldsymbol{r})$ längs L und erhalten mit dem Stokesschen Integralsatz:

$$\oint_L d\boldsymbol{r}\, \boldsymbol{B}(\boldsymbol{r}) = \int_F d\boldsymbol{f}\, \frac{\partial}{\partial \boldsymbol{r}} \times \boldsymbol{B}(\boldsymbol{r}). \tag{6.14}$$

Wir setzen links die Bahngleichung für die Feldlinie L ein,

$$\frac{d\boldsymbol{r}}{ds} = \boldsymbol{B}(\boldsymbol{r}),$$

vgl. Abschnitt 2.4.4, und rechts die Feldgleichung (6.13) für $\partial/\partial \boldsymbol{r} \times \boldsymbol{B}(\boldsymbol{r})$:

$$\oint_L d\boldsymbol{r}\, \frac{d\boldsymbol{r}}{ds} = \mu_0 \int_F d\boldsymbol{f}\, \boldsymbol{j}(\boldsymbol{r}). \tag{6.15}$$

Auf der linken Seite wählen wir die Bogenlänge als Parameter s für die Darstellung der Feldlinie, so dass $(d\boldsymbol{r})^2 = (ds)^2$. Auf der rechten Seite liefert das Flächen–Integral den Strom I durch F bzw. durch die Feldlinie L:

$$\oint_L ds = \mu_0\, I. \tag{6.16}$$

Elektrische Ströme I sind also von geschlossenen magnetischen Feldlinien umgeben.

Die obige Überlegung ist unabhängig von der Wahl des Flächenstücks F, das von der betrachteten Feldlinie berandet werden soll. Die Flächen–Integrale über verschiedene Flächenstücke F mit demselben Rand L unterscheiden sich offenbar um Flächen–Integrale über geschlossene Flächen ∂V, die ein Volumen V beranden. Es ist aber mit dem Gaußschen Integralsatz

$$\oint_{\partial V} d\boldsymbol{f}\, \boldsymbol{j}(\boldsymbol{r}) = \int_V d^3r\, \frac{\partial}{\partial \boldsymbol{r}}\, \boldsymbol{j}(\boldsymbol{r}) = 0$$

im stationären Fall.

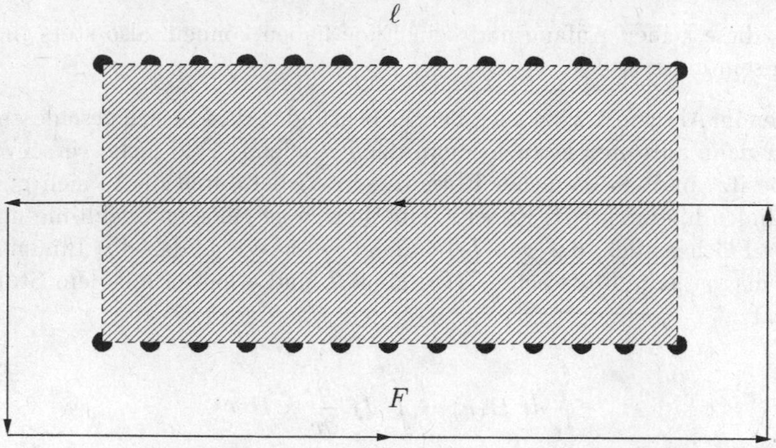

Abbildung 6.1: Magnetische Flussdichte in einer langen Spule.

6.2.3 Anwendung: Lange Spule

Als Anwendung der Feldgleichung für die Wirbel der magnetische Flussdichte bestimmen wir deren Feld in einer Spule, die n Windungen auf einer Länge ℓ besitzt. Wenn die Länge ℓ hinreichend groß im Vergleich mit dem Radius der Spule ist, können wir annehmen, dass das Feld $\boldsymbol{B}$ nur im Inneren der Spule vorhanden ist. Aus Symmetrie–Gründen kann $\boldsymbol{B}$ nur die Richtung der Spulenachse haben. Es sei F eine Fläche, die die eine Seite der Windungen der Spule senkrecht schneidet. Die Abbildung 6.1 zeigt einen Schnitt durch die Spule in der Fläche F. Wir integrieren die Feldgleichung für die Wirbel von $\boldsymbol{B}$ über diese Fläche:

$$\int_F d\boldsymbol{f}\,\frac{\partial}{\partial \boldsymbol{r}} \times \boldsymbol{B}(\boldsymbol{r}) = \mu_0 \int_F d\boldsymbol{f}\,\boldsymbol{j}(\boldsymbol{r}). \tag{6.17}$$

Auf der linken Seite verwenden wir den Stokesschen Integralsatz und machen Gebrauch von der näherungsweisen Annahme, dass das Feld $\boldsymbol{B}$ nur im Inneren der Spule auftritt:

$$\int_F d\boldsymbol{f}\,\frac{\partial}{\partial \boldsymbol{r}} \times \boldsymbol{B}(\boldsymbol{r}) = \oint_{\partial F} d\boldsymbol{r}\,\boldsymbol{B}(\boldsymbol{r}) \approx \ell B,$$

worin B die Komponente von $\boldsymbol{B}$ in der Richtung der Spulenachse ist. Das Integral auf der rechten Seite von (6.17) liefert das n–fache des Stromes I, der durch den Spulendraht fließt. Durch Einsetzen in (6.17) finden wir also

$$B = \mu_0 \frac{n\,I}{\ell}. \tag{6.18}$$

6.3 Eichung des Vektor–Potentials

Wenn $\boldsymbol{A}(\boldsymbol{r})$ ein Vektor–Potential zu $\boldsymbol{B}(\boldsymbol{r})$ ist,

$$\boldsymbol{B}(\boldsymbol{r})) = \frac{\partial}{\partial \boldsymbol{r}} \times \boldsymbol{A}(\boldsymbol{r}),$$

dann ist auch

$$\boldsymbol{A}'(\boldsymbol{r}) = \boldsymbol{A}(\boldsymbol{r}) + \frac{\partial}{\partial \boldsymbol{r}} F(\boldsymbol{r}) \tag{6.19}$$

ein Vektor–Potential zu $\boldsymbol{B}(\boldsymbol{r})$, worin $F(\boldsymbol{r})$ eine beliebige (differenzierbare) skalare Funktion ist. Der Nachweis für diese Behauptung:

$$\frac{\partial}{\partial \boldsymbol{r}} \times \boldsymbol{A}'(\boldsymbol{r}) = \frac{\partial}{\partial \boldsymbol{r}} \times \boldsymbol{A}(\boldsymbol{r}) + \frac{\partial}{\partial \boldsymbol{r}} \times \left(\frac{\partial}{\partial \boldsymbol{r}} F(\boldsymbol{r}) \right) = \frac{\partial}{\partial \boldsymbol{r}} \times \boldsymbol{A}(\boldsymbol{r}),$$

weil die Rotation eines Gradienten verschwindet. Man nennt den Übergang von einem Vektor–Potential $\boldsymbol{A}(\boldsymbol{r})$ zu einem Vektor–Potential $\boldsymbol{A}'(\boldsymbol{r})$ gemäß (6.7) eine *Umeichung* des Vektor–Potentials und die freie Wahl der Funktion $F(\boldsymbol{r})$ die *Eichfreiheit* des Vektor–Potentials.

Man kann die Eichfreiheit verwenden, um die Divergenz des Vektor–Potentials festzulegen. Es sei $\boldsymbol{A}(\boldsymbol{r})$ irgendein Vektor–Potential mit bekannter Divergenz $\partial \boldsymbol{A}(\boldsymbol{r})/\partial \boldsymbol{r}$ und $\boldsymbol{A}'(\boldsymbol{r})$ das gesuchte Vektor–Potential, dessen Divergenz $\partial \boldsymbol{A}'(\boldsymbol{r})/\partial \boldsymbol{r}$ vorgegeben sei. Da beide Vektor–Potentiale dieselbe magnetische Flussdichte $\boldsymbol{B}(\boldsymbol{r})$ liefern sollen, muss sein

$$\frac{\partial}{\partial \boldsymbol{r}} \times (\boldsymbol{A}'(\boldsymbol{r}) - \boldsymbol{A}(\boldsymbol{r})) = 0 \qquad \Longrightarrow \qquad \boldsymbol{A}'(\boldsymbol{r}) - \boldsymbol{A}(\boldsymbol{r}) = \frac{\partial}{\partial \boldsymbol{r}} F(\boldsymbol{r}),$$

was der Aussage in (6.19) entspricht. Wir formulieren die Divergenz und finden

$$\frac{\partial}{\partial \boldsymbol{r}} \boldsymbol{A}'(\boldsymbol{r}) = \frac{\partial}{\partial \boldsymbol{r}} \boldsymbol{A}(\boldsymbol{r}) + \frac{\partial}{\partial \boldsymbol{r}} \frac{\partial}{\partial \boldsymbol{r}} F(\boldsymbol{r}).$$

Nun ist

$$\frac{\partial}{\partial \boldsymbol{r}} \frac{\partial}{\partial \boldsymbol{r}} F(\boldsymbol{r}) = \Delta F(\boldsymbol{r}),$$

so dass

$$\Delta F(\boldsymbol{r}) = \frac{\partial}{\partial \boldsymbol{r}} \boldsymbol{A}'(\boldsymbol{r}) - \frac{\partial}{\partial \boldsymbol{r}} \boldsymbol{A}(\boldsymbol{r}). \tag{6.20}$$

Da die rechte Seite durch Vorgabe bzw. Vorkenntnis bekannt ist, stellt diese Gleichung die Bestimmungs–Gleichung für dasjenige $F(\boldsymbol{r})$ dar, mit dem sich das Vektor–Potential $\boldsymbol{A}(\boldsymbol{r})$ gemäß (6.19) in $\boldsymbol{A}'(\boldsymbol{r})$ mit vorgegebener Divergenz umeichen lässt. Es ist formal dieselbe Gleichung wie die Poisson–Gleichung der Elektrostatik, vgl. Abschnitt 2.4.2.

Die Darstellung von $\boldsymbol{A}(\boldsymbol{r})$ in (6.3),

$$\boldsymbol{A}(\boldsymbol{r}) = \frac{\mu_0}{4\pi} \int d^3r' \, \frac{\boldsymbol{j}(\boldsymbol{r}')}{|\boldsymbol{r} - \boldsymbol{r}'|},$$

hat, wie wir in (6.10) gezeigt haben verschwindende Divergenz:

$$\frac{\partial}{\partial \boldsymbol{r}} \boldsymbol{A}(\boldsymbol{r}) = \frac{\partial}{\partial \boldsymbol{r}} \frac{\mu_0}{4\pi} \int d^3r' \, \frac{\boldsymbol{j}(\boldsymbol{r}')}{|\boldsymbol{r} - \boldsymbol{r}'|} = 0. \tag{6.21}$$

Man nennt eine Eichung mit verschwindender Divergenz auch *Coulomb–Eichung.*

Wie wir in (6.9) gezeigt haben, gilt allgemein

$$\frac{\partial}{\partial \boldsymbol{r}} \times \boldsymbol{B}(\boldsymbol{r}) = \frac{\partial}{\partial \boldsymbol{r}} \left(\frac{\partial}{\partial \boldsymbol{r}} \boldsymbol{A}(\boldsymbol{r}) \right) - \Delta \, \boldsymbol{A}(\boldsymbol{r}), \tag{6.22}$$

so dass die Feldgleichung für die Wirbel von $\boldsymbol{B}(\boldsymbol{r})$, ausgedrückt in $\boldsymbol{A}(\boldsymbol{r})$ allgemein

$$\frac{\partial}{\partial \boldsymbol{r}} \left(\frac{\partial}{\partial \boldsymbol{r}} \boldsymbol{A}(\boldsymbol{r}) \right) - \Delta\, \boldsymbol{A}(\boldsymbol{r}) = \mu_0\, \boldsymbol{j}(\boldsymbol{r}) \tag{6.23}$$

lautet. Speziell für die Coulomb–Eichung ist also

$$\Delta\, \boldsymbol{A}(\boldsymbol{r}) = -\mu_0\, \boldsymbol{j}(\boldsymbol{r}). \tag{6.24}$$

Dieses ist das magnetostatische Analogon zur elektrostatischen Poisson–Gleichung

$$\Delta\, \Phi(\boldsymbol{r}) = -\frac{1}{\epsilon_0}\, \rho(\boldsymbol{r}). \tag{6.25}$$

Damit haben wir zumindest grundsätzlich die Möglichkeit, Probleme der Magnetostatik mit ähnlichen Techniken anzugehen, wie wir sie im Kapitel 4 für die Elektrostatik entwickelt haben. Allerdings haben die magnetostatischen Probleme wegen anderer Vorgaben für die Flussdichte $\boldsymbol{j}(\boldsymbol{r})$ und anderer Typen von Randbedingungen oft eine andere Struktur als elektrostatische Probleme.

In der statischen Theorie erscheint es zunächst so, als sei nur das Vektor–Potential von der Eichfreiheit betroffen, nicht jedoch das skalare elektrische Potential. In der nicht–stationären Theorie werden wir lernen, dass die allgemeine Eich–Transformation immer zugleich das Vektor–Potential und das skalare Potential betrifft.

6.4 Zerlegungssatz

Die Zusammenstellung der Feldgleichungen für das elektrische Feld $\boldsymbol{E}(\boldsymbol{r})$ und die magnetische Flussdichte $\boldsymbol{B}(\boldsymbol{r})$ in (6.13) lässt vermuten, dass ein Feld durch seine Quellen und Wirbel eindeutig bestimmt ist. Für das elektrische Feld $\boldsymbol{E}(\boldsymbol{r})$ werden die Quellen vorgegeben, während die Wirbel verschwinden sollen, für die magnetische Flussdichte $\boldsymbol{B}(\boldsymbol{r})$ werden umgekehrt die Wirbel vorgegeben, während die Quellen verschwinden sollen. Wir stellen darum jetzt die allgemeine Frage, ob ein Feld $\boldsymbol{f}(\boldsymbol{r})$ durch Vorgabe seiner Quellen *und* Wirbel,

$$\frac{\partial}{\partial \boldsymbol{r}} \boldsymbol{f}(\boldsymbol{r}) = q(\boldsymbol{r}), \qquad \frac{\partial}{\partial \boldsymbol{r}} \times \boldsymbol{f}(\boldsymbol{r}) = \boldsymbol{w}(\boldsymbol{r}) \tag{6.26}$$

eindeutig bestimmbar ist. Wir versuchen, die gestellte Frage zu beantworten, indem wir das Feld $\boldsymbol{f}(\boldsymbol{r})$ zerlegen,

$$\boldsymbol{f}(\boldsymbol{r}) = \boldsymbol{e}(\boldsymbol{r}) + \boldsymbol{b}(\boldsymbol{r}), \tag{6.27}$$

und zwar in der Weise, dass $\boldsymbol{e}(\boldsymbol{r})$ die für $\boldsymbol{f}(\boldsymbol{r})$ vorgegebenen Quellen $q(\boldsymbol{r})$ besitzt, aber wirbelfrei ist, und $\boldsymbol{b}(\boldsymbol{r})$ die für $\boldsymbol{f}(\boldsymbol{r})$ vorgegebenen Wirbel $\boldsymbol{w}(\boldsymbol{r})$ besitzt, aber quellenfrei ist. $\boldsymbol{e}(\boldsymbol{r})$ und $\boldsymbol{b}(\boldsymbol{r})$ erfüllen also jeweils denselben Typ von Feldgleichungen wie das elektrische Feld $\boldsymbol{E}(\boldsymbol{r})$ bzw. die magnetische Flussdichte $\boldsymbol{B}(\boldsymbol{r})$:

$$\left.\begin{aligned} \frac{\partial}{\partial \boldsymbol{r}} \times \boldsymbol{e}(\boldsymbol{r}) &= 0, & \frac{\partial}{\partial \boldsymbol{r}} \boldsymbol{e}(\boldsymbol{r}) &= q(\boldsymbol{r}), \\ \frac{\partial}{\partial \boldsymbol{r}} \times \boldsymbol{b}(\boldsymbol{r}) &= \boldsymbol{w}(\boldsymbol{r}), & \frac{\partial}{\partial \boldsymbol{r}} \boldsymbol{b}(\boldsymbol{r}) &= 0. \end{aligned}\right\} \tag{6.28}$$

Wir können jetzt auf die Aussagen im Abschnitt 4.3 für das elektrische Feld und im Abschnitt 6.3 für die magnetische Flussdichte zurückgreifen, dass diese nämlich nach Setzung von geeigneten Randbedingungen durch ihre Feldgleichungen jeweils eindeutig bestimmt sind. Dann trifft dieselbe Aussage auch auf $\boldsymbol{e}(\boldsymbol{r})$ und $\boldsymbol{b}(\boldsymbol{r})$ zu. Auch die Zerlegung von $\boldsymbol{f}(\boldsymbol{r})$ in (6.27) ist eindeutig. Es sei $\boldsymbol{f}(\boldsymbol{r}) = \boldsymbol{e}'(\boldsymbol{r}) + \boldsymbol{b}'(\boldsymbol{r})$ eine Zerlegung in zwei andere Felder $\boldsymbol{e}'(\boldsymbol{r})$ und $\boldsymbol{b}'(\boldsymbol{r})$ mit denselben Eigenschaften und Randbedingungen wie $\boldsymbol{e}(\boldsymbol{r})$ und $\boldsymbol{b}(\boldsymbol{r})$. Für die Differenz $\boldsymbol{d}(\boldsymbol{r}) := \boldsymbol{e}'(\boldsymbol{r}) - \boldsymbol{e}(\boldsymbol{r})$ erhalten wir die Feldgleichungen

$$\frac{\partial}{\partial \boldsymbol{r}} \times \boldsymbol{d}(\boldsymbol{r}) = 0, \qquad \frac{\partial}{\partial \boldsymbol{r}} \boldsymbol{d}(\boldsymbol{r}) = 0. \tag{6.29}$$

Wegen der Wirbelfreiheit ist $\boldsymbol{d}(\boldsymbol{r})$ durch ein Potential darstellbar:

$$\boldsymbol{d}(\boldsymbol{r}) = -\frac{\partial}{\partial \boldsymbol{r}} \phi(\boldsymbol{r}).$$

Einsetzen in die Quellengleichung liefert

$$\Delta\,\phi(\boldsymbol{r}) = 0. \tag{6.30}$$

Es sind entweder Dirichletsche Randbedingungen, nämlich $\phi(\boldsymbol{r}) = 0$ auf der vorgegebenen Randfläche, oder von Neumannsche Randbedingungen, nämlich $\partial\phi(\boldsymbol{r})/\partial n = 0$ auf der vorgegebenen Randfläche, (oder gemischte Randbedingungen) zu fordern. Wie wir im Abschnitt 4.3.3 gezeigt haben, folgt daraus $\phi(\boldsymbol{r})$ =const bzw. $\boldsymbol{d}(\boldsymbol{r}) = 0$. Denselben Schluss können wir für $\boldsymbol{b}(\boldsymbol{r})$ statt $\boldsymbol{e}(\boldsymbol{r})$, ziehen, vgl. auch Abschnitt 6.3. Damit ist die obige Vermutung, dass ein Feld durch Vorgabe seiner Quellen und Wirbel (sowie der Randbedingungen) eindeutig bestimmt ist, bestätigt.

6.5 Magnetische Multipol–Entwicklung

Wir wollen im weiteren Verlauf dieses Kapitels die magnetischen Analogien zu den Themen formulieren, die wir im Kapitel 3 für das elektrische Feld erarbeitet haben. Wenn wir wie im Kapitel 3 vorgehen wollten, müssten wir uns zunächst mit der magnetischen Feldenergie und ihrer Dichte befassen. Es wird sich später zeigen, dass das im Rahmen einer statischen magnetischen Feldtheorie nicht möglich ist. Der Grund dafür ist, dass das Feld $\boldsymbol{B}(\boldsymbol{r})$ der magnetischen Flussdichte gemäß seiner Feldgleichungen durch elektrische Ströme aufgebaut wird, die einen zeitlichen Anfang gehabt haben müssen. Das elektrische Feld $\boldsymbol{E}(\boldsymbol{r})$ kann man sich dagegen durch eine beliebig langsame Trennung von Ladungen aufgebaut denken.

Wir wenden uns deshalb hier sogleich der magnetischen Multipol–Entwicklung und später den Flussdichten in äußeren Feldern zu.

6.5.1 Die Entwicklung, Monopol–Term

Ausgangspunkt ist analog dem elektrischen Fall das Vektor–Potential in der Eichung

$$\boldsymbol{A}(\boldsymbol{r}) = \frac{\mu_0}{4\,\pi} \int d^3r'\, \frac{\boldsymbol{j}(\boldsymbol{r}')}{|\boldsymbol{r} - \boldsymbol{r}'|}. \tag{6.31}$$

Wir nehmen wieder an, dass $\boldsymbol{j}(\boldsymbol{r}') \neq 0$ nur in einem begrenzten Bereich $|\boldsymbol{r}'| < R$ und dass wir $\boldsymbol{A}(\boldsymbol{r})$ in hinreichend großer Entfernung $|\boldsymbol{r}| \gg R$ davon auswerten wollen. Wir entwickeln deshalb auch hier $1/|\boldsymbol{r} - \boldsymbol{r}'|$ nach $\boldsymbol{r}'$ und können diese Entwicklung aus dem Abschnitt 3.2.1 übernehmen:

$$\frac{1}{|\boldsymbol{r}-\boldsymbol{r}'|} = \frac{1}{r} + \frac{x_\alpha\, x'_\alpha}{r^3} + \ldots = \frac{1}{r} + \frac{\boldsymbol{r}\,\boldsymbol{r}'}{r^3} + \ldots . \tag{6.32}$$

Im Gegensatz zum elektrischen Fall entwickeln wir hier nur bis zur ersten Ordnung, können deshalb also auch nur Dipol–Beiträge erwarten. Magnetische Quadrupol–Terme lassen sich nach demselben Muster wie im elektrischen Fall formulieren, kommen jedoch in Anwendungen recht selten vor.

Einsetzen von (6.32) in (6.31) führt zu einer Entwicklung

$$\boldsymbol{A}(\boldsymbol{r}) = \boldsymbol{A}^{(0)}(\boldsymbol{r}) + \boldsymbol{A}^{(1)}(\boldsymbol{r}) + \ldots, \tag{6.33}$$

$$\boldsymbol{A}^{(0)}(\boldsymbol{r}) = \frac{\mu_0}{4\,\pi}\,\frac{1}{r} \int d^3r'\, \boldsymbol{j}(\boldsymbol{r}'), \tag{6.34}$$

$$\boldsymbol{A}^{(1)}(\boldsymbol{r}) = \frac{\mu_0}{4\,\pi}\,\frac{1}{r^3} \int d^3r'\, (\boldsymbol{r}\,\boldsymbol{r}')\, \boldsymbol{j}(\boldsymbol{r}'). \tag{6.35}$$

Der Term $\boldsymbol{A}^{(0)}(\boldsymbol{r})$ entspricht dem elektrischen Monopol–Term

$$\Phi^{(0)}(\boldsymbol{r}) = \frac{1}{4\,\pi\,\epsilon_0}\,\frac{1}{r} \int d^3r'\, \rho(\boldsymbol{r}').$$

Da es jedoch wegen $\partial\boldsymbol{B}/\partial\boldsymbol{r} = 0$ keine magnetischen Quellen bzw. Ladungen gibt, erwarten wir, dass dieser Term verschwindet. Wir zeigen das mit der folgenden Rechnung:

$$\int d^3r'\, j_\alpha(\boldsymbol{r}') = \int d^3r'\, \delta_{\alpha\beta}\, j_\beta(\boldsymbol{r}') = \int d^3r'\, \left(\partial'_\beta\, x'_\alpha\right)\, j_\beta(\boldsymbol{r}') =$$

$$= - \int d^3r'\, x'_\alpha\, \partial'_\beta\, j_\beta(\boldsymbol{r}'). \tag{6.36}$$

In dieser Umformung haben wir partiell integriert, ausführlich

$$\int d^3r'\, \left(\partial'_\beta\, x'_\alpha\right)\, j_\beta(\boldsymbol{r}') = \oint_{F'} df'_\beta\, x'_\alpha\, j_\beta(\boldsymbol{r}') - \int d^3r'\, x'_\alpha\, \partial'_\beta\, j_\beta(\boldsymbol{r}').$$

Das Flächen–Integral verschwindet, wenn die Randfläche F' die Flussdichte $j_\beta(\boldsymbol{r}')$ enthält, also $j_\beta(\boldsymbol{r}') = 0$ auf F'.

In (6.36) ist

$$\partial'_\beta \, j_\beta(\boldsymbol{r}') = \frac{\partial}{\partial \boldsymbol{r}'} \, \boldsymbol{j}(\boldsymbol{r}') = 0$$

für stationäre Flussdichten $\boldsymbol{j}(\boldsymbol{r}')$. Dieser Schluss ist also in der nicht–stationären, zeitabhängigen Theorie nicht mehr möglich. Dort werden monopol–artige Terme auftreten, die von nicht–stationären Flussdichten herrühren.

6.5.2 Magnetischer Dipol

Wir werden zeigen, dass sich der Term 1. Ordnung in (6.33) als *magnetischer Dipol-Term* in der Form

$$\boldsymbol{A}^{(1)}(\boldsymbol{r}) = \frac{\mu_0}{4\,\pi} \frac{1}{r^3} \, \boldsymbol{m} \times \boldsymbol{r}, \qquad \boldsymbol{m} = \frac{1}{2} \int d^3r' \, \boldsymbol{r}' \times \boldsymbol{j}(\boldsymbol{r}') \tag{6.37}$$

schreiben lässt. Der Vektor $\boldsymbol{m}$ heißt das *magnetische Dipolmoment* der Flussdichte $\boldsymbol{j}(\boldsymbol{r}')$. Der obige magnetische Dipol–Term ist analog zum elektrischen Dipol–Term

$$\Phi^{(1)}(\boldsymbol{r}) = \frac{1}{4\,\pi\,\epsilon_0} \frac{1}{r^3} \, \boldsymbol{p}\,\boldsymbol{r}, \qquad \boldsymbol{p} = \int d^3r' \, \boldsymbol{r}' \rho(\boldsymbol{r}')$$

aus dem Abschnitt 3.2.1.

Wir führen den Nachweis von (6.37) "rückwärts", indem wir zeigen, dass diese Formulierung mit dem Term 1. Ordnung in (6.35) übereinstimmt. Unter Verwendung der Definition für $\boldsymbol{m}$ in (6.37) berechnen wir

$$\begin{aligned}
(\boldsymbol{m} \times \boldsymbol{r})_\alpha \;&=\; \epsilon_{\alpha\beta\gamma} \, m_\beta \, x_\gamma = \frac{1}{2} \int d^3r' \, \epsilon_{\alpha\beta\gamma} \, \epsilon_{\beta\mu\nu} \, x'_\mu \, x_\gamma \, j_\nu(\boldsymbol{r}') = \\
&= \frac{1}{2} \int d^3r' \, (\delta_{\alpha\nu} \, \delta_{\gamma\mu} - \delta_{\alpha\mu} \, \delta_{\gamma\nu}) \, x'_\mu \, x_\gamma \, j_\nu(\boldsymbol{r}') = \\
&= \frac{1}{2} \int d^3r' \, x_\gamma \, x'_\gamma \, j_\alpha(\boldsymbol{r}') - \frac{1}{2} \int d^3r' \, x'_\alpha \, x_\gamma \, j_\gamma(\boldsymbol{r}').
\end{aligned} \tag{6.38}$$

Hier haben wir benutzt, dass

$$\epsilon_{\alpha\beta\gamma}\,\epsilon_{\beta\mu\nu} = -\epsilon_{\beta\alpha\gamma}\,\epsilon_{\beta\mu\nu} = -\delta_{\alpha\mu}\,\delta_{\gamma\nu} + \delta_{\alpha\nu}\,\delta_{\gamma\mu},$$

vgl. Anhang C.1.1. Der erste Term in der letzten Zeile von (6.38) hat bereits die gewünschte Form in (6.35), allerdings mit dem Faktor 1/2. Es bleibt zu zeigen, dass der auch der zweite Term in der letzten Zeile von (6.38) diese Form (mit dem entgegengesetzten Vorzeichen) hat. Wir führen eine ähnliche Umformung wie in (6.36) durch:

$$\begin{aligned}
&-\frac{1}{2}\int d^3r'\,x'_\alpha\,x_\gamma\,j_\gamma(\boldsymbol{r}') = \\
&= -\frac{1}{2}\int d^3r'\,x'_\alpha\,\delta_{\beta\gamma}\,x_\beta\,j_\gamma(\boldsymbol{r}') = \\
&= -\frac{1}{2}\int d^3r'\,x'_\alpha\,\left(\partial'_\gamma x'_\beta\right)\,x_\beta\,j_\gamma(\boldsymbol{r}') = \\
&= \frac{1}{2}\int d^3r'\,x_\beta\,x'_\beta\,\partial'_\gamma\,\left(x'_\alpha\,j_\gamma(\boldsymbol{r}')\right) = \\
&= \frac{1}{2}\int d^3r'\,x_\beta\,x'_\beta\,\left(\delta_{\alpha\gamma}\,j_\gamma(\boldsymbol{r}') + x'_\alpha\,\partial'_\gamma\,j_\gamma(\boldsymbol{r}')\right) = \\
&= \frac{1}{2}\int d^3r'\,x_\beta\,x'_\beta\,j_\alpha(\boldsymbol{r}'),
\end{aligned} \tag{6.39}$$

womit der erwünschte Nachweis erbracht ist. Darin haben wir nochmals die Bedingung $\partial'_\gamma\,j_\gamma(\boldsymbol{r}') = 0$ der Stationarität der Flussdichte verwendet. Wir berechnen die magnetische Flussdichte $\boldsymbol{B}^{(1)}(\boldsymbol{r})$ des Dipol–Terms:

$$\begin{aligned}
\boldsymbol{B}^{(1)}(\boldsymbol{r}) &= \frac{\mu_0}{4\pi}\,\frac{\partial}{\partial\boldsymbol{r}} \times \left(\frac{1}{r}\,\boldsymbol{m} \times \boldsymbol{r}\right), \\
B^{(1)}_\alpha &= \frac{\mu_0}{4\pi}\,\epsilon_{\alpha\beta\gamma}\,\partial_\beta\left(\epsilon_{\gamma\mu\nu}\,\frac{1}{r^3}\,m_\mu\,x_\nu\right) = \\
&= \frac{\mu_0}{4\pi}\,\epsilon_{\gamma\alpha\beta}\,\epsilon_{\gamma\mu\nu}\,m_\mu\,\partial_\beta\left(\frac{1}{r^3}\,x_\nu\right) = \\
&= \frac{\mu_0}{4\pi}\,\left(\delta_{\alpha\mu}\,\delta_{\beta\nu} - \delta_{\alpha\nu}\,\delta_{\beta\mu}\right)\,m_\mu\left(-3\,\frac{x_\beta\,x_\mu}{r^5} + \frac{\delta_{\beta\nu}}{r^3}\right) =
\end{aligned}$$

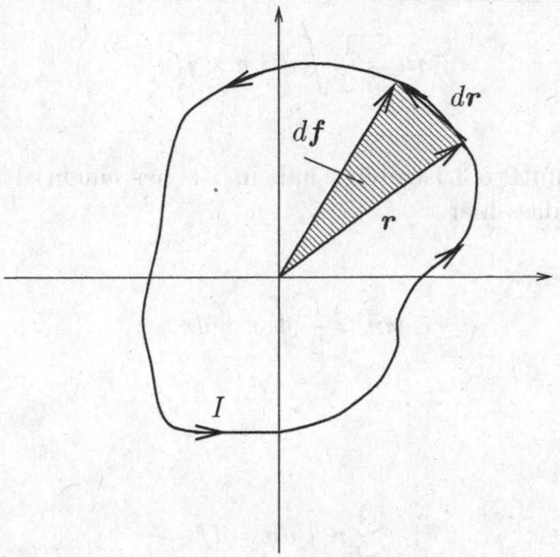

Abbildung 6.2: Ebene Leiterschleife

$$= \frac{\mu_0}{4\pi} \frac{1}{r^5} \left[m_\alpha \left(-3\,x_\beta^2 + r^2\,\delta_{\beta\beta} \right) - m_\beta \left(-3\,x_\alpha\,x_\beta + r^2\,\delta_{\alpha\beta} \right) \right] =$$

$$= \frac{\mu_0}{4\pi} \frac{1}{r^5} \left[3\,m_\beta\,x_\beta\,x_\alpha - r^2\,m_\alpha \right],$$

$$\boldsymbol{B}^{(1)}(\boldsymbol{r}) = \frac{\mu_0}{4\pi} \frac{1}{r^5} \left[3\,(\boldsymbol{m}\,\boldsymbol{r})\,\boldsymbol{r} - r^2\,\boldsymbol{m} \right] \tag{6.40}$$

in Analogie zum elektrischen Feld eines elektrischen Dipols

$$\boldsymbol{E}^{(1)}(\boldsymbol{r}) = \frac{1}{4\pi\,\epsilon_0} \frac{1}{r^5} \left[3\,(\boldsymbol{p}\,\boldsymbol{r})\,\boldsymbol{r} - r^2\,\boldsymbol{p} \right],$$

vgl. Abschnitt 3.2.1.

6.5.3 Beispiel: Ebene Leiterschleife

Als Beispiel für einen magnetischen Dipol betrachten wir einen ebenen, in sich geschlossenen Leiterdraht ("Schleife") L, der von einem elektrischen Strom I durchflossen werde. Wir berechnen das magnetische Dipolmoment gemäß (6.37):

$$\boldsymbol{m} = \frac{1}{2} \int d^3r\, \boldsymbol{r} \times \boldsymbol{j}(\boldsymbol{r}).$$

Wie wir im Abschnitt 5.3.1 gezeigt haben, ist bei einem drahtförmigen Leiter $d^3r\, \boldsymbol{j}(\boldsymbol{r}) = I\, d\boldsymbol{r}$, so dass hier

$$\boldsymbol{m} = \frac{I}{2} \oint_L \boldsymbol{r} \times d\boldsymbol{r}. \qquad (6.41)$$

Nun ist

$$\frac{1}{2} \boldsymbol{r} \times d\boldsymbol{r} = d\boldsymbol{f}$$

gerade das Flächen–Element eines Segments der Schleife, das in der Abbildung 6.2 für die gezeigte Stromrichtung entgegen dem Uhrzeigersinn senkrecht zur Schleifen–Ebene nach "oben", d.h., der Blickrichtung entgegen zeigt ("Rechte–Hand–Regel" für das Kreuzprodukt.) Also ist

$$\boldsymbol{m} = I\, \boldsymbol{F}, \qquad (6.42)$$

worin $\boldsymbol{F}$ wiederum senkrecht zur Schleifen–Ebene nach "oben" zeigt und $|\boldsymbol{F}|$ =Flächeninhalt der Schleife.

6.5.4 Bewegte Ladungen

Ein weiteres und oft auftretendes Beispiel für magnetische Momente sind bewegte Ladungen, z.B. rotierende Ladungen. Die Bewegung von Ladungen stellen wir uns wieder als die Bewegung von Ladungsträgern vor. Diese seien beschrieben durch eine stationäre Ladungs– und Flussdichte $\rho(\boldsymbol{r})$ bzw. $\boldsymbol{j}(\boldsymbol{r})$. Die Flussdichte $\boldsymbol{j}(\boldsymbol{r})$ lässt sich durch das Geschwindigkeitsfeld $\boldsymbol{v}(\boldsymbol{r})$ der Ladungen ausdrücken,

$$\boldsymbol{j}(\boldsymbol{r}) = \rho(\boldsymbol{r})\, \boldsymbol{v}(\boldsymbol{r}),$$

weil die Flussdichte hier rein konvektiv ist, vgl. Abschnitt 5.1.3. Die Berechnung des magnetischen Moments ergibt jetzt

$$\begin{aligned} \boldsymbol{m} &= \frac{1}{2}\int d^3r\, \boldsymbol{r}\times \boldsymbol{j}(\boldsymbol{r}) = \frac{1}{2}\int d^3r\, \rho(\boldsymbol{r})\, \boldsymbol{r}\times \boldsymbol{v}(\boldsymbol{r}) = \\ &= \frac{1}{2}\int d^3r\, \frac{\rho(\boldsymbol{r})}{\mu(\boldsymbol{r})}\, \boldsymbol{r}\times \boldsymbol{p}(\boldsymbol{r}). \end{aligned} \tag{6.43}$$

Hier haben wir neben der Ladungsdichte $\rho(\boldsymbol{r})$ auch die *Massendichte* $\mu(\boldsymbol{r})$ der Ladungsträger eingeführt, die durch

$$\mu(\boldsymbol{r}) = \lim_{\Delta V\to 0} \frac{M_{\Delta V}}{\Delta V} \tag{6.44}$$

mit $M_{\Delta V}$ = Masse im Volument–Element ΔV definiert ist. Außerdem ist $\boldsymbol{p}(\boldsymbol{r}) = \mu(\boldsymbol{r})\, \boldsymbol{v}(\boldsymbol{r})$ die *Impulsdichte* der Ladungsträger. Wenn nun das Verhältnis von Ladungs- und Massendichte räumlich konstant ist, weil z.B. nur eine Art von Ladungsträgern mit einem typischen Verhältnis

$$\frac{\rho(\boldsymbol{r})}{\mu(\boldsymbol{r})} = \frac{q}{m} \tag{6.45}$$

von Ladung pro Masse in dem betrachteten System vorhanden ist, dann erhalten wir aus (6.43) für das magnetische Moment

$$\boxed{\boldsymbol{m} = \frac{q}{2\,m}\,\boldsymbol{L},} \qquad \boldsymbol{L} = \int d^3r\, \boldsymbol{r}\times \boldsymbol{p}(\boldsymbol{r}). \tag{6.46}$$

$\boldsymbol{L}$ ist offensichtlich der *Gesamt–Drehimpuls* des Systems von Ladungsträgern. Das Verhältnis $q/(2\,m)$ heißt das (klassische) *gyromagnetische Verhältnis.*

Dieses Ergebnis ist anwendbar auf einen rotierenden Körper, der elektrisch geladen ist und eine typische Ladung q/m pro Masse trägt. Wir vergleichen es mit der Aussage der Quantentheorie über das magnetische Moment eines Elektrons. Der *Spin* des Elektrons entspricht klassisch der Rotation eines Teilchens um eine Achse durch seinen Schwerpunkt. Der Drehimpuls $\boldsymbol{S}$ des Elektrons ist *quantisiert*: eine beliebige Komponente von $\boldsymbol{S}$, z.B. S_3, kann die Werte $S_3 = \pm\hbar/2$ annehmen, worin $\hbar =$

$h/(2\pi)$, h = Plancksches Wirkungsquantum. Wenn die oben hergeleitete Formel (6.46) für das magnetische Moment auf das Elektron anwendbar wäre, müsste dieses ein magnetisches Moment $m_3 = \pm e\hbar/(4\,m_e)$ besitzen, worin e die Elementarladung und m_e die Masse des Elektrons sind. Tatsächlich jedoch lautet das magnetische Moment des Elektrons

$$m_3 = \pm g\,\frac{e\,\hbar}{4\,m_e}, \qquad g \approx 2, \tag{6.47}$$

ist also etwa doppelt so groß wie der klassische Wert aus (6.46). Das (korrekte) quantentheoretische gyromagnetische Verhältnis unterscheidet sich vom klassischen Wert durch den sogenannten g–Faktor. Aus diesem Unterschied ist zu schließen, dass die Interpretation des Elektrons (und ebenso anderer Elementarteilchen) als homogen geladene starre Körper quantentheoretisch nicht korrekt ist. "Homogene Ladung" pro Masse schließt ja die Vorstellung ein, dass sich der Körper aus Massenelementen zusammensetzt, die sämtlich dieselbe Ladung pro Masse tragen. Das Elektron ist aber gerade ein *elementares* Teilchen, das eine solche Zerlegung in kleinere Massenelemente nicht mehr zulässt.

Neben dem Drehimpuls des Spins können Teilchen auch noch einen *Bahn–Drehimpuls* besitzen. Diese sind so quantisiert, dass eine beliebige Komponente, z.B. L_3, die Werte

$$L_3 = m\,\hbar, \qquad m = 0, \pm 1, \pm 2, \ldots \tag{6.48}$$

annehmen kann. Hier liefert die klassische Formel (6.46) für das magnetische Bahnmoment

$$m_3 = \frac{e\,\hbar}{2\,m_e}\,m, \tag{6.49}$$

was in der Quantentheorie bestätigt wird. Im Falle des Bahnmoments besitzt der g–Faktor also den Wert $g = 1$. Allerdings ist die Bewegung eines einzelnen Ladungsträgers nicht stationär, sodass (6.46) hier gar nicht anwendbar wäre.

6.6 Stromverteilungen in äußeren Feldern

Dieser Abschnitt ist das magnetische Analogon zum Abschnitt 3.3 im elektrischen Fall: wir betrachten eine Stromverteilung, charakterisert durch ihre Flussdichte $\boldsymbol{j}(\boldsymbol{r})$

in einem äußeren Feld $\boldsymbol{B}(\boldsymbol{r})$ der magnetischen Flussdichte, die nicht durch das betrachtete $\boldsymbol{j}(\boldsymbol{r})$, sondern von anderen, hinreichend weit entfernten Flussdichten erzeugt wird. Die betrachtete Flussdichte $\boldsymbol{j}(\boldsymbol{r}')$ sei lokalisiert in der Umgebung des "Strom–Schwerpunktes" $\boldsymbol{r}$, d.h., $\boldsymbol{j}(\boldsymbol{r}') \neq 0$ in einem Bereich $|\boldsymbol{r}' - \boldsymbol{r}| < R$ und

$$\frac{\partial}{\partial \boldsymbol{r}'} \times \boldsymbol{B}(\boldsymbol{r}') = 0 \qquad \text{im Bereich} \qquad \boldsymbol{j}(\boldsymbol{r}') \neq 0. \tag{6.50}$$

Nach wie vor soll $\boldsymbol{j}(\boldsymbol{r}')$ stationär sein, also

$$\frac{\partial}{\partial \boldsymbol{r}'} \boldsymbol{j}(\boldsymbol{r}') = 0. \tag{6.51}$$

Im Abschnitt 3.3 hatten wir zunächst die Energie einer Ladungsverteilung in einem äußeren Feld bestimmt. Die magnetische Analogie dazu können wir hier noch nicht formulieren, weil die magnetische Feldenergie, wie wir bereits früher bemerkt hatten, erst im Rahmen der vollständigen zeitabhängigen Theorie formulierbar ist. Wir beginnen deshalb mit der Berechnung der Kraft auf eine Stromverteilung in einem äußeren Feld.

6.6.1 Kräfte

Auf das Stromelement in d^3r' wirkt die Lorentz–Kraft

$$d\boldsymbol{F} = d^3r' \, \boldsymbol{j}(\boldsymbol{r}') \times \boldsymbol{B}(\boldsymbol{r}'), \tag{6.52}$$

auf die gesamte Stromverteilung $\boldsymbol{j}(\boldsymbol{r}')$ also die Resultierende

$$\boldsymbol{F} = \int d^3r' \, \boldsymbol{j}(\boldsymbol{r}') \times \boldsymbol{B}(\boldsymbol{r}'), \tag{6.53}$$

bzw. in Komponenten

$$F_\alpha = \epsilon_{\alpha\beta\gamma} \int d^3r' \, j_\beta(\boldsymbol{r}') \, B_\gamma(\boldsymbol{r}'). \tag{6.54}$$

Wie im elektrischen Fall nehmen wir an, dass wir das Feld $\boldsymbol{B}(\boldsymbol{r}')$ um den "Strom-Schwerpunkt" $\boldsymbol{r}$ in eine Taylorreihe entwickeln können:

$$B_\gamma(\boldsymbol{r}') = B_\gamma(\boldsymbol{r}) + (x'_\mu - x_\mu)\, \partial_\mu\, B_\gamma(\boldsymbol{r}) + \ldots, \tag{6.55}$$

eingesetzt in (6.54)

$$\begin{aligned} F_\alpha &= \epsilon_{\alpha\beta\gamma}\, B_\gamma(\boldsymbol{r}) \int d^3r'\, j_\beta(\boldsymbol{r}') + \\ &\quad + \epsilon_{\alpha\beta\gamma}\, \partial_\mu\, B_\gamma(\boldsymbol{r}) \int d^3r'\, (x'_\mu - x_\mu)\, j_\beta(\boldsymbol{r}') + \ldots \end{aligned} \tag{6.56}$$

Nun hatten wir bereits im Abschnitt 6.5.1 gezeigt, dass

$$\int d^3r'\, j_\beta(\boldsymbol{r}') = 0, \tag{6.57}$$

wenn $j_\beta(\boldsymbol{r}')$, wie vorausgesetzt, stationär ist. Wir schreiben das Ergebnis von (6.56) in der Form

$$F_\alpha = \epsilon_{\alpha\beta\gamma}\, M_{\mu\beta}\, \partial_\mu\, B_\gamma(\boldsymbol{r}) + \ldots, \tag{6.58}$$

$$\begin{aligned} M_{\mu\beta} &:= \int d^3r'\, (x'_\mu - x_\mu)\, j_\beta(\boldsymbol{r}') = \\ &= \int d^3r'\, x'_\mu\, j_\beta(\boldsymbol{r}') - x_\mu \int d^3r'\, j_\beta(\boldsymbol{r}') = \\ &= \int d^3r'\, x'_\mu\, j_\beta(\boldsymbol{r}'), \end{aligned} \tag{6.59}$$

worin wir nochmals (6.57) für stationäre Stromverteilungen benutzt haben. $M_{\mu\beta}$ ist offensichtlich ein Tensor 2. Stufe, vgl. Abschnitt 3.2.2. Im Abschnitt 6.5.2 hatten wir gezeigt, dass wiederum für stationäre Stromverteilungen

$$\int d^3r'\, x'_\alpha\, x_\gamma\, j_\gamma(\boldsymbol{r}') = -\int d^3r'\, x_\beta\, x'_\beta\, j_\alpha(\boldsymbol{r}'),$$

bzw., wenn wir rechts den Summations–Index β in γ umbenennen,

$$\int d^3r'\, x'_\alpha\, x_\gamma\, j_\gamma(\boldsymbol{r}') = -\int d^3r'\, x_\gamma\, x'_\gamma\, j_\alpha(\boldsymbol{r}'),$$

und nunmehr beachten, dass x_γ beliebig wählbar ist,

$$\int d^3r'\, x'_\alpha\, j_\gamma(\boldsymbol{r}') = -\int d^3r'\, x'_\gamma\, j_\alpha(\boldsymbol{r}'). \tag{6.60}$$

Diese Aussage bedeutet, dass für den in (6.59) definierten Tensor

$$M_{\alpha\gamma} = -M_{\gamma\alpha} \tag{6.61}$$

gilt, d.h., dass der Tensor $M_{\alpha\gamma}$ *antisymmetrisch* ist. Wir übertragen nun die Definition (6.37) für das magnetische Diplomoment auf den Fall, dass die Stromverteilung $\boldsymbol{j}(\boldsymbol{r}')$ ihren Schwerpunkt am Ort $\boldsymbol{r}$ hat:

$$\boldsymbol{m} = \frac{1}{2}\int d^3r'\, (\boldsymbol{r}' - \boldsymbol{r}) \times \boldsymbol{j}(\boldsymbol{r}'), \tag{6.62}$$

in Komponenten

$$m_\alpha = \frac{1}{2}\,\epsilon_{\alpha\beta\gamma}\int d^3r'\, (x'_\beta - x_\beta)\, j_\gamma(\boldsymbol{r}') = \frac{1}{2}\,\epsilon_{\alpha\beta\gamma}\, M_{\beta\gamma}, \tag{6.63}$$

vgl. die Definition (6.59). Wir multiplizieren (6.63) mit $\epsilon_{\alpha\mu\nu}$ (einschließlich Summations–Konvention für α), beachten die Summations–Regeln des Levi–Civita–Tensors, vgl. Abschnitt C.1.1, und die Antisymmetrie des Tensors $M_{\mu\nu}$:

$$\begin{aligned}\epsilon_{\alpha\mu\nu}\, m_\alpha &= \frac{1}{2}\,\epsilon_{\alpha\beta\gamma}\,\epsilon_{\alpha\mu\nu}\, M_{\beta\gamma} = \frac{1}{2}\,(\delta_{\beta\mu}\,\delta_{\gamma\nu} - \delta_{\beta\nu}\,\delta_{\gamma\mu})\, M_{\beta\gamma} = \\ &= \frac{1}{2}\,(M_{\mu\nu} - M_{\nu\mu}) = M_{\mu\nu},\end{aligned} \tag{6.64}$$

eingesetzt in (6.58) (mit geeigneter Umbenennung der Indizes, so dass bereits definierte Indizes nicht mehrfach verwendet werden)

$$\begin{aligned} F_\alpha &= \epsilon_{\alpha\beta\gamma}\,\epsilon_{\nu\mu\beta}\,m_\nu\,\partial_\mu\,B_\gamma(\boldsymbol{r}) + \ldots \\ &= \epsilon_{\beta\alpha\gamma}\,\epsilon_{\beta\mu\nu}\,m_\nu\,\partial_\mu\,B_\gamma(\boldsymbol{r}) + \ldots \\ &= (\delta_{\alpha\mu}\,\delta_{\gamma\nu} - \delta_{\alpha\nu}\,\delta_{\gamma\mu})\,m_\nu\,\partial_\mu\,B_\gamma(\boldsymbol{r}) + \ldots \\ &= m_\gamma\,\partial_\alpha\,B_\gamma(\boldsymbol{r}) - m_\alpha\,\partial_\gamma\,B_\gamma(\boldsymbol{r}) + \ldots \end{aligned} \tag{6.65}$$

Nun ist $\partial_\gamma\,B_\gamma(\boldsymbol{r}) = 0$, weil die magnetische Flussdichte quellenfrei ist. Außerdem benutzen wir, dass das magnetische Moment, definiert in (6.62), unabhängig vom Ort $\boldsymbol{r}$ ist, denn

$$\begin{aligned} \boldsymbol{m} &= \frac{1}{2}\int d^3r'\,(\boldsymbol{r}' - \boldsymbol{r}) \times \boldsymbol{j}(\boldsymbol{r}') = \\ &\frac{1}{2}\int d^3r'\,\boldsymbol{r}' \times \boldsymbol{j}(\boldsymbol{r}') - \frac{1}{2}\,\boldsymbol{r} \times \int d^3r'\,\boldsymbol{j}(\boldsymbol{r}') = \\ &= \frac{1}{2}\int d^3r'\,\boldsymbol{r}' \times \boldsymbol{j}(\boldsymbol{r}'), \end{aligned}$$

worin wir nochmals (6.57) verwendet haben. Damit können wir das Ergebnis (6.65) wie folgt schreiben:

$$F_\alpha = -\partial_\alpha\,(-m_\gamma\,B_\gamma(\boldsymbol{r})) + \ldots, \qquad \boxed{\boldsymbol{F} = -\frac{\partial}{\partial \boldsymbol{r}}\,(-\boldsymbol{m}\,\boldsymbol{B}(\boldsymbol{r})) + \ldots.} \tag{6.66}$$

Wir haben also formal dasselbe Ergebnis gefunden wie für den elektrischen Fall im Abschnitt 3.3.2 bei verschwindender Gesamtladung Q der Ladungsverteilung:

$$\boldsymbol{F} = -\frac{\partial}{\partial \boldsymbol{r}}\,(-\boldsymbol{p}\,\boldsymbol{E}(\boldsymbol{r})) + \ldots. \tag{6.67}$$

Wie im elektrischen Fall lässt sich $W_{\boldsymbol{m}} = -\boldsymbol{m}\,\boldsymbol{E}(\boldsymbol{r})$ als Potential für eine Translation des magnetischen Moments $\boldsymbol{m}$ interpretieren.

Wir können das Ergebnis (6.66) in eine andere Form bringen, wenn wir die bereits im Abschnitt 3.3.4 benutzte Produkt–Regel

$$\boldsymbol{C} \times \left(\frac{\partial}{\partial \boldsymbol{r}} \times \boldsymbol{D}(\boldsymbol{r}) \right) = \frac{\partial}{\partial \boldsymbol{r}} \left(\boldsymbol{C}\, \boldsymbol{D}(\boldsymbol{r}) \right) - \left(\boldsymbol{C} \frac{\partial}{\partial \boldsymbol{r}} \right) \boldsymbol{D}(\boldsymbol{r})$$

mit $\boldsymbol{C}$ =konstanter Vektor für $\boldsymbol{C} = \boldsymbol{m}$ und $\boldsymbol{D}(\boldsymbol{r}) = \boldsymbol{B}(\boldsymbol{r})$ verwenden und (6.50) beachten:

$$\boxed{\boldsymbol{F}(\boldsymbol{r}) = \left(\boldsymbol{m} \frac{\partial}{\partial \boldsymbol{r}} \right) \boldsymbol{B}(\boldsymbol{r}) + \ldots,} \tag{6.68}$$

ebenfalls gleichlautend mit dem elektrischen Fall. Wir finden schließlich noch eine dritte Formulierung, wenn wir die Produkt–Regel

$$\frac{\partial}{\partial \boldsymbol{r}} \times \left(\boldsymbol{m} \times \boldsymbol{B}(\boldsymbol{r}) \right) = \boldsymbol{m} \left(\frac{\partial}{\partial \boldsymbol{r}} \boldsymbol{B}(\boldsymbol{r}) \right) - \left(\boldsymbol{m} \frac{\partial}{\partial \boldsymbol{r}} \right) \boldsymbol{B}(\boldsymbol{r})$$

verwenden (Nachweis s.u.) und die Quellenfreiheit von $\boldsymbol{B}(\boldsymbol{r})$ beachten, nämlich

$$\boldsymbol{F}(\boldsymbol{r}) = -\frac{\partial}{\partial \boldsymbol{r}} \times \left(\boldsymbol{m} \times \boldsymbol{B}(\boldsymbol{r}) \right) + \ldots . \tag{6.69}$$

Wir zeigen die soeben verwendete Produkt–Regel:

$$\begin{aligned}
\left\{ \frac{\partial}{\partial \boldsymbol{r}} \times \left(\boldsymbol{m} \times \boldsymbol{B}(\boldsymbol{r}) \right) \right\}_\alpha &= \epsilon_{\alpha\beta\gamma}\, \partial_\beta\, \epsilon_{\gamma\mu\nu}\, m_\mu\, B_\nu(\boldsymbol{r}) = \\
&= \epsilon_{\gamma\alpha\beta}\, \epsilon_{\gamma\mu\nu}\, \partial_\beta\, m_\mu\, B_\nu(\boldsymbol{r}) = \\
&= (\delta_{\alpha\mu}\, \delta_{\beta\nu} - \delta_{\alpha\mu}\, \delta_{\beta\nu})\, \partial_\beta\, m_\mu\, B_\nu(\boldsymbol{r}) = \\
&= m_\alpha\, \partial_\beta\, B_\beta(\boldsymbol{r}) - m_\beta\, \partial_\beta\, B_\alpha(\boldsymbol{r}).
\end{aligned}$$

6.6.2 Drehmomente

Analog zu (6.53) lautet das resultierende Drehmoment auf die Stromverteilung $\boldsymbol{j}(\boldsymbol{r}')$ bezogen auf den "Strom–Schwerpunkt" bei $\boldsymbol{r}$

$$\boldsymbol{\tau} = \int d^3r' \, (\boldsymbol{r}' - \boldsymbol{r}) \times (\boldsymbol{j}(\boldsymbol{r}') \times \boldsymbol{B}(\boldsymbol{r}')) \,. \tag{6.70}$$

Wieder entwickeln wir $\boldsymbol{B}(\boldsymbol{r}')$ um den "Strom–Schwerpunkt" $\boldsymbol{r}$. Im Folgenden wird sich jedoch zeigen, dass hier im Unterschied zu den Kräften auf $\boldsymbol{j}(\boldsymbol{r}')$ bereits der Entwicklungsterm niedrigster Ordnung einen nicht–verschwindenden Beitrag liefert, also

$$\boldsymbol{\tau} = \int d^3r' \, (\boldsymbol{r}' - \boldsymbol{r}) \times (\boldsymbol{j}(\boldsymbol{r}') \times \boldsymbol{B}(\boldsymbol{r})) + \ldots \,. \tag{6.71}$$

Wir schreiben $\boldsymbol{\tau}$ aus (6.71) in Komponenten auf, benutzen die Definition (6.59) für den antisymmetrischen Tensor $M_{\alpha\beta}$, die "Umkehrformel" (6.64) und beachten $M_{\beta\beta} = 0$ wegen der Antisymmetrie von $M_{\alpha\beta}$ sowie (6.57) für stationäre Flussdichten:

$$\begin{aligned}
\tau_\alpha &= \int d^3r' \, \epsilon_{\alpha\beta\gamma} \, (x'_\beta - x_\beta) \, \epsilon_{\gamma\mu\nu} \, j_\mu(\boldsymbol{r}') \, B_\nu(\boldsymbol{r}) = \\
&= \epsilon_{\gamma\alpha\beta} \, \epsilon_{\gamma\mu\nu} \left(M_{\beta\mu} \, B_\nu(\boldsymbol{r}) - x_\beta \, B_\nu(\boldsymbol{r}) \int d^3r' \, j_\mu(\boldsymbol{r}') \right) = \\
&= (\delta_{\alpha\mu} \, \delta_{\beta\nu} - \delta_{\alpha\nu} \, \delta_{\beta\mu}) \, M_{\beta\mu} \, B_\nu(\boldsymbol{r}) = \\
&= M_{\beta\alpha} \, B_\beta(\boldsymbol{r}) - M_{\beta\beta} \, B_\alpha(\boldsymbol{r}) = \\
&= m_\gamma \, \epsilon_{\gamma\beta\alpha} \, B_\beta(\boldsymbol{r}) = \epsilon_{\alpha\gamma\beta} \, m_\gamma \, B_\beta(\boldsymbol{r}),
\end{aligned}$$

bzw.

$$\boxed{\boldsymbol{\tau} = \boldsymbol{m} \times \boldsymbol{B}(\boldsymbol{r})} \tag{6.72}$$

analog zum elektrischen Fall. Es tritt wie im elektrischen Fall ein Drehmoment bereits in einem homogenen, d.h. räumlich konstanten Feld $\boldsymbol{B}(\boldsymbol{r}) = \boldsymbol{B}$ auf.

Wir stellen die Analogien zwischen einer Ladungsverteilung $\rho(\boldsymbol{r})$ in einem äußeren elektrischen Feld $\boldsymbol{E}(\boldsymbol{r})$ einerseits und einer Stromverteilung in einem äußeren Feld $\boldsymbol{B}(\boldsymbol{r})$ der magnetischen Flussdichte andererseits noch einmal zusammen:

	elektrisch:	**magnetisch**
Dipolmoment:	$\boldsymbol{p} = \int d^3r'\, \boldsymbol{r}'\, \rho(\boldsymbol{r}')$	$\boldsymbol{m} = \frac{1}{2} \int d^3r'\, \boldsymbol{r}' \times \boldsymbol{j}(\boldsymbol{r}')$
Kraft:	$\boldsymbol{F} = -\frac{\partial}{\partial \boldsymbol{r}} (-\boldsymbol{p}\,\boldsymbol{E})$	$\boldsymbol{F} = -\frac{\partial}{\partial \boldsymbol{r}} (-\boldsymbol{m}\,\boldsymbol{B})$
Drehmoment:	$\boldsymbol{\tau} = \boldsymbol{p} \times \boldsymbol{E}$	$\boldsymbol{\tau} = \boldsymbol{m} \times \boldsymbol{B}$

Kapitel 7

Die Maxwellschen Gleichungen

In diesem Kapitel werden wir die zeitabhängige Feldtheorie der Elektrodynamik, die sogenannten *Maxwellschen Gleichungen* formulieren. Wir werden versuchen, diese Formulierung auf rein physikalische Argumente zu stützen. Zu diesen Argumenten gehören *Invarianzen*, die die bisher formulierte statische Theorie bereits besitzt, nämlich Invarianzen gegen die folgenden, diskreten Transformationen:

(1) Zeitumkehr: T

(2) Ladungsumkehr: C

(3) Paritätsumkehr: P

Wir werden deshalb im ersten Abschnitt dieses Kapitels zunächst die obigen Transformationen T, C, P definieren und die Invarianz der bisher formulierten statischen Theorie gegen T, C, P nachweisen.

7.1 Zeit–, Ladungs– und Paritäts–Umkehr

7.1.1 Zeit–Umkehr

Die Zeit–Umkehr wird formal definiert durch ihre Wirkung auf die Zeitvariable t:

$$T\,t = -t. \tag{7.1}$$

Daraus folgt, dass auch alle ersten Zeitableitungen ihr Vorzeichen unter T ändern, nicht jedoch die zweiten Ableitungen, weil diese als zweifache Anwendung des Operators der ersten Zeitableitung interpretiert werden können:

$$T\,\frac{\partial}{\partial t} = -\frac{\partial}{\partial t}, \qquad T\,\frac{\partial^2}{\partial t^2} = +\frac{\partial^2}{\partial t^2}. \tag{7.2}$$

Man nennt eine Variable x mit der Eigenschaft $T\,x = +x$ *gerade* und eine Variable x mit der Eigenschaft $T\,x = -x$ *ungerade* unter der T–Transformation.

Ausgangspunkt für die folgenden Überlegungen ist, dass die Teilchen–Eigenschaften *Masse* m und *elektrische Ladung* q invariant bzw. gerade gegen T sind, außerdem aus geometrischen Gründen auch der Ort $\boldsymbol{r}$:

$$T\,m = m, \qquad T\,q = q, \qquad T\,\boldsymbol{r} = \boldsymbol{r}. \tag{7.3}$$

Da mit dem Ort $\boldsymbol{r}$ auch das Volumen–Element ΔV invariant gegen T ist, ist mit der elektrischen Ladung q auch ihre räumliche Dichte $\rho = q/\Delta V$ invariant gegen T. Aus diesen Annahmen ergibt sich das folgende T–Verhalten von abgeleiteten Variablen:

Variable:	Definition:	T–Verhalten:
Geschwindigkeit:	$\boldsymbol{v} = \dfrac{d\boldsymbol{r}}{dt}$,	$T\,\boldsymbol{v} = -\boldsymbol{v}$,
Beschleunigung:	$\boldsymbol{a} = \dfrac{d\boldsymbol{v}}{dt}$,	$T\,\boldsymbol{a} = +\boldsymbol{a}$,
Kraft:	$\boldsymbol{F} = m\,\boldsymbol{a}$,	$T\,\boldsymbol{F} = +\boldsymbol{F}$.

(7.4)

Die Kraft $\boldsymbol{F} = q\,\boldsymbol{E}$ auf ein geladenes Teilchen sowie die Lorentz–Kraft $\boldsymbol{F} = q\,\boldsymbol{v} \times \boldsymbol{B}$ und die weiteren Zusammenhänge aus der statischen Feldtheorie der bisherigen Kapitel erlauben es uns, die obige Schluss–Kette für das T–Verhalten in die Elektro– und Magnetostatik fortzusetzen:

$$
\begin{array}{lll}
\text{Variable:} & \text{Definition:} & T\text{–Verhalten:} \\
\text{Elektrisches Feld:} & \boldsymbol{E} = \frac{1}{q}\,\boldsymbol{F}, & T\,\boldsymbol{E} = +\boldsymbol{E}, \\
\text{Elektrisches Potential:} & \boldsymbol{E} = -\frac{\partial}{\partial \boldsymbol{r}}\,\Phi & T\,\Phi = +\Phi, \\
\text{Magnetische Flussdichte:} & \boldsymbol{F} = q\,\boldsymbol{v} \times \boldsymbol{B}, & T\,\boldsymbol{B} = -\boldsymbol{B}, \\
\text{Vektor–Potential:} & \boldsymbol{B} = \frac{\partial}{\partial \boldsymbol{r}} \times \boldsymbol{A}, & T\,\boldsymbol{A} = -\boldsymbol{A}, \\
\text{Elektrische Flussdichte:} & \frac{\partial}{\partial \boldsymbol{r}}\,\boldsymbol{j} = -\frac{\partial}{\partial t}\,\rho, & T\,\boldsymbol{j} = -\boldsymbol{j}.
\end{array}
\tag{7.5}
$$

Hier haben wir benutzt, dass mit $\boldsymbol{r}$ auch $\partial/\partial\boldsymbol{r}$ invariant gegen T ist.

Jetzt wenden wir die Zeitumkehr T auf die elektro– und magnetostatischen Feldgleichungen an:

$$
\begin{array}{lllll}
\text{Feldgleichung:} & & T\text{–Version:} & & \\
\frac{\partial}{\partial \boldsymbol{r}} \times \boldsymbol{E} = 0, & \xrightarrow{T} & \frac{\partial}{\partial \boldsymbol{r}} \times \boldsymbol{E} = 0, & & \\
\frac{\partial}{\partial \boldsymbol{r}}\,\boldsymbol{E} = \frac{1}{\epsilon_0}\,\rho, & \xrightarrow{T} & \frac{\partial}{\partial \boldsymbol{r}}\,\boldsymbol{E} = \frac{1}{\epsilon_0}\,\rho, & & \\
\frac{\partial}{\partial \boldsymbol{r}}\,\boldsymbol{B} = 0, & \xrightarrow{T} & \frac{\partial}{\partial \boldsymbol{r}}\,(-\boldsymbol{B}) = 0, & \cong & \frac{\partial}{\partial \boldsymbol{r}}\,\boldsymbol{B} = 0, \\
\frac{\partial}{\partial \boldsymbol{r}} \times \boldsymbol{B} = \mu_0\,\boldsymbol{j}, & \xrightarrow{T} & \frac{\partial}{\partial \boldsymbol{r}} \times (-\boldsymbol{B}) = -\mu_0\,\boldsymbol{j}, & \cong & \frac{\partial}{\partial \boldsymbol{r}} \times \boldsymbol{B} = \mu_0\,\boldsymbol{j}.
\end{array}
\tag{7.6}
$$

Die elektro– und magnetostatischen Feldgleichungen sind invariant gegen die Zeitumkehr T.

Wenn es Quellen der magnetischen Flussdichte, also "magnetische Ladungen" $q_m = \partial\boldsymbol{B}/\partial\boldsymbol{r}$ gäbe, dann wären das Skalare mit einem Verhalten $T\,q_m = -q_m$.

7.1.2 Ladungs–Umkehr

Die Ladungs–Umkehr wird formal definiert durch ihre Wirkung auf die elektrische Ladung q:

$$C\,q = -q. \tag{7.7}$$

Daraus folgt, dass alle Variablen, die die Ladung linear enthalten, z.B. räumliche Ladungsdichte ρ und elektrische Flussdichte $\boldsymbol{j}$ sich ebenfalls ungerade unter C verhalten:

$$C\,\rho = -\rho, \qquad C\,\boldsymbol{j} = -\boldsymbol{j}. \tag{7.8}$$

Ort, Zeit und Masse sollen sich invariant bzw. gerade unter C verhalten, woraus das gleiche Verhalten auch für Geschwindigkeit, Beschleunigung und Kraft folgt. Damit können wir bereits das C–Verhalten der Variablen in der Elektro– und Magnetostatik bestimmen:

Variable:	Definition:	C–Verhalten:
Elektrisches Feld:	$\boldsymbol{E} = \frac{1}{q}\boldsymbol{F}$,	$C\,\boldsymbol{E} = -\boldsymbol{E}$,
Elektrisches Potential:	$\boldsymbol{E} = -\frac{\partial}{\partial \boldsymbol{r}}\Phi$	$C\,\Phi = -\Phi$,
Magnetische Flussdichte:	$\boldsymbol{F} = q\,\boldsymbol{v}\times\boldsymbol{B}$,	$C\,\boldsymbol{B} = -\boldsymbol{B}$,
Vektor–Potential:	$\boldsymbol{B} = \frac{\partial}{\partial \boldsymbol{r}}\times\boldsymbol{A}$,	$C\,\boldsymbol{A} = -\boldsymbol{A}$.

(7.9)

Jetzt wenden wir die Ladungs–Umkehr C auf die elektro– und magnetostatischen Feldgleichungen an:

Feldgleichung: C–Version:

$$\begin{aligned}
\frac{\partial}{\partial \boldsymbol{r}}\times\boldsymbol{E} = 0, \quad &\xrightarrow{C} \quad \frac{\partial}{\partial \boldsymbol{r}}\times(-\boldsymbol{E}) = 0, \quad &\cong \quad \frac{\partial}{\partial \boldsymbol{r}}\times\boldsymbol{E} = 0,\\
\frac{\partial}{\partial \boldsymbol{r}}\boldsymbol{E} = \frac{1}{\epsilon_0}\,\rho, \quad &\xrightarrow{C} \quad \frac{\partial}{\partial \boldsymbol{r}}(-\boldsymbol{E}) = -\frac{1}{\epsilon_0}\,\rho, \quad &\cong \quad \frac{\partial}{\partial \boldsymbol{r}}\boldsymbol{E} = \frac{1}{\epsilon_0}\,\rho,\\
\frac{\partial}{\partial \boldsymbol{r}}\boldsymbol{B} = 0, \quad &\xrightarrow{C} \quad \frac{\partial}{\partial \boldsymbol{r}}(-\boldsymbol{B}) = 0, \quad &\cong \quad \frac{\partial}{\partial \boldsymbol{r}}\boldsymbol{B} = 0,\\
\frac{\partial}{\partial \boldsymbol{r}}\times\boldsymbol{B} = \mu_0\,\boldsymbol{j}, \quad &\xrightarrow{C} \quad \frac{\partial}{\partial \boldsymbol{r}}\times(-\boldsymbol{B}) = -\mu_0\,\boldsymbol{j}, \quad &\cong \quad \frac{\partial}{\partial \boldsymbol{r}}\times\boldsymbol{B} = \mu_0\,\boldsymbol{j}.
\end{aligned} \tag{7.10}$$

Die elektro– und magnetostatischen Feldgleichungen sind invariant gegen die Ladungs–Umkehr C.

7.1.3 Paritäts–Umkehr

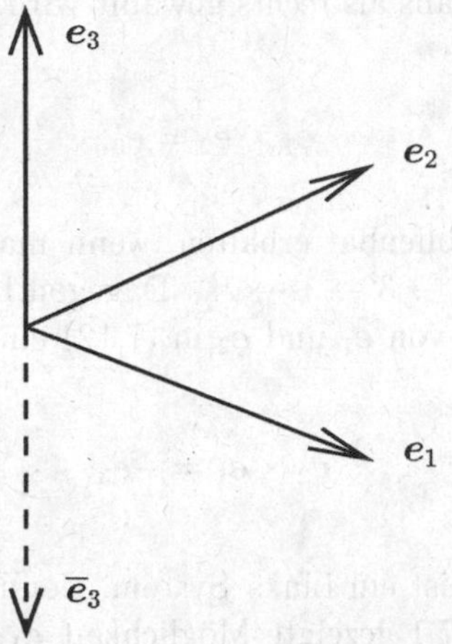

Abbildung 7.1: Rechts– und Links–Basis–Systeme

Die Paritäts–Umkehr wird formal definiert durch ihre Wirkung auf den Orsvektor $\boldsymbol{r}$:

$$P\,\boldsymbol{r} = -\boldsymbol{r}. \tag{7.11}$$

Diese Transformation ist eine Raumspiegelung am Ursprung des gewählten Koordinaten–Systems. Dabei soll der Ursprung jedoch beliebig wählbar sein.

Die Paritäts–Umkehr bewirkt auch eine Vertauschung von "links" und "rechts". Um das zu verstehen, müssen wir zunächst klären, was die Begriffe links und rechts bedeuten. Unter den orthonormierten Basis–Systemen $\boldsymbol{e}_\alpha$, $\alpha = 1, 2, 3$ gibt es zwei Klassen, die wir als "links" und "rechts" bezeichnen. Alle Links–Systeme lassen sich untereinander durch Drehungen (und Translationen) zur Deckung bringen, desgleichen alle Rechts–Systeme. Es ist aber nicht möglich, ein Links–System ausschließlich durch Drehung (und Translation) in ein Rechts–System zu überführen bzw. umgekehrt. Um das einzusehen, denken wir uns die Konstruktion eines Basis–Systems schrittweise durch die Wahl der $\boldsymbol{e}_1, \boldsymbol{e}_2, \boldsymbol{e}_3$ in dieser Reihenfolge ausgeführt. Alle Paare $\boldsymbol{e}_1, \boldsymbol{e}_2$ lassen sich noch durch reine Drehungen (und Translationen) untereinander zur Deckung bringen. Bei der Wahl des dritten Vektors gibt dann zwei Möglichkeiten, $\boldsymbol{e}_3$ und $\overline{\boldsymbol{e}}_3 = -\boldsymbol{e}_3$, vgl. Abbildung 7.1, die nicht mehr durch Drehungen ineinander überführt werden können. Eine der beiden Möglichkeiten wird in Anlehnung an die "Rechte–Hand–Regel" als "rechts" bezeichnet, die andere als links. Die Freiheit bei der Wahl des dritten Vektors entspricht der Festsetzung der Orientierung beim Vektor–Produkt, die ebenfalls als rechts gewählt wird, also

$$\boldsymbol{e}_1 \times \boldsymbol{e}_2 = \boldsymbol{e}_3. \tag{7.12}$$

Diese Orientierung bleibt offenbar erhalten, wenn man in (7.12) die Indizes $1, 2, 3$ zyklisch vertauscht: $1 \to 2 \to 3 \to 1 \to \ldots$. Dagegen bewirkt die Vertauschung von zwei Basis–Vektoren, z.B., von $\boldsymbol{e}_1$ und $\boldsymbol{e}_2$ in (7.12) einen Vorzeichen–Wechsel,

$$\boldsymbol{e}_2 \times \boldsymbol{e}_1 = -\boldsymbol{e}_3,$$

d.h., das System $\boldsymbol{e}_2, \boldsymbol{e}_1, \boldsymbol{e}_3$ ist ein Links–System, wenn $\boldsymbol{e}_1, \boldsymbol{e}_2, \boldsymbol{e}_3$ ein Rechts–System ist. Die in der Abbildung 7.1 gezeigte Möglichkeit $\boldsymbol{e}_1, \boldsymbol{e}_2, \overline{\boldsymbol{e}}_3$ mit $\overline{\boldsymbol{e}}_3 = -\boldsymbol{e}_3$ erzeugt ebenfalls ein Links–System, wenn $\boldsymbol{e}_1, \boldsymbol{e}_2, \boldsymbol{e}_3$ ein Rechts–System ist, denn aus (7.12) folgt dann

$$\boldsymbol{e}_1 \times \boldsymbol{e}_2 = \boldsymbol{e}_3 = -\overline{\boldsymbol{e}}_3.$$

Da der Ortsvektor $\boldsymbol{r}$ als Linear–Kombination der Basis–Vektoren $\boldsymbol{e}_\alpha$ darstellbar ist, müssen letztere sich offenbar unter der P–Transformation ebenfalls ungerade verhalten: $P\,\boldsymbol{e}_\alpha = -\boldsymbol{e}_\alpha$. Wenn wir die gesamte Basis einer P–Transformation unterwerfen, $\boldsymbol{e}'_\alpha := P\,\boldsymbol{e}_\alpha = -\boldsymbol{e}_\alpha$, wird aus einer Rechts–Basis eine Links–Basis, denn

$$\boldsymbol{e}'_1 \times \boldsymbol{e}'_2 = \boldsymbol{e}_1 \times \boldsymbol{e}_2 = \boldsymbol{e}_3 = -\boldsymbol{e}'_3. \tag{7.13}$$

Vektoren $\boldsymbol{a}$ mit ungeradem P–Verhalten, also $P\,\boldsymbol{a} = -\boldsymbol{a}$, bezeichnet man als *polare* Vektoren. Wir werden sogleich zu klären haben, welche weiteren Vektoren außer dem Ortsvektor aus physikalischen Gründen polar sein sollen. Das Kreuz–Produkt $\boldsymbol{a} \times \boldsymbol{b}$ aus zwei polaren Vektoren $\boldsymbol{a}$ und $\boldsymbol{b}$ verhält sich dann aber unter P gerade:

$$P\,(\boldsymbol{a} \times \boldsymbol{b}) = (-\boldsymbol{a}) \times (-\boldsymbol{b}) = \boldsymbol{a} \times \boldsymbol{b}. \tag{7.14}$$

Vektoren $\boldsymbol{\omega}$ mit geradem P–Verhalten, also $P\,\boldsymbol{\omega} = \boldsymbol{\omega}$, bezeichnet man als *axiale* Vektoren oder auch *Pseudo–Vektoren.* Es seien $\boldsymbol{a}, \boldsymbol{b}$ polar und $\boldsymbol{\omega}, \boldsymbol{\tau}, \boldsymbol{\sigma}$ axial. Dann folgen aus der Überlegung in (7.14) die folgenden Regeln:

$$\begin{array}{ccccl} \boldsymbol{a} & \times & \boldsymbol{b} & = & \boldsymbol{\omega}: \text{ axial} \\ \boldsymbol{a} & \times & \boldsymbol{\omega} & = & \boldsymbol{b}: \text{ polar} \\ \boldsymbol{\omega} & \times & \boldsymbol{\tau} & = & \boldsymbol{\sigma}: \text{ axial} \end{array} \tag{7.15}$$

Da Kreuz–Produkte durch den Levi–Civita–Tensor dargestellt werden,

$$\boldsymbol{\omega} = \boldsymbol{a} \times \boldsymbol{b}: \qquad \omega_\gamma = \epsilon_{\gamma\alpha\beta}\, a_\alpha\, b_\beta,$$

haben die Regeln (7.15) Auswirkungen auf das Verhalten dieses Tensors unter solchen Koordinaten–Transformationen, die eine Recht–Links–Vertauschung bewirken.

Die zeitliche Ableitung kann die P–Eigenschaft eines Vektors, kurz auch als *Parität* bezeichnet, nicht ändern, weil sie als Limes eines Differenzen–Quotienten darstellbar ist. Damit ist klar, dass Geschwindigkeit $\boldsymbol{v}$ und Beschleunigung $\boldsymbol{a}$ ebenfalls polar sind. Daraus folgt weiter, dass auch Flussdichte $\boldsymbol{j}$, Kraft $\boldsymbol{F}$ und das elektrische Feld $\boldsymbol{E} = \boldsymbol{F}/q$ polar sind. Nach der Regel (7.15) folgt dann aber aus der Form der Lorentz–Kraft $\boldsymbol{F} = q\,\boldsymbol{v} \times \boldsymbol{B}$, dass die magnetische Flussdichte $\boldsymbol{B}$ axial ist. Das Vektor–Potential $\boldsymbol{A}$ ist gemäß der Regel (7.15) wieder polar, denn in

$$\boldsymbol{B} = \frac{\partial}{\partial \boldsymbol{r}} \times \boldsymbol{A}$$

ist mit $\boldsymbol{r}$ auch die Ableitung $\partial/\partial\boldsymbol{r}$ polar, so dass $\boldsymbol{A}$ polar sein muss, damit $\boldsymbol{B}$ axial wird. Wir stellen das Verhalten der genannten Variablen unter P noch einmal zusammen:

$$\text{polar:} \quad \boldsymbol{r},\ \frac{\partial}{\partial \boldsymbol{r}},\ \boldsymbol{v},\ \boldsymbol{j},\ \boldsymbol{a},\ \boldsymbol{F},\ \boldsymbol{E},\ \boldsymbol{A} \tag{7.16}$$

$$\text{axial:} \quad \boldsymbol{B},\ \boldsymbol{\tau} = \boldsymbol{r} \times \boldsymbol{F}. \tag{7.17}$$

Jetzt wenden wir die Paritäts–Umkehr P auf die elektro– und magnetostatischen Feldgleichungen an:

$$
\begin{array}{llll}
\text{Feldgleichung:} & & P\text{–Version:} & \\
\frac{\partial}{\partial \boldsymbol{r}} \times \boldsymbol{E} = 0, & \xrightarrow{P} & -\frac{\partial}{\partial \boldsymbol{r}} \times (-\boldsymbol{E}) = 0, & \cong \quad \frac{\partial}{\partial \boldsymbol{r}} \times \boldsymbol{E} = 0, \\
\frac{\partial}{\partial \boldsymbol{r}} \boldsymbol{E} = \frac{1}{\epsilon_0}\rho, & \xrightarrow{P} & -\frac{\partial}{\partial \boldsymbol{r}} (-\boldsymbol{E}) = \frac{1}{\epsilon_0}\rho, & \cong \quad \frac{\partial}{\partial \boldsymbol{r}} \boldsymbol{E} = \frac{1}{\epsilon_0}\rho, \\
\frac{\partial}{\partial \boldsymbol{r}} \boldsymbol{B} = 0, & \xrightarrow{P} & -\frac{\partial}{\partial \boldsymbol{r}} \boldsymbol{B} = 0, & \cong \quad \frac{\partial}{\partial \boldsymbol{r}} \boldsymbol{B} = 0, \\
\frac{\partial}{\partial \boldsymbol{r}} \times \boldsymbol{B} = \mu_0 \boldsymbol{j}, & \xrightarrow{P} & -\frac{\partial}{\partial \boldsymbol{r}} \times \boldsymbol{B} = -\mu_0 \boldsymbol{j}, & \cong \quad \frac{\partial}{\partial \boldsymbol{r}} \times \boldsymbol{B} = \mu_0 \boldsymbol{j}.
\end{array}
\tag{7.18}
$$

Die elektro– und magnetostatischen Feldgleichungen sind invariant gegen die Paritäts–Umkehr P.

Wenn es Quellen der magnetischen Flussdichte, also "magnetische Ladungen" $q_m = \partial \boldsymbol{B}/\partial \boldsymbol{r}$ gäbe, dann wären das Skalare mit einem Verhalten $P\, q_m = -q_m$. Skalare mit diesem Verhalten nennt man auch *Pseudo–Skalare.*

7.2 Formulierung der Maxwellschen Gleichungen

Ziel dieses Abschnitts ist die Erweiterung der bisher formulierten statischen Feldtheorie für das elektrische Feld $\boldsymbol{E}(\boldsymbol{r})$ und für die magnetische Flussdichte $\boldsymbol{B}(\boldsymbol{r})$ zu einer zeitabhängigen Theorie, auch *dynamische* Theorie genannt, die auch zeitlich veränderliche Felder, z.B. elektromagnetische Wellen beschreiben kann. Die statische Theorie hat die Form

$$
\left.
\begin{array}{rcl}
\frac{\partial}{\partial \boldsymbol{r}} \times \boldsymbol{E}(\boldsymbol{r}) & = & 0 \\
\frac{\partial}{\partial \boldsymbol{r}} \boldsymbol{E}(\boldsymbol{r}) - \frac{1}{\epsilon_0}\rho(\boldsymbol{r}) & = & 0 \\
\frac{\partial}{\partial \boldsymbol{r}} \times \boldsymbol{B}(\boldsymbol{r}) - \mu_0 \boldsymbol{j}(\boldsymbol{r}) & = & 0 \\
\frac{\partial}{\partial \boldsymbol{r}} \boldsymbol{B}(\boldsymbol{r}) & = & 0
\end{array}
\right\}
\tag{7.19}
$$

Wir beachten, dass die beiden Feldtheorien für $\boldsymbol{E}(\boldsymbol{r})$ und $\boldsymbol{B}(\boldsymbol{r})$ im statischen Fall getrennt ("entkoppelt") sind. Das wird sich im dynamischen Fall ändern.

Wir formulieren zunächst eine Reihe von Forderungen, denen die zu formulierende dynamische Theorie genügen soll. Es wird sich dabei um physikalisch motivierte Forderungen handeln, die letztlich empirisch zu begründen sind.

7.2.1 Der statische Grenzfall

Die statischen Feldgleichungen (7.19) sollen als *stationärer Grenzfall* aus der zu formulierenden dynamischen Theorie hervorgehen, d.h., die dynamische Theorie muss die folgende Form besitzen:

$$\left.\begin{aligned} \frac{\partial}{\partial t}\{\ldots\} &= \frac{\partial}{\partial \boldsymbol{r}} \times \boldsymbol{E}(\boldsymbol{r},t) \\ \frac{\partial}{\partial t}\{\ldots\} &= \frac{\partial}{\partial \boldsymbol{r}} \boldsymbol{E}(\boldsymbol{r},t) - \frac{1}{\epsilon_0}\rho(\boldsymbol{r},t) \\ \frac{\partial}{\partial t}\{\ldots\} &= \frac{\partial}{\partial \boldsymbol{r}} \times \boldsymbol{B}(\boldsymbol{r},t) - \mu_0 \boldsymbol{j}(\boldsymbol{r},t) \\ \frac{\partial}{\partial t}\{\ldots\} &= \frac{\partial}{\partial \boldsymbol{r}} \boldsymbol{B}(\boldsymbol{r},t) \end{aligned}\right\} \tag{7.20}$$

7.2.2 Linearität

Die statische Theorie ist *linear* in den Feldern, d.h., für sie gilt das *Superpositions–Prinzip.* Diese Eigenschaft soll auch die zu formulierende dynamische Theorie besitzen. Das bedeutet, dass die Ausdrücke in $\{\ldots\}$ auf der linken Seite von (7.20) *linear* in den Feldern sein müssen. Wenn jedoch ein Ausdruck $\{\ldots\}$ linear in den Feldern ist, muss auch die entsprechende rechte Seite Vektor–Charakter besitzen. Das ist aber nur für die Wirbel– bzw. Rotations–Terme auf der rechten Seite der Fall. Die linken Seiten der skalaren Quell– bzw. Divergenz–Gleichungen müssen also verschwinden:

$$\left.\begin{aligned} \frac{\partial}{\partial t}\{\ldots\} &= \frac{\partial}{\partial \boldsymbol{r}} \times \boldsymbol{E}(\boldsymbol{r},t) \\ 0 &= \frac{\partial}{\partial \boldsymbol{r}} \boldsymbol{E}(\boldsymbol{r},t) - \frac{1}{\epsilon_0}\rho(\boldsymbol{r},t) \\ \frac{\partial}{\partial t}\{\ldots\} &= \frac{\partial}{\partial \boldsymbol{r}} \times \boldsymbol{B}(\boldsymbol{r},t) - \mu_0 \boldsymbol{j}(\boldsymbol{r},t) \\ 0 &= \frac{\partial}{\partial \boldsymbol{r}} \boldsymbol{B}(\boldsymbol{r},t) \end{aligned}\right\} \tag{7.21}$$

Aus der Forderung der Linearität folgt also bereits, dass es keine "magnetischen Ladungen" geben kann.

7.2.3 Felder als vollständige Variablen

Die Felder $\boldsymbol{E}(\boldsymbol{r},t)$ und $\boldsymbol{B}(\boldsymbol{r},t)$ sollen den Feldzustand in jedem Zeitpunkt vollständig beschreiben, d.h., wenn $\boldsymbol{E}(\boldsymbol{r},t)$ und $\boldsymbol{B}(\boldsymbol{r},t)$ an einem Ort $\boldsymbol{r}$ zu einem Zeitpunkt t gegeben sind, sollen daraus die Zeitableitungen $\partial\boldsymbol{E}(\boldsymbol{r},t)/\partial t$ und $\partial\boldsymbol{B}(\boldsymbol{r},t)/\partial t$ der Felder eindeutig bestimmbar sein. Dann dürfen auf der linken Seite von (7.21) höchstens Zeitableitungen 1. Ordnung in den beiden Feldern auftreten. Zusammen mit der Forderung der Linearität bedeutet das, dass die dynamische Theorie die folgende Gestalt haben muss

$$\left.\begin{aligned}
a_1\frac{\partial}{\partial t}\boldsymbol{E}(\boldsymbol{r},t)+a_2\frac{\partial}{\partial t}\boldsymbol{B}(\boldsymbol{r},t) &= \frac{\partial}{\partial\boldsymbol{r}}\times\boldsymbol{E}(\boldsymbol{r},t)\\
0 &= \frac{\partial}{\partial\boldsymbol{r}}\boldsymbol{E}(\boldsymbol{r},t)-\frac{1}{\epsilon_0}\rho(\boldsymbol{r},t)\\
b_1\frac{\partial}{\partial t}\boldsymbol{E}(\boldsymbol{r},t)+b_2\frac{\partial}{\partial t}\boldsymbol{B}(\boldsymbol{r},t) &= \frac{\partial}{\partial\boldsymbol{r}}\times\boldsymbol{B}(\boldsymbol{r},t)-\mu_0\,\boldsymbol{j}(\boldsymbol{r},t)\\
0 &= \frac{\partial}{\partial\boldsymbol{r}}\boldsymbol{B}(\boldsymbol{r},t)
\end{aligned}\right\}\tag{7.22}$$

7.2.4 Invarianz gegen T, C und P

Die statische Theorie ist invariant gegen T, C und P, also gegen die Umkehr von Zeit, Ladung und Parität. Diese Eigenschaft soll auch die zu formulierende dynamische Theorie besitzen. Wir bestätigen sofort, dass die Theorie in der Form (7.22) die P–Invarianz bereits besitzt. Wenn wir nun die Operationen T und P nach den Regeln und Ergebnissen aus dem vorhergehenden Abschnitt 7.1 auf (7.22) anwenden und fordern, dass (7.22) dabei in sich selbst übergeht, müssen wir gleichlautend für beide Operationen T und P $a_1 = 0$ und $b_2 = 0$ setzen:

$$\left.\begin{aligned}
\text{axial:}\qquad a_2\frac{\partial}{\partial t}\boldsymbol{B}(\boldsymbol{r},t) &= \frac{\partial}{\partial\boldsymbol{r}}\times\boldsymbol{E}(\boldsymbol{r},t)\\
\text{skalar:}\qquad 0 &= \frac{\partial}{\partial\boldsymbol{r}}\boldsymbol{E}(\boldsymbol{r},t)-\frac{1}{\epsilon_0}\rho(\boldsymbol{r},t)\\
\text{polar:}\qquad b_1\frac{\partial}{\partial t}\boldsymbol{E}(\boldsymbol{r},t) &= \frac{\partial}{\partial\boldsymbol{r}}\times\boldsymbol{B}(\boldsymbol{r},t)-\mu_0\,\boldsymbol{j}(\boldsymbol{r},t)\\
\text{pseudo–skalar:}\qquad 0 &= \frac{\partial}{\partial\boldsymbol{r}}\boldsymbol{B}(\boldsymbol{r},t)
\end{aligned}\right\}\tag{7.23}$$

7.2.5 Erhaltung der Ladung

Die dynamische Theorie soll die Forderung der Erhaltung der elektrischen Ladung erfüllen. Die Erhaltung der elektrischen Ladung wird gemäß Abschnitt 5.1.2 durch die Kontinuitäts–Gleichung

$$\frac{\partial}{\partial t}\,\rho(\boldsymbol{r},t) + \frac{\partial}{\partial \boldsymbol{r}}\,\boldsymbol{j}(\boldsymbol{r},t) = 0 \qquad (7.24)$$

ausgedrückt. Aus der skalaren Gleichung in (7.23) berechnen wir $\partial\rho/\partial t$:

$$\frac{\partial}{\partial t}\,\rho(\boldsymbol{r},t) = \epsilon_0\,\frac{\partial}{\partial t}\,\frac{\partial}{\partial \boldsymbol{r}}\,\boldsymbol{E}(\boldsymbol{r},t) = \epsilon_0\,\frac{\partial}{\partial \boldsymbol{r}}\,\frac{\partial}{\partial t}\,\boldsymbol{E}(\boldsymbol{r},t).$$

Die Ableitungen nach der Zeit t und die Divergenz können wir vertauschen, wenn wir annehmen, dass die Felder hinreichend oft differenzierbar sind. Für $\partial\boldsymbol{E}/\partial t$ setzen wir nun den Ausdruck aus der polaren Gleichung in (7.23) ein und erhalten somit

$$\frac{\partial}{\partial t}\,\rho(\boldsymbol{r},t) = \frac{\epsilon_0}{b_1}\,\frac{\partial}{\partial \boldsymbol{r}}\left(\frac{\partial}{\partial \boldsymbol{r}} \times \boldsymbol{B}(\boldsymbol{r},t)\right) - \frac{\epsilon_0\,\mu_0}{b_1}\,\frac{\partial}{\partial \boldsymbol{r}}\,\boldsymbol{j}(\boldsymbol{r},t). \qquad (7.25)$$

Der erste Term auf der rechten Seite, die Divergenz einer Rotation, verschwindet. Dann erkennen wir, dass (7.25) genau dann mit der Kontinuitäts–Gleichung (7.24) übereinstimmt, wenn $b_1 = \epsilon_0\,\mu_0$. Damit erhalten wir für die dynamische Theorie aus (7.23)

$$\left.\begin{aligned}
&\text{(a):} & a_2\,\frac{\partial}{\partial t}\,\boldsymbol{B}(\boldsymbol{r},t) &= \frac{\partial}{\partial \boldsymbol{r}} \times \boldsymbol{E}(\boldsymbol{r},t)\\
&\text{(b):} & 0 &= \frac{\partial}{\partial \boldsymbol{r}}\,\boldsymbol{E}(\boldsymbol{r},t) - \frac{1}{\epsilon_0}\,\rho(\boldsymbol{r},t)\\
&\text{(c):} & \epsilon_0\,\mu_0\,\frac{\partial}{\partial t}\,\boldsymbol{E}(\boldsymbol{r},t) &= \frac{\partial}{\partial \boldsymbol{r}} \times \boldsymbol{B}(\boldsymbol{r},t) - \mu_0\,\boldsymbol{j}(\boldsymbol{r},t)\\
&\text{(d):} & 0 &= \frac{\partial}{\partial \boldsymbol{r}}\,\boldsymbol{B}(\boldsymbol{r},t)
\end{aligned}\right\} \qquad (7.26)$$

7.2.6 Relativität und Lorentz–Kraft

Es bleibt noch die Konstante a_2 in (7.26) zu bestimmen. Das soll durch die Forderungen geschehen, dass die dynamische Theorie die Lorentz–Kraft $\boldsymbol{F} = q\,\boldsymbol{v} \times \boldsymbol{B}$ wiedergibt und dass sie das Relativitäts–Prinzip erfüllt. Wir betrachten ein zunächst statisches Feld $\boldsymbol{B}(\boldsymbol{r})$ der magnetischen Flussdichte, das durch irgendwelche Ströme z.B. in Leitern erzeugt werde. Jetzt denken wir uns diese felderzeugenden Ströme mit einer konstanten Geschwindigkeit $\boldsymbol{v}$ bewegt. Ein *ruhender* Beobachter wird dann die magnetische Flussdichte

$$\boldsymbol{B}(\boldsymbol{r},t) = \boldsymbol{B}(\boldsymbol{r} - \boldsymbol{v}\,t) \tag{7.27}$$

beobachten. Gemäß der axialen Gleichung (a) in (7.26) ist mit dem zeitabhängigen $\boldsymbol{B}(\boldsymbol{r},t)$ ein Feld $\boldsymbol{E}(\boldsymbol{r},t)$ verknüpft, das wir jetzt bestimmen wollen. Wir berechnen die Zeitableitung von $\boldsymbol{B}(\boldsymbol{r},t)$ und erhalten mit der Kettenregel

$$\begin{aligned}
\frac{\partial}{\partial t} B_\alpha(\boldsymbol{r} - \boldsymbol{v}\,t) &= (\partial_\beta\, B_\alpha(\boldsymbol{r} - \boldsymbol{v}\,t))\,(-v_\beta) = -\left(\boldsymbol{v}\,\frac{\partial}{\partial \boldsymbol{r}}\right) B_\alpha(\boldsymbol{r},t), \\
\frac{\partial}{\partial t} \boldsymbol{B}(\boldsymbol{r} - \boldsymbol{v}\,t) &= -\left(\boldsymbol{v}\,\frac{\partial}{\partial \boldsymbol{r}}\right) \boldsymbol{B}(\boldsymbol{r},t).
\end{aligned} \tag{7.28}$$

Jetzt benutzen wir den im Abschnitt 6.6.1 gezeigten Satz

$$\frac{\partial}{\partial \boldsymbol{r}} \times (\boldsymbol{v} \times \boldsymbol{B}(\boldsymbol{r},t)) = \boldsymbol{v}\,\left(\frac{\partial}{\partial \boldsymbol{r}}\,\boldsymbol{B}(\boldsymbol{r},t)\right) - \left(\boldsymbol{v}\,\frac{\partial}{\partial \boldsymbol{r}}\right) \boldsymbol{B}(\boldsymbol{r},t),$$

worin $\boldsymbol{v}$ nach Voraussetzung als unabhängig von $\boldsymbol{r}$ anzunehmen ist. (Die zusätzliche Variable t betrifft die obige Aussage nicht.) Da die Divergenz von $\boldsymbol{B}(\boldsymbol{r},t)$ verschwindet, bleibt

$$\frac{\partial}{\partial \boldsymbol{r}} \times (\boldsymbol{v} \times \boldsymbol{B}(\boldsymbol{r},t)) = -\left(\boldsymbol{v}\,\frac{\partial}{\partial \boldsymbol{r}}\right) \boldsymbol{B}(\boldsymbol{r},t),$$

eingesetzt in (7.28)

$$\frac{\partial}{\partial t}\boldsymbol{B}(\boldsymbol{r}-\boldsymbol{v}\,t)=\frac{\partial}{\partial \boldsymbol{r}}\times(\boldsymbol{v}\times\boldsymbol{B}(\boldsymbol{r},t))\,.$$

Somit folgt aus der axialen Feld–Gleichung (a) in (7.26)

$$a_2\,\frac{\partial}{\partial \boldsymbol{r}}\times(\boldsymbol{v}\times\boldsymbol{B}(\boldsymbol{r},t))=\frac{\partial}{\partial \boldsymbol{r}}\times\boldsymbol{E}(\boldsymbol{r},t)$$

bzw.

$$\frac{\partial}{\partial \boldsymbol{r}}\times(\boldsymbol{E}(\boldsymbol{r},t)-a_2\,\boldsymbol{v}\times\boldsymbol{B}(\boldsymbol{r},t))=0.$$

Hieraus können wir weiter schließen, dass der Ausdruck in (...) als (negativer) Gradient eines elektrischen Potentials darstellbar ist. Da es jedoch keine felderzeugenden elektrischen Ladungen in unserer Anordnung geben soll, muss der Ausdruck in (...) sogar verschwinden bzw. es muss

$$\boldsymbol{E}(\boldsymbol{r},t)=a_2\,\boldsymbol{v}\times\boldsymbol{B}(\boldsymbol{r},t) \tag{7.29}$$

sein. Wir denken wir uns nun eine Probeladung q in die Anordnung gebracht. Auf diese wirkt dann die Lorentz–Kraft

$$\boldsymbol{F}=q\,\boldsymbol{E}(\boldsymbol{r},t)=a_2\,q\,\boldsymbol{v}\times\boldsymbol{B}(\boldsymbol{r},t). \tag{7.30}$$

Jetzt kommt das Relativitäts–Prinzip ins Spiel: Die beschriebene Anordnung ist äquivalent zu der Situation, dass die Ströme, die das Feld $\boldsymbol{B}(\boldsymbol{r},t)$ erzeugen, ruhen und die Probeladung q sich mit der Geschwindigkeit $-\boldsymbol{v}$ bewegt. Auf sie wirkt dann eine Lorentz–Kraft

$$\boldsymbol{F}=-q\,\boldsymbol{v}\times\boldsymbol{B}(\boldsymbol{r},t). \tag{7.31}$$

Die beiden Ausdrücke (7.30) und (7.30) für die Lorentz–Kraft müssen übereinstimmen, woraus $a_2=-1$ folgt. Jetzt haben wir die endgültige Form der dynamischen Feld–Gleichungen, die sogenannten *Maxwellschen Gleichungen* begründet. Wir schreiben sie in der Form

$$\frac{\partial}{\partial \boldsymbol{r}} \times \boldsymbol{E}(\boldsymbol{r},t) = -\frac{\partial}{\partial t} \boldsymbol{B}(\boldsymbol{r},t), \tag{7.32}$$

$$\frac{\partial}{\partial \boldsymbol{r}} \boldsymbol{E}(\boldsymbol{r},t) = \frac{1}{\epsilon_0} \rho(\boldsymbol{r},t), \tag{7.33}$$

$$\frac{\partial}{\partial \boldsymbol{r}} \times \boldsymbol{B}(\boldsymbol{r},t) = \mu_0 \boldsymbol{j}(\boldsymbol{r},t) + \epsilon_0 \mu_0 \frac{\partial}{\partial t} \boldsymbol{E}(\boldsymbol{r},t), \tag{7.34}$$

$$\frac{\partial}{\partial \boldsymbol{r}} \boldsymbol{B}(\boldsymbol{r},t) = 0. \tag{7.35}$$

Diese Schreibweise bringt zum Ausdruck, dass auch in der dynamischen Theorie die beiden Felder $\boldsymbol{E}$ und $\boldsymbol{B}$ jeweils durch ihre Wirbel und Quellen bestimmt sind und zwar nach dem Zerlegungssatz im Abschnitt 6.4 in eindeutiger Weise. Anders als im statischen Fall jedoch sind die beiden Felder $\boldsymbol{E}$ und $\boldsymbol{B}$ in der dynamischen Theorie miteinander verkoppelt. Die dynamische Theorie "vereinigt" die beiden im statischen Fall getrennten Theorien der Elektrizität und des Magnetismus. Die "Vereinigung" von Theorien ist in der modernen Physik ein sehr wichtiger Vorgang auf dem Weg zu einem möglichst geschlossenen und einheitlichen physikalischen Weltbild.

7.3 Integrale Formen und Lenzsche Regel

7.3.1 Verallgemeinertes Gesetz von Biot–Savart und Verschiebungsstrom

Die magnetostatische Feldgleichung

$$\frac{\partial}{\partial \boldsymbol{r}} \times \boldsymbol{B} = \mu_0 \boldsymbol{j} \tag{7.36}$$

ist in der dynamischen Theorie erweitert worden zu

$$\frac{\partial}{\partial \boldsymbol{r}} \times \boldsymbol{B} = \mu_0 \boldsymbol{j} + \epsilon_0 \mu_0 \frac{\partial}{\partial t} \boldsymbol{E} \tag{7.37}$$

(Wir lassen im Folgenden zur Vereinfachung der Schreibweise die Argumente $(\boldsymbol{r},t)$ immer dann fort, wenn die Interpretation von Ort und Zeit eindeutig ist.)

Wir integrieren die dynamische Gleichung (7.37) über ein beliebiges Flächenstück F und erhalten unter Verwendung des Stokesschen Integralsatzes

$$\oint_{\partial F} d\boldsymbol{r}\,\boldsymbol{B} = \mu_0 \left(I + \frac{\partial}{\partial t}\,\epsilon_0 \int_F d\boldsymbol{f}\,\boldsymbol{E} \right), \tag{7.38}$$

worin ∂F der Rand von F und I der elektrische Strom durch F ist. Der statische Teil $(\partial \ldots / \partial t = 0)$ dieser Aussage ist das Biot–Savartsche Gesetz: Ein elektrischer Strom I ist von in sich geschlossenen $\boldsymbol{B}$–Feldlinien umgeben. Man kann nun die dynamische Erweiterung so lesen, dass ein sich zeitlich änderndes elektrisches Feld wie ein elektrischer Strom wirkt. Deshalb bezeichnet man

$$\boldsymbol{j}_v := \epsilon_0 \frac{\partial}{\partial t}\boldsymbol{E} \quad \text{bzw.} \quad I_v := \int_F d\boldsymbol{f}\,\boldsymbol{j}_v \tag{7.39}$$

auch als *Verschiebungs–Flussdichte* bzw. *Verschiebungsstrom.*

7.3.2 Faradaysches Induktionsgesetz

Das Gegenstück zum verallgemeinerten Gesetz von Biot–Savart erhalten wir, wenn wir die andere dynamische Wirbel–Gleichung,

$$\frac{\partial}{\partial \boldsymbol{r}} \times \boldsymbol{E} = -\frac{\partial}{\partial t}\boldsymbol{B} \tag{7.40}$$

über ein beliebiges Flächenstück F integrieren. Mit denselben Umrechnungen wie oben ergibt sich

$$\oint_{\partial F} d\boldsymbol{r}\,\boldsymbol{E} = -\frac{\partial \Psi}{\partial t}, \qquad \Psi := \int_F d\boldsymbol{f}\,\boldsymbol{B}. \tag{7.41}$$

Die hier definierte Größe Ψ heißt in Analogie zu (7.38) auch der *magnetische Fluss* durch das Flächenstück F. Damit wird auch die Bezeichnung *magnetische Flussdichte* für $\boldsymbol{B}$ klar. (7.41) heißt das *Faradaysche Induktionsgesetz.* Es besagt, dass ein sich zeitlich änderndes $\boldsymbol{B}$–Feld von in sich geschlossenen $\boldsymbol{E}$–Feldlinien umgeben ist.

Der Umlaufsinn ist gegenüber jenem im Biot–Savartschen Gesetz gerade umgekehrt, was uns noch gleich bei der Diskussion der *Lenzschen Regel* beschäftigen wird.

Man kann die linke Seite von (7.41) auch als (negative) elektrische Potential–Differenz $-\Delta\Phi$ über den geschlossenen Weg des Randes ∂F von F deuten:

$$\Delta\Phi = \frac{\partial\Psi}{\partial t}.$$

Bei der Herleitung von (7.41) haben wir implizit angenommen, dass das Flächenstück F ortsfest (nicht zeit–abhängig) ist und $\boldsymbol{B}$ sich zeitlich ändert. Aus dem Relativitäts–Prinzip folgern wir, dass auch dann eine elektrische Potential–Differenz über ∂F induziert wird, wenn sich F bewegt und z.B. $\boldsymbol{B}$ nicht von der Zeit abhängt, also statisch ist. Wir führen den Nachweis dafür hier durch. Er ist erwartungsgemäß sehr ähnlich den Überlegungen im Abschnitt 7.2.6. Zunächst ist

$$\begin{aligned}\frac{\partial\Psi}{\partial t} &= \frac{d}{dt}\int_F d\boldsymbol{f}\,\boldsymbol{B}(\boldsymbol{r},t)\\ &= \int_F d\boldsymbol{f}\,\frac{\partial}{\partial t}\boldsymbol{B}(\boldsymbol{r},t) + \int_F d\boldsymbol{f}\left(\boldsymbol{v}\,\frac{\partial}{\partial \boldsymbol{r}}\right)\boldsymbol{B}(\boldsymbol{r},t).\end{aligned} \tag{7.42}$$

Hier haben wir Gebrauch gemacht von dem Begriff der totalen Zeitableitung, den wir bereits aus dem Abschnitt 5.1.3 kennen:

$$\frac{d}{dt} = \frac{\partial}{\partial t} + \boldsymbol{v}\,\frac{\partial}{\partial \boldsymbol{r}}. \tag{7.43}$$

Der erste Term berücksichtigt eine mögliche explizite Zeitabhängigkeit in $\boldsymbol{B}(\boldsymbol{r},t)$, der zweite eine Bewegung der Fläche F und damit der Integrationsorte $\boldsymbol{r}$ mit einer im Allgemeinen lokalen, d.h., vom Ort abhängigen Gesschwindigkeit $\boldsymbol{v}$. Wir verwenden eine bereits im Abschnitt 7.2.6 gezeigte Identität (für verschwindende Quellen von $\boldsymbol{B}$) und den Stokesschen Integralsatz, um (7.42) wie folgt weiter umzuformen:

$$\begin{aligned}\frac{\partial\Psi}{\partial t} &= \int_F d\boldsymbol{f}\,\frac{\partial}{\partial t}\boldsymbol{B}(\boldsymbol{r},t) - \int_F d\boldsymbol{f}\,\frac{\partial}{\partial \boldsymbol{r}}\times(\boldsymbol{v}\times\boldsymbol{B}(\boldsymbol{r},t))\\ &= \int_F d\boldsymbol{f}\,\frac{\partial}{\partial t}\boldsymbol{B}(\boldsymbol{r},t) - \oint_{\partial F} d\boldsymbol{r}\,\boldsymbol{v}\times\boldsymbol{B}(\boldsymbol{r},t).\end{aligned} \tag{7.44}$$

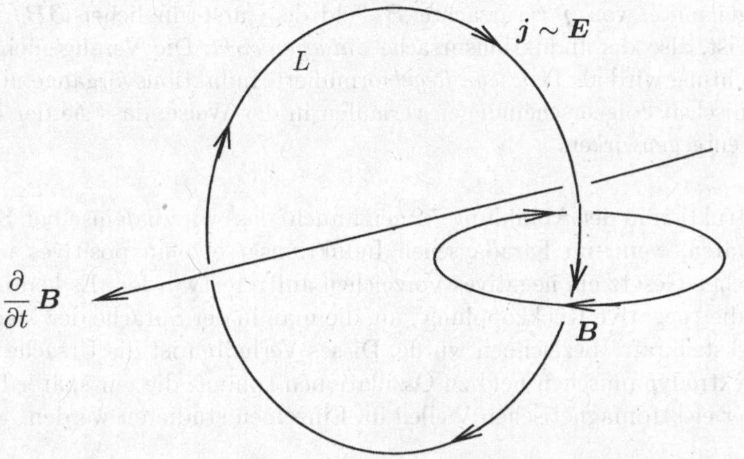

Abbildung 7.2: Zur Lenzschen Regel

Wir setzen das Induktions–Gesetz (7.41) ein und erhalten

$$\int_F d\boldsymbol{f}\,\frac{\partial}{\partial t}\boldsymbol{B}(\boldsymbol{r},t)+\oint_{\partial F} d\boldsymbol{r}\,\left(\boldsymbol{E}(\boldsymbol{r},t)-\boldsymbol{v}\times\boldsymbol{B}(\boldsymbol{r},t)\right)=0. \qquad (7.45)$$

Wenn $\partial\boldsymbol{B}/\partial t=0$ und keine weitere Induktion stattfindet, folgt $\boldsymbol{E}=\boldsymbol{v}\times\boldsymbol{B}$, und das ist in der Tat identisch mit dem Ausdruck (7.29) im Abschnitt 7.2.6, und zwar für $a_2=-1$, was dort gerade gezeigt wurde, und für $-\boldsymbol{v}$ statt $\boldsymbol{v}$, weil $\boldsymbol{v}$ hier die Geschwindigkeit der Fläche F ist, dort diejenige von $\boldsymbol{B}(\boldsymbol{r},t)=\boldsymbol{B}(\boldsymbol{r}-\boldsymbol{v}\,t)$.

7.3.3 Lenzsche Regel

Wir betrachten die Situation in der Abbildung 7.2. Ein zeitlich sich änderndes Feld der magnetischen Flussdichte, dargestellt durch den Pfeil $\partial\boldsymbol{B}/\partial t$, ist nach dem Faradayschen Induktionsgesetz umgeben von in sich geschlossenen Feldlinien von $\boldsymbol{E}$. Wir denken uns dort z.B. einen ringförmigen Leiter L, der aufgrund des $\boldsymbol{E}$–Feldes von einem Strom mit der Flussdichte $\boldsymbol{j}$ durchflossen wird. Wegen des negativen Vorzeichens im Induktions–Gesetz ist für die Richtung von $\boldsymbol{E}$ die "Linke–Hand–Regel" anzuwenden. Die Flussdichte $\boldsymbol{j}$ wird nach dem Biot–Savartschen Gesetz ihrerseits von in sich geschlossenen Feldlinien eines $\boldsymbol{B}$–Feldes umgeben, die aber wieder gemäß der "Rechten–Hand–Regel" zu konstruieren sind. Es ergibt sich damit, dass das zuletzt genannte, von $\boldsymbol{j}$ verursachte $\boldsymbol{B}$–Feld dem ursprünglichen $\partial\boldsymbol{B}/\partial t$ entgegengesetzt ist, also der Induktionsursache *entgegenwirkt.* Die Verallgemeinerung dieser Beobachtung wird als *Lenzsche Regel* formuliert: Induktionsvorgänge und ihre elektrodynamischen Folgeerscheinungen verlaufen in der Weise, dass sie der Induktionsursache entgegenwirken.

Unsere Konstruktion in der Abbildung 7.2 zeigt auch, dass wir zu demselben Schluss gekommen wären, wenn im Faradayschen Induktionsgesetz ein positives und im Biot–Savartschen Gesetz ein negatives Vorzeichen auftreten würden. Es kommt also lediglich auf die "negative Rückkopplung" an, die man in der Sprache der Mechanik als eine "Rückstellkraft" bezeichnen würde. Dieses Verhalten ist die Ursache dafür, dass es im elektrodynamischen Feld zu Oszillationen kommt, die wir später bei der Diskussion der elektromagnetischen Wellen im Einzelnen studieren werden.

7.4 Potentiale und Wellengleichung

In der statischen Feldtheorie haben wir gezeigt, dass sich das elektrische Feld $\boldsymbol{E}$ und das Feld $\boldsymbol{B}$ der magnetischen Flussdichte durch ein skalares Potential Φ bzw. ein Vektor–Potential $\boldsymbol{A}$ darstellen lassen,

$$\boldsymbol{E} = -\frac{\partial}{\partial \boldsymbol{r}}\,\Phi, \qquad \boldsymbol{B} = \frac{\partial}{\partial \boldsymbol{r}} \times \boldsymbol{A}, \tag{7.46}$$

vgl. Abschnitte 1.3 und 6.1.3. Die jeweils inhomogenen statischen Feldgleichungen ließen sich daraufhin in Gleichungen vom Typ der Poisson–Gleichungen für die Potentiale Φ und $\boldsymbol{A}$ umformen, nämlich in

$$\Delta\,\Phi = -\frac{1}{\epsilon_0}\,\rho, \qquad \Delta\,\boldsymbol{A} = -\mu_0\,\boldsymbol{j}, \tag{7.47}$$

vgl. die Abschnitte 2.4.2 und 6.3. Insbesondere die Poisson–artige Gleichung für $\boldsymbol{A}$ hing von der *Eichung* ab. Diese Ergebnisse der statischen Theorie lassen sich für die dynamische Theorie verallgemeinern.

7.4.1 Existenz der Potentiale und Eichtransformation

Die Aussage, dass das Feld $\boldsymbol{B}$ der magnetischen Flussdichte quellenfrei ist, ist beim Übergang von der statischen Theorie zur dynamischen Theorie unverändert geblieben. Also können wir wie im Abschnitt 6.3 weiterhin schließen, dass ein Vektor-Potential $\boldsymbol{A}$ existiert:

$$\frac{\partial}{\partial \boldsymbol{r}} \boldsymbol{B} = 0 \qquad \Longleftrightarrow \qquad \boldsymbol{B} = \frac{\partial}{\partial \boldsymbol{r}} \times \boldsymbol{A}. \tag{7.48}$$

Diese Darstellung setzen wir in die Maxwellsche Gleichung für die Wirbel des $\boldsymbol{E}$–Feldes ein:

$$\frac{\partial}{\partial \boldsymbol{r}} \times \boldsymbol{E} = -\frac{\partial}{\partial t} \boldsymbol{B} = -\frac{\partial}{\partial t} \frac{\partial}{\partial \boldsymbol{r}} \times \boldsymbol{A}.$$

Wir setzen (wie bereits früher) voraus, dass die Felder hinreichend oft nach $\boldsymbol{r}$ und t differenzierbar sind. Dann können wir Zeitableitung und Rotation vertauschen. Wir fassen die beiden Rotationsausdrücke zusammen und schließen wie folgt:

$$\frac{\partial}{\partial \boldsymbol{r}} \times \left(\boldsymbol{E} + \frac{\partial}{\partial t} \boldsymbol{A} \right) = 0 \qquad \Longleftrightarrow \qquad \boldsymbol{E} + \frac{\partial}{\partial t} \boldsymbol{A} = -\frac{\partial}{\partial \boldsymbol{r}} \Phi, \tag{7.49}$$

weil ein Feld, hier $\boldsymbol{E} + \partial \boldsymbol{A}/\partial t$, dessen Wirbel verschwinden, immer als Gradient eines skalaren Potentials darstellbar ist. Wir fassen die beiden Darstellungen für $\boldsymbol{E}$ und $\boldsymbol{B}$ zusammen:

$$\boxed{\boldsymbol{E} = -\frac{\partial}{\partial t} \boldsymbol{A} - \frac{\partial}{\partial \boldsymbol{r}} \Phi, \qquad \boldsymbol{B} = \frac{\partial}{\partial \boldsymbol{r}} \times \boldsymbol{A}.} \tag{7.50}$$

Diese Darstellung ist die dynamische Verallgemeinerung von (7.46). Einmal mehr zeigt sich, dass die Felder $\boldsymbol{E}$ und $\boldsymbol{B}$ in der dynamischen Theorie nicht unabhängig voneinander sind.

Wir fragen wie im statischen Fall nach der Möglichkeit, die Potentiale Φ und $\boldsymbol{A}$ umzueichen. Wie im statischen Fall im Abschnitt 6.3 stellen wir zunächst fest, dass ein Potential

$$\boldsymbol{A}' = \boldsymbol{A} + \frac{\partial}{\partial \boldsymbol{r}} F \tag{7.51}$$

mit einer beliebigen (differenzierbaren) skalaren Funktion F zu demselben $\boldsymbol{B}$–Feld führt wie $\boldsymbol{A}$, weil die Rotation des Gradienten von F verschwindet. Damit das umgeeichte Potential $\boldsymbol{A}'$ auch zu demselben $\boldsymbol{E}$–Feld führt, erwarten wir, dass auch das skalare Potential Φ in ein Φ' umgeeicht werden muss. Wir bestimmen Φ', indem wir $\boldsymbol{E}$ durch $\boldsymbol{A}'$ und Φ' darstellen und die Umeichung (7.51) für $\boldsymbol{A}'$ einsetzen:

$$\begin{aligned} \boldsymbol{E} &= -\frac{\partial}{\partial t} \boldsymbol{A}' - \frac{\partial}{\partial \boldsymbol{r}} \Phi' \\ &= -\frac{\partial}{\partial t} \boldsymbol{A} - \frac{\partial}{\partial t} \frac{\partial}{\partial \boldsymbol{r}} F - \frac{\partial}{\partial \boldsymbol{r}} \Phi' \\ &= -\frac{\partial}{\partial t} \boldsymbol{A} - \frac{\partial}{\partial \boldsymbol{r}} \left(\Phi' + \frac{\partial}{\partial t} F \right) \end{aligned} \tag{7.52}$$

Damit diese Darstellung für $\boldsymbol{E}$ mit derjenigen durch $\boldsymbol{A}$ und Φ in (7.50) übereinstimmt, ist zu fordern, dass

$$\Phi' + \frac{\partial}{\partial t} F = \Phi.$$

Die vollständige Umeichung für die Potentiale, die sogenannte *Eich–Transformation*, lautet demnach

$$\boxed{\boldsymbol{A}' = \boldsymbol{A} + \frac{\partial}{\partial \boldsymbol{r}} F, \qquad \Phi' = \Phi - \frac{\partial}{\partial t} F} \tag{7.53}$$

mit einer beliebigen (differenzierbaren) skalaren Funktion $F = F(\boldsymbol{r}, t)$.

Die Möglichkeit der Umeichung der Potentiale gemäß (7.53) nennt man *Eich–Invarianz* der Theorie. Sie hat weitreichende Konsequenzen. Aus der Mechanik ist bekannt, dass (kontinuierliche) Invarianzen mit Erhaltungssätzen verknüpft sind: Die räumliche und zeitliche Translations–Invarianz mit der Erhaltung von Impuls und Energie, die Invarianz gegen Raumdrehungen mit der Erhaltung des Drehimpulses (Noethersches Theorem). Wir werden später lernen, dass die oben formulierte Eich–Invarianz mit der Erhaltung der elektrischen Ladung verknüpft ist, die wir im Abschnitt 5.1 als empirischen Befund in die Theorie eingeführt hatten.

7.4.2 Die Wellengleichung

Die Darstellung der Felder $\boldsymbol{E}$ und $\boldsymbol{B}$ durch Potentiale ist offenbar äquivalent mit den beiden *homogenen* Maxwellschen Gleichungen:

$$\left.\begin{aligned} \frac{\partial}{\partial \boldsymbol{r}} \times \boldsymbol{E} &= \frac{\partial}{\partial t} \boldsymbol{B} \\ \frac{\partial}{\partial \boldsymbol{r}} \boldsymbol{B} &= 0 \end{aligned}\right\} \Longleftrightarrow \left\{\begin{aligned} \boldsymbol{E} &= -\frac{\partial}{\partial t} \boldsymbol{A} - \frac{\partial}{\partial \boldsymbol{r}} \Phi \\ \boldsymbol{B} &= \frac{\partial}{\partial \boldsymbol{r}} \times \boldsymbol{A}. \end{aligned}\right. \tag{7.54}$$

Wir haben soeben die Schlussrichtung von links nach rechts gezeigt; die umgekehrte Richtung von rechts nach links ist noch einfacher durch Einsetzen sofort zu bestätigen. Wir wollen jetzt die Darstellung der Felder $\boldsymbol{E}$ und $\boldsymbol{B}$ durch die Potentiale in die *inhomogenen* Maxwellschen Gleichungen

$$\frac{\partial}{\partial \boldsymbol{r}} \boldsymbol{E} = \frac{1}{\epsilon_0} \rho, \qquad \frac{\partial}{\partial \boldsymbol{r}} \times \boldsymbol{B} = \mu_0 \boldsymbol{j} + \epsilon_0 \mu_0 \frac{\partial}{\partial t} \boldsymbol{E} \tag{7.55}$$

einsetzen. Es ist

$$\frac{\partial}{\partial \boldsymbol{r}} \boldsymbol{E} = \frac{\partial}{\partial \boldsymbol{r}} \left(-\frac{\partial}{\partial t} \boldsymbol{A} - \frac{\partial}{\partial \boldsymbol{r}} \Phi \right) = -\frac{\partial}{\partial \boldsymbol{r}} \frac{\partial}{\partial t} \boldsymbol{A} - \Delta \Phi, \tag{7.56}$$

worin Δ der Laplace–Operator ist. Unter Verwendung von

$$\frac{\partial}{\partial \boldsymbol{r}} \times \left(\frac{\partial}{\partial \boldsymbol{r}} \times \boldsymbol{a} \right) = \frac{\partial}{\partial \boldsymbol{r}} \left(\frac{\partial}{\partial \boldsymbol{r}} \boldsymbol{a} \right) - \Delta \boldsymbol{a}$$

aus dem Abschnitt C.1.2 für ein beliebiges Feld $\boldsymbol{a} = \boldsymbol{a}(\boldsymbol{r}, t)$ wird

$$\frac{\partial}{\partial \boldsymbol{r}} \times \boldsymbol{B} = \frac{\partial}{\partial \boldsymbol{r}} \times \left(\frac{\partial}{\partial \boldsymbol{r}} \times \boldsymbol{A} \right) = \frac{\partial}{\partial \boldsymbol{r}} \left(\frac{\partial}{\partial \boldsymbol{r}} \boldsymbol{A} \right) - \Delta \boldsymbol{A}. \tag{7.57}$$

Wir setzen die Umformungen (7.56) und (7.57) in die beiden inhomogenen Maxwellschen Gleichungen (7.55) ein. Das Ergebnis können wir in der folgenden Weise formulieren:

$$\Delta\,\Phi + \frac{\partial}{\partial t}\,\frac{\partial}{\partial \boldsymbol{r}}\,\boldsymbol{A} = -\frac{1}{\epsilon_0}\,\rho, \tag{7.58}$$

$$\Delta\,\boldsymbol{A} - \epsilon_0\,\mu_0\,\frac{\partial^2}{\partial t^2}\,\boldsymbol{A} - \frac{\partial}{\partial \boldsymbol{r}}\left(\frac{\partial}{\partial \boldsymbol{r}}\,\boldsymbol{A} + \epsilon_0\,\mu_0\,\frac{\partial}{\partial t}\,\Phi\right) = -\mu_0\,\boldsymbol{j}. \tag{7.59}$$

Jetzt nutzen wir die Eichfreiheit der Potentiale Φ und $\boldsymbol{A}$, indem wir die sogenannte *Lorentz–Eichung*

$$\frac{\partial}{\partial \boldsymbol{r}}\,\boldsymbol{A} = -\epsilon_0\,\mu_0\,\frac{\partial}{\partial t}\,\Phi \tag{7.60}$$

wählen, von der wir unten zeigen, dass sie sich stets realisieren lässt. Mit dieser Eichung erhalten wir aus (7.58) und (7.59) die beiden *Wellengleichungen*

$$\boxed{\Box\Phi = -\frac{1}{\epsilon_0}\,\rho, \qquad \Box\boldsymbol{A} = \mu_0\,\boldsymbol{j},} \tag{7.61}$$

worin

$$\boxed{\Box := \Delta - \frac{1}{c^2}\,\frac{\partial^2}{\partial t^2}} \tag{7.62}$$

der sogenannte *d'Alembert–Operator* und

$$\boxed{c = \frac{1}{\sqrt{\epsilon_0\,\mu_0}}.} \tag{7.63}$$

Die beiden Wellengleichungen, partielle Differential–Gleichungen zweiter Ordnung in Raum und Zeit, ersetzen zusammen mit der Darstellung der Felder $\boldsymbol{E}$ und $\boldsymbol{B}$ durch die Potentiale Φ und $\boldsymbol{A}$ in (7.54) die vier Maxwellschen Gleichungen, die jeweils partielle Differential–Gleichungen 1. Ordnung in Raum und Zeit sind.

Die Struktur der linken Seiten der Wellengleichungen (7.61) ist von anderen Wellen–Phänomenen bekannt, z.B. von der Ausbreitung des Schalls. Der Parameter c hat darin die Bedeutung der *Ausbreitungs–Geschwindigkeit* der jeweiligen Welle. Das wird sich im Folgenden auch für die hier behandelten elektromagnetischen Wellen bestätigen. Mit dieser Bemerkung knüpfen wir an die Diskussion im Abschnitt 5.2.2 an, wo wir bereits festgestellt hatten, dass der Ausdruck $1/\sqrt{\epsilon_0\,\mu_0}$ die Dimension einer Geschwindigkeit hat.

Wir bemerken schließlich, dass wir auch Wellengleichungen für die Felder $\boldsymbol{E}$ und $\boldsymbol{B}$ herleiten können, indem wir den d'Alembert–Operator $\Box$ auf deren Darstellung durch die Potentiale Φ und $\boldsymbol{A}$ in (7.54) anwenden und die Wellengleichungen (7.61) für die Potentiale einsetzen. Unter der Voraussetzung, dass die Potentiale hinreichend oft nach $\boldsymbol{r}$ und t differenzierbar sind, sodass sämtliche Ableitungen vertauscht werden können, erhalten wir

$$\begin{aligned} \Box\boldsymbol{E} &= -\Box\left(\frac{\partial}{\partial t}\boldsymbol{A}+\frac{\partial}{\partial \boldsymbol{r}}\Phi\right)=-\frac{\partial}{\partial t}\Box\boldsymbol{A}-\frac{\partial}{\partial \boldsymbol{r}}\Box\Phi= \\ &= \frac{1}{\epsilon_0}\frac{\partial}{\partial \boldsymbol{r}}\rho+\mu_0\frac{\partial}{\partial t}\boldsymbol{j}, \end{aligned} \tag{7.64}$$

$$\Box\boldsymbol{B} = \Box\frac{\partial}{\partial \boldsymbol{r}}\times\boldsymbol{A}=\frac{\partial}{\partial \boldsymbol{r}}\times\Box\boldsymbol{A}=-\mu_0\frac{\partial}{\partial \boldsymbol{r}}\times\boldsymbol{j}. \tag{7.65}$$

7.4.3 Die Lorentz–Eichung

Wir begründen, dass sich stets eine Umeichung in die Lorentz–Eichung (7.60) ausführen lässt. Es seien Φ, $\boldsymbol{A}$ irgendwelche Potentiale für die Felder $\boldsymbol{E}$ und $\boldsymbol{B}$. Gesucht ist eine Eich–Transformation

$$\boldsymbol{A}'=\boldsymbol{A}+\frac{\partial}{\partial \boldsymbol{r}}F, \qquad \Phi'=\Phi-\frac{\partial}{\partial t}F, \tag{7.66}$$

d.h. eine skalare Funktion F, so dass die Potentiale Φ', $\boldsymbol{A}'$ die Lorentz–Eichung

$$\frac{\partial}{\partial \boldsymbol{r}}\boldsymbol{A}'+\frac{1}{c^2}\frac{\partial}{\partial t}\Phi'=0 \tag{7.67}$$

erfüllen. Aus (7.66) berechnen wir

$$\begin{aligned} \frac{\partial}{\partial \boldsymbol{r}}\boldsymbol{A}' &= \frac{\partial}{\partial \boldsymbol{r}}\boldsymbol{A}+\Delta F, \\ \frac{\partial}{\partial t}\Phi' &= \frac{\partial}{\partial t}\Phi-\frac{\partial^2}{\partial t^2}F, \end{aligned}$$

und daraus weiter unter der Verwendung der Definition (7.62) für $\Box$:

$$\Box F + \frac{\partial}{\partial \boldsymbol{r}} \boldsymbol{A} + \frac{1}{c^2} \frac{\partial}{\partial t} \Phi = \frac{\partial}{\partial \boldsymbol{r}} \boldsymbol{A}' + \frac{1}{c^2} \frac{\partial}{\partial t} \Phi'.$$

Mit der Forderung der Lorentz–Eichung (7.66) für Φ', $\boldsymbol{A}'$ wird daraus

$$\Box F = -\frac{\partial}{\partial \boldsymbol{r}} \boldsymbol{A} - \frac{1}{c^2} \frac{\partial}{\partial t} \Phi. \tag{7.68}$$

Aus dieser Gleichung ist die *Erzeugende* F der gesuchten Eich–Transformation zu bestimmen. Die rechte Seite von (7.68) ist als gegeben zu betrachten, weil Φ, $\boldsymbol{A}$ ja irgendwelche vorgegebenen Potentiale sein sollten. Folglich ist die Bestimmung von F äquivalent zur Lösung der Wellengleichung für die Potentiale. Wenn die Letztere eine Lösung besitzt, was wir bereits aus physikalischen Gründen voraussetzen werden, dann lässt sich auch immer ein F für die Eich–Transformation zur Lorentz–Eichung finden.

Kapitel 8

Bilanz–Gleichungen

In diesem Kapitel werden wir lernen, dass die Maxwellschen Gleichungen Aussagen über *Bilanzen* physikalischer Größen machen, zu denen die auch in der Klassischen Mechanik diskutierten Größen Energie, Impuls und Drehimpuls gehören. Als eine neue, typisch elektrodynamische Größe tritt jetzt noch die elektrische Ladung hinzu, mit der wir die Diskussion der Bilanz–Gleichungen auch beginnen werden.

8.1 Elektrische Ladung und das Schema der Bilanz–Gleichungen

Wir greifen zurück auf die Formulierung der Erhaltung der elektrischen Ladung im Abschnitt 5.1.2. Diese haben wir ausgedrückt durch die Forderung, dass sich die elektrische Ladung Q in einem Volumen V nur dadurch ändern kann, dass Ladung über die Randfläche ∂V entweder einfließt oder ausfließt:

$$\frac{dQ}{dt} = -\oint_{\partial V} dI = -\oint_{\partial V} d\boldsymbol{f}\, \boldsymbol{j}(\boldsymbol{r},t). \tag{8.1}$$

Wenn Q eine Größe wäre, die *nicht* erhalten ist, müssten wir auf der rechten Seite noch einen weiteren Term hinzufügen:

$$\frac{dQ}{dt} = -\oint_{\partial V} d\boldsymbol{f}\, \boldsymbol{j}(\boldsymbol{r},t) + \int_V d^3r\, \kappa(\boldsymbol{r},t). \tag{8.2}$$

Hier würde $\kappa(\boldsymbol{r},t)$ die Erzeugung oder Vernichtung von Q pro Volumen und Zeit am Ort $\boldsymbol{r}$ zur Zeit t beschreiben. Mit denselben Umformungen wie im Abschnitt 5.1.2, also

$$Q = \int_V d^3r\, \rho(\boldsymbol{r},t), \qquad \frac{dQ}{dt} = \int_V d^3r\, \frac{\partial}{\partial t}\rho(\boldsymbol{r},t),$$

$$\oint_{\partial V} d\boldsymbol{f}\, \boldsymbol{j}(\boldsymbol{r},t) = \int_V d^3r\, \frac{\partial}{\partial \boldsymbol{r}}\, \boldsymbol{j}(\boldsymbol{r},t)$$

kämen wir dann zu

$$\int_V d^3r \left(\frac{\partial}{\partial t}\rho(\boldsymbol{r},t) + \frac{\partial}{\partial \boldsymbol{r}}\, \boldsymbol{j}(\boldsymbol{r},t) - \kappa(\boldsymbol{r},t) \right) = 0, \tag{8.3}$$

bzw., weil das Volumen V beliebig wählbar ist, zu

$$\boxed{\frac{\partial}{\partial t}\rho(\boldsymbol{r},t) + \frac{\partial}{\partial \boldsymbol{r}}\, \boldsymbol{j}(\boldsymbol{r},t) = \kappa(\boldsymbol{r},t).} \tag{8.4}$$

Dieses ist eine *Bilanz–Gleichung.* Sie beschreibt, wie sich im allgemeinen Fall eine Dichte $\rho(\boldsymbol{r},t)$ zeitlich ändert, nämlich durch Transport mit der Flussdichte $\boldsymbol{j}(\boldsymbol{r},t)$ und durch Erzeugung oder Vernichtung mit einer räumlichen Dichte $\kappa(\boldsymbol{r},t)$. Für die elektrische Ladung ist $\kappa(\boldsymbol{r},t) = 0$, d.h., sie wird weder erzeugt noch vernichtet. Unser weiteres Ziel ist jetzt die Formulierung von Bilanz–Gleichungen für die Energie, den Impuls und den Drehimpuls.

8.2 Bilanz der Energie

8.2.1 Herleitung

Ausgangspunkt sind die beiden Maxwellschen Gleichungen, die die zeitlichen Ableitungen der Felder enthalten. Wir schreiben sie in der Form

$$\frac{\partial}{\partial \boldsymbol{r}} \times \boldsymbol{E} + \frac{\partial}{\partial t} \boldsymbol{B} = 0, \tag{8.5}$$

$$\frac{\partial}{\partial \boldsymbol{r}} \times \boldsymbol{H} - \frac{\partial}{\partial t} \boldsymbol{D} = \boldsymbol{j}, \tag{8.6}$$

worin wir zur Vereinfachung der Schreibweise

$$\boldsymbol{H} := \frac{1}{\mu_0} \boldsymbol{B}, \qquad \boldsymbol{D} := \epsilon_0 \boldsymbol{E} \tag{8.7}$$

eingeführt haben. Später, bei der Beschreibung des Verhaltens von Materie in den Feldern $\boldsymbol{E}$ und $\boldsymbol{B}$ werden die Felder $\boldsymbol{D}$ und $\boldsymbol{H}$ noch eine eigenständige physikalische Bedeutung erhalten.

Wir multiplizieren (8.5) skalar mit $\boldsymbol{H}$, (8.6) skalar mit $\boldsymbol{E}$ und bilden die Differenz der beiden so entstandenen Ausdrücke:

$$\boldsymbol{E} \frac{\partial}{\partial t} \boldsymbol{D} + \boldsymbol{H} \frac{\partial}{\partial t} \boldsymbol{B} + \boldsymbol{H} \left(\frac{\partial}{\partial \boldsymbol{r}} \times \boldsymbol{E} \right) - \boldsymbol{E} \left(\frac{\partial}{\partial \boldsymbol{r}} \times \boldsymbol{H} \right) = -\boldsymbol{j}\, \boldsymbol{E}. \tag{8.8}$$

Wir formen zunächst die Ausdrücke mit den Zeitableitungen um:

$$\begin{aligned} \boldsymbol{E} \frac{\partial}{\partial t} \boldsymbol{D} + \boldsymbol{H} \frac{\partial}{\partial t} \boldsymbol{B} &= \epsilon_0 \boldsymbol{E} \frac{\partial}{\partial t} \boldsymbol{E} + \frac{1}{\mu_0} \boldsymbol{B} \frac{\partial}{\partial t} \boldsymbol{B} = \\ &= \frac{\partial}{\partial t} \left(\frac{\epsilon_0}{2} \boldsymbol{E}^2 + \frac{1}{2\,\mu_0} \boldsymbol{B}^2 \right). \end{aligned} \tag{8.9}$$

Den Ausdruck mit den Rotationen formen wir unter Verwendung der Produkt–Regel

$$\boldsymbol{H} \left(\frac{\partial}{\partial \boldsymbol{r}} \times \boldsymbol{E} \right) - \boldsymbol{E} \left(\frac{\partial}{\partial \boldsymbol{r}} \times \boldsymbol{H} \right) = \frac{\partial}{\partial \boldsymbol{r}} \left(\boldsymbol{E} \times \boldsymbol{H} \right) \tag{8.10}$$

um. Diese Produkt–Regel lässt sich unter Verwendung des Levi–Civita–Tensors und seines Verhaltens gegenüber Vertauschung der Indizes wie folgt nachweisen:

$$\begin{aligned}\frac{\partial}{\partial \boldsymbol{r}}\,(\boldsymbol{E}\times\boldsymbol{H}) &= \partial_\alpha\,(\epsilon_{\alpha\beta\gamma}\,E_\beta\,H_\gamma) = \\ &= \epsilon_{\alpha\beta\gamma}\,[(\partial_\alpha\,E_\beta)\,H_\gamma + E_\beta\,(\partial_\alpha\,H_\gamma)] = \\ &= H_\gamma\,\epsilon_{\gamma\alpha\beta}\,\partial_\alpha\,E_\beta - E_\beta\,\epsilon_{\beta\alpha\gamma}\,\partial_\alpha\,H_\gamma = \\ &= \boldsymbol{H}\left(\frac{\partial}{\partial \boldsymbol{r}}\times\boldsymbol{E}\right) - \boldsymbol{E}\left(\frac{\partial}{\partial \boldsymbol{r}}\times\boldsymbol{H}\right).\end{aligned}$$

Mit diesen Umformungen erhält (8.8) die Form einer Bilanz–Gleichung (8.4):

$$\boxed{\frac{\partial w}{\partial t} + \frac{\partial}{\partial \boldsymbol{r}}\,\boldsymbol{S} = -\boldsymbol{j}\,\boldsymbol{E}} \tag{8.11}$$

$$w := \frac{\epsilon_0}{2}\,\boldsymbol{E}^2 + \frac{1}{2\,\mu_0}\,\boldsymbol{B}^2, \qquad \boldsymbol{S} := \boldsymbol{E}\times\boldsymbol{H} = \frac{1}{\mu_0}\,\boldsymbol{E}\times\boldsymbol{B}. \tag{8.12}$$

8.2.2 Diskussion

Das in (8.12) definierte w muss die Bedeutung der räumlichen Dichte einer physikalischen Variablen haben. w enthält den uns aus dem Abschnitt 3.1.2 bekannten Ausdruck $\epsilon_0\,\boldsymbol{E}^2/2$ für die räumliche Dichte der Energie eines statischen $\boldsymbol{E}$–Feldes. Aus (8.12) folgern wir deshalb:

(1) $\epsilon_0\,\boldsymbol{E}^2/2$ ist auch die räumliche Dichte der Energie eines dynamischen $\boldsymbol{E}$–Feldes,

(2) $\boldsymbol{B}^2/(2\,\mu_0)$ ist die räumliche Dichte der Energie des $\boldsymbol{B}$–Feldes, dynamisch und im Grenzfall auch statisch.

Folglich hat der Vektor $\boldsymbol{S} = \boldsymbol{E}\times\boldsymbol{H}$, der sogenannte *Poynting–Vektor*, die Bedeutung der Flussdichte der Feldenergie. Er beschreibt also den Fluss von Feldenergie pro Fläche und Zeit in $\boldsymbol{S}$–Richtung. Wir bemerken, dass wir zu dem Poynting–Vektor die Rotation eines beliebigen Vektor–Feldes hinzuaddieren können, ohne dass sich seine Divergenz und damit die Bilanz–Gleichung (8.11) ändert:

$$\boldsymbol{S}' := \boldsymbol{S} + \frac{\partial}{\partial \boldsymbol{r}}\times\boldsymbol{C}: \qquad \frac{\partial}{\partial \boldsymbol{r}}\,\boldsymbol{S}' = \frac{\partial}{\partial \boldsymbol{r}}\boldsymbol{S}.$$

Wir folgern weiter, dass der Term $-\boldsymbol{j}\,\boldsymbol{E}$ auf der rechten Seite von (8.11) die Bedeutung der Erzeugung bzw. Vernichtung von *Feldenergie*, nicht etwa von Energie überhaupt, hat. Weil die Erhaltung der gesamten Energie eine grundsätzliche Eigenschaft physikalischer Systeme ist, deren Zusammenhang mit der zeitlichen Translations–Invarianz in der Klassischen Mechanik gezeigt wird, fragen wir, mit welchen anderen Formen von Energie Feldenergie ausgetauscht werden kann. Dazu stellen wir zunächst fest, dass die Feldenergie gemäß (8.11) *erhalten* ist, wenn $\boldsymbol{j} = 0$, d.h., wenn keine elektrische Ladung bewegt wird. Dann darf aber auch keine elektrische Ladung vorhanden sein, weil diese in einem bewegten Inertial–System auch stets als bewegte Ladung auftritt. Es sind demnach elektrische Ladungen bzw. elektrisch geladene Teilchen. mit denen Feldenergie ausgetauscht werden kann. Wir betrachten die Kräfte, die auf elektrisch geladene Teilchen von den Feldern $\boldsymbol{E}$ und $\boldsymbol{B}$ ausgeübt werden:

$$\boldsymbol{F_E} = q\,\boldsymbol{E}, \qquad \boldsymbol{F_B} = q\,\boldsymbol{v} \times \boldsymbol{B}. \tag{8.13}$$

Wir gehen zu räumlichen Dichten $q \to \rho$ und $q\boldsymbol{v} \to \rho\,\boldsymbol{v} = \boldsymbol{j}$ über und addieren die beiden Kräfte, die dann zu einer *Kraft–Dichte* $\boldsymbol{f}$ =Kraft pro Volumen wird,

$$\boldsymbol{f} = \rho\,\boldsymbol{E} + \boldsymbol{j} \times \boldsymbol{B}, \tag{8.14}$$

der sogenannten *Lorentz–Kraftdichte*. Wenn wir diese skalar mit der Geschwindigkeit $\boldsymbol{v}$ der geladenen Teilchen im Sinne eines Geschwindigkeits–Feldes, vgl. Abschnitt 5.1.1, multiplizieren, erhalten wir die räumliche Dichte der Leistung der Felder $\boldsymbol{E}$ und $\boldsymbol{B}$ an den geladenen Teilchen. Da $\boldsymbol{j} = \rho\,\boldsymbol{v}$, ist $\boldsymbol{v}\,(\boldsymbol{j} \times \boldsymbol{B}) = 0$ und wir erhalten

$$\boldsymbol{f}\,\boldsymbol{v} = \rho\,\boldsymbol{v}\,\boldsymbol{E} = \boldsymbol{j}\,\boldsymbol{E}. \tag{8.15}$$

Dieser Ausdruck tritt auf der rechten Seite von (8.11) mit dem negativen Vorzeichen auf, weil $\boldsymbol{f}\,\boldsymbol{v} = \boldsymbol{j}\,\boldsymbol{E} > 0$ bedeutet, dass Leistung dem Feld entnommen wird und auf die geladenen Teilchen übertragen wird, entsprechend umgekehrt.

Ein Beispiel für den *Verlust von Feldenergie*, also $\boldsymbol{j}\,\boldsymbol{E} > 0$, liefert der Transport von Ladung in Leitern, also die elektrische Leitung. Hier folgt die Ladungsbewegung dem elektrischen Feld $\boldsymbol{E}$, d.h., $\boldsymbol{j}$ und $\boldsymbol{E}$ sind parallel. Die elektrische Leitung wird sehr häufig durch das phänomenologische *Ohmsche Gesetz* beschrieben,

$$\boldsymbol{j} = \sigma\,\boldsymbol{E}, \tag{8.16}$$

worin σ die *spezifische elektrische Leitfähigkeit* ist. Aus dem Ohmschen Gesetz folgt

$$\boldsymbol{j}\,\boldsymbol{E} = \sigma\,\boldsymbol{E}^2 > 0, \tag{8.17}$$

weil $\sigma > 0$. Das Feld $\boldsymbol{E}$ überträgt Energie an die geladenen Teilchen, z.B. Elektronen, indem es sie beschleunigt. Die Ladungsträger ihrerseits stoßen an die Ionen des Leiters und geben ihre Bewegungs–Energie als Schwingungs–Energie an die Ionen ab. Diese äußert sich in einer Zunahme der Energie des Ionen–Gitters, die sogenannte *Ohmsche Wärme*, die sich durch eine Temperatur–Erhöhung nachweisen lässt. Dieser Prozess ist *irreversibel.* Das lässt sich bereits am Ohmschen Gesetz (8.16) ablesen: wenn wir dort den Zeitumkehr–Operator T anwenden, wechselt $\boldsymbol{j}$ auf der linken Seite das Vorzeichen, während $\boldsymbol{E}$ rechts ungeändert bleibt. (σ ist eine Material–Konstante, die unter T invariant ist.) Das Ohmsche Gesetz ist also *nicht* zeitumkehr–invariant. Die Irreversibilität im Ohmschen Gesetz ist eine thermodynamische Eigenschaft, die letztlich auf den 2. Hauptsatz der Thermodynamik zurückgeht. Das Ohmsche Gesetz ist deshalb eher Bestandteil der Thermodynamik als der Elektrodynamik.

Ein Beispiel für den *Gewinn von Feldenergie*, also $\boldsymbol{j}\,\boldsymbol{E} < 0$, liefert der Vorgang des Aufladens eines Kondensators. Das elektrische Feld $\boldsymbol{E}$ hat die Richtung von den positiven zu den negativen Ladungen auf den beiden Platten. Um den Kondensator weiter aufzuladen, muss positive Ladung von der negativ geladenen Platte zur positiv geladenen Platte, also gegen die Richtung des bereits vorhandenen $\boldsymbol{E}$–Feldes gebracht werden. Das bedeutet einen Fluss $\boldsymbol{j}$ gegen die Feldrichtung von $\boldsymbol{E}$ und somit $\boldsymbol{j}\,\boldsymbol{E} < 0$. Äquivalent dazu ist natürlich die Verschiebung von negativer Ladung von der positiv zur negativ geladenen Platte.

8.3 Bilanzen des Impulses und des Drehimpulses

8.3.1 Impuls–Bilanz

Ausgangspunkt sind wieder die beiden Maxwellschen Gleichungen (8.5) und (8.6), die die zeitlichen Ableitungen der Felder enthalten. Wir multiplizieren jetzt (8.5) vektoriell, also als Kreuzprodukt, von links mit $\boldsymbol{D}$, (8.6) vektoriell von rechts mit $\boldsymbol{B}$ und bilden ebenfalls wieder die Differenz der beiden so entstehenden Ausdrücke. Wir erhalten

$$\boldsymbol{D} \times \left(\frac{\partial}{\partial t} \boldsymbol{B} \right) + \left(\frac{\partial}{\partial t} \boldsymbol{D} \right) \times \boldsymbol{B} + \boldsymbol{D} \times \left(\frac{\partial}{\partial \boldsymbol{r}} \times \boldsymbol{E} \right) - \left(\frac{\partial}{\partial \boldsymbol{r}} \times \boldsymbol{H} \right) \times \boldsymbol{B} = = -\boldsymbol{j} \times \boldsymbol{B} \tag{8.18}$$

Unter Verwendung der Produkt–Regel der Differentiation wird

$$\boldsymbol{D} \times \left(\frac{\partial}{\partial t} \boldsymbol{B} \right) + \left(\frac{\partial}{\partial t} \boldsymbol{D} \right) \times \boldsymbol{B} = \frac{\partial}{\partial t} \left(\boldsymbol{D} \times \boldsymbol{B} \right). \tag{8.19}$$

Für die Umformung der Ausdrücke

$$\boldsymbol{D} \times \left(\frac{\partial}{\partial \boldsymbol{r}} \times \boldsymbol{E} \right) = \epsilon_0 \, \boldsymbol{E} \times \left(\frac{\partial}{\partial \boldsymbol{r}} \times \boldsymbol{E} \right), \qquad \left(\frac{\partial}{\partial \boldsymbol{r}} \times \boldsymbol{H} \right) \times \boldsymbol{B} = \frac{1}{\mu_0} \left(\frac{\partial}{\partial \boldsymbol{r}} \times \boldsymbol{B} \right) \times \boldsymbol{B}$$

verwenden wir eine allgemeine Beziehung für ein beliebiges Vektorfeld $\boldsymbol{a} = \boldsymbol{a}(\boldsymbol{r})$

$$\boldsymbol{a} \times \left(\frac{\partial}{\partial \boldsymbol{r}} \times \boldsymbol{a} \right) = \frac{\partial}{\partial \boldsymbol{r}} \left(\frac{1}{2} \boldsymbol{a}^2 \right) - \left(\boldsymbol{a} \frac{\partial}{\partial \boldsymbol{r}} \right) \boldsymbol{a}. \tag{8.20}$$

Zum Nachweis bilden wir die α–Komponente der linken Seite und formen wie folgt um:

$$\begin{aligned} \left\{ \boldsymbol{a} \times \left(\frac{\partial}{\partial \boldsymbol{r}} \times \boldsymbol{a} \right) \right\}_\alpha &= \epsilon_{\alpha\beta\gamma} \, a_\beta \, \epsilon_{\gamma\mu\nu} \, \partial_\mu \, a_\nu = \epsilon_{\gamma\alpha\beta} \, \epsilon_{\gamma\mu\nu} \, a_\beta \, \partial_\mu \, a_\nu = \\ &= a_\beta \, \partial_\alpha \, a_\beta - a_\beta \, \partial_\beta \, a_\alpha = \partial_\alpha \left(\frac{1}{2} a_\beta^2 \right) - a_\beta \, \partial_\beta \, a_\alpha. \end{aligned} \tag{8.21}$$

Damit ist der Nachweis für (8.20) schon geführt. Wir benötigen diese Hilfsformel aber in einer etwas anderen Form und führen deshalb die Umformung in (8.21) wie folgt weiter:

$$\begin{aligned} \left\{ \boldsymbol{a} \times \left(\frac{\partial}{\partial \boldsymbol{r}} \times \boldsymbol{a} \right) \right\}_\alpha &= \partial_\alpha \left(\frac{1}{2} \boldsymbol{a}^2 \right) - \partial_\beta \left(a_\alpha \, a_\beta \right) + a_\alpha \, \partial_\beta \, a_\beta = \\ &= \partial_\beta \left(\frac{1}{2} \boldsymbol{a}^2 \, \delta_{\alpha\beta} - a_\alpha \, a_\beta \right) + a_\alpha \, \partial_\beta \, a_\beta. \end{aligned} \tag{8.22}$$

Wir wenden (8.22) zunächst auf $\boldsymbol{a} = \boldsymbol{E}$ an. Mit der Maxwellschen Gleichung

$$\partial_\beta E_\beta = \frac{\partial}{\partial \boldsymbol{r}} \boldsymbol{E} = \frac{1}{\epsilon_0} \rho$$

erhalten wir

$$\left\{ \boldsymbol{E} \times \left(\frac{\partial}{\partial \boldsymbol{r}} \times \boldsymbol{E} \right) \right\}_\alpha = \partial_\beta \left(\frac{1}{2} \boldsymbol{E}^2 \delta_{\alpha\beta} - E_\alpha E_\beta \right) + \frac{1}{\epsilon_0} \rho E_\alpha. \tag{8.23}$$

Dann wenden wir (8.22) auf $\boldsymbol{a} = \boldsymbol{B}$ an. Mit der Maxwellschen Gleichung

$$\partial_\beta B_\beta = \frac{\partial}{\partial \boldsymbol{r}} \boldsymbol{B} = 0$$

erhalten wir

$$\left\{ \boldsymbol{B} \times \left(\frac{\partial}{\partial \boldsymbol{r}} \times \boldsymbol{B} \right) \right\}_\alpha = \partial_\beta \left(\frac{1}{2} \boldsymbol{B}^2 \delta_{\alpha\beta} - B_\alpha B_\beta \right). \tag{8.24}$$

Einsetzen von (8.23) und (8.24) in die α–Komponente der Gleichung (8.18) liefert zusammen mit der Umformung (8.19)

$$\begin{aligned} \frac{\partial}{\partial t} (\boldsymbol{D} \times \boldsymbol{B})_\alpha \; &+ \; \partial_\beta \left[\epsilon_0 \left(\frac{1}{2} \boldsymbol{E}^2 \delta_{\alpha\beta} - E_\alpha E_\beta \right) + \frac{1}{\mu_0} \left(\frac{1}{2} \boldsymbol{B}^2 \delta_{\alpha\beta} - B_\alpha B_\beta \right) \right] = \\ &= \; -(\rho \boldsymbol{E} + \boldsymbol{j} \times \boldsymbol{B})_\alpha . \end{aligned} \tag{8.25}$$

Diese Gleichung hat die Struktur einer Bilanz–Gleichung, nämlich

$$\boxed{\frac{\partial}{\partial t} \pi_\alpha + \frac{\partial}{\partial \boldsymbol{r}} \boldsymbol{P}^{(\alpha)} = -f_\alpha.} \tag{8.26}$$

Hierin ist

$$\pi_\alpha = (\boldsymbol{D} \times \boldsymbol{B})_\alpha \quad \text{bzw.} \quad \boldsymbol{\pi} = \boldsymbol{D} \times \boldsymbol{B}, \tag{8.27}$$
$$f_\alpha = (\rho\, \boldsymbol{E} + \boldsymbol{j} \times \boldsymbol{B})_\alpha \quad \text{bzw.} \quad \boldsymbol{f} = \rho\, \boldsymbol{E} + \boldsymbol{j} \times \boldsymbol{B}. \tag{8.28}$$

Der Divergenz–Term in (8.26) ist so zu lesen, dass

$$\boldsymbol{P}^{(\alpha)} = P_{\alpha\beta}\, \boldsymbol{e}_\beta, \qquad \frac{\partial}{\partial \boldsymbol{r}}\, \boldsymbol{P}^{(\alpha)} = \partial_\beta\, P_{\alpha\beta}, \tag{8.29}$$
$$P_{\alpha\beta} := \epsilon_0 \left(\frac{1}{2} \boldsymbol{E}^2\, \delta_{\alpha\beta} - E_\alpha\, E_\beta \right) + \frac{1}{\mu_0} \left(\frac{1}{2} \boldsymbol{B}^2\, \delta_{\alpha\beta} - B_\alpha\, B_\beta \right). \tag{8.30}$$

In Komponenten ausgeschrieben lautet (8.26)

$$\frac{\partial}{\partial t}\, \pi_\alpha + \partial_\beta\, P_{\alpha\beta} = -f_\alpha. \tag{8.31}$$

$P_{\alpha\beta}$ wird also interpretiert als die β–Komponente eines "Vektors" $\boldsymbol{P}^{(\alpha)}$. Da $P_{\alpha\beta}$ symmetrisch ist, $P_{\alpha\beta} = P_{\beta\alpha}$, hängt diese Interpretation nicht von der Reihenfolge der Indizes α und β ab. Die näher liegende Interpretation besteht darin, $P_{\alpha\beta}$ als *Tensor* aufzufassen. Im Abschnitt 3.2.2 hatten wir den Begriff des Tensors bereits eingeführt. Demnach sollte $P_{\alpha\beta}$ dann als Tensor definiert sein, wenn es sich unter orthogonalen Transformationen wie das Produkt von zwei Vektor–Komponenten $a_\alpha\, b_\beta$ transformiert. Dieses Verhalten ist in der Definition (8.30) direkt ablesbar, wenn wir uns daran erinnern, dass auch $\delta_{\alpha\beta}$ ein Tensor ist, wie wir ebenfalls im Abschnitt 3.2.2 bereits gezeigt hatten. Durch die Divergenz–Bildung $\partial_\beta\, P_{\alpha\beta}$ wird nun der Tensor $P_{\alpha\beta}$ zu einem Vektor "verjüngt", ebenso, wie ein Vektor a_β durch die Divergenz–Bildung $\partial_\beta\, a_\beta$ zu einem Skalar "verjüngt" wird.

Bei der physikalischen Diskussion der Bilanz–Gleichung (8.26) gehen wir von der rechten Seite aus. Aus (8.28) lesen wir ab, dass die rechte Seite bis auf das Vorzeichen die Bedeutung der α–Komponente der *räumlichen Dichte der Lorentz–Kraft* hat. Das bestätigen wir sofort, indem wir f_α bzw. $\boldsymbol{f}$ in (8.28) mit dem Volumen–Element d^3r multiplizieren und $\boldsymbol{j} = \rho\, \boldsymbol{v}$ einsetzen:

$$\boldsymbol{f}\, d^3r = \rho\, d^3r\, (\boldsymbol{E} + \boldsymbol{v} \times \boldsymbol{B}) = dq\, \boldsymbol{E} + dq\, \boldsymbol{v} \times \boldsymbol{B}$$

worin $dq = \rho\, d^3r$. Nach dem zweiten Newtonschen Gesetz ist Kraft die Änderung des Impulses pro Zeit, entsprechend für die räumlichen Dichten, so dass $\pi_\alpha = (\boldsymbol{D} \times \boldsymbol{B})_\alpha$ unter der Zeitableitung $\partial/\partial t$ auf der linken Seite von (8.26) die Bedeutung der α–Komponente der *räumlichen Dichte des Feldimpulses* bzw. $\boldsymbol{\pi} = \boldsymbol{D} \times \boldsymbol{B}$ die der räumlichen Dichte des Feldimpulses hat. Dass die Lorentz–Kraftdichte $\boldsymbol{f}$ auf der rechten Seite von (8.26) mit dem negativen Vorzeichen auftritt, hat seinen Grund darin, dass diese die Kraft auf Ladungen, also die Impuls–Änderung pro Zeit für die Ladungen beschreibt. Jede Impuls–Zunahme für die Ladungen bedeutet aber eine Impuls–Abnahme für das Feld und umgekehrt.

Wir folgen nun dem allgemeinen Schema von Bilanz–Gleichungen weiter und interpretieren den Vektor $\boldsymbol{P}^{(\alpha)} = P_{\alpha\beta}\, \boldsymbol{e}_\beta$ als die Flussdichte der α–Komponente des Feldimpulses, bzw. den Tensor $P_{\alpha\beta}$ als β–Komponente der Flussdichte der α–Komponente des Feldimpulses. Wegen der Symmetrie von $P_{\alpha\beta}$, also $P_{\alpha\beta} = P_{\beta\alpha}$ ist die letztere Interpretation invariant gegen eine Vertauschung der Indizes α und β.

In der materiellen Kontinuums–Theorie wird gezeigt, dass der wesentliche Anteil der Diagonal–Elemente von Impuls–Flussdichten der hydrostatische Druck ist. Darum heißen Impuls–Flussdichten auch Spannungs–Tensoren, und $P_{\alpha\beta}$ darum der *Maxwellsche Spannungstensor*.

8.3.2 Bilanz des Drehimpulses

Aus der Bilanz–Gleichung (8.26) für den Impuls können wir eine Bilanz–Gleichung auch für den Drehimpuls gewinnen, wenn wir uns daran erinnern, dass der Drehimpuls $\boldsymbol{L}$ mit dem Impuls $\boldsymbol{p}$ durch $\boldsymbol{L} = \boldsymbol{r} \times \boldsymbol{p}$, in Komponenten $L_\mu = \epsilon_{\mu\nu\alpha}\, x_\nu\, p_\alpha$ zusammenhängt. Wir gehen aus von (8.31),

$$\partial_t\, \pi_\alpha + \partial_\beta\, P_{\alpha\beta} = -f_\alpha, \tag{8.32}$$

$\partial_t := \partial/\partial t$. Um daraus eine Aussage über den Drehimuls zu erhalten, müssen wir offensichtlich mit $\epsilon_{\mu\nu\alpha}\, x_\nu$ multiplizieren, wobei diese "Multiplikation" natürlich immer die Summations–Konvention einschließt:

$$\epsilon_{\mu\nu\alpha}\, x_\nu\, \partial_t\, \pi_\alpha + \epsilon_{\mu\nu\alpha}\, x_\nu\, \partial_\beta\, P_{\alpha\beta} = -\epsilon_{\mu\nu\alpha}\, x_\nu\, f_\alpha. \tag{8.33}$$

Es ist

$$\epsilon_{\mu\nu\alpha}\, x_\nu\, \partial_t\, \pi_\alpha = \partial_t\, (\epsilon_{\mu\nu\alpha}\, x_\nu\, \pi_\alpha)\,,$$

weil die partielle Zeitableitung ∂_t (bei festgehaltenem Ort) nicht auf die Koordinate x_ν wirkt: $\partial_t\, x_\nu = 0$.

Mit der Produktregel der Differentiation erhalten wir weiter

$$\begin{aligned} \epsilon_{\mu\nu\alpha}\, x_\nu\, \partial_\beta\, P_{\alpha\beta} &= \partial_\beta\, (\epsilon_{\mu\nu\alpha}\, x_\nu\, P_{\alpha\beta}) - \epsilon_{\mu\nu\alpha}\, P_{\alpha\beta}\, \partial_\beta\, x_\nu \\ &= \partial_\beta\, (\epsilon_{\mu\nu\alpha}\, x_\nu\, P_{\alpha\beta}) - \epsilon_{\mu\beta\alpha}\, P_{\alpha\beta} \\ &= \partial_\beta\, (\epsilon_{\mu\nu\alpha}\, x_\nu\, P_{\alpha\beta})\,. \end{aligned}$$

Darin haben wir benutzt, dass $\partial_\beta\, x_\nu = \delta_{\beta\nu}$ und $\epsilon_{\mu\beta\alpha}\, P_{\alpha\beta} = 0$, weil $P_{\alpha\beta}$ symmetrisch ist und eine Kombination $\epsilon_{\mu\beta\alpha}\, P_{\alpha\beta}$ mit einem symmetrischen Tensor $P_{\alpha\beta}$ immer verschwindet, vgl. Abschnitt 1.3.3.

Wir setzen diese Umformungen in (8.33) ein und erhalten (mit einer Umbenennung der Indizes $\alpha \to \gamma, \mu \to \alpha$) die Bilanz–Gleichung

$$\begin{aligned} \partial_t\, \ell_\alpha + \partial_\beta\, T_{\alpha\beta} &= -\tau_\alpha, & (8.34)\\ \ell_\alpha &= \epsilon_{\alpha\nu\gamma}\, x_\nu\, \pi_\gamma, & (8.35)\\ T_{\alpha\beta} &= \epsilon_{\alpha\nu\gamma}\, x_\nu\, P_{\gamma\beta}, & (8.36)\\ \tau_\alpha &= \epsilon_{\alpha\nu\gamma}\, x_\nu\, f_\gamma. & (8.37) \end{aligned}$$

Hier sind ℓ_α die α–Komponente der räumlichen Dichte des Feld–Drehimpulses, $T_{\alpha\beta}$ die β–Komponente der Flussdichte der α–Komponente des Feld–Drehimpulses, die keine Symmetrie besitzt, und τ_α die α–Komponente der räumlichen Dichte des Drehmoments der Lorentz–Kraft.

Wir können die Drehimpuls–Bilanz (8.34) auch wieder in derselben Form wie die Impuls–Bilanz schreiben:

$$\boxed{\frac{\partial}{\partial t}\, \ell_\alpha + \frac{\partial}{\partial \boldsymbol{r}}\, \boldsymbol{T}^{(\alpha)} = \tau_\alpha,} \qquad \boldsymbol{T}^{(\alpha)} := T_{\alpha\beta}\, \boldsymbol{e}_\beta. \qquad (8.38)$$

8.4 Erhaltung von Energie, Impuls und Drehimpuls

Die oben hergeleiteten Bilanz–Gleichungen für Energie, Impuls und Drehimpuls enthalten auf ihren rechten Seiten jeweils "Austauschterme" für den Austausch von Energie, Impuls und Drehimpuls des Feldes mit geladenen Teilchen. Letztere sind durch ihre Ladungsdichte ρ und ihre Flussdichte $\boldsymbol{j}$ beschrieben. Nun sind Energie, Impuls und Drehimpuls die elementaren physikalischen Variablen, für die Erhaltungssätze gelten. Um die hier formulierten Bilanz–Gleichungen zu Erhaltungssätzen zu erweitern, müsste man die entsprechenden Bilanzen auch für das System der geladenen Teilchen aufstellen. Im Allgemeinen wechselwirken diese auch mit weiteren ungeladenen Teilchen, die dann ebenfalls einzuschließen wären. Wie wir im Fall der elektrischen Leitung im Abschnitt 8.2.2 gesehen haben, kann Feldenergie schließlich sogar in Wärme–Energie überführt werden. Folglich müssten auch die thermodynamischen Bilanz–Gleichungen für Energie, Impuls und Drehimpuls eingeschlossen werden. Erst diese Gesamtheit von gekoppelten Bilanz–Gleichung würde die Erhaltung von Energie, Impuls und Drehimpuls sichtbar werden lassen.

Ein einfacherer Fall liegt für das sogenannte *freie Feld* vor. Darunter versteht man die Dynamik von $\boldsymbol{E}$ und $\boldsymbol{B}$ ohne Vorhandensein von geladenen Teilchen, also für $\rho = 0$ und $\boldsymbol{j} = 0$. Für diesen Fall verschwinden die rechten Seiten der oben hergeleiteten Bilanz–Gleichungen, und wir erhalten Erhaltungssätze für Energie, Impuls und Drehimpuls des Feldes:

$$\text{Energie:} \qquad \frac{\partial w}{\partial t} + \frac{\partial}{\partial \boldsymbol{r}} \boldsymbol{S} = 0, \tag{8.39}$$

$$\text{Impuls:} \qquad \frac{\partial}{\partial t} \pi_\alpha + \frac{\partial}{\partial \boldsymbol{r}} \boldsymbol{P}^{(\alpha)} = 0, \tag{8.40}$$

$$\text{Drehimpuls:} \qquad \frac{\partial}{\partial t} \ell_\alpha + \frac{\partial}{\partial \boldsymbol{r}} \boldsymbol{T}^{(\alpha)} = 0. \tag{8.41}$$

Dass für das freie Feld Energie, Impuls und Drehimpuls erhalten sind, war zu erwarten. Aus dem Noetherschen Theorem der Mechanik wissen wir ja, dass Erhaltungssätze für Energie, Impuls und Drehimpuls Konsequenzen aus *Invarianzen* sind, nämlich den Invarianzen gegen Translationen der Zeit, Translationen des Ortes und Drehungen um beliebige Achsen im Raum. Das gilt auch für Feldgleichungen. Die freien Maxwellschen Gleichungen (also für $\rho = 0$ und $\boldsymbol{j} = 0$) enthalten

(1) die *Zeit* nur als Ableitung $\partial/\partial t$, sind also invariant gegen Translationen der Zeit,

(2) den *Ort* nur als Ableitung $\partial/\partial \boldsymbol{r}$, sind also invariant gegen Translationen des Ortes,

(3) zwar keine *Winkelvariablen*, sondern vektorielle Operationen wie Rotation und Divergenz, die gegen Transformationen der Basis, also gegen Drehungen invariant sind.

Wenn $\rho \neq 0,\ \boldsymbol{j} \neq 0$ wären, könnten vorgegebene Ladungsdichten und Flussdichten Zeitprogramme, räumliche Inhomogenitäten und ausgezeichnete Richtungen vorgeben und damit die obigen Invarianzen brechen.

Kapitel 9

Freie elektromagnetische Wellen

In diesem Kapitel werden wir Lösungen der Maxwellschen Gleichungen diskutieren. Die Maxwellschen Gleichungen sind – vom mathematischen Standpunkt aus gesehen – *partielle Differential-Gleichungen* in den Variablen Ort und Zeit. Zu ihrer Lösung müssen – außer Ladungs– und Flussdichte $\rho(\boldsymbol{r}, t)$ bzw. $\boldsymbol{j}(\boldsymbol{r}, t)$ – *Randbedingungen* für die Felder $\boldsymbol{E}(\boldsymbol{r}, t)$ und $\boldsymbol{B}(\boldsymbol{r}, t)$ vorgegeben werden. Die räumlichen Randbedingungen besagen, wie sich die Felder z.B. für $|\boldsymbol{r}| \to \infty$ verhalten sollen. Es können aber auch räumliche Randbedingungen für endliche Orte $\boldsymbol{r}$ auftreten, z.B. dann, wenn elektrische Leiter anwesend sind, vgl. Abschnitt 4.1. Die "zeitlichen Randbedingungen" besagen, welchen Verlauf die Felder zu einer bestimmten Anfangszeit haben sollen. Man würde sie dann eher Anfangsbedingungen nennen.

Wir können in diesem Text keine mathematisch erschöpfende Theorie der Lösung von partiellen Differential–Gleichungen formulieren. Im Kapitel 4 hatten wir einige Techniken zur Lösung statischer partieller Differential–Gleichungen, sogenannter Randwert–Probleme, angeführt. Wir werden auch in diesem Kapitel immer wieder auf Randbedingungen zurückkommen. Vorerst wollen wir für dieses Kapitel vereinbaren, dass die zu diskutierenden Lösungen der Maxwellschen Gleichungen den gesamten Raum erfüllen können, dass es also keine Randbedingungen im Endlichen zu erfüllen geben soll.[1]

Wir wollen weiterhin in diesem Kapitel den besonderen Fall diskutieren, dass keine geladenen Teilchen auftreten. Dann verschwinden Ladungs– und Flussdichten: $\rho = 0$, $\boldsymbol{j} = 0$. Die zu lösenden Maxwellschen Gleichungen lauten in diesem Fall

[1] Beispiele für die Erfüllung von Randbedingungen im Endlichen finden sich in den Übungsaufgaben zu diesem Kapitel.

$$\frac{\partial}{\partial \boldsymbol{r}} \times \boldsymbol{E} = -\frac{\partial}{\partial t} \boldsymbol{B}, \qquad \frac{\partial}{\partial \boldsymbol{r}} \boldsymbol{E} = 0, \tag{9.1}$$

$$\frac{\partial}{\partial \boldsymbol{r}} \times \boldsymbol{B} = \frac{1}{c^2} \frac{\partial}{\partial t} \boldsymbol{E}, \qquad \frac{\partial}{\partial \boldsymbol{r}} \boldsymbol{B} = 0, \tag{9.2}$$

worin bis jetzt noch $1/c^2 = \epsilon_0 \mu_0$ bzw. $c = 1/\sqrt{\epsilon_0 \mu_0}$ als Abkürzung verwendet wird. Im Abschnitt 7.4 haben wir gezeigt, dass aus den Maxwellschen Gleichungen *Wellengleichungen* folgen. Für verschwindende Ladungs– und Flussdichten haben diese die Form

$$\boxed{\Box \boldsymbol{E} = \left(\Delta - \frac{1}{c^2} \frac{\partial^2}{\partial t^2} \right) \boldsymbol{E} = 0, \qquad \Box \boldsymbol{B} = \left(\Delta - \frac{1}{c^2} \frac{\partial^2}{\partial t^2} \right) \boldsymbol{B} = 0.} \tag{9.3}$$

Die Lösungen dieser Wellengleichungen heißen *freie Wellen.* Wir müssen aber beachten, dass die Wellengleichungen Folgerungen aus den Maxwellschen Gleichungen, doch nicht etwa äquivalent zu ihnen sind. Um die Eigenschaften von freien Wellen in $\boldsymbol{E}$ und $\boldsymbol{B}$ zu bestimmen, müssen wir gelegentlich auf die Maxwellschen Gleichungen (9.1) und (9.2) zurückgreifen.

Wir erinnern noch daran, dass auch die Potentiale Φ und $\boldsymbol{A}$ Wellengleichungen vom Typ (9.3) erfüllen, vgl. Abschnitt 7.4.2.

9.1 Ebene Wellen

Wir betrachten in diesem Abschnitt einen besonders einfachen Typ von Lösungen der Wellengleichungen (9.3), auf den wir im weiteren Verlauf dieses Kapitels noch zurückgreifen werden. Die Wellengleichungen (9.3) sind vom Typ

$$\Box\, u = \left(\Delta - \frac{1}{c^2} \frac{\partial^2}{\partial t^2} \right) u = 0, \tag{9.4}$$

worin $u = u(\boldsymbol{r}, t)$ anstelle der Komponenten von $\boldsymbol{E}$ und $\boldsymbol{B}$ steht.

9.1.1 Ebene Wellen in z–Richtung

Wir nehmen an, dass die Felder $\boldsymbol{E}$ und $\boldsymbol{B}$ bzw. u in (9.4) nur von einer Koordinatenrichtung, z.B. nur von $x_3 =: z$ abhängt: $u = u(z,t)$. Dann wird aus (9.4)

$$\left(\frac{\partial^2}{\partial z^2} - \frac{1}{c^2}\frac{\partial^2}{\partial t^2}\right) u(z,t) = 0. \tag{9.5}$$

Wir suchen Lösungen dieser Gleichung durch die Substitutionen

$$\left.\begin{aligned} \xi &:= z - c\,t, & z &= \frac{1}{2}\,(\eta + \xi)\,, \\ \eta &:= z + c\,t, & t &= \frac{1}{2\,c}\,(\eta - \xi)\,. \end{aligned}\right\} \tag{9.6}$$

Damit wird

$$\begin{aligned} \frac{\partial}{\partial \xi} &= \frac{\partial z}{\partial \xi}\frac{\partial}{\partial z} + \frac{\partial t}{\partial \xi}\frac{\partial}{\partial t} = \frac{1}{2}\left(\frac{\partial}{\partial z} - \frac{1}{c}\frac{\partial}{\partial t}\right), \\ \frac{\partial}{\partial \eta} &= \frac{\partial z}{\partial \eta}\frac{\partial}{\partial z} + \frac{\partial t}{\partial \eta}\frac{\partial}{\partial t} = \frac{1}{2}\left(\frac{\partial}{\partial z} + \frac{1}{c}\frac{\partial}{\partial t}\right), \\ \Longrightarrow \quad \frac{\partial^2}{\partial \xi\,\partial \eta} &= \frac{1}{4}\left(\frac{\partial^2}{\partial z^2} - \frac{1}{c^2}\frac{\partial^2}{\partial t^2}\right). \end{aligned}$$

Wir können die Wellengleichung (9.5) also in der Form

$$\frac{\partial^2}{\partial \xi\,\partial \eta}\,u = 0 \tag{9.7}$$

schreiben. Diese Gleichung besitzt die allgemeine Lösung $u = f_+(\xi) + f_-(\eta)$ bzw. durch Rücktransformation in die Variablen z, t

$$u(z,t) = f_+(z - c\,t) + f_-(z + c\,t), \tag{9.8}$$

worin die $f_+(\ldots)$ und $f_-(\ldots)$ beliebige (zweimal differenzierbare) Funktionen sind. Die Lösung $u(z,t) = f_+(z - ct)$ bedeutet anschaulich, dass ein beliebiger, z.B. zur Zeit $t = 0$ vorgegebener Funktionsverlauf $f_+(z)$ sich mit der Geschwindigkeit c in die positive z–Richtung verschiebt, entsprechend in negativer z–Richtung für $u(z,t) = f_-(z + ct)$. Da die Wellengleichung linear in u ist, lassen sich die beiden Lösungen überlagern. Natürlich hängt diese Deutung nicht von $t = 0$ als Anfangszeit ab. Der Funktionsverlauf kann bei beliebiger Zeit $t = t_0$ in der Form $u = f_\pm(z \pm c\,t_0)$ vorgegeben sein.

An dieser Stelle der Entwicklung der Theorie können wir nun erstmalig feststellen, dass die bisher nur als Abkürzung benutzte Größe $c = 1/\sqrt{\epsilon_0\,\mu_0}$ die Bedeutung der Geschwindigkeit von (zunächst ebenen) elektromagnetischen Wellen hat. Wir hatten bisher lediglich festgestellt, dass $c = 1/\sqrt{\epsilon_0\,\mu_0}$ die Einheit einer Geschwindigkeit besitzt, vgl. Abschnitt 5.2.2.

Das Argument $z \mp c\,t$ in $f_\pm(\ldots)$ heißt die *Phase* der Lösung der Wellengleichung. Den Punkten z gleicher Phase sind also dieselben Werte der "Wellenfunktion" $f_\pm(z \mp c\,t)$, d.h., dieselben physikalischen Feldzustände zugeordnet. Die Punkte gleicher Phase liegen auf den Ebenen $z = \pm c\,t$, die senkrecht auf dem Basis–Vektor $\boldsymbol{e}_z$ in z–Richtung stehen und sich mit der Geschwindigkeit $\pm c$ in der Richtung $\boldsymbol{e}_z$ bewegen. Lösungen der Wellengleichung von diesem Typ heißen allgemein *ebene Wellen*. Ein Beispiel ist

$$f_\pm(z \mp c\,t) = \frac{C}{b} \exp\left[-\frac{(z \mp c\,t)^2}{2\,b^2}\right].$$

(C =const). Dieses ist ein "Wellenbuckel" in der Form einer Gauß–Glocke der Breite b.

9.1.2 Allgemeine ebene Wellen

Die oben beschriebenen ebenen Wellen, die sich in z–Richtung fortbewegen, lassen sich sogleich verallgemeinern zu

$$u(\boldsymbol{r}, t) = f\,(\boldsymbol{n}\,\boldsymbol{r} - c\,t)\,. \tag{9.9}$$

Hier ist $\boldsymbol{n}$ ein Einheitsvektor, $\boldsymbol{n}^2 = 1$, in einer beliebigen Raumrichtung und $f(\ldots)$ wieder eine beliebige (zweimal differenzierbare) Funktion. Zunächst zeigen wir, dass u in (9.9) eine Lösung der Wellengleichung $\Box\, u = 0$ ist:

$$\partial_\alpha u = n_\alpha f'(\boldsymbol{n}\,\boldsymbol{r} - c\,t)\,, \qquad \Delta u = \partial_\alpha^2 u = n_\alpha^2 f''(\boldsymbol{n}\,\boldsymbol{r} - c\,t) = f''(\boldsymbol{n}\,\boldsymbol{r} - c\,t)\,,$$

$$\partial_t u = -c\,f'(\boldsymbol{n}\,\boldsymbol{r} - c\,t)\,, \qquad \partial_t^2 u = c^2 f''(\boldsymbol{n}\,\boldsymbol{r} - c\,t)\,,$$

$$\Box u = \left(\Delta - \frac{1}{c^2}\partial_t^2\right) u = 0.$$

($f'(\ldots)$ und $f''(\ldots)$ bedeuten die ersten und zweiten Ableitungen der Funktionen nach ihrem Argument.) Die Orte gleicher Phase der Lösung u in (9.9) liegen auf Ebenen $\boldsymbol{n}\,\boldsymbol{r} - c\,t = \phi_0$ =const. Wir formen diese Darstellung um in

$$\boldsymbol{n}\,(\boldsymbol{r} - \boldsymbol{n}\,(c\,t + \phi_0)) = 0.$$

Die Orte $\boldsymbol{r}$ gleicher Phase liegen also in einer Ebene, die senkrecht auf $\boldsymbol{n}$ steht und den Punkt $\boldsymbol{r}_0(t) = \boldsymbol{n}\,(c\,t + \phi_0)$ enthält. Dieser bewegt sich mit der Geschwindigkeit c in $\boldsymbol{n}$–Richtung.

Wie wir oben bereits bemerkt hatten, steht u für die Komponenten der Felder $\boldsymbol{E}$ und $\boldsymbol{B}$. Wir könnten gemäß (9.9) also für diese Felder Lösungen der Wellengleichung in der Form

$$E_\alpha(\boldsymbol{r}, t) = f_\alpha\left(\boldsymbol{n}^{(\alpha,\boldsymbol{E})}\,\boldsymbol{r} - c\,t\right), \qquad B_\alpha(\boldsymbol{r}, t) = g_\alpha\left(\boldsymbol{n}^{(\alpha,\boldsymbol{B})}\,\boldsymbol{r} - c\,t\right) \tag{9.10}$$

konstruieren, worin die $f_\alpha(\ldots)$, $g_\alpha(\ldots)$ insgesamt 6 beliebige (zweimal differenzierbare) Funktionen und die $\boldsymbol{n}^{(\alpha,\boldsymbol{E})}$, $\boldsymbol{n}^{(\alpha,\boldsymbol{B})}$ 6 beliebige Einheitsvektoren sind. Allerdings müssten wir diese Lösungen noch in die vollständigen Maxwellschen Gleichungen (9.1) und (9.2) einsetzen und daraus weitere Bedingungen an die Funktionen $f_\alpha(\ldots)$, $g_\alpha(\ldots)$ und die Vektoren $\boldsymbol{n}^{(\alpha,\boldsymbol{E})}$, $\boldsymbol{n}^{(\alpha,\boldsymbol{B})}$ gewinnen. Wir beschränken uns statt dessen von vornherein auf die folgenden, physikalisch anschaulichen Fälle

$$\boldsymbol{E}(\boldsymbol{r}, t) = \boldsymbol{E}_0\, f\,(\boldsymbol{n}\,\boldsymbol{r} - c\,t)\,, \qquad \boldsymbol{B}(\boldsymbol{r}, t) = \boldsymbol{B}_0\, f\,(\boldsymbol{n}\,\boldsymbol{r} - c\,t)\,. \tag{9.11}$$

Die Felder unterscheiden sich hier nur durch ihre Amplituden–Vektoren $\boldsymbol{E}_0$, $\boldsymbol{B}_0$ und haben im Übrigen dieselbe Orts– und Zeitabhängigkeit und damit auch dieselbe Ausbreitungsrichtung $\boldsymbol{n}$. Wir untersuchen nun, welche Aussagen wir über die Parameter

$\boldsymbol{E}_0, \boldsymbol{B}_0, \boldsymbol{n}$ aus den Maxwellschen Gleichungen (9.1) und (9.2) erhalten. Wir beginnen mit der Bedingung, dass die Divergenzen von $\boldsymbol{E}$ und $\boldsymbol{B}$ verschwinden müssen:

$$\begin{aligned} \frac{\partial}{\partial \boldsymbol{r}} \boldsymbol{E} &= \frac{\partial}{\partial \boldsymbol{r}} \left(\boldsymbol{E}_0 f\left(\boldsymbol{n}\,\boldsymbol{r} - c\,t\right)\right) = \partial_\alpha \left(E_{0,\alpha} f\left(\boldsymbol{n}\,\boldsymbol{r} - c\,t\right)\right) = \\ &= E_{0,\alpha}\, \partial_\alpha f\left(\boldsymbol{n}\,\boldsymbol{r} - c\,t\right) = n_\alpha\, E_{0,\alpha}\, f'\left(\boldsymbol{n}\,\boldsymbol{r} - c\,t\right) = \\ &= \left(\boldsymbol{n}\,\boldsymbol{E}_0\right)\, f'\left(\boldsymbol{n}\,\boldsymbol{r} - c\,t\right). \end{aligned}$$

Damit die Divergenz verschwindet, muss $\boldsymbol{n}\,\boldsymbol{E}_0 = 0$ sein. (Lösungen mit $f(\ldots) =$ const seien ausgeschlossen.) Die Feldamplitude $\boldsymbol{E}_0$ und damit das Feld $\boldsymbol{E}(\boldsymbol{r}, t)$ müssen senkrecht auf der Ausbreitungsrichtung $\boldsymbol{n}$ stehen. Dieselbe Rechnung für $\boldsymbol{B}$ statt $\boldsymbol{E}$ ergibt $\boldsymbol{n}\,\boldsymbol{B}_0 = 0$, also dieselbe Aussage für $\boldsymbol{B}(\boldsymbol{r}, t)$. Wellen mit dieser Eigenschaft, also

$$\boldsymbol{n}\,\boldsymbol{E}_0 = 0, \qquad \boldsymbol{n}\,\boldsymbol{B}_0 = 0, \tag{9.12}$$

heißen *transversal.* Die elektromagnetischen (zunächst ebenen) Wellen sind transversal.

In einem nächsten Schritt fordern wir, dass die Lösungen (9.11) die Maxwell–Gleichung

$$\frac{\partial}{\partial \boldsymbol{r}} \times \boldsymbol{E} = -\frac{\partial}{\partial t} \boldsymbol{B} \tag{9.13}$$

erfüllen. Es ist

$$\frac{\partial}{\partial \boldsymbol{r}} \times \boldsymbol{E} = \frac{\partial}{\partial \boldsymbol{r}} \times \left(\boldsymbol{E}_0 f\left(\boldsymbol{n}\,\boldsymbol{r} - c\,t\right)\right) = \left(\frac{\partial}{\partial \boldsymbol{r}} f\left(\boldsymbol{n}\,\boldsymbol{r} - c\,t\right)\right) \times \boldsymbol{E}_0. \tag{9.14}$$

Diese Umformung entnehmen wir aus der Produkt–Regel für eine skalare Funktion $\phi = \phi(\boldsymbol{r})$ und einem Vektorfeld $\boldsymbol{a} = \boldsymbol{a}(\boldsymbol{r})$

$$\frac{\partial}{\partial \boldsymbol{r}} \times (\phi\, \boldsymbol{a}) = \frac{\partial \phi}{\partial \boldsymbol{r}} \times \boldsymbol{a} + \phi\, \frac{\partial}{\partial \boldsymbol{r}} \times \boldsymbol{a}, \tag{9.15}$$

die wir in Komponenten–Schreibweise unter Verwendung der gewöhnlichen Produkt–Regel der Differentiation wie folgt nachweisen:

$$\left\{\frac{\partial}{\partial \boldsymbol{r}} \times (\phi\,\boldsymbol{a})\right\}_\alpha = \epsilon_{\alpha\beta\gamma}\,\partial_\beta\,(\phi\,a_\gamma) = \epsilon_{\alpha\beta\gamma}\,(\partial_\beta\,\phi)\,a_\gamma + \phi\,\epsilon_{\alpha\beta\gamma}\,\partial_\beta\,a_\gamma.$$

Wenn wir in (9.15) $\phi = f(\boldsymbol{n}\,\boldsymbol{r} - c\,t)$ und $\boldsymbol{a} = \boldsymbol{E}_0$ setzen und beachten, dass $\boldsymbol{E}_0$ unabhängig von $\boldsymbol{r}$ ist, erhalten wir die Umformung (9.14). Ferner ist

$$\frac{\partial}{\partial \boldsymbol{r}}\,f\,(\boldsymbol{n}\,\boldsymbol{r} - c\,t) = \boldsymbol{n}\,f'\,(\boldsymbol{n}\,\boldsymbol{r} - c\,t)\,,$$

wie oben bereits komponentenweise benutzt, so dass

$$\frac{\partial}{\partial \boldsymbol{r}} \times \boldsymbol{E} = \boldsymbol{n} \times \boldsymbol{E}_0\,f'\,(\boldsymbol{n}\,\boldsymbol{r} - c\,t)\,. \tag{9.16}$$

Andererseits ist

$$\frac{\partial}{\partial t}\,\boldsymbol{B} = \frac{\partial}{\partial t}\,(\boldsymbol{B}_0\,f\,(\boldsymbol{n}\,\boldsymbol{r} - c\,t)) = -c\,\boldsymbol{B}_0\,f'\,(\boldsymbol{n}\,\boldsymbol{r} - c\,t)\,. \tag{9.17}$$

(9.16) und (9.17) eingesetzt in die Maxwellsche Gleichung (9.13) führt auf die Forderung

$$\boldsymbol{n} \times \boldsymbol{E}_0 = c\,\boldsymbol{B}_0. \tag{9.18}$$

Das bedeutet insbesondere, dass nicht nur $\boldsymbol{E}_0$ und $\boldsymbol{B}_0$ senkrecht auf der Ausbreitungsrichtung $\boldsymbol{n}$ stehen, sondern dass darüber hinaus auch $\boldsymbol{E}_0$ und $\boldsymbol{B}_0$ aufeinander senkrecht stehen. Was die Orientierungen betrifft, bilden die Vektoren $\boldsymbol{n}$, $\boldsymbol{E}_0$, $\boldsymbol{B}_0$ gemäß (9.18) in dieser Reihenfolge ein rechts–orientiertes "Dreibein".

Es bleibt noch zu fordern, dass die Lösungen (9.11) auch die Maxwell–Gleichung

$$\frac{\partial}{\partial \boldsymbol{r}} \times \boldsymbol{B} = \frac{1}{c^2}\,\frac{\partial}{\partial t}\,\boldsymbol{E} \tag{9.19}$$

erfüllen. Mit den analogen Umformungen wie oben ist

$$\begin{aligned}
\frac{\partial}{\partial \boldsymbol{r}} \times \boldsymbol{B} &= \boldsymbol{n} \times \boldsymbol{B}_0 \, f'(\boldsymbol{n}\,\boldsymbol{r} - c\,t)\,, \\
\frac{\partial}{\partial t} \boldsymbol{E} &= -c\,\boldsymbol{E}_0 \, f'(\boldsymbol{n}\,\boldsymbol{r} - c\,t)\,,
\end{aligned}$$

was, eingesetzt in (9.19), auf

$$\boldsymbol{n} \times \boldsymbol{B}_0 = -\frac{1}{c}\,\boldsymbol{E}_0 \tag{9.20}$$

führt. Diese Gleichung ist aber identisch mit (9.18). Das erkennen wir, wenn wir auf (9.20) von links die Operation $\boldsymbol{n}\times$ anwenden,

$$\boldsymbol{n} \times (\boldsymbol{n} \times \boldsymbol{B}_0) = -\frac{1}{c}\,\boldsymbol{n} \times \boldsymbol{E}_0,$$

und jetzt auf der linken Seite die Identität

$$\boldsymbol{n} \times (\boldsymbol{n} \times \boldsymbol{B}_0) = (\boldsymbol{n}\,\boldsymbol{B}_0)\,\boldsymbol{n} - \boldsymbol{n}^2\,\boldsymbol{B}_0$$

beachten. Mit $\boldsymbol{n}\,\boldsymbol{B}_0 = 0$, vgl. (9.12), und $\boldsymbol{n}^2 = 1$ kommen wir wieder zu (9.20). Dass die letzte der noch offenen Maxwellschen Gleichungen keine neue Aussage liefert, ist verständlich, weil unser Lösungsansatz ja bereits die aus den Maxwellschen Gleichungen folgende Wellengleichung erfüllte.

9.2 Monochromatische ebene Wellen

9.2.1 Einzelne monochromatische ebene Welle

Von besonderer Bedeutung sind die *monochromatischen* ebenen Wellen,

$$\boldsymbol{E}(\boldsymbol{r},t) \sim \cos(\boldsymbol{k}\,\boldsymbol{r} - \omega\,t + \phi), \qquad \boldsymbol{B}(\boldsymbol{r},t) \sim \cos(\boldsymbol{k}\,\boldsymbol{r} - \omega\,t + \phi), \tag{9.21}$$

weil noch gezeigt werden wird, dass sich beliebige freie Wellen stets als Überlagerung von monochromatischen ebenen Wellen darstellen lassen. Hier haben wir das bisher verwendete Argument $\boldsymbol{n}\,\boldsymbol{r} - c\,t$, das ja die Dimension Länge besitzt, durch Multiplikation mit einem Faktor der Dimension 1/Länge dimensionslos gemacht, um es als Argument in der Funktion cos (...) verwenden zu können:

$$\boldsymbol{k}\,\boldsymbol{r} - \omega\,t := k\,(\boldsymbol{n}\,\boldsymbol{r} - c\,t), \quad \Longrightarrow \begin{cases} \boldsymbol{k} &= k\,\boldsymbol{n}, \\ \omega &= c\,k \end{cases} \tag{9.22}$$

Der *Wellenzahl–Vektor* $\boldsymbol{k}$ ist verknüpft mit der *Wellenlänge* λ. Letztere ist dadurch definiert, dass sich die Welle als Funktion des Ortes nach Fortschreiten um λ in Ausbreitungs–Richtung $\boldsymbol{k} \sim \boldsymbol{n}$ periodisch wiederholt:

$$|\boldsymbol{k}|\,\lambda = 2\,\pi, \qquad |\boldsymbol{k}| = \frac{2\,\pi}{\lambda}. \tag{9.23}$$

Die *Kreisfrequenz* ω ist mit der Schwingungsdauer T verknüpft:

$$\omega\,T = 2\,\pi, \qquad \omega = \frac{2\,\pi}{T}. \tag{9.24}$$

Die *Frequenz* f ist definiert durch $f := 1/T = \omega/(2\,\pi) = c/\lambda$. ϕ in (9.21) ist eine beliebige Phasenkonstante.

Die Rechnungen mit monochromatischen ebenen Wellen gestalten sich erheblich einfacher in der komplexen Schreibweise

$$\boldsymbol{E}(\boldsymbol{r},t) = \boldsymbol{E}_0\,\mathrm{e}^{\mathrm{i}\,(\boldsymbol{k}\,\boldsymbol{r} - \omega\,t)}, \qquad \boldsymbol{B}(\boldsymbol{r},t) = \boldsymbol{B}_0\,\mathrm{e}^{\mathrm{i}\,(\boldsymbol{k}\,\boldsymbol{r} - \omega\,t)}. \tag{9.25}$$

Diese Schreibweise ist so zu interpretieren, dass bei allen Schlüssen auf physikalisch reale und damit auch reelle Felder die *Realteile* zu bilden sind. Das ist eine völlig unproblematische Operation, solange nur Ausdrücke betroffen sind, die *linear* in den Feldern sind. Wenn Produkte, z.B. Quadrate von Feldern wie in Ausdrücken für die Feldenergie zu bilden sind, ist wie folgt vorzugehen:

(1) Bildung des Realteils,

(2) Bildung der Produktausdrücke.

Wenn wir im Folgenden Ausdrücke $\boldsymbol{E}_0^2$ usw. bilden, soll allerdings das komplexwertige Quadrat des komplexen Vektors $\boldsymbol{E}_0$ gemeint sein.

Die früheren (äquivalenten) Beziehungen (9.18) und (9.20)

$$\boldsymbol{B}_0 = \frac{1}{c}\,\boldsymbol{n} \times \boldsymbol{E}_0 \qquad \text{bzw.} \qquad \boldsymbol{E}_0 = -c\,\boldsymbol{n} \times \boldsymbol{B}_0 \tag{9.26}$$

werden mit $\boldsymbol{n} = \boldsymbol{k}/k$, $k := |\boldsymbol{k}|$, s.o., zu

$$\boldsymbol{B}_0 = \frac{1}{c\,k}\,\boldsymbol{k} \times \boldsymbol{E}_0 = \frac{1}{\omega}\,\boldsymbol{k} \times \boldsymbol{E}_0 \qquad \text{bzw.} \qquad \boldsymbol{E}_0 = -\frac{c}{k}\,\boldsymbol{k} \times \boldsymbol{B}_0 = -\frac{c^2}{\omega}\,\boldsymbol{k} \times \boldsymbol{B}_0. \tag{9.27}$$

Auch die Amplituden–Vektoren $\boldsymbol{E}_0, \boldsymbol{B}_0$ sollen komplex sein dürfen. Die Relationen (9.27) sind dann so zu lesen, dass sie sowohl für die Real– als auch für die Imaginärteile von $\boldsymbol{E}_0, \boldsymbol{B}_0$ gelten sollen. Die Vektoren $\boldsymbol{k}$ bzw. $\boldsymbol{n}$ sollen jedoch nach wie vor reell sein. Wie oben bereits bemerkt, ist auch das Quadrat $\boldsymbol{E}_0^2$ eine komplexe Zahl. Wir definieren nun einen Phasenwinkel α sowie einen Amplituden–Vektor $\boldsymbol{\mathcal{E}}$ durch

$$\boldsymbol{E}_0^2 = |\boldsymbol{E}_0^2|\,\mathrm{e}^{-2\,\mathrm{i}\,\alpha}, \qquad \boldsymbol{\mathcal{E}} = \boldsymbol{E}_0\,\mathrm{e}^{\mathrm{i}\,\alpha}. \tag{9.28}$$

$-\pi < 2\,\alpha \leq \pi$. Es folgt, dass $\boldsymbol{\mathcal{E}}^2$ reell ist:

$$\boldsymbol{\mathcal{E}}^2 = \mathrm{e}^{2\,\mathrm{i}\,\alpha}\,\boldsymbol{E}_0^2 = |\boldsymbol{E}_0^2|. \tag{9.29}$$

Dagegen ist $\boldsymbol{\mathcal{E}}$ im Allgemeinen nicht reell, sondern besitzt einen Real– und Imaginärteil:

$$\boldsymbol{\mathcal{E}} = \boldsymbol{E}_1 + \mathrm{i}\,\boldsymbol{E}_2, \tag{9.30}$$

worin $\boldsymbol{E}_1$, $\boldsymbol{E}_2$ reell sein sollen. Aus dieser Darstellung folgt

$$\boldsymbol{\mathcal{E}}^2 = \boldsymbol{E}_1^2 - \boldsymbol{E}_2^2 + 2\,\mathrm{i}\,\boldsymbol{E}_1\,\boldsymbol{E}_2. \tag{9.31}$$

Da jedoch $\boldsymbol{\mathcal{E}}^2$ reell ist, vgl. (9.29), folgt weiter, dass

$$\boldsymbol{E}_1\,\boldsymbol{E}_2 = 0, \tag{9.32}$$

$\boldsymbol{E}_1$, $\boldsymbol{E}_2$ stehen also senkrecht aufeinander. Der ursprüngliche Amplituden–Vektor $\boldsymbol{E}_0$ in (9.25) steht senkrecht auf $\boldsymbol{n}$ bzw. $\boldsymbol{k}$. Das gilt dann auch für $\boldsymbol{\mathcal{E}}$, weil diese beiden Vektoren gemäß (9.28) parallel sind. Folglich stehen auch Real– und Imaginärteil $\boldsymbol{E}_1$, $\boldsymbol{E}_2$ von $\boldsymbol{\mathcal{E}}$ senkrecht auf $\boldsymbol{k}$. Diese Feststellungen erlauben es uns, ein rechtshändiges, orthogonales Basis–System $\boldsymbol{e}_x$, $\boldsymbol{e}_y$, $\boldsymbol{e}_z$ zu wählen, so dass

$$\boldsymbol{k} = k\,\boldsymbol{e}_z, \qquad \boldsymbol{E}_1 = |\boldsymbol{E}_1|\,\boldsymbol{e}_x, \qquad \boldsymbol{E}_2 = \pm|\boldsymbol{E}_2|\,\boldsymbol{e}_y. \tag{9.33}$$

Das Vorzeichen bei $\boldsymbol{E}_2$ richtet sich danach, ob das Dreibein $\boldsymbol{E}_1, \boldsymbol{E}_2, \boldsymbol{k}$ rechts– oder linkshändig ist. Wir setzen

$$\boldsymbol{E}_0 = \boldsymbol{\mathcal{E}}\,\mathrm{e}^{-\mathrm{i}\alpha} = (\boldsymbol{E}_1 + \mathrm{i}\,\boldsymbol{E}_2)\,\mathrm{e}^{-\mathrm{i}\alpha}$$

in (9.25) ein, bilden den Realteil des so entstehenden Ausdrucks für $\boldsymbol{E}(\boldsymbol{r},t)$ und erhalten mit der obigen Wahl von $\boldsymbol{k} = k\,\boldsymbol{e}_z$

$$\begin{aligned}\mathrm{Re}\,[\boldsymbol{E}(\boldsymbol{r},t)] &= \mathrm{Re}\left[(\boldsymbol{E}_1 + \mathrm{i}\,\boldsymbol{E}_2)\,\mathrm{e}^{\mathrm{i}\,(kz-\omega t-\alpha)}\right] = \\ &= \boldsymbol{E}_1\cos(kz-\omega t-\alpha) - \boldsymbol{E}_2\sin(kz-\omega t-\alpha).\end{aligned} \tag{9.34}$$

Wir können $\alpha = 0$ durch die Wahl des Zeit–Nullpunkts erreichen. Die x– und y–Komponenten dieser Welle lauten

$$E_x(z,t) = |\boldsymbol{E}_1|\,\cos(kz-\omega t), \qquad E_y(z,t) = \mp|\boldsymbol{E}_2|\,\sin(kz-\omega t). \tag{9.35}$$

Daraus lesen wir ab, dass

$$\left(\frac{E_x(z,t)}{|\boldsymbol{E}_1|}\right)^2 + \left(\frac{E_y(z,t)}{|\boldsymbol{E}_2|}\right)^2 = 1. \tag{9.36}$$

Der Feld–Vektor (9.34) beschreibt eine *elliptische Spirale*, d.h., seine Projektion auf die x–y–Ebene läuft auf einer Ellipse mit den Halbachsen $|\boldsymbol{E}_1|$ und $|\boldsymbol{E}_2|$ im (mathematisch) positiven oder negativen Sinn um, während er mit jedem Umlauf um eine Wellenlänge λ in z–Richtung fortschreitet. Den magnetischen Feld–Vektor $\mathrm{Re}(\boldsymbol{B}(\boldsymbol{r},t))$ können wir entsprechend aus (9.27) konstruieren, d.h., $\mathrm{Re}(\boldsymbol{B}(\boldsymbol{r},t))$ läuft $\mathrm{Re}(\boldsymbol{E}(\boldsymbol{r},t))$ mit der Phase π nach oder vor. Man nennt diese Welle, die den allgemeinsten Fall einer monochromatischen ebenen elektromagnetischen Welle darstellt, *elliptisch polarisiert.* Wenn $|\boldsymbol{E}_1| = |\boldsymbol{E}_2|$, heißt die Welle *zirkular polarisiert*, wenn $|\boldsymbol{E}_1| = 0$ oder $|\boldsymbol{E}_2| = 0$, heißt sie *linear polarisiert.*

9.2.2 Überlagerung monochromatischer ebener Wellen

Wir gehen nochmals auf die Wellengleichung, z.B. für das elektrische Feld

$$\Box\, \boldsymbol{E}(\boldsymbol{r},t) = \left(\Delta - \frac{1}{c^2}\frac{\partial^2}{\partial t^2}\right)\boldsymbol{E}(\boldsymbol{r},t) = 0, \tag{9.37}$$

zurück und wollen diese durch die Fourier–Transformation lösen, die wir im Anhang B.3 darstellen. Wir stellen $\boldsymbol{E}(\boldsymbol{r},t)$ durch seine Fourier–Transformierte dar. Da $\boldsymbol{E}(\boldsymbol{r},t)$ eine Funktion von $\boldsymbol{r} \cong (x_1, x_2, x_3)$ und der Zeit t ist, müssen wir die Fourier–Transormation nach insgesamt 4 Variablen durchführen. Die übliche Schreibweise dafür ist

$$\boldsymbol{E}(\boldsymbol{r},t) = \int d^3k \int d\omega\, \widetilde{\boldsymbol{E}}(\boldsymbol{k},\omega)\, \mathrm{e}^{\mathrm{i}(\boldsymbol{k}\,\boldsymbol{r}-\omega\, t)}. \tag{9.38}$$

Hier sind $\boldsymbol{k} \cong (k_1, k_2, k_3)$ die zum Ort $\boldsymbol{r}$ konjugierten Fourier–Variablen und ω die zur Zeit konjugierte Fourier–Variable. Integriert wird über alle k_1, k_2, k_3, ω jeweils in den Grenzen von $-\infty$ bis $+\infty$. Das soll im Folgenden für alle Integrale vereinbart sein, die keine anderen Integrationsgrenzen tragen. Wir erkennen an der Form von (9.38) auch bereits, dass die physikalische Bedeutung von $\boldsymbol{k}$ und ω die des Wellenzahl–Vektors und der Frequenz sein wird.

Um sicher zu stellen, dass das elektrische Feld $\boldsymbol{E}(\boldsymbol{r},t)$ reell ist, könnten wir wie oben verfahren und nur den Realteil von $\boldsymbol{E}(\boldsymbol{r},t)$ in (9.38) als physikalisch relevant auswerten. Im Fall der Fourier–Transformation gibt es noch eine andere Möglichkeit, die wir hier verwenden. Wir berechnen das konjugiert Komplexe $\boldsymbol{E}^*(\boldsymbol{r},t)$ von $\boldsymbol{E}(\boldsymbol{r},t)$ in (9.38) und fordern, dass $\boldsymbol{E}^*(\boldsymbol{r},t) = \boldsymbol{E}(\boldsymbol{r},t)$.

$$\begin{aligned}\boldsymbol{E}^*(\boldsymbol{r},t) &= \int d^3k \int d\omega\, \widetilde{\boldsymbol{E}}^*(\boldsymbol{k},\omega)\, \mathrm{e}^{-\mathrm{i}\,(\boldsymbol{k}\,\boldsymbol{r}-\omega\, t)} \\ &= \int d^3k \int d\omega\, \widetilde{\boldsymbol{E}}^*(-\boldsymbol{k},-\omega)\, \mathrm{e}^{\mathrm{i}\,(\boldsymbol{k}\,\boldsymbol{r}-\omega\, t)}. \qquad (9.39)\end{aligned}$$

Hier haben wir im zweiten Schritt die Substitution $\boldsymbol{k} \to -\boldsymbol{k}$ und $\omega \to -\omega$ ausgeführt. Dabei vertauschen in jedem Integral die Integrations–Grenzen $-\infty$ und $+\infty$ und die Integrations–Differentiale ändern ihr Vorzeichen. Beides kompensiert sich gegenseitig. Wenn wir nun fordern, dass der Ausdruck in der letzten Zeile von (9.39) identisch mit der rechten Seite von (9.38) sein soll, so folgt offensichtlich als Realitäts–Bedingung für $\boldsymbol{E}(\boldsymbol{r},t)$, dass

$$\widetilde{\boldsymbol{E}}^*(-\boldsymbol{k},-\omega) = \widetilde{\boldsymbol{E}}(\boldsymbol{k},\omega) \qquad \text{bzw.} \qquad \widetilde{\boldsymbol{E}}^*(\boldsymbol{k},\omega) = \widetilde{\boldsymbol{E}}(-\boldsymbol{k},-\omega), \qquad (9.40)$$

z.B. durch Umkehrung der Fourier–Transformation.

Wir setzen nun die Fourier–Transformation (9.38) in die Wellengleichung (9.37) ein. Die in $\Box$ enthaltenen Ableitungen nach dem Ort und nach der Zeit können wir mit der Integration über $\boldsymbol{k}$ und ω vertauschen:

$$\begin{aligned}\Box\, \boldsymbol{E}(\boldsymbol{r},t) &= \int d^3k \int d\omega\, \widetilde{\boldsymbol{E}}(\boldsymbol{k},\omega)\, \Box\, \mathrm{e}^{\mathrm{i}\,(\boldsymbol{k}\,\boldsymbol{r}-\omega\, t)} \\ &= \int d^3k \int d\omega\, \widetilde{\boldsymbol{E}}(\boldsymbol{k},\omega) \left(-\boldsymbol{k}^2 + \frac{\omega^2}{c^2}\right) \mathrm{e}^{\mathrm{i}\,(\boldsymbol{k}\,\boldsymbol{r}-\omega\, t)} = 0. \qquad (9.41)\end{aligned}$$

Hier haben wir die folgenden Schritte ausgeführt:

$$\begin{aligned}\frac{\partial}{\partial \boldsymbol{r}}\, \mathrm{e}^{\mathrm{i}\,\boldsymbol{k}\,\boldsymbol{r}} &= \mathrm{i}\,\boldsymbol{k}\, \mathrm{e}^{\mathrm{i}\,\boldsymbol{k}\,\boldsymbol{r}}, \qquad (9.42) \\ \Delta\, \mathrm{e}^{\mathrm{i}\,\boldsymbol{k}\,\boldsymbol{r}} &= \frac{\partial}{\partial \boldsymbol{r}} \left(\frac{\partial}{\partial \boldsymbol{r}}\, \mathrm{e}^{\mathrm{i}\,\boldsymbol{k}\,\boldsymbol{r}}\right) = (\mathrm{i}\,\boldsymbol{k})^2\, \mathrm{e}^{\mathrm{i}\,\boldsymbol{k}\,\boldsymbol{r}} = -\boldsymbol{k}^2\, \mathrm{e}^{\mathrm{i}\,\boldsymbol{k}\,\boldsymbol{r}}. \qquad (9.43)\end{aligned}$$

In der zweiten Zeile von (9.41) steht die Fourier–Darstellung einer Funktion, die identisch verschwinden soll. Das ist nur möglich, wenn die entsprechende Fourier–Transformiert ebenfalls identisch verschwindet:

$$\left(-\boldsymbol{k}^2 + \frac{\omega^2}{c^2}\right) \widetilde{\boldsymbol{E}}(\boldsymbol{k},\omega) = 0 \qquad \text{bzw.} \qquad \left(\omega^2 - c^2\,\boldsymbol{k}^2\right) \widetilde{\boldsymbol{E}}(\boldsymbol{k},\omega) = 0. \tag{9.44}$$

Es muss also $\widetilde{\boldsymbol{E}}(\boldsymbol{k},\omega) = 0$ sein, wenn nicht $\omega^2 - c^2\,\boldsymbol{k}^2 = 0$, d.h., wenn nicht $\omega = \pm c\,k$. ($k := |\boldsymbol{k}|$). Der allgemeinste Ausdruck für diesen Zusammenhang ist offensichtlich

$$\widetilde{\boldsymbol{E}}(\boldsymbol{k},\omega) = \widetilde{\boldsymbol{E}}_1(\boldsymbol{k})\,\delta(\omega - c\,k) + \widetilde{\boldsymbol{E}}_2(\boldsymbol{k})\,\delta(\omega + c\,k). \tag{9.45}$$

Einsetzen dieses Ausdrucks in die Fourier–Darstellung (9.38) führt dazu, dass die ω–Integration nur Beiträge für $\omega = \pm c\,k$ liefert. Damit erhalten wir als allgemeine Lösung der Wellengleichung (9.27) den Ausdruck

$$\boldsymbol{E}(\boldsymbol{r},t) = \int d^3k\, \left(\widetilde{\boldsymbol{E}}_1(\boldsymbol{k})\,\mathrm{e}^{\mathrm{i}(\boldsymbol{k}\,\boldsymbol{r} - c\,k\,t)} + \widetilde{\boldsymbol{E}}_2(\boldsymbol{k})\,\mathrm{e}^{\mathrm{i}(\boldsymbol{k}\,\boldsymbol{r} + c\,k\,t)}\right), \tag{9.46}$$

worin $\widetilde{\boldsymbol{E}}_{1,2}(\boldsymbol{k}) = \widetilde{\boldsymbol{E}}(\boldsymbol{k}, \pm c\,k)$. Damit übersetzt sich die Realitäts–Bedingung (9.40) in

$$\widetilde{\boldsymbol{E}}_1^*(\boldsymbol{k}) = \widetilde{\boldsymbol{E}}_2(-\boldsymbol{k}) \qquad \text{bzw.} \qquad \widetilde{\boldsymbol{E}}_2^*(\boldsymbol{k}) = \widetilde{\boldsymbol{E}}_1(-\boldsymbol{k}). \tag{9.47}$$

Diese Relation erhält man auch, wenn man in der Darstellung (9.46) nach dem früheren Muster erneut fordert, dass $\boldsymbol{E}^*(\boldsymbol{r},t) = \boldsymbol{E}(\boldsymbol{r},t)$.

Man muss die allgemeine Fourier–Darstellung (9.38) für ein Feld $\boldsymbol{E}(\boldsymbol{r},t)$ und die Darstellung (9.46) für die Lösung der Wellengleichung (9.37) begrifflich unterscheiden. Nur die erstere ist eine Fourier–Transformation, in ihr wird konsequenterweise über $\boldsymbol{k}$ *und* ω integriert. Die Darstellung der Lösung in (9.46) enthält nur noch eine $\boldsymbol{k}$–Integration und kann schon deshalb keine allgemeine Fourier– Darstellung mehr sein.

Unter Verwendung der Realitäts–Bedingung (9.47) kann man (9.46) in verschiedener Weise umformen, z.B.

$$\begin{aligned} \boldsymbol{E}(\boldsymbol{r},t) &= \int d^3k \left(\widetilde{\boldsymbol{E}}_1(\boldsymbol{k})\, \mathrm{e}^{\mathrm{i}(\boldsymbol{k}\boldsymbol{r}-ckt)} + \widetilde{\boldsymbol{E}}_1^*(-\boldsymbol{k})\, \mathrm{e}^{\mathrm{i}(\boldsymbol{k}\boldsymbol{r}+ckt)} \right) \\ &= \int d^3k \left(\widetilde{\boldsymbol{E}}_1(\boldsymbol{k})\, \mathrm{e}^{\mathrm{i}(\boldsymbol{k}\boldsymbol{r}-ckt)} + \widetilde{\boldsymbol{E}}_1^*(\boldsymbol{k})\, \mathrm{e}^{-\mathrm{i}(\boldsymbol{k}\boldsymbol{r}-ckt)} \right). \end{aligned} \tag{9.48}$$

Im zweiten Schritt haben wir im zweiten Teil des Integrals $\boldsymbol{k} \to -\boldsymbol{k}$ substituiert. Hier ist nun direkt ablesbar, dass $\boldsymbol{E}(\boldsymbol{r},t)$ reell ist. Die hier vorgstellten Überlegungen für das elektrische Feld $\boldsymbol{E}(\boldsymbol{r},t)$ lassen sich sinngemäß auf alle Felder übertragen, die die Wellengleichungen erfüllen, also z.B. auf $\boldsymbol{B}(\boldsymbol{r},t)$, aber auch auf die Potentiale $\boldsymbol{A}(\boldsymbol{r},t)$ und $\Phi(\boldsymbol{r},t)$.

9.3 Wellenpakete, Phasen– und Gruppen–Geschwindigkeit

Die folgenden Überlegungen führen wir zunächst mit Wellen durch, die nur von einer Koordinaten–Richtung, z.B. nur von $x_3 =: z$ abhängen. Die Verallgemeinerung auf beliebige $\boldsymbol{r}$–Abhängigkeiten wird sich als sehr einfach herausstellen. Es sei $u(z,t)$ eine Komponente der Felder $\boldsymbol{E}, \boldsymbol{B}$. Aus der Erfüllung der Wellengleichung $\Box\, u = 0$ folgt, dass $u(z,t)$ sich gemäß (9.48) wie folgt darstellen lässt:

$$u(z,t) = \int_{-\infty}^{+\infty} dk \left(\widetilde{u}(k)\, \mathrm{e}^{\mathrm{i}(k z - \omega(k) t)} + \widetilde{u}^*(k)\, \mathrm{e}^{-\mathrm{i}(k z - \omega(k) t)} \right). \tag{9.49}$$

Hierin ist $\omega(k) = c\,k$ für elektromagnetische Wellen. Einige der folgenden Schlussfolgerungen schließen aber auch andere Wellen mit einer anderen *Dispersion* $\omega(k)$ ein, so dass wir bei der allgemeineren Schreibweise bleiben wollen. Wir betrachten nun eine Überlagerung der Art (9.49) unter der Annahme, dass die auftretenden Wellenzahlen k aus einem *Band*, d.h., aus einem begrenzten Bereich in der Nähe einer Wellenzahl k_0 stammen. Wir wählen deshalb als Amplituden–Funktion $\widetilde{u}(k)$ eine *Gauß-Glocke*

$$\widetilde{u}(k) = \frac{u_0}{\sqrt{2\pi}\,\sigma} \exp\left[-\frac{(k-k_0)^2}{2\sigma^2} \right]. \tag{9.50}$$

Diese Gauß–Glocke besitzt ihr Maximum bei $k = k_0$ und eine Breite σ, definiert durch ihre Wendepunkte bei $k_0 \pm \sigma$. Die Normierung haben wir so gewählt, dass

$$\int_{-\infty}^{+\infty} dk\, \widetilde{u}(k) = u_0, \tag{9.51}$$

wie sich sofort durch elementare Integration bestätigen lässt. Das bedeutet zugleich, dass

$$\lim_{\sigma\to 0} \widetilde{u}(k) = u_0\, \delta(k-k_0), \tag{9.52}$$

vgl. auch Anhang B.1. Wir setzen (9.50) in (9.49) ein und berechnen $u(z,t)$. Mit der Substitution $\kappa = (k-k_0)/\sigma$ erhalten wir für den ersten Teil des k–Integrals

$$\begin{aligned}\int_{-\infty}^{+\infty} dk\, \widetilde{u}(k)\, \mathrm{e}^{\mathrm{i}\,(k\,z-\omega(k)\,t)} &= \\ &= \frac{u_0}{\sqrt{2\,\pi}\,\sigma}\int_{-\infty}^{+\infty} dk\, \exp\left[-\frac{(k-k_0)^2}{2\,\sigma^2}+\mathrm{i}\,(k\,z-\omega(k)\,t)\right] \\ &= \frac{u_0}{\sqrt{2\,\pi}}\int_{-\infty}^{+\infty} d\kappa\, \exp\left[-\frac{\kappa^2}{2}+\mathrm{i}\,(k_0+\sigma\,\kappa)\;z-\mathrm{i}\,\omega\,(k_0+\sigma\,\kappa)\;t\right].\end{aligned} \tag{9.53}$$

Dieses Integral lässt sich ohne Kenntnis der Funktion $\omega(k)$ nicht weiter auswerten. Wenn jedoch die Breite σ der Gauß–Glocke (9.50) hinreichend klein ist, können wir $\omega(k_0+\sigma\,\kappa)$ nach $\sigma\,\kappa$ entwickeln und nach dem Term 1. Ordnung abbrechen:

$$\omega\,(k_0+\sigma\,\kappa) \approx \omega(k_0)+v\,\sigma\,\kappa, \qquad v = \left(\frac{d\omega(k)}{dk}\right)_{k=k_0}. \tag{9.54}$$

Für elektromagnetische Wellen ist $\omega(k)$ linear, $\omega(k) = c\,k$, so dass (9.54) *exakt* wird. Wir setzen (9.54) in (9.53) ein und erhalten

$$\begin{aligned}\int_{-\infty}^{+\infty} dk\, \widetilde{u}(k)\, \mathrm{e}^{\mathrm{i}\,(k\,z-\omega(k)\,t)} &= \\ &= \frac{u_0}{\sqrt{2\,\pi}}\,\mathrm{e}^{\mathrm{i}\,(k_0\,z-\omega(k_0)\,t)}\int_{-\infty}^{+\infty} d\kappa\, \exp\left[-\frac{\kappa^2}{2}+\mathrm{i}\,\sigma\;(z-v\,t)\;\kappa\right] \\ &= u_0\,\mathrm{e}^{\mathrm{i}\,(k_0\,z-\omega(k_0)\,t)}\;\exp\left[-\frac{\sigma^2}{2}\;(z-v\,t)^2\right].\end{aligned} \tag{9.55}$$

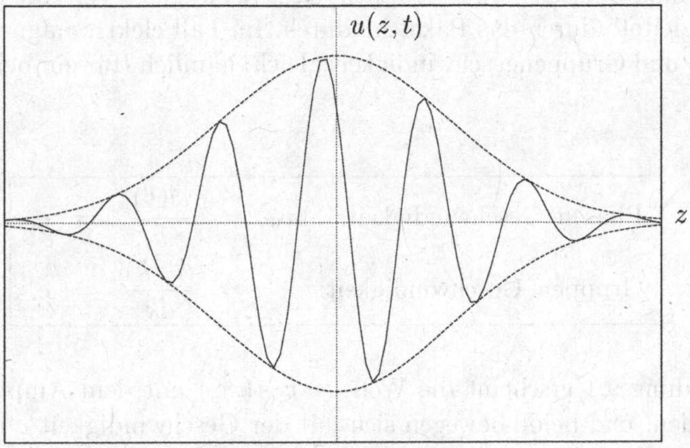

Abbildung 9.1: Wellen–Paket

Im letzten Schritt haben wir die nunmehr elementare κ–Integration ausgeführt. Der zweite Teil des k–Integrals in (9.49) liefert das konjugiert Komplexe von (9.55). Das Endergebnis lautet also

$$u(z,t) = 2\,u_0\,\cos\left[k_0\,z - \omega(k_0)\,t\right]\,\exp\left[-\frac{\sigma^2}{2}\,(z - v\,t)^2\right]. \tag{9.56}$$

Dieses Ergebnis ist in der Abbildung 9.1 als Moment–Aufnahme, d.h. für eine feste Zeit t als Funktion von z dargestellt. Eine Welle

$$\sim \cos\left[k_0\,z - \omega(k_0)\,t\right] = \cos\left[k_0\left(z - \frac{\omega(k_0)}{k_0}\,t\right)\right]$$

bewegt sich mit der *Phasen–Geschwindigkeit* $v_0 = \omega(k_0)/k_0$ in z–Richtung. Sie wird begrenzt durch den z–abhängigen Amplituden–Faktor

$$\pm\,\exp\left[-\frac{\sigma^2}{2}\,(z - v\,t)^2\right]$$

der Breite $1/\sigma$, der sich mit der *Gruppen–Geschwindigkeit* v, definiert in (9.54) in z–Richtung bewegt. Dieser Amplituden–Faktor formt das *Wellen–Paket.* Im

Allgemeinen sind Phasen– und Gruppen–Geschwindigkeit verschieden. Die Welle $\sim \cos(\ldots)$ "gleitet" durch das Paket hindurch. Im Fall elektromagnetischer Wellen sind Phasen– und Gruppengeschwindigkeit gleich, nämlich (für ein beliebiges k statt k_0)

$$\boxed{\begin{array}{llcll} \text{Phasen–Geschwindigkeit:} & v_0 & = & \dfrac{\omega(k)}{k} & = c, \\ \text{Gruppen–Geschwindigkeit:} & v & = & \dfrac{d\omega(k)}{dk} & = c. \end{array}} \tag{9.57}$$

In der Abbildung 9.1 erscheint die Welle $\sim \cos(\ldots)$ mit dem Amplituden–Faktor starr verbunden, und beide bewegen sich mit der Geschwindigkeit c in z–Richtung.

Wir können diese Überlegungen sogleich verallgemeinern und schreiben statt (9.49)

$$u(\boldsymbol{r}, t) = \int d^3k\, \widetilde{u}(\boldsymbol{k})\, \mathrm{e}^{\mathrm{i}\,(\boldsymbol{k}\,\boldsymbol{r} - \omega(\boldsymbol{k}\,t))}. \tag{9.58}$$

Wir wählen die komplexe Schreibweise und bilden am Schluss der Rechnung den Realteil, um das physikalisch reale Feld zu erhalten. Es sei $\widetilde{u}(\boldsymbol{k}) = f(\boldsymbol{k} - \boldsymbol{k}_0)$ eine Funktion, die nur für $|\boldsymbol{k} - \boldsymbol{k}_0| \leq \sigma$ wesentlich von Null verschiedene Werte annimmt. Wir entwickeln $\omega(\boldsymbol{k})$ bei $\boldsymbol{k} = \boldsymbol{k}_0$ in eine Taylor–Reihe nach $\boldsymbol{k} - \boldsymbol{k}_0$ und nehmen an, dass wir die Entwicklung für hinreichend kleines σ nach dem linearen Term abbrechen können:

$$\omega(\boldsymbol{k}) = \omega(\boldsymbol{k}_0) + (\boldsymbol{k} - \boldsymbol{k}_0)\, \boldsymbol{v} + \ldots, \qquad \boldsymbol{v} = \left(\frac{\partial \omega(\boldsymbol{k})}{\partial \boldsymbol{k}}\right)_{\boldsymbol{k}=\boldsymbol{k}_0}. \tag{9.59}$$

Einsetzen in (9.58) ergibt

$$u(\boldsymbol{r}, t) = \mathrm{e}^{\mathrm{i}\,(\boldsymbol{k}_0\,\boldsymbol{r} - \omega(\boldsymbol{k}_0\,t))} \int d^3k\, f(\boldsymbol{k} - \boldsymbol{k}_0)\, \mathrm{e}^{\mathrm{i}\,(\boldsymbol{k} - \boldsymbol{k}_0)\,(\boldsymbol{r} - \boldsymbol{v}\,t)}. \tag{9.60}$$

Wenn wir die Phase im Wellen–Faktor vor dem Integral in der Form

$$\boldsymbol{k}_0\,\boldsymbol{r} - \omega(\boldsymbol{k}_0)\, t = \boldsymbol{k}_0 \left[\boldsymbol{r} - \frac{\boldsymbol{k}_0}{|\boldsymbol{k}_0|}\, \frac{\omega(\boldsymbol{k}_0)}{|\boldsymbol{k}_0|}\, t\right]$$

umschreiben, erkennen wir darin eine Welle mit dem Wellenzahl–Vektor $\boldsymbol{k}_0$ und der Frequenz $\omega(\boldsymbol{k}_0)$, die mit der Phasen–Geschwindigkeit $\omega(\boldsymbol{k}_0)/|\boldsymbol{k}_0|$ in der Richtung $\boldsymbol{n} = \boldsymbol{k}_0/|\boldsymbol{k}_0|$ fortschreitet. Dagegen beschreibt das k–Integral in (9.60) offensichtlich den Amplituden–Faktor, der mit der Gruppen–Geschwindigkeit $\boldsymbol{v} = \partial\omega(\boldsymbol{k})/\partial\boldsymbol{k}$ (hier für $\boldsymbol{k} = \boldsymbol{k}_0$) fortschreitet.

Wir wählen $f(\boldsymbol{k} - \boldsymbol{k}_0)$ ohne Beschränkung der Allgemeinheit als reell, weil ein Imaginärteil nur zu einer zusätzlichen Phase der Welle führen würde. Weiterhin wählen zur Vereinfachung $f(\boldsymbol{k} - \boldsymbol{k}_0)$ symmetrisch, also $f(-\boldsymbol{k} + \boldsymbol{k}_0) = f(\boldsymbol{k} - \boldsymbol{k}_0)$. Dann wird

$$\int d^3k\, f(\boldsymbol{k} - \boldsymbol{k}_0)\, \mathrm{e}^{\mathrm{i}\,(\boldsymbol{k}-\boldsymbol{k}_0)\,(\boldsymbol{r}-\boldsymbol{v}\,t)} = \int d^3k\, f(\boldsymbol{k} - \boldsymbol{k}_0)\, \cos\left[(\boldsymbol{k} - \boldsymbol{k}_0)\,(\boldsymbol{r} - \boldsymbol{v}\,t)\right],$$

und der Realteil von $u(\boldsymbol{r}, t)$ in (9.60) liefert

$$\mathrm{Re}\, u(\boldsymbol{r}, t) = \cos\left[\boldsymbol{k}_0\,\boldsymbol{r} - \omega(\boldsymbol{k}_0)\,t\right] \int d^3k\, f(\boldsymbol{k} - \boldsymbol{k}_0)\, \cos\left[(\boldsymbol{k} - \boldsymbol{k}_0)\,(\boldsymbol{r} - \boldsymbol{v}\,t)\right]. \tag{9.61}$$

9.4 Modenzerlegung freier Felder

Im Abschnitt 9.2.2 hatten wir bereits gezeigt, wie sich die allgemeinen Lösungen der Wellengleichungen $\Box\,\boldsymbol{E} = 0$ und $\Box\,\boldsymbol{B} = 0$ durch Überlagerung monochromatischer ebener Wellen darstellen lassen. Dabei hatten wir vorausgesetzt, dass für die Felder $\boldsymbol{E}$ und $\boldsymbol{B}$ keine Randbedingungen im Endlichen zu erfüllen sind. In diesem Abschnitt soll die Lösung der *freien* Maxwellschen Gleichungen (9.1) und (9.2), d.h., für $\rho(\boldsymbol{r}, t) = 0$ und $\boldsymbol{j}(\boldsymbol{r}, t) = 0$, durch Überlagerung von monochromatischen Wellen bzw. durch *Zerlegung* nach solchen Wellen noch einmal unter besonderer Berücksichtigung der Randbedingungen formuliert werden. Dabei werden wir zu Ergebnissen kommen, die uns den Übergang in die Quantentheorie freier elektromagnetischer Felder aufzeigen.

9.4.1 Eichung

Im Abschnitt 7.4.1 haben wir gezeigt, dass sich die Felder $\boldsymbol{E}$ und $\boldsymbol{B}$ als Folge der beiden homogenen Maxwellschen Gleichungen durch Potentiale Φ und $\boldsymbol{A}$ darstellen lassen:

$$\boldsymbol{E} = -\frac{\partial}{\partial t}\boldsymbol{A} - \frac{\partial}{\partial \boldsymbol{r}}\Phi, \qquad \boldsymbol{B} = \frac{\partial}{\partial \boldsymbol{r}} \times \boldsymbol{A}. \tag{9.62}$$

Wir zeigen jetzt, dass sich die Potentiale unter Benutzung von verschwindender Ladungs– und Flussdichte $\rho = 0$ und $\boldsymbol{j} = 0$ so wählen lassen, dass

$$\Phi = 0, \qquad \frac{\partial}{\partial \boldsymbol{r}}\boldsymbol{A} = 0. \tag{9.63}$$

Seien Φ und $\boldsymbol{A}$ zunächst beliebig gewählte Potentiale für $\boldsymbol{E}$ und $\boldsymbol{B}$. Wir führen eine erste Umeichung

$$\boldsymbol{A}' = \boldsymbol{A} + \frac{\partial}{\partial \boldsymbol{r}}F_1, \qquad \Phi' = \Phi - \frac{\partial}{\partial t}F_1 \tag{9.64}$$

gemäß Abschnitt 7.4.1 durch und wählen $F_1 = F_1(\boldsymbol{r}, t)$ so, dass

$$\frac{\partial}{\partial t}F_1 = \Phi, \qquad \Longrightarrow \qquad \Phi' = 0, \qquad \Longrightarrow \qquad \boldsymbol{E} = -\frac{\partial}{\partial t}\boldsymbol{A}'. \tag{9.65}$$

Da für $\rho = 0$ die Divergenz von $\boldsymbol{E}$ verschwindet, folgt auch, dass

$$\frac{\partial}{\partial \boldsymbol{r}}\boldsymbol{E} = -\frac{\partial}{\partial \boldsymbol{r}}\frac{\partial}{\partial t}\boldsymbol{A}' = -\frac{\partial}{\partial t}\frac{\partial}{\partial \boldsymbol{r}}\boldsymbol{A}' = 0, \tag{9.66}$$

d.h., dass die Divergenz $\partial\boldsymbol{A}'/\partial\boldsymbol{r}$ von $\boldsymbol{A}$ unabhängig von der Zeit t ist. In einer zweiten Umeichung

$$\boldsymbol{A}'' = \boldsymbol{A}' + \frac{\partial}{\partial \boldsymbol{r}}F_2, \qquad \Phi'' = -\frac{\partial}{\partial t}F_2 \tag{9.67}$$

(mit $\Phi' = 0$) wollen wir fordern, dass

$$\frac{\partial}{\partial \boldsymbol{r}}\boldsymbol{A}'' = \frac{\partial}{\partial \boldsymbol{r}}\boldsymbol{A}' + \Delta F_2 = 0 \tag{9.68}$$

wird. Wir denken uns diese Gleichung für $F_2 = F_2(\boldsymbol{r}, t)$ gelöst. Da jedoch nach Voraussetzung $\partial\boldsymbol{A}'/\partial\boldsymbol{r}$ unabhängig von der Zeit t ist, lässt sich auch immer eine

Lösung F_2 finden, die unabhängig von der Zeit t ist: $F_2 = F_2(\boldsymbol{r})$. Dann folgt aber aus (9.67), dass auch $\Phi'' = 0$. Damit haben wir (9.63) erfüllt. Im Folgenden schreiben wir wieder Φ, $\boldsymbol{A}$ statt Φ'', $\boldsymbol{A}''$ und

$$\boldsymbol{E} = -\frac{\partial}{\partial t}\boldsymbol{A}, \quad \boldsymbol{B} = \frac{\partial}{\partial \boldsymbol{r}} \times \boldsymbol{A}. \tag{9.69}$$

Wir setzen diese Darstellung in die Maxwellsche Gleichung

$$\frac{\partial}{\partial \boldsymbol{r}} \times \boldsymbol{B} - \frac{1}{c^2}\frac{\partial}{\partial t}\boldsymbol{E} = 0 \tag{9.70}$$

(für $\boldsymbol{j} = 0$) ein,

$$\frac{\partial}{\partial \boldsymbol{r}} \times \left(\frac{\partial}{\partial \boldsymbol{r}} \times \boldsymbol{A}\right) + \frac{1}{c^2}\frac{\partial^2}{\partial t^2}\boldsymbol{A} = 0,$$

und benutzen auf der linken Seite die Umformung

$$\frac{\partial}{\partial \boldsymbol{r}} \times \left(\frac{\partial}{\partial \boldsymbol{r}} \times \boldsymbol{A}\right) = \frac{\partial}{\partial \boldsymbol{r}}\left(\frac{\partial}{\partial \boldsymbol{r}}\boldsymbol{A}\right) - \Delta\,\boldsymbol{A}.$$

Da $\partial \boldsymbol{A}/\partial \boldsymbol{r} = 0$, folgt für $\boldsymbol{A}$ die Wellengleichung

$$\Box\,\boldsymbol{A} = \left(\Delta - \frac{1}{c^2}\frac{\partial^2}{\partial t^2}\right)\boldsymbol{A} = 0. \tag{9.71}$$

Dieser Nachweis war deshalb erforderlich, weil die Wellengleichung für $\boldsymbol{A}$ im Abschnitt 7.4.2 unter Verwendung der Lorentz–Eichung hergeleitet worden war. Wir haben gezeigt, dass sie im Fall freier Felder ($\rho = 0$ und $\boldsymbol{j} = 0$) auch für die hier verwendete Eichung gilt.

9.4.2 Lösungen der Wellengleichung und Randbedingungen

Zur Lösung der Wellengleichung (9.71) machen wir den Ansatz

$$\boldsymbol{A}(\boldsymbol{r},t) = \boldsymbol{A}_{\boldsymbol{k}}(t)\,\mathrm{e}^{\mathrm{i}\,\boldsymbol{k}\,\boldsymbol{r}} \tag{9.72}$$

und erhalten die Differential–Gleichung

$$\begin{aligned} \left(-\boldsymbol{k}^2\,\boldsymbol{A}_{\boldsymbol{k}}(t) - \frac{1}{c^2}\,\ddot{\boldsymbol{A}}_{\boldsymbol{k}}(t)\right)\mathrm{e}^{\mathrm{i}\,\boldsymbol{k}\,\boldsymbol{r}} &= 0, \\ \ddot{\boldsymbol{A}}_{\boldsymbol{k}}(t) + \omega_{\boldsymbol{k}}^2\,\boldsymbol{A}_{\boldsymbol{k}}(t) = 0, & \end{aligned} \tag{9.73}$$

vgl. auch (9.42) und (9.43). Hier bedeutet $\ddot{\boldsymbol{A}}_{\boldsymbol{k}}(t)$ die zweite Ableitung nach der Zeit und $\omega_{\boldsymbol{k}} = c\,|\boldsymbol{k}|$. Die Auswahl der Wellenzahl–Vektoren $\boldsymbol{k}$ hängt von den gewählten Randbedingungen ab. Diese wählen wir so, dass $\boldsymbol{A}$ und damit die Felder $\boldsymbol{E}$ und $\boldsymbol{B}$ in einem quaderförmigen Volumen mit den Kantenlängen L_1, L_2, L_3 eingeschlossen sind und an den Wänden dieses Volumens *zyklisch fortgesetzt* werden:

$$\left.\begin{aligned} \boldsymbol{A}(x_1+L_1, x_2, x_3, t) &= \boldsymbol{A}(x_1, x_2, x_3, t), \\ \boldsymbol{A}(x_1, x_2+L_2, x_3, t) &= \boldsymbol{A}(x_1, x_2, x_3, t), \\ \boldsymbol{A}(x_1, x_2, x_3+L_3, t) &= \boldsymbol{A}(x_1, x_2, x_3, t). \end{aligned}\right\} \tag{9.74}$$

Aus diesen Randbedingungen lässt sich formal durch $L_1 \to \infty$ und ebenso für L_2, L_3 der früher betrachtete Fall zurückgewinnen, dass im Endlichen keine Randbedingungen zu erfüllen sind. Die zyklischen Randbedingungen erlauben die Verwendung von laufenden Wellen $\sim \exp(\mathrm{i}\,\boldsymbol{k}\,\boldsymbol{r})$ statt stehender Wellen, wie sie z.B. für Randbedingungen vom Typ $A(L_1, x_2, x_3, t) = 0$ usw. auftreten würden. Je größer das Volumen $V = L_1\,L_2\,L_3$ ist, einen desto geringeren Einfluss werden die Randbedingungen auf die physikalischen Eigenschaften des betrachteten Systems haben.

Setzen wir die zyklischen Randbedingungen in den Ansatz (9.72) ein, so erhalten wir die Bedingungen

$$\mathrm{e}^{\mathrm{i}\,k_1\,L_1} = 1, \quad \Longrightarrow \quad k_1\,L_1 = 2\,\pi\,n_1, \quad n_1 = 0, \pm 1, \pm 2, \ldots$$

und analog für k_2, k_3, insgesamt also

$$k_\alpha = \frac{2\,\pi}{L_\alpha}\,n_\alpha, \qquad n_\alpha = 0, \pm 1, \pm 2, \ldots \tag{9.75}$$

Hierin soll keine Summations–Konvention gelten. (Die k_α sind die Komponenten des Wellenzahl–Vektors $\boldsymbol{k}$.) (9.75) besagt, dass die erlaubten Werte des Wellenzahl–Vektors $\boldsymbol{k}$ auf einem Gitter, dem sogenannten *reziproken Gitter* mit den Gitter–Abständen $2\,\pi/L_1,\ 2\,\pi/L_2,\ 2\,\pi/L_3$ liegen. Wegen der Linearität der Wellengleichung lässt sich deren allgemeine Lösung nun wieder durch Überlagerung von Lösungen mit dem Ansatz (9.72) gewinnen:

$$\boldsymbol{A}(\boldsymbol{r},t) = \sum_{\boldsymbol{k}} \boldsymbol{A}_{\boldsymbol{k}}(t)\,\mathrm{e}^{\mathrm{i}\,\boldsymbol{k}\,\boldsymbol{r}} \tag{9.76}$$

Wie im Abschnitt 9.2.2 erfüllen wir die Forderung, dass $\boldsymbol{A}(\boldsymbol{r},t)$ real sein muss, durch $\boldsymbol{A}^*_{\boldsymbol{k}}(t) = \boldsymbol{A}_{-\boldsymbol{k}}(t)$. Die Bedingung $\partial\boldsymbol{A}/\partial\boldsymbol{r} = 0$ für die hier gewählte Eichung führt auf

$$\frac{\partial}{\partial\boldsymbol{r}}\boldsymbol{A}(\boldsymbol{r},t) = \mathrm{i}\sum_{\boldsymbol{k}} \boldsymbol{k}\,\boldsymbol{A}_{\boldsymbol{k}}(t)\,\mathrm{e}^{\mathrm{i}\,\boldsymbol{k}\,\boldsymbol{r}} = 0, \quad \Longrightarrow \quad \boldsymbol{k}\,\boldsymbol{A}_{\boldsymbol{k}}(t) = 0. \tag{9.77}$$

9.4.3 Die Feldenergie

Wir benutzen die obige Zerlegung in "Moden" monochromatischer ebener Wellen zur Darstellung der Feldenergie

$$W = \int d^3r\,\left(\frac{\epsilon_0}{2}\,\boldsymbol{E}^2 + \frac{1}{2\,\mu_0}\,\boldsymbol{B}^2\right), \tag{9.78}$$

vgl. Abschnitt 8.2.1. Es ist gemäß (9.69) und (9.72)

$$\boldsymbol{E} = -\frac{\partial}{\partial t}\boldsymbol{A} = \sum_{\boldsymbol{k}} \dot{\boldsymbol{A}}_{\boldsymbol{k}}(t)\,\mathrm{e}^{\mathrm{i}\,\boldsymbol{k}\,\boldsymbol{r}}, \qquad \boldsymbol{E}^* = -\frac{\partial}{\partial t}\boldsymbol{A}^* = \sum_{\boldsymbol{k}} \dot{\boldsymbol{A}}^*_{\boldsymbol{k}}(t)\,\mathrm{e}^{-\mathrm{i}\,\boldsymbol{k}\,\boldsymbol{r}}. \tag{9.79}$$

$\boldsymbol{E}$ muss reell sein, $\boldsymbol{E}^* = \boldsymbol{E}$. Das ist dadurch garantiert, dass $\boldsymbol{A}$ reell ist bzw. durch die obige Forderung $\boldsymbol{A}^*_{\boldsymbol{k}}(t) = \boldsymbol{A}_{-\boldsymbol{k}}(t)$, die sich auf die Zeitableitungen $\dot{\boldsymbol{A}}^*_{\boldsymbol{k}}(t) = \dot{\boldsymbol{A}}_{-\boldsymbol{k}}(t)$

überträgt. Weil $\boldsymbol{E}$ reell ist, können wir $\boldsymbol{E}^2 = \boldsymbol{E}\,\boldsymbol{E}^*$ schreiben und erhalten durch Einsetzen von (9.79)

$$\int d^3r\,\boldsymbol{E}^2 = \int d^3r\,\boldsymbol{E}\,\boldsymbol{E}^* = \sum_{\boldsymbol{k}}\sum_{\boldsymbol{k}'} \dot{\boldsymbol{A}}_{\boldsymbol{k}}\dot{\boldsymbol{A}}^*_{\boldsymbol{k}'} \int d^3r\,\mathrm{e}^{\mathrm{i}\,(\boldsymbol{k}-\boldsymbol{k}')\,\boldsymbol{r}}. \tag{9.80}$$

(Zur Vereinfachung der Schreibweise lassen wir die Argumente $\boldsymbol{r}, t$ fort.) Es ist nun

$$\int d^3r\,\mathrm{e}^{\mathrm{i}\,(\boldsymbol{k}-\boldsymbol{k}')\,\boldsymbol{r}} = V\,\delta_{\boldsymbol{k},\boldsymbol{k}'} = \begin{cases} V, & \text{wenn} \quad \boldsymbol{k} = \boldsymbol{k}' \\ 0, & \text{wenn} \quad \boldsymbol{k} \neq \boldsymbol{k}'. \end{cases} \tag{9.81}$$

Für $\boldsymbol{k} = \boldsymbol{k}'$ ist (9.81) ganz offensichtlich richtig. Für $\boldsymbol{k} \neq \boldsymbol{k}'$, z.B. $k_1 \neq k_1'$ enthält die linke Seite von (9.81) das Integral

$$\int_0^{L_1} dx_1\,\mathrm{e}^{\mathrm{i}\,(k_1-k_1')\,x_1} = \frac{\mathrm{e}^{\mathrm{i}\,(k_1-k_1')\,L_1}-1}{\mathrm{i}\,(k_1-k_1')} = 0,$$

weil

$$(k_1-k_1')\,L_1 = 2\,\pi\,(n_1-n_1'), \qquad \mathrm{e}^{\mathrm{i}\,(k_1-k_1')\,L_1} = 1,$$

vgl. (9.75). Damit ist (9.81) nachgewiesen und aus (9.80) folgt

$$\int d^3r\,\boldsymbol{E}^2 = \int d^3r\,\boldsymbol{E}\,\boldsymbol{E}^* = V\sum_{\boldsymbol{k}} \dot{\boldsymbol{A}}_{\boldsymbol{k}}\dot{\boldsymbol{A}}^*_{\boldsymbol{k}}. \tag{9.82}$$

Auf analoge Weise berechnen wir

$$\begin{aligned} \boldsymbol{B} &= \frac{\partial}{\partial\boldsymbol{r}}\times\boldsymbol{A} = \mathrm{i}\sum_{\boldsymbol{k}} \boldsymbol{k}\times\boldsymbol{A}_{\boldsymbol{k}}\,\mathrm{e}^{\mathrm{i}\,\boldsymbol{k}\,\boldsymbol{r}}, \\ \boldsymbol{B}^* &= \frac{\partial}{\partial\boldsymbol{r}}\times\boldsymbol{A}^* = -\mathrm{i}\sum_{\boldsymbol{k}} \boldsymbol{k}\times\boldsymbol{A}^*_{\boldsymbol{k}}\,\mathrm{e}^{-\mathrm{i}\,\boldsymbol{k}\,\boldsymbol{r}}, \\ \int d^3r\,\boldsymbol{B}^2 &= \int d^3r\,\boldsymbol{B}\,\boldsymbol{B}^* = V\sum_{\boldsymbol{k}} (\boldsymbol{k}\times\boldsymbol{A}_{\boldsymbol{k}})\,(\boldsymbol{k}\times\boldsymbol{A}^*_{\boldsymbol{k}}). \end{aligned} \tag{9.83}$$

Eine weitere Umformung liefert

$$\begin{aligned}(\boldsymbol{k} \times \boldsymbol{A}_{\boldsymbol{k}})\ (\boldsymbol{k} \times \boldsymbol{A}_{\boldsymbol{k}}^*) &= \boldsymbol{k}\ [\boldsymbol{A}_{\boldsymbol{k}}^* \times (\boldsymbol{k} \times \boldsymbol{A}_{\boldsymbol{k}})] \\ &= \boldsymbol{k}\ [(\boldsymbol{A}_{\boldsymbol{k}}\, \boldsymbol{A}_{\boldsymbol{k}}^*)\ \boldsymbol{k} - (\boldsymbol{k}\, \boldsymbol{A}_{\boldsymbol{k}}^*)\ \boldsymbol{A}_{\boldsymbol{k}}] = \boldsymbol{k}^2\, \boldsymbol{A}_{\boldsymbol{k}}\, \boldsymbol{A}_{\boldsymbol{k}}^*,\end{aligned}$$

weil $\boldsymbol{k}\, \boldsymbol{A}_{\boldsymbol{k}}^* = 0$, vgl. (9.77). In dieser Umformung haben wir die zyklische Invarianz des Spatprodukts benutzt, $\boldsymbol{a}\,(\boldsymbol{b} \times \boldsymbol{c}) = \boldsymbol{b}\,(\boldsymbol{c} \times \boldsymbol{a})$, und die Beziehung $\boldsymbol{a} \times (\boldsymbol{b} \times \boldsymbol{c}) = \boldsymbol{b}\ (\boldsymbol{a}\,\boldsymbol{c}) - \boldsymbol{c}\ (\boldsymbol{a}\,\boldsymbol{b})$. Sie führt uns auf

$$\int d^3r\, \boldsymbol{B}^2 = V \sum_{\boldsymbol{k}} \boldsymbol{k}^2\, \boldsymbol{A}_{\boldsymbol{k}}\, \boldsymbol{A}_{\boldsymbol{k}}^*. \tag{9.84}$$

Aus (9.82) und (9.84) bilden wir nun die gesamte Feldenergie W in (9.78). Dabei beachten wir, dass

$$\frac{\boldsymbol{k}^2}{2\,\mu_0} = \epsilon_0\, \frac{\boldsymbol{k}^2}{2\,\epsilon_0\,\mu_0} = \frac{\epsilon_0}{2}\, c^2\, \boldsymbol{k}^2 = \frac{\epsilon_0}{2}\, \omega_{\boldsymbol{k}}^2,$$

so dass

$$W = \int d^3r \left(\frac{\epsilon_0}{2}\, \boldsymbol{E}^2 + \frac{1}{2\,\mu_0}\, \boldsymbol{B}^2\right) = \frac{\epsilon_0}{2}\, V \sum_{\boldsymbol{k}} \left(\dot{\boldsymbol{A}}_{\boldsymbol{k}}\, \dot{\boldsymbol{A}}_{\boldsymbol{k}}^* + \omega_{\boldsymbol{k}}^2\, \boldsymbol{A}_{\boldsymbol{k}}\, \boldsymbol{A}_{\boldsymbol{k}}^*\right). \tag{9.85}$$

9.4.4 Transformation auf kanonische Koordinaten

Wir führen zwei Transformationen der Koordinaten $\boldsymbol{A}_{\boldsymbol{k}}$ der Feldmoden hintereinander aus und werden dadurch eine *kanonische Formulierung* für freie Felder erhalten. Zunächst wollen wir die Bedingung $\boldsymbol{A}_{\boldsymbol{k}}^*(t) = \boldsymbol{A}_{-\boldsymbol{k}}(t)$ für die Realität von $\boldsymbol{A}(\boldsymbol{r}, t)$ identisch erfüllen durch

$$\boldsymbol{A}_{\boldsymbol{k}}(t) = \boldsymbol{a}_{\boldsymbol{k}}(t) + \boldsymbol{a}_{-\boldsymbol{k}}^*(t). \tag{9.86}$$

Damit sind die neuen Koordinaten $\boldsymbol{a_k}(t)$ noch nicht eindeutig definiert. Wir können deshalb noch fordern, dass die $\boldsymbol{a_k}(t)$ dieselbe Differential–Gleichung (9.73) wie die $\boldsymbol{A_k}(t)$ erfüllen, also

$$\ddot{\boldsymbol{a}}_{\boldsymbol{k}}(t) + \omega_{\boldsymbol{k}}^2\, \boldsymbol{a_k}(t) = 0, \tag{9.87}$$

und zwar mit Lösungen vom Typ

$$\begin{aligned} &\boldsymbol{a_k}(t) \sim \mathrm{e}^{-\mathrm{i}\omega_{\boldsymbol{k}}\, t}, && \boldsymbol{a}^*_{\boldsymbol{k}}(t) \sim \mathrm{e}^{+\mathrm{i}\omega_{\boldsymbol{k}}\, t}, \\ \Longrightarrow\quad &\dot{\boldsymbol{a}}_{\boldsymbol{k}}(t) = -\mathrm{i}\,\omega_{\boldsymbol{k}}\, \boldsymbol{a_k}(t), && \dot{\boldsymbol{a}}^*_{\boldsymbol{k}}(t) = +\mathrm{i}\,\omega_{\boldsymbol{k}}\, \boldsymbol{a}^*_{\boldsymbol{k}}(t). \end{aligned} \tag{9.88}$$

Dann folgt durch zeitliches Differenzieren von $\boldsymbol{A_k}(t)$ in (9.86)

$$\dot{\boldsymbol{A}}_{\boldsymbol{k}}(t) = -\mathrm{i}\,\omega_{\boldsymbol{k}}\, \left(\boldsymbol{a_k}(t) - \boldsymbol{a}^*_{-\boldsymbol{k}}(t)\right), \tag{9.89}$$

wobei wir $\omega_{-\boldsymbol{k}} = \omega_{\boldsymbol{k}}$ verwendet haben. Die beiden Gleichungen (9.86) und (9.89) stellen die Transformation zwischen den alten Koordinaten $\boldsymbol{A_k}, \dot{\boldsymbol{A}}_{\boldsymbol{k}}$ und den neuen Koordinaten $\boldsymbol{a_k}, \boldsymbol{a}^*_{\boldsymbol{k}}$ dar. Diese linearen Transformations–Gleichungen können wir umkehren, um daraus $\boldsymbol{a_k}$ und dann auch $\boldsymbol{a}^*_{\boldsymbol{k}}$ zu berechnen:

$$\boldsymbol{a_k} = \frac{1}{2}\left(\boldsymbol{A_k} + \frac{\mathrm{i}}{\omega_{\boldsymbol{k}}}\, \dot{\boldsymbol{A}}_{\boldsymbol{k}}\right), \qquad \boldsymbol{a}^*_{\boldsymbol{k}} = \frac{1}{2}\left(\boldsymbol{A}^*_{\boldsymbol{k}} - \frac{\mathrm{i}}{\omega_{\boldsymbol{k}}}\, \dot{\boldsymbol{A}}^*_{\boldsymbol{k}}\right). \tag{9.90}$$

(Wir schreiben die Zeitabhängigkeit jetzt wieder nicht mehr mit.) Aus $\boldsymbol{k}\, \boldsymbol{A_k} = 0$ folgt durch zeitliche Differentiation auch $\boldsymbol{k}\, \dot{\boldsymbol{A}}_{\boldsymbol{k}} = 0$, vgl. (9.77), und damit aus (9.90) auch

$$\boldsymbol{k}\, \boldsymbol{a_k} = 0, \qquad \boldsymbol{k}\, \boldsymbol{a}^*_{\boldsymbol{k}} = 0. \tag{9.91}$$

Wir setzen die neuen Koordinaten in die Entwicklung von $\boldsymbol{A}(\boldsymbol{r}, t)$ in (9.76) ein und erhalten

$$\begin{aligned}
\boldsymbol{A}(\boldsymbol{r},t) &= \sum_{\boldsymbol{k}} \left(\boldsymbol{a}_{\boldsymbol{k}} + \boldsymbol{a}^*_{-\boldsymbol{k}}\right) \mathrm{e}^{\mathrm{i}\,\boldsymbol{k}\,\boldsymbol{r}} \\
&= \sum_{\boldsymbol{k}} \left(\boldsymbol{a}_{\boldsymbol{k}}\,\mathrm{e}^{\mathrm{i}\,\boldsymbol{k}\,\boldsymbol{r}} + \boldsymbol{a}^*_{-\boldsymbol{k}}\,\mathrm{e}^{\mathrm{i}\,\boldsymbol{k}\,\boldsymbol{r}}\right) \\
&= \sum_{\boldsymbol{k}} \left(\boldsymbol{a}_{\boldsymbol{k}}\,\mathrm{e}^{\mathrm{i}\,\boldsymbol{k}\,\boldsymbol{r}} + \boldsymbol{a}^*_{\boldsymbol{k}}\,\mathrm{e}^{-\mathrm{i}\,\boldsymbol{k}\,\boldsymbol{r}}\right). \qquad (9.92)
\end{aligned}$$

Im letzten Schritt haben wir die Summations–Variable $-\boldsymbol{k}$ statt $\boldsymbol{k}$ substituiert. Wegen (9.88) ist

$$\boldsymbol{a}_{\boldsymbol{k}}\,\mathrm{e}^{\mathrm{i}\,\boldsymbol{k}\,\boldsymbol{r}} \sim \mathrm{e}^{\mathrm{i}\,(\boldsymbol{k}\,\boldsymbol{r}-\omega_{\boldsymbol{k}}\,t)}, \qquad \boldsymbol{a}^*_{\boldsymbol{k}}\,\mathrm{e}^{-\mathrm{i}\,\boldsymbol{k}\,\boldsymbol{r}} \sim \mathrm{e}^{-\mathrm{i}\,(\boldsymbol{k}\,\boldsymbol{r}-\omega_{\boldsymbol{k}}\,t)},$$

so dass $\boldsymbol{A}(\boldsymbol{r},t)$ in (9.92) nach (laufenden) monochromatischen ebenen Wellen entwickelt wird.

Wir setzen die Transformationen ((9.86) und (9.89) auch in den Ausdruck (9.85) für die Feldenergie ein:

$$\begin{aligned}
W &= \frac{\epsilon_0}{2} V \sum_{\boldsymbol{k}} \left(\dot{\boldsymbol{A}}_{\boldsymbol{k}}\,\dot{\boldsymbol{A}}^*_{\boldsymbol{k}} + \omega_{\boldsymbol{k}}^2\,\boldsymbol{A}_{\boldsymbol{k}}\,\boldsymbol{A}^*_{\boldsymbol{k}}\right) \\
&= \frac{\epsilon_0}{2} V \sum_{\boldsymbol{k}} \omega_{\boldsymbol{k}}^2 \left[\left(\boldsymbol{a}_{\boldsymbol{k}} - \boldsymbol{a}^*_{-\boldsymbol{k}}\right)\left(\boldsymbol{a}^*_{\boldsymbol{k}} - \boldsymbol{a}_{-\boldsymbol{k}}\right) + \left(\boldsymbol{a}_{\boldsymbol{k}} + \boldsymbol{a}^*_{-\boldsymbol{k}}\right)\left(\boldsymbol{a}^*_{\boldsymbol{k}} + \boldsymbol{a}_{-\boldsymbol{k}}\right)\right] \\
&= \epsilon_0\,V \sum_{\boldsymbol{k}} \omega_{\boldsymbol{k}}^2 \left(\boldsymbol{a}_{\boldsymbol{k}}\,\boldsymbol{a}^*_{\boldsymbol{k}} + \boldsymbol{a}_{-\boldsymbol{k}}\,\boldsymbol{a}^*_{-\boldsymbol{k}}\right) \\
&= 2\,\epsilon_0\,V \sum_{\boldsymbol{k}} \omega_{\boldsymbol{k}}^2\,\boldsymbol{a}_{\boldsymbol{k}}\,\boldsymbol{a}^*_{\boldsymbol{k}}. \qquad (9.93)
\end{aligned}$$

Im letzten Schritt haben wir in der Summe wieder $-\boldsymbol{k}$ statt $\boldsymbol{k}$ substituiert.

Die zweite Transformation führt Koordinaten $\boldsymbol{Q}_{\boldsymbol{k}}$ und $\boldsymbol{P}_{\boldsymbol{k}}$ ein, die wie folgt definiert sind:

$$\begin{aligned}
\boldsymbol{Q}_{\boldsymbol{k}} &= \sqrt{\epsilon_0\,V}\,\left(\boldsymbol{a}_{\boldsymbol{k}} + \boldsymbol{a}^*_{\boldsymbol{k}}\right), \\
\boldsymbol{P}_{\boldsymbol{k}} &= \dot{\boldsymbol{Q}}_{\boldsymbol{k}} = \sqrt{\epsilon_0\,V}\,\left(\dot{\boldsymbol{a}}_{\boldsymbol{k}} + \dot{\boldsymbol{a}}^*_{\boldsymbol{k}}\right) = -\mathrm{i}\,\omega_{\boldsymbol{k}}\,\sqrt{\epsilon_0\,V}\,\left(\boldsymbol{a}_{\boldsymbol{k}} - \boldsymbol{a}^*_{\boldsymbol{k}}\right), \qquad (9.94)
\end{aligned}$$

worin wir im letzten Schritt (9.88) benutzt haben. Aus (9.94) ist sofort ablesbar, dass $\boldsymbol{Q}_{\boldsymbol{k}}$ und $\boldsymbol{P}_{\boldsymbol{k}}$ reell sind:

$$\boldsymbol{Q}_{\boldsymbol{k}}^{*} = \boldsymbol{Q}_{\boldsymbol{k}}, \qquad \boldsymbol{P}_{\boldsymbol{k}}^{*} = \boldsymbol{P}_{\boldsymbol{k}}. \tag{9.95}$$

Aus (9.91) folgt auch wieder, dass

$$\boldsymbol{k}\, \boldsymbol{Q}_{\boldsymbol{k}} = 0, \qquad \boldsymbol{k}\, \boldsymbol{P}_{\boldsymbol{k}} = 0. \tag{9.96}$$

Schließlich folgt aus (9.94) bei nochmaliger Anwendung von (9.88), dass

$$\dot{\boldsymbol{Q}}_{\boldsymbol{k}} = \dot{\boldsymbol{P}}_{\boldsymbol{k}} = -\mathrm{i}\, \omega_{\boldsymbol{k}} \sqrt{\epsilon_0 V}\, (\dot{\boldsymbol{a}}_{\boldsymbol{k}} - \dot{\boldsymbol{a}}_{\boldsymbol{k}}^{*}) = -\omega_{\boldsymbol{k}}^{2} \sqrt{\epsilon_0 V}\, (\boldsymbol{a}_{\boldsymbol{k}} + \boldsymbol{a}_{\boldsymbol{k}}^{*}) = -\omega_{\boldsymbol{k}}^{2}\, \boldsymbol{Q}_{\boldsymbol{k}},$$

und ähnlich für $\boldsymbol{P}_{\boldsymbol{k}}$, also

$$\ddot{\boldsymbol{Q}}_{\boldsymbol{k}} + \omega_{\boldsymbol{k}}^{2}\, \boldsymbol{Q}_{\boldsymbol{k}} = 0, \qquad \ddot{\boldsymbol{P}}_{\boldsymbol{k}} + \omega_{\boldsymbol{k}}^{2}\, \boldsymbol{P}_{\boldsymbol{k}} = 0. \tag{9.97}$$

Die Umkehrung der Transformation (9.94) ergibt

$$\boldsymbol{a}_{\boldsymbol{k}} = \frac{1}{2\sqrt{\epsilon_0 V}} \left(\boldsymbol{Q}_{\boldsymbol{k}} + \frac{\mathrm{i}}{\omega_{\boldsymbol{k}}}\, \boldsymbol{Q}_{\boldsymbol{k}} \right), \qquad \boldsymbol{a}_{\boldsymbol{k}}^{*} = \frac{1}{2\sqrt{\epsilon_0 V}} \left(\boldsymbol{Q}_{\boldsymbol{k}} - \frac{\mathrm{i}}{\omega_{\boldsymbol{k}}}\, \boldsymbol{Q}_{\boldsymbol{k}} \right). \tag{9.98}$$

Daraus berechnen wir

$$\boldsymbol{a}_{\boldsymbol{k}}\, \boldsymbol{a}_{\boldsymbol{k}}^{*} = \frac{1}{4\,\epsilon_0 V} \left(\boldsymbol{Q}_{\boldsymbol{k}}^{2} + \frac{1}{\omega_{\boldsymbol{k}}^{2}}\, \boldsymbol{P}_{\boldsymbol{k}}^{2} \right),$$

was, eingesetzt in den Ausdruck (9.93) für die Feldenergie, zu

$$\boxed{H := W = \frac{1}{2} \sum_{\boldsymbol{k}} \left(\boldsymbol{P}_{\boldsymbol{k}}^{2} + \omega_{\boldsymbol{k}}^{2}\, \boldsymbol{Q}_{\boldsymbol{k}}^{2} \right).} \tag{9.99}$$

führt. Dieses $H := W$ lässt sich nun als *Hamilton–Funktion* im Sinne der kanonischen Theorie, die uns aus der analytischen Mechanik bekannt ist, deuten, wobei $\boldsymbol{Q}_{\boldsymbol{k}}$ und $\boldsymbol{Q}_{\boldsymbol{k}}$ die kanonischen Variablen sind, denn es gilt ja

$$\left.\begin{array}{rcrcrcr} \dot{\boldsymbol{Q}}_{\boldsymbol{k}} & = & \dfrac{\partial}{\partial \boldsymbol{P}_{\boldsymbol{k}}} H & = & \dfrac{1}{2} \dfrac{\partial}{\partial \boldsymbol{P}_{\boldsymbol{k}}} \sum\limits_{\boldsymbol{k}'} \left(\boldsymbol{P}_{\boldsymbol{k}'}^2 + \omega_{k'}^2 \boldsymbol{Q}_{\boldsymbol{k}'}^2 \right) & = & \boldsymbol{P}_{\boldsymbol{k}}, \\ \dot{\boldsymbol{P}}_{\boldsymbol{k}} & = & -\dfrac{\partial}{\partial \boldsymbol{Q}_{\boldsymbol{k}}} H & = & -\dfrac{1}{2} \dfrac{\partial}{\partial \boldsymbol{Q}_{\boldsymbol{k}}} \sum\limits_{\boldsymbol{k}'} \left(\boldsymbol{P}_{\boldsymbol{k}'}^2 + \omega_{k'}^2 \boldsymbol{Q}_{\boldsymbol{k}'}^2 \right) & = & -\omega_k^2 \boldsymbol{Q}_{\boldsymbol{k}}, \end{array}\right\} \tag{9.100}$$

was, ineinander eingesetzt, wieder zu (9.97) führt.

Mit den beiden obigen Transformationen haben wir das freie elektromagnetrische Feld ($\rho = 0$, $\boldsymbol{j} = 0$) als eine Summe bzw. eine Überlagerung aus unabhängigen harmonischen Oszillatoren dargestellt. Diese Oszillatoren, auch *Feld–Oszillatoren* oder *Moden* genannt, sind jeweils durch den Wellenzahl–Vektor $\boldsymbol{k}$ charakterisiert. Hinzu kommt noch die Polarisation, vgl. Abschnitt 9.2.1. Die kanonischen Bewegungs–Gleichungen (9.100) müssen dann offensichtlich äquivalent zu den beiden Maxwellschen Gleichungen in (9.1) und (9.2) sein, die Zeitableitungen enthalten. Die anderen beiden Maxwellschen Gleichungen, die die Quellenfreiheit der Felder $\boldsymbol{E}$ und $\boldsymbol{B}$ aussagen, sind durch die Transversalitäts–Bedingung erfüllt, die hier durch (9.96), also $\boldsymbol{k}\,\boldsymbol{Q}_{\boldsymbol{k}} = 0, \boldsymbol{k}\,\boldsymbol{P}_{\boldsymbol{k}} = 0$, ausgedrückt wird.

Mit der Formulierung der kanonischen Theorie der freien Felder können wir unmittelbar zu deren *Quantenfeld–Theorie*, der sogenannten *Quanten–Elektrodynamik* übergehen. Wir benutzen dasselbe "Rezept" wie beim Übergang von der klassischen Mechanik zur Quantenmechanik: die kanonischen Variablen $\boldsymbol{Q}_{\boldsymbol{k}}$ und $\boldsymbol{Q}_{\boldsymbol{k}}$ werden als *Operatoren* betrachtet, die durch die Kommutator–Relationen

$$[\boldsymbol{Q}_{\boldsymbol{k}}, \boldsymbol{P}_{\boldsymbol{k}'}] = \mathrm{i}\,\hbar\,\delta_{\boldsymbol{k},\boldsymbol{k}'}, \qquad [\boldsymbol{Q}_{\boldsymbol{k}}, \boldsymbol{Q}_{\boldsymbol{k}'}] = 0, \qquad [\boldsymbol{P}_{\boldsymbol{k}}, \boldsymbol{P}_{\boldsymbol{k}'}] = 0. \tag{9.101}$$

verknüpft sind. (Auch diese Kommutator–Relationen müssen noch um die "Quantenzahl" der Polarisation erweitert werden.)

Wir geben abschließend noch die Darstellung von $\boldsymbol{A}(\boldsymbol{r}, t)$, $\boldsymbol{E}(\boldsymbol{r}, t)$ und $\boldsymbol{B}(\boldsymbol{r}, t)$ durch die $\boldsymbol{Q}_{\boldsymbol{k}}$ und $\boldsymbol{P}_{\boldsymbol{k}}$ an. Diese erhält man, wenn man die beiden obigen Transformationen ineinander einsetzt:

$$\begin{aligned} \boldsymbol{A}(\boldsymbol{r},t) &= \frac{1}{2\sqrt{\epsilon_0 V}} \sum_{\boldsymbol{k}} \left[\left(\boldsymbol{Q}_{\boldsymbol{k}} + \frac{\mathrm{i}}{\omega_{\boldsymbol{k}}} \boldsymbol{P}_{\boldsymbol{k}} \right) \mathrm{e}^{\mathrm{i}\boldsymbol{k}\boldsymbol{r}} + \left(\boldsymbol{Q}_{\boldsymbol{k}} - \frac{\mathrm{i}}{\omega_{\boldsymbol{k}}} \boldsymbol{P}_{\boldsymbol{k}} \right) \mathrm{e}^{-\mathrm{i}\boldsymbol{k}\boldsymbol{r}} \right] \\ &= \frac{1}{\sqrt{\epsilon_0 V}} \sum_{\boldsymbol{k}} \left[\boldsymbol{Q}_{\boldsymbol{k}} \cos(\boldsymbol{k}\boldsymbol{r}) - \frac{1}{\omega_{\boldsymbol{k}}} \boldsymbol{P}_{\boldsymbol{k}} \sin(\boldsymbol{k}\boldsymbol{r}) \right], \end{aligned} \tag{9.102}$$

$$\begin{aligned} \boldsymbol{E}(\boldsymbol{r},t) &= -\frac{\partial}{\partial t} \boldsymbol{A}(\boldsymbol{r},t) = -\frac{1}{\sqrt{\epsilon_0 V}} \sum_{\boldsymbol{k}} \left[\dot{\boldsymbol{Q}}_{\boldsymbol{k}} \cos(\boldsymbol{k}\boldsymbol{r}) - \frac{1}{\omega_{\boldsymbol{k}}} \dot{\boldsymbol{P}}_{\boldsymbol{k}} \sin(\boldsymbol{k}\boldsymbol{r}) \right] \\ &= -\frac{1}{\sqrt{\epsilon_0 V}} \sum_{\boldsymbol{k}} \left[\boldsymbol{P}_{\boldsymbol{k}} \cos(\boldsymbol{k}\boldsymbol{r}) + \omega_{\boldsymbol{k}} \boldsymbol{Q}_{\boldsymbol{k}} \sin(\boldsymbol{k}\boldsymbol{r}) \right], \end{aligned} \tag{9.103}$$

$$\begin{aligned} \boldsymbol{B}(\boldsymbol{r},t) &= \frac{\partial}{\partial \boldsymbol{r}} \times \boldsymbol{A}(\boldsymbol{r},t) \\ &= -\frac{1}{\sqrt{\epsilon_0 V}} \sum_{\boldsymbol{k}} \left[\boldsymbol{k} \times \boldsymbol{Q}_{\boldsymbol{k}} \sin(\boldsymbol{k}\boldsymbol{r}) + \frac{1}{\omega_{\boldsymbol{k}}} \boldsymbol{k} \times \boldsymbol{P}_{\boldsymbol{k}} \cos(\boldsymbol{k}\boldsymbol{r}) \right]. \end{aligned} \tag{9.104}$$

Kapitel 10

Die inhomogene Wellengleichung, Ausstrahlung

Im vorhergehenden Kapitel 9 haben wir Lösungen der Wellengleichung für freie elektromagnetische Felder, d.h. für $\rho = 0$ und $\boldsymbol{j} = 0$ diskutiert. Diese Wellengleichung war von der Form $\Box\, u = 0$, worin $u = u(\boldsymbol{r}, t)$ für die Komponenten der Felder $\boldsymbol{E}$ und $\boldsymbol{B}$, aber auch für das skalare Potential Φ oder für die Komponenten des Vektor-Potentials $\boldsymbol{A}$ stehen kann. In diesem Kapitel wenden wir uns der Wellengleichung für den allgemeinen Fall $\rho \neq 0$ bzw. $\boldsymbol{j} \neq 0$ zu. Wie wir im Abschnitt 7.4.2 gezeigt haben, lautet sie für die Potentiale

$$\boxed{\Box\, \Phi(\boldsymbol{r}, t) = -\frac{1}{\epsilon_0}\, \rho(\boldsymbol{r}, t), \qquad \Box\, \boldsymbol{A}(\boldsymbol{r}, t) = -\mu_0\, \boldsymbol{j}(\boldsymbol{r}, t).} \tag{10.1}$$

Daraus sind die Felder gemäß

$$\boldsymbol{E}(\boldsymbol{r}, t) = -\frac{\partial}{\partial t}\, \boldsymbol{A}(\boldsymbol{r}, t) - \frac{\partial}{\partial \boldsymbol{r}}\, \Phi(\boldsymbol{r}, t), \qquad \boldsymbol{B}(\boldsymbol{r}, t) = \frac{\partial}{\partial \boldsymbol{r}} \times \boldsymbol{A}(\boldsymbol{r}, t). \tag{10.2}$$

zu berechnen.

10.1 Lösung der inhomogenen Wellengleichung

10.1.1 Die Greensche Funktion

Wir schreiben die inhomogene Wellengleichung in der Form

$$\Box\, u(\boldsymbol{r},t) = -f(\boldsymbol{r},t), \qquad \Box = \Delta - \frac{1}{c^2}\frac{\partial^2}{\partial t^2}, \tag{10.3}$$

worin $u(\boldsymbol{r},t)$ entweder das Potential Φ oder eine der Komponenten des Vektor–Potentials $\boldsymbol{A}$ und $f(\boldsymbol{r},t)$ die jeweilige rechte Seite der entsprechenden Wellengleichungen ist. Wir nehmen an, dass die Felder den gesamten Raum erfüllen können, so dass wir als Randbedingung nur deren Verschwinden im Unendlichen fordern: $u(\boldsymbol{r},t) \to 0$ für $|\boldsymbol{r}| \to \infty$. Zur Lösung von (10.3) stellen wir $u(\boldsymbol{r},t)$ und $f(\boldsymbol{r},t)$ durch ihre Fourier–Transformierten dar:

$$\left.\begin{matrix} u(\boldsymbol{r},t) \\ f(\boldsymbol{r},t) \end{matrix}\right\} = \int d^3k \int d\omega\, \mathrm{e}^{\mathrm{i}(\boldsymbol{k}\,\boldsymbol{r}-\omega\,t)} \left\{\begin{matrix} \tilde{u}(\boldsymbol{k},\omega) \\ \tilde{f}(\boldsymbol{k},\omega) \end{matrix}\right., \tag{10.4}$$

vgl. Abschnitt 9.2.2. Später werden wir auch deren Umkehrungen benötigen:

$$\left.\begin{matrix} \tilde{u}(\boldsymbol{k},\omega) \\ \tilde{f}(\boldsymbol{k},\omega) \end{matrix}\right\} = \frac{1}{(2\,\pi)^4} \int d^3r \int dt\, \mathrm{e}^{-\mathrm{i}(\boldsymbol{k}\,\boldsymbol{r}-\omega\,t)} \left\{\begin{matrix} u(\boldsymbol{r},t) \\ f(\boldsymbol{r},t) \end{matrix}\right. . \tag{10.5}$$

Wir setzen die Transformationen (10.4) in die Wellengleichung (10.3) ein. Unter Beachtung von

$$\Box\, \mathrm{e}^{\mathrm{i}(\boldsymbol{k}\,\boldsymbol{r}-\omega\,t)} = \left(\Delta - \frac{1}{c^2}\frac{\partial^2}{\partial t^2}\right) = -\left(\boldsymbol{k}^2 - \frac{\omega^2}{c^2}\right) \mathrm{e}^{\mathrm{i}(\boldsymbol{k}\,\boldsymbol{r}-\omega\,t)}$$

erhalten wir

$$\int d^3k \int d\omega \left[\left(\boldsymbol{k}^2 - \frac{\omega^2}{c^2}\right) \tilde{u}(\boldsymbol{k},\omega) - \tilde{f}(\boldsymbol{k},\omega)\right] \mathrm{e}^{\mathrm{i}(\boldsymbol{k}\,\boldsymbol{r}-\omega\,t)} = 0.$$

Hieraus folgt

$$\left(\boldsymbol{k}^2 - \frac{\omega^2}{c^2}\right) \tilde{u}(\boldsymbol{k},\omega) - \tilde{f}(\boldsymbol{k},\omega) = 0, \qquad \tilde{u}(\boldsymbol{k},\omega) = \frac{\tilde{f}(\boldsymbol{k},\omega)}{\boldsymbol{k}^2 - \dfrac{\omega^2}{c^2}}. \tag{10.6}$$

Wir setzen dieses Ergebnis in die Fourier–Transformation (10.4) für u ein und ersetzen $f(\boldsymbol{k}, \omega)$ durch die Umkehr–Transformation (10.5) mit $\boldsymbol{r}', t'$ als Integrations–Variablen, weil $\boldsymbol{r}, t$ schon auf der linken Seite als Variablen in $u(\boldsymbol{r}, t)$ auftreten:

$$u(\boldsymbol{r}, t) = \int d^3k \int d\omega \, \frac{\mathrm{e}^{\mathrm{i}\,(\boldsymbol{k}\,\boldsymbol{r} - \omega\, t)}}{\boldsymbol{k}^2 - \dfrac{\omega^2}{c^2}} \, \frac{1}{(2\,\pi)^4} \int d^3r' \int dt' \, \mathrm{e}^{-\mathrm{i}\,(\boldsymbol{k}\,\boldsymbol{r}' - \omega\, t')} \, f(\boldsymbol{r}', t').$$

Hierin vertauschen wir die Integration über $\boldsymbol{k}, \omega$ mit denen über $\boldsymbol{r}', t'$. Das Ergebnis können wir in der Form

$$u(\boldsymbol{r}, t) = \int d^3r' \int dt' \, G\,(\boldsymbol{r} - \boldsymbol{r}', t - t') \; f(\boldsymbol{r}', t'), \qquad (10.7)$$

$$G(\boldsymbol{r} - \boldsymbol{r}', t - t') = \frac{1}{(2\,\pi)^4} \int d^3k \int d\omega \, \frac{\mathrm{e}^{\mathrm{i}\,[\boldsymbol{k}\,(\boldsymbol{r} - \boldsymbol{r}') - \omega\,(t - t')]}}{\boldsymbol{k}^2 - \dfrac{\omega^2}{c^2}}. \qquad (10.8)$$

schreiben. Die Art der Darstellung der Lösung $u(\boldsymbol{r}, t)$ der Wellengleichung in (10.7) ist uns bereits aus dem Abschnitt 4.4 bekannt. Dort war ein elektrostatisches Problem $\Delta\, u(\boldsymbol{r}) = -f(\boldsymbol{r})$ mit $u(\boldsymbol{r}) = \Phi(\boldsymbol{r})$ =elektrostatisches Potential und $f(\boldsymbol{r}) = \rho(\boldsymbol{r})/\epsilon_0$ zu lösen. Die Lösung konnte durch die *Greensche Funktion* $G(\boldsymbol{r}, \boldsymbol{r}')$ dargestellt werden:

$$\Delta\, u(\boldsymbol{r}) = -f(\boldsymbol{r}), \qquad u(\boldsymbol{r}) = \int d^3r'\, G(\boldsymbol{r}, \boldsymbol{r}')\, f(\boldsymbol{r}'), \qquad G(\boldsymbol{r}, \boldsymbol{r}') = \frac{1}{4\,\pi} \frac{1}{|\boldsymbol{r} - \boldsymbol{r}'|}.$$

Hier haben wir den vereinfachten Fall aufgeschrieben, dass im Endlichen keine Randbedingung zu erfüllen ist. Dann wird das Problem offensichtlich translations–invariant: $G(\boldsymbol{r}, \boldsymbol{r}') = G(\boldsymbol{r} - \boldsymbol{r}')$. Eine andere Ausdrucksweise war, dass die Greensche Funktion die Gleichung

$$\Delta\, G(\boldsymbol{r} - \boldsymbol{r}') = -\delta(\boldsymbol{r} - \boldsymbol{r}')$$

löst, so dass die Lösung $u(\boldsymbol{r})$ der Gleichung $\Delta\, u(\boldsymbol{r}) = -f(\boldsymbol{r})$ wegen deren Linearität durch Überlagerung angegeben werden konnte.

Nach dieser Analogie haben wir $G(\boldsymbol{r}-\boldsymbol{r}', t-t')$ in (10.8) als Greensche Funktion der Wellengleichung $\Box\, u(\boldsymbol{r},t) = -f(\boldsymbol{r},t)$ zu interpretieren. Um die Analogie vollständig zu machen, berechnen wir $\Box\, G(\boldsymbol{r}-\boldsymbol{r}', t-t')$:

$$\begin{aligned}
\Box\, G(\boldsymbol{r}-\boldsymbol{r}', t-t') &= \frac{1}{(2\,\pi)^4} \int d^3k \int d\omega\, \frac{\Box\, \mathrm{e}^{\mathrm{i}\,[\boldsymbol{k}\,(\boldsymbol{r}-\boldsymbol{r}')-\omega\,(t-t')]}}{\boldsymbol{k}^2 - \dfrac{\omega^2}{c^2}} \\
&= -\frac{1}{(2\,\pi)^4} \int d^3k \int d\omega\, \mathrm{e}^{\mathrm{i}\,[\boldsymbol{k}\,(\boldsymbol{r}-\boldsymbol{r}')-\omega\,(t-t')]} \\
&= \delta(\boldsymbol{r}-\boldsymbol{r}')\,\delta(t-t'), \qquad (10.9)
\end{aligned}$$

vgl. Abschnitt B.3.

10.1.2 Die Berechnung der Greenschen Funktion

Die Integrationen über $\boldsymbol{k} = (k_1, k_2, k_3)$ und ω in der Darstellung der Greenschen Funktion in (10.8) sind jeweils von $-\infty$ bis $+\infty$ auszuführen:

$$\int d^3k \int d\omega \ldots = \int_{-\infty}^{+\infty} dk_1 \int_{-\infty}^{+\infty} dk_2 \int_{-\infty}^{+\infty} dk_3 \int_{-\infty}^{+\infty} d\omega \ldots .$$

Im Nenner des Integranden in (10.8) treten jedoch bei $\omega^2 = c^2\,\boldsymbol{k}^2$ bzw. $\omega = \pm\, c\,|\boldsymbol{k}|$ Nullstellen auf, so dass die Integrationen ein divergierendes Ergebnis liefern. Es gibt nun Möglichkeiten, diese Divergenzen zu vermeiden. Man kann versuchen, die divergierenden Integrale als Hauptwert–Integrale zu definieren oder den Integrationsweg in der komplexen ω–Ebene in bestimmter Weise beliebig eng an den beiden Singularitäten vorbeizuführen. Die obige Herleitung des Ausdrucks (10.8) für die Greensche Funktion ist offensichtlich unabhängig von solchen Interpretationen. Welche der in Frage kommenden Interpretationen gewählt wird, muss allerdings durch physikalische Argumente entschieden werden. Wir zeigen im Folgenden, dass die Interpretation von (10.8) als

$$G(\boldsymbol{r}-\boldsymbol{r}', t-t') = \frac{1}{(2\,\pi)^4} \int d^3k \int_{-\infty+\mathrm{i}\,\epsilon}^{+\infty+\mathrm{i}\,\epsilon} d\omega\, \frac{\mathrm{e}^{\mathrm{i}\,[\boldsymbol{k}\,(\boldsymbol{r}-\boldsymbol{r}')-\omega\,(t-t')]}}{\boldsymbol{k}^2 - \dfrac{\omega^2}{c^2}}, \qquad \epsilon > 0, \quad (10.10)$$

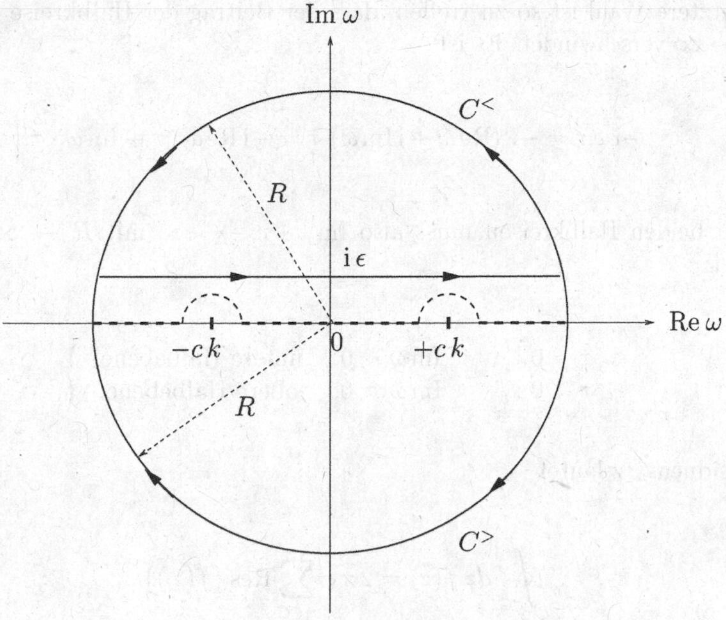

Abbildung 10.1: Integrationsweg in der komplexen ω–Ebene

zu einem physikalisch realistischen, nämlich *kausalen* Ergebnis führt. Die Integrations–Grenzen im ω–Integral in (10.10) sind so zu verstehen, dass der Integrationsweg in der Halbebene $\mathrm{Im}\,\omega > 0$ parallel im Abstand ϵ zur reellen ω–Achse verlaufen soll, vgl. Abbildung 10.1. Äquivalent zu dieser Wahl ist es, den Integrationsweg bis auf die beiden Punkte $\omega = \pm\, c\,|\boldsymbol{k}|$ auf der reellen ω–Achse zu belassen und $\omega = \pm\, c\,|\boldsymbol{k}|$ auf einem beliebig engen Bogen in $\mathrm{Im}\,\omega > 0$ zu umfahren, vgl. ebenfalls Abbildung 10.1. Die zuletzt genannte Verschiebung des Integrationsweges ist erlaubt, weil der Integrand in dem Bereich der Verschiebung regulär ist, also keine Singularitäten besitzt. Mit dieser Wahl des Integrationsweges berechnen wir nun zunächst

$$g(k,\tau) := \int_{-\infty+\mathrm{i}\epsilon}^{+\infty+\mathrm{i}\epsilon} d\omega\, \frac{\mathrm{e}^{-\mathrm{i}\omega\tau}}{k^2 - \dfrac{\omega^2}{c^2}}, \qquad k = |\boldsymbol{k}|, \quad \tau = t - t', \tag{10.11}$$

und zwar durch Verwendung des *Residuensatzes.* Dazu schließen wir den Integrationsweg durch einen Halbkreis mit einem Radius $R \to \infty$ entweder in der oberen komplexen ω–Ebene $\mathrm{Im}\,\omega > 0$ oder in der unteren komplexen ω–Ebene $\mathrm{Im}\,\omega < 0$.

Diese letztere Wahl ist so zu treffen, dass der Beitrag der Halbkreise zum Integral mit $R \to \infty$ verschwindet. Es ist

$$-\mathrm{i}\,\omega\,\tau = -\mathrm{i}\,(\mathrm{Re}\,\omega + \mathrm{i}\,\mathrm{Im}\,\omega)\;\tau = -\mathrm{i}\,\mathrm{Re}\,\omega \cdot \tau + \mathrm{Im}\,\omega \cdot \tau .$$

Auf den beiden Halbkreisen muss also $\mathrm{Im}\,\omega \cdot \tau \to -\infty$ mit $R \to \infty$ gehen. Das bedeutet:

$$\left.\begin{array}{lll} \tau > 0: & \mathrm{Im}\,\omega < 0, & \text{untere Halbebene,} \\ \tau < 0: & \mathrm{Im}\,\omega > 0, & \text{obere Halbebene.} \end{array}\right\} \tag{10.12}$$

Der Residuensatz lautet

$$\oint_{\partial G} dz\, f(z) = 2\,\pi\,\mathrm{i} \sum_{z_i \in G} \mathrm{Res}\,\{f(z_i)\}\,. \tag{10.13}$$

Hierin ist G ein Gebiet in der komplexen z–Ebene, das von der Randlinie ∂G begrenzt wird. Die Integration auf der linken Seite soll im mathematisch positiven Sinn, also gegen den Uhrzeigersinn verlaufen. Auf der rechten Seite wird die Summe über alle Pole z_i von $f(z)$ in G ausgeführt. $\mathrm{Res}\{f(z_i)\}$ ist das Residuum von $f(z)$ bei z_i, d.h., die Laurent–Reihe von $f(z)$ bei z_i habe die Form

$$f(z) = \frac{a_i}{z - z_i} + \ldots, \qquad a_i := \mathrm{Res}\,\{f(z_i)\}\,.$$

Wir beginnen mit dem Fall $\tau < 0$. Nach (10.13) ist dann der Integrationsweg durch den unendlich fernen Halbkreis in $\mathrm{Im}\,\omega > 0$ zu schließen. Aus der Abbildung 10.1 entnehmen wir, dass der so entstehende geschlossene Integrationsweg, der dort mit $C^<$ bezeichnet ist, keinen Pol des Integranden enthält. Nach dem Residuensatz verschwindet demnach das Integral: $g(k, \tau) = 0$ für $\tau < 0$. Das bedeutet für die Greensche Funktion in (10.10), dass $G(\boldsymbol{r} - \boldsymbol{r}', t - t') = 0$ für $t - t' < 0$. Aus (10.7) folgt damit für die Lösung $u(\boldsymbol{r}, t)$ der Wellengleichung (10.3)

$$u(\boldsymbol{r}, t) = \int d^3r' \int_{-\infty}^{t} dt'\, G\,(\boldsymbol{r} - \boldsymbol{r}', t - t')\; f(\boldsymbol{r}', t'). \tag{10.14}$$

Das Zeitintegral über t', das ursprünglich von $-\infty$ bis $+\infty$ zu erstrecken war, reduziert sich auf den Bereich von $t' = -\infty$ bis $t' = t$. Um die darin enthaltene physikalische Aussage deutlich zu machen, interpretieren wir $u(\boldsymbol{r}, t)$ als Folge oder als *Wirkung* der Ursache $f(\boldsymbol{r}, t)$. Die Funktion $u(\boldsymbol{r}, t)$ steht für die Komponenten des Potentials $\boldsymbol{A}(\boldsymbol{r}, t)$ bzw. für $\Phi(\boldsymbol{r}, t)$, entsprechend $f(\boldsymbol{r}, t)$ für die der Stromdichte $\boldsymbol{j}(\boldsymbol{r}, t)$ bzw. für die Ladungsdichte $\rho(\boldsymbol{r}, t)$. Die Wellengleichung beschreibt also, wie sich die Potentiale und mit ihnen die Felder $\boldsymbol{E}(\boldsymbol{r}, t)$ und $\boldsymbol{B}(\boldsymbol{r}, t)$ als Wirkung, nämlich durch elektromagnetische Ausstrahlung aus der vorzugebenden Strom– und Ladungsdichte als Ursachen ergeben. Dann ist die Reduktion der Zeitintegration auf $t' < t$ der Ausdruck der *Kausalität*: die Wirkung kann der Ursache zeitlich nur folgen und nicht etwa ihr vorauseilen.

Es ist jetzt ersichtlich, dass wir die Kausalität erzwungen haben, indem wir den Integrationsweg der ω–Integration in (10.10) in $\operatorname{Im}\omega > 0$ an den Polen des Integranden bei $\omega = \pm c\,k$ vorbeigeführt haben. Hätten wir den Integrationsweg in $\operatorname{Im}\omega < 0$ an den beiden Polen vorbeigeführt, dann hätten wir eine *anti–kausale* Lösung $u(\boldsymbol{r}, t)$ erhalten, die der Ursache $f(\boldsymbol{r}, t)$ vorauseilte. Dass auch dieses eine formal korrekte Lösung der Wellengleichung bzw. der Maxwellschen Gleichungen ist, liegt an deren Zeitumkehr–Invarianz, vgl. Abschnitt 7.1.1.

Jetzt berechnen wir $g(k, \tau)$ aus (10.11) für $\tau > 0$. In diesem Fall ist der Integrationsweg nach (10.12) durch den unendlich fernen Halbkreis in $\operatorname{Im}\omega < 0$ zu schließen, vgl. Abbildung 10.1, Integrationsweg $C^{>}$. Die beiden Pole bei $\omega = \pm c\,k$ liegen nunmehr im Inneren des geschlossenen Weges $C^{>}$, der jetzt allerdings im mathematisch negativen Sinn orientiert ist, was zu einem Vorzeichen–Wechsel führt. Mit

$$k^2 - \frac{\omega^2}{c^2} = -\frac{1}{c^2}\,(\omega - c\,k)\,(\omega + c\,k)$$

erhalten wir aus (10.11) durch Anwendung des Residuensatzes

$$\begin{aligned}
g(k, \tau) &= -c^2 \oint_{C^{>}} d\omega\, \frac{\mathrm{e}^{-\mathrm{i}\,\omega\,\tau}}{(\omega - c\,k)\,(\omega + c\,k)} \\
&= (-2\,\pi\,\mathrm{i})\,(-c^2) \sum_{\omega = \pm c\,k} \operatorname{Res} \frac{\mathrm{e}^{-\mathrm{i}\,\omega\,\tau}}{(\omega - c\,k)\,(\omega + c\,k)} \\
&= 2\pi\,\mathrm{i}\,c^2 \left[\left(\frac{\mathrm{e}^{-\mathrm{i}\,\omega\,\tau}}{\omega + c\,k} \right)_{\omega = +c\,k} + \left(\frac{\mathrm{e}^{-\mathrm{i}\,\omega\,\tau}}{\omega - c\,k} \right)_{\omega = -c\,k} \right] \\
&= 2\pi\,\mathrm{i}\,c^2 \left[\frac{\mathrm{e}^{-\mathrm{i}\,c\,k\,\tau}}{2\,c\,k} + \frac{\mathrm{e}^{+\mathrm{i}\,c\,k\,\tau}}{-2\,c\,k} \right]
\end{aligned}$$

$$= \; 2\pi c \frac{\sin(c k \tau)}{k}. \tag{10.15}$$

Einsetzen dieses Ergebnisses in (10.10) ergibt für die Greensche Funktion

$$G(\boldsymbol{s},\tau) = \frac{c}{(2\pi)^3} \int d^3k \, \mathrm{e}^{\mathrm{i}\boldsymbol{k}\boldsymbol{s}} \frac{\sin(c k \tau)}{k}, \qquad \boldsymbol{s} := \boldsymbol{r} - \boldsymbol{r}', \quad \tau = t - t' > 0. \tag{10.16}$$

Das $\boldsymbol{k}$–Integral berechnen wir durch Einführung von Kugelkoordinaten statt der kartesischen Koordinaten k_1, k_2, k_3. Als Achse wählen wir die Richtung von $\boldsymbol{s}$, so dass

$$d^3k = k^2 \, dk \, \sin\theta \, d\theta \, d\phi, \qquad \boldsymbol{k}\,\boldsymbol{s} = k\,s\cos\theta, \quad s := |\boldsymbol{s}|.$$

Der Integrand hängt nicht vom Azimutal–Winkel ϕ ab; dessen Integration liefert 2π. Wir erhalten also aus (10.16)

$$G(\boldsymbol{s},\tau) = \frac{c}{(2\pi)^2} \int_0^{+\infty} dk \, k \, \sin(c k \tau) \int_0^{\pi} d\theta \, \sin\theta \, \mathrm{e}^{\mathrm{i}ks\cos\theta}. \tag{10.17}$$

Das θ–Integral lösen wir durch Substitution von $\xi = \cos\theta$, $d\xi = -\sin\theta \, d\theta$:

$$\int_0^{\pi} d\theta \, \sin\theta \, \mathrm{e}^{\mathrm{i}ks\cos\theta} = \int_{-1}^{+1} d\xi \, \mathrm{e}^{\mathrm{i}ks\xi} = \frac{\mathrm{e}^{\mathrm{i}ks} - \mathrm{e}^{-\mathrm{i}ks}}{\mathrm{i}ks} = \frac{2\sin(ks)}{ks}$$

so dass

$$\begin{aligned} G(\boldsymbol{s},\tau) &= \frac{2c}{(2\pi)^2 s} \int_0^{\infty} dk \, \sin(c k \tau) \, \sin(k s) \\ &= \frac{c}{(2\pi)^2 s} \int_0^{\infty} dk \, \left\{ \cos\left[c k \left(\tau - \frac{s}{c} \right) \right] - \right. \\ &\qquad \left. - \cos\left[c k \left(\tau + \frac{s}{c} \right) \right] \right\}. \end{aligned} \tag{10.18}$$

Nun wird mit der Substitution $\kappa = c\,k$

$$\begin{aligned}\int_0^\infty dk\,\cos(c\,k\,x) &= \frac{1}{c}\int_0^\infty d\kappa\,\cos(\kappa\,x) = \frac{1}{2\,c}\int_{-\infty}^\infty d\kappa\,\cos(\kappa\,x) = \\ &= \frac{1}{4\,c}\int_{-\infty}^\infty d\kappa\,\left(e^{i\kappa x} + e^{-i\kappa x}\right) = \frac{\pi}{c}\,\delta(x),\end{aligned}$$

eingesetzt in (10.18)

$$G(\boldsymbol{s},\tau) = \frac{1}{4\,\pi\,s}\left[\delta\left(\tau - \frac{s}{c}\right) - \delta\left(\tau + \frac{s}{c}\right)\right]. \tag{10.19}$$

Da für $\tau = t - t' > 0$ stets $\tau + s/c > 0$, liefert die zweite δ-Funktion mit diesem Argument keinen Beitrag. Wir erhalten also als Endergebnis für die Greensche Funktion der elektromagnetischen Wellengleichung

$$\boxed{G(\boldsymbol{r}-\boldsymbol{r}', t-t') = \begin{cases} \dfrac{1}{4\,\pi\,|\boldsymbol{r}-\boldsymbol{r}'|}\,\delta\left(t - t' - \dfrac{|\boldsymbol{r}-\boldsymbol{r}'|}{c}\right) & \text{für} \quad t > t', \\ 0 & \text{für} \quad t < t'. \end{cases}} \tag{10.20}$$

10.1.3 Diskussion

Erwartungsgemäß hängt die Greensche Funktion aus Gründen der räumlichen Isotropie nur von $|\boldsymbol{r}-\boldsymbol{r}'|$ ab.

Die Greensche Funktion (10.20) erfüllt nicht nur die Forderung der Kausalität, also $G(\boldsymbol{r}-\boldsymbol{r}', t-t') = 0$ für $t < t'$, sondern es ist darüber hinaus

$$G(\boldsymbol{r}-\boldsymbol{r}', t-t') = 0 \quad \text{für} \quad t < t' + \frac{|\boldsymbol{r}-\boldsymbol{r}'|}{c}. \tag{10.21}$$

Diese Eigenschaft drückt die *Retardierung* aus. Die Wirkung ist gegenüber der Ursache um die Zeit $|\boldsymbol{r}-\boldsymbol{r}'|/c$ verzögert. Dieses ist gerade die Laufzeit eines Signals, das sich mit der Geschwindigkeit c vom Ort $\boldsymbol{r}'$ der Ursache zum Ort $\boldsymbol{r}$ der Wirkung bewegt. Die Retardierung schließt offensichtlich die Kausalität ein. Mit der Retardierung wäre ein Verhalten

$$G(\boldsymbol{r}-\boldsymbol{r}', t-t') \neq 0 \quad \text{für alle} \quad t \geq t' + \frac{|\boldsymbol{r}-\boldsymbol{r}'|}{c} \tag{10.22}$$

vereinbar. Die Greensche Funktion (10.20) hat jedoch die weitergehende Eigenschaft, dass

$$G(\boldsymbol{r}-\boldsymbol{r}', t-t') \neq 0 \quad \text{nur für} \quad t = t' + \frac{|\boldsymbol{r}-\boldsymbol{r}'|}{c}. \tag{10.23}$$

Die Wirkung tritt scharf zur retardierten Zeit $t = t' + |\boldsymbol{r}-\boldsymbol{r}'|/c$ ein, nicht nur nicht vorher, was gegen die Retardierung verstoßen würde, sondern auch nicht nachher, was mit der Retardierung vereinbar wäre. Es lässt sich zeigen, dass diese Eigenschaft typisch für die Dimensionszahl $d = 3$ unseres Raumes ist. Für $d = 2$ und $d = 4$ würde (10.22) eintreten: die Ursache hätte einen unendlich langen "Nachhall".[1]

Wenn wir die Greensche Funktion (10.20) in die Darstellung (10.7) für die Lösung $u(\boldsymbol{r}, t)$ der Wellengleichung einsetzen, erhalten wir

$$\begin{aligned} u(\boldsymbol{r}, t) &= \int d^3r' \int dt'\, G\left(\boldsymbol{r}-\boldsymbol{r}', t-t'\right) f(\boldsymbol{r}', t') \\ &= \frac{1}{4\pi} \int d^3r' \int_{-\infty}^{t} dt'\, \delta\left(t - t' - \frac{|\boldsymbol{r}-\boldsymbol{r}'|}{c}\right) \frac{f(\boldsymbol{r}', t')}{|\boldsymbol{r}-\boldsymbol{r}'|} \\ &= \frac{1}{4\pi} \int d^3r' \, \frac{f\left(\boldsymbol{r}', t - \dfrac{|\boldsymbol{r}-\boldsymbol{r}'|}{c}\right)}{|\boldsymbol{r}-\boldsymbol{r}'|}. \end{aligned} \tag{10.24}$$

Dieses Ergebnis lässt sich anschaulich durch die Vorstellung deuten, dass der Ort $\boldsymbol{r}'$ die möglichen Ursachen im Raum abtastet, also alle Raumbereiche mit $f(\boldsymbol{r}', \ldots) \neq 0$ erfasst, und die Wirkung jeweils zur retardierten Zeit $t - |\boldsymbol{r}-\boldsymbol{r}'|/c$ eintritt. Die Wirkung fällt $\sim 1/|\boldsymbol{r}-\boldsymbol{r}'|$ mit der Entfernung von der Ursache ab. Dieses Verhalten ist typisch für das elektromagnetische Feld, allerdings auch für die Gravitation, und ebenfalls eine Konsequenz der Raumdimension $d = 3$.

[1] Vgl. Übungsaufgabe zu diesem Kapitel für den Fall $d = 2$.

$u(\boldsymbol{r}, t)$ in (10.24) ist eine *partikuläre* Lösung der inhomogenen Wellengleichung. Ein bekannter Satz aus der Theorie der Differential–Gleichungen besagt, dass man im Fall linearer inhomogener Differential–Gleichungen deren allgemeine Lösung erhält, indem man zu einer partikulären Lösung die allgemeine Lösung der zugehörigen homogenen Differential–Gleichung addiert. Letztere sind freie Wellen, die wir ausführlich im Kapitel 9 diskutiert haben. Die allgemeinen Lösungen der Wellengleichung für die Potentiale $\boldsymbol{A}$ und Φ lauten demnach

$$\begin{aligned} \boldsymbol{A}(\boldsymbol{r}, t) &= \frac{\mu_0}{4\pi} \int d^3r' \, \frac{\boldsymbol{j}\left(\boldsymbol{r}', t - \dfrac{|\boldsymbol{r}-\boldsymbol{r}'|}{c}\right)}{|\boldsymbol{r}-\boldsymbol{r}'|} + \\ &+ \int d^3k \left[\tilde{\boldsymbol{A}}_1(\boldsymbol{k})\, e^{i(\boldsymbol{k}\boldsymbol{r}-ckt)} + \tilde{\boldsymbol{A}}_1^*(\boldsymbol{k})\, e^{-i(\boldsymbol{k}\boldsymbol{r}-ckt)}\right], \end{aligned} \tag{10.25}$$

$$\begin{aligned} \Phi(\boldsymbol{r}, t) &= \frac{1}{4\pi\epsilon_0} \int d^3r' \, \frac{\rho\left(\boldsymbol{r}', t - \dfrac{|\boldsymbol{r}-\boldsymbol{r}'|}{c}\right)}{|\boldsymbol{r}-\boldsymbol{r}'|} + \\ &+ \int d^3k \left[\tilde{\Phi}_1(\boldsymbol{k})\, e^{i(\boldsymbol{k}\boldsymbol{r}-ckt)} + \tilde{\Phi}_1^*(\boldsymbol{k})\, e^{-i(\boldsymbol{k}\boldsymbol{r}-ckt)}\right]. \end{aligned} \tag{10.26}$$

10.2 Die Lienard–Wiechert–Potentiale

Wir werten die Lösungen für $\boldsymbol{A}(\boldsymbol{r}, t)$ und $\Phi(\boldsymbol{r}, t)$ in (10.25) und (10.26) für eine punktförmige Ladung q aus, die sich längs einer Bahn $\boldsymbol{r}(t)$ mit der Geschwindigkeit $\boldsymbol{v}(t) = \dot{\boldsymbol{r}}(t)$ bewegt. Die Ladungs- und Flussdichte der punktförmigen Ladung lauten

$$\rho(\boldsymbol{r}, t) = q\,\delta\left(\boldsymbol{r} - \boldsymbol{r}(t)\right), \qquad \boldsymbol{j}(\boldsymbol{r}, t) = q\,\boldsymbol{v}(t)\,\delta\left(\boldsymbol{r} - \boldsymbol{r}(t)\right). \tag{10.27}$$

Wir überzeugen uns, dass sie die Bedingung der Ladungserhaltung erfüllen:

$$\begin{aligned} \frac{\partial}{\partial t}\rho(\boldsymbol{r}, t) &= q\,\frac{\partial}{\partial t}\delta\left(\boldsymbol{r} - \boldsymbol{r}(t)\right) = -q\,\partial_\alpha\,\delta\left(\boldsymbol{r} - \boldsymbol{r}(t)\right)\dot{x}_\alpha = \\ &= -q\,\boldsymbol{v}(t)\,\frac{\partial}{\partial \boldsymbol{r}}\delta\left(\boldsymbol{r} - \boldsymbol{r}(t)\right) = -\frac{\partial}{\partial \boldsymbol{r}}\boldsymbol{j}(\boldsymbol{r}, t). \end{aligned} \tag{10.28}$$

(Die Ableitungen der δ–Funktion sind im Sinne der Darstellung dieser Funktion durch Grenzübergänge zu verstehen, vgl. Anhang B.) Wir schreiben jetzt die partikuläre Lösung der Wellengleichung für das skalare Potential $\Phi(\boldsymbol{r},t)$, ausgedrückt durch die Greensche Funktion, aus dem vorhergehenden Abschnitt 10.1 auf und setzen $\rho(\boldsymbol{r},t)$ aus (10.27) ein:

$$\begin{aligned}
\Phi(\boldsymbol{r},t) &= \frac{1}{\epsilon_0}\int d^3r' \int_{-\infty}^{+\infty} dt'\, G\left(\boldsymbol{r}-\boldsymbol{r}',t-t'\right)\rho(\boldsymbol{r}',t') \\
&= \frac{1}{4\,\pi\,\epsilon_0}\int d^3r' \int_{-\infty}^{+\infty} dt'\,\delta\left(t-t'-\frac{|\boldsymbol{r}-\boldsymbol{r}'|}{c}\right)\frac{\rho(\boldsymbol{r}',t')}{|\boldsymbol{r}-\boldsymbol{r}'|} \\
&= \frac{q}{4\,\pi\,\epsilon_0}\int d^3r' \int_{-\infty}^{+\infty} dt'\,\delta\left(t-t'-\frac{|\boldsymbol{r}-\boldsymbol{r}'|}{c}\right)\frac{\delta\left(\boldsymbol{r}'-\boldsymbol{r}(t')\right)}{|\boldsymbol{r}-\boldsymbol{r}'|} \\
&= \frac{q}{4\,\pi\,\epsilon_0}\int_{-\infty}^{+\infty} dt'\,\frac{1}{|\boldsymbol{r}-\boldsymbol{r}(t')|}\,\delta\left(t-t'-\frac{|\boldsymbol{r}-\boldsymbol{r}(t')|}{c}\right).
\end{aligned} \tag{10.29}$$

Wir verwenden im Folgenden die Schreibweise

$$\boldsymbol{R}(t') := \boldsymbol{r}-\boldsymbol{r}(t'), \qquad R(t') := |\boldsymbol{R}(t')| = |\boldsymbol{r}-\boldsymbol{r}(t')|. \tag{10.30}$$

Bei den weiteren Umformungen soll der Ort $\boldsymbol{r}$, an dem das Potential $\Phi(\boldsymbol{r},t)$ zu berechnen ist, der sogenannte *Aufpunkt*, festgehalten werden. Zur Berechnung des t'–Integrals in (10.29) substituieren wir

$$\xi = t'-t+\frac{|\boldsymbol{r}-\boldsymbol{r}(t')|}{c} = t'-t+\frac{1}{c}R(t'), \qquad \frac{d\xi}{dt'} = 1+\frac{1}{c}\frac{d}{dt'}R(t'). \tag{10.31}$$

Nun ist

$$\begin{aligned}
\frac{d}{dt'}R(t') &= \frac{d}{dt'}|\boldsymbol{r}-\boldsymbol{r}(t')| = -\boldsymbol{v}(t')\,\frac{\partial}{\partial \boldsymbol{r}}|\boldsymbol{r}-\boldsymbol{r}(t')| = \\
&= -\boldsymbol{v}(t')\,\frac{\boldsymbol{r}-\boldsymbol{r}(t')}{|\boldsymbol{r}-\boldsymbol{r}(t')|} = -\boldsymbol{v}(t')\,\frac{\boldsymbol{R}(t')}{R(t')},
\end{aligned}$$

also

$$\begin{aligned}
\frac{d\xi}{dt'} &= 1 - \frac{1}{c}\,\boldsymbol{v}(t')\,\frac{\boldsymbol{R}(t')}{R(t')}, \\
\frac{dt'}{|\boldsymbol{r}-\boldsymbol{r}(t')|} &= \frac{dt'}{R(t')} = \frac{d\xi}{R(t') - \frac{1}{c}\,\boldsymbol{v}(t')\,\boldsymbol{R}(t')},
\end{aligned} \tag{10.32}$$

eingesetzt in (10.28):

$$\begin{aligned}
\Phi(\boldsymbol{r},t) &= \frac{q}{4\,\pi\,\epsilon_0}\int_{-\infty}^{+\infty} d\xi\,\frac{\delta(\xi)}{R(t') - \frac{1}{c}\,\boldsymbol{v}(t')\,\boldsymbol{R}(t')} \\
&= \frac{1}{4\,\pi\,\epsilon_0}\left[\frac{q}{R(t') - \frac{1}{c}\,\boldsymbol{v}(t')\,\boldsymbol{R}(t')}\right]_{\text{ret}},
\end{aligned} \tag{10.33}$$

worin der Index "ret" bedeutet, dass der Ausdruck in $[\ldots]$ für $\xi = 0$, d.h., für $t' = t - R(t')/c$ auszuwerten ist. Ein völlig analoges Ergebnis erhalten wir für das Vektor–Potential, nämlich

$$\boldsymbol{A}(\boldsymbol{r},t) = \frac{1}{4\,\pi\,\epsilon_0}\left[\frac{q\,\boldsymbol{v}(t')}{R(t') - \frac{1}{c}\,\boldsymbol{v}(t')\,\boldsymbol{R}(t')}\right]_{\text{ret}}. \tag{10.34}$$

(10.33) und (10.34) heißen die *Lienard–Wiechert–Potentiale.*

10.3 Dynamische Multipol–Entwicklung

In diesem Abschnitt werden wir die Multipol–Entwicklungen, die wir im Abschnitt 3.2 für den statischen elektrischen Fall und im Abschnitt 6.5 für den statischen magnetischen Fall getrennt formuliert hatten, auf den dynamischen Fall erweitern. Es ist unmittelbar einleuchtend, dass die dynamische Erweiterung für den elektrischen und magnetischen Fall zusammen ausgeführt werden muss, da ja auch die Erweiterung der statischen elektrischen und magnetischen Feldgleichungen zu den dynamischen Maxwellschen Gleichungen zu einer Kopplung zwischen den elektrischen und magnetischen Phänomenen, dargestellt durch die Felder $\boldsymbol{E}$ und $\boldsymbol{B}$ führte.

In den statischen Fällen gingen die Multipol–Entwicklungen von den Ausdrücken

$$\Phi(\boldsymbol{r}) = \frac{1}{4\pi\,\epsilon_0}\int d^3r\,\frac{\rho(\boldsymbol{r}')}{|\boldsymbol{r}-\boldsymbol{r}'|}, \qquad \boldsymbol{A}(\boldsymbol{r}) = \frac{\mu_0}{4\pi}\int d^3r'\,\frac{\boldsymbol{j}(\boldsymbol{r}')}{|\boldsymbol{r}-\boldsymbol{r}'|} \tag{10.35}$$

für das skalare Potential und für das Vektor–Potential aus. Es wurde angenommen, dass Ladungs– und Stromdichte $\rho(\boldsymbol{r}')$ und $\boldsymbol{j}(\boldsymbol{r}')$ nur jeweils in einem begrenzten Gebiet $|\boldsymbol{r}'| < R$ in der Nähe des Ursprungs $\boldsymbol{r}' = 0$ von Null verschieden waren und dass die Potentiale in Entfernungen $|\boldsymbol{r}| \gg R$ ausgewertet werden sollten. Unter dieser Voraussetzung konnten die Ausdrücke in (10.35) nach $\boldsymbol{r}'$, präziser: nach $\boldsymbol{r}'/|\boldsymbol{r}|$ entwickelt werden. Diese Entwicklung führte jeweils auf die statischen Multipol–Entwicklungen, die wir hier nur einschließlich der Dipolterme aufschreiben:

$$\Phi(\boldsymbol{r}) = \frac{1}{4\pi\epsilon_0}\frac{Q}{r} + \frac{1}{4\pi\epsilon_0}\frac{\boldsymbol{p}\,\boldsymbol{r}}{r^3} + \ldots, \qquad \boldsymbol{A}(\boldsymbol{r}) = \frac{\mu_0}{4\pi}\frac{1}{r^3}\,\boldsymbol{m}\times\boldsymbol{r} + \ldots. \tag{10.36}$$

Darin sind die gesamte elektrische Ladung Q und die Dipolmomente $\boldsymbol{p}$ und $\boldsymbol{m}$ definiert durch

$$Q := \int d^3r'\,\rho(\boldsymbol{r}'), \qquad \boldsymbol{p} := \int d^3r'\,\boldsymbol{r}'\,\rho(\boldsymbol{r}'), \qquad \boldsymbol{m} = \frac{1}{2}\int d^3r'\,\boldsymbol{r}'\times\boldsymbol{j}(\boldsymbol{r}'). \tag{10.37}$$

Wir werden jetzt im dynamischen Fall ganz analog vorgehen. Als Ausgangspunkt dienen uns jetzt die dynamischen Erweiterungen von (10.35),

$$\Phi(\boldsymbol{r},t) = \frac{1}{4\pi\,\epsilon_0}\int d^3r'\,\frac{\rho\left(\boldsymbol{r}', t-\dfrac{|\boldsymbol{r}-\boldsymbol{r}'|}{c}\right)}{|\boldsymbol{r}-\boldsymbol{r}'|}, \tag{10.38}$$

$$\boldsymbol{A}(\boldsymbol{r},t) = \frac{\mu_0}{4\pi}\int d^3r'\,\frac{\boldsymbol{j}\left(\boldsymbol{r}', t-\dfrac{|\boldsymbol{r}-\boldsymbol{r}'|}{c}\right)}{|\boldsymbol{r}-\boldsymbol{r}'|}, \tag{10.39}$$

die wir oben im Abschnitt 10.1 als Lösungen der Wellengleichung gefunden hatten. Die Wellengleichung hatten wir für die Potentiale unter Verwendung der Lorentz–Eichung

$$\frac{\partial}{\partial \boldsymbol{r}} \boldsymbol{A}(\boldsymbol{r},t) + \frac{1}{c^2}\frac{\partial}{\partial t}\Phi(\boldsymbol{r},t) = 0 \tag{10.40}$$

hergeleitet, vgl. die Abschnitte 7.4.2 und 7.4.3. Es genügt also, die dynamische Multipol–Entwicklung für das Vektor–Potential $\boldsymbol{A}$ auszuführen, weil wir daraus unter Verwendung der Lorentz–Eichung auch diejenige für das skalare Potential Φ gewinnen können. Wie im statischen Fall seien $\rho(\boldsymbol{r}',t)$ und $\boldsymbol{j}(\boldsymbol{r}',t)$ jeweils aud das Gebiet $|\boldsymbol{r}'| < R$ in der Nähe des Ursprungs begrenzt, jetzt allerdings zu allen Zeiten t.

10.3.1 Die Entwicklung des Vektor–Potentials

Wir haben die folgenden Ausdrücke nach $\boldsymbol{r}'$ zu entwickeln:

$$\begin{aligned} |\boldsymbol{r}-\boldsymbol{r}'| &= r - x'_\alpha\,\partial_\alpha\, r + \ldots = r - x'_\alpha\,\frac{x_\alpha}{r} + \ldots \\ &= r - \frac{1}{r}\,(\boldsymbol{r}\,\boldsymbol{r}') + \ldots, \end{aligned} \tag{10.41}$$

$$\begin{aligned} \frac{1}{|\boldsymbol{r}-\boldsymbol{r}'|} &= \frac{1}{r} - x'_\alpha\,\partial_\alpha\,\frac{1}{r} + \ldots = \frac{1}{r} + x'_\alpha\,\frac{x_\alpha}{r^3} + \ldots \\ &= \frac{1}{r} + \frac{1}{r^3}\,(\boldsymbol{r}\,\boldsymbol{r}') + \ldots, \end{aligned} \tag{10.42}$$

vgl. auch Abschnitt 3.2. Diese Entwicklungen brechen wir nach der ersten Ordnung ab und werden deshalb auch im dynamischen Fall nur Monopol– und Dipolterme beschreiben. Wir setzen die Entwicklung (10.41) in das Argument der Stromdichte ein:

$$\begin{aligned} &\boldsymbol{j}\left(\boldsymbol{r}', t - \frac{|\boldsymbol{r}-\boldsymbol{r}'|}{c}\right) = \\ &\quad = \boldsymbol{j}\left(\boldsymbol{r}', t - \frac{r}{c} + \frac{1}{c\,r}\,(\boldsymbol{r}\,\boldsymbol{r}') + \ldots\right) \\ &\quad = \boldsymbol{j}\left(\boldsymbol{r}', t - \frac{r}{c}\right) + \frac{1}{c\,r}\,(\boldsymbol{r}\,\boldsymbol{r}')\,\frac{\partial}{\partial t}\,\boldsymbol{j}\left(\boldsymbol{r}', t - \frac{r}{c}\right) + \ldots \end{aligned} \tag{10.43}$$

Diese Entwicklung führt zusammen mit der Entwicklung (10.42) im Ausdruck (10.39) für das Vektor–Potential zu

$$
\begin{aligned}
\boldsymbol{A}(\boldsymbol{r},t) &= \frac{\mu_0}{4\pi}\int d^3r' \left[\frac{1}{r}+\frac{1}{r^3}(\boldsymbol{r}\,\boldsymbol{r}')+\ldots\right]\cdot \\
&\quad \cdot\left[\boldsymbol{j}\left(\boldsymbol{r}',t-\frac{r}{c}\right)+\frac{1}{c\,r}(\boldsymbol{r}\,\boldsymbol{r}')\frac{\partial}{\partial t}\boldsymbol{j}\left(\boldsymbol{r}',t-\frac{r}{c}\right)+\ldots\right] \\
&= \frac{\mu_0}{4\pi}\frac{1}{r}\int d^3r'\,\boldsymbol{j}\left(\boldsymbol{r}',t-\frac{r}{c}\right)+ \\
&\quad +\frac{\mu_0}{4\pi}\left(\frac{1}{r^3}+\frac{1}{c\,r^2}\frac{\partial}{\partial t}\right)\int d^3r'\,(\boldsymbol{r}\,\boldsymbol{r}')\,\boldsymbol{j}\left(\boldsymbol{r}',t-\frac{r}{c}\right)+\ldots \qquad (10.44)
\end{aligned}
$$

Zunächst formen wir den Term der Ordnung 0 um. Dazu definieren wir das dynamische bzw. zeitabhängige elektrische Dipolmoment in Erweiterung von (10.37) durch

$$
\boldsymbol{p}(t)=\int d^3r'\,\boldsymbol{r}'\,\rho(\boldsymbol{r}',t), \qquad (10.45)
$$

bilden seine zeitliche Ableitung und formen diese unter Verwendung der Kontinuitäts–Gleichung für die elektrische Ladung wie folgt um:

$$
\begin{aligned}
\dot{\boldsymbol{p}}(t) &= \int d^3r'\,\boldsymbol{r}'\frac{\partial}{\partial t}\rho(\boldsymbol{r}',t) = -\int d^3r'\,\boldsymbol{r}'\left(\frac{\partial}{\partial \boldsymbol{r}'}\boldsymbol{j}(\boldsymbol{r}',t)\right), \\
\dot{p}_\alpha(t) &= -\int d^3r'\,x'_\alpha\,\partial'_\beta\,j_\beta(\boldsymbol{r}',t) \\
&= -\int d^3r'\,\partial'_\beta\,(x'_\alpha\,j_\beta(\boldsymbol{r}',t))+\int d^3r'\,j_\beta(\boldsymbol{r}',t)\,\partial'_\beta\,x'_\alpha \\
&= \int d^3r'\,j_\alpha(\boldsymbol{r}',t), \\
\dot{\boldsymbol{p}}\left(t-\frac{r}{c}\right) &= \int d^3r'\,\boldsymbol{j}\left(\boldsymbol{r}',t-\frac{r}{c}\right). \qquad (10.46)
\end{aligned}
$$

In dieser Umformung haben wir partiell integriert bzw., mit anderen Worten, die Produkt–Regel der Differentiation und den Gaußschen Satz benutzt:

$$
\int d^3r'\,\partial'_\beta\,(x'_\alpha\,j_\beta(\boldsymbol{r}',t))=\oint df_\beta\,x'_\alpha\,j_\beta(\boldsymbol{r}',t)=0.
$$

Das Volumen–Integral über r' schließt das Gebiet mit $j_\beta(\boldsymbol{r}', t) \neq 0$ ein, so dass auf dessen Randfläche $j_\beta(\boldsymbol{r}', t) = 0$. Außerdem haben wir $\partial'_\beta x'_\alpha = \delta_{\alpha\beta}$ benutzt. Mit dem Ergebnis der Umformung in der Form von (10.46) können wir den Monopolterm der Entwicklung in (10.44) durch die zeitliche Ableitung des elektrischen Dipolmoments ausdrücken. Im statischen Fall tritt dieser Monopolterm also gar nicht auf. Im dynamischen Fall hat er aber nun die Ordnung eines Dipolterms, d.h. dieselbe Ordnung wie der eigentliche Dipolterm in der Entwicklung in (10.44) nach $\boldsymbol{r}'$:

$$\boldsymbol{A}^{(0)}(\boldsymbol{r}, t) = \frac{\mu_0}{4\pi} \frac{1}{r} \dot{\boldsymbol{p}}\left(t - \frac{r}{c}\right). \tag{10.47}$$

Das bedeutet, dass beide Terme, die wir in (10.44) hingeschrieben haben, von derselben Ordnung im Sinne einer Entwicklung nach $\boldsymbol{r}'$ sind. Alle folgenden Rechnungen sollen sich nun auf diese Ordnung beschränken. Mit dieser Vereinbarung werden wir das Symbol $+\ldots$ für höhere Ordnungen fortlassen.

Der eigentliche Dipolterm in (10.44) hat die Form

$$\begin{aligned} A_\alpha^{(1)}(\boldsymbol{r}, t) &= \frac{\mu_0}{4\pi}\left(\frac{1}{r^3} + \frac{1}{c\, r^2}\frac{\partial}{\partial t}\right) x_\gamma\, M_{\gamma\alpha}\left(t - \frac{r}{c}\right), \\ M_{\gamma\alpha}\left(t - \frac{r}{c}\right) &= \int d^3r'\, x'_\gamma\, j_\alpha\left(\boldsymbol{r}', t - \frac{r}{c}\right). \end{aligned} \tag{10.48}$$

Bei der weiteren Umformung dieses Terms greifen wir auf ein Ergebnis aus dem Abschnitt 6.5.2 zurück. Dort hatten wir allgemein gezeigt, dass

$$\begin{aligned} (\boldsymbol{m} \times \boldsymbol{r})_\alpha &= \frac{1}{2}\int d^3r'\, x_\gamma\, x'_\gamma\, j_\alpha(\boldsymbol{r}') - \frac{1}{2}\int d^3r'\, x'_\alpha\, x_\gamma\, j_\gamma(\boldsymbol{r}') \\ &= \frac{1}{2} x_\gamma\, M_{\gamma\alpha} - \frac{1}{2} x_\gamma\, M_{\alpha\gamma} \end{aligned} \tag{10.49}$$

unter Verwendung der Schreibweise aus (10.48). Die Herleitung dieser Relation enthielt keinerlei Einschränkung, also auch nicht etwa die der Stationarität. Wir können (10.49) also auf ein zeitabhängiges magnetisches Moment

$$\boldsymbol{m}(t) = \frac{1}{2}\int d^3r'\, \boldsymbol{r}' \times \boldsymbol{j}(\boldsymbol{r}', t) \tag{10.50}$$

übertragen. Es ist nun unser Ziel, den Term 1. Ordnung in (10.48) durch das magnetische Moment auszudrücken. Das wäre sofort unter Verwendung von (10.49) möglich, wenn dort auf der rechten Seite $\ldots = x_\gamma\, M_{\gamma\alpha}(t)$ stände. Das erreichen wir durch die folgende Umformung, in der wir nochmals die Kontinuitäts–Gleichung benutzen, außerdem $\partial'_\beta\, x'_\gamma = \delta_{\beta\gamma}$ und wieder partiell integrieren:

$$
\begin{aligned}
M_{\alpha\gamma}(t) &= \int d^3r'\, x'_\alpha\, j_\gamma(\boldsymbol{r}',t) = \int d^3r'\, x'_\alpha\, \delta_{\gamma\beta}\, j_\beta(\boldsymbol{r}',t) = \\
&= \int d^3r'\, x'_\alpha\, \left(\partial'_\beta\, x'_\gamma\right)\, j_\beta(\boldsymbol{r}',t) = -\int d^3r'\, x'_\gamma\, \partial'_\beta\, \left(x'_\alpha\, j_\beta(\boldsymbol{r}',t)\right) = \\
&= -\int d^3r'\, x'_\gamma\, \left(\partial'_\beta\, x'_\alpha\right)\, j_\beta(\boldsymbol{r}',t) - \int d^3r'\, x'_\alpha\, x'_\gamma\, \partial'_\beta\, j_\beta(\boldsymbol{r}',t) = \\
&= -\int d^3r'\, x'_\gamma\, j_\alpha(\boldsymbol{r}',t) + \int d^3r'\, x'_\alpha\, x'_\gamma\, \frac{\partial}{\partial t}\rho(\boldsymbol{r}',t) = \\
&= -M_{\gamma\alpha}(t) + O(r'^2).
\end{aligned}
\tag{10.51}
$$

Wenn wir unsere Umformung konsequent auf Terme 1. Ordnung in der Entwicklung nach $\boldsymbol{r}'$ beschränken, können wir also in (10.49) $M_{\alpha\gamma}(t) = -M_{\gamma\alpha}(t)$ setzen, so dass

$$
\left(\boldsymbol{m}(t)\times\boldsymbol{r}\right)_\alpha = x_\gamma\, M_{\gamma\alpha}(t).
\tag{10.52}
$$

Wir setzen dieses Ergebnis in (10.48) ein und erhalten somit für die Entwicklung des Vektor–Potentials in (10.44)

$$
\begin{aligned}
\boldsymbol{A}(\boldsymbol{r},t) &= \frac{\mu_0}{4\pi}\left[\frac{1}{r}\,\dot{\boldsymbol{p}}\left(t-\frac{r}{c}\right) + \left(\frac{1}{r^3}+\frac{1}{c\,r^2}\frac{\partial}{\partial t}\right)\left(\boldsymbol{m}\left(t-\frac{r}{c}\right)\times\boldsymbol{r}\right)\right] \\
&= \frac{\mu_0}{4\pi}\left[\frac{1}{r}\,\dot{\boldsymbol{p}}\left(t-\frac{r}{c}\right) + \frac{1}{r^3}\,\boldsymbol{m}\left(t-\frac{r}{c}\right)\times\boldsymbol{r} + \right. \\
&\qquad\qquad \left. + \frac{1}{c\,r^2}\,\dot{\boldsymbol{m}}\left(t-\frac{r}{c}\right)\times\boldsymbol{r}\right].
\end{aligned}
\tag{10.53}
$$

Nun ist, wie wir sogleich zeigen werden,

$$
\frac{1}{r^3}\,\boldsymbol{m}\left(t-\frac{r}{c}\right)\times\boldsymbol{r} + \frac{1}{c\,r^2}\,\dot{\boldsymbol{m}}\left(t-\frac{r}{c}\right)\times\boldsymbol{r} = \frac{\partial}{\partial\boldsymbol{r}}\times\left[\frac{1}{r}\,\boldsymbol{m}\left(t-\frac{r}{c}\right)\right],
\tag{10.54}
$$

so dass wir unser Ergebnis auch in der Form

$$\boldsymbol{A}(\boldsymbol{r},t) = \frac{\mu_0}{4\pi}\left\{\frac{1}{r}\,\dot{\boldsymbol{p}}\left(t-\frac{r}{c}\right) + \frac{\partial}{\partial\boldsymbol{r}}\times\left[\frac{1}{r}\,\boldsymbol{m}\left(t-\frac{r}{c}\right)\right]\right\}. \tag{10.55}$$

schreiben können.

Den Nachweis von (10.54) führen wir in umgekehrter Richtung:

$$\begin{aligned}\frac{\partial}{\partial\boldsymbol{r}}\times\left[\frac{1}{r}\,\boldsymbol{m}\left(t-\frac{r}{c}\right)\right]_\alpha &= \\ &= \epsilon_{\alpha\beta\gamma}\,\partial_\beta\left[\frac{1}{r}\,m_\gamma\left(t-\frac{r}{c}\right)\right] \\ &= \epsilon_{\alpha\beta\gamma}\left[\left(\partial_\beta\,\frac{1}{r}\right)m_\gamma\left(t-\frac{r}{c}\right) + \frac{1}{r}\,\partial_\beta\,m_\gamma\left(t-\frac{r}{c}\right)\right].\end{aligned} \tag{10.56}$$

Nun ist

$$\partial_\beta\,m_\gamma\left(t-\frac{r}{c}\right) = -\dot{m}_\gamma\left(t-\frac{r}{c}\right)\frac{1}{c}\,\partial_\beta\,r = -\frac{x_\beta}{c\,r}\,\dot{m}_\gamma\left(t-\frac{r}{c}\right), \tag{10.57}$$

so dass

$$\begin{aligned}\frac{\partial}{\partial\boldsymbol{r}}\times\left[\frac{1}{r}\,\boldsymbol{m}\left(t-\frac{r}{c}\right)\right]_\alpha &= \\ &= \epsilon_{\alpha\beta\gamma}\left[-\frac{1}{r^3}\,x_\beta\,m_\gamma\left(t-\frac{r}{c}\right) - \frac{1}{c\,r^2}\,x_\beta\,\dot{m}_\gamma\left(t-\frac{r}{c}\right)\right] \\ &= -\left[\frac{1}{r^3}\,\boldsymbol{r}\times\boldsymbol{m}\left(t-\frac{r}{c}\right) + \frac{1}{c\,r^2}\,\boldsymbol{r}\times\dot{\boldsymbol{m}}\left(t-\frac{r}{c}\right)\right]_\alpha \\ &= \left[\frac{1}{r^3}\,\boldsymbol{m}\left(t-\frac{r}{c}\right)\times\boldsymbol{r} + \frac{1}{c\,r^2}\,\dot{\boldsymbol{m}}\left(t-\frac{r}{c}\right)\times\boldsymbol{r}\right]_\alpha,\end{aligned} \tag{10.58}$$

womit (10.54) nachgewiesen ist.

10.3.2 Berechnung des skalaren Potentials, Diskussion

Aus (10.55) berechnen wir die Divergenz des Vektor–Potentials. Da der Rotations–Term keinen Beitrag dazu liefert, erhalten wir

$$\frac{\partial}{\partial \boldsymbol{r}} \boldsymbol{A}(\boldsymbol{r},t) = \frac{\mu_0}{4\,\pi} \frac{\partial}{\partial \boldsymbol{r}} \left[\frac{1}{r} \dot{\boldsymbol{p}} \left(t - \frac{r}{c} \right) \right] = \frac{\partial}{\partial t} \left\{ \frac{\mu_0}{4\,\pi} \frac{\partial}{\partial \boldsymbol{r}} \left[\frac{1}{r} \boldsymbol{p} \left(t - \frac{r}{c} \right) \right] \right\}. \tag{10.59}$$

Diese Relation vergleichen wir mit der Lorentz–Eichung in (10.40) und finden daraus

$$\Phi(\boldsymbol{r},t) = -\frac{1}{4\,\pi\,\epsilon_0} \frac{\partial}{\partial \boldsymbol{r}} \left[\frac{1}{r} \boldsymbol{p} \left(t - \frac{r}{c} \right) \right], \tag{10.60}$$

worin wir $c^2\,\mu_0 = 1/\epsilon_0$ benutzt und vorausgesetzt haben, dass kein weiteres statisches, also von der Zeit t unabhängiges skalares Potential mehr auftritt, z.B. auch kein Beitrag

$$\Phi(\boldsymbol{r}) = \frac{1}{4\,\pi\,\epsilon_0} \frac{Q}{r}$$

einer statischen Gesamtladung.

Im Ausdruck (10.60) führen wir eine Umformung durch, die analog derjenigen in (10.56) bis (10.58) ist:

$$\begin{aligned} \frac{\partial}{\partial \boldsymbol{r}} \left[\frac{1}{r} \boldsymbol{p} \left(t - \frac{r}{c} \right) \right] &= \partial_\alpha \left[\frac{1}{r} p_\alpha \left(t - \frac{r}{c} \right) \right] = \\ &= \left(\partial_\alpha \frac{1}{r} \right) p_\alpha \left(t - \frac{r}{c} \right) + \frac{1}{r} \partial_\alpha\, p_\alpha \left(t - \frac{r}{c} \right) \\ &= -\frac{x_\alpha}{r^3} p_\alpha \left(t - \frac{r}{c} \right) - \frac{x_\alpha}{c\,r^2} \dot{p}_\alpha \left(t - \frac{r}{c} \right) \\ &= -\frac{1}{r^3} \boldsymbol{r}\,\boldsymbol{p} \left(t - \frac{r}{c} \right) - \frac{1}{c\,r^2} \boldsymbol{r}\,\dot{\boldsymbol{p}} \left(t - \frac{r}{c} \right). \end{aligned} \tag{10.61}$$

Somit lässt sich das skalare Potential auch in der Form

$$\Phi(\boldsymbol{r},t) = \frac{1}{4\pi\epsilon_0}\left[\frac{1}{r^3}\,\boldsymbol{r}\,\boldsymbol{p}\left(t-\frac{r}{c}\right) + \frac{1}{c\,r^2}\,\boldsymbol{r}\,\dot{\boldsymbol{p}}\left(t-\frac{r}{c}\right)\right] \tag{10.62}$$

schreiben. Diese Darstellung des skalaren Potentials entspricht der des Vektor–Potentials in (10.53). Zur Diskussion unserer Ergebnisse schreiben wir diese beiden Darstellungen in der folgenden Form auf:

$$\begin{aligned}
\boldsymbol{A}(\boldsymbol{r},t) &= \boldsymbol{A}_s(\boldsymbol{r},t) + \boldsymbol{A}_d(\boldsymbol{r},t),\\
\Phi(\boldsymbol{r},t) &= \Phi_s(\boldsymbol{r},t) + \Phi_d(\boldsymbol{r},t),\\
\boldsymbol{A}_s(\boldsymbol{r},t) &= \frac{\mu_0}{4\pi}\,\frac{1}{r^3}\,\boldsymbol{m}\left(t-\frac{r}{c}\right)\times\boldsymbol{r}, && (10.63)\\
\Phi_s(\boldsymbol{r},t) &= \frac{1}{4\pi\epsilon_0}\,\frac{1}{r^3}\,\boldsymbol{r}\,\boldsymbol{p}\left(t-\frac{r}{c}\right), && (10.64)\\
\boldsymbol{A}_d(\boldsymbol{r},t) &= \frac{\mu_0}{4\pi}\left[\frac{1}{r}\,\dot{\boldsymbol{p}}\left(t-\frac{r}{c}\right) + \frac{1}{c\,r^2}\,\dot{\boldsymbol{m}}\left(t-\frac{r}{c}\right)\times\boldsymbol{r}\right], && (10.65)\\
\Phi_d(\boldsymbol{r},t) &= \frac{1}{4\pi\epsilon_0}\,\frac{1}{c\,r^2}\,\boldsymbol{r}\,\dot{\boldsymbol{p}}\left(t-\frac{r}{c}\right). && (10.66)
\end{aligned}$$

In den Ausdrücken $\boldsymbol{A}_s(\boldsymbol{r},t)$ und $\Phi_s(\boldsymbol{r},t)$ erkennen wir die Dipol–Beiträge der statischen Multipol–Entwicklung, die wir getrennt im Abschnitt 3.2 für das skalare Potential und im Abschnitt 6.5 für das Vektor–Potential durchgeführt hatten. Lediglich das Zeitargument kommt hier als retardierte Zeit $t-r/c$ hinzu. Die statischen Dipol–Beiträge verhalten sich als Funktionen des Abstands r wie $\sim 1/r^2$. Die hier zusätzlich auftretenden dynamischen Dipol–Beiträge $\boldsymbol{A}_d(\boldsymbol{r},t)$ und $\Phi_d(\boldsymbol{r},t)$ verhalten sich als Funktionen des Abstands r wie $\sim 1/r$, d.h., sie fallen für große Entfernungen weniger stark ab und dominieren dort das Verhalten der Potentiale.

10.4 Hertzscher Dipol

Ziel dieses Abschnitts ist die Berechnung der Felder $\boldsymbol{E}(\boldsymbol{r},t)$ und $\boldsymbol{B}(\boldsymbol{r},t)$ eines zeitabhängigen, später auch harmonisch schwingenden elektrischen Dipols $\boldsymbol{p}(t)$.

10.4.1 Fernfeld–Näherung

Wir wollen sämtliche Rechnungen in der sogenannten *Fernfeld–Näherung* durchführen. Darunter versteht man, dass in allen folgenden Rechnungen immer nur derjenige Term berücksichtigt wird, der die niedrigste Potenz n in einem Verhalten $\sim 1/r^n$ besitzt. Nach den Bemerkungen am Ende des vorhergehenden Abschnitts können wir uns dann also schon auf die dynamischen Beiträge zu den Potentialen $\boldsymbol{A}$ und Φ in (10.65) und (10.66) beschränken. Da voraussetzungsgemäß kein magnetischer Dipol auftreten soll, haben wir also von den folgenden Ausdrücken auszugehen:

$$\boldsymbol{A}(\boldsymbol{r},t) = \frac{\mu_0}{4\,\pi}\,\frac{1}{r}\,\dot{\boldsymbol{p}}\left(t-\frac{r}{c}\right), \qquad \Phi(\boldsymbol{r},t) = \frac{1}{4\,\pi\,\epsilon_0}\,\frac{1}{c\,r^2}\,\boldsymbol{r}\,\dot{\boldsymbol{p}}\left(t-\frac{r}{c}\right). \tag{10.67}$$

Bei der Berechnung der Felder gemäß

$$\boldsymbol{E}(\boldsymbol{r},t) = -\frac{\partial}{\partial \boldsymbol{r}}\,\Phi(\boldsymbol{r},t) - \frac{\partial}{\partial t}\,\boldsymbol{A}(\boldsymbol{r},t), \qquad \boldsymbol{B}(\boldsymbol{r},t) = \frac{\partial}{\partial \boldsymbol{r}} \times \boldsymbol{A}(\boldsymbol{r},t) \tag{10.68}$$

werden wir wiederholt Ausdrücke der folgenden Form zu berechnen haben:

$$\begin{aligned}
\partial_\alpha \left[\frac{1}{r^n}\,f\left(t-\frac{r}{c}\right)\right] &= \\
&= \left(\partial_\alpha\,\frac{1}{r^n}\right) f\left(t-\frac{r}{c}\right) + \frac{1}{r^n}\,\partial_\alpha\, f\left(t-\frac{r}{c}\right) \\
&= \underbrace{-\frac{n\,x_\alpha}{r^{n+2}}\,f\left(t-\frac{r}{c}\right)}_{\sim 1/r^{n+1}} \underbrace{-\frac{x_\alpha}{c\,r^{n+1}}\,\dot{f}\left(t-\frac{r}{c}\right)}_{\sim 1/r^{n}}.
\end{aligned}$$

In Fernfeld–Näherung wird also

$$\partial_\alpha \left[\frac{1}{r^n}\,f\left(t-\frac{r}{c}\right)\right] = -\frac{x_\alpha}{c\,r^{n+1}}\,\dot{f}\left(t-\frac{r}{c}\right) + O\left(r^{-(n+1)}\right). \tag{10.69}$$

Ein völlig analoges Argument ergibt, dass in Fernfeld–Näherung auch

$$\partial_\alpha \left[\frac{x_\beta}{r^n}\,f\left(t-\frac{r}{c}\right)\right] = -\frac{x_\alpha\,x_\beta}{c\,r^{n+1}}\,\dot{f}\left(t-\frac{r}{c}\right) + O\left(r^{-n}\right) \tag{10.70}$$

Wir beginnen mit der Berechnung von $\boldsymbol{B}$. (Innerhalb der folgenden Umformungen lassen wir der Übersichtlichkeit halber gelegentlich die Argumente $(\boldsymbol{r},t)$ fort.

Desgleichen schreiben wir $+\ldots$ für höhere Ordnungen der Fernfeld–Näherung nicht mehr mit.)

$$\begin{aligned} B_\alpha = \epsilon_{\alpha\beta\gamma}\,\partial_\beta\,A_\gamma &= \frac{\mu_0}{4\,\pi}\,\epsilon_{\alpha\beta\gamma}\,\partial_\beta\left(\frac{1}{r}\,\dot{p}_\gamma\left(t-\frac{r}{c}\right)\right) \\ &= -\frac{\mu_0}{4\,\pi}\,\epsilon_{\alpha\beta\gamma}\,\frac{x_\beta}{c\,r^2}\,\ddot{p}_\gamma\left(t-\frac{r}{c}\right), \end{aligned}$$

bzw.

$$\boldsymbol{B}(\boldsymbol{r},t) = \frac{\mu_0}{4\,\pi}\,\frac{1}{c\,r^2}\,\ddot{\boldsymbol{p}}\left(t-\frac{r}{c}\right)\times\boldsymbol{r}. \tag{10.71}$$

Zur Berechnung von $\boldsymbol{E}$ müssen wir zwei Ausdrücke auswerten:

$$\begin{aligned} \partial_\alpha\,\Phi &= \frac{1}{4\,\pi\,\epsilon_0}\,\partial_\alpha\left(\frac{1}{c\,r^2}\,x_\beta\dot{p}_\beta\left(t-\frac{r}{c}\right)\right) \\ &= -\frac{1}{4\,\pi\,\epsilon_0}\,\frac{1}{c^2\,r^3}\,x_\alpha\,x_\beta\,\ddot{p}_\beta\left(t-\frac{r}{c}\right), \\ \frac{\partial}{\partial t}\,A_\alpha &= \frac{\mu_0}{4\,\pi}\,\frac{1}{r}\,\ddot{p}_\alpha\left(t-\frac{r}{c}\right), \end{aligned}$$

zusammengefasst

$$\begin{aligned} E_\alpha &= \frac{1}{4\,\pi\,\epsilon_0}\,\frac{1}{c^2}\left[\frac{x_\alpha\,x_\beta}{r^3}\,\ddot{p}_\beta\left(t-\frac{r}{c}\right)-\frac{1}{r}\,\ddot{p}_\alpha\left(t-\frac{r}{c}\right)\right], \\ \boldsymbol{E}(\boldsymbol{r},t) &= \frac{1}{4\,\pi\,\epsilon_0}\,\frac{1}{c^2\,r^3}\left\{\left[\boldsymbol{r}\,\ddot{\boldsymbol{p}}\left(t-\frac{r}{c}\right)\right]\,\boldsymbol{r}-r^2\,\ddot{\boldsymbol{p}}\left(t-\frac{r}{c}\right)\right\} \\ &= \frac{1}{4\,\pi\,\epsilon_0}\,\frac{1}{c^2\,r^3}\left[\ddot{\boldsymbol{p}}\left(t-\frac{r}{c}\right)\times\boldsymbol{r}\right]\times\boldsymbol{r}, \end{aligned} \tag{10.72}$$

worin wir im letzten Schritt die Regel $\boldsymbol{a}\times(\boldsymbol{b}\times\boldsymbol{c}) = \boldsymbol{b}\,(\boldsymbol{a}\,\boldsymbol{c})-\boldsymbol{c}\,(\boldsymbol{a}\,\boldsymbol{b})$ benutzt haben.

10.4.2 Diskussion und Energie–Bilanz

Bei der Diskussion unserer Ergebnisse (10.71) für $\boldsymbol{B}$ und und (10.72) für $\boldsymbol{E}$ stellen wir zunächst fest, dass

$$\boldsymbol{r}\,\boldsymbol{E}(\boldsymbol{r},t) = 0, \qquad \boldsymbol{r}\,\boldsymbol{B}(\boldsymbol{r},t) = 0. \tag{10.73}$$

Diese beiden Relationen drücken die *Transversalität* der von dem Dipol $\boldsymbol{p}(t)$ ausgestrahlten elektromagnetischen Welle aus. Der Vektor $\boldsymbol{r}$ zeigt nämlich vom Ort des Dipols, der ja nach Voraussetzung im Abschnitt 10.3 der Ursprung sein sollte, zum Aufpunkt, an dem die Felder $\boldsymbol{E}$ und $\boldsymbol{B}$ zu bestimmen sind, ist also zugleich die Ausbreitungs–Richtung.

Außerdem erkennen wir aus (10.71) und (10.72), dass

$$\boldsymbol{E}(\boldsymbol{r},t) = \frac{1}{\epsilon_0\,\mu_0}\,\frac{1}{c\,r}\left[\frac{\mu_0}{4\,\pi}\,\frac{1}{c\,r^2}\,\ddot{\boldsymbol{p}}\left(t-\frac{r}{c}\right)\times\boldsymbol{r}\right]\times\boldsymbol{r} = \frac{c}{r}\,\boldsymbol{B}(\boldsymbol{r},t)\times\boldsymbol{r}. \tag{10.74}$$

Hieraus lesen wir ab, dass $\boldsymbol{B}$, $\boldsymbol{r}$, $\boldsymbol{E}$ in dieser Reihenfolge oder, zyklisch vertauscht, $\boldsymbol{r}$, $\boldsymbol{E}$, $\boldsymbol{B}$ ein rechtshändiges, orthogonales Dreibein bilden. Insbesondere stehen auch die Felder $\boldsymbol{E}$ und $\boldsymbol{B}$ senkrecht aufeinander. Die vom Dipol $\boldsymbol{p}(t)$ ausgestrahlte Welle verhält sich also völlig analog zu einer ebenen Welle, wie wir sie im Kapitel 9 betrachtet haben.

$\boldsymbol{B}$ und $\boldsymbol{E}$ in (10.71) und (10.72) zeigen auch das richtige Paritäts–Verhalten. Da $\boldsymbol{p}(t)$ polar ist, vgl. die Definition (10.45), ist es auch $\ddot{\boldsymbol{p}}(t)$. Folglich ist das durch $\ddot{\boldsymbol{p}}(t)\times\boldsymbol{r}$ dargestellte $\boldsymbol{B}$ axial und das durch $\boldsymbol{B}\times\boldsymbol{r}$ dargestellte $\boldsymbol{E}$ wieder polar.

Wir diskutieren die im Abschnitt 8.2 hergeleitete Energie–Bilanz

$$\frac{\partial w}{\partial t} + \frac{\partial}{\partial \boldsymbol{r}}\,\boldsymbol{S} \;=\; -\boldsymbol{j}\,\boldsymbol{E}, \tag{10.75}$$

$$w := \frac{\epsilon_0}{2}\,\boldsymbol{E}^2 + \frac{1}{2\,\mu_0}\,\boldsymbol{B}^2, \qquad \boldsymbol{S} := \frac{1}{\mu_0}\,\boldsymbol{E}\times\boldsymbol{B}. \tag{10.76}$$

für die vom Dipol $\boldsymbol{p}(t)$ ausgestrahlte Welle. Wir berechnen zunächst den Poynting–Vektor $\boldsymbol{S}$. Unter Verwendung von (10.74), (10.71) und $\boldsymbol{B}\,\boldsymbol{r} = 0$ erhalten wir

$$\begin{aligned}\boldsymbol{S} &= \frac{1}{\mu_0}\,\boldsymbol{E}\times\boldsymbol{B} = \frac{1}{\mu_0}\,\frac{c}{r}\,(\boldsymbol{B}\times\boldsymbol{r})\times\boldsymbol{B} = \frac{1}{\mu_0}\,c\,\boldsymbol{B}^2\,\frac{\boldsymbol{r}}{r} = \\ &= \frac{1}{(4\,\pi)^2\,\epsilon_0}\,\frac{1}{c^3\,r^4}\left|\ddot{\boldsymbol{p}}\left(t-\frac{r}{c}\right)\times\boldsymbol{r}\right|^2\frac{\boldsymbol{r}}{r}.\end{aligned} \tag{10.77}$$

Der Poynting–Vektor, d.h., die Energie–Flussdichte hat die Richtung $\boldsymbol{r}$ der Ausbreitungs–Richtung $\boldsymbol{r}$. Ferner ist $\boldsymbol{S}=0$ in der führenden Ordnung der Fernfeld–Näherung, wenn $\ddot{\boldsymbol{p}}=0$, d.h., wenn $\dot{\boldsymbol{p}}=$const. Nach der Definition (10.45) oder auch nach (10.46) würde das bedeuten, dass sich die elektrischen Ladungen $\rho(\boldsymbol{r},t)\,d^3r$, die den Dipol erzeugen, mit jeweils konstanten Geschwindigkeiten bewegten, also zeitlich konstante elektrische Flussdichten darstellen. Diese erzeugen jedoch nur statische Felder, die von höherer Ordnung in der Fernfeld–Näherung sind.

In der Fernfeld–Näherung verhält sich $\boldsymbol{S}$ als Funktion von r wie $\sim 1/r^2$. Diese Eigenschaft hat eine wichtige Konsequenz für die vom Dipol abgestrahlte Leistung

$$P := \oint_F d\boldsymbol{f}\,\boldsymbol{S} \tag{10.78}$$

Hierin ist F eine beliebige geschlossene Fläche. Wir berechnen P zunächst für den Fall, dass F eine Kugelfläche mit dem Radius r ist, deren Mittelpunkt im Ursprung bzw. im Ort des Dipols liegt. Zur Berechnung des Integrals führen wir Kugel–Koordinaten ein, deren momentane Achse jeweils die Richtung von $\ddot{\boldsymbol{p}}$ sei. Dann ist

$$\begin{aligned}d\boldsymbol{f} &= df\,\frac{\boldsymbol{r}}{r}, \\ d^3r &= r^2\,dr\,\sin\theta\,d\theta\,d\phi = r^2\,d\Omega\,dr = df\,dr, \\ df &= r^2\,\sin\theta\,d\theta\,d\phi, \\ \left|\ddot{\boldsymbol{p}}\left(t-\frac{r}{c}\right)\times\boldsymbol{r}\right|^2 &= \left|\ddot{\boldsymbol{p}}\left(t-\frac{r}{c}\right)\right|^2 r^2\,\sin^2\theta,\end{aligned}$$

so dass

$$\begin{aligned}P &= \frac{1}{(4\,\pi)^2\,\epsilon_0\,c^3}\left|\ddot{\boldsymbol{p}}\left(t-\frac{r}{c}\right)\right|^2 \underbrace{\int d\phi}_{=2\,\pi}\;\underbrace{\int_0^\pi d\theta\,\sin^3\theta}_{=4/3} \\ &= \frac{1}{4\,\pi\,\epsilon_0}\,\frac{2}{3\,c^3}\left|\ddot{\boldsymbol{p}}\left(t-\frac{r}{c}\right)\right|^2.\end{aligned} \tag{10.79}$$

Die insgesamt über die Kugelfläche abgestrahlte Leistung P ist unabhängig von deren Radius r. Dem entspricht die Vorstellung, dass die abgestrahlte Leistung P aus dem Dipol bei $\boldsymbol{r} = 0$ in das Feld übertragen wird und sich dann sogar auf beliebige geschlossene Flächen verteilen muss, die den Dipol einschließen. Diese letztere Erweiterung begründen wir für den *stationären* Fall der Abstrahlung, in dem keine zeitlichen Änderungen mehr auftreten, so dass in (10.75) $\partial w/\partial t = 0$ und folglich

$$\begin{aligned}
\frac{\partial}{\partial \boldsymbol{r}} \boldsymbol{S} &= -\boldsymbol{j}\,\boldsymbol{E}, \\
P = \oint_{\partial V} d\boldsymbol{f}\,\boldsymbol{S} &= \int_V d^3r\,\frac{\partial}{\partial \boldsymbol{r}}\boldsymbol{S} = -\int_V d^3r\,\boldsymbol{j}\,\boldsymbol{E}.
\end{aligned} \tag{10.80}$$

Hier ist ∂V eine beliebige geschlossene Fläche, die das Volumen V einschließt. $\boldsymbol{j}$ ist die elektrische Flussdichte des Dipols, die auf einen sehr engen Bereich um $\boldsymbol{r} = 0$ begrenzt ist. Es ist also $P = 0$, wenn V bzw. ∂V den Dipol bei $\boldsymbol{r} = 0$ nicht einschließen, und es ergibt sich dieselbe Leistung P für alle V bzw. ∂V, die den Dipol bei $\boldsymbol{r} = 0$ einschließen.

10.4.3 Ausstrahlung eines magnetischen Dipols

Wir betrachten jetzt noch den Fall, dass kein elektrisches Dipolmoment, sondern nur ein magnetisches Dipolmoment auftritt. Dann lauten die dynamischen Beiträge zu den Potentialen in (10.65) und (10.66)

$$\boldsymbol{A}(\boldsymbol{r},t) = \frac{\mu_0}{4\pi}\frac{1}{c\,r^2}\,\dot{\boldsymbol{m}}\left(t - \frac{r}{c}\right) \times \boldsymbol{r}, \qquad \Phi(\boldsymbol{r},t) = 0. \tag{10.81}$$

Daraus berechnen wir

$$\begin{aligned}
\boldsymbol{E}(\boldsymbol{r},t) &= -\frac{\partial}{\partial t}\boldsymbol{A}(\boldsymbol{r},t) = -\frac{\mu_0}{4\pi}\frac{1}{c\,r^2}\,\ddot{\boldsymbol{m}}\left(t - \frac{r}{c}\right) \times \boldsymbol{r} \\
&= -\frac{1}{4\pi\,\epsilon_0}\frac{1}{c^3\,r^2}\,\ddot{\boldsymbol{m}}\left(t - \frac{r}{c}\right) \times \boldsymbol{r}, \qquad (10.82) \\
\boldsymbol{B}(\boldsymbol{r},t) &= \frac{\partial}{\partial \boldsymbol{r}} \times \boldsymbol{A}(\boldsymbol{r},t),
\end{aligned}$$

$$
\begin{aligned}
B_\alpha &= \epsilon_{\alpha\beta\gamma}\,\partial_\beta\,A_\gamma = \frac{\mu_0}{4\pi}\,\epsilon_{\alpha\beta\gamma}\,\epsilon_{\gamma\mu\nu}\,\partial_\beta\left[\frac{1}{c\,r^2}\,\dot{m}_\mu\left(t-\frac{r}{c}\right)x_\nu\right] \\
&= \frac{\mu_0}{4\pi}\,\epsilon_{\alpha\beta\gamma}\,\epsilon_{\gamma\mu\nu}\left[-\frac{x_\beta\,x_\nu}{c^2\,r^3}\ddot{m}_\mu\left(t-\frac{r}{c}\right)+\ldots\right] \\
&= \frac{\mu_0}{4\pi}\,\frac{1}{c^2\,r^3}\,\epsilon_{\alpha\gamma\beta}\left[\epsilon_{\gamma\mu\nu}\,\ddot{m}_\mu\left(t-\frac{r}{c}\right)x_\nu\right]x_\gamma+\ldots, \\
\boldsymbol{B}(\boldsymbol{r},t) &= \frac{\mu_0}{4\pi}\,\frac{1}{c^2\,r^3}\left[\ddot{\boldsymbol{m}}\left(t-\frac{r}{c}\right)\times\boldsymbol{r}\right]\times\boldsymbol{r}. \qquad (10.83)
\end{aligned}
$$

Wir erkennen, dass diese Welle wiederum transversal ist,

$$
\boldsymbol{r}\,\boldsymbol{E}(\boldsymbol{r},t)=0, \qquad \boldsymbol{r}\,\boldsymbol{B}(\boldsymbol{r},t)=0, \qquad (10.84)
$$

und dass

$$
\boldsymbol{B}(\boldsymbol{r},t) = -\frac{1}{c\,r}\left[-\frac{\mu_0}{4\pi}\,\frac{1}{c\,r^2}\,\ddot{\boldsymbol{m}}\left(t-\frac{r}{c}\right)\times\boldsymbol{r}\right]\times\boldsymbol{r} = \frac{1}{c\,r}\,\boldsymbol{r}\times\boldsymbol{E}(\boldsymbol{r},t). \qquad (10.85)
$$

Auch hier bilden also $\boldsymbol{r}$, $\boldsymbol{E}$, $\boldsymbol{B}$ in dieser Reihenfolge ein rechtshändiges Dreibein. Wenn wir die Felder $\boldsymbol{E}$ und $\boldsymbol{B}$ für den hier betrachteten Fall der Ausstrahlung eines magnetischen Dipols mit jenen für den Fall der Ausstrahlung eines elektrischen Dipols in (10.71) und (10.72) vergleichen, erkennen wir, dass die Relationen "spiegelbildlich" sind:

Felder:	elektrisch:	magnetisch:
$\boldsymbol{E}$	$\sim \frac{1}{r^3}\left[\ddot{\boldsymbol{p}}\left(t-\frac{r}{c}\right)\times\boldsymbol{r}\right]\times\boldsymbol{r}$	$\sim \frac{1}{r^2}\,\ddot{\boldsymbol{m}}\left(t-\frac{r}{c}\right)\times\boldsymbol{r}$
$\boldsymbol{B}$	$\sim \frac{1}{r^2}\,\ddot{\boldsymbol{p}}\left(t-\frac{r}{c}\right)\times\boldsymbol{r}$	$\sim \frac{1}{r^3}\left[\ddot{\boldsymbol{m}}\left(t-\frac{r}{c}\right)\times\boldsymbol{r}\right]\times\boldsymbol{r}$

(10.86)

Diese Spiegelbildlichkeit bewirkt das richtige Paritäts–Verhalten: das elektrische Dipolmoment $\boldsymbol{p}$ ist polar, das magnetische Dipolmoment $\boldsymbol{m}$ jedoch axial, vgl. (10.50). Die Struktur der Formeln in (10.86) für $\boldsymbol{E}$ und $\boldsymbol{B}$ kann man allein aus den folgenden Regeln gewinnen:

(1) Paritäts–Verhalten,

(2) $\boldsymbol{r}$, $\boldsymbol{E}$, $\boldsymbol{B}$ bilden ein orthogonales Dreibein,

(3) Ausstrahlung findet nur statt wenn $\ddot{\boldsymbol{p}} \neq 0$ bzw. $\ddot{\boldsymbol{m}} \neq 0$,

(4) Retardierung für das Zeitargument $t - r/c$,

(5) in Fernfeld–Näherung ist wegen der Energie–Bilanz $|\boldsymbol{E}| \sim 1/r$ und $|\boldsymbol{B}| \sim 1/r$.

Alle übrigen Einzelheiten der Formeln können durch eine Dimensions–Analyse erschlossen werden.

Die Berechnung des Poynting–Vektors ergibt jetzt

$$\begin{aligned} \boldsymbol{S} &= \frac{1}{\mu_0} \boldsymbol{E} \times \boldsymbol{B} = \frac{1}{\mu_0} \frac{1}{c\,r} \boldsymbol{E} \times (\boldsymbol{r} \times \boldsymbol{E}) = \frac{1}{\mu_0} \frac{1}{c} \boldsymbol{E}^2 \frac{\boldsymbol{r}}{r} = \\ &= \frac{\mu_0}{(4\,\pi)^2} \frac{1}{c^3\,r^4} \left| \ddot{\boldsymbol{m}} \left(t - \frac{r}{c} \right) \times \boldsymbol{r} \right|^2 \frac{\boldsymbol{r}}{r}. \end{aligned} \tag{10.87}$$

Seine Struktur ist völlig analog zu dem Fall des Hertzschen Dipols in (10.77).

Kapitel 11

Grundlagen der Relativitätstheorie

Dieses Kapitel dient der Vorbereitung des folgenden Kapitels, in dem es um die Lorentz–Kovarianz der Elektrodynamik gehen wird, also um die Forminvarianz der Maxwellschen Gleichungen unter einer Transformation zwischen Inertial–Systemen. Wir wollen dazu die sogenannte *4–Schreibweise* der Relativitäts–Theorie verwenden, die wir in diesem Kapitel einführen werden. Wir werden dazu auf die Grundlagen der Relativitätstheorie eingehen und insbesondere die Lorentz–Transformation kennen lernen, die als relativistische Transformation zwischen Inertial–Systemen an die Stelle der nicht–relativistischen Galilei–Transformation tritt.

11.1 Inertialsysteme

Ein grundlegender Begriff bei der Formulierung physikalischer Theorien ist der des *Inertialsystems.* Bereits in der klassischen Newtonschen Mechanik wird dieser Begriff verwendet. Dort versteht man unter einem Inertialsystem ein räumliches Bezugssystem, z.B. ein orthogonales Koordinatensystem, und eine Möglichkeit, Zeit zu messen, also eine Uhr. Die Annahme in der Newtonschen, präziser, in der nicht–relativistischen Mechanik ist nun, dass Zeit *universal* für alle Bezugssysteme ist, d.h., dass die Uhren in allen Bezugssystemen dieselbe Zeit anzeigen, also synchron laufen. Es sei ausdrücklich daran erinnert, dass sich diese Annahme auch auf Bezugssysteme bezieht, die sich gegeneinander bewegen.

Die Annahme einer universellen Zeit impliziert, dass es ∞–schnelle physikalische Signale zur Synchronisation gibt. Wie wir bereits am Anfang dieses Textes im Abschnitt 1.1 festgestellt hatten, widerspricht die Annahme einer ∞–schnellen Geschwindigkeit physikalischer Signale dem experimentellen Befund, dass es eine *maximale* Geschwindigkeit für die Ausbreitung physikalischer Signale gibt, nämlich die Geschwindigkeit

$$c = 299\,792\,458\ \mathrm{m/s}. \tag{11.1}$$

Dieses ist die Geschwindigkeit elektromagnetischer Wellen. Im Kapitel 9 haben wir nachgewiesen, dass sie durch $c = 1/\sqrt{\epsilon_0\,\mu_0}$ gegeben ist. Im Kapitel 1 diente uns die Endlichkeit der Ausbreitungs–Geschwindigkeit physikalischer Signale als Argument für die Notwendigkeit der Existenz physikalischer Felder. Hier wollen wir untersuchen, welche Auswirkung diese Tatsache auf den Begriff des Inertialsystems und vor allem auf die Transformation zwischen verschiedenen Inertialsystemen hat.

Wir müssen zunächst den Begriff des Inertialsystems gegenüber der nicht–relativistischen Theorie modifizieren. Ein Inertialsystem soll ab jetzt ein räumliches Bezugssystem und eine Uhr bedeuten, wobei letztere jedoch eine system–eigene Zeit, die sogenannte *Eigenzeit* des Systems misst. Abürzend werden wir ein Inertialsystem durch $S = \{\boldsymbol{r}, t\}$, ein zweites durch $S' = \{\boldsymbol{r}', t'\}$ charakterisieren.

Wir führen jetzt den Begriff des *Ereignisses* ein. Ein Ereignis kann z.B. die Aussendung eines Signals von einem Sender oder der Empfang eines Signals durch einen Empfänger sein, ganz allgemein eine physikalische Messung. Ereignisse haben offensichtlich einen Ort, an dem sie stattfinden, und eine Zeit, zu der sie stattfinden. Diese werden in verschiedenen Inertialsystemen im Allgemeinen auf verschiedene Weisen beschrieben:

	Ereignis 1	Ereignis 2
Inertialsystem S	$(\boldsymbol{r}_1, t_1)$	$(\boldsymbol{r}_2, t_2)$
Inertialsystem S'	$(\boldsymbol{r}_1', t_1')$	$(\boldsymbol{r}_2', t_2')$

Wir definieren den *Abstand* $(\Delta s)^2$ bzw. $(\Delta s')^2$ zwischen den Ereignissen 1 und 2, der in den beiden Inertialsystemen S und S' im Allgemeinen verschieden ist, durch

$$\left.\begin{array}{llll} S: & (\Delta s)^2 & := & c^2\,(\Delta t)^2 - (\Delta \boldsymbol{r})^2, \quad \left\{\begin{array}{lcl} \Delta \boldsymbol{r} & = & \boldsymbol{r}_2 - \boldsymbol{r}_1, \\ \Delta t & = & t_2 - t_1, \end{array}\right. \\ S': & (\Delta s')^2 & := & c^2\,(\Delta t')^2 - (\Delta \boldsymbol{r}')^2, \quad \left\{\begin{array}{lcl} \Delta \boldsymbol{r}' & = & \boldsymbol{r}_2' - \boldsymbol{r}_1', \\ \Delta t' & = & t_2' - t_1', \end{array}\right. \end{array}\right\} \tag{11.2}$$

Zwischen den Abständen $(\Delta s)^2$ und $(\Delta s')^2$ der beiden Ereignisse in S und S' muss es eine Transformations–Beziehung geben: $(\Delta s')^2 = F((\Delta s)^2)$. Nun impliziert die Aussage der Existenz einer maximalen Ausbreitungs–Geschwindigkeit c für physikalische Signale, dass diese in allen Inertialsystemen dieselbe ist. Diese Feststellung ist eine spezielle Version des *Einsteinschen Relativitäts–Prinzips:* Die Naturgesetze sind invariant unter Transformationen zwischen Inertialsystemen. Insbesondere folgt, dass sich die Aussagen

$$(\Delta s)^2 = 0 \qquad \Longleftrightarrow \qquad (\Delta s')^2 = 0 \tag{11.3}$$

gegenseitig implizieren: Wenn das Signal zwischen den beiden Ereignissen 1 und 2 in S die maximale Ausbreitungs–Geschwindigkeit c besitzt, dann auch in S' und umgekehrt.

Wir zeigen nun, dass $(\Delta s')^2 = (\Delta s)^2$ für beliebige Ereignisse[1]. Wir betrachten dazu die Abstände $(ds)^2$ und $(ds')^2$ zwischen zwei infintesimal benachbarten Ereignissen. Die Transformation $(ds')^2 = F((ds)^2)$ muss aus physikalischen Gründen stetig sein, d.h., dass das Differential $(ds')^2$ von derselben Ordnung sein muss wie $(ds)^2$. Dann kann die Transformation $F(\ldots)$ nur die Form

$$(ds')^2 = a(\ldots)\,(ds)^2 \tag{11.4}$$

haben, worin $a(\ldots)$ ein Transformations–Koeffizient ist, der nur noch von dimensionslosen relativen Eigenschaften von S und S' abhängen kann, nicht mehr von $(ds)^2$ oder $(ds')^2$. Die einzige Möglichkeit dafür ist die Kombination v/c, worin $v = |\boldsymbol{v}|$ der Betrag der Relativ–Geschwindigkeit von S und S' ist. Eine Abhängigkeit von der Richtung der Relativ–Geschwindigkeit $\boldsymbol{v}$ würde die Isotropie des Raumes verletzen.

Wir betrachten nun die Hintereinander–Ausführung von Transformationen $S_1 \to S_2 \to S_3$ zwischen drei Inertial–Systemen S_1, S_2, S_3 und vergleichen diese mit der direkten Transformation $S_1 \to S_3$. Offensichtlich muss dann

$$a\left(\frac{v_{31}}{c}\right) = a\left(\frac{v_{32}}{c}\right)\, a\left(\frac{v_{21}}{c}\right) \tag{11.5}$$

sein, worin v_{21} der Betrag der Relativ–Geschwindigkeit zwischen S_2 und S_1 ist, analog v_{32} und v_{31}. Im Ausdruck $a(v_{31}/c)$ hängt v_{31} vom Winkel $\angle \boldsymbol{v}_{32}, \boldsymbol{v}_{21}$ zwischen

[1] Argumentation nach Landau–Lifshitz, Theoretische Physik, Bd. 2

$\boldsymbol{v}_{32}$ und $\boldsymbol{v}_{21}$ ab, während die rechte Seite von (11.5) nur von den Beträgen v_{32} und v_{21}, also nicht von dem Winkel $\angle \boldsymbol{v}_{32}, \boldsymbol{v}_{21}$ abhängt. Dieser Widerspruch löst sich nur dann auf, wenn man schließt, dass $a(v/c)$ =const, d.h., überhaupt nicht von v abhängt. Für die verbleibende Konstante a folgt nun aus (11.5) $a = a^2$, also, weil aus physikalischen Gründen $a \neq 0$ sein muss, $a = 1$, und somit

$$\boxed{(ds)^2 = (ds')^2 \qquad \Longrightarrow \qquad (\Delta s)^2 = (\Delta s')^2} \tag{11.6}$$

für alle Paare von Inertialsystemen.

11.2 Lorentz–Transformation

In der nicht–relativistischen Theorie folgt aus dem ersten Newtonschen Prinzip, dass Inertialsysteme durch die *Galilei–Transformation* miteinander verknüpft sind:

$$\boldsymbol{r} = \boldsymbol{r}' + \boldsymbol{v}\, t + \boldsymbol{r}_0', \qquad t = t'. \tag{11.7}$$

Die Transformation $t = t'$ drückt die Annahme einer universellen Zeit aus. Wir können immer $\boldsymbol{r}_0' = 0$ durch Wahl des Zeit–Nullpunktes erreichen. $\boldsymbol{v}$ ist die Relativ–Geschwindigkeit: Der Ursprung $\boldsymbol{r}' = 0$ des Bezugssystems S' bewegt sich in S mit der Geschwindigkeit $\boldsymbol{v}$. Für die Geschwindigkeiten folgt aus (11.7)

$$\frac{d\boldsymbol{r}}{dt} = \frac{d\boldsymbol{r}'}{dt'} + \boldsymbol{v}. \tag{11.8}$$

Die Geschwindigkeiten addieren sich wie Vektoren, was eine direkte Folge der universellen Zeit $t = t'$ ist. Dadurch lassen sich beliebig große Geschwindigkeiten erzeugen.

Um eine relativistisch korrekte Transformation zwischen zwei Inertialsystemen zu konstruieren, müssen wir von der Forderung (11.6)

$$(\Delta s)^2 = (\Delta s')^2 \qquad \text{bzw.} \qquad c^2\,(\Delta t)^2 - (\Delta \boldsymbol{r})^2 = c^2\,(\Delta t')^2 - (\Delta \boldsymbol{r}')^2 \tag{11.9}$$

ausgehen. Wir schreiben die gesuchte Transformation in der Form

$$\boldsymbol{r} = \boldsymbol{f}(\boldsymbol{r}', t'), \qquad t = g(\boldsymbol{r}', t') \tag{11.10}$$

und betrachten den Abstand der Ereignisse $(\boldsymbol{r}, t)$ und $0, 0$ in S bzw. $(\boldsymbol{r}', t')$ und $0, 0$ in S'. (Das gemeinsame Ereignis $(0, 0)$ definiert die Ursprünge und den Zeit–Nullpunkt beider Systeme S und S'.) Dann muss

$$c^2 t'^2 - \boldsymbol{r}'^2 = c^2 t^2 - \boldsymbol{r}^2 = c^2 g^2(\boldsymbol{r}', t') - \boldsymbol{f}^2(\boldsymbol{r}', t') \tag{11.11}$$

identisch für alle $\boldsymbol{r}'$ und t' erfüllt sein, was nur möglich ist, wenn $\boldsymbol{f}(\boldsymbol{r}', t')$ und $g(\boldsymbol{r}', t')$ *lineare* Funktionen sind. Daraus folgt übrigens bereits, dass sich auch in der relativistischen Theorie zwei Inertialsysteme nur mit einer konstanten Relativ–Geschwindigkeit gegeneinander bewegen können.

Ohne Beschränkung der Allgemeinheit können wir die folgende Wahl treffen: Die Achsen $\boldsymbol{e}_\alpha$ bzw. $\boldsymbol{e}'_\alpha$, jeweils $\alpha = x, y, z$ der orthogonalen Koordinatensysteme in S bzw. S' sollen jeweils parallel zueinander sein und $\boldsymbol{e}_x$ und $\boldsymbol{e}'_x$ sollen parallel zu der konstanten Relativ–Geschwindigkeit sein. Dann können wir die lineare Transformation zwischen S und S' in der Form

$$x = A\,x' + B\,c\,t', \qquad c\,t = C\,x' + D\,c\,t', \qquad y = y', \quad z = z' \tag{11.12}$$

schreiben. Die Bedingung (11.9) lautet mit der obigen Wahl der räumlichen Koordinatensysteme jetzt $c^2 t'^2 - x'^2 = c^2 t^2 - x^2$. Wenn wir die Form (11.12) in diese Bedingung einsetzen, erhalten wir

$$\begin{aligned} c^2 t'^2 - x'^2 &= \\ &= (C\,x' + D\,c\,t')^2 - (A\,x' + B\,c\,t')^2 \\ &= (D^2 - B^2)\,c^2 t'^2 - (A^2 - C^2)\,x'^2 + 2\,(C\,D - A\,B)\,c\,t'\,x'. \end{aligned} \tag{11.13}$$

Damit diese Relation identisch für alle x' und t' erfüllt ist, ist zu fordern, dass

$$D^2 - B^2 = 1, \qquad A^2 - C^2 = 1, \qquad C\,D - A\,B = 0. \tag{11.14}$$

Dieses sind drei Bedingungen für die 4 Koeffizienten A, B, C, D. Wir erwarten also, dass die gesuchten Transformationen eine einparametrige Schar bilden. Wir erfüllen die Bedingungen (11.14) identisch durch

$$A = D = \cosh\phi, \qquad B = C = \sinh\phi, \tag{11.15}$$

worin ϕ der Schar–Parameter ist. Die Transformation (11.12) lautet somit

$$\left.\begin{array}{rcl} x &=& x'\cosh\phi + ct'\sinh\phi, \\ ct &=& x'\sinh\phi + ct'\cosh\phi. \end{array}\right\} \tag{11.16}$$

Wir bestimmen die physikalische Bedeutung des Schar–Parameters ϕ, indem wir den Ursprung des Systems S' bei $x' = 0$ vom System S aus beobachten. Für $x' = 0$ folgt aus (11.16):

$$x = ct'\sinh\phi, \qquad ct = ct'\cosh\phi, \qquad \Longrightarrow \qquad \frac{x}{ct} = \tanh\phi. \tag{11.17}$$

Nun ist $v := x/t$ offensichtlich die Relativ–Geschwindigkeit von S' gegen S in der gemeinsamen x–Richtung, so dass der Parameter ϕ definiert ist durch

$$\tanh\phi = \frac{v}{c} =: \beta. \tag{11.18}$$

Wir drücken auch $\cosh\phi$ und $\sinh\phi$ durch $\beta = v/c$ aus:

$$\begin{array}{rcl} \cosh\phi &=& \dfrac{1}{\sqrt{1-\tanh^2\phi}} = \dfrac{1}{\sqrt{1-\beta^2}} =: \gamma, \\ \sinh\phi &=& \dfrac{\tanh\phi}{\sqrt{1-\tanh^2\phi}} = \dfrac{\beta}{\sqrt{1-\beta^2}} = \beta\gamma, \end{array}$$

so dass die gesuchte Transformation

$$\begin{array}{rcl} x &=& \dfrac{x' + v\,t'}{\sqrt{1-v^2/c^2}}, \qquad y = y', \qquad z = z', \\ t &=& \dfrac{t' + v\,x'/c^2}{\sqrt{1-v^2/c^2}} \end{array} \tag{11.19}$$

lautet, bzw. unter Verwendung der obigen Abkürzungen β, γ auch

$$\begin{aligned} x &= \gamma\,(x' + \beta\, c\, t')\,, \qquad y = y', \qquad z = z', \\ t &= \gamma \left(t' + \frac{\beta}{c}\, x' \right). \end{aligned} \tag{11.20}$$

Diese relativistisch korrekte Transformation zwischen zwei Intertialsystemen heißt *Lorentz–Transformation* (hier in einer speziellen Form). Wir untersuchen noch, wie sich die Geschwindigkeiten unter der Lorentz–Transformation verhalten. Dazu bilden wir die Differentiale

$$dx = \gamma\,(dx' + \beta\, c\, dt')\,, \qquad dt = \gamma \left(dt' + \frac{\beta}{c}\, dx' \right)$$

und $dy = dy'$, $dz = dz'$ und bilden daraus

$$u_x := \frac{dx}{dt} = \frac{dx' + \beta\, c\, dt'}{dt' + \beta\, dx'/c} = \frac{dx'/dt' + \beta\, c}{1 + \beta\, dx'/(c\, dt')} = \frac{u_x' + v}{1 + v\, u_x'/c^2}. \tag{11.21}$$

Hier sind u_x bzw. u_x' die Geschwindigkeiten eines Punktes, der sich in x–Richtung bewegt und von S bzw. S' beobachtet wird. Wir zeigen, dass stets $u_x < c$, wenn $v < c$ und $u_x' < c$ sind. Es ist dann nämlich

$$u_x' - \frac{u_x'\, v}{c} = u_x' \left(1 - \frac{v}{c} \right) < c \left(1 - \frac{v}{c} \right) = c - v,$$

woraus

$$u_x' + v < c + \frac{u_x'\, v}{c} = c \left(1 + \frac{u_x'\, v}{c^2} \right)$$

und weiter

$$u_x = \frac{u_x' + v}{1 + v\, u_x'/c^2} < c \tag{11.22}$$

folgt. Durch eine relativistisch korrekte Addition ergeben sich Geschwindigkeiten, die stets kleiner als die Lichtgeschwindigkeit c sind.

11.3 4–Vektoren, Transformationen

11.3.1 4–Vektoren

Die Bedingung (11.6) für Transformationen zwischen Inertialsystemen, $(\Delta s)^2 = (\Delta s')^2$, lautet ausgeschrieben

$$c^2\,(\Delta t)^2 - (\Delta \boldsymbol{r})^2 = c^2\,(\Delta t')^2 - (\Delta \boldsymbol{r}')^2$$

oder auch

$$c^2\,(\Delta t)^2 - (\Delta x_\alpha)^2 = c^2\,(\Delta t')^2 - (\Delta x'_\alpha)^2\,. \tag{11.23}$$

In dieser letzteren Schreibweise haben wir die im Abschnitt 1.3.2 eingeführte *Summationskonvention*

$$(\Delta x_\alpha)^2 = \Delta x_\alpha \cdot \Delta x_\alpha \equiv \sum_{\alpha=1}^{3} (\Delta x_\alpha)^2 \tag{11.24}$$

benutzt. Unser Ziel ist es nun, den gesamten zeitlich–räumlichen Ausdruck $(\Delta s)^2 = c^2\,(\Delta t)^2 - (\Delta x_\alpha)^2$ in einer zu (11.24) analogen Form zu schreiben. Dazu definieren wir einen *4-Vektor* x^i mit den *kontravarianten* Komponenten

$$(x^i) := (c\,t, \boldsymbol{r})\,, \qquad i = 0, 1, 2, 3, \tag{11.25}$$

d.h., $x^0 := c\,t$ und die x^i sind die Komponenten des Ortsvektors $\boldsymbol{r}$ für $i = 1, 2, 3$. Zur Vermeidung von Verwechslungen benutzen wir im Folgenden immer lateinische Indizes $i, j, k, \ldots$ für 4–Vektoren und wie bisher griechische Indizes $\alpha, \beta, \gamma, \ldots$ für gewöhnliche 3–Vektoren. Weiter definieren wir einen 4–Vektor x_i mit den *kovarianten* Komponenten

$$(x_i) := (c\,t, -\boldsymbol{r})\,, \qquad i = 0, 1, 2, 3. \tag{11.26}$$

Die kontravarianten und kovarianten Komponenten unterscheiden sich also in den *räumlichen* Komponenten um ein Vorzeichen, $x_i = -x^i$, $i = 1, 2, 3$, und stimmen in der *zeitlichen* Komponente überein: $x_0 = x^0$. (Wir schließen uns mit diesen Definitionen der Konvention in der internationalen Literatur an. Dabei kommt es zu der verwirrenden Folge, dass die räumlichen kovarianten Komponenten x_i gerade die negativen Werte der Komponenten des Ortsvektors $\boldsymbol{r}$ sind, die wir bisher mit x_α, $\alpha = 1, 2, 3$ bezeichnet hatten. Die umgekehrte Version wäre naheliegender gewesen.) Wir bilden jetzt die Produkte $x^i\, x_i$ aus kontra– und kovarianten Komponenten und summieren über $i = 0, 1, 2, 3$:

$$\sum_{i=0}^{3} x^i\, x_i = (c\,t)^2 - \boldsymbol{r}^2. \tag{11.27}$$

Künftig wollen wir auch für 4–Vektoren eine *Summationskonvention* vereinbaren: Wenn in einem Produktterm kontra– und kovariante Komponenten eines 4–Vektors mit demselben Index i auftreten, dann soll über diesen Index von $i = 0$ bis $i = 3$ summiert werden:

$$a^i\, b_i \equiv \sum_{i=0}^{3} a^i\, b_i. \tag{11.28}$$

Dagegen wird in einem Ausdruck $a^i\, b^i$ oder $a_i\, b_i$ *nicht* über i summiert. Damit erhält (11.27) die Form $x^i\, x_i = (c\,t)^2 - \boldsymbol{r}^2$, und die Bedingung (11.6) für Transformationen zwischen Inertialsystemen wird zu

$$\Delta x^i\, \Delta x_i = \Delta x'^i\, \Delta x'_i. \tag{11.29}$$

In Analogie zu $\boldsymbol{a}\,\boldsymbol{b} = a_\alpha\, b_\beta$ bezeichnet man die Kombination (11.28) als *Skalarprodukt* zwischen zwei 4–Vektoren. Im gewöhnlichen 3–dimensionalen Raum ist $(\Delta\boldsymbol{r})^2 = \Delta x_\alpha\, \Delta x_\alpha$ ein räumlicher Abstand. Analog bezeichnet man $\Delta x^i\, \Delta x_i$ als den *4–Abstand* im 4–dimensionalen Raum aus Zeit und gewöhnlichem Raum.

11.3.2 4–Transformationen

Transformationen zwischen Inertialsystemen haben gemäß (11.29) die Eigenschaft, den 4–Abstand ungeändert zu lassen. Diese Eigenschaft besitzen im gewöhnlichen 3–dimensionalen Raum die orthogonalen Transformationen

$$x_\alpha = U_{\alpha\beta}\, x'_\beta, \quad x'_\alpha = U_{\beta\alpha}\, x_\beta, \qquad U_{\gamma\alpha}\, U_{\gamma\beta} = U_{\alpha\gamma}\, U_{\beta\gamma} = \delta_{\alpha\beta}. \tag{11.30}$$

Wir übertragen diese Eigenschaft auf den 4–dimensionalen Raum aus Zeit und gewöhnlichem Raum und schreiben

$$x^i = U^i{}_k\, x'^k, \qquad x'^i = U_k{}^i\, x^k. \tag{11.31}$$

Die Orthogonalitäts–Relationen lauten jetzt

$$U^i{}_j\, U_k{}^j = \delta^i_k, \qquad U_j{}^i\, U^j{}_k = \delta^i_k, \tag{11.32}$$

worin

$$\delta^i_k = \begin{cases} 1 & i = k, \\ 0 & i \neq k, \end{cases} \tag{11.33}$$

das verallgemeinerte Kronecker–Symbol ist. Durch die Stellung der Indizes haben wir die Summationen in den linearen Transformationen eingeschlossen.

Die $U^i{}_k$ sind *4–Matrizen*, die offensichtlich die allgemeine Form einer Lorentz–Transformation beschreiben. Unter ihnen muss die spezielle Lorentz–Transformation aus dem Abschnitt 11.2 in (11.20) sein. Wenn wir diese in der Form

$$\begin{aligned} x^0 &= \gamma\left(x'^0 + \beta\, x'^1\right), \\ x^1 &= \gamma\left(x'^1 + \beta\, x'^0\right), \qquad x^2 = x'^2, \qquad x^3 = x'^3 \end{aligned}$$

schreiben und mit der allgemeinen Form in (11.31) vergleichen, erhalten wir

$$\left(U^i{}_k\right) = \begin{pmatrix} \gamma & \beta\gamma & 0 & 0 \\ \beta\gamma & \gamma & 0 & 0 \\ 0 & 0 & 1 & 0 \\ 0 & 0 & 0 & 1 \end{pmatrix} \tag{11.34}$$

Für die 4–Matrizen sollen bei der Stellung der Indizes dieselben Regeln gelten wie bei 4–Vektoren: Wird ein Index i "gesenkt" oder "gehoben", bleibt das Element unverändert, wenn $i = 0$, und ändert sein Vorzeichen, wenn $i = 1, 2, 3$. Es ist also z.B.

$$U^{ik} = \begin{cases} U^i{}_k & \text{wenn} \quad k = 0, \\ -U^i{}_k & \text{wenn} \quad k = 1, 2, 3. \end{cases} \tag{11.35}$$

Mit dieser Vereinbarung erhalten wir aus (11.34)

$$(U_i{}^k) = \begin{pmatrix} \gamma & -\beta\gamma & 0 & 0 \\ -\beta\gamma & \gamma & 0 & 0 \\ 0 & 0 & 1 & 0 \\ 0 & 0 & 0 & 1 \end{pmatrix}, \tag{11.36}$$

denn für $i = k$ ändert sich im Vergleich zu $U^i{}_k$ in (11.34) kein Vorzeichen, weil dann gleichzeitig zwei zeitliche oder zwei räumliche Indizes gesenkt oder gehoben werden, und für $i = 0, k = 1$ und $i = 1, k = 0$ ändert sich das Vorzeichen.

Wenn wir nunmehr von der Transformation (11.31) ausgehen, können wir durch Senken und Heben der Indizes folgende Schritte ausführen

$$x^i = U^i{}_k \, x'^k \Longleftrightarrow x_i = U_{ik} \, x'^k \Longleftrightarrow x_i = U_i{}^k \, x'_k. \tag{11.37}$$

Im ersten Schritt haben wir konsequent auf beiden Seiten den Index i gesenkt, im zweiten Schritt den Index k einmal gehoben und einmal gesenkt, wodurch kein Vorzeichenwechsel auftritt. Analog wird

$$x'^i = U_k{}^i \, x^k \Longleftrightarrow x'_i = U_{ki} \, x^k \Longleftrightarrow x'_i = U^k{}_i \, x_k. \tag{11.38}$$

Jetzt können wir die Invarianz des Abstands, $x^i \, x_i = x'^i \, x'_i$ unter der allgemeinen Lorentz–Transformation unter Benutzung der Orthogonalitäts–Relation (11.32) explizit überprüfen:

$$x^i \, x_i = U^i{}_k \, x'^k \, U_i{}^j \, x'_j = U^i{}_k \, U_i{}^j \, x'^k \, x'_j = \delta^j_k \, x'^k \, x'_j = x'^k \, x'_k. \tag{11.39}$$

Das Transformations–Verhalten, das wir bisher am Beispiel des 4–Vektors x^i aus Zeit und Ort erklärt haben, soll nun auf beliebige 4–Vektoren übertragen werden.

Wie im Fall des gewöhnlichen 3–dimensionalen Raums werden wir im Folgenden Objekte a^i einen 4–Vektor nennen, wenn sie sich unter einer allgemeinen Lorentz–Transformation wie der Vektor x^i in (11.31) transformieren, also

$$a^i = U^i{}_k \, a'^k, \qquad a'^i = U_k{}^i \, a^k. \tag{11.40}$$

Dieselbe Rechnung wie in (11.39) liefert dann, dass allgemein jedes Skalar–Produkt $a^i \, b_i$ von zwei 4–Vektoren unter einer Lorentz–Transformation invariant ist:

$$a^i \, b_i = U^i{}_k \, a'^k \, U_i{}^j \, b'_j = U^i{}_k \, U_i{}^j \, a'^k \, b'_j = \delta^j_k \, a'^k \, b'_j = a'^k \, b'_k. \tag{11.41}$$

11.3.3 Die 4–Geschwindigkeit und 4–Beschleunigung

Wie wir im Abschnitt 11.3.1 begründet haben, ist $dx^i = (c\,dt, d\boldsymbol{r})$ ein 4–Vektor und $ds = \sqrt{c^2\,(dt)^2 - (d\boldsymbol{r})^2}$ ein Skalar, d.h., letztere Größe ist invariant gegen Lorentz–Transformationen. Folglich ist

$$u^i := \frac{dx^i}{ds}, \qquad u_i := \frac{dx_i}{ds} \tag{11.42}$$

wieder ein 4–Vektor, der als *4–Geschwindigkeit* bezeichnet wird. Seine Komponenten lauten

$$u^0 = \frac{dx^0}{ds} = \frac{c\,dt}{ds} = \frac{1}{\sqrt{1-\beta^2}} = \gamma, \tag{11.43}$$

mit $\beta = v/c$, und für $\alpha = 1, 2, 3$

$$u^\alpha = \frac{dx^\alpha}{ds} = \frac{\gamma}{c}\,\frac{dx^\alpha}{dt} = \frac{\gamma}{c}\,v^\alpha. \tag{11.44}$$

Hier sind $v^\alpha = dx^\alpha/dt$ die Komponenten der gewöhnlichen 3–dimensionalen Geschwindigkeit. Aus (11.43) und (11.44) folgt

$$u^i\, u_i = \gamma^2 - \frac{\gamma^2}{c^2}\, \boldsymbol{v}^2 = \gamma^2\, \left(1-\beta^2\right) = 1. \tag{11.45}$$

Wir differenzieren diese Relation nach s. Unter Beachtung der Produkt–Regel der Differentiation erhalten wir

$$\frac{du^i}{ds}\, u_i + u^i\, \frac{du_i}{ds} = 2\, u^i\, \frac{du_i}{ds} = 0. \tag{11.46}$$

Auch $a^i := du^i/ds$ ist wieder ein 4–Vektor und wird als *4–Beschleunigung* bezeichnet. In der 4–dimensionalen Raum–Zeit stehen 4–Geschwindigkeit und 4–Beschleunigung senkrecht aufeinander: $a^i\, u_i = 0$.

11.3.4 Der 4–Gradient

Wir zeigen, dass auch die Ableitungen nach den Komponenten x^i und x_i des 4-Vektors aus Zeit und Ort sich wie 4–Vektoren verhalten. Dazu schreiben wir gemäß der Ketten–Regel der Differentiation

$$\frac{\partial}{\partial x_i} = \sum_{k=0}^{3} \frac{\partial x'_k}{\partial x_i}\, \frac{\partial}{\partial x'_k}. \tag{11.47}$$

$\partial x'_k/\partial x_i$ berechnen wir aus der Transformations–Relation auf der rechten Seite in (11.38). Indem wir dort die Bezeichnungen i und k vertauschen, erhalten wir

$$x'_k = U^i{}_k\, x_i, \qquad \Longrightarrow \qquad \frac{\partial x'_k}{\partial x_i} = U^i{}_k,$$

so dass

$$\frac{\partial}{\partial x_i} = \sum_{k=0}^{3} U^i{}_k\, \frac{\partial}{\partial x'_k}. \tag{11.48}$$

Diese Relation hat die allgemeine Form (11.40) einer Lorentz–Transformation, nämlich

$$a^i = U^i{}_k\, a'^k,$$

wenn wir definieren

$$\frac{\partial}{\partial x_i} =: \partial^i, \qquad \frac{\partial}{\partial x'_k} = \partial'^k, \tag{11.49}$$

so dass

$$\partial^i = U^i{}_k\, \partial'^k. \tag{11.50}$$

Völlig analog wird dann auch

$$\frac{\partial}{\partial x^i} =: \partial_i, \qquad \frac{\partial}{\partial x'^k} = \partial'_k, \qquad \partial_i = U_i{}^k\, \partial'_k. \tag{11.51}$$

∂^i bzw. ∂_i wird als *4–Gradient* bezeichnet. Dieser transformiert sich wie ein 4–Vektor. Wie sich sofort bestätigen lässt, gilt für den 4–Gradient

$$\partial_k\, x^i = \delta^i_k, \qquad \partial_i\, x^i = \partial^i\, x_i = 4.$$

11.4 4–Tensoren

11.4.1 Gewöhnliche Tensoren

Objekte $A^{ik}, B^{ikj}, \ldots$, die zwei oder mehr Indizes tragen, bezeichnet man als *4–Tensoren*, wenn sie sich wie Produkte $a^i\, b^k$, $a^i\, b^k\, c^j, \ldots$ von Komponenten von 4–Tensoren transformieren:

$$\left.\begin{array}{lllll} a^i\, b^k &=& U^i{}_\ell\, U^k{}_m\, a'^\ell\, b'^m & \cong & A^{ik} = U^i{}_\ell\, U^k{}_m\, A'^{\ell m}, \\ a^i\, b^k\, c^j &=& U^i{}_\ell\, U^k{}_m\, U^j{}_n\, a'^\ell\, b'^m\, c'^n & \cong & B^{ikj} = U^i{}_\ell\, U^k{}_m\, U^j{}_n\, B'^{\ell m n}, \end{array}\right\} \tag{11.52}$$

usw. Die Anzahl der Indizes bestimmt die *Stufe* des jeweiligen Tensors: A^{ik} ist ein Tensor 2. Stufe, B^{ikj} ist ein Tensor 3. Stufe usw. 4–Vektoren kann man als Tensoren 1. Stufe bezeichnen, Skalare als Tensoren 0–ter Stufe.

Ein Tensor 2. Stufe A^{ik} heißt wie üblich *symmetrisch*, wenn $A^{ik} = A^{ki}$. Durch beidseitiges Senken des Index k folgt

$$A^{ik} = A^{ki} \qquad \Longleftrightarrow \qquad A^i{}_k = A_k{}^i. \tag{11.53}$$

Wenn A^{ik} symmetrisch ist, schreibt man deshalb auch A^i_k statt $A^i{}_k$ oder $A_k{}^i$.

Ein Beispiel für einen symmetrischen Tensor ist das Kronecker–Symbol δ^i_k, das wir bereits im Abschnitt 11.3.2 eingeführt hatten. Die Symmetrie von δ^i_k folgt direkt aus der Definition in (11.33). Die Tensor–Eigenschaft erkennen wir, wenn wir die Orthogonalitäts–Relation (11.32) wir folgt umschreiben:

$$\delta^i_k = U^i{}_j \, U_k{}^j = U^i{}_j \, U_k{}^\ell \, \delta^j_\ell. \tag{11.54}$$

Diese Relation ist vom Typ einer Transformation für einen Tensor 2. Stufe nach dem Muster von (11.52), jedoch mit der Besonderheit, dass $\delta^i_j = \delta'^i_j$. Der symmetrische Tensor δ^i_j besitzt in allen Inertialsystemen dieselbe Gestalt.

Ein weiteres Beispiel für einen symmetrischen Tensor ist der sogenannte *metrische Tensor*

$$g^{ik} = \begin{cases} 1 & i = k = 0, \\ -1 & i = k = 1, 2, 3 \\ 0 & i \neq k, \end{cases} \tag{11.55}$$

Aus der Definition folgt unmittelbar, dass g^{ik} symmetrisch ist und

$$g^i_k = \delta^i_k. \tag{11.56}$$

Damit ist dann auch bereits gezeigt, dass g^{ik} tatsächlich ein Tensor ist und dass auch g^{ik} in allen Inertialsystemen dieselbe Gestalt hat. Mit dem metrischen Tensor g^{ik} lässt sich das Heben und Senken von Indizes formal bewerkstelligen. Wie sich sofort bestätigen lässt, gilt

$$a^i = g^{ik}\, a_k, \qquad a_i = g_{ik}\, a^k \tag{11.57}$$

usw., wobei $g_{ik} = g^{ik}$. Unter Verwendung des metrischen Tensors lässt sich das Skalarprodukt als

$$a_i\, b^i = g^{ik}\, a_i\, b_k = g_{ik}\, a^i\, b^k \tag{11.58}$$

schreiben.

Mehrfach indizierte Objekte werden in der Sprache der Mathematik als *Matrizen* bezeichnet. Matrizen mit zwei Indizes lassen sich in einem Schema darstellen, wie wir das für ${U^i}_k$ in (11.34) oder für ${U_i}^k$ in (11.36) im Abschnitt 11.3.2 getan haben. Auch Tensoren 2. Stufe lassen sich in einem solchen Matrix–Schema darstellen, z.B. die Tensoren δ^i_k und g^{ik} als

$$(\delta^i_k) = \begin{pmatrix} 1 & 0 & 0 & 0 \\ 0 & 1 & 0 & 0 \\ 0 & 0 & 1 & 0 \\ 0 & 0 & 0 & 1 \end{pmatrix}, \qquad (g^{ik}) = \begin{pmatrix} 1 & 0 & 0 & 0 \\ 0 & -1 & 0 & 0 \\ 0 & 0 & -1 & 0 \\ 0 & 0 & 0 & -1 \end{pmatrix}. \tag{11.59}$$

Die Begriffe *Matrix* und *Tensor* müssen aber scharf voneinander getrennt werden. Wie zu Beginn dieses Abschnitts dargestellt, ist ein Tensor beliebiger Stufe durch sein Verhalten unter einer Lorentz–Transformation definiert. Die Lorentz–Transformation ihrerseits lässt sich durch eine 4×4–Matrix ${U^i}_k$ bzw. ${U_i}^k$ beschreiben. Diese Matrix stellt keinen Tensor dar.

11.4.2 Pseudo–Tensoren

Bereits im Abschnitt 1.3.3 hatten wir den 3–dimensionalen Levi–Civita–"Tensor" durch

$$\epsilon_{\alpha\beta\gamma} = \begin{cases} +1 & (\alpha,\beta,\gamma) = \text{ gerade Permutation von } (1,2,3), \\ -1 & (\alpha,\beta,\gamma) = \text{ ungerade Permutation von } (1,2,3), \\ 0 & \text{sonst}, \end{cases} \tag{11.60}$$

definiert, ohne nachgewiesen zu haben, dass es sich dabei tatsächlich um einen Tensor im Sinne des Verhaltens unter einer 3–dimensionalen orthogonalen Transformation handelt. Wie wir nämlich im Abschnitt 3.2.2 vereinbart hatten, sollte auch ein 3–dimensionaler Tensor dadurch charakterisiert sein, dass er sich unter einer orthogonalen Transformation wie das Produkt von Komponenten von Vektoren transformiert. Ein 3–dimensionaler Tensor 3. Stufe $A_{\alpha\beta\gamma}$ sollte sich also wie

$$A_{\alpha\beta\gamma} = U_{\alpha\mu}\, U_{\beta\nu}\, U_{\gamma\lambda}\, A'_{\mu\nu\lambda} \tag{11.61}$$

transformieren, worin $U_{\alpha\mu}$ eine orthogonale 3×3–Matrix ist, vgl. (11.30). Wir nehmen nun an, dass $\epsilon'_{\alpha\beta\gamma}$ die Eigenschaft (11.60) des 3–dimensionalen Levi–Civita–Tensors besitzt und diskutieren die rechte Seite von (11.61) für den Fall $A'_{\mu\nu\lambda} = \epsilon'_{\mu\nu\lambda}$:

$$\epsilon_{\alpha\beta\gamma} = U_{\alpha\mu}\, U_{\beta\nu}\, U_{\gamma\lambda}\, \epsilon'_{\mu\nu\lambda} = \begin{vmatrix} U_{\alpha 1} & U_{\alpha 2} & U_{\alpha 3} \\ U_{\beta 1} & U_{\beta 2} & U_{\beta 3} \\ U_{\gamma 1} & U_{\gamma 2} & U_{\gamma 3} \end{vmatrix} =$$

$$= \begin{vmatrix} U_{11} & U_{12} & U_{13} \\ U_{21} & U_{22} & U_{23} \\ U_{31} & U_{32} & U_{33} \end{vmatrix} \epsilon'_{\alpha\beta\gamma} = \det(U)\, \epsilon'_{\alpha\beta\gamma}, \tag{11.62}$$

worin wir die bereits im Abschnitt 1.3.3 erläuterte Definition einer 3×3–Determinante durch das Levi–Civita–Symbol und das Verhalten einer Determinante bei Permutation ihrer Zeilen benutzt haben. Nun folgt aus der Orthogonalitätsrelation (11.30),

$$U_{\gamma\alpha}\, U_{\gamma\beta} = U_{\alpha\gamma}\, U_{\beta\gamma} = \delta_{\alpha\beta} \qquad \text{bzw.} \qquad U^T U = U\, U^T = 1,$$

(U^T =Transponierte von U), dass

$$\det\left(U^T U\right) = \det\left(U^2\right) = 1, \quad \Longrightarrow \quad \det(U) = \pm 1. \tag{11.63}$$

Das Ergebnis in (11.62) besagt also, dass $\epsilon_{\alpha\beta\gamma}$ unter einer orthogonalen Transformation mit $\det(U) = +1$ invariant ist, jedoch unter einer orthogonalen Transformation mit $\det(U) = -1$ sein Vorzeichen ändert. Nun wollen wir aber erreichen, dass das

Levi–Civita–Symbol in sämtlichen Koordinaten–Systemen die Gestalt (11.60) besitzt. Dazu muss offensichtlich der Faktor det(U) kompensiert werden. Das können wir dadurch erreichen, dass die allgemeine Transformation (11.61) im Fall des Levi–Civita–Tensors einen zusätzlichen Faktor det(U) erhält, also

$$\epsilon_{\alpha\beta\gamma} = \det(U)\, U_{\alpha\mu}\, U_{\beta\nu}\, U_{\gamma\lambda}\, \epsilon'_{\mu\nu\lambda}. \tag{11.64}$$

Dieser Faktor det(U) tritt dann auch in den Transformationen aller Tensoren auf, in deren Definition der Levi–Civita–Tensor genau einmal als Faktor auftritt. Man nennt Tensoren mit dem Transformations–Verhalten (11.64) *Pseudo–Tensoren.*

Wir zeigen jetzt, dass die Unterscheidung zwischen "gewöhnlichen" Tensoren und Pseudo–Tensoren gerade dem unterschiedlichen Verhalten von polaren und axialen Vektoren unter Raumspiegelungen entspricht, das wir im Abschnitt 7.1.3 im Zusammenhang mit der Paritäts–Umkehr diskutiert hatten. Wir betrachten eine Raumspiegelung am Ursprung, dargestellt durch die orthogonale Transformation

$$U = \begin{pmatrix} -1 & 0 & 0 \\ 0 & -1 & 0 \\ 0 & 0 & -1 \end{pmatrix}, \qquad \det(U) = -1. \tag{11.65}$$

Gewöhnliche bzw. polare Vektoren a_α, $b_\beta, \ldots$ transformieren sich unter diesem U offensichtlich wie $a_\alpha = -a'_\alpha$, $b_\beta = -b'_\beta, \ldots$. Ein axialer Vektor c_γ, definiert als

$$c_\gamma = \epsilon_{\gamma\alpha\beta}\, a_\alpha\, b_\beta \tag{11.66}$$

transformiert sich dann gemäß (11.64) unter U aus (11.65) wie

$$c_\gamma = \det(U)\, U_{\gamma\mu}\, c'_\mu = -\det(U)\, c'_\gamma = +c'_\gamma, \tag{11.67}$$

behält also seine Richtung unter Raumspiegelung bei, was gerade die axialen Vektoren auszeichnete.

Analog zur Definition des 3–dimensionalen Levi–Civita–Tensors in (11.60) definieren wir seine 4–dimensionale Version durch

$$\epsilon_{ijkl} = \begin{cases} +1 & (i,j,k,l) = \text{ gerade Permutation von } (0,1,2,3) \\ -1 & (i,j,k,l) = \text{ ungerade Permutation von } (0,1,2,3) \\ 0 & \text{sonst} \end{cases} \tag{11.68}$$

Alle Eigenschaften des 3-dimensionalen Levi–Civita–Tensors übertragen sich analog auf den 4–dimensionalen Fall, insbesondere das Verhalten unter Lorentz–Transformationen. Mit der zu (11.64) analogen Transformations–Relation und unter der Annahme, dass $\epsilon'_{\dots}$ die Eigenschaft (11.68) besitzt, erhalten wir

$$\begin{aligned} \epsilon_{ijkl} &= \det(U)\, U_i{}^m\, U_j{}^n\, U_k{}^p\, U_\ell{}^q\, \epsilon'_{mnpq} \\ &= \det(U) \begin{vmatrix} U_i{}^0 & U_i{}^1 & U_i{}^2 & U_i{}^3 \\ U_j{}^0 & U_j{}^1 & U_j{}^2 & U_j{}^3 \\ U_k{}^0 & U_k{}^1 & U_k{}^2 & U_k{}^3 \\ U_\ell{}^0 & U_\ell{}^1 & U_\ell{}^2 & U_\ell{}^3 \end{vmatrix} \\ &= (\det(U))^2\, \epsilon'_{ijkl} = \epsilon'_{ijkl}, \end{aligned} \tag{11.69}$$

d.h., durch den zusätzlichen Faktor $\det(U)$ wird der 4–dimensionale Levi–Civita–Pseudo–Tensor invariant gegen Lorentz–Transformationen. Wir weisen noch darauf hin, dass Transformationen mit $\det(U) = -1$ sowohl durch eine Zeit–Spiegelung $t \to -t$ als auch durch eine Raum–Spiegelung $\boldsymbol{r} \to -\boldsymbol{r}$ realisiert werden können.

Im Anhang C sind die Rechenregeln für den 3– und 4–dimensionalen Levi–Civita–Tensor zusammengestellt und hergeleitet. Die wichtigsten unter ihnen lauten

$$\epsilon_{\alpha\beta\gamma}\,\epsilon_{\alpha\mu\nu} = \begin{vmatrix} \delta_{\beta\mu} & \delta_{\beta\nu} \\ \delta_{\gamma\mu} & \delta_{\gamma\nu} \end{vmatrix} = \delta_{\beta\mu}\,\delta_{\gamma\nu} - \delta_{\beta\nu}\,\delta_{\gamma\mu}, \tag{11.70}$$

$$\epsilon_{\alpha\beta\gamma}\,\epsilon_{\alpha\beta\nu} = 2\,\delta_{\gamma\nu}, \tag{11.71}$$

$$\epsilon_{\alpha\beta\gamma}\,\epsilon_{\alpha\beta\gamma} = 6, \tag{11.72}$$

$$\epsilon^{ijkl}\,\epsilon_{inpq} = -\begin{vmatrix} \delta^j_n & \delta^j_p & \delta^j_q \\ \delta^k_n & \delta^k_p & \delta^k_q \\ \delta^\ell_n & \delta^\ell_p & \delta^\ell_q \end{vmatrix}, \tag{11.73}$$

$$\epsilon^{ijk\ell}\,\epsilon_{ijpq} = -2 \begin{vmatrix} \delta^k_p & \delta^k_q \\ \delta^\ell_p & \delta^\ell_q \end{vmatrix} = -2\left(\delta^k_p\,\delta^\ell_q - \delta^k_q\,\delta^\ell_p\right), \tag{11.74}$$

$$\epsilon^{ijk\ell}\,\epsilon_{ijkq} = -6\,\delta^\ell_q, \tag{11.75}$$

$$\epsilon^{ijk\ell}\,\epsilon_{ijk\ell} = -24. \tag{11.76}$$

Kapitel 12

Lorentz–Kovarianz der Elektrodynamik

Die physikalische Motivation für die Entwicklung der klassischen Feldtheorie im Kapitel 1 war die Feststellung, dass wegen der Existenz einer maximalen Signal-Geschwindigkeit c physikalische Wechselwirkungen nur über Felder vermittelt werden können. In diesem Kapitel zeigen wir nun, dass die aus dieser Feststellung entwickelte Elektrodynamik auch tatsächlich die daraus folgende korrekte Invarianz besitzt, nämlich die unter Lorentz–Transformationen.

12.1 4–Strom und 4–Potential

Unser Ziel wird es zunächst sein, auch in der Elektrodynamik 4–Vektoren in derselben Weise wie in der relativistischen Punktmechanik zu identifizieren. Unser Ausgangspunkt dafür ist der 4–Vektor $x^i = (c\,t, \boldsymbol{r})$ von Zeit und Raum, von dem aus wir schrittweise mit physikalischen Argumenten die 4–Schreibweise der Elektrodynamik entwickeln werden.

12.1.1 4–Strom

Eine grundlegende Aussage für die Elektrodynamik ist die der *Ladungserhaltung*

$$\frac{\partial}{\partial t}\rho + \frac{\partial}{\partial \boldsymbol{r}}\boldsymbol{j} = 0, \tag{12.1}$$

worin ρ die räumliche Ladungsdichte und $\boldsymbol{j}$ die elektrische Stromdichte sind, vgl. Kapitel 5. Wir fordern jetzt gemäß dem Relativitäts–Prinzip, dass die Aussage der Ladungserhaltung invariant gegen einen Wechsel des Inertialsystems durch eine Lorentz–Transformation ist. Dann muss sich die linke Seite in (12.1) als ein Lorentz–Sklalar schreiben lassen. Die Ableitungen in (12.1) erfolgen bereits nach dem 4–Vektor $x^i = (c\,t, \boldsymbol{r})$. Das erkennen wir in der Schreibweise

$$\frac{\partial}{\partial(c\,t)}\,c\,\rho + \sum_{\alpha=1}^{3} \frac{\partial}{\partial x^\alpha}\,j^\alpha = 0, \tag{12.2}$$

worin j^α die drei räumlichen Komponenten der Stromdichte $\boldsymbol{j}$ sind. Die linke Seite von (12.2) wird nun genau dann ein Lorentz–Skalar, wenn wir

$$(j^i) := (c\,\rho, \boldsymbol{j}) \qquad (j_i) := (c\,\rho, -\boldsymbol{j}) \tag{12.3}$$

als einen 4–Vektor, nämlich als die *4–Stromdichte* einführen. Wir erinnern nun an die Definition des 4–Gradienten im Abschnitt 11.3.4, nämlich

$$(\partial_i) = \left(\frac{\partial}{\partial x^i}\right) = \left(\frac{\partial}{\partial(c\,t)}, \frac{\partial}{\partial \boldsymbol{r}}\right), \qquad (\partial^i) = \left(\frac{\partial}{\partial x_i}\right) = \left(\frac{\partial}{\partial(c\,t)}, -\frac{\partial}{\partial \boldsymbol{r}}\right), \tag{12.4}$$

und können damit die Ladungserhaltung in der Lorentz–invarianten Form

$$\boxed{\partial_i\, j^i = 0} \tag{12.5}$$

ausdrücken. Mit der Einsicht, dass j^i ein 4–Vektor ist, können wir sogleich auch das Verhalten seiner Komponenten $c\,\rho, j^\alpha$ unter einer Lorentz–Transformation angeben, z.B. unter derjenigen, die wir im Abschnitt 11.3.2 als Beispiel betrachtet hatten:

$$(U^i{}_k) = \begin{pmatrix} \gamma & \beta\gamma & 0 & 0 \\ \beta\gamma & \gamma & 0 & 0 \\ 0 & 0 & 1 & 0 \\ 0 & 0 & 0 & 1 \end{pmatrix}, \qquad \beta = \frac{v}{c}, \quad \gamma = \frac{1}{\sqrt{1-\beta^2}}. \tag{12.6}$$

Einsetzen von j^i aus der Definition (12.3) in die Transformations–Relation $j^i = U^i{}_k\, j'^k$ führt auf

$$\begin{aligned} \rho &= \gamma\left(\rho' + \frac{v}{c^2}\, j'^1\right), & j^2 &= j'^2, \\ j^1 &= \gamma\left(v\,\rho' + j'^1\right), & j^3 &= j'^3. \end{aligned} \tag{12.7}$$

Wie anschaulich zu erwarten ist, "mischt" eine Lorentz–Transformation mit einer Relativ–Geschwindigkeit $v \neq 0$ die Ladungs– und Stromdichten.

12.1.2 4–Potential

Wie wir im Abschnitt 7.4.2 gezeigt haben, erfüllen das skalare Potential Φ und das Vektor–Potential $\boldsymbol{A}$ die Wellen–Gleichungen

$$\Box\,\Phi = -\frac{1}{\epsilon_0}\,\rho, \qquad \Box\,\boldsymbol{A} = -\mu_0\,\boldsymbol{j}. \tag{12.8}$$

Wir wollen auch diese Wellen–Gleichung in eine Lorentz–invariante Schreibweise umformen. Dazu beachten wir zunächst, dass der Operator $\Box$ bereits ein Lorentz–invarianter, skalarer Operator ist:

$$\Box = \Delta - \frac{1}{c^2}\frac{\partial^2}{\partial t^2} = \frac{\partial^2}{\partial \boldsymbol{r}^2} - \frac{1}{c^2}\frac{\partial^2}{\partial t^2} = -\partial_i\,\partial^i, \tag{12.9}$$

vgl. (12.4). Wenn wir nun die beiden Wellen–Gleichungen (12.8) mit $\mu_0 = 1/(\epsilon_0\, c^2)$ in der Form

$$\left.\begin{aligned} \Box\quad \Phi &= -\frac{1}{\epsilon_0\, c}\; c\,\rho \\ \Box\quad c\,\boldsymbol{A} &= -\frac{1}{\epsilon_0\, c}\; \boldsymbol{j}, \end{aligned}\right\} \tag{12.10}$$

schreiben, erkennen wir, dass sich diese Gleichungen in der 4–Schreibweise

$$\boxed{\Box\, \Phi^i = -\frac{1}{\epsilon_0\, c}\, j^i} \tag{12.11}$$

zusammenfassen lassen, wenn wir ein *4–Potential* Φ^i durch

$$(\Phi^i) := (\Phi, c\,\boldsymbol{A})\,, \qquad (\Phi_i) := (\Phi, -c\,\boldsymbol{A}) \tag{12.12}$$

definieren. Beide Seiten der Gleichung (12.11) sind jetzt 4–Vektoren. Folglich transformiert sich diese Gleichung unter einer Lorentz–Transformation in

$$\Box'\, \Phi'^i = -\frac{1}{\epsilon_0\, c}\, j'^i. \tag{12.13}$$

Die Gleichungen (12.11) bzw. (12.13) sind also nicht "invariant" wie Skalare, sondern *Lorentz–kovariant*, d.h., sie haben dieselbe Form in den jeweiligen Variablen. Eine andere Bezeichnung dafür ist *forminvariant*. In diesem Fall ist sogar noch $\Box' = \Box$. Da $\Phi^i = (\rho, c\,\boldsymbol{A})$ ein 4–Vektor ist, können wir sogleich auch nach dem Muster von (12.7) das Verhalten seiner Komponenten unter der speziellen Lorentz–Transformation (12.6) bestimmen:

$$\begin{aligned} \Phi &= \gamma\left(\Phi' + v\, A'^1\right), & A^2 &= A'^2, \\ A^1 &= \gamma\left(\frac{v}{c^2}\,\Phi' + A'^1\right), & A^3 &= A'^3. \end{aligned} \tag{12.14}$$

12.1.3 Lorentz–Eichung, Umeichung

Die Potentiale Φ und $\boldsymbol{A}$ erfüllen die Wellen–Gleichungen (12.8) nur dann, wenn sie die *Lorentz–Eichung*

$$\frac{1}{c^2}\,\frac{\partial}{\partial t}\,\Phi + \frac{\partial}{\partial \boldsymbol{r}}\,\boldsymbol{A} = 0 \tag{12.15}$$

erfüllen. Mit den Definitionen des 4–Vektors Φ^i in (12.12) lässt sich die Lorentz–Eichung in die Lorentz–invariante Form

$$\partial_i \Phi^i = 0 \tag{12.16}$$

bringen. Wenn also die Lorentz–Eichung in einem Inertialsystem erfüllt ist, dann auch in jedem anderen. Diese Aussage ist unverzichtbar für die Feststellung der Lorentz–Kovarianz der Wellen–Gleichung (12.11).

Im Abschnitt 7.4.1 haben wir gezeigt, dass sich die Potentiale Φ und $\boldsymbol{A}$ einer Eich–Transformation

$$\Phi' = \Phi - \frac{\partial}{\partial t} F \qquad \boldsymbol{A}' = \boldsymbol{A} + \frac{\partial}{\partial \boldsymbol{r}} F \tag{12.17}$$

unterziehen lassen und dass die Felder $\boldsymbol{E}$ und $\boldsymbol{B}$ dadurch nicht geändert werden. Hier ist $F = F(\boldsymbol{r}, t)$ eine beliebige (differenzierbare) Funktiion. Auch die Eichtransformation (12.17) lässt sich Lorentz–kovariant formulieren. Dazu formen wir wie folgt um:

$$\left.\begin{array}{rcccc} \Phi' & = & \Phi & - & \dfrac{\partial}{\partial(c\,t)}\;c\,F \\ c\,\boldsymbol{A}' & = & c\,\boldsymbol{A} & + & \dfrac{\partial}{\partial \boldsymbol{r}}\;c\,F \end{array}\right\} \quad \Phi'^{\,i} = \Phi^i - \partial^i G, \tag{12.18}$$

worin wir $\partial^i = \partial/\partial x_i$ beachtet haben und $G := c\,F$ eine beliebige (differenzierbare) skalare Funktion des 4–Vektors x^i ist.

12.2 Der Feld–Tensor

12.2.1 Definition

Die Felder $\boldsymbol{E}$ und $\boldsymbol{B}$ werden als Ableitungen der Potentiale Φ und $\boldsymbol{A}$ dargestellt:

$$\boldsymbol{E} = -\frac{\partial}{\partial \boldsymbol{r}}\,\Phi - \frac{\partial}{\partial t}\,\boldsymbol{A}, \qquad \boldsymbol{B} = \frac{\partial}{\partial \boldsymbol{r}} \times \boldsymbol{A}. \tag{12.19}$$

Es liegt deshalb nahe, den 4–Tensor

$$\boxed{F^{ik} := \partial^i \Phi^k - \partial^k \Phi^i} \tag{12.20}$$

zu untersuchen, worin ∂^i der 4–Gradient und $\Phi^i = (\Phi, c\boldsymbol{A})$ das 4–Potential aus (12.12) ist. Dass F^{ik} ein Tensor ist, folgt daraus, dass $\partial^i \Phi^k$ das Produkt von Komponenten von zwei 4–Vektoren ist, vgl. Abschnitt 11.4. Dass einer dieser beiden 4–Vektoren, nämlich ∂^i, ein Operator ist, ändert nichts am Transformations–Verhalten des Produkts. Die gleiche Transformations–Eigenschaft besitzt die Kombination $\partial^k \Phi^i$. Aus der Definiton (12.20) ist auch ersichtlich, dass F^{ik} ein *antisymmetrischer* Tensor ist: $F^{ik} = -F^{ki}$.

Wir berechnen zunächst das Element F^{10}:

$$\begin{aligned} F^{10} &= \partial^1 \Phi^0 - \partial^0 \Phi^1 = \frac{\partial}{\partial x_1} \Phi^0 - \frac{\partial}{\partial x_0} \Phi^1 = \\ &= -\frac{\partial}{\partial x^1} \Phi^0 - \frac{\partial}{\partial x^0} \Phi^1 = -\frac{\partial}{\partial x^1} \Phi - \frac{\partial}{\partial (c\,t)} c\,A^1 = \\ &= -\frac{\partial}{\partial x^1} \Phi - \frac{\partial}{\partial t} A^1 = E^1. \end{aligned} \tag{12.21}$$

Wir können diese Rechnung unter Verwendung der Antisymmetrie von F^{ik} sofort verallgemeinern zu

$$F^{\alpha 0} = -F^{0\alpha} = E^\alpha, \qquad \alpha = 1, 2, 3. \tag{12.22}$$

Für das Element F^{21} erhalten wir

$$\begin{aligned} F^{21} &= \partial^2 \Phi^1 - \partial^1 \Phi^2 = \frac{\partial}{\partial x_2} c\,A^1 - \frac{\partial}{\partial x_1} c\,A^2 = \\ &= c\left(\frac{\partial}{\partial x^1} A^2 - \frac{\partial}{\partial x^2} A^1\right) = c\,B^3. \end{aligned} \tag{12.23}$$

Auch diese Rechnung lässt sich sofort verallgemeinern zu

$$\left.\begin{array}{lllll} F^{21} &=& -F^{12} &=& c\,B^3, \\ F^{32} &=& -F^{23} &=& c\,B^1, \\ F^{13} &=& -F^{31} &=& c\,B^2. \end{array}\right\} \tag{12.24}$$

Der Tensor F^{ik}, der sogenannte *Feld–Tensor*, hat somit die folgende Gestalt:

$$\left(F^{ik}\right) = \begin{pmatrix} 0 & -E^1 & -E^2 & -E^3 \\ E^1 & 0 & -c\,B^3 & c\,B^2 \\ E^2 & c\,B^3 & 0 & -c\,B^1 \\ E^3 & -c\,B^2 & c\,B^1 & 0 \end{pmatrix} \tag{12.25}$$

Die 6 räumlichen Komponenten der Felder $\boldsymbol{E}$ und $\boldsymbol{B}$ bilden also die 6 unabhängigen Komponenten eines antisymmetrischen 4×4–Tensors.

Wir überzeugen uns nochmals davon, dass eine Eichtransformation (12.18) den Feld–Tensor invariant lässt:

$$\begin{aligned} F'^{ik} &= \partial^i\,\Phi'^k - \partial^k\,\Phi'^i \\ &= \partial^i\,\left(\Phi^k - \partial^k\,G\right) - \partial^k\,\left(\Phi^i - \partial^i\,G\right) \\ &= \partial^i\,\Phi^k - \partial^k\,\Phi^i - \underbrace{\left(\partial^i\,\partial^k\,G - \partial^k\,\partial^i\,G\right)}_{=0} = F^{ik}. \end{aligned} \tag{12.26}$$

12.2.2 Lorentz–Transformation der Felder

Da die Felder Komponenten eines Tensors sind, können wir deren Verhalten unter einer Lorentz–Transformation gemäß

$$F^{ik} = U^i{}_j\,U^k{}_\ell\,F'^{j\ell} \tag{12.27}$$

angeben. Als Beispiel wählen wir wieder die Lorentz–Transformation aus (12.6),

$$\left(U^i{}_k\right) = \begin{pmatrix} \gamma & \beta\gamma & 0 & 0 \\ \beta\gamma & \gamma & 0 & 0 \\ 0 & 0 & 1 & 0 \\ 0 & 0 & 0 & 1 \end{pmatrix}, \qquad \beta = \frac{v}{c}, \quad \gamma = \frac{1}{\sqrt{1-\beta^2}},$$

die eine Relativ–Bewegung der beiden Systeme längs der parallelen x^1– bzw. x'^1–Achsen mit der Relativ–Geschwindigkeit v beschreibt. Es ist

$$\begin{aligned}
E^1 = F^{10} &= U^1{}_j\, U^0{}_\ell\, F'^{j\ell} \\
&= U^1{}_0\, U^0{}_1\, F'^{01} + U^1{}_1\, U^0{}_0\, F'^{10} \\
&= (\beta\,\gamma)^2\, F'^{01} + \gamma^2\, F'^{10} \\
&= \underbrace{\gamma^2\,(1-\beta^2)}_{=1}\, F'^{10} = F'^{10} = E'^1 .
\end{aligned} \tag{12.28}$$

Die Komponente E^1 des elektrischen Feldes längs der Relativ–Bewegung bleibt unverändert. Die Berechnung von E^2 ergibt

$$\begin{aligned}
E^2 = F^{20} &= U^2{}_j\, U^0{}_\ell\, F'^{j\ell} = U^0{}_\ell\, F'^{2\ell} \\
&= U^0{}_0\, F'^{20} + U^0{}_1\, F'^{21} \\
&= \gamma\, F'^{20} + \beta\,\gamma\, F'^{21} = \gamma\,\left(E'^2 + v\, B'^3\right),
\end{aligned} \tag{12.29}$$

und analog auch

$$E^3 = \gamma\,\left(E'^3 - v\, B'^2\right). \tag{12.30}$$

Die Transformation der räumlichen Komponenten des Feldes $\boldsymbol{B}$ ergibt

$$B^1 = \frac{1}{c}\, F^{32} = \frac{1}{c}\, U^3{}_j\, U^2{}_\ell\, F'^{j\ell} = \frac{1}{c}\, F'^{32} = B'^1, \tag{12.31}$$

$$\begin{aligned}
B^2 = \frac{1}{c}\, F^{13} &= \frac{1}{c}\, U^1{}_j\, U^3{}_\ell\, F'^{j\ell} = \frac{1}{c}\, U^1{}_j\, F'^{j3} \\
&= \frac{1}{c}\, U^1{}_0\, F'^{03} + \frac{1}{c}\, U^1{}_1\, F'^{13} \\
&= \frac{\beta\,\gamma}{c}\, F'^{03} + \frac{\gamma}{c}\, F'^{13} = \gamma\,\left(B'^2 - \frac{v}{c^2}\, E'^3\right),
\end{aligned} \tag{12.32}$$

und analog

$$B^3 = \gamma\,\left(B'^3 + \frac{v}{c^2}\, E'^2\right), \tag{12.33}$$

zusammengefasst

$$\left.\begin{aligned} E^1 &= E'^1, & B^1 &= B'^1 \\ E^2 &= \gamma\,(E'^2 + v\,B'^3) & B^2 &= \gamma\left(B'^2 - \frac{v}{c^2}\,E'^3\right) \\ E^3 &= \gamma\,(E'^3 - v\,B'^2) & B^3 &= \gamma\left(B'^3 + \frac{v}{c^2}\,E'^2\right) \end{aligned}\right\} \tag{12.34}$$

bzw.

$$\boldsymbol{E} = \gamma\,(\boldsymbol{E}' - \boldsymbol{v}\times\boldsymbol{B}'), \qquad \boldsymbol{B} = \gamma\left(\boldsymbol{B}' + \frac{1}{c^2}\,\boldsymbol{v}\times\boldsymbol{E}'\right). \tag{12.35}$$

12.3 4–Schreibweise der Maxwellschen Gleichungen

Die Maxwellschen Gleichungen

$$\begin{aligned} \frac{\partial}{\partial\boldsymbol{r}}\times\boldsymbol{E} &= -\frac{\partial}{\partial t}\,\boldsymbol{B}, & \frac{\partial}{\partial\boldsymbol{r}}\,\boldsymbol{B} &= 0, \\ \frac{\partial}{\partial\boldsymbol{r}}\times\boldsymbol{B} &= \mu_0\,\boldsymbol{j} + \epsilon_0\,\mu_0\,\frac{\partial}{\partial t}\,\boldsymbol{E}, & \frac{\partial}{\partial\boldsymbol{r}}\,\boldsymbol{E} &= \frac{1}{\epsilon_0}\,\rho, \end{aligned} \tag{12.36}$$

enthalten Ableitungen der Felder $\boldsymbol{E}$ und $\boldsymbol{B}$ nach dem Ort $\boldsymbol{r}$ und der Zeit t. Wir erwarten deshalb, dass die Maxwellschen Gleichungen in der 4–Schreibweise Kombinationen aus ∂_i und dem Feldtensor F^{ik} enthalten.

12.3.1 Die inhomogenen Gleichungen

Die einfachste Kombination dieser Art ist $\partial_i\,F^{ik}$. Hier wird über $i = 0, 1, 2, 3$ summiert, so dass das Ergebnis dieser Operation insgesamt ein 4–Vektor mit dem kontravarianten Komponenten–Index k ist. Die Kombination $\partial_i\,F^{ik}$ wird deshalb auch *Verjüngung* des Feld–Tensors F^{ik} genannt. Wir berechnen unter Verwendung der Darstellung des Feld–Tensors in (12.25) und der Maxwellschen Gleichungen (12.36)

$$\begin{aligned}\partial_i\,F^{i0} = \frac{\partial}{\partial x^i}\,F^{i0} &= \frac{\partial}{\partial x^1}\,E^1 + \frac{\partial}{\partial x^2}\,E^2 + \frac{\partial}{\partial x^3}\,E^3 \\ &= \frac{\partial}{\partial \boldsymbol{r}}\,\boldsymbol{E} = \frac{1}{\epsilon_0}\,\rho = \frac{1}{\epsilon_0\,c}\,c\,\rho = \frac{1}{\epsilon_0\,c}\,j^0, \end{aligned} \tag{12.37}$$

worin wir von der Definition (12.3) der 4–Stromdichte $(j^i) = (c\,\rho, \boldsymbol{j})$ Gebrauch gemacht haben. Ebenso berechnen wir

$$\begin{aligned}\partial_i\,F^{i1} = \frac{\partial}{\partial x^i}\,F^{i1} &= \frac{\partial}{\partial x^0}\,F^{01} + \frac{\partial}{\partial x^2}\,F^{21} + \frac{\partial}{\partial x^3}\,F^{31} \\ &= -\frac{1}{c}\,\frac{\partial}{\partial t}\,E^1 + c\left(\frac{\partial}{\partial x^2}\,B^3 - \frac{\partial}{\partial x^3}\,B^2\right) \\ &= \frac{1}{\epsilon_0\,c}\left[-\epsilon_0\,\frac{\partial}{\partial t}\,E^1 + \frac{1}{\mu_0}\left(\frac{\partial}{\partial \boldsymbol{r}} \times \boldsymbol{B}\right)^1\right] = \frac{1}{\epsilon_0\,c}\,j^1. \end{aligned} \tag{12.38}$$

Völlig analoge Ausdrücke ergeben sich in $\partial_i\,F^{ik}$ für $k = 2, 3$ statt $k = 1$. Wir fassen die Ergebnisse der beiden Rechnungen in (12.37) und (12.38) zusammen zu

$$\boxed{\partial_i\,F^{ik} = \frac{1}{\epsilon_0\,c}\,j^k.} \tag{12.39}$$

Diese 4 Gleichungen für $k = 0, 1, 2, 3$ stellen die 4–Schreibweise der inhomogenen Maxwellschen Gleichungen dar. Ohne weitere Argumentation stellen wir fest, dass diese 4–Gleichung *Lorentz–kovariant* ist, denn links steht ein durch Verjüngung erzeugter 4–Vektor und rechts steht der 4–Vektor der Stromdichte. Beide Seiten transformieren sich also in derselben Weise.

12.3.2 Die homogenen Maxwellschen Gleichungen

Zur Gewinnung der 4–Schreibweise für die homogenen Maxwellschen Gleichungen gehen wir von $\partial\,\boldsymbol{B}/\partial\boldsymbol{r} = 0$ aus und formen diese Gleichung unter Verwendung des Feld–Tensors in (12.25), seiner Antisymmetrie und von $\partial_i = -\partial^i$ für $i = 1, 2, 3$ wie folgt in die 4–Schreibweise um:

$$
\begin{aligned}
\frac{\partial}{\partial \boldsymbol{r}} \boldsymbol{B} &= \partial_1 B^1 + \partial_2 B^2 + \partial_3 B^3 \\
&= c \left(\partial_1 F^{32} + \partial_2 F^{13} + \partial_3 F^{12} \right) \\
&= c \left(\partial^1 F^{23} + \partial^2 F^{31} + \partial^3 F^{12} \right) .
\end{aligned}
\tag{12.40}
$$

In der letzten Zeile auf der rechten Seite steht die zyklische Kombination $\partial^1 F^{23} + \ldots$ von sogenannten *äußeren Ableitungen* des Feld–Tensors für die Indizes $1, 2, 3, 1, 2 \ldots$. Als äußere Ableitung eines Tensors wird allgemein eine nicht–verjüngende Kombination $\partial^i F^{jk}$ bezeichnet. Die zyklische Kombination in (12.40) können wir unter Verwendung des 4–dimensionalen Levi–Civita–Tensors auch wie folgt schreiben:

$$
\partial^1 F^{23} + \partial^2 F^{31} + \partial^3 F^{12} = -\frac{1}{2}\, \epsilon_{0jk\ell}\, \partial^j F^{k\ell} . \tag{12.41}
$$

Zur Bestätigung beachten wir, dass auf der rechten Seite nur dann nicht–verschwindende Terme auftreten, wenn j, k, ℓ jeweils verschiedene Werte von $1, 2, 3$ annehmen und dass

$$
\begin{aligned}
\epsilon_{0123} &= \epsilon_{0231} = \epsilon_{0312} = -1, \\
\epsilon_{0132} &= \epsilon_{0213} = \epsilon_{0321} = +1.
\end{aligned}
$$

(Es ist $\epsilon_{0123} = -1$, weil definitionsgemäß $\epsilon^{0123} = +1$ und somit $\epsilon_{0123} = -\epsilon^{0123} = -1$, weil 3 räumliche Indizes gesenkt werden.) Damit wird

$$
\begin{aligned}
\epsilon_{0jk\ell}\, \partial^j F^{k\ell} &= -\partial^1 F^{23} + \partial^1 F^{32} \\
&\quad -\partial^3 F^{12} + \partial^3 F^{21} \\
&\quad -\partial^2 F^{31} + \partial^2 F^{13} \\
&= -2 \left(\partial^1 F^{23} + \partial^2 F^{31} + \partial^3 F^{12} \right) ,
\end{aligned}
\tag{12.42}
$$

womit (12.41) nachgewiesen ist. Unter Verwendung von (12.41) können wir nun die homogene Maxwellsche Gleichung $\partial \boldsymbol{B} / \partial \boldsymbol{r} = 0$ in der Form

$$
\epsilon_{0jk\ell}\, \partial^j F^{k\ell} = 0 \tag{12.43}
$$

schreiben. Dieses Ergebnis führt auf die Erwartung, dass die homogenen Maxwellschen Gleichungen insgesamt die 4–Form

$$\boxed{\epsilon_{ijk\ell}\,\partial^j\,F^{k\ell}=0} \tag{12.44}$$

haben. Zur Bestätigung berechnen wir $\epsilon_{1jk\ell}\,\partial^j\,F^{k\ell}$ nach demselben Muster wie in (12.42):

$$\begin{aligned}
\epsilon_{1jk\ell}\,\partial^j\,F^{k\ell} &= \partial^2\,F^{30}-\partial^2\,F^{03} \\
&\quad +\partial^0\,F^{23}-\partial^0\,F^{32} \\
&\quad +\partial^3\,F^{02}-\partial^3\,F^{20} \\
&= 2\,\left(\partial^0\,F^{23}+\partial^2\,F^{30}+\partial^3\,F^{02}\right), \\
&= 2\left(\frac{\partial}{c\,\partial}\,(-c\,B^1)+\frac{\partial}{\partial x_2}\,E^3-\frac{\partial}{\partial x_3}\,E^2\right) \\
&= -2\left(\frac{\partial}{\partial t}\,B^1\,\frac{\partial}{\partial x^2}\,E^3-\frac{\partial}{\partial x^3}\,E^2\right) \\
&= -2\left(\frac{\partial}{\partial t}\boldsymbol{B}+\frac{\partial}{\partial \boldsymbol{r}}\times\boldsymbol{E}\right)^1 .
\end{aligned} \tag{12.45}$$

In (...) auf der rechten Seite steht gerade die 1–Komponente der linken Seite der homogenen Maxwellschen Gleichung in der Gestalt

$$\frac{\partial}{\partial t}\boldsymbol{B}+\frac{\partial}{\partial \boldsymbol{r}}\times\boldsymbol{E}=0, \tag{12.46}$$

so dass $\epsilon_{1jk\ell}\,\partial^j\,F^{k\ell}=0$. Analog zu (12.45) zeigen wir, dass $\epsilon_{ijk\ell}\,\partial^j\,F^{k\ell}=0$ auch für $i=2,3$. Damit haben wir (12.44) für alle $i=0,1,2,3$ bestätigt.

Auch die 4–Form der homogenen Maxwellschen Gleichungen in (12.44) ist Lorentz–kovariant. Allerdings steht auf der linken Seite ein 4–Pseudo–Vektor, vgl. Abschnitt 11.4.2, d.h., unter einer Lorentz–Transformation $U^i{}_k$ erhalten wir aus (12.44)

$$\det(U)\,\epsilon_{ijk\ell}\,\partial'^j\,F'^{k\ell}=0. \tag{12.47}$$

Da aber auf der rechten Seite $=0$ steht, können wir den Faktor $\det(U)$ sogleich herauskürzen.

12.3.3 Diskussion

Die Maxwellschen Gleichungen lauten in der 4–Schreibweise zusammengefasst

$$\boxed{\partial_i F^{ik} = \frac{1}{\epsilon_0 c}\, j^k, \qquad \epsilon_{ijk\ell}\, \partial^j F^{k\ell} = 0.} \tag{12.48}$$

Man kann $\partial_i F^{ik}$ als verallgemeinerte *4–Divergenz* definieren, die einen 4–Tensor zu einem 4–Vektor verjüngt. Analog kann man $\epsilon_{ijk\ell}\, \partial^j F^{k\ell}$ als verallgemeinerte *4–Rotation* definieren, die einen 4–Tensor zu einem 4–Pseudo–Vektor verjüngt. Mit diesen Definitionen kann man die Maxwellschen Gleichungen symbolisch auch in der Form

$$\operatorname{Div} F = \frac{1}{\epsilon_0 c}\, j, \qquad \operatorname{Rot} F = 0 \tag{12.49}$$

schreiben. Darin drückt sich nochmals aus, dass ein Feld physikalisch durch Divergenz und Rotation, also durch Quellen und Wirbel bestimmt wird.

Wir definieren nun einen zu F^{ij} *dualen* Tensor durch

$$\widetilde{F}_{ij} := \frac{1}{2}\, \epsilon_{ijk\ell}\, F^{k\ell}. \tag{12.50}$$

Wie man durch Auswertung dieser Definition leicht bestätigt, hat der duale Tensor die Gestalt

$$\left(\widetilde{F}_{ij}\right) = \begin{pmatrix} 0 & c\,B^1 & c\,B^2 & c\,B^3 \\ -c\,B^1 & 0 & E^3 & -E^2 \\ -c\,B^2 & -E^3 & 0 & E^1 \\ -c\,B^3 & E^2 & -E^1 & 0 \end{pmatrix}. \tag{12.51}$$

Die Definition (12.50) von $\widetilde{F}$ lässt sich umkehren. Wir muliplizieren beide Seiten mit ϵ^{ijmn} und erhalten mit den Rechenregeln für den Levi–Civita–Tensor aus dem Abschnitt 11.4.2 bzw. aus dem Anhang C

$$\begin{aligned}\epsilon^{ijmn}\,\widetilde{F}_{ij} &= \frac{1}{2}\,\epsilon^{ijmn}\,\epsilon_{ijk\ell}\,F^{k\ell}\\ &= -\left(\delta^m_k\,\delta^n_\ell - \delta^m_\ell\,\delta^n_k\right)\,F^{k\ell}\\ &= -F^{mn} + F^{nm} = -2\,F^{mn},\end{aligned}$$

oder mit einer anderen Bezeichnung der Indizes auch

$$F^{ij} = -\frac{1}{2}\,\epsilon^{k\ell ij}\,\widetilde{F}_{k\ell} = -\frac{1}{2}\,\epsilon^{ijk\ell}\,\widetilde{F}_{k\ell}. \tag{12.52}$$

Jetzt können wir auch die Maxwellschen Gleichungen für den dualen Tensor $\widetilde{F}$ aus denen für F in (12.48) bestimmen:

$$\partial^i\,\widetilde{F}_{ij} = \frac{1}{2}\,\epsilon_{ijk\ell}\,\partial^i\,F^{k\ell} = -\frac{1}{2}\,\epsilon_{ijk\ell}\,\partial^i\,F^{k\ell} = 0, \tag{12.53}$$

$$\begin{aligned}\epsilon^{ijk\ell}\,\partial_j\,\widetilde{F}_{k\ell} &= \frac{1}{2}\,\epsilon^{ijk\ell}\,\epsilon_{k\ell mn}\,\partial_j\,F^{mn}\\ &= -\left(\delta^i_m\,\delta^j_n - \delta^i_n\,\delta^j_m\right)\,\partial_j\,F^{mn}\\ &= -\partial_j\,F^{ij} + \partial_j\,F^{ji} = 2\,\partial_j\,F^{ji} = \frac{2}{\epsilon_0\,c}\,j^i.\end{aligned} \tag{12.54}$$

Für den dualen Feld–Tensor $\widetilde{F}$ finden wir also ein symbolische Schreibweise

$$\operatorname{Div}\widetilde{F} = 0, \qquad \operatorname{Rot}\widetilde{F} = \frac{2}{\epsilon_0\,c}\,j. \tag{12.55}$$

12.4 Lagrange–Dichte für die Teilchen–Feld–Wechselwirkung

Feld–Theorien lassen sich weitgehend charakterisieren durch wenige, physikalisch elementare Forderungen. Wir wollen zeigen, dass sich die klassische Elektrodynamik charakterisieren lässt durch die Eigenschaften

(1) Lorentz–Kovarianz,

(2) Linearität (Gültigkeit des Superpositions–Prinzips)

(3) Eich–Invarianz (Ladungs–Erhaltung)

Wir werden aufgrund dieser Forderungen ein Wirkungs–Integral formulieren und daraus mit dem Lagrange–Formalismus das dynamische Verhalten der Felder und der mit ihnen wechselwirkenden Teilchen herleiten.

12.4.1 Die relativistische Punktmechanik

Mit dem oben beschriebenen Programm können wir bereits die Mechanik eines relativistischen Massenpunktes gewinnen. Wir wollen die Mechanik sowie später auch die Feld–Gleichungen durch das *Wirkungs–Prinzip* $\delta W = 0$ gewinnen. Für ein einzelnes Teilchen muss das Wirkungs–Integral die Form

$$W = \int_1^2 d\ldots$$

haben, worin "1" und "2" den Anfang bzw. das Ende eines Bahnabschnitts des Teilchens charakterisieren. Um eine Lorentz–invariante Theorie zu gewinnen, fordern wir nun, dass das Wirkungs–Integral W ein Lorentz–Skalar ist. Zur Beschreibung der Teilchenbahn kommt nur der 4–Vektor $x^i = (c\,t, \boldsymbol{r})$ in Frage, der das Ereignis "Teilchen zur Zeit t am Ort $\boldsymbol{r}$" darstellt. Im Integranden darf aber der 4–Vektor x^i nicht explizit auftreten, weil damit die Homogenität von Raum und Zeit verletzt würde, sondern nur das Differential dx^i. Die einzige Möglichkeit, daraus einen Skalar zu bilden, ist

$$ds^2 = dx^i\, dx_i.$$

Folglich muss das Wirkungs–Integral die Form

$$W = \alpha \int_1^2 ds \tag{12.56}$$

haben, worin die physikalische Bedeutung des Faktors α noch zu bestimmen sein wird. Nun ist

$$ds = \sqrt{dx^i\, dx_i} = \sqrt{(c\, dt)^2 - (d\boldsymbol{r})^2} = \sqrt{1 - \frac{v^2}{c^2}}\, c\, dt,$$

so dass

$$W = \alpha\, c \int_{t_1}^{t_2} dt \sqrt{1 - \frac{v^2}{c^2}}. \tag{12.57}$$

Hieraus lesen wir die Lagrange–Funktion L ab:

$$L = \alpha\, c \sqrt{1 - \frac{v^2}{c^2}}. \tag{12.58}$$

Die Bedeutung des Faktors α können wir durch Vergleich mit dem nicht–relativistischen Fall $v \ll c$ bestimmen, in dem die Lagrange–Funktion für ein freies Teilchen $L = T = m\, v^2/2$ lautet. Wir entwickeln L in (12.58) nach v/c und erhalten

$$L = \alpha\, c \left(1 - \frac{v^2}{2\, c^2} + \ldots\right) = \alpha\, c - \frac{\alpha}{2\, c} v^2 + \ldots. \tag{12.59}$$

Der Term 0–ter Ordnung $\alpha\, c$ ist konstant und liefert keinen Beitrag bei der Formulierung der Lagrangeschen Gleichung. Damit der Term 1–ter Ordnung mit der nicht–relativistischen Lagrange–Funktion $L = T = m\, v^2/2$ übereinstimmt, muss $\alpha = -m\, c$ sein, woraus

$$L = -m\, c^2 \sqrt{1 - \frac{v^2}{c^2}} \tag{12.60}$$

folgt. Aus der analytischen Mechanik ist bekannt, dass aus dem Variations–Prinzip $\delta W = 0$ für das Wirkungs–Integral die Lagrangeschen Gleichungen folgen, die für das freie Teilchen

$$\frac{d}{dt} \frac{\partial L}{\partial \boldsymbol{v}} - \frac{\partial L}{\partial \boldsymbol{r}} = 0 \tag{12.61}$$

lauten. Da für das freie Teilchen L nicht vom Ort $\boldsymbol{r}$ abhängt, folgt weiter, dass der Impuls

$$\boldsymbol{p} = \frac{\partial L}{\partial \boldsymbol{v}} = -m\,c^2\,\frac{\partial}{\partial \boldsymbol{v}}\left(1 - \frac{v^2}{c^2}\right)^{1/2} = \frac{m\,\boldsymbol{v}}{\sqrt{1 - v^2/c^2}} \tag{12.62}$$

konstant ist.

Wir wollen die Variation des Wirkungs–Interals W jetzt noch einmal konsequent in der 4–Schreibweise durchführen, weil wir diese auch für die Teilchen–Feld–Wechselwirkung und für die Dynamik des Feldes selbst benötigen werden. Es ist mit W aus (12.56) und $\alpha = -m\,c$

$$\delta W = -m\,c\int_1^2 \delta ds = -m\,c\int_1^2 \delta\left(dx^i\,dx_i\right)^{1/2}. \tag{12.63}$$

An dieser Stelle müssen wir die korrekte Nebenbedingung für die Variation δ klären. Im nicht–relativistischen Fall lautete diese $\delta t = 0$: die Variation sollte den zeitlichen Ablauf der Bewegung längs einer Bahn nicht berühren. Allgemeiner können wir formulieren, dass die Wirkungs–Integrale variierter Bahnen miteinander verglichen werden sollen bzw. dass Variation und Bahnablauf unabhängige Operationen sein sollen. Daraus folgt, dass die Variation δ und der Differential–Operator d längs der Bahn vertauschen: $\delta\,d = d\,\delta$. Damit wird

$$\begin{aligned}
\delta\left(dx^i\,dx_i\right)^{1/2} &= \frac{1}{2}\left(dx^i\,dx_i\right)^{-1/2}\,\delta\left(dx^i\,dx_i\right)\\
&= \frac{1}{2}\left(dx^i\,dx_i\right)^{-1/2}\left(dx^i\,\delta dx_i + dx_i\,\delta dx^i\right)\\
&= \frac{1}{2}\left(dx^i\,dx_i\right)^{-1/2}\left(dx^i\,d\,\delta x_i + dx_i\,d\,\delta x^i\right)\\
&= \left(dx^i\,dx_i\right)^{-1/2}\,dx^i\,d\,\delta x_i = \frac{dx^i}{ds}\,d\,\delta x_i,
\end{aligned} \tag{12.64}$$

eingesetzt in (12.63)

$$\delta W = -m\,c\int_1^2 \frac{dx^i}{ds}\,d\,\delta x_i = -m\,c\int_1^2 u^i\,d\,\delta x_i, \tag{12.65}$$

worin wir die Definition der 4–Geschwindigkeit $u^i := dx^i/ds$ benutzt haben, vgl. Abschnitt 11.3.3. In dem Integral in (12.65) führen wir eine partielle Integration durch:

$$\begin{aligned}\delta W &= -m\,c\,\left[u^i\,\delta x_i\right]_1^2 + m\,c\int_1^2 du^i\,\delta x_i \\ &= -m\,c\,\left[u^i\,\delta x_i\right]_1^2 + m\,c\int_1^2 ds\,\frac{du^i}{ds}\,\delta x_i. \qquad (12.66)\end{aligned}$$

Die Variation δ soll wie im nicht–relativistischen Fall nur Bahnen mit festem Anfang und Ende miteinander vergleichen, so dass der Randterm $u^i\,\delta x_i$ der partiallen Integration am Bahn–Anfang und –Ende verschwindet. Im Übrigen soll die Variation δx_i beliebig sein, so dass aus dem Wirkungs–Prinzip $\delta W = 0$ in (12.66)

$$\frac{du^i}{ds} = 0 \qquad \text{bzw.} \qquad u^i = \text{const} \qquad (12.67)$$

folgt. Wir definieren den 4–Impuls durch $p^i := m\,c\,u^i$, sodass mit u^i =const auch p^i =const. Daraus folgt auch wieder $\boldsymbol{p}$ =const, denn

$$u^i = \frac{dx^i}{ds} = \frac{1}{\sqrt{1-v^2/c^2}}\left(1, \frac{\boldsymbol{v}}{c}\right), \qquad p^i = \left(\frac{m\,c}{\sqrt{1-v^2/c^2}}, \boldsymbol{p}\right). \qquad (12.68)$$

Die räumlichen Komponenten des 4–Impulses sind identisch mit dem 3–Vektor $\boldsymbol{p}$ des Impulses, jedoch gilt relativistisch *nicht* mehr $\boldsymbol{p} = m\,\boldsymbol{v}$, sondern (12.62).

12.4.2 Die Teilchen–Feld–Wechselwirkung

Wir wollen das Wirkungs–Integral (12.56) für einen freien Massenpunkt um einen Ausdruck erweitern, der die Wechselwirkung des Teilchens mit einem Feld beschreibt. Das Feld soll durch einen 4–Vektor $\phi^i = \phi^i(x^j)$ beschrieben werden. Nach wie vor wird das Teilchen durch seine Bahn–Differentiale dx_i beschrieben. Weiterhin soll auch das erweiterte Wirkungs–Integral ein Lorentz–Skalar sein, für den sich jetzt die Kombination $\phi^i\,dx_i$ anbietet. Tatsächlich ist dieses die einzige Möglichkeit, wenn wir die frühere Forderung erfüllen wollen, dass das Superpositions–Prinzip gelten soll. Aus dieser Forderung folgt offensichtlich, dass das Feld ϕ^i im Wirkungs–Integral in der Verbindung mit den Teilchen–Koordinaten x^i nur linear auftreten kann. Das erweiterte Wirkungs–Integral lautet also

$$W = \int_1^2 \left[-m\,c\,ds - \phi^i\,dx_i\right]. \tag{12.69}$$

Wir führen nun wiederum die Variation *nach den Teilchenbahnen* wie im vorhergehenden Abschnitt 12.4.1 durch. Dabei tritt auch ein Term $\delta\phi^i$ auf, weil das Feld längs der Teilchenbahn vom Ort des Teilchens abhängt. Im Einzelnen erhalten wir aus (12.69):

$$\begin{aligned}
\delta W &= \int_1^2 \left[-m\,c\,\delta ds - \delta\left(\phi^i\,dx_i\right)\right], \qquad (12.70)\\
\delta ds &= d\delta s = u^i\,d\delta x_i, \qquad \text{vgl. (12.64)},\\
\delta\left(\phi^i\,dx_i\right) &= \delta\phi^i\,dx_i + \phi^i\,\delta dx_i = \delta\phi^i\,dx_i + \phi^i\,d\delta x_i,\\
\delta\phi^i\,dx_i &= \partial^k\phi^i\,\delta x_k\,dx_i = \partial^i\phi^k\,dx_k\,\delta x_i,
\end{aligned}$$

eingesetzt in (12.70)

$$\delta W = \int_1^2 \left[-\left(m\,c\,u^i + \phi^i\right)\,d\delta x_i - \partial^i\phi^k\,dx_k\,\delta x_i\right]. \tag{12.71}$$

In dem Teil des Integranden mit dem Differential $d\delta x_i$ führen wir eine partielle Integration nach dem Muster von (12.66) aus:

$$\int_1^2 \left(m\,c\,u^i + \phi^i\right)\,d\delta x_i = -\int_1^2 \left(m\,c\,du^i + d\phi^i\right)\,\delta x_i,$$

weil keine Randterme $(m\,c\,u^i + \phi^i)\,\delta x_i$ am Anfang und Ende der Bahn auftreten. Die partielle Integration liefert in (12.71)

$$\delta W = \int_1^2 \left[m\,c\,du^i + d\phi^i - \partial^i\phi^k\,dx_k\right]\,\delta x_i. \tag{12.72}$$

Da die Variationen δx_i im Übrigen beliebig sind, folgt aus dem Variations–Prinzip $\delta W = 0$, dass der Integrand verschwindet:

$$m\,c\,du^i + d\phi^i - \partial^i \phi^k\,dx_k = 0.$$

Wir führen noch $d\phi^i = \partial^k \phi^i\,dx_k$ ein und dividieren durch ds:

$$m\,c\,\frac{du^i}{ds} = \frac{dp^i}{ds} = f^{ik}\,u_k, \qquad f^{ik} := \partial^i \phi^k - \partial^k \phi^i. \tag{12.73}$$

f^{ik} ist ein antisymmetrischer Tensor, der wie der 4–Feld–Tensor $F^{ik} = \partial^i \Phi^k - \partial^k \Phi^i$ gebildet ist. Wir versuchen darum, die hier zunächst rein formal entwickelte Lorentz–kovariante Feldtheorie auf die Elektrodynamik abzubilden, indem wir $f^{ik} = g\,F^{ik}$ setzen, worin g ein noch zu bestimmender Kopplungs–Faktor ist. Mit

$$ds = \frac{c}{\gamma}\,dt, \qquad u^i = \frac{dx^i}{ds} = \frac{\gamma}{c}\,\frac{dx^i}{dt}, \qquad \gamma = \frac{1}{\sqrt{1 - v^2/c^2}}$$

erhalten wir aus (12.73)

$$\frac{dp^i}{dt} = \frac{c}{\gamma}\,\frac{dp^i}{ds} = g\,F^{ik}\,\frac{dx_k}{dt}, \tag{12.74}$$

und daraus für die Komponente $i = 1$

$$\begin{aligned}
\frac{dp^1}{dt} &= g\,\left(F^{10}\,\frac{dx_0}{dt} + F^{12}\,\frac{dx_2}{dt} + F^{13}\,\frac{dx_3}{dt}\right) \\
&= g\,\left(F^{10}\,\frac{dx^0}{dt} - F^{12}\,\frac{dx^2}{dt} - F^{13}\,\frac{dx^3}{dt}\right) \\
&= g\,c\,\left(E^1 + v^2\,B^3 - v^3\,B^2\right) = g\,c\,\left(E^1 + (\boldsymbol{v} \times \boldsymbol{B})^1\right),
\end{aligned}$$

worin wir die Form (12.25) für den Feld–Tensor F^{ik} benutzt haben. Analoge Ergebnisse erhalten wir für die Komponenten $i = 2, 3$. Wir stellen also fest, dass mit der Setzung $g = q/c$ die Komponenten $i = 1, 2, 3$ der Bewegungs–Gleichung (12.73) bzw. (12.74) die Bewegung eines Teilchens mit der Ladung q unter der Einwirkung der Lorentz–Kraft $q\,(\boldsymbol{E} + \boldsymbol{v} \times \boldsymbol{B})$ beschreibt. Die Komponente $i = 0$ von (12.74) liefert

$$\frac{dp^0}{dt} = \frac{q}{c}\left(F^{01}\,\frac{dx_0}{dt} + F^{02}\,\frac{dx_2}{dt} + F^{03}\,\frac{dx_3}{dt}\right) = \frac{q}{c}\,\boldsymbol{E}\,\boldsymbol{v}. \tag{12.75}$$

Nun ist

$$p^0 = m\,c\,u^0 = \frac{m\,c}{\sqrt{1 - v^2/c^2}},$$

so dass (12.75) auch in der Form

$$\frac{d}{dt}\,\frac{m\,c^2}{\sqrt{1 - v^2/c^2}} = q\,\boldsymbol{E}\,\boldsymbol{v} \tag{12.76}$$

geschrieben werden kann. Diese Beziehung ist als *Energie–Bilanz* des Teilchens zu lesen, weil $q\,\boldsymbol{E}\,\boldsymbol{v}$ auf der rechten Seite gerade die Leistung des Feldes an dem Teilchen darstellt. Folglich erwarten wir, dass der Ausdruck $m\,c^2/\sqrt{1 - v^2/c^2}$ die Energie des Teilchens ist, was wir im Folgenden noch bestätigen werden. Der in (12.68) eingeführte 4–Impuls hätte dann die Form $p^i = (E/c, \boldsymbol{p})$.

12.4.3 Die homogenen Maxwellschen Gleichungen

Das Wirkungs–Integral, das die Dynamik eines Teilchens mit der Ladung q in Wechselwirkung mit elektromagnetischen Feldern darstellt, ist nach den Überlegungen im vorhergehenden Abschnitt gegeben durch

$$W = \int_1^2 \left[-m\,c\,ds - \frac{q}{c}\,\Phi^i\,dx_i\right]. \tag{12.77}$$

Der antisymmetrische 4–Tensor, der die Felder $\boldsymbol{E}$ und $\boldsymbol{B}$ gemäß (12.25) enthält, lautet

$$F^{ik} = \partial^i \Phi^k - \partial^k \Phi^i. \tag{12.78}$$

Wie wir im Abschnitt 12.3.2 gezeigt haben, folgen aus der Form der Definition von F^{ik} in (12.78) bereits die homogenen Maxwellschen Gleichungen. Wir bestätigen diese Aussage nochmals durch eine explizite Rechnung:

$$\epsilon_{ijk\ell}\, \partial^j F^{k\ell} = \epsilon_{ijk\ell}\, \partial^j \partial^i \Phi^k - \epsilon_{ijk\ell}\, \partial^j \partial^k \Phi^i = 0. \tag{12.79}$$

Jeder der beiden Beiträge auf der rechten Seite verschwindet bereits einzeln,

$$\epsilon_{ijk\ell}\, \partial^j \partial^i \ldots = 0, \qquad \epsilon_{ijk\ell}\, \partial^j \partial^k \ldots = 0,$$

weil jede Kombination des vollständig antisymmetrischen Tensors $\epsilon_{ijk\ell}$ mit einem Tensor, der in Teilen der Indizes i, j, k, ℓ gerade ist, verschwindet, vgl. Abschnitt 1.3.3. Wir stellen also fest, dass das Paar der homogenen Maxwellschen Gleichungen eine physikalische Konsequenz ausschließlich der Teilchen–Feld–Wechselwirkung ist. Um auch die inhomogenen Maxwellschen Gleichungen aus einem Wirkungs–Integral zu gewinnen, werden wir zu (12.77) einen Term hinzufügen, der nur die Dynamik des Feldes betrifft.

12.4.4 Lagrange–Funktion und Hamiltonsche Beschreibung

Aus der analytischen Mechanik ist bekannt, dass das Wirkungs–Integral über einen Bahnabschnitt zwischen den Zeiten t_1 und t_2 das zeitliche Integral über die Lagrange–Funktion ist, vgl. (12.58). Wir formen jetzt das Wirkungs–Integral für das Teilchen und seine Wechselwirkung mit dem elektromagnetischen Feld in (12.77) so um, dass wir daraus die Lagrange–Funktion ablesen können. Dazu verwenden wir

$$\begin{aligned}
ds &= \sqrt{1 - \frac{v^2}{c^2}}\, c\, dt, \\
\Phi^0 &= \Phi, \qquad \Phi^\alpha = c\, A^\alpha,\ \alpha = 1, 2, 3 \\
dx_0 &= c\, dt, \qquad dx_\alpha = -dx^\alpha,\ \alpha = 1, 2, 3,
\end{aligned}$$

worin Φ das skalare elektrische Potential ist und A^α die (räumlichen) Komponenten des Vektor–Potentials sind. Damit können wir W in (12.77) umformen zu

$$W = \int_{t_1}^{t_2} dt \left[-m\,c^2 \sqrt{1 - \frac{v^2}{c^2}} - q\,\Phi + q\,\boldsymbol{v}\,\boldsymbol{A} \right], \tag{12.80}$$

woraus wir die Lagrange–Funktion

$$L = -m\,c^2 \sqrt{1 - \frac{v^2}{c^2}} - q\,\Phi + q\,\boldsymbol{v}\,\boldsymbol{A} \tag{12.81}$$

ablesen. Aus L bilden wir durch Ableitung nach der Geschwindigkeit $\boldsymbol{v}$ den *kanonischen Impuls* $\boldsymbol{P}$:

$$\begin{aligned} \boldsymbol{P} = \frac{\partial L}{\partial \boldsymbol{v}} &= -m\,c^2 \frac{\partial}{\partial \boldsymbol{v}} \sqrt{1 - \frac{v^2}{c^2}} + q\,\boldsymbol{A} \\ &= \frac{m\,\boldsymbol{v}}{\sqrt{1 - v^2/c^2}} + q\,\boldsymbol{A}. \end{aligned} \tag{12.82}$$

Wir führen die aus der Mechanik bekannte Legendre–Transformation zur kanonischen bzw. Hamiltonschen Beschreibung durch und erhalten für die *Hamilton–Funktion* H:

$$\begin{aligned} H &= \boldsymbol{P}\,\boldsymbol{v} - L \\ &= \frac{m\,v^2}{\sqrt{1 - v^2/c^2}} + m\,c^2 \sqrt{1 - \frac{v^2}{c^2}} + q\,\Phi \\ &= \frac{m\,c^2}{\sqrt{1 - v^2/c^2}} + q\,\Phi. \end{aligned} \tag{12.83}$$

Hieraus finden wir nochmals bestätigt, dass der erste Term offensichtlich die Energie des Teilchens ohne Feld darstellt, vgl. auch (12.76). Andererseits folgt aus (12.82)

$$\begin{aligned} (\boldsymbol{P} - q\,\boldsymbol{A})^2 &= \frac{m^2\,v^2}{1 - v^2/c^2} = \frac{m^2\,c^2}{1 - v^2/c^2} - m^2\,c^2, \\ \Longrightarrow \quad \frac{m\,c}{\sqrt{1 - v^2/c^2}} &= \sqrt{m^2\,c^2 + (\boldsymbol{P} - q\,\boldsymbol{A})^2}, \end{aligned}$$

eingesetzt in (12.83)

$$H = c\sqrt{m^2 c^2 + (\boldsymbol{P} - q\,\boldsymbol{A})^2} + q\,\Phi. \tag{12.84}$$

Dieses ist die Hamilton–Funktion für ein Teilchen in vorgegebenen elektromagnetischen Feldern als Funktion des Ortes $\boldsymbol{r}$ und des kanonischen Impulses $\boldsymbol{P}$.

12.5 Ladungs–Erhaltung und Eich–Invarianz

12.5.1 Kontinuierliche Massen– und Ladungs–Verteilung

Wir wollen die bisherige Formulierung des Wirkungs–Integrals für ein einzelnes Teilchen und seine Wechselwirkung mit elektromagnetischen Feldern verallgemeinern auf ein System mit beliebig vielen Teilchen und schließlich auf eine kontinuierliche Massenverteilung mit einer räumlichen Dichte μ. Der Übergang von einem einzelnen Teilchen zu einem System von Teilchen mit den Massen m_ν, $\nu = 1, 2, 3, \ldots$ lautet für das Wirkungs–Integral W_T der Teilchen (noch ohne Wechselwirkung mit Feldern)

$$W_T = -m\,c \int_1^2 ds \to -c \sum_\nu m_\nu \int_1^2 ds_\nu. \tag{12.85}$$

Der Übergang zu einer kontinuierlichen Massenverteilung mit der Dichte μ erfolgt allgemein durch

$$\sum_\nu m_\nu \ldots \to \int d^3r\,\mu \ldots,$$

für das Wirkungs–Integral W_T in (12.85) also

$$W_T \to -c \int d^3r\,\mu \int_1^2 ds = -\int_1^2 d\Omega\,\mu\,\frac{ds}{dt}. \tag{12.86}$$

Hier ist $d\Omega = c\,dt\,d^3r = dx^0\,dx^1\,dx^2\,dx^3$ das differentielle Volumen–Element im 4–Raum. Wie der Abstand ist auch das Volumen unter Lorentz–Transformationen invariant, d.h., $d\Omega$ ist ein Lorentz–Skalar. Das Integral

$$\int_1^2 d\Omega \ldots$$

soll bedeuten, dass über den gesamten (eigentlichen) Raum sowie über die Zeit bzw. über x^0 von $x^0 = c\,t_1$ bis $x^0 = c\,t_2$ zu integrieren ist. Da in (12.86) sowohl W_T als auch $d\Omega$ Lorentz–Skalare sind, muss das auch auf $\mu\,ds/dt$ zutreffen, vgl. Anhang zu diesem Abschnitt.

Für das Wirkungs–Integral W_{TF} für die Wechselwirkung zwischen Teilchen und Feldern ergibt sich analog der folgende Übergang zu einer kontinuierlichen Ladungs–Verteilung:

$$W_{TF} = -\frac{q}{c}\int_1^2 dx_i\,\Phi^i\left(x^j\right) \;\rightarrow\; -\frac{1}{c}\sum_\nu q_\nu \int_1^2 dx_\nu i\,\Phi^i\left(x_\nu^j\right) \rightarrow$$
$$\rightarrow -\frac{1}{c}\int d^3r\,\rho \int_1^2 dx_i\,\Phi^i. \tag{12.87}$$

q_ν sind die Ladungen der Teilchen und ρ ist die räumliche Ladungsdichte. (Im letzten Schritt haben wir das Argument x^j in Φ^i nicht mehr mitgeschrieben.) Nun ist

$$d^3r\,\rho\,dx_i = \frac{1}{c}\,\rho\,\frac{dx_i}{dt}\,d\Omega$$

und

$$\rho\,\frac{dx^0}{dt} = c\,\rho, \qquad \rho\,\frac{dx^\alpha}{dt} = \rho\,v^\alpha,\ \alpha = 1, 2, 3,$$

und somit

$$\rho\,\frac{dx^i}{dt} = j^i, \qquad \rho\,\frac{dx_i}{dt} = j_i, \tag{12.88}$$

vgl. die Definition von j^i in (12.3), wobei $\boldsymbol{j} = \rho \boldsymbol{v}$. Somit lautet die kontinuierliche Version von W_{TF}

$$W_{TF} = -\frac{1}{c^2} \int_1^2 d\Omega\, j_i\, \Phi^i. \tag{12.89}$$

Das Integrations–Gebiet ist dasselbe wie in W_T in (12.86)

Anhang zu 12.5.1

Wir weisen nach, dass $\mu\, ds/dt$ ein Lorentz–Skalar ist. Offensichtlich ist $dm = \mu\, d^3r$ ein Lorentz–Skalar. Dann ist

$$dm\, dx^i = \mu\, d^3r\, \frac{dx^i}{dt}\, dt = \frac{1}{c}\, \mu\, \frac{dx^i}{dt}\, d\Omega$$

ein 4–Vektor, und da $d\Omega$ ein Lorentz–Skalar ist, auch $\mu\, dx^i/dt$. Nun können wir $\mu\, ds/dt$ schreiben als

$$\mu\, \frac{ds}{dt} = \mu\, \frac{\sqrt{dx^i\, dx_i}}{dt} = \sqrt{\mu\, \frac{dx^i}{dt}\, \mu\, \frac{dx_i}{dt}}.$$

Also ist $\mu\, ds/dt$ der Betrag eines Skalar–Produkts aus zwei 4–Vektoren und damit ein Lorentz–Skalar.

12.5.2 Eich–Transformation

Der Lorentz–invariante Ausdruck für W_{TF} in (12.89) enthält das 4–Potential Φ^i direkt, d.h. ohne Ableitung, scheint also zunächst nicht eich–invariant zu sein. Wir unterziehen W_{TF} einer Eich–Transformation und fordern, dass die im Abschnitt 12.4.3 aus dem Wirkungs–Prinzip $\delta(W_T + W_{TF}) = 0$ hergeleiteten Feldgleichungen wie bisher invariant gegen die Eich–Transformation sind. Gemäß (12.18) lautet die Eich–Transformation in 4–Schreibweise

$$\Phi'^i = \Phi^i - \partial^i G, \tag{12.90}$$

so dass das transformierte W'_{TF} gegeben ist durch

$$W'_{TF} = -\frac{1}{c^2}\int_1^2 d\Omega\, j_i\, \Phi'^{\,i} = W_{TF} + \frac{1}{c^2}\int_1^2 d\Omega\, j_i\, \partial^i G. \tag{12.91}$$

In dem Integral mit dem Integranden $j_i\, \partial^i G$ führen wir eine partielle Integration durch. Da wir hier über den 4–dimensionalen "Zeit–Raum" integrieren und die Grenzen der Integration nicht überall im ∞–Fernen liegen, entwickeln wir die partielle Integration schrittweise aus der Produkt–Regel der Differentiation

$$j_i\, \partial^i G = \partial^i\,(j_i\, G) - G\, \partial^i j_i,$$

die, eingesetzt in (12.91),

$$W'_{TF} = W_{TF} + \frac{1}{c^2}\int_1^2 d\Omega\, \partial^i\,(j_i\, G) - \frac{1}{c^2}\int_1^2 d\Omega\, G\, \partial^i j_i \tag{12.92}$$

ergibt. Durch Auflösung der i–Summe und Rückführung auf die gewöhnliche Schreibweise wird

$$\int_1^2 d\Omega\, \partial^i\,(j_i\, G) = \int d^3r\, c \int_{t_1}^{t_2} dt\, \frac{\partial}{c\,\partial t}\,(G\, c\, \rho) + c\int_{t_1}^{t_2} dt \int d^3r\, \frac{\partial}{\partial \boldsymbol{r}}\,(-G\, \boldsymbol{j})\,. \tag{12.93}$$

Hierin ist mit dem Gaußschen Integral–Satz

$$\int d^3r\, \frac{\partial}{\partial \boldsymbol{r}}\,(-G\, \boldsymbol{j}) = -\oint_\infty d\boldsymbol{f}\, G\, \boldsymbol{j} = 0,$$

weil über den gesamten (eigentlichen) Raum integriert wird und dort im ∞–Fernen die elektrische Stromdichte $\boldsymbol{j}$ verschwinden soll. In dem anderen Integral auf der rechten Seite von (12.93) beachten wir, dass

$$\int_{t_1}^{t_2} dt\, \frac{\partial}{c\,\partial t}\,(G\, c\, \rho) = [G\, \rho]_{t_1}^{t_2}\,,$$

so dass wir insgesamt aus (12.92)

$$W'_{TF} = W_{TF} + \frac{1}{c} \int d^3r \, [G \, \rho]_{t_1}^{t_2} - \frac{1}{c^2} \int_1^2 d\Omega \, G \, \partial^i \, j_i \tag{12.94}$$

erhalten. Bei der Ausführung der Variation δ wird

$$\delta \int d^3r \, [G \, \rho]_{t_1}^{t_2} = \int d^3r \, \delta \, [G \, \rho]_{t_1}^{t_2} = 0,$$

weil

$$\delta \, [G \, \rho]_{t_1}^{t_2} = 0,$$

denn die Bahn sollte in den Zeitpunkten t_1 ihres Beginns und t_2 ihres Endes nicht variiert werden. Also folgt aus (12.94)

$$\delta W'_{TF} = \delta W_{TF} - \frac{1}{c^2} \, \delta \int_1^2 d\Omega \, G \, \partial^i \, j_i. \tag{12.95}$$

Wenn wir nun fordern, dass das Wirkungs–Prinzip $\delta W = 0$ eich–invariant ist, dann müssen offensichtlich $\delta W_{TF} = 0$ und $\delta W'_{TF} = 0$ für beliebige Erzeugende G von Eich–Transformationen äquivalent sein, d.h., das Integral auf der rechten Seite in (12.95) muss für alle G verschwinden. Das ist nur möglich, wenn $\partial^i \, j_i = 0$. Diese Relation drückt aber gerade die Ladungserhaltung aus, vgl. (12.5). Damit haben wir gezeigt, dass sich die Eich–Invarianz und die Ladungserhaltung gegenseitig bedingen. Diese Wechselbeziehung zwischen einer Invarianz und einem Erhaltungssatz ist bereits aus der klassischen Mechanik bekannt. Dort wird unter Benutzung des Noetherschen Theorems gezeigt, dass es die folgenden weiteren Wechselbeziehungen gibt:

Invarianz	**Erhaltung**
räumliche Translation	Impuls
zeitliche Translation	Energie
räumliche Drehung	Drehimpuls
Eichung	Ladung

Einmal mehr erkennen wir die 4–Struktur von Zeit und Raum: Deren Invarianz bedingt die Erhaltung des 4–Vektors Energie–Impuls.

12.6 Das Wirkungs–Integral für das Feld

Aus dem Wirkungs–Prinzip $\delta(W_T + W_{TF} = 0)$ für die Wirkungs–Integrale W_T der Teilchen und W_{TF} der Teilchen–Feld–Wechselwirkung haben wir durch *Variation ausschließlich der Teilchenbahnen* δx^i die Bewegungs–Gleichung für die Teilchen,

$$\frac{dp^i}{ds} = \frac{q}{c} F^{ik} u_k, \qquad F^{ik} := \partial^i \Phi^k - \partial^k \Phi^i, \tag{12.96}$$

und daraus weiter die homogenen Maxwellschen Gleichungen

$$\epsilon_{ijk\ell} \partial^j F^{k\ell} = 0 \tag{12.97}$$

gewonnen, vgl. (12.73) im Abschnitt 12.4.2 und (12.79) im Abschnitt 12.4.3. Die Felder, dargestellt durch ihr 4–Potential Φ^i wurden nicht variiert, sondern als vorgegeben für die Bestimmung der Teilchen–Bahnen betrachtet.

Wir wollen jetzt versuchen, auch die inhomogenen Maxwellschen Gleichungen, deren 4–Schreibweise

$$\partial_i F^{ik} = \frac{1}{\epsilon_0 c} j^k \tag{12.98}$$

wir im Abschnitt 12.3.1, (12.39), kennen gelernt haben, aus einem Wirkungs–Prinzip $\delta W = 0$ zu gewinnen. Jetzt geht es also um die Frage, wie die Felder aus den als vorgegeben betrachteten Teilchen–Bahnen, dargestellt durch j^i, zu bestimmen sind. Das bedeutet, dass in dem Wirkungs–Prinzip für die inhomogenen Maxwellschen Gleichungen *ausschließlich die Felder*, nicht jedoch die Teilchen–Bahnen variiert werden müssen. Wir suchen also einen Ausdruck W_F für das Wirkungs–Integral der Felder, das den folgenden Forderungen genügen soll, vgl. die Forderungen zu Beginn des Abschnitts 12.4:

(1) W_F soll Lorentz–invariant sein.

(2) W_F enthält nicht den 4–Strom j^i, weil dieser bereits im Wechselwirkungs–Term

$$W_{TF} = -\frac{1}{c^2} \int_1^2 d\Omega\, j_i \Phi^i. \tag{12.99}$$

auftritt, vgl. (12.89). Das bedeutet zugleich, dass zur Herleitung der inhomogenen Maxwellschen Gleichungen $\delta(W_{TF}+W_F)=0$ auszuführen ist, weil auch W_{TF} die Felder in Form ihres Potentials Φ^i enthält.

(3) Da die inhomogenen Maxwellschen Gleichungen linear in den Feldern F^{ik} sind, muss W_F die Felder als eine quadratische Form enthalten. Dann nämlich führt die Variation $\delta\ldots=0$, die wie eine Ableitung wirkt, zu linearen Feld–Gleichungen.

(4) Da die Feld–Gleichungen nur eine Ableitung ∂^i enthalten, darf W_F keine Ableitungen von F^{ik} enthalten, weil dann die Variation $\delta\ldots=0$ zu Feld–Gleichungen mit zweiten Ableitungen führen würde.

(5) Aus Gründen der Eich–Invarianz darf W_F die Potentiale Φ^i nicht direkt, d.h., ohne Ableitungen enthalten. Im Term W_{TF} konnte die Eich–Invarianz durch die Forderung der Ladungs–Erhaltung $\partial_i\,j^i=0$ erfüllt werden. In W_F ist das nicht mehr möglich.

Unter diesen Bedingungen bleibt als einzige Möglichkeit

$$W_F=\alpha\int_1^2 d\Omega\,F^{ik}\,F_{ik}. \tag{12.100}$$

Das Integrations–Gebiet im 4–dimensionalen Zeit–Raum ist dasselbe wie in W_{TF} in (12.99). Der noch offene Faktor α ist durch Vergleich mit der Feldgleichung (12.98) zu bestimmen und hängt von dem verwendeten Einheiten–System ab.

Wie bereits bemerkt, müssen wir jetzt $\delta(W_{TF}+W_F)=0$ durch Variation der Felder ausführen. Aus (12.99) und (12.99) entnehmen wir dann

$$\begin{aligned} W_{TF}+W_F &= \int_1^2 d\Omega\left(-\frac{1}{c^2}\,j_i\,\Phi^i+\alpha\,F^{ik}\,F_{ik}\right),\\ \delta\left(W_{TF}+W_F\right) &= \int_1^2 d\Omega\left[-\frac{1}{c^2}\,j_i\,\delta\Phi^i+\alpha\,\delta\left(F^{ik}\,F_{ik}\right)\right]. \end{aligned} \tag{12.101}$$

Es ist

$$
\begin{aligned}
\delta\left(F^{ik}\,F_{ik}\right) &= \left(\delta F^{ik}\right)\,F_{ik} + F^{ik}\,(\delta F_{ik}) = 2\,F^{ik}\,(\delta F_{ik})\,,\\
\delta F_{ik} &= \delta\,(\partial_i\Phi_k - \partial_k\Phi_i) = \partial_i\,\delta\Phi_k - \partial_k\,\delta\Phi_i,
\end{aligned}
$$

so dass

$$
\delta\left(F^{ik}\,F_{ik}\right) = 2\,F^{ik}\,\partial_i\,\delta\Phi_k - 2\,F^{ik}\,\partial_k\,\delta\Phi_i.
$$

Durch Vertauschung der Bezeichnungen der Indizes i, k und unter Verwendung der Antisymmetrie von F^{ik} erhalten wir weiter

$$
2\,F^{ik}\,\partial_i\,\delta\Phi_k = 2\,F^{ki}\,\partial_k\,\delta\Phi_i = -2\,F^{ik}\,\partial_k\,\delta\Phi_i,
$$

so dass

$$
\delta\left(F^{ik}\,F_{ik}\right) = -4\,F^{ik}\,\partial_k\,\delta\Phi_i.
$$

Damit lautet das Variations–Problem

$$
\delta\,(W_{TF} + W_F) = \int_1^2 d\Omega\,\left[-\frac{1}{c^2}\,j_i\,\delta\Phi^i - 4\,\alpha\,F^{ik}\,\partial_k\,\delta\Phi_i\right] = 0. \tag{12.102}
$$

Im zweiten Integranden auf der rechten Seite führen wir eine partielle Integration aus und benutzen dazu mit der Produkt–Regel der Differentiation

$$
\partial_k\,\left(F^{ik}\,\delta\Phi_i\right) = \left(\partial_k\,F^{ik}\right)\,\delta\Phi_i + F^{ik}\,\partial_k\,\delta\Phi_i,
$$

so dass

$$
\int_1^2 d\Omega\,F^{ik}\,\partial_k\,\delta\Phi_i = \int_1^2 d\Omega\,\partial_k\,\left(F^{ik}\,\delta\Phi_i\right) - \int_1^2 d\Omega\,\left(\partial_k\,F^{ik}\right)\,\delta\Phi_i. \tag{12.103}
$$

Unter Benutzung des auf 4 Dimensionen verallgemeinerten Gaußschen Integralsatzes ist

$$\int_1^2 d\Omega\, \partial_k \left(F^{ik}\, \delta\Phi_i\right) = \oint_{\partial\Omega} dS_k\, F^{ik}\, \delta\Phi_i = 0. \tag{12.104}$$

Hierin ist zunächst $\partial\Omega$ der 3–dimensionale Rand des 4–dimensionalen Integrations–Gebietes des Integrals auf der linken Seite. Es berandet den gesamten eigentlichen 3–dimensionalen Raum, liegt dort also räumlich im ∞–Fernen, sowie zeitlich das Intervall zwischen $c\,t_1$ und $c\,t_2$. dS_k ist ein 4–Vektor, der das Volumen der 3–dimensionalen Randelemente auf $\partial\Omega$ beschreibt und auf diesen im Sinne des 4–dimensionalen Raumes "senkrecht" steht. Das Integral über $\partial\Omega$ in (12.104) verschwindet, weil

(a) $F^{ik} \to 0$ im eigentlich räumlich ∞–Fernen von $\partial\Omega$ und

(b) $\delta\Phi_i = 0$ auf dem zeitlichen Rand, d.h., bei $x^0 = c\,t_1$ und $x^0 = c\,t^2$.

Damit lautet das Variations–Problem (12.102)

$$\delta\left(W_{TF} + W_F\right) = \int_1^2 d\Omega \left[-\frac{1}{c^2}\, j_i\, \delta\Phi^i + 4\,\alpha\, \left(\partial_k F^{ik}\right)\, \delta\Phi_i\right] = 0$$

oder auch

$$\delta\left(W_{TF} + W_F\right) = \int_1^2 d\Omega \left[-\frac{1}{c^2}\, j^i + 4\,\alpha\, \partial_k F^{ik}\right]\, \delta\Phi_i = 0. \tag{12.105}$$

Da die Variationen $\delta\Phi_i$ beliebig sind, folgt daraus

$$\partial_k F^{ik} = \frac{1}{4\,\alpha\, c^2}\, j^i.$$

Durch Vertauschung der Bezeichnungen der Indizes i, k und unter Verwendung der Antisymmetrie von F^{ik} können wir diese Gleichung in die inhomogenen Maxwellschen Gleichungen (12.98)

$$\partial_i F^{ik} = \frac{1}{\epsilon_0 c} j^k \tag{12.106}$$

überführen, wenn wir $\alpha = -\epsilon_0/(4c)$ wählen. Das gesamte Wirkungs–Integral für das System der miteinander wechselwirkenden Teilchen und Felder lautet also

$$W_T + W_{TF} + W_F = \int_1^2 d\Omega \left[-\mu \frac{ds}{dt} - \frac{1}{c^2} j_i \Phi^i - \frac{\epsilon_0}{4c} F^{ik} F_{ik} \right] . \tag{12.107}$$

In nicht–kontinuierlichen Systemen ließ sich das Wirkungs–Integral als zeitliches Integral über die Lagrange–Funktion schreiben. In der kontinuierlichen Version in (12.107) wird aus dem zeitlichen Integral ein Integral über den Zeit–Raum mit dem Differential $d\Omega$. Man nennt den Integranden in (12.107) deshalb auch die *Lagrange–Dichte* des Systems der miteinander wechselwirkenden Teilchen und Felder.

Kapitel 13

Elektrische und Magnetische Felder in Materie

In den bisherigen Kapiteln haben wir elektrische Ladungen und deren Ströme im *Vakuum* betrachtet. Wir haben eine gewisse räumliche Dichte $\rho(\boldsymbol{r}, t)$ der elektrischen Ladung und deren Flussdichte $\boldsymbol{j}(\boldsymbol{r}, t)$ als vorgegeben betrachtet und angenommen, dass es sonst keine anderen elektrischen Ladungen und Ströme gibt. Diese Situation ändert sich, wenn Materie vorhanden ist. Diese besteht in ihrer mikroskopischen, d.h., atomistischen Struktur aus elektrisch geladenen Teilchen, z.B. Elektronen, Ionen, elektrischen Dipolen, die sich auf einer mikroskopischen Längenskala bewegen können. Dadurch kommen zu den als vorgegeben betrachteten $\rho(\boldsymbol{r}, t)$ und $\boldsymbol{j}(\boldsymbol{r}, t)$ weitere Ladungs- und Flussdichten ins Spiel, die den Verlauf und das Verhalten der Felder $\boldsymbol{E}(\boldsymbol{r}, t)$ und $\boldsymbol{B}(\boldsymbol{r}, t)$ der als vorgegeben betrachteten $\rho(\boldsymbol{r}, t)$ und $\boldsymbol{j}(\boldsymbol{r}, t)$ beeinflussen werden.

Das ist die Problemstellung dieses Kapitels. Sie gehört eigentlich nicht in die Elektrodynamik, denn die elektrodynamische Beschreibung der mikroskopischen Ladungen und Ströme in Materie verlangt Aussagen der *Festkörper-Physik*, die sich ihrerseits der *Quantentheorie* und der *Statistischen Physik* bedienen muss. Wir wollen jedoch der allgemeinen Tradition in der Literatur der Elektrodynamik folgen und hier eine schematische Beschreibung des Verhaltens von elektrischen und magnetischen Feldern in Materie einschließen[1].

[1] Vgl. aber Landau/Lifshitz: "Theoretische Physik", wo der Band 2 ausschließlich die "Klassische Feldtheorie", nämlich Elektrodynamik *und* Gravitation, im Vakuum enthält und das Verhalten von Materie in elektrischen und magnetischen Feldern erst im Band 8, "Elektrodynamik der Kontinua" abgehandelt wird.

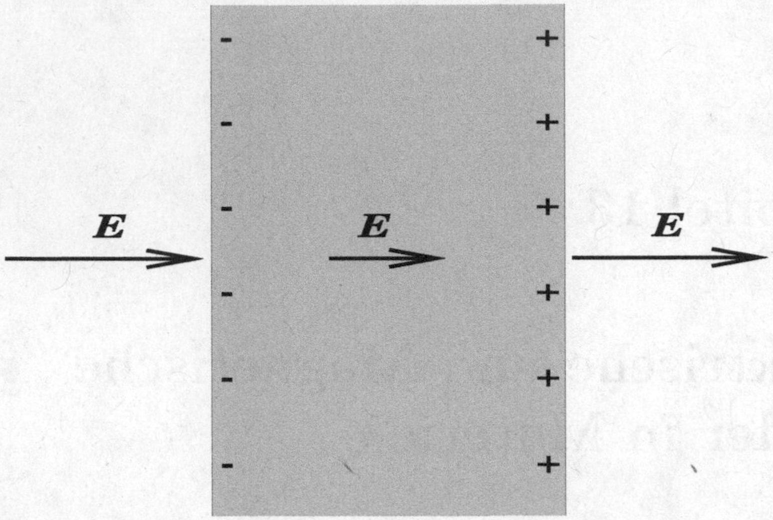

Abbildung 13.1: Elektrisches Feld und Polarisation

13.1 Phänomenologische Beschreibung

13.1.1 Elektrische Polarisation

Wir stellen uns vor, dass Materie in ein äußeres elektrisches Feld $\boldsymbol{E}$ eingebracht wird, das z.B. von Ladungen auf den Platten eines Kondensators erzeugt wird. Die elektrisch geladenen Teilchen mit Ladungen q in der Mikrostruktur der Materie erfahren Kräfte $q\,\boldsymbol{E}$, und zwar positive Ladungen in Feldrichtung, negative Ladungen gegen Feldrichtung. Das elektrische Feld bewirkt also eine Trennung der Ladungen. Wir stellen uns vor, dass die elektrisch geladenen Teilchen in der Mikrostruktur der Materie durch atomare Kräfte gebunden sind. Die sich einstellende Ladungstrennung ist dann das Ergebnis eines Gleichgewichts zwischen dem äußeren Feld $\boldsymbol{E}$ und den atomaren Bindungskräften. Die getrennten Ladungen können wir mikroskopisch auch als *induzierte Dipole* beschreiben. Deren Richtungen erwarten wir als parallel zur Feldrichtung $\boldsymbol{p} \sim \boldsymbol{E}$.

Wenn die betrachtete Materie bereits feste elektrische Dipole $\boldsymbol{p}$ besitzt wie z.B. Wasser–Moleküle, dann werden diese ohne ein äußeres $\boldsymbol{E}$–Feld ungeordnet sein. Wenn jedoch das äußere $\boldsymbol{E}$–Feld eingeschaltet wird, erfahren auch die Dipole Kräfte, von denen wir im Abschnitt 3.3.2 gezeigt haben, dass sie sich durch eine potentielle

Energie $W_p = -\boldsymbol{p}\,\boldsymbol{E}$ beschreiben lassen. Das äußere Feld bewirkt also eine Ausrichtung der Dipole in Feldrichtung, die jedoch gegen die thermische Bewegung gerichtet ist und darum nur partiell erfolgen wird.

Im Inneren der Materie werden sich die Ladungen der entweder induzierten oder im Feld ausgerichteten Dipole räumlich kompensieren. Es verbleiben aber *Polarisationsladungen* ρ_P an den Oberflächen. Diese bewirken offensichtlich eine Abschwächung des elektrischen Feldes $\boldsymbol{E}$ im Inneren der Materie. Diese Situation ist schematisch in der Abbildung 13.1 dargestellt. Für das Feld im Inneren müssen die Polarisationsladungen als Quellen mitberücksichtigt werden, so dass die Maxwellsche Gleichung, die die Ladung als Quelle des elektrischen Feldes beschreibt, zu erweitern ist in

$$\epsilon_0 \frac{\partial}{\partial \boldsymbol{r}} \boldsymbol{E} = \rho \quad \longrightarrow \quad \epsilon_0 \frac{\partial}{\partial \boldsymbol{r}} \boldsymbol{E} = \rho + \rho_P. \tag{13.1}$$

Wenn das äußere Feld räumlich nicht homogen ist, also vom Ort abhängt, $\boldsymbol{E} = \boldsymbol{E}(\boldsymbol{r})$, werden sich die Polarisationsladungen im Inneren der Materie im Allgemeinen nicht mehr vollständig kompensieren, d.h., es kann auch dort ein $\rho_P = \rho_P(\boldsymbol{r}) \neq 0$ auftreten. Wenn das äußere Feld auch von der Zeit abhängt, $\boldsymbol{E} = \boldsymbol{E}(\boldsymbol{r}, t)$, kommt es zusätzlich zu dynamischen Effekten, $\rho_P = \rho_P(\boldsymbol{r}, t)$, d.h., dass sich die Polarisationsladungen bewegen werden und zu *Polarisationsströmen* mit einer Stromdichte $\boldsymbol{j}_P = \boldsymbol{j}_P(\boldsymbol{r}, t)$ Anlass geben. Selbstverständlich muss auch die Polarisationsladung erhalten sein, also

$$\frac{\partial}{\partial t} \rho_P + \frac{\partial}{\partial \boldsymbol{r}} \boldsymbol{j}_P = 0, \tag{13.2}$$

weil auch in der mikroskopischen Struktur von Materie keine Ladung entstehen oder vernichtet werden kann. Wenn jedoch Polarisationsströme auftreten können, muss auch die Maxwellsche Gleichung abgeändert werden, in der elektrische Flussdichten als Wirbel für das Feld $\boldsymbol{B}$ der magnetischen Flussdichte beschrieben werden:

$$\begin{aligned} &\frac{\partial}{\partial \boldsymbol{r}} \times \boldsymbol{B} = \mu_0\, \boldsymbol{j} + \epsilon_0\, \mu_0 \frac{\partial}{\partial t} \boldsymbol{E} \\ &\qquad \longrightarrow \quad \frac{\partial}{\partial \boldsymbol{r}} \times \boldsymbol{B} = \mu_0\, (\boldsymbol{j} + \boldsymbol{j}_P) + \epsilon_0\, \mu_0 \frac{\partial}{\partial t} \boldsymbol{E}. \end{aligned} \tag{13.3}$$

Wir gehen jetzt zu einer alternativen Beschreibung von Polarisationsladung ρ_P und Polarisationsströmen $\boldsymbol{j}_P$ über, nämlich zur *elektrischen Polariation* $\boldsymbol{P}(\boldsymbol{r}, t)$, die so gewählt sein soll, dass

$$\rho_P(\boldsymbol{r},t) = -\frac{\partial}{\partial \boldsymbol{r}}\,\boldsymbol{P}(\boldsymbol{r},t), \qquad \boldsymbol{j}_P(\boldsymbol{r},t) = \frac{\partial}{\partial t}\,\boldsymbol{P}(\boldsymbol{r},t). \tag{13.4}$$

Diese Wahl ist so getroffen worden, dass die Kontinuitäts–Gleichung (13.2) identisch erfüllt ist. Allerdings stellt (13.4) selbst bei bekannten $\rho_P(\boldsymbol{r},t)$ und $\boldsymbol{j}_P(\boldsymbol{r},t)$ keine eindeutige Definition für die elektrische Polariation $\boldsymbol{P}(\boldsymbol{r},t)$ dar. Aus der zweiten Gleichung in (13.4) folgt, dass $\boldsymbol{P}(\boldsymbol{r},t)$ nur bis auf ein statisches Feld festgelegt ist. Mit $\boldsymbol{P}(\boldsymbol{r},t)$ ist auch $\boldsymbol{P}'(\boldsymbol{r},t) = \boldsymbol{P}(\boldsymbol{r},t) + \boldsymbol{P}_0(\boldsymbol{r})$ eine mögliche elektrische Polarisation. Mit der ersten Gleichung in (13.4) ist $\boldsymbol{P}(\boldsymbol{r},t)$ nur bis auf ein mögliches additives Wirbelfeld festgelegt, so dass mit $\boldsymbol{P}(\boldsymbol{r},t)$ auch jedes

$$\boldsymbol{P}'(\boldsymbol{r},t) = \boldsymbol{P}(\boldsymbol{r},t) + \frac{\partial}{\partial \boldsymbol{r}} \times \boldsymbol{Q}(\boldsymbol{r})$$

eine mögliche elektrische Polarisation ist. Wir schränken diese Freiheit durch die Forderung ein, dass es außerhalb von Materie keine elektrische Polarisation geben soll, weil dort auch $\rho_P = 0$ und $\boldsymbol{j}_P = 0$:

$$\boldsymbol{P}(\boldsymbol{r},t) = 0 \quad \text{außerhalb von Materie.} \tag{13.5}$$

Unter Verwendung von (13.4) können die beiden erweiterten Maxwellschen Gleichung (13.1) und (13.3) wie folgt geschrieben werden:

$$\left.\begin{aligned} \frac{\partial}{\partial \boldsymbol{r}}\,\boldsymbol{D} &= \rho, \\ \frac{\partial}{\partial \boldsymbol{r}} \times \left(\frac{1}{\mu_0}\boldsymbol{B}\right) &= \boldsymbol{j} + \frac{\partial}{\partial t}\boldsymbol{D}, \end{aligned}\right\} \quad \boxed{\boldsymbol{D}(\boldsymbol{r},t) := \epsilon_0\,\boldsymbol{E}(\boldsymbol{r},t) + \boldsymbol{P}(\boldsymbol{r},t).} \tag{13.6}$$

Das Feld $\boldsymbol{D}$ wird die *elektrische Verschiebungsdichte* genannt. Ihre Einheit ist die von Stromdichte×Zeit, also Ladung pro Fläche bzw. $\mathrm{C/m^2 = A\,s/m^2}$. Außerhalb von Materie ist nach (13.5) $\boldsymbol{D} = \epsilon_0\,\boldsymbol{E}$, vgl. auch die Bezeichnungsweise in Kapitel 8.

Die obigen Überlegungen setzen voraus, dass sich die Polarisationsladungen ρ_P und ihre Flussdichte $\boldsymbol{j}_P$ begrifflich von den "übrigen" Ladungen ρ und deren Flussdichte $\boldsymbol{j}$ trennen lassen. Nun werden aber auch die Ladungen ρ und deren Flussdichte $\boldsymbol{j}$ letztlich wieder von geladenen Teilchen getragen, z.B. durch Elektronen oder Ionen. Wir führen die begriffliche Trennung zwischen ρ und ρ_P bzw. zwischen $\boldsymbol{j}$ und $\boldsymbol{j}_P$

dadurch aus, dass ρ und $\boldsymbol{j}$ *freie* Ladungen beschreiben sollen, die im Gegensatz zu den durch Polarisation bzw. Ladungstrennung entstehenden ρ_P und $\boldsymbol{j}_P$ nicht gebunden, sondern frei beweglich sein sollen. Zu den freien Ladungen, die in der älteren Literatur auch "wahre" Ladungen genannt werden, gehören dann aber auch etwa die frei beweglichen Elektronen in Leitern oder die frei beweglichen Elektronen und Löcher in Halbleitern.

13.1.2 Magnetisierung

Wir stellen uns jetzt vor, dass Materie in ein äußeres Feld $\boldsymbol{B}$ der magnetischen Flussdichte eingebracht wird, das z.B. von Strömen in einer Spule erzeugt wird. Auch in diesem Fall sind zwei Arten von Reaktionen der geladenen Teilchen in der Materie vorstellbar:

- Wenn sich das $\boldsymbol{B}$–Feld zeitlich ändert, z.B. beim Einbringen der Materie in das Feld oder beim Ein– oder Ausschalten des Feldes, wird nach dem Induktionsgesetz ein elektrisches Wirbelfeld $\boldsymbol{E}$ induziert, das seinerseits Wirbelströme der geladenen Teilchen anwerfen kann. Nach der Lenzschen Regel erzeugen diese wiederum ein $\boldsymbol{B}$–Feld, das der Änderung des äußeren $\boldsymbol{B}$–Feldes entgegenwirkt. Dieses Verhalten heißt *diamagnetisch*.

- Wenn es in der Materie magnetische Momente $\boldsymbol{m}$ gibt, z.B. Bahnmomente von Elektronen in Atomen oder Spin–Momente der Elektronen, erfahren diese durch das äußere $\boldsymbol{B}$–Feld Kräfte, von denen wir im Abschnitt 6.6.1 gezeigt haben, dass sie sich durch eine potentielle Energie $W_{\boldsymbol{m}} \sim -\boldsymbol{m}\,\boldsymbol{B}$ beschreiben lassen. Das äußere Feld bewirkt also eine Ausrichtung der magnetischen Momente in Feldrichtung, die jedoch wie im Fall der elektrischen Dipole im $\boldsymbol{E}$–Feld gegen die thermische Bewegung gerichtet ist und darum nur partiell erfolgen wird. Dieses letztere Verhalten heißt *paramagnetisch*.

Im Allgemeinen wird man in Materie beide Arten von Verhalten, diamagnetisch und paramagnetisch beobachten, und es ist eine Frage der spezifischen Materialeigenschaften, welche der beiden Arten von Magnetismus dabei überwiegt. In jedem Fall werden *Magnetisierungsströme* mit einer Flussdichte $\boldsymbol{j}_M = \boldsymbol{j}_M(\boldsymbol{r}, t)$ auftreten, entweder direkt durch Induktion oder getragen von den Ringströmen der vorhandenen und durch das $\boldsymbol{B}$–Feld partiell ausgerichteten magnetischen Momente. Auch hier erwarten wir, dass sich die $\boldsymbol{j}_M$ im Inneren der Materie teilweise kompensieren, z.B. schon innerhalb eines Atoms, wenn dort Elektronen mit entgegengesetzten Drehimpulsen auftreten, vgl. Abschnitt 6.5.4.

Das Auftreten von Magnetisierungsströmen mit einer Flussdichte $\boldsymbol{j}_M$ veranlasst uns, diejenige Maxwellsche Gleichung zu erweitern, in der elektrische Flussdichten als Wirbel für das Feld $\boldsymbol{B}$ der magnetischen Flussdichte beschrieben werden. Dazu wählen wir als Ausgangspunkt die Formulierung in (13.6), wo bereits die Polarisationsströme durch die elektrische Polarisierung $\boldsymbol{P}$ in Materie berücksichtigt sind, und erhalten

$$\begin{aligned} &\frac{\partial}{\partial \boldsymbol{r}} \times \left(\frac{1}{\mu_0}\boldsymbol{B}\right) = \boldsymbol{j} + \frac{\partial}{\partial t}\boldsymbol{D} \\ \longrightarrow \quad &\frac{\partial}{\partial \boldsymbol{r}} \times \left(\frac{1}{\mu_0}\boldsymbol{B}\right) = \boldsymbol{j} + \boldsymbol{j}_M + \frac{\partial}{\partial t}\boldsymbol{D}. \end{aligned} \tag{13.7}$$

Jetzt beachten wir eine Besonderheit der Magnetisierungsströme: Es handelt sich dabei, wie soeben beschrieben, stets um Ringströme, also um "Strom–Linien" (analog den Feld–Linien), die in sich geschlossen sind. Wir nehmen also an, dass die Divergenz der $\boldsymbol{j}_M$ verschwindet, so dass wir diese als Wirbel einer *Magnetisierung* $\boldsymbol{M} = \boldsymbol{M}(\boldsymbol{r}, t)$ darstellen können:

$$\boldsymbol{j}_M(\boldsymbol{r}, t) = \frac{\partial}{\partial \boldsymbol{r}} \times \boldsymbol{M}(\boldsymbol{r}, t). \tag{13.8}$$

Diese Darstellung ist offensichtlich analog zu (13.4) für die elektrischen Polarisation. Aus ihr folgt unmittelbar, dass es keine "Magnetisierungsladung" ρ_M gibt, denn aus deren Erhaltung, die wiederum zu fordern ist, und aus dem Verschwinden der Divergenz von $\boldsymbol{j}_M$ folgt

$$\frac{\partial}{\partial t}\rho_M + \frac{\partial}{\partial \boldsymbol{r}}\boldsymbol{j}_M = 0, \quad \frac{\partial}{\partial \boldsymbol{r}}\boldsymbol{j}_M = 0 \quad \Longrightarrow \quad \frac{\partial}{\partial t}\rho_M = 0, \tag{13.9}$$

und daraus $\rho_M = 0$, weil nach unserer Konstruktion keine statische "Magnetisierungsladung" auftreten kann. Um ein naheliegendes Missverständnis an dieser Stelle zu vermeiden, sei betont, dass ein $\rho_M \neq 0$ nicht etwa "magnetische Ladung", also einen magnetischen Monopol bedeuten würde. Auch ρ_M wäre elektrische Ladung, wenn es sie gäbe.

Auch (13.8) ist keine eindeutige Definition für $\boldsymbol{M}(\boldsymbol{r}, t)$, denn mit jedem $\boldsymbol{M}(\boldsymbol{r}, t)$ ist auch

$$\boldsymbol{M}'(\boldsymbol{r},t) = \boldsymbol{M}(\boldsymbol{r},t) + \frac{\partial}{\partial \boldsymbol{r}} F(\boldsymbol{r},t)$$

eine mögliche Magnetisierung, wobei $F(\boldsymbol{r},t)$ eine beliebige skalare Funktion ist. Wie im elektrischen Fall schränken wir diese Freiheit durch die Forderung ein, dass es außerhalb von Materie keine Magnetisierung geben soll, weil dort auch $\boldsymbol{j}_M = 0$:

$$\boldsymbol{M}(\boldsymbol{r},t) = 0 \quad \text{außerhalb von Materie.} \tag{13.10}$$

Unter Verwendung von (13.8) können wir die erweiterte Maxwellsche Gleichung (13.7) umschreiben. Für diese und für die andere, hier unveränderte Maxwellsche Gleichung in (13.6) erhalten wir insgesamt also

$$\frac{\partial}{\partial \boldsymbol{r}} \boldsymbol{D} = \rho, \qquad \frac{\partial}{\partial \boldsymbol{r}} \times \boldsymbol{H} = \boldsymbol{j} + \frac{\partial}{\partial t} \boldsymbol{D}, \tag{13.11}$$

$$\boldsymbol{D}(\boldsymbol{r},t) \;:=\; \epsilon_0 \boldsymbol{E}(\boldsymbol{r},t) + \boldsymbol{P}(\boldsymbol{r},t),$$

$$\boxed{\boldsymbol{H}(\boldsymbol{r},t) := \frac{1}{\mu_0} \boldsymbol{B}(\boldsymbol{r},t) - \boldsymbol{M}(\boldsymbol{r},t).} \tag{13.12}$$

$\boldsymbol{H}$ heißt das *magnetische Feld*. Seine Einheit ist die von Stromdichte×Länge, also A s/m. Die beiden homogenen Maxwellschen Gleichungen

$$\frac{\partial}{\partial \boldsymbol{r}} \boldsymbol{B} = 0, \qquad \frac{\partial}{\partial \boldsymbol{r}} \times \boldsymbol{E} = -\frac{\partial}{\partial t} \boldsymbol{B} \tag{13.13}$$

bleiben unverändert. Die erste der beiden homogenen Maxwellschen Gleichungen besagt, dass es keine magnetischen Monopole gibt, was natürlich auch für die Teilchen zutrifft, aus der Materie besteht. Die zweite homogene Maxwellsche Gleichung ist, wie wir im Abschnitt 7.2.6 gezeigt haben, mit der Lorentz–Kraft der Felder $\boldsymbol{E}$ und $\boldsymbol{B}$ auf geladene Teilchen verknüpft, die natürlich auch auf diejenigen geladenen Teilchen wirkt, aus der Materie besteht. Tatsächlich haben wir das Verhalten von Materie in den Feldern $\boldsymbol{E}$ und $\boldsymbol{B}$ gerade unter der Annahme beschrieben, dass die Reaktion der geladenen Teilchen in der Materie auf der Lorentz–Kraft beruht.

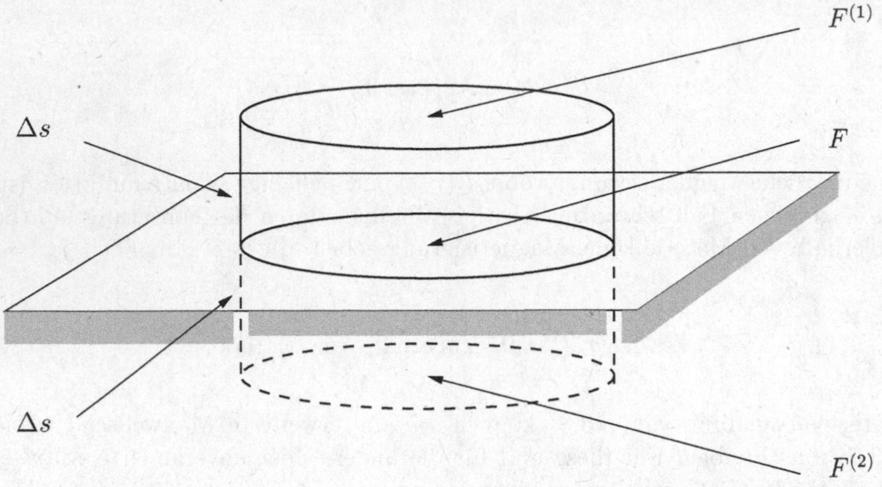

Abbildung 13.2: Pillendose an der Grenzfläche Vakuum–Material

Die beiden erweiterten inhomogenen Maxwellschen Gleichungen (13.11) und die unveränderten homogenen Maxwellschen Gleichungen (13.13) bilden kein geschlossenes System von partiellen Differential–Gleichungen für die auftretenden Felder. Wie wir im Zerlegungssatz im Abschnitt 6.4 gezeigt haben, ist ein Feld erst durch Angabe seiner Quellen *und* Wirbel eindeutig bestimmt. Die Maxwellschen Gleichungen in (13.11) und (13.13) beschreiben aber nur die Quellen von $\boldsymbol{B}$ und $\boldsymbol{D}$ und die Wirbel von $\boldsymbol{E}$ und $\boldsymbol{H}$. Das System der Maxwellschen Gleichungen ist nur dann eindeutig lösbar, wenn es einen Zusammenhang zwischen $\boldsymbol{D}$ und $\boldsymbol{E}$ bzw. zwischen $\boldsymbol{H}$ und $\boldsymbol{B}$ gibt oder äquivalent zwischen $\boldsymbol{P}$ und $\boldsymbol{E}$ bzw. zwischen $\boldsymbol{M}$ und $\boldsymbol{B}$. Wir werden später in diesem Kapitel solche Zusammenhänge in linearer Weise als Approximationen für das Verhalten von Materie in den Feldern $\boldsymbol{E}$ und $\boldsymbol{B}$ formulieren und diskutieren.

13.2 Grenzbedingungen für die Felder

Die Überlegungen des vorhergehenden Abschnitts zum Verhalten von Materie in den Feldern $\boldsymbol{E}$ und $\boldsymbol{B}$ gelten nur innerhalb eines von Materie erfüllten Raumbereichs. Außerhalb dieses Bereichs sollten die elektrische Polarisation und die Magnetisierung verschwinden, vgl. (13.5) und (13.10). An einer Grenzfläche zwischen Material und Vakuum werden wir also im Allgemeinen ein unstetiges Verhalten der Felder zu erwarten haben. Dasselbe gilt, wenn zwei Materialien mit verschiedenem elektrischen oder magnetischen Verhalten aneinander grenzen. Für die Lösung der Maxwellschen

Gleichungen in Anwesenheit von Materialien ist es entscheidend, die Unstetigkeiten der Felder an solchen Grenzflächen richtig zu beschreiben.

13.2.1 Grenzbedingungen für die Normal–Komponenten

Wir werden das Unstetigkeits–Verhalten der Felder $\boldsymbol{E}$, $\boldsymbol{D}$, $\boldsymbol{B}$, $\boldsymbol{H}$ aus den Maxwellschen Gleichungen in (13.12) und (13.13) herleiten. Zuerst diskutieren wir die beiden Gleichungen, die die Quellen von $\boldsymbol{B}$ und $\boldsymbol{D}$ beschreiben,

$$\frac{\partial}{\partial \boldsymbol{r}} \boldsymbol{B} = 0, \qquad \frac{\partial}{\partial \boldsymbol{r}} \boldsymbol{D} = \rho, \tag{13.14}$$

und benutzen dafür die Konstruktion der "Pillendosen", die wir bereits im Abschnitt 4.1.1 eingeführt hatten. Diese Konstruktion ist hier nochmals in der Abbildung 13.2 dargestellt. Wir denken uns einen Zylinder der Höhe $2\,\Delta s$ mit seiner Achse senkrecht in die betrachtete Grenzfläche eingesetzt, so dass sich jeweils ein Stück der Höhe Δs des Zylinders auf den beiden Seiten der Grenzfläche befindet. Wir integrieren die Quellengleichung für $\boldsymbol{B}$ über das Zylinder–Volumen V und wenden den Gaußschen Integralsatz an:

$$\int_V d^3r\, \frac{\partial}{\partial \boldsymbol{r}} \boldsymbol{B} = \int_{\partial V} d\boldsymbol{f}\, \boldsymbol{B} = \int_{F^{(1)}} d\boldsymbol{f}\, \boldsymbol{B} + \int_{F^{(2)}} d\boldsymbol{f}\, \boldsymbol{B} + O(\Delta s) = 0, \tag{13.15}$$

worin $F^{(1)}$ und $F^{(2)}$ die obere bzw. untere Stirnfläche des Zylinders ist. Der Term $O(\Delta s)$ beschreibt den Beitrag von der Mantelfläche des Zylinders. Jetzt führen wir $\Delta s \to 0$ aus. Dabei verschwindet der Beitrag der Mantelfläche des Zylinders, und die beiden Stirnflächen streben gegen die Schnittfläche F des Zylinders mit der Grenzfläche: $F^{(1,2)} \to F$. Aus (13.15) wird

$$\int_F d\boldsymbol{f}\, \left(\boldsymbol{B}^{(1)} - \boldsymbol{B}^{(2)}\right) = \int_F df\, \boldsymbol{n}\, \left(\boldsymbol{B}^{(1)} - \boldsymbol{B}^{(2)}\right) = 0. \tag{13.16}$$

Hier sind $\boldsymbol{B}^{(1)}$ und $\boldsymbol{B}^{(2)}$ die $\boldsymbol{B}$–Felder unmittelbar oberhalb und unterhalb der Schnittfläche F, und $\boldsymbol{n}$ ist deren Normalen–Vektor. Das Minuszeichen vor $\boldsymbol{B}^{(2)}$ rührt daher, dass die Normalenrichtung auf $F^{(2)}$ entgegengesetzt zu der auf $F^{(1)}$ ist. Das Ergebnis in (13.16) gilt für beliebige Schnittflächen, so dass daraus die allgemeine Relation

$$n\left(B^{(1)} - B^{(2)}\right) = 0 \tag{13.17}$$

folgt: An Grenzflächen zwischen einem Material und dem Vakuum oder zwei verschiedenen Materialien verhält sich die Normal–Komponente des $\boldsymbol{B}$–Feldes stetig.

Aus der Gleichung für die Quellen von $\boldsymbol{D}$ in (13.14) folgt statt (13.15)

$$\int_V d^3r \, \frac{\partial}{\partial \boldsymbol{r}} \boldsymbol{D} = \int_{\partial V} d\boldsymbol{f}\, \boldsymbol{D} = \int_{F^{(1)}} d\boldsymbol{f}\, \boldsymbol{D} + \int_{F^{(2)}} d\boldsymbol{f}\, \boldsymbol{D} + O(\Delta s) = \int_V d^3r \, \rho. \tag{13.18}$$

Für $\Delta s \to 0$ wird

$$\int_V d^3r \, \rho \to \int_F df \, \sigma,$$

worin σ eine mögliche Ladung pro Fläche auf der Grenzfläche ist. Wenn sich die räumliche Dichte ρ der Ladung überall stetig verhält, wird $\sigma = 0$. Ein $\sigma \neq 0$ kann nur auftreten, wenn ρ auf der Grenzfläche singulär ist und dort einen endlichen Wert pro Fläche besitzt. Allgemein finden wir also als Grenzbedingung für $\boldsymbol{D}$ statt (13.17)

$$\boldsymbol{n}\left(\boldsymbol{D}^{(1)} - \boldsymbol{D}^{(2)}\right) = \sigma. \tag{13.19}$$

Wenn keine Grenzflächen–Ladung auftritt, verhält sich die Normal–Komponente des $\boldsymbol{D}$–Feldes stetig, anderenfalls springt sie um den Wert der Ladung pro Grenzfläche. Wir erkennen übrigens jetzt, dass die im Abschnitt 4.1.1 hergeleitete Regel für das Verhalten des $\boldsymbol{E}$–Feldes an Leiter–Oberflächen ein Spezialfall von (13.19) ist, weil $\boldsymbol{E}$ dort im Inneren verschwindet.

Es sei daran erinnert, dass σ *keine* Polarisationsladungen einschließt, sondern nur freie Ladungen beschreibt.

13.2.2 Grenzbedingungen für die Tangential–Komponenten

Wir wenden uns jetzt den beiden Maxwellschen Gleichungen zu, die die Wirbel der Felder $\boldsymbol{E}$ und $\boldsymbol{H}$ beschreiben:

$$\frac{\partial}{\partial \boldsymbol{r}} \times \boldsymbol{E} = -\frac{\partial}{\partial t}\boldsymbol{B}, \qquad \frac{\partial}{\partial \boldsymbol{r}} \times \boldsymbol{H} = \boldsymbol{j} + \frac{\partial}{\partial t}\boldsymbol{D}. \tag{13.20}$$

Wiederum integrieren wir diese beiden Gleichungen über das Volumen der "Pillendose" in Abbildung 13.2 und wenden jetzt eine andere Version des Gaußschen Integralsatzes an, nämlich

$$\int_V d^3r \frac{\partial}{\partial \boldsymbol{r}} \times \boldsymbol{E} = \oint_{\partial V} d\boldsymbol{f} \times \boldsymbol{E} \tag{13.21}$$

und analog für $\boldsymbol{B}$. Im folgenden Abschnitt zeigen wir, wie sich diese Version aus der gewöhnlichen Version des Gaußschen Integralsatzes herleiten lässt. Für $\Delta s \to 0$ erhalten wir analog zu (13.15) und (13.16)

$$\oint_{\partial V} d\boldsymbol{f} \times \boldsymbol{E} \to \int_F d\boldsymbol{f} \times \left(\boldsymbol{E}^{(1)} - \boldsymbol{E}^{(2)}\right) = \int_F df\, \boldsymbol{n} \times \left(\boldsymbol{E}^{(1)} - \boldsymbol{E}^{(2)}\right). \tag{13.22}$$

Wir nehmen an, dass sich das Feld $\boldsymbol{B}$ und seine zeitliche Ableitung $\partial \boldsymbol{B}/\partial t$ auf der Grenzfläche stetig verhalten, so dass für $\Delta s \to 0$

$$\int_V d^3r \frac{\partial}{\partial t}\boldsymbol{B} \to 0.$$

(13.21) und (13.22) angewendet auf die erste der beiden Maxwellschen Gleichungen in (13.20) ergibt also

$$\int_F df\, \boldsymbol{n} \times \left(\boldsymbol{E}^{(1)} - \boldsymbol{E}^{(2)}\right) = 0,$$

bzw., weil die Schnittfläche F beliebig ist,

$$\boldsymbol{n} \times \left(\boldsymbol{E}^{(1)} - \boldsymbol{E}^{(2)}\right) = 0. \tag{13.23}$$

An der Grenzfläche zwischen einem Material und dem Vakuum oder zwei verschiedenen Materialien verhält sich Tangential–Komponente des $\boldsymbol{E}$–Feldes stetig.

Bei der analogen Umformung für die zweite der beiden Maxwellschen Gleichungen in (13.20) tritt zusätzlich ein Term

$$\int_V d^3r\, \boldsymbol{j}$$

auf. Wenn die Flussdichte $\boldsymbol{j}$ auf der Grenzfläche stetig ist, verschwindet dieses Integral für $\Delta s \to 0$. Die Grenzfläche kann aber eine singuläre Flächen–Stromdichte tragen. Dann schreiben wir $d^3r = df\, dz$, worin z eine lokale Koordinate in Normalen–Richtung sei, so dass

$$\int_V d^3r\, \boldsymbol{j} = \int_F df \int_{-\Delta s}^{+\Delta s} dz\, \boldsymbol{j} \to \int_F df\, \boldsymbol{\eta}, \qquad \boldsymbol{\eta} := \lim_{\Delta s \to 0} \int_{-\Delta s}^{+\Delta s} dz\, \boldsymbol{j}. \tag{13.24}$$

$\boldsymbol{\eta}$ ist dadurch zu definieren, dass $dQ = |\boldsymbol{\eta}|\, d\ell_n\, dt$ die elektrische Ladung ist, die während der Zeit dt innerhalb der Grenzfläche in $\boldsymbol{\eta}$–Richtung durch ein Linienelement $d\ell_n$ senkrecht zu $\boldsymbol{\eta}$ transportiert wird.

Wenn wir annehmen, dass sich die zeitliche Ableitung $\partial \boldsymbol{D}/\partial t$ auf der Grenzfläche stetig verhält, erhalten wir aus der zweiten der Maxwellschen Gleichungen in (13.20) die Grenzbedingung

$$\boldsymbol{n} \times \left(\boldsymbol{H}^{(1)} - \boldsymbol{H}^{(2)}\right) = \boldsymbol{\eta}. \tag{13.25}$$

An der Grenzfläche zwischen einem Material und dem Vakuum oder zwei verschiedenen Materialien verhält sich Tangential–Komponente des $\boldsymbol{H}$–Feldes stetig, falls in der Grenzfläche keine Flächen–Stromdichte $\boldsymbol{\eta}$ auftritt, anderenfalls springt sie um $\boldsymbol{\eta}$.

Wir können die Grenzbedingungen für die Felder $\boldsymbol{E}, \boldsymbol{D}, \boldsymbol{B}, \boldsymbol{H}$ in eine Form bringen, die die Verknüpfung mit den jeweiligen Maxwellschen Gleichungen, aus denen sie folgen, noch deutlicher macht. Wir definieren dazu den Operator $\boldsymbol{\delta}$ durch

$$\boldsymbol{\delta}\, \boldsymbol{a} := \boldsymbol{n}\, \left(\boldsymbol{a}^{(1)} - \boldsymbol{a}^{(2)}\right), \qquad \boldsymbol{\delta} \times \boldsymbol{a} := \boldsymbol{n} \times \left(\boldsymbol{a}^{(1)} - \boldsymbol{a}^{(2)}\right), \tag{13.26}$$

worin $\boldsymbol{a}$ eines der Felder $\boldsymbol{E}, \boldsymbol{D}, \boldsymbol{B}, \boldsymbol{H}$ ist. Die kontinuierlichen Maxwellschen Gleichung mit den ihnen jeweils zugeordneten Grenzbedingungen sind in der folgenden Tabelle angegeben:

Kontinuierliche Maxwellsche Gleichungen	Grenzbedingungen
$\frac{\partial}{\partial \boldsymbol{r}} \boldsymbol{B} = 0$	$\boldsymbol{\delta}\, \boldsymbol{B} = 0$
$\frac{\partial}{\partial \boldsymbol{r}} \boldsymbol{D} = \rho$	$\boldsymbol{\delta}\, \boldsymbol{D} = \sigma$
$\frac{\partial}{\partial \boldsymbol{r}} \times \boldsymbol{E} = -\frac{\partial}{\partial t} B$	$\boldsymbol{\delta} \times \boldsymbol{E} = 0$
$\frac{\partial}{\partial \boldsymbol{r}} \times \boldsymbol{H} = \boldsymbol{j} + \frac{\partial}{\partial t} D$	$\boldsymbol{\delta} \times \boldsymbol{H} = \boldsymbol{\eta}$

13.2.3 Nachweis der verwendeten Version des Gaußschen Integralsatzes

Wir gehen aus von der gewöhnlichen Version des Gaußschen Integralsatzes

$$\int_V d^3r\, \frac{\partial}{\partial \boldsymbol{r}}\, \boldsymbol{b}(\boldsymbol{r}) = \oint_{\partial V} d\boldsymbol{f}\, \boldsymbol{b}(\boldsymbol{r}), \tag{13.27}$$

worin V ein beliebiges Volumen, ∂V seine Einhüllende und $\boldsymbol{b}(\boldsymbol{r})$ ein beliebiges (differenzierbares) Vektorfeld sei. Wir setzen $\boldsymbol{b}(\boldsymbol{r}) = \boldsymbol{c} \times \boldsymbol{a}(\boldsymbol{r})$, worin $\boldsymbol{c}$ ein beliebiger konstanter Vektor sei:

$$\int_V d^3r\, \frac{\partial}{\partial \boldsymbol{r}}\, (\boldsymbol{c} \times \boldsymbol{a}(\boldsymbol{r})) = \oint_{\partial V} d\boldsymbol{f}\, (\boldsymbol{c} \times \boldsymbol{a}(\boldsymbol{r}))\,. \tag{13.28}$$

Im Integranden der linken Seite ist

$$\begin{aligned} \frac{\partial}{\partial \boldsymbol{r}}\, (\boldsymbol{c} \times \boldsymbol{a}(\boldsymbol{r})) &= \partial_\alpha\, \epsilon_{\alpha\beta\gamma}\, c_\beta\, a_\gamma(\boldsymbol{r}) = -c_\beta\, \epsilon_{\beta\alpha\gamma}\, \partial_\alpha\, a_\gamma(\boldsymbol{r}) = \\ &= -\boldsymbol{c} \left(\frac{\partial}{\partial \boldsymbol{r}} \times \boldsymbol{a}(\boldsymbol{r}) \right). \end{aligned} \tag{13.29}$$

Das Spatprodukt im Integranden der rechten Seite in (13.28) formen wir wie folgt um:

$$df\ (\boldsymbol{c} \times \boldsymbol{a}(\boldsymbol{r})) = \boldsymbol{c}\ (\boldsymbol{a}(\boldsymbol{r}) \times d\boldsymbol{f}) = -\boldsymbol{c}\ (d\boldsymbol{f} \times \boldsymbol{a}(\boldsymbol{r}))\,. \tag{13.30}$$

Einsetzen von (13.29) und (13.30) in (13.28) führt auf

$$\boldsymbol{c} \int_V d^3r\, \frac{\partial}{\partial \boldsymbol{r}} \times \boldsymbol{a}(\boldsymbol{r}) = \boldsymbol{c} \oint_{\partial V} d\boldsymbol{f} \times \boldsymbol{a}(\boldsymbol{r}),$$

bzw., weil $\boldsymbol{c}$ beliebig ist, auf

$$\int_V d^3r\, \frac{\partial}{\partial \boldsymbol{r}} \times \boldsymbol{a}(\boldsymbol{r}) = \oint_{\partial V} d\boldsymbol{f} \times \boldsymbol{a}(\boldsymbol{r}). \tag{13.31}$$

13.3 Mikroskopische und makroskopische Beschreibung von Feldern in Materie

Bei der phänomenologischen Beschreibung von elektrischen und magnetischen Feldern in Materie im Abschnitt 13.1 haben wir Polarisationsladungen, -ströme sowie Magnetisierungsströme als rein phänomenologische Begriffe eingeführt, ohne deren mikroskopischen Hintergrund zu diskutieren. In diesem Abschnitt wollen wir zeigen, wie sich diese phänomenologischen Begriffe und die mit ihnen zusammenhängende elektrische Polarisation und Magnetisierung auf mikroskopische Vorstellungen gründen lassen.

13.3.1 Mikroskopische Ladungs– und Flussdichte

Es seien $\boldsymbol{r}_i(t)$ die Orte bzw. Bahnen von Teilchen $i = 1, 2, \ldots, N$ mit der jeweiligen elektrischen Ladung q_i in der Struktur von Materie, z.B. von Elektronen oder Ionen. Diese mikroskopischen Ladungen führen zu einer mikroskopischen Ladungsdichte

$$\widehat{\rho}(\boldsymbol{r}, t) = \sum_i q_i\, \delta\left(\boldsymbol{r} - \boldsymbol{r}_i(t)\right), \tag{13.32}$$

vgl. auch Abschnitt 2.4.1. Im Folgenden werden wir alle mikroskopischen Variablen durch $\widehat{\rho}, \widehat{\boldsymbol{j}}, \ldots$ usw. bezeichnen. Zu der mikroskopischen Ladungsdichte $\widehat{\rho}$ gehört eine mikroskopische Flussdichte

$$\begin{aligned}\widehat{\boldsymbol{j}}(\boldsymbol{r},t) &= \widehat{\rho}(\boldsymbol{r},t)\,\boldsymbol{v}(\boldsymbol{r},t) = \sum_i q_i\,\boldsymbol{v}(\boldsymbol{r},t)\,\delta\left(\boldsymbol{r}-\boldsymbol{r}_i(t)\right) = \\ &= \sum_i q_i\,\boldsymbol{v}_i(t)\,\delta\left(\boldsymbol{r}-\boldsymbol{r}_i(t)\right),\end{aligned} \tag{13.33}$$

vgl. auch Abschnitt 5.1.1. Hier ist $\boldsymbol{v}_i(t) = d\boldsymbol{r}_i(t)/dt$ die Geschwindigkeit des Teilchens Nr. i. $\widehat{\rho}$ und $\widehat{\boldsymbol{j}}$ erfüllen die Bedingung der Ladungserhaltung, denn

$$\begin{aligned}\frac{\partial}{\partial t}\,\widehat{\rho}(\boldsymbol{r},t) &= \sum_i q_i\,\frac{\partial}{\partial t}\,\delta\left(\boldsymbol{r}-\boldsymbol{r}_i(t)\right) = -\sum_i q_i\,\boldsymbol{v}_i(t)\,\frac{\partial}{\partial \boldsymbol{r}}\,\delta\left(\boldsymbol{r}-\boldsymbol{r}_i(t)\right), \\ \frac{\partial}{\partial \boldsymbol{r}}\,\widehat{\boldsymbol{j}}(\boldsymbol{r},t) &= \sum_i q_i\,\boldsymbol{v}_i(t)\,\frac{\partial}{\partial \boldsymbol{r}}\,\delta\left(\boldsymbol{r}-\boldsymbol{r}_i(t)\right),\end{aligned}$$

so dass

$$\frac{\partial}{\partial t}\,\widehat{\rho}(\boldsymbol{r},t) + \frac{\partial}{\partial \boldsymbol{r}}\,\widehat{\boldsymbol{j}}(\boldsymbol{r},t) = 0. \tag{13.34}$$

Der Gradient der δ–Funktion $\partial\,\delta(\boldsymbol{r}-\boldsymbol{r}_i(t))/\partial\boldsymbol{r}$ ist ein symbolischer Ausdruck. Wir stellen die δ–Funktion durch einen geeigneten Grenzübergang in einer differenzierbaren Funktion dar, vgl. Anhang B, bilden aber zuerst den Gradienten und führen dann den Grenzübergang aus.

Die mikroskopischen Ladungs– und Flussdichten führen zu mikroskopischen Potentialen

$$\begin{aligned}\widehat{\Phi}(\boldsymbol{r},t) &= \frac{1}{4\,\pi\,\epsilon_0}\int d^3r'\,\frac{\widehat{\rho}\left(\boldsymbol{r}',t-\dfrac{|\boldsymbol{r}-\boldsymbol{r}'|}{c}\right)}{|\boldsymbol{r}-\boldsymbol{r}'|}, \\ \widehat{\boldsymbol{A}}(\boldsymbol{r},t) &= \frac{\mu_0}{4\,\pi}\int d^3r'\,\frac{\widehat{\boldsymbol{j}}\left(\boldsymbol{r}',t-\dfrac{|\boldsymbol{r}-\boldsymbol{r}'|}{c}\right)}{|\boldsymbol{r}-\boldsymbol{r}'|},\end{aligned} \tag{13.35}$$

vgl. Abschnitt 10.1.

13.3.2 Mittelung

Durch eine geeignete Mittelung über die mikroskopischen Ladungen und Ströme kommen wir zu makroskopischen Ausdrücken, die uns hier interessieren sollen. Das Problem solcher Mittelungen hatten wir bereits im Abschnitt 2.4.3 angeschnitten. Die mikroskopischen Größen sollen über ein Volumen ΔV gemittelt werden, z.B. die mikroskopische Ladungsdichte

$$\rho(\boldsymbol{r},t) = \frac{1}{\Delta V}\int_{\Delta V} d^3s\, \widehat{\rho}(\boldsymbol{r}+\boldsymbol{s},t), \tag{13.36}$$

wobei ΔV so zu wählen ist, dass es

- einerseits immer noch sehr viele mikroskopische Teilchen enthält, aber
- andererseits hinreichend klein ist, um noch Änderungen der Ladungsdichte auf einer makroskopischen Längenskala zu erfassen.

Wir schreiben die Mittelung in (13.36) in der Form

$$\rho(\boldsymbol{r},t) = \int d^3s\, f(\boldsymbol{s})\widehat{\rho}(\boldsymbol{r}+\boldsymbol{s},t), \tag{13.37}$$

worin $f(\boldsymbol{s}) \neq 0$ nur in $\boldsymbol{s} \in \Delta V$ und

$$\int d^3s\, f(\boldsymbol{s}) = 1.$$

Wir erhalten (13.36) aus (13.37) für

$$f(\boldsymbol{s}) = \begin{cases} 1/\Delta V & \text{für} \quad \boldsymbol{s} \in \Delta V, \\ 0 & \text{für} \quad \boldsymbol{s} \notin \Delta V, \end{cases} \tag{13.38}$$

aber auch jede glatte Funktion $f(\boldsymbol{s})$ mit analogen Eigenschaften ist für die Mittelung geeignet.

Wenden wir nun die Mittelung auf die Darstellung des mikroskopischen skalaren Potentials $\widehat{\Phi}(\boldsymbol{r},t)$ durch die mikroskopische Ladungsdichte $\widehat{\rho}(\boldsymbol{r},t)$ in (13.35) an, so erhalten wir

$$\begin{aligned}\Phi(\boldsymbol{r},t) &:= \int d^3s\, f(\boldsymbol{s})\, \widehat{\Phi}(\boldsymbol{r}+\boldsymbol{s},t) \\ &= \frac{1}{4\pi\epsilon_0}\int d^3s\, f(\boldsymbol{s}) \int d^3r'\, \frac{\widehat{\rho}\left(\boldsymbol{r}',t-\dfrac{|\boldsymbol{r}+\boldsymbol{s}-\boldsymbol{r}'|}{c}\right)}{|\boldsymbol{r}+\boldsymbol{s}-\boldsymbol{r}'|}.\end{aligned}$$

Hier substituieren wir $\boldsymbol{r}'' := \boldsymbol{r}' - \boldsymbol{s}$ als neue Integrations–Variable statt $\boldsymbol{r}'$ und erhalten weiter

$$\begin{aligned}\Phi(\boldsymbol{r},t) &= \frac{1}{4\pi\epsilon_0}\int d^3s\, f(\boldsymbol{s}) \int d^3r''\, \frac{\widehat{\rho}\left(\boldsymbol{r}''+\boldsymbol{s},t-\dfrac{|\boldsymbol{r}-\boldsymbol{r}''|}{c}\right)}{|\boldsymbol{r}-\boldsymbol{r}''|} \\ &= \frac{1}{4\pi\epsilon_0}\int d^3r''\, \frac{1}{|\boldsymbol{r}-\boldsymbol{r}''|}\int d^3s\, f(\boldsymbol{s})\, \widehat{\rho}\left(\boldsymbol{r}''+\boldsymbol{s},t-\frac{|\boldsymbol{r}-\boldsymbol{r}''|}{c}\right) \\ &= \frac{1}{4\pi\epsilon_0}\int d^3r'\, \frac{\rho\left(\boldsymbol{r}',t-\dfrac{|\boldsymbol{r}-\boldsymbol{r}'|}{c}\right)}{|\boldsymbol{r}-\boldsymbol{r}'|},\end{aligned} \tag{13.39}$$

worin wir die Definition der gemittelten Ladungsdichte in (13.36) für den Ort $\boldsymbol{r}''$ statt $\boldsymbol{r}$ und für die retardierte Zeit $t - |\boldsymbol{r}-\boldsymbol{r}''|/c$ statt t benutzt und die Integrations–Variable $\boldsymbol{r}''$ wieder in $\boldsymbol{r}'$ zurückbenannt haben.

Wir haben mit (13.39) ein Ergebnis erhalten, das identisch mit jenem im Vakuum im Abschnitt 10.1.3 ist. Wir müssen die gemittelte Ladungsdichte $\rho(\boldsymbol{r},t)$ als die Dichte der *freien* ("wahren") Ladungen *ohne* Polarisationsladungen interpretieren. Letztere sind mikroskopische Ladungen, die offensichtlich durch die Mittelung eliminiert worden sind. Konsequenterweise erhalten wir dann auch ein gemitteltes Potential $\Phi(\boldsymbol{r},t)$, das nur von den freien Ladungen erzeugt wird. Analoge Schlüsse treffen auch auf das mittlere Vektor–Potential zu, das wir durch dieselbe Mittelung aus dem mikroskopischen Vektor–Potential in (13.35) berechnen und das nur durch die mittlere, freie Flussdichte $\boldsymbol{j}(\boldsymbol{r},t)$ bestimmt ist.

Die soeben ausgeführte Mittelung ist offensichtlich zu grob, indem sie sämtliche durch Polarisation und Magnetisierung entstehenden mikroskopischen Effekte eliminiert. Um diese Elimination zu verhindern und tatsächlich zu einer mikroskopischen Beschreibung von Polarisation und Magnetisierung zu kommen, werden wir anders vorgehen müssen, nämlich zunächst durch eine Multipol–Entwicklung in $\widehat{\rho}$ und $\widehat{\boldsymbol{j}}$ mikroskopische elektrische und magnetische Dipole bzw. deren Dichten einführen und erst dann Mittelungen durchführen.

13.3.3 Mikroskopische Multipol–Entwicklung

Wir gehen von den Ausdrücken (13.35) für das mikroskopische skalare Potential $\widehat{\Phi}$ und das mikroskopische Vektor–Potential $\widehat{\boldsymbol{A}}$ aus und führen dort eine Multipol–Entwicklung nach den mikroskopischen elektrischen und magnetischen Dipolen durch. Dabei können wir uns formal auf die dynamische Multipol–Entwicklung im Abschnitt 10.3 stützen. Für das Vektor–Potential benutzen wir das dort hergeleitete Ergebnis

$$\boldsymbol{A}(\boldsymbol{r},t) = \frac{\mu_0}{4\pi}\left\{\frac{1}{r}\dot{\boldsymbol{p}}\left(t-\frac{r}{c}\right) + \frac{\partial}{\partial \boldsymbol{r}}\times\left[\frac{1}{r}\boldsymbol{m}\left(t-\frac{r}{c}\right)\right]\right\},$$

und für das skalare Potential

$$\Phi(\boldsymbol{r},t) = -\frac{1}{4\pi\epsilon_0}\frac{\partial}{\partial \boldsymbol{r}}\left[\frac{1}{r}\boldsymbol{p}\left(t-\frac{r}{c}\right)\right].$$

Wir erinnern daran, dass in diesen Ergebnissen ausschließlich die Multipol–Entwicklung bis zur Ordnung der Dipol–Terme benutzt wurde, jedoch noch keine Fernfeld–Näherung ausgeführt wurde und auch nicht etwa statische Beiträge vernachlässigt wurden. Für den Fall vieler mikroskopischer elektrischer Dipole $\boldsymbol{p}_i(t)$ und magnetischer Dipole $\boldsymbol{m}_i(t)$ jeweils an den Orten $\boldsymbol{r}_i$ mit $i = 1, 2, \ldots, N$ sind die obigen Ausdrücke für die Potentiale umzuformulieren in

$$\begin{aligned}\widehat{\boldsymbol{A}}(\boldsymbol{r},t) &= \frac{\mu_0}{4\pi}\sum_i\left\{\frac{1}{|\boldsymbol{r}-\boldsymbol{r}_i|}\dot{\boldsymbol{p}}_i\left(t-\frac{|\boldsymbol{r}-\boldsymbol{r}_i|}{c}\right)+\right.\\ &\quad\left.+\frac{\partial}{\partial \boldsymbol{r}}\times\left[\frac{1}{|\boldsymbol{r}-\boldsymbol{r}_i|}\boldsymbol{m}_i\left(t-\frac{|\boldsymbol{r}-\boldsymbol{r}_i|}{c}\right)\right]\right\}, \qquad (13.40)\\ \widehat{\Phi}(\boldsymbol{r},t) &= -\frac{1}{4\pi\epsilon_0}\sum_i\frac{\partial}{\partial \boldsymbol{r}}\left[\frac{1}{|\boldsymbol{r}-\boldsymbol{r}_i|}\boldsymbol{p}_i\left(t-\frac{|\boldsymbol{r}-\boldsymbol{r}_i|}{c}\right)\right]. \qquad (13.41)\end{aligned}$$

Wir erkennen, dass diese mikroskopischen Potentiale ausschließlich die Beiträge der mikroskopischen Dipole, nicht jedoch Beiträge von den freien Ladungen enthalten. Letztere müssen am Ende der folgenden Umformungen noch hinzugefügt werden. Zunächst führen wir analog zu den mikroskopischen Ladungs– und Flussdichten in (13.32) und (13.33) räumliche Dichten der elektrischen und magnetischen Dipole ein:

$$\widehat{\boldsymbol{P}}(\boldsymbol{r},t) = \sum_i \boldsymbol{p}_i(t)\,\delta\left(\boldsymbol{r}-\boldsymbol{r}_i\right), \tag{13.42}$$

$$\widehat{\boldsymbol{M}}(\boldsymbol{r},t) = \sum_i \boldsymbol{m}_i(t)\,\delta\left(\boldsymbol{r}-\boldsymbol{r}_i\right). \tag{13.43}$$

Mit diesen Definitionen lassen sich die Potentiale $\widehat{\boldsymbol{A}}$ und $\widehat{\Phi}$ in (13.40) und (13.41) umschreiben in

$$\begin{aligned}\widehat{\boldsymbol{A}}(\boldsymbol{r},t) &= \frac{\mu_0}{4\pi}\int d^3r'\left\{\frac{1}{|\boldsymbol{r}-\boldsymbol{r}'|}\,\dot{\widehat{\boldsymbol{P}}}\left(\boldsymbol{r}',t-\frac{|\boldsymbol{r}-\boldsymbol{r}'|}{c}\right)+\right.\\ &\left.+\frac{\partial}{\partial\boldsymbol{r}}\times\left[\frac{1}{|\boldsymbol{r}-\boldsymbol{r}'|}\,\widehat{\boldsymbol{M}}\left(\boldsymbol{r}',t-\frac{|\boldsymbol{r}-\boldsymbol{r}'|}{c}\right)\right]\right\}, \end{aligned}\tag{13.44}$$

$$\widehat{\Phi}(\boldsymbol{r},t) = -\frac{1}{4\pi\epsilon_0}\int d^3r'\,\frac{\partial}{\partial\boldsymbol{r}}\left[\frac{1}{|\boldsymbol{r}-\boldsymbol{r}'|}\,\widehat{\boldsymbol{P}}\left(\boldsymbol{r}',t-\frac{|\boldsymbol{r}-\boldsymbol{r}'|}{c}\right)\right]. \tag{13.45}$$

Im nächsten Schritt führen wir die Mittelung durch, wie wir sie im vorhergehenden Abschnitt 13.3.2 beschrieben haben,

$$\left.\begin{array}{c}\boldsymbol{A}(\boldsymbol{r},t)\\ \Phi(\boldsymbol{r},t)\\ \boldsymbol{P}(\boldsymbol{r},t)\\ \boldsymbol{M}(\boldsymbol{r},t)\end{array}\right\} = \int d^3s\,f(\boldsymbol{s})\left\{\begin{array}{c}\widehat{\boldsymbol{A}}(\boldsymbol{r},t)\\ \widehat{\Phi}(\boldsymbol{r},t)\\ \widehat{\boldsymbol{P}}(\boldsymbol{r},t)\\ \widehat{\boldsymbol{M}}(\boldsymbol{r},t)\end{array}\right. \tag{13.46}$$

und erhalten damit aus (13.44) und (13.45)

$$\boldsymbol{A}(\boldsymbol{r},t) = \frac{\mu_0}{4\pi}\int d^3r'\left\{\frac{1}{|\boldsymbol{r}-\boldsymbol{r}'|}\,\dot{\boldsymbol{P}}\left(\boldsymbol{r}',t-\frac{|\boldsymbol{r}-\boldsymbol{r}'|}{c}\right)+\right.$$

$$+\frac{\partial}{\partial \boldsymbol{r}} \times \left[\frac{1}{|\boldsymbol{r}-\boldsymbol{r}'|} \boldsymbol{M}\left(\boldsymbol{r}', t-\frac{|\boldsymbol{r}-\boldsymbol{r}'|}{c}\right)\right]\Bigg\}, \tag{13.47}$$

$$\Phi(\boldsymbol{r}, t) = -\frac{1}{4\pi\epsilon_0} \int d^3r' \frac{\partial}{\partial \boldsymbol{r}} \left[\frac{1}{|\boldsymbol{r}-\boldsymbol{r}'|} \boldsymbol{P}\left(\boldsymbol{r}', t-\frac{|\boldsymbol{r}-\boldsymbol{r}'|}{c}\right)\right]. \tag{13.48}$$

In den Integranden dieser Ausdrücke, soweit sie Ableitungen $\partial/\partial \boldsymbol{r}$ als Divergenz oder Rotation enthalten, formen wir wie folgt um:

$$\begin{aligned}\frac{\partial}{\partial \boldsymbol{r}} \left[\frac{1}{|\boldsymbol{r}-\boldsymbol{r}'|} \boldsymbol{P}\left(\boldsymbol{r}', t-\frac{|\boldsymbol{r}-\boldsymbol{r}'|}{c}\right)\right] &= \\ = -\frac{\partial}{\partial \boldsymbol{r}'} \left[\frac{1}{|\boldsymbol{r}-\boldsymbol{r}'|} \boldsymbol{P}\left(\boldsymbol{r}', t-\frac{|\boldsymbol{r}-\boldsymbol{r}'|}{c}\right)\right] &+ \\ +\frac{1}{|\boldsymbol{r}-\boldsymbol{r}'|} \left[\frac{\partial}{\partial \boldsymbol{r}'} \boldsymbol{P}(\boldsymbol{r}', t')\right]_{t'=\tau}, \qquad \tau = t-\frac{|\boldsymbol{r}-\boldsymbol{r}'|}{c}.\end{aligned} \tag{13.49}$$

Zur Begründung dieser Umformung: Der Ausdruck auf der linken Seite hängt von $\boldsymbol{r}$ nur in der Kombination $\boldsymbol{r}-\boldsymbol{r}'$ ab, und für diese Kombination darf $\partial/\partial \boldsymbol{r} = -\partial/\partial \boldsymbol{r}'$ gesetzt werden. Allerdings tritt außerdem eine Abhängigkeit von $\boldsymbol{r}'$ allein im räumlichen Argument in $\boldsymbol{P}(\boldsymbol{r}', \ldots)$ auf. Deren Beitrag muss auf der rechten Seite durch den zweiten Term kompensiert werden. Aus (13.49) folgt durch Integration über $\boldsymbol{r}'$ unter Verwendung des Gaußschen Integralsatzes

$$\begin{aligned}\int d^3r' \frac{\partial}{\partial \boldsymbol{r}} \left[\frac{1}{|\boldsymbol{r}-\boldsymbol{r}'|} \boldsymbol{P}\left(\boldsymbol{r}', t-\frac{|\boldsymbol{r}-\boldsymbol{r}'|}{c}\right)\right] &= \\ = \int d^3r' \frac{1}{|\boldsymbol{r}-\boldsymbol{r}'|} \left[\frac{\partial}{\partial \boldsymbol{r}'} \boldsymbol{P}(\boldsymbol{r}', t')\right]_{t'=\tau}, \qquad \tau = t-\frac{|\boldsymbol{r}-\boldsymbol{r}'|}{c},\end{aligned} \tag{13.50}$$

weil

$$\begin{aligned}\int d^3r' \frac{\partial}{\partial \boldsymbol{r}'} \left[\frac{1}{|\boldsymbol{r}-\boldsymbol{r}'|} \boldsymbol{P}\left(\boldsymbol{r}', t-\frac{|\boldsymbol{r}-\boldsymbol{r}'|}{c}\right)\right] &= \\ = \int_{\infty} d\boldsymbol{f}' \frac{1}{|\boldsymbol{r}-\boldsymbol{r}'|} \boldsymbol{P}\left(\boldsymbol{r}', t-\frac{|\boldsymbol{r}-\boldsymbol{r}'|}{c}\right) &= 0,\end{aligned}$$

wobei vorauszusetzen ist, dass $\boldsymbol{P}(\boldsymbol{r}', \ldots) = 0$ auf der ∞–fernen Grenzfläche, also für $|\boldsymbol{r}'| \to \infty$.

Völlig analog zu (13.49) ist

$$\begin{aligned}
&\frac{\partial}{\partial \boldsymbol{r}} \times \left[\frac{1}{|\boldsymbol{r}-\boldsymbol{r}'|} \boldsymbol{M}\left(\boldsymbol{r}', t - \frac{|\boldsymbol{r}-\boldsymbol{r}'|}{c} \right) \right] = \\
&\quad = -\frac{\partial}{\partial \boldsymbol{r}'} \times \left[\frac{1}{|\boldsymbol{r}-\boldsymbol{r}'|} \boldsymbol{M}\left(\boldsymbol{r}', t - \frac{|\boldsymbol{r}-\boldsymbol{r}'|}{c} \right) \right] + \\
&\quad + \frac{1}{|\boldsymbol{r}-\boldsymbol{r}'|} \left[\frac{\partial}{\partial \boldsymbol{r}'} \times \boldsymbol{M}(\boldsymbol{r}', t') \right]_{t'=\tau}, \qquad \tau = t - \frac{|\boldsymbol{r}-\boldsymbol{r}'|}{c}, \qquad (13.51)
\end{aligned}$$

woraus durch Integration über $\boldsymbol{r}'$ in Analogie zu (13.50)

$$\begin{aligned}
&\int d^3r' \frac{\partial}{\partial \boldsymbol{r}} \times \left[\frac{1}{|\boldsymbol{r}-\boldsymbol{r}'|} \boldsymbol{M}\left(\boldsymbol{r}', t - \frac{|\boldsymbol{r}-\boldsymbol{r}'|}{c} \right) \right] = \\
&\quad = \int d^3r' \frac{1}{|\boldsymbol{r}-\boldsymbol{r}'|} \left[\frac{\partial}{\partial \boldsymbol{r}'} \times \boldsymbol{M}(\boldsymbol{r}', t') \right]_{t'=\tau}, \qquad \tau = t - \frac{|\boldsymbol{r}-\boldsymbol{r}'|}{c}, \quad (13.52)
\end{aligned}$$

folgt. Hier haben wir den Gaußschen Integralsatz in der Version (13.31) und das Argument benutzt, dass auch $\boldsymbol{M}(\boldsymbol{r}', \ldots) = 0$ für $|\boldsymbol{r}'| \to \infty$.

Wir definieren jetzt

$$\left.\begin{array}{lrcl}
\text{Polarisations–Ladungsdichte:} & \rho_P(\boldsymbol{r}, t) & = & -\dfrac{\partial}{\partial \boldsymbol{r}} \boldsymbol{P}(\boldsymbol{r}, t), \\[2ex]
\text{Polarisations–Stromdichte:} & \boldsymbol{j}_P(\boldsymbol{r}, t) & = & \dot{\boldsymbol{P}}(\boldsymbol{r}, t), \\[2ex]
\text{Magnetisierungs–Stromdichte:} & \boldsymbol{j}_M(\boldsymbol{r}, t) & = & \dfrac{\partial}{\partial \boldsymbol{r}} \times \boldsymbol{M}(\boldsymbol{r}, t).
\end{array}\right\} \qquad (13.53)$$

Diese Definitionen sind mit jenen in den Abschnitten 13.1.1 und 13.1.2 formal identisch. Die physikalische Übereinstimmung mit den früheren Definitionen ist aber erst dann gesichert, wenn wir zeigen können, dass die durch (13.42) und (13.43) definierten und in (13.46) gemittelten räumlichen Dichten $\boldsymbol{P}$ der elektrischen Dipole und $\boldsymbol{M}$ der magnetischen Dipole in derselben Weise in die inhomogenen Maxwellschen

Gleichungen eingehen wie im Abschnitt 13.1. Wir fassen zunächst unsere obigen Umformungen zusammen, indem wir (13.50) und (13.52) in (13.47) und (13.48) einsetzen und die dabei Definitionen in (13.53) verwenden:

$$\begin{aligned}\boldsymbol{A}(\boldsymbol{r},t) &= \frac{\mu_0}{4\pi}\int d^3r'\,\frac{1}{|\boldsymbol{r}-\boldsymbol{r}'|}\left[\boldsymbol{j}_P\left(\boldsymbol{r}',t-\frac{|\boldsymbol{r}-\boldsymbol{r}'|}{c}\right)+\right.\\ &\qquad\left.+\boldsymbol{j}_M\left(\boldsymbol{r}',t-\frac{|\boldsymbol{r}-\boldsymbol{r}'|}{c}\right)\right], \qquad (13.54)\\ \Phi(\boldsymbol{r},t) &= \frac{1}{4\pi\epsilon_0}\int d^3r'\,\frac{1}{|\boldsymbol{r}-\boldsymbol{r}'|}\,\rho_P\left(\boldsymbol{r}',t-\frac{|\boldsymbol{r}-\boldsymbol{r}'|}{c}\right). \qquad (13.55)\end{aligned}$$

13.3.4 Die Maxwellschen Gleichungen in Materie

Wie wir im Abschnitt 13.3.3 ausgeführt haben, sind die Potentiale in (13.54) und (13.55) nur die der mikroskopischen elektrischen und magnetischen Dipole. Zu ihnen müssen noch die Potentiale der freien ("wahren") Ladungen ρ und ihrer Stromdichten $\boldsymbol{j}$ hinzugefügt werden, so dass wir von

$$\begin{aligned}\boldsymbol{A}(\boldsymbol{r},t) &= \frac{\mu_0}{4\pi}\int d^3r'\,\frac{1}{|\boldsymbol{r}-\boldsymbol{r}'|}\left[\boldsymbol{j}\left(\boldsymbol{r}',t-\frac{|\boldsymbol{r}-\boldsymbol{r}'|}{c}\right)+\right.\\ &\qquad\left.+\boldsymbol{j}_P\left(\boldsymbol{r}',t-\frac{|\boldsymbol{r}-\boldsymbol{r}'|}{c}\right)+\boldsymbol{j}_M\left(\boldsymbol{r}',t-\frac{|\boldsymbol{r}-\boldsymbol{r}'|}{c}\right)\right], \qquad (13.56)\\ \Phi(\boldsymbol{r},t) &= \frac{1}{4\pi\epsilon_0}\int d^3r'\,\frac{1}{|\boldsymbol{r}-\boldsymbol{r}'|}\left[\rho\left(\boldsymbol{r}',t-\frac{|\boldsymbol{r}-\boldsymbol{r}'|}{c}\right)+\right.\\ &\qquad\left.+\rho_P\left(\boldsymbol{r}',t-\frac{|\boldsymbol{r}-\boldsymbol{r}'|}{c}\right)\right] \qquad (13.57)\end{aligned}$$

auszugehen haben. Nach wie vor sind die Felder $\boldsymbol{E}$ und $\boldsymbol{B}$ durch die Potentiale bestimmt, nämlich durch

$$\boldsymbol{E} = -\frac{\partial}{\partial\boldsymbol{r}}\Phi - \frac{\partial}{\partial t}\boldsymbol{A}, \qquad \boldsymbol{B} = \frac{\partial}{\partial\boldsymbol{r}}\times\boldsymbol{A}, \qquad (13.58)$$

woraus die unveränderten homogenen Maxwellschen Gleichungen

$$\frac{\partial}{\partial \boldsymbol{r}} \times \boldsymbol{E} = -\frac{\partial}{\partial t} \boldsymbol{B}, \qquad \frac{\partial}{\partial \boldsymbol{r}} \boldsymbol{B} = 0 \tag{13.59}$$

folgen. Zur Herleitung der inhomogenen Maxwellschen Gleichungen berechnen wir aus (13.58)

$$\begin{aligned} \frac{\partial}{\partial \boldsymbol{r}} \boldsymbol{E} &= -\frac{\partial}{\partial \boldsymbol{r}} \left(\frac{\partial}{\partial \boldsymbol{r}} \Phi \right) - \frac{\partial}{\partial t} \frac{\partial}{\partial \boldsymbol{r}} \boldsymbol{A}, \\ \frac{\partial}{\partial \boldsymbol{r}} \times \boldsymbol{B} &= \frac{\partial}{\partial \boldsymbol{r}} \times \left(\frac{\partial}{\partial \boldsymbol{r}} \times \boldsymbol{A} \right). \end{aligned} \tag{13.60}$$

Es ist

$$\begin{aligned} \frac{\partial}{\partial \boldsymbol{r}} \left(\frac{\partial}{\partial \boldsymbol{r}} \Phi \right) &= \Delta \Phi, \\ \frac{\partial}{\partial \boldsymbol{r}} \times \left(\frac{\partial}{\partial \boldsymbol{r}} \times \boldsymbol{A} \right) &= \frac{\partial}{\partial \boldsymbol{r}} \left(\frac{\partial}{\partial \boldsymbol{r}} \boldsymbol{A} \right) - \Delta \boldsymbol{A}, \end{aligned} \tag{13.61}$$

vgl. auch Anhang C.1.2. Außerdem nehmen wir an, dass die Potentiale $\boldsymbol{A}$ und Φ in Lorentz–Eichung vorliegen:

$$\frac{\partial}{\partial \boldsymbol{r}} \boldsymbol{A} = -\epsilon_0 \, \mu_0 \, \frac{\partial}{\partial t} \Phi, \tag{13.62}$$

vgl. Abschnitt 7.4.2. Wir setzen (13.61) und (13.62) in (13.60) ein und erhalten

$$\frac{\partial}{\partial \boldsymbol{r}} \boldsymbol{E} = -\Delta \Phi + \epsilon_0 \, \mu_0 \, \frac{\partial^2}{\partial t^2} \Phi = -\Box \Phi, \tag{13.63}$$

$$\begin{aligned} \frac{\partial}{\partial \boldsymbol{r}} \times \boldsymbol{B} &= \frac{\partial}{\partial \boldsymbol{r}} \left(\frac{\partial}{\partial \boldsymbol{r}} \boldsymbol{A} \right) - \Delta \boldsymbol{A} \\ &= \epsilon_0 \, \mu_0 \, \frac{\partial}{\partial t} \left(-\frac{\partial}{\partial \boldsymbol{r}} \Phi \right) - \Delta \boldsymbol{A} \\ &= \epsilon_0 \, \mu_0 \, \frac{\partial}{\partial t} \left(\boldsymbol{E} + \frac{\partial}{\partial t} \boldsymbol{A} \right) - \Delta \boldsymbol{A} \\ &= \epsilon_0 \, \mu_0 \, \frac{\partial}{\partial t} \boldsymbol{E} - \Box \boldsymbol{A}. \end{aligned} \tag{13.64}$$

Hierin haben wir $\epsilon_0\,\mu_0 = 1/c^2$,

$$\Box = \Delta - \frac{1}{c^2}\,\frac{\partial^2}{\partial t^2},$$

vgl. Abschnitt 7.4.2, und außerdem nochmals die Darstellung (13.58) für $\boldsymbol{E}$ verwendet. Jetzt greifen wir auf Ergebnisse des Abschnitts 10.1 zurück. Dort hatten wir gezeigt, dass Ausdrücke vom Typ der Potentiale in (13.56) und (13.57) Lösungen der Wellen–Gleichungen

$$\Box\,\boldsymbol{A} = -\mu_0\,(\boldsymbol{j} + \boldsymbol{j}_P + \boldsymbol{j}_M)\,, \qquad \Box\,\Phi = -\frac{1}{\epsilon_0}\,(\rho + \rho_P) \tag{13.65}$$

sind, wenn man als Randbedingung fordert, dass die Potentiale im ∞–Fernen verschwinden. Übrigens gelten auch die Wellen–Gleichungen für die Potentiale in (13.65) nur unter der Annahme der Lorentz–Eichung (13.62), vgl. Abschnitt 7.4.2. Wir setzen (13.65) in (13.63) und (13.64) ein und erhalten

$$\frac{\partial}{\partial \boldsymbol{r}}\boldsymbol{E} = \frac{1}{\epsilon_0}\,(\rho + \rho_P)\,, \tag{13.66}$$

$$\frac{\partial}{\partial \boldsymbol{r}} \times \boldsymbol{B} = \epsilon_0\,\mu_0\,\frac{\partial}{\partial t}\boldsymbol{E} + \mu_0\,(\boldsymbol{j} + \boldsymbol{j}_P + \boldsymbol{j}_M)\,, \tag{13.67}$$

und mit den Definitionen (13.53) für ρ_P, $\boldsymbol{j}_P$, $\boldsymbol{j}_M$ auch

$$\frac{\partial}{\partial \boldsymbol{r}}\,(\epsilon_0\,\boldsymbol{E} + \boldsymbol{P}) = \rho, \tag{13.68}$$

$$\frac{\partial}{\partial \boldsymbol{r}} \times \left(\frac{1}{\mu_0}\boldsymbol{B} - \boldsymbol{M}\right) = \boldsymbol{j} + \frac{\partial}{\partial t}\,(\epsilon_0\,\boldsymbol{E} + \boldsymbol{P})\,. \tag{13.69}$$

Diese Gleichungen sind tatsächlich identisch mit den Maxwellschen Gleichungen in Materie, wie wir sie im Rahmen der rein phänomenologischen Theorie in (13.11), (13.12) im Abschnitt 13.1 formuliert hatten. Mit den Überlegungen dieses Abschnitts haben wir also den rein phänomenologischen Ansatz des Abschnitts 13.1 auf eine konsequente mikroskopische Basis gestellt. Damit haben wir auch festgestellt, dass sich die elektrische Polarisation $\boldsymbol{P}$ als räumliche Dichte der mikroskopischen elektrischen Dipole und die Magnetisierung $\boldsymbol{M}$ als räumliche Dichte der mikroskopischen magnetischen Dipole in der Materie interpretieren lassen.

Kapitel 14

Phänomenologische Material–Relationen, Suszeptibilitäten

14.1 Material–Relationen

Wie wir im Abschnitt 6.4 gezeigt haben ist ein Feld durch seine Quellen *und* Wirbel eindeutig bestimmt. Die Maxwellschen Gleichungen im Vakuum,

$$\frac{\partial}{\partial \boldsymbol{r}} \times \boldsymbol{E} = -\frac{\partial}{\partial t} \boldsymbol{B}, \qquad \frac{\partial}{\partial \boldsymbol{r}} \boldsymbol{B} = 0,$$
$$\frac{\partial}{\partial \boldsymbol{r}} \times \boldsymbol{B} = \mu_0 \boldsymbol{j} + \epsilon_0 \mu_0 \frac{\partial}{\partial t} \boldsymbol{E}, \qquad \frac{\partial}{\partial \boldsymbol{r}} \boldsymbol{E} = \frac{1}{\epsilon_0} \rho, \tag{14.1}$$

beschreiben jeweils die Quellen und die Wirbel der beiden Felder $\boldsymbol{E}$ und $\boldsymbol{B}$, legen diese damit eindeutig zu allen Zeiten fest. Die Maxwellschen Gleichungen in Materie,

$$\frac{\partial}{\partial \boldsymbol{r}} \times \boldsymbol{E} = -\frac{\partial}{\partial t} \boldsymbol{B}, \qquad \frac{\partial}{\partial \boldsymbol{r}} \boldsymbol{B} = 0,$$
$$\frac{\partial}{\partial \boldsymbol{r}} \times \boldsymbol{H} = \boldsymbol{j} + \frac{\partial}{\partial t} \boldsymbol{D}, \qquad \frac{\partial}{\partial \boldsymbol{r}} \boldsymbol{D} = \rho, \tag{14.2}$$

beschreiben jedoch vier Felder $\boldsymbol{E}$, $\boldsymbol{B}$, $\boldsymbol{D}$, $\boldsymbol{H}$, und zwar jeweils die Quellen von $\boldsymbol{D}$ und $\boldsymbol{B}$ und die Wirbel von $\boldsymbol{E}$ und $\boldsymbol{H}$, legen also die vier Felder nicht eindeutig fest. Natürlich ist die Situation, dass Materie in gegebene elektrische und magnetische Felder eingebracht wird, aber physikalisch eindeutig. Die vorgegeben Felder können z.B. durch elektrische Ladungen auf Kondensatoren oder durch Ströme in Spulen definiert sein. Folglich müssen die Felder $\boldsymbol{D}$ und $\boldsymbol{H}$, oder – was äquivalent ist – die elektrische Polarisation $\boldsymbol{P}$ und die Magnetisierung $\boldsymbol{M}$ in Materie nach Vorgabe von $\boldsymbol{E}$ und $\boldsymbol{B}$ durch Material–Relationen bestimmt sein. Die allgemeinste Form solcher Material–Beziehungen zwischen Feldern sind *Funktionale*, die wir aus physikalischen Gründen als *kausal* voraussetzen:

$$\left.\begin{aligned} \boldsymbol{P}(\boldsymbol{r},t) &= \boldsymbol{\pi}\left[\boldsymbol{E}(\boldsymbol{r}',t'),\boldsymbol{B}(\boldsymbol{r}',t')\right], \\ \boldsymbol{M}(\boldsymbol{r},t) &= \boldsymbol{\mu}\left[\boldsymbol{E}(\boldsymbol{r}',t'),\boldsymbol{B}(\boldsymbol{r}',t')\right], \end{aligned}\right\} \quad t' \le t. \tag{14.3}$$

Die elektrische Polarisation $\boldsymbol{P}(\boldsymbol{r},t)$ und die Magnetisierung $\boldsymbol{M}(\boldsymbol{r},t)$ am Ort $\boldsymbol{r}$ und zur Zeit t sollen vom Verlauf der Felder $\boldsymbol{E}(\boldsymbol{r}',t'), \boldsymbol{B}(\boldsymbol{r}',t')$ an allen Orten $\boldsymbol{r}'$ und zu allen Zeiten $t' \le t$ abhängen können. Die Bedingung $t' \le t$ drückt gerade die Kausalität aus. Dieser sehr allgemeine funktionale Ansatz lässt die Möglichkeit zu, dass bei der elektrischen und magnetischen Polarisierung von Materie Wechselwirkungen zwischen benachbarten Bereichen $\boldsymbol{r}' \neq \boldsymbol{r}$ auftreten und dass das betreffende Material ein *Gedächtnis* mit $t' < t$ besitzt. Letzteres ist bei der *Hysterese* in Ferromagneten beobachtbar wie sie in der Abbildung 14.1 skizziert ist. Dort ist die Magnetisierung M als Funktion des Feldes H (statt B, s.u.) aufgetragen. Für sehr große Werte von $|H|$ wird eine Sättigungs–Magnetisierung $\pm M_s$ erreicht. Der Verlauf des Zusammenhangs $M(H)$ hängt davon ab, von welchen Werten von H und M man ausgeht. Die Kurve, die von $M = +M_s$ bei $H > 0$ ausgeht und zu $M = -M_s$ bei $H < 0$ führt, hat einen anderen Verlauf als der umgekehrte Vorgang. Die Bestimmung der Funktionale $\boldsymbol{\pi}[\ldots]$ und $\boldsymbol{\mu}[\ldots]$ aus den mikroskopischen Eigenschaften des jeweiligen Materials ist eine typische Problemstellung für die Theoretische Festkörperphysik. Dabei sind außerdem Methoden der Statistischen Physik zu verwenden, weil über die mikroskopische Dynamik der Materialien in geeigneter Weise gemittelt werden muss, vgl. Abschnitt 13.3.

Der funktionale Zusammenhang (14.3) wird gewöhnlich vereinfacht und umgeschrieben in

$$\boldsymbol{P}(\boldsymbol{r},t) = \boldsymbol{\pi}\left[\boldsymbol{E}(\boldsymbol{r}',t')\right], \qquad \boldsymbol{M}(\boldsymbol{r},t) = \boldsymbol{\mu}\left[\boldsymbol{H}(\boldsymbol{r}',t')\right], \qquad t' \le t. \tag{14.4}$$

Es wird also angenommen, dass ausschließlich ein elektrisches Feld $\boldsymbol{E}$ zu einer elektrischen Polarisation $\boldsymbol{P}$ der Materie führt, nicht eine magnetische Flussdichte $\boldsymbol{B}$ bzw.

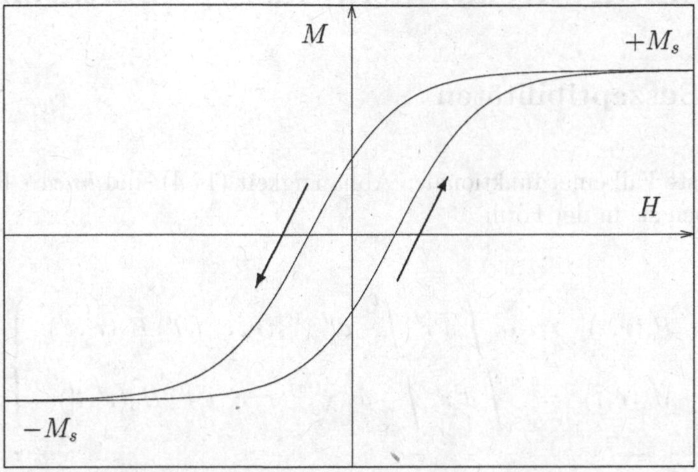

Abbildung 14.1: Hysterese in Ferromagneten: Abhängigkeit von der Vorgeschichte

ein magnetisches Feld $\boldsymbol{H}$. Entsprechend wird angenommen, dass nur $\boldsymbol{B}$ bzw. $\boldsymbol{H}$ zu einer Magnetisierung $\boldsymbol{M}$ in Materie führt, nicht jedoch $\boldsymbol{E}$. Diese Annahmen sind physikalisch plausibel, werden auch empirisch bestätigt, sind jedoch aus der Theorie heraus nicht zwingend. Gelegentlich lassen sich auch Symmetrie–Argumente für diese Vereinfachung anführen.

Weiterhin haben wir in (14.4) $\boldsymbol{\pi}[\boldsymbol{H}(\boldsymbol{r}', t')]$ anstelle von $\boldsymbol{\pi}[\boldsymbol{B}(\boldsymbol{r}', t')]$ geschrieben. Offensichtlich sind beide Schreibweisen möglich und letztlich bezüglich ihrer physikalischen Information auch äquivalent, doch ist die Schreibweise $\boldsymbol{\pi}[\boldsymbol{H}(\boldsymbol{r}', t')]$ die üblichere, zumal das $\boldsymbol{H}$–Feld über die (statische) Maxwellsche Gleichung

$$\frac{\partial}{\partial \boldsymbol{r}} \times \boldsymbol{H} = \boldsymbol{j}$$

auch direkt mit den als bekannt anzunehmenden Strömen z.B. in einer felderzeugenden Spule verknüpft ist.

14.2 Lineare Relationen, Suszeptibilitäten

14.2.1 Suszeptibilitäten

Der einfachste Fall einer funktionalen Abhängigkeit (14.4) sind *lineare* Funktionale. Wir schreiben sie in der Form

$$\left.\begin{aligned} P_\alpha(\boldsymbol{r},t) &= \epsilon_0 \int d^3r' \int_{-\infty}^{t} dt'\, \chi^{(e)}_{\alpha\beta}(\boldsymbol{r},\boldsymbol{r}',t,t')\, E_\beta(\boldsymbol{r}',t'), \\ M_\alpha(\boldsymbol{r},t) &= \int d^3r' \int_{-\infty}^{t} dt'\, \chi^{(m)}_{\alpha\beta}(\boldsymbol{r},\boldsymbol{r}',t,t')\, H_\beta(\boldsymbol{r}',t'). \end{aligned}\right\} \qquad (14.5)$$

Hier haben wir die Forderung der Kausalität explizit berücksichtigt, indem wir die Integration über t' nur bis zur Zeit t erstrecken. Wir können uns die linearen Funktionale in (14.5) als die linearen Terme einer "funktionalen Taylor–Entwicklung" der allgemeinen Ausdrücke in (14.4) vorstellen, d.h., (14.5) ist als lineare Approximation von (14.4) interpretierbar. Dabei haben wir allerdings vorausgesetzt, dass keine Terme 0–ter Ordnung auftreten, d.h., dass $\boldsymbol{P} = 0$, wenn $\boldsymbol{E} = 0$, und $\boldsymbol{M} = 0$, wenn $\boldsymbol{H} = 0$. Wenn diese Voraussetzung nicht zutrifft, besitzt das Material eine sogenannte *spontane* elektrische Polarisation oder Magnetisierung. Die in der Abbildung 14.1 skizzierte Abhängigkeit $M(H)$ für einen Ferromagneten zeigt gerade eine solche spontane Magnetisierung, also $M \neq 0$ bei $H = 0$, die allerdings auch wieder von der "Vorgeschichte" des Systems abhängt. Wir werden uns in diesem Text jedoch auf den Fall beschränken, dass keine spontanen Werte von $\boldsymbol{P}$ und $\boldsymbol{M}$ auftreten.

Die Erwartung, dass die lineare Approximation (14.5) des allgemeinen funktionalen Zusammenhangs (14.4) für nicht zu hohe Werte der Felder $\boldsymbol{E}$ und $\boldsymbol{H}$ eine hinreichende Beschreibung darstellt, wird experimentell bestätigt. Für sehr hohe Felder $\boldsymbol{E}$ und $\boldsymbol{H}$, wie sie etwa in laser–erzeugten Lichtwellen auftreten, muss die Entwicklung (14.5) allerdings um Terme zweiter und sogar dritter Ordnung ergänzt werden. Solche nicht–linearen Abhängigkeiten insbesondere zwischen $\boldsymbol{P}$ und $\boldsymbol{E}$ bilden den Ausgangspunkt für die *Nicht–lineare Optik*, ein aktuelles Forschungsgebiet mit einer inzwischen sehr großen Zahl technologischer Anwendungen.

Die Koeffizienten $\chi^{(e)}_{\alpha\beta}(\ldots)$ bzw. $\chi^{(m)}_{\alpha\beta}(\ldots)$ heißen die (linearen) elektrischen bzw. magnetischen *Suszeptibilitäten.* Schon aus formalen mathematischen Gründen müssen sie *Tensoren* sein, weil sie zwei Vektorfelder $\boldsymbol{P}$ und $\boldsymbol{E}$ bzw. $\boldsymbol{M}$ und $\boldsymbol{H}$ miteinander verknüpfen. Daraus folgt auch bereits ihr Tensor–Charakter, vgl. Abschnitt 3.2.2.

Unter Verwendung von thermodynamischen Argumenten lässt sich zeigen, dass die Suszeptibilitäten *symmetrische* Tensoren sind, also

$$\chi^{(e)}_{\alpha\beta}(\ldots) = \chi^{(e)}_{\beta\alpha}(\ldots), \qquad \chi^{(m)}_{\alpha\beta}(\ldots) = \chi^{(m)}_{\beta\alpha}(\ldots). \tag{14.6}$$

Dann können wir nach einem bekannten Satz der Linearen Algebra in dem Material stets ein Koordinaten–System finden, in dem die Tensoren $\chi^{(e)}_{\alpha\beta}(\ldots)$ und $\chi^{(m)}_{\alpha\beta}(\ldots)$ *diagonale* Gestalt haben. Wenn das Material *kubische* Symmetrie besitzt, müssen die drei diagonalen Terme übereinstimmen, weil eine Drehung um eine der kubischen Achsen um einen rechten Winkel die diagonalen Terme untereinander vertauscht, die physikalische Situation aber nicht ändert. Ein ähnliches Argument zeigt, dass die diagonalen Terme auch in Materialien mit *hexagonaler* Symmetrie übereinstimmen. In all diesen Fällen lassen sich die linearen Relationen in (14.5) in der Form

$$\left.\begin{aligned} \boldsymbol{P}(\boldsymbol{r},t) &= \epsilon_0 \int d^3r' \int_{-\infty}^{t} dt'\, \chi^{(e)}(\boldsymbol{r},\boldsymbol{r}',t,t')\, \boldsymbol{E}(\boldsymbol{r}',t'), \\ \boldsymbol{M}(\boldsymbol{r},t) &= \int d^3r' \int_{-\infty}^{t} dt'\, \chi^{(m)}(\boldsymbol{r},\boldsymbol{r}',t,t')\, \boldsymbol{H}(\boldsymbol{r}',t'). \end{aligned}\right\} \tag{14.7}$$

schreiben, d.h., dass $\boldsymbol{P}$ parallel zu $\boldsymbol{E}$ und $\boldsymbol{M}$ parallel zu $\boldsymbol{H}$ ist. Das gilt natürlich auch in Materialien, die makroskopisch isotrop sind, z.B. in amorphen Materialien, in Gasen und Füssigkeiten. Zur Vereinfachung der Schreibweise werden wir im Folgenden fast immer den isotropen Zusammenhang (14.7) verwenden. Die Verallgemeinerung auf den vollständigen tensoriellen Fall bereitet keine Schwierigkeiten.

14.2.2 Ohmsches Gesetz, Hall–Effekt

In leitenden Materialien, z.B. Metallen, Halbleitern, elektrolytischen Flüssigkeiten, kommt es bei Anlegen eines elektrischen Feldes $\boldsymbol{E}$ zu einem Stromfluss. Allgemein müssten wir hierfür einen funktionalen Zusammenhang zwischen der sich einstellenden Stromdichte $\boldsymbol{j}$ und dem Feld $\boldsymbol{E}$ formulieren:

$$\boldsymbol{j}(\boldsymbol{r},t) = \boldsymbol{\sigma}[\boldsymbol{E}(\boldsymbol{r}',t')].$$

Auch hier denken wir uns die lineare Approximation nach dem Muster im Abschnitt 14.2.1 durchgeführt und erhalten dann

$$\boldsymbol{j}(\boldsymbol{r},t) = \int d^3r' \int_{-\infty}^{t} dt'\,\sigma(\boldsymbol{r},\boldsymbol{r}',t,t')\,\boldsymbol{E}(\boldsymbol{r}',t'). \tag{14.8}$$

Dieser lineare Zusammenhang wird als *Ohmsches Gesetz* bezeichnet, und $\sigma(\ldots)$ als *spezifische elektrische Leitfähigkeit.* Es ist zu betonen, dass es sich um eine approximative Materialgleichung handelt, die experimentell allerdings in fast allen leitenden Materialien bestätigt wird.

Die bisher in diesem Text entwickelte Elektrodynamik erfüllte die drei Invarianzen gegen Zeitumkehr T, gegen Paritätsumkehr P und gegen Ladungsumkehr C. Im Kapitel 7 haben wir diese Invarianzen sogar zur Formulierung der Maxwellschen Gleichungen herangezogen. Das trifft auch auf die linearen Material–Relationen zwischen $\boldsymbol{P}$ und $\boldsymbol{E}$ und zwischen $\boldsymbol{M}$ und $\boldsymbol{H}$ in (14.7) zu. Insbesondere verhalten sich $\boldsymbol{P}$ und $\boldsymbol{E}$ beide gerade unter T und $\boldsymbol{M}$ und $\boldsymbol{H}$ beide ungerade unter T. (Dieses Verhalten von $\boldsymbol{P}$ und $\boldsymbol{M}$ lässt sich aus deren Definition als räumliche Dichte elektrischer bzw. magnetischer Dipole gewinnen.) Das Ohmsche Gesetz jedoch bricht die Invarianz gegen die Zeit–Umkehr T: die Stromdichte $\boldsymbol{j}$ auf der linken Seite verhält sich ungerade unter T, das elektrische Feld $\boldsymbol{E}$ auf der rechten Seite dagegen gerade unter T. Die elektrische Leitung in Materialien ist also ein *irreversibler* Prozess. Dabei wird Feldenergie in sogenannte *Stromwärme* umgewandelt. Das geht auch aus der Bilanz der Energie hervor, die wir im Abschnitt 8.2.1 hergeleitet haben:

$$\frac{\partial w}{\partial t} + \frac{\partial}{\partial \boldsymbol{r}}\boldsymbol{S} = -\boldsymbol{j}\,\boldsymbol{E}. \tag{14.9}$$

Der Term $-\boldsymbol{j}\,\boldsymbol{E}$ auf der rechten Seite beschreibt den Energie–Austausch zwischen dem Feld und den geladenen Teilchen, die die Stromdichte $\boldsymbol{j}$ tragen. Für die elektrische Leitung ist stets $\boldsymbol{j}\,\boldsymbol{E} > 0$, wenn überhaupt ein Feld $\boldsymbol{E} \neq 0$ und eine Stromdichte $\boldsymbol{j} \neq 0$ auftreten. Der Strom "folgt" dem elektrischen Feld, fließt also dem Feld niemals entgegen. Es ist demnach stets $-\boldsymbol{j}\,\boldsymbol{E} < 0$: Feldenergie geht auf die Teilchen über und wird von ihnen durch Stöße ("Reibung") letztlich als Stromwärme, auch *Ohmsche Wärme* genannt, auf das Material übertragen. Dass dieser Prozess nicht umgekehrt ablaufen kann, ist eine Folge des zweiten Hauptsatzes der Thermodynamik, weil bei der Erzeugung von Stromwärme Entropie erzeugt wird.

Wenn in einem leitenden Material außer dem elektrischen Feld $\boldsymbol{E}$ auch eine magnetische Flussdichte $\boldsymbol{B}$ auftritt, erfahren die Ladungsträger eine Lorentz–Kraft $\boldsymbol{F}_L = q\,\boldsymbol{v} \times \boldsymbol{B}$, worin q die Ladung pro Teilchen und $\boldsymbol{v}$ seine Geschwindigkeit ist. Wir nehmen an, dass $\boldsymbol{B}$ nicht die Richtung von $\boldsymbol{j} = \rho\,\boldsymbol{v}$ besitzt, vgl. Abschnitt 5.1.1, so dass $\boldsymbol{v} \times \boldsymbol{B} \neq 0$. Die Lorentz–Kraft lenkt die Ladungsträger senkrecht zur Stromrichtung $\boldsymbol{j}$ ab. In einem räumlich begrenzten Leiter, z.B. einem Draht, kommt es so zu einer Aufladung des Randes. Dadurch wird ein elektrisches Feld $\boldsymbol{E}_H$, das sogenannte *Hall–Feld*, aufgebaut. Dieser Vorgang läuft so lange weiter, bis das Hall–Feld die Lorentz–Kraft $\boldsymbol{F}_L$ kompensiert, also

$$\boldsymbol{E}_H = -\boldsymbol{v} \times \boldsymbol{B} = -R\,\boldsymbol{j} \times \boldsymbol{B}, \qquad R = \frac{1}{\rho}, \tag{14.10}$$

Die Konstante $R = 1/\rho$ wird auch *Hall–Konstante* genannt. Da $\rho = q\,n$, worin n die räumliche Dichte der Ladungsträger ist, erlaubt die Messung der Hall–Konstanten eine experimentelle Bestimmung der Ladungsträger–Dichte in Leitern.

14.3 Fourier–Transformation

14.3.1 Zeitliche und räumliche Homogenität

Wir nehmen an, dass das betrachtete Material stationär bzw. *zeitlich homogen* ist. Es sollen in dem Material also keine Prozesse, z.B. Relaxationen, auf einer zeitlich makroskopischen Skala mehr ablaufen. Insbesondere soll sich das Material in einem Zustand des thermodynamischen Gleichgewichts befinden. Dann hängen die Suszeptibilitäten $\chi^{(e)}(\ldots)$ und $\chi^{(m)}(\ldots)$ in den linearen Relationen (14.7) bzw. die spezifische elektrische Leitfähigkeit $\sigma(\ldots)$ in (14.8) nur noch von den Differenzen der Zeitargumente ab:

$$\left.\begin{aligned}
\boldsymbol{P}(\boldsymbol{r},t) &= \epsilon_0 \int d^3r' \int_{-\infty}^{t} dt'\, \chi^{(e)}(\boldsymbol{r},\boldsymbol{r}',t-t')\, \boldsymbol{E}(\boldsymbol{r}',t'), \\
\boldsymbol{M}(\boldsymbol{r},t) &= \int d^3r' \int_{-\infty}^{t} dt'\, \chi^{(m)}(\boldsymbol{r},\boldsymbol{r}',t-t')\, \boldsymbol{H}(\boldsymbol{r}',t'), \\
\boldsymbol{j}(\boldsymbol{r},t) &= \int d^3r' \int_{-\infty}^{t} dt'\, \sigma(\boldsymbol{r},\boldsymbol{r}',t-t')\, \boldsymbol{E}(\boldsymbol{r}',t').
\end{aligned}\right\} \tag{14.11}$$

Nach wie vor kann das Material noch ein "Gedächtnis" besitzen; dieses soll aber nicht von dem absoluten Zeitpunkt abhängen.

Wir wollen die analoge Aussage in Bezug auf die räumliche Struktur des Materials machen, also annehmen, dass es auch *räumlich homogen* ist. Diese Annahme bedarf – im Unterschied zur zeitlichen Homogenität – einer besonderen Diskussion.

Zunächst einmal besitzt jedes Material eine atomare oder molekulare Struktur, ist also auf einer mikroskopischen Skala keineswegs räumlich homogen. Wir haben aber bereits im Abschnitt 13.3.2 eine Mittelung durchgeführt, die ja überhaupt erst die Grundlage für die Begriffe der elektrischen Polarisierung und der Magnetisierung als mittlere räumliche Dichten der elektrischen und magnetischen Dipole geschaffen hat. Diese Mittelung sollte sich über einen Volumenbereich ΔV erstrecken, der hinreichend viele Teilchen enthält, so dass die atomare oder molekulare Inhomogenität der Materie in den Material–Relationen wie (14.11) nicht mehr auftritt.

Es gibt allerdings auch gegen die Annahme einer makroskopischen räumlichen Homogenität einen Einwand, nämlich die Existenz von Grenzflächen, entweder zwischen einem Material und dem Vakuum oder zwischen zwei verschiedenen Materialien. Der Homogenitätsbereich wird in diesen Fällen auf den Raum zwischen den Grenzflächen eingeengt, und die oben erwähnte Mittelung verbietet es, die mikroskopische Nachbarschaft von Grenzflächen in die hier anzustellenden Überlegungen einzubeziehen. Im Übrigen werden zwei homogene Bereiche, die durch eine Grenzfläche getrennt sind, durch die Grenzbedingungen für die Felder verknüpft, die wir im Abschnitt 13.2 hergeleitet hatten.

Unter Beachtung dieser Diskussion machen wir nun die Annahme einer räumlichen Homogenität, nehmen also an, dass die Suszeptibilitäten $\chi^{(e)}(\ldots)$ und $\chi^{(m)}(\ldots)$ bzw. die spezifische elektrische Leitfähigkeit $\sigma(\ldots)$ in in den linearen Relationen (14.11) nur noch von den Differenzen der Ortsvariablen abhängt und erhalten

$$\left.\begin{aligned} \boldsymbol{P}(\boldsymbol{r},t) &= \epsilon_0 \int d^3r' \int_{-\infty}^{t} dt'\, \chi^{(e)}(\boldsymbol{r}-\boldsymbol{r}',t-t')\, \boldsymbol{E}(\boldsymbol{r}',t'), \\ \boldsymbol{M}(\boldsymbol{r},t) &= \int d^3r' \int_{-\infty}^{t} dt'\, \chi^{(m)}(\boldsymbol{r}-\boldsymbol{r}',t-t')\, \boldsymbol{H}(\boldsymbol{r}',t'), \\ \boldsymbol{j}(\boldsymbol{r},t) &= \int d^3r' \int_{-\infty}^{t} dt'\, \sigma(\boldsymbol{r}-\boldsymbol{r}',t-t')\, \boldsymbol{E}(\boldsymbol{r}',t'). \end{aligned}\right\} \tag{14.12}$$

Um ein mögliches Missverständnis zu vermeiden, sei betont, dass hier die zeitliche und räumliche Homogenität der *Material–Eigenschaften* angenommen wurde. Selbstverständlich können aber die Felder $\boldsymbol{E}(\boldsymbol{r},t)$, $\boldsymbol{H}(\boldsymbol{r},t)$ und auch $\boldsymbol{P}(\boldsymbol{r},t)$, $\boldsymbol{M}(\boldsymbol{r},t)$ und $\boldsymbol{j}(\boldsymbol{r},t)$ von Ort und Zeit abhängen, also zeitlich und räumlich inhomogen sein. Das trifft z.B. auf den Fall zu, dass $\boldsymbol{E}(\boldsymbol{r},t)$ und $\boldsymbol{H}(\boldsymbol{r},t)$ elektromagnetische Wellen sind.

14.3.2 Fourier–Transformation

Die zeitliche und räumliche Homogenität der linearen Relationen in (14.12) legt es nahe, diese einer Fourier–Transformation zu unterziehen. Wir führen die Fourier–Transformation am Beispiel der linearen Relation zwischen $\boldsymbol{P}$ und $\boldsymbol{E}$ in (14.12) aus; die folgenden Rechnungen lassen sich sofort auf die anderen Relationen übertragen. Die Fourier–Transformationen für $\boldsymbol{E}(\boldsymbol{r},t)$, $\boldsymbol{P}(\boldsymbol{r},t)$ lauten

$$\left.\begin{matrix}\boldsymbol{E}(\boldsymbol{r},t)\\ \boldsymbol{P}(\boldsymbol{r},t)\end{matrix}\right\} = \int d^3k \int d\omega\, \mathrm{e}^{\mathrm{i}\,(\boldsymbol{k}\,\boldsymbol{r}-\omega\,t)} \left\{\begin{matrix}\widetilde{\boldsymbol{E}}(\boldsymbol{k},\omega),\\ \widetilde{\boldsymbol{P}}(\boldsymbol{k},\omega),\end{matrix}\right. \tag{14.13}$$

Die Fourier–Transformation ist uns aus dem Kapitel 9 bekannt, desgleichen aus dem Anhang B. Damit $\boldsymbol{E}(\boldsymbol{r},t)$ reell ist, muss

$$\widetilde{\boldsymbol{E}}^*(\boldsymbol{k},\omega) = \widetilde{\boldsymbol{E}}(-\boldsymbol{k},-\omega) \tag{14.14}$$

erfüllt sein, und gleichlautend für $\boldsymbol{P}$. Zu integrieren ist in (14.13) über alle Wellenzahl–Vektoren $\boldsymbol{k}$ in 3 Dimensionen und über alle Frequenzen ω. Die Umkehr–Transformation zu (14.13) lautet

$$\left.\begin{matrix}\widetilde{\boldsymbol{E}}(\boldsymbol{k},\omega)\\ \widetilde{\boldsymbol{P}}(\boldsymbol{k},\omega)\end{matrix}\right\} = \frac{1}{(2\,\pi)^4} \int d^3r \int dt\, \mathrm{e}^{-\mathrm{i}\,(\boldsymbol{k}\,\boldsymbol{r}-\omega\,t)} \left\{\begin{matrix}\boldsymbol{E}(\boldsymbol{r},t)\\ \boldsymbol{P}(\boldsymbol{r},t)\end{matrix}\right. \tag{14.15}$$

vgl. Anhang B. Wir berechnen jetzt $\widetilde{\boldsymbol{P}}(\boldsymbol{k},\omega)$, indem wir die obigen Fourier–Transformationen und die lineare Relation in (14.12) verwenden. In der letzteren erstrecken wir die Zeit–Integration formal von $t' = -\infty$ bis $t' = +\infty$ und berücksichtigen die Bedingung der Kausalität durch die Vereinbarung

$$\chi^{(e)}(\boldsymbol{r}-\boldsymbol{r}', t-t') = 0 \quad \text{für} \quad t < t'. \tag{14.16}$$

Wir erhalten dann

$$
\begin{aligned}
\widetilde{\boldsymbol{P}}(\boldsymbol{k},\omega) &= \frac{1}{(2\,\pi)^4}\int d^3r \int dt\, \mathrm{e}^{-\mathrm{i}\,(\boldsymbol{k}\,\boldsymbol{r}-\omega\,t)}\,\boldsymbol{P}(\boldsymbol{r},t)\\
&= \frac{\epsilon_0}{(2\,\pi)^4}\int d^3r \int dt\, \mathrm{e}^{-\mathrm{i}\,(\boldsymbol{k}\,\boldsymbol{r}-\omega\,t)}\,\cdot\\
&\quad \cdot \int d^3r' \int dt'\, \chi^{(e)}(\boldsymbol{r}-\boldsymbol{r}',t-t')\,\boldsymbol{E}(\boldsymbol{r}',t')\\
&= \frac{\epsilon_0}{(2\,\pi)^4}\int d^3r' \int dt'\, \mathrm{e}^{-\mathrm{i}\,(\boldsymbol{k}\,\boldsymbol{r}'-\omega\,t')}\,\boldsymbol{E}(\boldsymbol{r}',t')\,\cdot\\
&\quad \cdot \int d^3r \int dt\, \mathrm{e}^{-\mathrm{i}\,[\boldsymbol{k}\,(\boldsymbol{r}-\boldsymbol{r}')-\omega\,(t-t')]}\,\chi^{(e)}(\boldsymbol{r}-\boldsymbol{r}',t-t')\\
&= \epsilon_0\,\widetilde{\chi}^{(e)}(\boldsymbol{k},\omega)\,\widetilde{\boldsymbol{E}}(\boldsymbol{k},\omega).
\end{aligned}
\tag{14.17}
$$

Hier haben wir die Umkehrformel (14.15) und die folgende Definition für $\widetilde{\chi}^{(e)}$ benutzt:

$$
\begin{aligned}
\widetilde{\chi}^{(e)}(\boldsymbol{k},\omega) &:= \int d^3r \int dt\, \mathrm{e}^{-\mathrm{i}\,[\boldsymbol{k}\,(\boldsymbol{r}-\boldsymbol{r}')-\omega\,(t-t')]}\,\chi^{(e)}(\boldsymbol{r}-\boldsymbol{r}',t-t')\\
&= \int d^3r \int dt\, \mathrm{e}^{-\mathrm{i}\,(\boldsymbol{k}\,\boldsymbol{r}-\omega\,t)}\,\chi^{(e)}(\boldsymbol{r},t),
\end{aligned}
\tag{14.18}
$$

worin wir im letzten Schritt $\boldsymbol{r}'' := \boldsymbol{r}-\boldsymbol{r}'$ und $t'' := t-t'$ substituiert und anschließend $\boldsymbol{r}'', t''$ wieder in $\boldsymbol{r}, t$ umbenannt haben. $\widetilde{\chi}^{(e)}(\boldsymbol{k},\omega)$ ist offenbar die Fourier–Transformierte der orts– und zeitabhängigen Suszeptibilität $\chi^{(e)}(\boldsymbol{r}-\boldsymbol{r}',t-t')$ bzw. $\chi^{(e)}(\boldsymbol{r},t)$, wobei wir allerdings den Faktor $1/(2\,\pi)^4$ aus Gründen der einfacheren Schreibweise anders als in (14.13) bzw. (14.15) zugeordnet haben.

Mit dem Ergebnis (14.17) haben wir den sogenannten *Faltungs–Satz* bewiesen. Man nennt nämlich eine Relation vom Typ der linearen Relationen in (14.12) eine *Faltung.* Faltungen gehen unter der Fourier–Transformation in Produkte der Fourier–Transformierten über. Wir erinnern nochmals daran, dass die Faltungen in (14.12) eine Konsequenz aus der Annahme zeitlicher und räumlicher Homogenität waren. Völlig analog zu (14.17) folgen aus den anderen beiden linearen Relationen in (14.12) auch

$$
\left.
\begin{aligned}
\widetilde{\boldsymbol{P}}(\boldsymbol{k},\omega) &= \widetilde{\chi}^{(m)}(\boldsymbol{k},\omega)\,\widetilde{\boldsymbol{H}}(\boldsymbol{k},\omega),\\
\widetilde{\boldsymbol{j}}(\boldsymbol{k},\omega) &= \widetilde{\sigma}(\boldsymbol{k},\omega)\,\widetilde{\boldsymbol{E}}(\boldsymbol{k},\omega).
\end{aligned}
\right\}
\tag{14.19}
$$

Die Definitionen der Fourier–Transformierten von $\boldsymbol{M}, \boldsymbol{H}, \boldsymbol{j}, \chi^{(m)}, \sigma$ folgen sinngemäß den obigen Definitionen.

14.3.3 Kramers–Kronig–Relationen

Wir untersuchen jetzt die Auswirkung der Bedingung der Kausalität für die Suszeptibilitäten als Funktionen der Zeit auf deren Fourier–Transformierten als Funktionen der Frequenz. Wenn wir die linearen Relationen (14.12) nur bezüglich des Ortes $\boldsymbol{r}$ bzw. der Wellenzahl $\boldsymbol{k}$ einer Fourier–Transformation unterziehen, bleiben die zeitlichen Faltungen bestehen, während bezüglich der $\boldsymbol{k}$–Abhängigkeit Produkt–Ausdrücke entstehen. Wie man nach dem obigen Muster sofort bestätigt, kommen wir damit zu linearen Relationen vom Typ

$$g(t) = \int dt' \, \alpha(t-t') \, f(t'), \tag{14.20}$$

worin $g(t), f(t), \alpha(t-t')$ für die $\boldsymbol{k}$–Fourier–Transformierten von $\boldsymbol{P}, \boldsymbol{E}, \chi^{(e)}$ usw. stehen. Wir untersuchen jetzt die Fourier–Transformierte $\widetilde{\alpha}(\omega)$ von $\alpha(t)$. Nach dem Vorbild von (14.18) ist

$$\widetilde{\alpha}(\omega) = \int_{-\infty}^{+\infty} dt \, \mathrm{e}^{-\mathrm{i}\omega t} \, \alpha(t) = \int_{0}^{+\infty} dt \, \mathrm{e}^{-\mathrm{i}\omega t} \, \alpha(t), \tag{14.21}$$

worin wir im zweiten Schritt die Eigenschaft der Kausalität benutzt haben, vgl. (14.16). Aus physikalischen Gründen setzen wir voraus, dass $\widetilde{\alpha}(\omega)$ für alle reellen Frequenzen ω existiert. In mathematischer Sprechweise bedeutet das, dass das t–Integral von $t = 0$ bis $t = +\infty$ auf der rechten Seite von (14.21) für alle reellen ω konvergiert. Wir wollen jetzt die *analytische Fortsetzung* von $\widetilde{\alpha}(\omega)$ für komplexe Werte von ω diskutieren, während die Zeit t weiterhin reell bleiben soll. Nun ist

$$\begin{aligned} \mathrm{i}\,\omega t &= \mathrm{i}\,(\mathrm{Re}\,\omega)\,t - (\mathrm{Im}\,\omega)\,t, \\ \widetilde{\alpha}(\omega) &= \int_{0}^{+\infty} dt \, \mathrm{e}^{-\mathrm{i}\,(\mathrm{Re}\,\omega)\,t + (\mathrm{Im}\,\omega)\,t} \, \alpha(t), \end{aligned} \tag{14.22}$$

worin Re ω bzw. Im ω den Real– bzw. Imaginärteil von ω bedeuten. Aus (14.22) lesen wir ab, dass das t–Integral auf der rechten Seite in $\mathrm{Im}\,\omega < 0$ um so mehr konvergiert, wenn es bereits gemäß obiger Voraussetzung auf der reellen Achse Im $\omega = 0$ konvergiert. Eine andere Ausdrucksweise für diese Feststellung lautet, dass $\widetilde{\alpha}(\omega)$ keine Singularitäten in der Halbebene Im $\omega < 0$ besitzt.

Wir diskutieren jetzt das Integral

$$J := \oint_C d\omega' \, \frac{\widetilde{\alpha}(\omega')}{\omega' - \omega}, \tag{14.23}$$

worin C ein geschlossener Integrationsweg in der komplexen ω'–Ebene ist, der in der Abbildung 14.2 skizziert ist und aus folgenden Teilstücken besteht:

C_0: längs der reellen ω'–Achse von $\omega' = -R$ bis $\omega' = \omega - \rho$ und von $\omega' = \omega + \rho$ bis $\omega' = R$,

C_R: auf dem Halbkreis in Im $\omega' < 0$ mit dem Radius R und dem Mittelpunkt im Ursprung $\omega' = 0$,

C_ρ: auf einem Halbkreis in Im $\omega' < 0$ mit dem Radius ρ und dem Mittelpunkt in $\omega' = \omega$.

Wir werden den Grenzfall $R \to \infty$ und $\rho \to 0$ betrachten. Zunächst einmal stellen wir fest, dass das Integral J in (14.23) verschwindet, $J = 0$, weil der Integrationsweg im Gebiet Im $\omega' < 0$ verläuft, in dem der Integrand, also auch die Funktion $\widetilde{\alpha}(\omega')$ keine Singularitäten besitzt, s.o.

Weiter zeigen wir, dass der Beitrag über das Teilstück C_R zu dem Integral J für $R \to \infty$ ebenfalls verschwindet, weil der Integrand auf C_R für $R \to \infty$ verschwindet. Wenn wir nämlich annehmen, dass $\alpha(t)$ aus physikalischen Gründen beschränkt ist, $|\alpha(t)| < M$, gewinnen wir für Im $\omega' < 0$ aus (14.22) die Abschätzung

$$|\widetilde{\alpha}(\omega')| \leq M \int_0^\infty dt \, \mathrm{e}^{-|\mathrm{Im}\,\omega'|\,t} = \frac{M}{|\mathrm{Im}\,\omega'|}. \tag{14.24}$$

Nun ist auf C_R

$$\omega' = R\,\mathrm{e}^{\mathrm{i}\phi}, \qquad \mathrm{Im}\,\omega' = R\,\sin\phi, \qquad |\mathrm{Im}\,\omega'| = R\,|\sin\phi|\,,$$

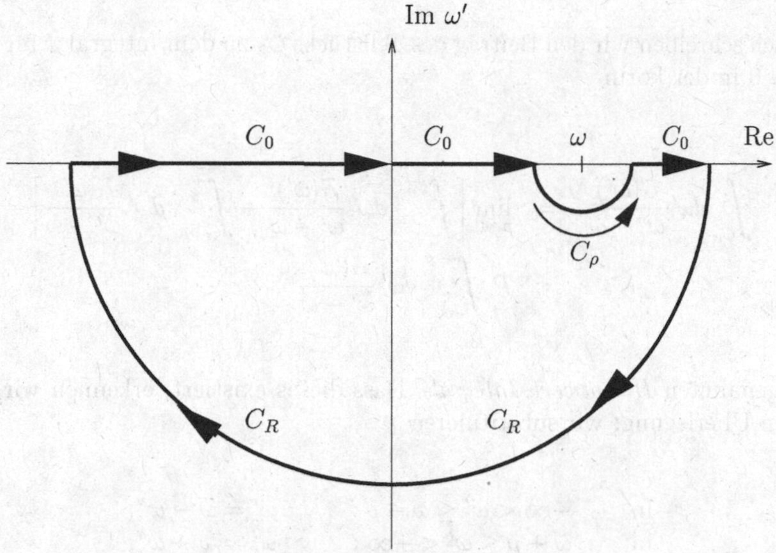

Abbildung 14.2: Integrationsweg

so dass Im $\omega' \to \infty$ für $R \to \infty$ und somit in (14.24) $|\widetilde{\alpha}(\omega')| \to 0$ für $R \to \infty$. (Auszunehmen sind lediglich die singulären Punkte bei $\phi = 0$ und $\phi = \pi$, die jedoch keinen endlichen Beitrag zu dem Integral über C_R liefern.)

Zur Berechnung des Beitrags des Teilstücks C_ρ zu dem Integral J substituieren wir

$$\omega' = \omega - \rho\, \mathrm{e}^{\mathrm{i}\phi}, \qquad d\omega' = -\mathrm{i}\, \rho\, \mathrm{e}^{\mathrm{i}\phi}\, d\phi.$$

Für $\phi = 0$ bis $\phi = \pi$ wird gerade der Halbkreis in Im $\omega' < 0$ durchlaufen. Für $\phi = 0$ wird $\omega' = \omega - \rho$ und für $\phi = \pi$ wird $\omega' = \omega + \rho$, und wir erhalten

$$\int_{C_\rho} d\omega' \, \frac{\widetilde{\alpha}(\omega')}{\omega' - \omega} = \mathrm{i} \int_0^\pi d\phi \, \alpha\left(\omega - \rho\, \mathrm{e}^{\mathrm{i}\phi}\right),$$

so dass für $\rho \to 0$

$$\lim_{\rho \to 0} \int_{C_\rho} d\omega' \, \frac{\widetilde{\alpha}(\omega')}{\omega' - \omega} = \mathrm{i}\, \pi\, \widetilde{\alpha}(\omega). \tag{14.25}$$

Schließlich schreiben wir den Beitrag des Teilstücks C_0 zu dem Integral J für $R \to \infty$ und $\rho \to 0$ in der Form

$$\begin{aligned} \int_{C_0} d\omega' \, \frac{\widetilde{\alpha}(\omega')}{\omega' - \omega} &= \lim_{\rho \to 0} \left[\int_{-\infty}^{\omega - \rho} d\omega' \, \frac{\widetilde{\alpha}(\omega')}{\omega' - \omega} + \int_{\omega + \rho}^{+\infty} d\omega' \, \frac{\widetilde{\alpha}(\omega')}{\omega' - \omega} \right] \\ &=: \mathcal{P} \int_{-\infty}^{+\infty} d\omega' \, \frac{\widetilde{\alpha}(\omega')}{\omega' - \omega} \end{aligned} \tag{14.26}$$

eines sogenannten *Hauptwert–Integrals*. Dass dieses existiert, erkennen wir aus der folgenden Überlegung: wir substituieren

$$\begin{array}{lll} \text{in} & -\infty < \omega' \leq \omega - \rho : & \omega' = \omega - \omega'', \\ \text{in} & \omega + \rho \leq \omega' < +\infty : & \omega' = \omega + \omega'', \end{array}$$

und erhalten

$$\mathcal{P} \int_{-\infty}^{+\infty} d\omega' \, \frac{\widetilde{\alpha}(\omega')}{\omega' - \omega} = \lim_{\rho \to 0} \int_{\rho}^{\infty} d\omega'' \, \frac{\widetilde{\alpha}(\omega + \omega'') - \widetilde{\alpha}(\omega - \omega'')}{\omega''}. \tag{14.27}$$

(1) Der Grenzwert für $\rho \to 0$ existiert, weil $\widetilde{\alpha}(\omega)$ regulär sein sollte und deswegen die Differenz $\widetilde{\alpha}(\omega + \omega'') - \widetilde{\alpha}(\omega - \omega'') = O(\omega'')$ für $\omega'' \to 0$, so dass dadurch der Nenner ω'' kompensiert wird.

(2) Das Integral

$$\lim_{\rho \to 0} \int_{\rho}^{R} d\omega'' \, \frac{\widetilde{\alpha}(\omega + \omega'') - \widetilde{\alpha}(\omega - \omega'')}{\omega''}$$

konvergiert auch für $R \to \infty$, weil die Umkehrung von (14.21),

$$\alpha(t) = \frac{1}{2\pi} \int_{-\infty}^{+\infty} d\omega \, \mathrm{e}^{\mathrm{i}\,\omega\, t} \, \widetilde{\alpha}(\omega)$$

auch für $t = 0$ konvergieren soll, d.h., dass bereits $\widetilde{\alpha}(\omega)$ von $\omega = -\infty$ bis $\omega = +\infty$ integrierbar ist, um so mehr der Integrand des obigen Hauptwert–Integrals.

Wir fassen unsere Rechnungen zusammen: Da das Integral J in (14.23) über den gesamten Integrationsweg $C = C_0 + C_R + C_\rho$ verschwindet und da der Beitrag über C_R für $R \to \infty$ ebenfalls verschwindet, bleibt für $R \to \infty$ und $\rho \to 0$

$$\int_{C_0} d\omega' \, \frac{\widetilde{\alpha}(\omega')}{\omega' - \omega} + \int_{C_\rho} d\omega' \, \frac{\widetilde{\alpha}(\omega')}{\omega' - \omega} = 0.$$

Daraus folgt nach Einsetzen der obigen Ergebnisse

$$\widetilde{\alpha}(\omega) = \frac{\mathrm{i}}{\pi} \mathcal{P} \int_{-\infty}^{+\infty} d\omega \, \frac{\widetilde{\alpha}(\omega')}{\omega' - \omega}. \tag{14.28}$$

Wenn wir $\widetilde{\alpha}(\omega)$ bzw. $\widetilde{\alpha}(\omega')$ auf beiden Seiten in Real– und Imaginär–Teil zerlegen, erhalten wir daraus die beiden Relationen

$$\left.\begin{aligned} \mathrm{Re}\, \widetilde{\alpha}(\omega) &= -\frac{1}{\pi} \mathcal{P} \int_{-\infty}^{+\infty} d\omega \, \frac{\mathrm{Im}\, \widetilde{\alpha}(\omega')}{\omega' - \omega}, \\ \mathrm{Im}\, \widetilde{\alpha}(\omega) &= \frac{1}{\pi} \mathcal{P} \int_{-\infty}^{+\infty} d\omega \, \frac{\mathrm{Re}\, \widetilde{\alpha}(\omega')}{\omega' - \omega}. \end{aligned}\right\} \tag{14.29}$$

Dieses sind die *Kramers–Kronig–Relationen*, die, wie oben erläutert, für die beiden Suszeptibilitäten $\chi^{(e)}(\boldsymbol{k}, \omega)$, $\chi^{(m)}(\boldsymbol{k}, \omega)$ und für die spezifische Leitfähigkeit $\sigma(\boldsymbol{k}, \omega)$ jeweils als Funktion der Frequenz ω gelten. (Die Abhängigkeit vom Wellenzahl–Vektor $\boldsymbol{k}$ spielt dabei keine Rolle; man könnte $\chi^{(e)}, \chi^{(m)}$ und σ statt (14.18) auch nur bezüglich der Zeit einer Fourier–Transformation unterziehen und die Kramers–Kronig–Relationen für $\chi^{(e)}(\boldsymbol{r}, \omega)$ usw. formulieren, aber das ist nicht üblich.)

Die Kramers–Kronig–Relationen besagen, dass Real– und Imaginärteil der Suszeptibilitäten nicht unabhängig voneinander sind. Letztlich ist das eine Folge der Kausalität, denn die entscheidende Voraussetzung, dass $\widetilde{\alpha}(\omega)$ in $\mathrm{Im}\,\omega < 0$ regulär ist, folgte direkt aus der Tatsache, dass das Fourier–Integral über die Zeit t in (14.22) keine Beiträge für $t < 0$ liefert. Wäre das aber der Fall, dann könnten wir den Schluss über die Regularität von $\widetilde{\alpha}(\omega)$ in $\mathrm{Im}\,\omega < 0$ nicht mehr ziehen.

In der Literatur wird die Fourier–Transformation zwischen α und $\widetilde{\alpha}$ in (14.21) auch mit dem umgekehrten Vorzeichen im Exponenten, also in der Form

$$\widetilde{\alpha}(\omega) = \int_0^{+\infty} dt \, \mathrm{e}^{+\mathrm{i}\,\omega\, t} \, \alpha(t)$$

definiert. Mit einer Transformation $t \to -t$ weist man sehr einfach nach, dass dann die obigen Kramers–Kronig–Relationen eine Vorzeichen–Änderung erfahren.

Man kann die Kramers–Kronig–Relationen verwenden, um die Funktion $\mathrm{Im}\,\widetilde{\alpha}(\omega)$ aus dem Verlauf von $\mathrm{Re}\,\widetilde{\alpha}(\omega)$ oder umgekehrt zu bestimmen. Es reicht also aus, entweder $\mathrm{Re}\,\widetilde{\alpha}(\omega)$ *oder* $\mathrm{Im}\,\widetilde{\alpha}(\omega)$ durch eine Messung zu bestimmen. Allerdings benötigt man jeweils den Verlauf von $\mathrm{Re}\,\widetilde{\alpha}(\omega)$ oder $\mathrm{Im}\,\widetilde{\alpha}(\omega)$ für alle Frequenzen und außerdem konvergieren die Integrale in den Kramers–Kronig–Relationen mit ihrem asymptotischen Verhalten $\sim 1/\omega'$ sehr langsam.

14.4 Modelle

14.4.1 Thomsonsches Atom–Modell

Im Abschnitt 13.1.1 hatten wir überlegt, dass es zwei mögliche Mechanismen für die elektrische Polarisation in Materie gibt:

(1) Unter der Einwirkung eines elektrischen Feldes können gebundene Ladungsträger partiell verschoben werden und so mikroskopische elektrische Dipole entstehen.

(2) Bereits in der Materie vorhandene elektrische Dipole können unter der Einwirkung eines elektrischen Feldes partiell orientiert werden.

Der unter (2) genannte Mechanismus ist ein *thermodynamischer* Vorgang: Die partielle Orientierung der Dipole im Feld aufgrund ihrer potentiellen Energie $W_{\boldsymbol{p}} = -\boldsymbol{p}\,\boldsymbol{E}$ erfolgt gegen deren thermische Bewegung. Die sich einstellende Orientierung hängt von der Energie der thermischen Bewegung und somit von der Temperatur ab. Dieser Mechanismus wird in der Thermodynamik und Statistischen Physik untersucht. Für nicht zu tiefe Temperaturen T ergibt sich ein Verhalten $\chi^{(e)} \sim 1/T$.

Der unter (1) genannte Mechanismus ist im Wesentlichen ein *dynamischer* Vorgang: Die Kraft $\boldsymbol{F} = q\,\boldsymbol{E}$, die ein elektrisches Feld $\boldsymbol{E}$ auf eine Ladung q ausübt, führt zu einer Verschiebung der Ladung, die sich aus dem Gleichgewicht mit der Bindungskraft der Ladung ergibt. Diesen Vorgang wollen wir in diesem Abschnitt in einem einfachen klassischen Modell, dem *Thomsonschen Atom–Modell*, beschreiben. Die klassische Beschreibung ist eine Näherung. Korrekterweise müsste man quantentheoretisch rechen, doch hängen die folgenden Ergebnisse davon qualitativ nicht ab.

Ein Atom soll beschrieben werden durch

- einen Kern am Ort $\boldsymbol{r}_K$ mit einer punktförmigen Ladung $Z\,e$ und
- eine kugelförmige Elektronen–Verteilung mit einem Zentrum bei $\boldsymbol{r}_e$, einem Radius R und der Gesamtladung $-Z\,e$, die homogen innerhalb der Kugel verteilt sein soll.

Die Ladungsdichte des Kerns lautet voraussetzungsgemäß

$$\rho_K(\boldsymbol{r}) = Q_K\,\delta\,(\boldsymbol{r}-\boldsymbol{r}_K)\,, \qquad Q_K = Z\,e, \tag{14.30}$$

und die der Elektronen

$$\rho_e(\boldsymbol{r}) = \begin{cases} \dfrac{Q_e}{4\,\pi\,R^3/3} & \text{in} \quad |\boldsymbol{r}-\boldsymbol{r}_e| < R, \\ 0 & \text{in} \quad |\boldsymbol{r}-\boldsymbol{r}_e| > R. \end{cases} \qquad Q_e = -Z\,e. \tag{14.31}$$

Wir berechnen das elektrische Feld $\boldsymbol{E}_e$ der Elektronen innerhalb der "Elektronen-Kugel". Dieses ist rotationssymmetrisch um den Mittelpunkt $\boldsymbol{r}_e$ der "Elektronen-Kugel". Wir setzen zur Vereinfachung der Schreibweise zunächst $\boldsymbol{r}_e = 0$ und führen am Ende der Rechnung eine Translation um $\boldsymbol{r}_e$ durch. Es sei V_r eine Kugel mit dem Mittelpunkt bei $\boldsymbol{r}_e = 0$ und dem Radius $r \leq R$. Wir integrieren die elektrostatische Feldgleichung

$$\epsilon_0\,\frac{\partial}{\partial \boldsymbol{r}}\,\boldsymbol{E}_e = \rho_e$$

über V_r und erhalten unter Verwendung des Gaußschen Integralsatzes

$$\epsilon_0 \oint_{\partial V_r} d\boldsymbol{f}\,\boldsymbol{E}_e = \int_{V_r} d^3r\,\rho_e. \tag{14.32}$$

Es ist

$$\oint_{\partial V_r} d\boldsymbol{f}\,\boldsymbol{E}_e = 4\,\pi\,r^2\;|\boldsymbol{E}_e|\,, \qquad \int_{V_r} d^3r\,\rho_e = \frac{Q_e}{4\,\pi\,R^3/3} \int_{V_r} d^3r = Q_e\left(\frac{r}{R}\right)^3,$$

eingesetzt in (14.32)

$$|\boldsymbol{E}_e| = \frac{Q_e}{4\,\pi\,\epsilon_0}\,\frac{r}{R^3}, \qquad \boldsymbol{E}_e = \frac{Q_e}{4\,\pi\,\epsilon_0}\,\frac{1}{R^3}\,\boldsymbol{r},$$

und nach Translation um $\boldsymbol{r}_e$

$$\boldsymbol{E}_e = \frac{Q_e}{4\,\pi\,\epsilon_0}\,\frac{1}{R^3}\,(\boldsymbol{r} - \boldsymbol{r}_e)\,. \tag{14.33}$$

In diesen Umformungen haben wir von der Rotations–Symmetrie des Feldes $\boldsymbol{E}_e$ Gebrauch gemacht. Wir nehmen nun an, dass der Kern bei der zu berechnenden Ladungsverschiebung die "Elektronen–Kugel" nicht verlässt, so dass wir bei der Berechnung der Kraft $\boldsymbol{F}_K$ der Elektronen auf die Kernladung ausschließlich das Elektronenfeld innerhalb der "Elektronen–Kugel" in (14.33) verwenden können:

$$\boldsymbol{F}_K = Q_K\,\boldsymbol{E}_e(\boldsymbol{r}_K) = \frac{Q_e\,Q_K}{4\,\pi\,\epsilon_0}\,\frac{1}{R^3}\,(\boldsymbol{r}_K - \boldsymbol{r}_e) = -\frac{(Z\,e)^2}{4\,\pi\,\epsilon_0}\,\frac{1}{R^3}\,(\boldsymbol{r}_K - \boldsymbol{r}_e)\,. \tag{14.34}$$

Wegen des dritten Newtonschen Prinzips "actio=reactio" lautet die Kraft des Kerns auf die Elektronen $\boldsymbol{F}_e = -\boldsymbol{F}_K$. Kern und Elektronen sollen außerdem unter der Einwirkung eines zeitabhängigen externen elektrischen Feldes $\boldsymbol{E}(t)$ stehen, das die Ladungstrennung zwischen Kern und Elektronen bewirkt. Die Bewegungs–Gleichungen von Kern und Elektronen lauten dann

$$\begin{aligned} m_K\,\ddot{\boldsymbol{r}}_K &= \boldsymbol{F}_K + Q_K\,\boldsymbol{E}(t) = -\frac{(Z\,e)^2}{4\,\pi\,\epsilon_0}\,\frac{1}{R^3}\,(\boldsymbol{r}_K - \boldsymbol{r}_e) + Z\,e\,\boldsymbol{E}(t), \\ Z\,m_e\,\ddot{\boldsymbol{r}}_e &= \boldsymbol{F}_e + Q_e\,\boldsymbol{E}(t) = \frac{(Z\,e)^2}{4\,\pi\,\epsilon_0}\,\frac{1}{R^3}\,(\boldsymbol{r}_K - \boldsymbol{r}_e) - Z\,e\,\boldsymbol{E}(t). \end{aligned} \tag{14.35}$$

Hierin ist m_K die Kernmasse und $Z\,m_e$ die gesamte Elektronenmasse. Die Annahme, dass ein rein zeitabhängiges externes elektrisches Feld $\boldsymbol{E}(t)$ auftritt, ist eine Näherung, denn jedes zeitabhängige elektrische Feld breitet sich gemäß der Wellengleichung $\Box\,\boldsymbol{E} = 0$ auch räumlich aus, ist also auch ortsabhängig. Wir nehmen aber an, dass die Wellenlänge λ dieser Welle groß ist im Vergleich zum Durchmesser des

Atoms, der von der Größenordnung des Bohrschen Radius ≈ 1 Å $= 10^{-10}$ m ist. Die Wellenlängen von sichtbarem Licht liegen im Bereich $4 \ldots 8\ 10^{-7}$ m. Wellenlängen in der Größenordnung von Atomdurchmessern liegen bereits im Bereich von Röntgenstrahlung, für die die hier vorgestellte Theorie auch aus anderen Gründen nicht mehr zutrifft.

Wir dividieren die Bewegungsgleichungen in (14.35) durch m_K bzw. $Z\, m_e$ und finden durch Subtraktion eine Bewegungs–Gleichung für den Differenzvektor $\boldsymbol{r}_K - \boldsymbol{r}_e$:

$$\frac{d^2}{dt^2}\,(\boldsymbol{r}_K - \boldsymbol{r}_e) = \left(\frac{1}{m_K} + \frac{1}{Z\, m_e}\right)\left[-\frac{(Z\, e)^2}{4\,\pi\,\epsilon_0}\,\frac{1}{R^3}\,(\boldsymbol{r}_K - \boldsymbol{r}_e) + Z\, e\, \boldsymbol{E}(t)\right]. \qquad (14.36)$$

Es ist $m_K \gg Z\, m_e$, so dass

$$\frac{1}{m_K} + \frac{1}{Z\, m_e} \approx \frac{1}{Z\, m_e}.$$

Wir definieren den Verschiebungsvektor $\boldsymbol{r} := \boldsymbol{r}_K - \boldsymbol{r}_e$ und erhalten für diesen aus (14.36) die Bewegungs–Gleichung

$$\ddot{\boldsymbol{r}} + \omega_0^2\, \boldsymbol{r} = \frac{e}{m_e}\, \boldsymbol{E}(t), \qquad \omega_0^2 := \frac{Z\, e^2}{4\,\pi\,\epsilon_0\, m_e\, R^3}. \qquad (14.37)$$

Diese Bewegungs–Gleichung beschreibt einen harmonischen Oszillator mit der Eigenfrequenz ω_0 unter der Einwirkung einer externen Kraft $\sim \boldsymbol{E}(t)$. Wenn das externe elektrische Feld $\boldsymbol{E}(t)$ von einer monochromatischen elektromagnetischen Welle herrührt, so dass

$$\boldsymbol{E}(t) = \widetilde{\boldsymbol{E}}(\omega)\, \mathrm{e}^{-\mathrm{i}\,\omega\, t}, \qquad (14.38)$$

dann kommt es in Abhängigkeit von der Frequenz ω des externen Feldes zu Resonanz–Phänomenen, bei $\omega = \omega_0$ sogar zu einer *Resonanz–Katastrophe*, weil der Oszillator ungedämpft ist. Eine solche Resonanz–Katastrophe ist physikalisch unrealistisch. Tatsächlich werden in einem Material immer Dämpfungen für schwingende Dipole auftreten, z.B. durch Abstrahlung oder Kopplung an die akustischen

Moden des Materials. Wir beschreiben diese Dämpfungs–Prozesse modellhaft durch Einfügung eines linearen Dämpfungsterms in die Bewegungs–Gleichung (14.37):

$$\ddot{\boldsymbol{r}} + \gamma\,\dot{\boldsymbol{r}} + \omega_0^2\,\boldsymbol{r} = \frac{e}{m_e}\,\boldsymbol{E}(t), \tag{14.39}$$

worin γ eine weitere Material–Größe ist.

14.4.2 Suszeptibilität und Polarisierbarkeit

Wir wählen das externe Feld $\boldsymbol{E}(t)$ als monochromatische Welle wie in (14.38). Dann lautet, wie aus der Theorie des linearen Oszillators aus der Mechanik bekannt und auch sofort nachprüfbar, eine partikuläre Lösung der inhomogenen linearen Differential–Gleichung (14.39)

$$\boldsymbol{r}(t) = \frac{e}{m_e}\,\frac{1}{\omega_0^2 - \omega^2 - \mathrm{i}\,\gamma\,\omega}\,\widetilde{\boldsymbol{E}}(\omega)\,\mathrm{e}^{-\mathrm{i}\,\omega\,t}. \tag{14.40}$$

Um die allgemeine Lösung zu erhalten, ist die Gesamtheit der Lösungen der homogenen Differential–Gleichung, also für $\boldsymbol{E}(t) = 0$ hinzuzufügen. Diese Lösungen enthalten aber sämtlich den Term $\sim \exp(-\gamma\,t)$, klingen also zeitlich exponentiell ab. Wir betrachten das Problem für Zeiten $t \gg 1/\gamma$. Dann sind die Lösungen der homogenen Gleichungen abgeklungen, und (14.40) stelllt die asymptotische Lösung dar.

$\boldsymbol{r}(t)$ beschreibt die relative Verschiebung einer Ladung $Z\,e$, so dass damit ein elektrisches Dipolmoment

$$\boldsymbol{p}(t) = Z\,e\,\boldsymbol{r}(t) = \epsilon_0\,\widetilde{\alpha}(\omega)\,\boldsymbol{E}(t), \qquad \widetilde{\alpha}(\omega) := \frac{Z\,e^2}{\epsilon_0\,m_e}\,\frac{1}{\omega_0^2 - \omega^2 - \mathrm{i}\,\gamma\,\omega} \tag{14.41}$$

verbunden ist. $\widetilde{\alpha}(\omega)$ heißt die *Polarisierbarkeit* des betreffenden Atoms. Zur Berechnung der elektrischen Polarisation $\boldsymbol{P}$ erinnern wir uns, dass diese als mittlere räumliche Dichte der elektrischen Dipole definiert war. Also ist $\boldsymbol{P} = n\,\boldsymbol{p}$, worin n die mittlere räumliche Dichte der Atome in dem Material sei. Wir schreiben analog zu (14.38)

$$\boldsymbol{P}(t) = \widetilde{\boldsymbol{P}}(\omega)\, \mathrm{e}^{-\mathrm{i}\,\omega\, t}$$

und erhalten

$$\widetilde{\boldsymbol{P}}(\omega) = \epsilon_0\, \widetilde{\chi}^{(e)}(\omega)\, \widetilde{\boldsymbol{E}}(\omega), \qquad \widetilde{\chi}^{(e)}(\omega) = \frac{Z\, n\, e^2}{\epsilon_0\, m_e} \frac{1}{\omega_0^2 - \omega^2 - \mathrm{i}\,\gamma\,\omega}, \tag{14.42}$$

also eine elektrische Suszeptibilität, wie wir sie allgemein in den vorhergehenden Abschnitten dieses Kapitels diskutiert hatten. Diese hängt nicht von einer Wellenzahl $\boldsymbol{k}$ ab, weil das hier betrachtete Modell unabhängige polarisierbare Atome mit einer mittleren Dichte n beschreibt. Würden wir eine Kopplung zwischen den Atomen einführen, dann würde sich eine Wellenzahl–Abhängigkeit ergeben, und das so erweiterte Modell würde sogenannte *optische Gitterschwingungen* in dem Material beschreiben.

Aus (14.43) können wir durch elementare Rechnungen auch Real– und Imaginärteil der Suszeptibilität bestimmen, nämlich

$$\boxed{\begin{aligned} \mathrm{Re}\ \widetilde{\chi}^{(e)}(\omega) &= \frac{Z\, n\, e^2}{\epsilon_0\, m_e} \frac{\omega_0^2 - \omega^2}{[\omega_0^2 - \omega^2]^2 + (\gamma\,\omega)^2}, \\ \mathrm{Im}\ \widetilde{\chi}^{(e)}(\omega) &= \frac{Z\, n\, e^2}{\epsilon_0\, m_e} \frac{\gamma\,\omega}{[\omega_0^2 - \omega^2]^2 + (\gamma\,\omega)^2}. \end{aligned}} \tag{14.43}$$

Die Abbildung 14.3 zeigt den Real– und Imaginärteil der Suszeptibilität als Funktionen der Frequenz.

Im statischen Grenzfall $\omega = 0$ lautet die atomare Polarisierbarkeit

$$\widetilde{\alpha}(0) = \frac{Z\, e^2}{\epsilon_0\, m_e} \frac{1}{\omega_0^2} = 4\,\pi\, R^3 = 3\, V_R, \tag{14.44}$$

worin wir die Definition der Eigenfrequenz in (14.37) eingesetzt haben und $V_R = 4\,\pi\, R^3/3$ das Volumen der "Elektronen–Kugel" und damit auch des Atoms selbst ist. Die Proportionalität der atomaren Polarisierbarkeit zum Atomvolumen lässt sich experimentell bestätigen.

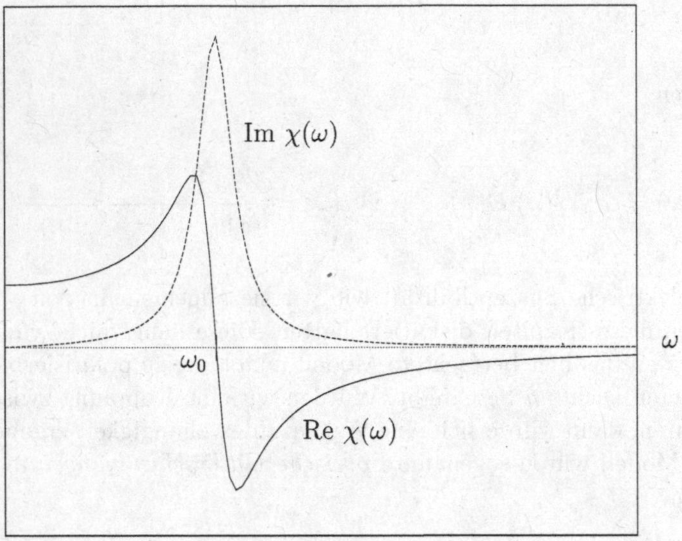

Abbildung 14.3: Real– und Imaginärteil der Suszeptibilität als Funktionen der Frequenz

Der wesentliche Punkt des Thomsonschen Atom–Modells ist die Bewegungs–Gleichung (14.37) und darin wiederum die Tatsache, dass einer Ladungstrennung um den Abstandsvektor $\boldsymbol{r}$ eine *Rückstellkraft* $\boldsymbol{F} = -k\,\boldsymbol{r}$ entgegenwirken soll, wobei $k = m\,\omega_0^2$ und m die reduzierte Masse $m \approx Z\,m_e$ des Systems ist. Wir können diesen Grundgedanken des Modells auf beliebige Moleküle übertragen, die kein permanentes Dipol–Moment tragen, für die also $\boldsymbol{p} = 0$, wenn $\boldsymbol{E} = 0$. Wenn man ein solches Molekül in ein elektrisches Feld $\boldsymbol{E}$ einbringt, wird man erwarten, dass es zu einer Ladungstrennung kommt, der auch wieder eine Rückstellkraft $\boldsymbol{F}(\boldsymbol{r})$ als Funktion der Ladungsverschiebung $\boldsymbol{r}$ entgegenwirkt. Wenn wir $\boldsymbol{F}(\boldsymbol{r})$ in eine Potenz–Reihe nach $\boldsymbol{r}$ entwickeln, wird kein Term 0–ter Ordnung auftreten, weil $\boldsymbol{F} = 0$ für $\boldsymbol{r} = 0$. Für Verschiebungen $\boldsymbol{r}$, die klein im Vergleich zur Molekülgröße sind, wird man schon aus physikalischen Gründen annehmen dürfen, dass der niedrigste, nicht–verschwindende Term in der Reihen–Entwicklung $\boldsymbol{F}(\boldsymbol{r}) = -k\,\boldsymbol{r} + \ldots$ eine hinreichende Näherung ist. Das dadurch entstehende Modell führt auf dieselbe Bewegungs–Gleichung (14.37) wie das Thomsonsche Atom–Modell. Wir können also die obigen Ergebnisse auf beliebige Moleküle ohne permanentes Dipol–Moment übertragen, ohne allerdings die Eigenfrequenz ω_0 in einfacher Weise auf die Parameter des Moleküls zurückführen zu können.

14.4.3 Das Drude–Modell

Wenn man in der Bewegungs–Gleichung (14.37) $\omega_0 = 0$ setzt, also annimmt, dass es keine Rückstellkraft für die Ladungsträger gibt, beschreibt man physikalisch eine Situation, in der diese dem Feld frei folgen können. Das ist aber gerade der Fall für die "freien" Ladungsträger, die nicht zur elektrischen Polarisation beitragen. Das durch $\omega_0 = 0$ entstehende Modell,

$$\dot{\boldsymbol{v}} + \gamma\,\boldsymbol{v} = \frac{e}{m_e}\,\boldsymbol{E}(t), \qquad \boldsymbol{v} := \dot{\boldsymbol{r}}, \tag{14.45}$$

heißt das *Drude–Modell* und wird als einfachste Beschreibung des Verhaltens freier Ladungsträger, z.B. Elektronen in Metallen, verwendet. Wenn wir wieder ein Feld $\boldsymbol{E}(t)$ wählen, das einer monochromatischen Welle entspricht, und einen entsprechenden Ansatz für die Geschwindigkeit $\boldsymbol{v}$ der Ladungsträger machen,

$$\boldsymbol{E}(t) = \widetilde{\boldsymbol{E}}(\omega)\,\mathrm{e}^{-\mathrm{i}\,\omega\,t}, \qquad \boldsymbol{v}(t) = \widetilde{\boldsymbol{v}}(\omega)\,\mathrm{e}^{-\mathrm{i}\,\omega\,t},$$

erhalten wir als asymptotische Lösung von (14.45) für $t \gg 1/\gamma$ analog zu (14.40)

$$\widetilde{\boldsymbol{v}}(\omega) = \frac{e}{m_e\,(\gamma - \mathrm{i}\,\omega)}\,\widetilde{\boldsymbol{E}}(\omega). \tag{14.46}$$

Aus der Geschwindigkeit erhalten wir die elektrische Stromdichte $\boldsymbol{j} = e\,n\,\boldsymbol{v}$, worin n nunmehr die räumliche Dichte der freien Ladungsträger mit der Ladung e ist. Üblicherweise drückt man die Dämpfungs–Konstante γ durch $\tau := 1/\gamma$ aus. τ hat die Dimension einer Zeit. Wie wir oben schon überlegt hatten, ist es diejenige Zeit, nach der Anfangsbedingungen der Bewegung abklingen. Man nennt τ deshalb auch die von der Dämpfung bestimmte *Relaxationszeit*. Damit erhalten wir insgesamt aus (14.46)

$$\widetilde{\boldsymbol{j}}(\omega) = \widetilde{\sigma}(\omega)\,\widetilde{\boldsymbol{E}}(\omega), \qquad \widetilde{\sigma}(\omega) = \frac{n\,e^2\,\tau}{m_e\,(1 - \mathrm{i}\,\omega\,\tau)}, \tag{14.47}$$

also das Ohmsche Gesetz mit einer komplexen, frequenz–abhängigen spezifischen Leitfähigkeit $\widetilde{\sigma}(\omega)$. Die Gleichstrom–Leitfähigkeit für $\omega = 0$ lautet

$$\widetilde{\sigma}(0) = \frac{n\,e^2\,\tau}{m_e}. \tag{14.48}$$

Den Imaginärteil von $\widetilde{\sigma}(\omega)$ für $\omega \neq 0$ rechnet man hier zweckmäßigerweise in eine Phasenverschiebung der Stromdichte gegenüber dem Feld um. Es ist

$$\widetilde{\sigma}(\omega) = \frac{n\,e^2\,\tau}{m_e\,(1 - \mathrm{i}\,\omega\,\tau)} \quad = \quad \frac{n\,e^2\,\tau\,(1 + \mathrm{i}\,\omega\,\tau)}{m_e\,[1 + (\omega\,\tau)^2]} = |\widetilde{\sigma}(\omega)|\,\mathrm{e}^{\mathrm{i}\,\alpha}$$

$$|\widetilde{\sigma}(\omega)| = \frac{n\,e^2\,\tau}{m_e\,\sqrt{1 + (\omega\,\tau)^2}}, \qquad \tan\alpha = \omega\,\tau,$$

so dass

$$\begin{aligned} \boldsymbol{j}(t) &= |\widetilde{\sigma}(\omega)|\,\widetilde{\boldsymbol{E}}(\omega)\,\mathrm{e}^{-\mathrm{i}\,(\omega\,t-\alpha)}, \\ \mathrm{Re}\,\boldsymbol{j}(t) &= |\widetilde{\sigma}(\omega)|\,\widetilde{\boldsymbol{E}}(\omega)\,\cos\,(\omega\,t - \alpha). \end{aligned} \tag{14.49}$$

14.5 Clausius–Mosotti–Relation

In diesem Abschnitt diskutieren wir die Frage, welches elektrische Feld auf ein Atom oder Molekül polarisierend wirkt und dort einen elektrischen Dipol erzeugt. In verdünnter Materie, z.B. in Gasen, ist das wirksame elektrische Feld das externe Feld $\boldsymbol{E}$, das z.B. zwischen den Platten eines Kondensators besteht, *bevor* die Materie, im Beispiel also das Gas dort eingebracht wurde. In dicht gepackter Materie, z.B. in Flüssigkeiten und Festkörpern beeinflussen sich die Dipole benachbarter Atome oder Moleküle gegenseitig und beeinflussen damit das auf das einzelne Atom oder Molekül wirksame Feld, das wir zum Unterschied vom externen Feld $\boldsymbol{E}$ mit $\boldsymbol{E}^{(a)}$ bezeichnen wollen. Die lineare Relation für das atomare oder molekulare Dipolmoment in (14.41), $\boldsymbol{p} = \epsilon_0\,\widetilde{\alpha}\,\boldsymbol{E}$, ist abzuändern in $\boldsymbol{p} = \epsilon_0\,\widetilde{\alpha}\,\boldsymbol{E}^{(a)}$, desgleichen auch die lineare Relation für die Polarisation in $\boldsymbol{P} = \epsilon_0\,\widetilde{\chi}^{(e)}\,\boldsymbol{E}^{(a)}$. Wir lassen Zeit– bzw. Frequenz–Argumente fort, weil die folgenden Überlegungen ausschließlich für statische Felder durchgeführt werden sollen.

Wir versuchen das Problem der Berechnung von $\boldsymbol{E}^{(a)}$ aus dem externen Feld $\boldsymbol{E}$ durch ein Gedanken–Experiment zu lösen. Wir stellen uns ein Material vor, das aufgrund eines bestehenden elektrischen Feldes eine homogene Polarisation $\boldsymbol{P}$ trägt. Aus diesem Material denken wir uns einen kugelförmigen Bereich mit dem Radius a herausgestanzt, und zwar bei *festgehaltener* Polarisation $\boldsymbol{P}$. Dann denken wir uns ein Atom oder ein Molekül in den entstandenen kugelförmigen Hohlraum eingebracht. Dessen dort auftretendes Dipolmoment wird zur *selbstkonsistenten* Bestimmung der Polarisation $\boldsymbol{P}$ benutzt.

In einem ersten Schritt greifen wir auf ein Ergebnis des Abschnitts 14.4.1 zurück. Wir hatten dort das elektrische Feld einer homogen geladenen Kugel im Inneren der Kugel bestimmt. Das Ergebnis lautete, übertragen auf eine Ladung Q und einen Kugelradius a

$$\boldsymbol{E}_0(\boldsymbol{r}) = \frac{Q}{4\,\pi\,\epsilon_0}\,\frac{1}{a^3}\,\boldsymbol{r}, \qquad |\boldsymbol{r}| < a. \tag{14.50}$$

Außerhalb der Kugel, also in $|\boldsymbol{r}| > a$, ist das Feld $\boldsymbol{E}_0(\boldsymbol{r})$ identisch mit einem Feld, das eine punktförmige Ladung Q erzeugen würde, also

$$\boldsymbol{E}_0(\boldsymbol{r}) = \frac{Q}{4\,\pi\,\epsilon_0}\,\frac{1}{r^3}\,\boldsymbol{r}, \qquad |\boldsymbol{r}| > a. \tag{14.51}$$

Durch elementare Integration bestimmen wir das zugehörige Potential $\Phi_0(\boldsymbol{r})$, nämlich bis auf Integrationskonstanten

$$\Phi_0(\boldsymbol{r}) = \frac{Q}{4\,\pi\,\epsilon_0}\begin{cases}\left(\text{const} \;-\dfrac{r^2}{2\,a}\right) & |\boldsymbol{r}| < a,\\[2ex] \left(\text{const} \;+\dfrac{1}{r}\right) & |\boldsymbol{r}| > a.\end{cases} \tag{14.52}$$

Die Integrationskonstanten werden so gewählt, dass (a) $\Phi_0(\boldsymbol{r}) \to 0$ für $|\boldsymbol{r}| \to \infty$ und (b) $\Phi_0(\boldsymbol{r})$ an der Kugeloberfläche $r = a$ *stetig* ist. Die Forderung der Stetigkeit folgt daraus, dass $\Phi_0(\boldsymbol{r})$ sogar differenzierbar sein muss. Das Ergebnis lautet

$$\Phi_0(\boldsymbol{r}) = \frac{Q}{4\,\pi\,\epsilon_0}\begin{cases}\left(\dfrac{3}{2\,a} - \dfrac{r^2}{2\,a}\right) & |\boldsymbol{r}| < a,\\[2ex] \dfrac{1}{r} & |\boldsymbol{r}| > a.\end{cases} \tag{14.53}$$

In einem zweiten Schritt bestimmen wir das Potential $\Phi(\boldsymbol{r})$ einer Kugel, die homogen *polarisiert* ist. Dazu überlagern wir die Potentiale von zwei entgegengesetzt geladenen Kugeln im Abstand $\boldsymbol{r}_0$ und führen dann $\boldsymbol{r}_0 \to 0$ aus:

$$\begin{aligned}
\Phi(\boldsymbol{r}) &= \Phi_0\left(\boldsymbol{r} - \frac{1}{2}\boldsymbol{r}_0\right) - \Phi_0\left(\boldsymbol{r} + \frac{1}{2}\boldsymbol{r}_0\right) \\
&= -\boldsymbol{r}_0 \frac{\partial}{\partial \boldsymbol{r}} \Phi_0(\boldsymbol{r}) + O(r_0^2) = \boldsymbol{r}_0\, \boldsymbol{E}(\boldsymbol{r}) + O(r_0^2) \\
&= \frac{1}{4\pi\epsilon_0} \begin{cases} \dfrac{Q\,\boldsymbol{r}_0\,\boldsymbol{r}}{a^3} + O(r_0^2), & |\boldsymbol{r}| < a, \\[2ex] \dfrac{Q\,\boldsymbol{r}_0\,\boldsymbol{r}}{r^3} + O(r_0^2), & |\boldsymbol{r}| > a, \end{cases}
\end{aligned} \tag{14.54}$$

Jetzt führen wir den Grenübergang $\boldsymbol{r}_0 \to 0$ durch. Dabei wird $Q\,\boldsymbol{r}_0 \to \boldsymbol{p}$ das Dipolmoment der Kugel, für das andererseits $\boldsymbol{p} = (4\pi a^3/3)\,\boldsymbol{P}$ gilt, worin $\boldsymbol{P}$ die Polariation der Kugel ist. Einsetzen dieser Relationen in (14.54) führt auf

$$\Phi(\boldsymbol{r}) = \frac{1}{3\epsilon_0} \begin{cases} \boldsymbol{P}\,\boldsymbol{r}, & |\boldsymbol{r}| < a, \\[2ex] \dfrac{a^3}{r^3}\,\boldsymbol{P}\,\boldsymbol{r}, & |\boldsymbol{r}| > a. \end{cases} \tag{14.55}$$

Wir betrachten jetzt den kugelförmigen Hohlraum, der nach dem Ausstanzen der Kugel in dem Material verblieben ist, und bezeichnen das Potential im Inneren des Hohlraums mit $\Phi^{(a)}(\boldsymbol{r})$, s.o. Wir wollen das Potential $\Phi^{(a)}(\boldsymbol{r})$ unter der Voraussetzung berechnen, dass sich das Material in einem externen homogenen $\boldsymbol{E}$–Feld befindet. Dann muss $\Phi^{(a)}(\boldsymbol{r})$ die Relation

$$\Phi^{(a)}(\boldsymbol{r}) + \Phi(\boldsymbol{r}) = -\boldsymbol{E}\,\boldsymbol{r} \tag{14.56}$$

erfüllen, worin $\Phi(\boldsymbol{r})$ das Potential aus (14.55) für $|\boldsymbol{r}| < a$ Zur Begründung von (14.56): $\Phi^{(a)}(\boldsymbol{r}) + \Phi(\boldsymbol{r})$ ist dasjenige Potential, das sich ergibt, wenn wir die ausgestanzte Kugel zurück in den Hohlraum einsetzen. Dieses letztere Potential soll aber nach Voraussetzung ein externes homogenes Feld $\boldsymbol{E}$ beschreiben. Damit ist (14.56) begründet und wir erhalten daraus

$$\Phi^{(a)}(\boldsymbol{r}) = \left(\boldsymbol{E} + \frac{1}{3\,\epsilon_0}\,\boldsymbol{P}\right)\boldsymbol{r}, \qquad |\boldsymbol{r}| < a, \tag{14.57}$$

und für das zugehörige Feld im Inneren der Hohlkugel

$$\boldsymbol{E}^{(a)}(\boldsymbol{r}) = \frac{\partial}{\partial \boldsymbol{r}}\,\Phi^{(a)}(\boldsymbol{r}) = \boldsymbol{E} + \frac{1}{3\,\epsilon_0}\,\boldsymbol{P}, \qquad |\boldsymbol{r}| < a. \tag{14.58}$$

Das Feld $\boldsymbol{E}^{(a)}(\boldsymbol{r})$ im Inneren der gedachten Hohlkugel betrachten wir als das wirksame Feld, das polarisierend auf ein Atom oder Molekül wirkt, so dass

$$\begin{aligned} \boldsymbol{p} &= \epsilon_0\,\widetilde{\alpha}\,\boldsymbol{E}^{(a)}, \\ \boldsymbol{P} &= \epsilon_0\,n\,\widetilde{\alpha}\,\boldsymbol{E}^{(a)} = \epsilon_0\,n\,\widetilde{\alpha}\left(\boldsymbol{E} + \frac{1}{3\,\epsilon_0}\,\boldsymbol{P}\right), \end{aligned} \tag{14.59}$$

aufgelöst nach $\boldsymbol{P}$:

$$\boldsymbol{P} = \epsilon_0\,\frac{n\,\widetilde{\alpha}}{1 - \frac{1}{3}\,n\,\widetilde{\alpha}}\,\boldsymbol{E}. \tag{14.60}$$

Hieraus erkennen wir zunächst, dass die gegenseitige Beeinflussung der atomaren bzw. molekularen Dipole die Polarisierung verstärkt. Die elektrische Suszeptibilität $\widetilde{\chi}^{(e)}$ ist nun definiert durch $\boldsymbol{P} = \epsilon_0\,\widetilde{\chi}^{(e)}\,\boldsymbol{E}$, so dass wir aus (14.60)

$$\boxed{\widetilde{\chi}^{(e)} = \frac{n\,\widetilde{\alpha}}{1 - \frac{1}{3}\,n\,\widetilde{\alpha}}} \tag{14.61}$$

ablesen. Die Auflösung dieser Relation nach $\widetilde{\alpha}$ liefert

$$\widetilde{\alpha} = \frac{1}{n}\,\frac{\widetilde{\chi}^{(e)}}{1 + \frac{1}{3}\,\widetilde{\chi}^{(e)}}. \tag{14.62}$$

Dieses ist die *Clausius–Mosotti–Relation.* Sie erlaubt es, aus einer Messung der elektrischen Suszeptibilität $\widetilde{\chi}^{(e)}$ die atomare Polarisierbarkeit $\widetilde{\alpha}$ zu bestimmen, wenn die Dichte n bekannt ist.

Kapitel 15

Quasistationäre Felder

15.1 Definition quasistationärer Felder

Im Abschnitt 10.1 haben wir gezeigt, dass die Wellen–Gleichungen

$$\Box\,\Phi(\boldsymbol{r},t) = -\frac{1}{\epsilon_0}\,\rho(\boldsymbol{r},t), \qquad \Box\,\boldsymbol{A}(\boldsymbol{r},t) = -\mu_0\,\boldsymbol{j}(\boldsymbol{r},t) \tag{15.1}$$

für das skalare Potential Φ und das Vektor–Potential $\boldsymbol{A}$ die partikulären Lösungen

$$\begin{aligned}
\Phi(\boldsymbol{r},t) &= \frac{1}{4\,\pi\,\epsilon_0}\int d^3r'\,\frac{1}{|\boldsymbol{r}-\boldsymbol{r}'|}\,\rho\left(\boldsymbol{r}',t-\frac{|\boldsymbol{r}-\boldsymbol{r}'|}{c}\right),\\
\boldsymbol{A}(\boldsymbol{r},t) &= \frac{\mu_0}{4\,\pi}\int d^3r'\,\frac{1}{|\boldsymbol{r}-\boldsymbol{r}'|}\,\boldsymbol{j}\left(\boldsymbol{r}',t-\frac{|\boldsymbol{r}-\boldsymbol{r}'|}{c}\right)
\end{aligned} \tag{15.2}$$

besitzen. Diese Lösungen zeigen die Eigenschaft der *Retardierung*: Die Wirkung ist um die Zeit $|\boldsymbol{r}-\boldsymbol{r}'|/c$ verzögert, die die Felder benötigen, um sich vom Ort $\boldsymbol{r}'$ der Ursache zum Ort $\boldsymbol{r}$ der Wirkung auszubreiten. Wir werden in diesem Kapitel solche Feld–Anordnungen betrachten, in denen die Retardierungs–Zeit $|\boldsymbol{r}-\boldsymbol{r}'|/c$ sehr klein ist. Es sei d die räumliche Ausdehnung der betrachteten Feld–Anordnung, so dass die Retardierungszeit durch $t_{ret} = d/c$ abgeschätzt werden kann. Wir nehmen nun an, dass $t_{ret} = d/c \ll T = (2\,\pi)/\omega$, wo T die Schwingungsdauer einer elektromagnetischen Welle mit der Frequenz ω ist. Mit $\omega = c\,k$ führt diese Annahme auf $d\,k \ll 2\,\pi$, bzw. mit der Definition der Wellenlänge $\lambda = (2\pi)/k$ auf $d \ll \lambda$: Die räumliche Ausdehnung der Feld–Anordnung soll also klein gegen die Wellenlänge der elektromagnetischen Wellen sein. Diese Annahme begrenzt die Wellenlängen und damit auch die Frequenzen der Wellen.

Wenn die Retardierungszeit vernachlässigbar ist, lauten die Lösungen (15.2)

$$\Phi(\boldsymbol{r},t) = \frac{1}{4\pi\epsilon_0}\int d^3r'\,\frac{1}{|\boldsymbol{r}-\boldsymbol{r}'|}\,\rho(\boldsymbol{r}',t), \qquad \boldsymbol{A}(\boldsymbol{r},t) = \frac{\mu_0}{4\pi}\int d^3r'\,\frac{1}{|\boldsymbol{r}-\boldsymbol{r}'|}\,\boldsymbol{j}(\boldsymbol{r}',t). \tag{15.3}$$

Wie wir aus den Kapiteln 2 und 6 wissen, sind diese Ausdrücke die Lösungen der statischen Potential–Gleichungen

$$\Delta\,\Phi(\boldsymbol{r},t) = -\frac{1}{\epsilon_0}\,\rho(\boldsymbol{r},t), \qquad \Delta\,\boldsymbol{A}(\boldsymbol{r},t) = -\mu_0\,\boldsymbol{j}(\boldsymbol{r},t), \tag{15.4}$$

in denen die Zeit lediglich als ein Parameter auftritt. Diese Potential–Gleichungen entsprechen den beiden Feld–Gleichungen

$$\frac{\partial}{\partial\boldsymbol{r}}\,\boldsymbol{E}(\boldsymbol{r},t) = \frac{1}{\epsilon_0}\,\rho(\boldsymbol{r},t), \qquad \frac{\partial}{\partial\boldsymbol{r}}\times\boldsymbol{B}(\boldsymbol{r},t) = \mu_0\,\boldsymbol{j}(\boldsymbol{r},t). \tag{15.5}$$

Nach wie vor sind die Felder $\boldsymbol{E}(\boldsymbol{r},t)$ und $\boldsymbol{B}(\boldsymbol{r}.t)$ aber durch

$$\boldsymbol{E} = -\frac{\partial}{\partial\boldsymbol{r}}\Phi - \frac{\partial}{\partial t}\boldsymbol{A}, \qquad \boldsymbol{B} = \frac{\partial}{\partial\boldsymbol{r}}\times\boldsymbol{A} \tag{15.6}$$

gegeben. Insbesondere muss die zeitliche Ableitung $\partial\boldsymbol{A}/\partial t$ berücksichtigt werden, weil ja die Feld–Anordnung sehr wohl zeitabhängig sein soll und lediglich die Retardierungszeit vernachlässigt wird. Äquivalent zu (15.6) sind die homogenen Maxwell–Gleichungen

$$\frac{\partial}{\partial\boldsymbol{r}}\times\boldsymbol{E} = -\frac{\partial}{\partial t}\boldsymbol{B}, \qquad \frac{\partial}{\partial\boldsymbol{r}}\,\boldsymbol{B} = 0. \tag{15.7}$$

Die vier Gleichungen (15.5) und (15.7) definieren die sogenannten *quasistationären Felder*. Gegenüber den vollständigen Maxwell–Gleichungen ist in

$$\frac{\partial}{\partial \boldsymbol{r}} \times \boldsymbol{B}(\boldsymbol{r}, t) = \mu_0 \, \boldsymbol{j}(\boldsymbol{r}, t) + \frac{1}{c^2} \frac{\partial}{\partial t} \boldsymbol{E}(\boldsymbol{r}, t) \tag{15.8}$$

der zweite Term auf der rechten Seite vernachlässigt worden, was der Vernachlässigung von Retardierungs–Effekten entspricht, wie wir oben gezeigt haben. Daraus folgt übrigens auch sofort, dass in der quasistatischen Näherung

$$\frac{\partial}{\partial \boldsymbol{r}} \boldsymbol{j}(\boldsymbol{r}, t) = 0 \qquad \text{und folglich} \qquad \frac{\partial}{\partial t} \rho(\boldsymbol{r}, t) = 0 \tag{15.9}$$

gilt, so dass die elektrische Ladungsdichte stets stationär ist: $\rho(\boldsymbol{r}, t) = \rho(\boldsymbol{r})$. Die übliche Annahme ist $\rho(\boldsymbol{r}) = 0$: Es können also nicht–verschwindende Stromdichten $\boldsymbol{j}(\boldsymbol{r}, t) \neq 0$ auftreten, die sogar zeitabhängig sein können, doch führen diese wegen der angenommenen Quellenfreiheit niemals zu einer Anhäufung von positiver oder negativer Ladung.

Das Konzept der quasistatischen Felder wird üblicherweise auf die Situation verallgemeinert, dass *Materie* in den Feldern auftreten kann. Man schreibt dann die quasistationären Maxwellschen Gleichungen statt (15.5) und (15.7) in der Form

$$\boxed{\begin{aligned} &\frac{\partial}{\partial \boldsymbol{r}} \boldsymbol{D}(\boldsymbol{r}, t) = \rho(\boldsymbol{r}, t), && \frac{\partial}{\partial \boldsymbol{r}} \times \boldsymbol{H}(\boldsymbol{r}, t) = \boldsymbol{j}(\boldsymbol{r}, t), \\ &\frac{\partial}{\partial \boldsymbol{r}} \times \boldsymbol{E} = -\frac{\partial}{\partial t} \boldsymbol{B}, && \frac{\partial}{\partial \boldsymbol{r}} \boldsymbol{B} = 0, \end{aligned}} \tag{15.10}$$

und nimmt an, dass die Felder $\boldsymbol{D}$ und $\boldsymbol{E}$ bzw. $\boldsymbol{B}$ und $\boldsymbol{H}$ durch lineare phänomenologische Relationen verknüpft sind, also symbolisch

$$\boldsymbol{D} = \epsilon_0 \, \epsilon \, \boldsymbol{E}, \qquad \boldsymbol{B} = \mu_0 \, \mu \, \boldsymbol{H}. \tag{15.11}$$

Hier sind die *relative* Dielektrizitäts–Konstante ϵ_0 und die *relative* magnetische Permeabilität μ gegeben durch die elektrische und magnetische Suszeptibilitäten $\chi^{(e)}$ und $\chi^{(m)}$

$$\epsilon = 1 + \chi^{(e)}, \qquad \mu = 1 + \chi^{(m)}, \tag{15.12}$$

vgl. Abschnitt 14.1. Diese linearen Relationen werden für die Fourier–Komponenten der Felder und der Suszeptibilitäten gelesen, vgl. Abschnitt 14.3. Allerdings tritt dabei höchstens eine Abhängigkeit von der Frequenz ω auf, nicht vom Wellenzahl-Vektor $\boldsymbol{k}$, weil ja in der quasistatischen Näherung die Abmessung der Feldanordnung klein gegen die Wellenlänge sein sollte, s.o. Es ist also stets $\boldsymbol{k} = 0$ zu setzen. Die relative magnetische Permeabilität μ ist näherungsweise auch unabhängig von der Frequenz ω.

15.2 System von Leiterschleifen, Induktivitäten

Die Situatiuon, auf die das Konzept der stationären Felder am häufigsten angewendet wird, ist ein System von stromdurchflossenen Leiterschleifen S_i, $i = 1, 2, \ldots$. Es muss sich dabei tatsächlich um geschlossene Stromkreise handeln, damit $\partial \boldsymbol{j}/\partial \boldsymbol{r} = 0$ erfüllbar wird. Die Leiterschleifen S_i können Ohmsche Widerstände enthalten, d.h. die Stromdichten in ihnen können dem Ohmschen Gesetz $\boldsymbol{j} = \sigma \boldsymbol{E}$ folgen, vgl. Abschnitt 14.2.2, und zwischen ihnen können elektrische Kapazitäten auftreten, vgl. Abschnitt 4.1.3. Wir lassen außerdem zu, dass der Raum zwischen den Leiterschleifen von Material erfüllt ist, das sich durch eine genähert ω–unabhängige relative magnetische Permeabilität μ beschreiben lässt.

Wenn in den Leiterschleifen S_i zeitabhängige Ströme $I_i(t)$ auftreten, wird es zu Induktions–Vorgängen in den S_i kommen, d.h. in jedem der S_i werden Spannungen

$$U_i(t) = -\frac{\partial}{\partial t} \Psi_i(t), \qquad \Psi_i(t) = \int_{F_i} d\boldsymbol{f}\, \boldsymbol{B}(\boldsymbol{r}, t) \tag{15.13}$$

induziert. Hier ist F_i eine (beliebige) Fläche, die von der Leiterschleife S_i umrandet wird, also auch $\partial F_i = S_i$, und Ψ_i der magnetische Fluss durch die Leiterschleife S_i, vgl. auch Abschnitt 7.3.2. $\boldsymbol{B}$ ist die gesamte magnetische Flussdichte, die von allen Leiterschleifen S_j, auch von S_i selbst erzeugt wird. Wegen der Linearität der Feld–Gleichungen lässt sich $\boldsymbol{B}$ als Überlagerung der Flussdichten $\boldsymbol{B}_j$ schreiben, die jeweils von der Stromdichte $\boldsymbol{j}_j$ in der Leiterschleife S_j erzeugt werden:

$$\boldsymbol{B} = \sum_j \boldsymbol{B}_j, \qquad \boldsymbol{B}_j = \frac{\partial}{\partial \boldsymbol{r}} \times \boldsymbol{A}_j, \qquad \Delta \boldsymbol{A}_j = -\mu\, \mu_0\, \boldsymbol{j}_j. \tag{15.14}$$

$\boldsymbol{A}_j$ ist das Vektor–Potential der Leiterschleife S_j, das der quasistatischen Poisson–Gleichung (15.4) mit der Stromdichte $\boldsymbol{j}_j$ genügt.

Es sei

$$I_j = \int_{f_j} d\boldsymbol{f}\, \boldsymbol{j}_j \tag{15.15}$$

der Strom durch die Leiterschleife S_j. Darin ist f_j ein Querschnitt des Leiters der Schleife S_j, der jedoch wegen $\partial \boldsymbol{j}/\partial \boldsymbol{r} = 0$ beliebig wählbar ist. Wegen der Linearität der Gleichungen (15.14) ist $\boldsymbol{A}_j$ proportional zu I_j, denn mit der Skalierung $\boldsymbol{A}_j =: I_j\, \boldsymbol{a}_j$, $\boldsymbol{j}_j =: I_j\, \boldsymbol{g}_j$ führt (15.14) auf das Problem

$$\Delta \boldsymbol{a}_j = -\mu\, \mu_0\, \boldsymbol{g}_j, \qquad \int_{f_j} d\boldsymbol{f}\, \boldsymbol{g}_j = 1,$$

dessen Lösung nicht mehr von I_j abhängt. Aus dieser Überlegung folgt weiter, dass der magnetische Fluss Ψ_i durch S_i linear in den Strömen I_j aller S_j (einschließlich $j = i$) ist:

$$\Psi_i(t) = \sum_j L_{ij}\, I_j. \tag{15.16}$$

Die Koeffizienten L_{ij} heißen für $i \neq j$ die *Gegen–Induktivitäten* zwischen den Leiterschleifen, und L_{ii} heißt die *Selbst–Induktivität* der Schleife S_i. Die obige Überlegung, mit der wir (15.16) begründet haben, zeigt übrigens auch, dass die Induktivitäten L_{ij} nur noch von der geometrischen Anordnung der Schleifen S_i abhängen, jedoch nicht mehr von den Strömen I_i. Es ist auch offensichtlich, dass die Induktivitäten L_{ij} die magnetischen Analogien zu den elektrischen Kapazitäten in einem System von Leitern sind, vgl. Abschnitt 4.1.3. Die Einheit der Induktivität ist magnetischer Fluss/Strom=V s/A="Henry" (H). Ebenso wie für die Kapazitäten können wir auch für die Induktivitäten formale Ausdrücke angeben. Dazu benutzen wir, dass die Poisson–Gleichung $\Delta \boldsymbol{A}_j = -\mu\, \mu_0\, \boldsymbol{j}_j$ für die Leiterschleife S_j die formale Lösung

$$\boldsymbol{A}_j(\boldsymbol{r}, t) = \frac{\mu\, \mu_0}{4\, \pi} \int d^3r'\, \frac{\boldsymbol{j}_j(\boldsymbol{r}', t)}{|\boldsymbol{r} - \boldsymbol{r}'|} \tag{15.17}$$

besitzt, wenn wir als Randbedingung $|\boldsymbol{A}_j| \to 0$ für $|\boldsymbol{r}| \to \infty$ fordern, vgl. Abschnitt 6.1.1. In diesem Integral wird ausschließlich über den Bereich $\boldsymbol{r}'$ mit $\boldsymbol{j}_j(\boldsymbol{r}', t) \neq 0$, also über die Schleife S_j integriert. Wenn wir den Querschnitt des Leiters als hinreichend dünn (drahtförmig) annehmen, können wir (15.17) ersetzen durch

$$\boldsymbol{A}_j(\boldsymbol{r},t) = \frac{\mu\,\mu_0}{4\,\pi}\, I_j(t) \oint_{S_j} d\boldsymbol{r}'\, \frac{1}{|\boldsymbol{r}-\boldsymbol{r}'|}, \tag{15.18}$$

vgl. auch Abschnitt 5.3.1. Damit finden wir für den magnetischen Fluss $\Psi_i(t)$ in der Leiterschleife S_i

$$\begin{aligned} \Psi_i(t) &= \int_{F_i} d\boldsymbol{f}\, \boldsymbol{B}(\boldsymbol{r},t) = \sum_j \int_{F_i} d\boldsymbol{f}\, \boldsymbol{B}_j(\boldsymbol{r},t) = \\ &= \sum_j \int_{F_i} d\boldsymbol{f}\, \frac{\partial}{\partial \boldsymbol{r}} \times \boldsymbol{A}_j(\boldsymbol{r},t) = \sum_j \oint_{S_i} d\boldsymbol{r}\, \boldsymbol{A}_j(\boldsymbol{r},t) = \\ &= \sum_j \frac{\mu\,\mu_0}{4\,\pi} \oint_{S_i} d\boldsymbol{r} \oint_{S_j} d\boldsymbol{r}'\, \frac{1}{|\boldsymbol{r}-\boldsymbol{r}'|}\, I_j(t), \end{aligned} \tag{15.19}$$

woraus wir

$$L_{ij} = \frac{\mu\,\mu_0}{4\,\pi} \oint_{S_i} d\boldsymbol{r} \oint_{S_j} d\boldsymbol{r}'\, \frac{1}{|\boldsymbol{r}-\boldsymbol{r}'|} \tag{15.20}$$

ablesen. Dieser Ausdruck ist allerdings nicht auf die Selbst–Induktivität anwendbar, weil der Integrand $1/|\boldsymbol{r}-\boldsymbol{r}'|$ für $S_i = S_j$ nicht–integrable Divergenzen besitzt, die durch den Übergang von einer stetigen Stromverteilung zu einem drahtförmigen dünnen Leiter entstehen. Zur Berechnung der Selbst–Induktivität muss offenbar die Stromverteilung innerhalb des Leiters berücksichtigt werden. Im folgenden Abschnitt werden wir für Spezialfälle einen anderen Zugang zur Selbst–Induktivität kennen lernen.

15.3 Selbst–Induktion

15.3.1 Induzierte Spannung, Lenzsche Regel

Bereits im Abschnitt 7.3.3 hatten wir die Lenzsche Regel an einer Anordnung anschaulich gemacht, die wir hier als ein einfaches Beispiel für die Selbst–Induktion

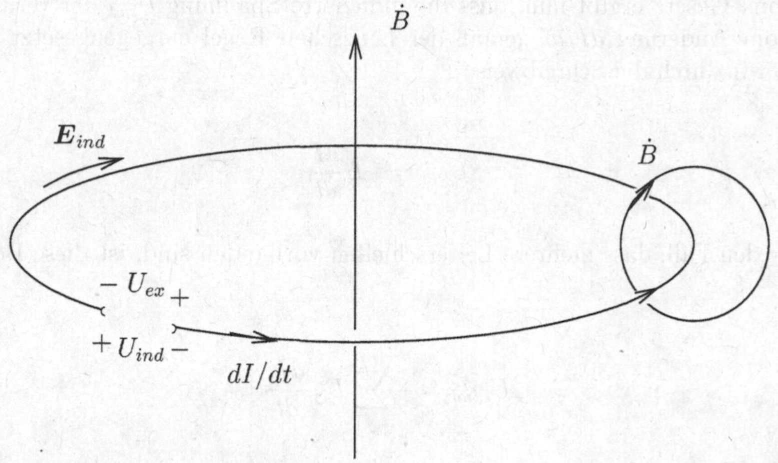

Abbildung 15.1: Zur Selbst–Induktion in einer Leiterschleife

interpretieren. Die Abildung 15.1 zeigt eine Leiterschleife, in der durch Anlegen einer externen Spannung U_{ex} ein zeitlich veränderlicher Strom $I(t)$ mit $dI/dt \neq 0$ erzeugt werde. Unsere folgende Diskussion soll sich auf die in der Abbildung eingezeichneten Richtungen beziehen. Gemäß dem Biot–Savartschen Gesetz wird durch den eingeprägten Strom $I(t)$ ein zeitlich veränderliches $\boldsymbol{B}(t)$ ($\partial/\partial\boldsymbol{r} \times \boldsymbol{B} = \mu\,\mu_0\,\boldsymbol{j}$, Rechte–Hand–Regel) und somit auch ein zeitlich veränderlicher magnetischer Fluss $\Psi(t)$ durch die Leiterschleife erzeugt, der seinerseits gemäß dem Induktions–Gesetz zu einem induzierten Feld $\boldsymbol{E}_{ind}$ und einer induzierten Spannung U_{ind} führt. Zunächst *ohne* Berücksichtigung der Richtungen bzw. Vorzeichen ist

$$\begin{aligned} U_{ind} \quad &\propto \oint d\boldsymbol{r}\,\boldsymbol{E}_{ind} = \int d\boldsymbol{f}\,\frac{\partial}{\partial\boldsymbol{r}} \times \boldsymbol{E}_{ind} \propto \\ &\propto \frac{\partial}{\partial t}\int d\boldsymbol{f}\,\boldsymbol{B} = \frac{\partial}{\partial t}\Psi = L\,\frac{dI}{dt} \end{aligned} \tag{15.21}$$

unter Verwendung von (15.16) und unter der Annahme, dass ausschließlich die gezeigte Leiterschleife mit der Selbst–Induktivität L vorhanden ist. Die Beachtung der Richtungen und der Vorzeichen, insbesondere des negativen Vorzeichens im

Induktions–Gesetz ergibt nun, dass die induzierte Spannung U_{ind} der verursachenden Strom–Änderung dI/dt gemäß der Lenzschen Regel entgegengesetzt ist. Das drücken wir durch die Schreibweise

$$U_{ind} = -L\,\frac{dI}{dt} \tag{15.22}$$

aus. Für den Fall, dass mehrere Leiterschleifen vorhanden sind, ist diese Beziehung durch

$$U_{i,ind} = -\sum_j L_{ij}\,\frac{dI_j}{dt} \tag{15.23}$$

zu verallgemeinern.

Die induzierte Spannung ist zu einer auftretenden externen Spannung U_{ex} zu addieren, weil sich ja auch die entsprechenden elektrischen Felder addieren. Wenn sich in der betreffenden Schleife keine weiteren Spannungs–Quellen mehr befinden, muss

$$U_{ex} + U_{ind} = U_{ex} - L\,\frac{dI}{dt} = 0 \tag{15.24}$$

erfüllt sein. Wenn sich weitere Spannungs–Quellen in der Schleife befinden, z.B. Ohmsche Widerstände (U_R) oder Kondensatoren (U_C), ist $U_{ex} + U_{ind} = U_R + U_C$ zu setzen, s.u.

15.3.2 Spule, geradliniger Leiter

Im Abschnitt 6.2.3 hatten wir die magnetische Flussdichte $\boldsymbol{B}$ einer langgestreckten Spule unter Vernachlässigung der Feld–Verzerrungen am Spulenende und des Streufeldes im Außenraum berechnet:

$$\boldsymbol{B} = \mu\,\mu_0\,\frac{n\,I}{l}\,\boldsymbol{e}_z, \tag{15.25}$$

mit n =Windungszahl, I =Strom, l =Länge der Spule, $\boldsymbol{e}_z$ =Einheits–Vektor in Richtung der Spulen–Achse. Der magnetische Fluss durch die Spule beträgt

$$\Psi = \mu\,\mu_0\,\frac{n\,F\,I}{l}, \tag{15.26}$$

worin F =Querschnittsfläche der Spule. In n Spulenwindungen wird dann als Spannung induziert

$$U_{ind} = -n\,\frac{d\Psi}{dt} = -\mu\,\mu_0\,\frac{n^2\,F}{l}\,\frac{dI}{dt}, \tag{15.27}$$

woraus wir für die Selbst–Induktivität

$$L = \mu\,\mu_0\,\frac{n^2\,F}{l} \tag{15.28}$$

ablesen.

Im Abschnitt 5.3.1 hatten wir die magnetische Flussdichte $\boldsymbol{B}$ eines ∞–lang ausgedehnten geradlinigen Leiters berechnet:

$$\boldsymbol{B} = \frac{\mu\,\mu_0}{2\,\pi\,r}\,I\,\boldsymbol{e}_\phi, \tag{15.29}$$

mit r =senkrechter Abstand vom Leiter, I =Strom und $\boldsymbol{e}_\phi$ =Einheits–Vektor in azimutaler Richtung. Der magnetische Fluss Ψ ist hier durch Integration über eine Fläche zu berechnen, die auf der einen Seite durch den Leiter begrenzt wird und sich im Übrigen ∞–weit in Leiter–Richtung und senkrecht dazu nach außen erstreckt. Der magnetische Fluss pro Länge l des Leiters wäre dann zu berechnen als

$$\frac{\Psi}{l} = \frac{\mu\,\mu_0}{2\,\pi}\,I\int_0^\infty \frac{dr}{r}. \tag{15.30}$$

Das r–Integral divergiert an beiden Grenzen. Die Grenze $r = 0$ ersetzen wir deshalb durch $r = a$ =Radius des Leiters, die Grenze $r = \infty$ durch $r = l$. Diese letztere Abschneidung der Fluss–Integration begründen wir wie folgt: Der Feldverlauf $B \propto 1/r$ trifft nur für solche Abstände r zu, die klein im Vergleich zur Länge l des Leiters sind. Für Abstände $r > l$ fällt das Feld B stärker mit r ab als $\propto 1/r$, sodass die Fluss–Integration bis $r = l$ die wesentlichen Beiträge liefert. Mit diesen Größenordnungs–Abschätzungen erhalten wir aus (15.30)

$$\frac{\Psi}{l} \approx \frac{\mu\,\mu_0}{2\,\pi}\,I \int_a^l \frac{dr}{r} = \frac{\mu\,\mu_0}{2\,\pi}\,I\,\ln\frac{l}{a}. \tag{15.31}$$

Daraus folgt für die Selbst–Induktivität

$$L \approx \frac{\mu\,\mu_0}{2\,\pi}\,l\,\ln\frac{l}{a}. \tag{15.32}$$

15.4 Magnetische Feldenergie

Im Abschnitt 4.1.4 hatten wir die elektrostatische Feldenergie in einem System von geladenen Leitern durch

$$W_e = \frac{1}{2}\sum_{i,j} C_{ij}\,\Phi_i\,\Phi_j \tag{15.33}$$

ausgedrückt, worin C_{ij} die Kapazitäts–Matrix und Φ_i das Potential des Leiters i ist. Wir werden jetzt eine völlig analoge Darstellung für die magnetische Feldenergie W_m herleiten. Gemäß Abschnitt 8.2 ist diese zunächst gegeben durch

$$W_m = \frac{1}{2}\int d^3r\,\boldsymbol{H}\,\boldsymbol{B} = \frac{1}{2}\int d^3r\,H_\alpha\,B_\alpha. \tag{15.34}$$

Unter Verwendung der quasistatischen Feldgleichungen

$$\boldsymbol{B} = \frac{\partial}{\partial \boldsymbol{r}} \times \boldsymbol{A}, \qquad \frac{\partial}{\partial \boldsymbol{r}} \times \boldsymbol{H} = \boldsymbol{j} \tag{15.35}$$

und mit einer partiellen Integration formen wir W_m wie folgt um:

$$\begin{aligned} W_m &= \frac{1}{2}\int d^3r\,H_\alpha\,\epsilon_{\alpha\beta\gamma}\,\partial_\beta\,A_\gamma = -\frac{1}{2}\int d^3r\,A_\gamma\,\epsilon_{\alpha\beta\gamma}\,\partial_\beta\,H_\alpha = \\ &= \frac{1}{2}\int d^3r\,A_\gamma\,\epsilon_{\gamma\beta\alpha}\,\partial_\beta\,H_\alpha = \frac{1}{2}\int d^3r\,\boldsymbol{j}\,\boldsymbol{A}. \end{aligned} \tag{15.36}$$

Wie im Abschnitt 15.2 begründet, können wir $\boldsymbol{j}$ und $\boldsymbol{A}$ jeweils in additive Beiträge der einzelnen Leiterschleifen S_i zerlegen:

$$\boldsymbol{j} = \sum_i \boldsymbol{j}_i, \qquad \boldsymbol{A} = \sum_j \boldsymbol{A}_j, \tag{15.37}$$

so dass

$$W_m = \frac{1}{2} \sum_{i,j} \int d^3r\, \boldsymbol{j}_i\, \boldsymbol{A}_j. \tag{15.38}$$

Da die $\boldsymbol{j}_i$ und $\boldsymbol{A}_j$ jeweils proportional zu den Strömen I_i bzw. I_j sind, erkennen wir bereits hier, dass W_m eine quadratische Form in den I_i sein muss. Wir verwenden jetzt die Form (15.17) für die $\boldsymbol{A}_j$,

$$\boldsymbol{A}_j(\boldsymbol{r}, t) = \frac{\mu\,\mu_0}{4\,\pi} \int d^3r'\, \frac{\boldsymbol{j}_j(\boldsymbol{r}', t)}{|\boldsymbol{r} - \boldsymbol{r}'|},$$

und erhalten durch Einsetzen in (15.38)

$$W_m = \frac{1}{2} \sum_{i,j} \frac{\mu\,\mu_0}{4\,\pi} \int d^3r \int d^3r'\, \frac{1}{|\boldsymbol{r} - \boldsymbol{r}'|}\, \boldsymbol{j}_i(\boldsymbol{r}, t)\, \boldsymbol{j}_j(\boldsymbol{r}', t). \tag{15.39}$$

Die Integrationen über $\boldsymbol{r}$ und $\boldsymbol{r}'$ erstrecken sich jeweils nur auf die Gebiete, in denen $\boldsymbol{j}_i(\boldsymbol{r}, t) \neq 0$ bzw. $\boldsymbol{j}_j(\boldsymbol{r}', t) \neq 0$, d.h. nur auf die Leiterschleifen S_i bzw. S_j. Wenn wir diese wieder als drahtförmige dünne Leiter annehmen, wird aus (15.39)

$$\boxed{W_m = \frac{1}{2} \sum_{i,j} L_{ij}\, I_i(t)\, I_j(t),} \qquad L_{ij} = \frac{\mu\,\mu_0}{4\,\pi} \oint_{S_i} d\boldsymbol{r} \oint_{S_j} d\boldsymbol{r}'\, \frac{1}{|\boldsymbol{r} - \boldsymbol{r}'|}. \tag{15.40}$$

Dieser Ausdruck für L_{ij} stimmt mit dem in (15.20) überein. Das Problem eines divergenten Integranden bei der Berechnung der Selbst–Induktivität tritt natürlich auch hier auf.

15.5 Stromkreise

Ihre wesentliche Anwendung findet die Theorie der quasistationären Felder in Wechselstromkreisen. Stromkreise sind elektrisch leitende Verbindungen von Elementen wie Kapazitäten, Induktivitäten und Ohmschen Widerständen. Wir werden hier nur diese Elemente betrachten, die sich, bedingt durch die Linearität der Maxwellschen Gleichungen, ebenfalls durch lineare Relationen zwischen anliegender elektrischer Spannung und hindurchfließendem Strom auszeichnen. Es gibt auch nicht–lineare Elemente wie z.B. Dioden oder Transistoren, deren Strom–Spannungs–Verhalten aber zuvor aus der Festkörper–Theorie herzuleiten wäre. Die leitenden Verbindungen denken wir uns als Drähte, d.h. als hinreichend dünne Leiter, wie wir sie bereits früher in diesem Kapitel als Idealisierungen eingeführt hatten. Auch die auftretenden Induktivitäten können wir uns als Spulen aus solchen Drähten aufgebaut denken.

15.5.1 Die Differential–Gleichungen, Einschalt–Vorgänge

Die Abbildung 15.2 zeigt drei sehr einfache Stromkreise, die jeweils nur (a) eine Induktivität L, (b) einen Ohmschen Widerstand R und (c) eine Kapazität C enthalten, an die eine externe Spannung U_{ex} angelegt ist.

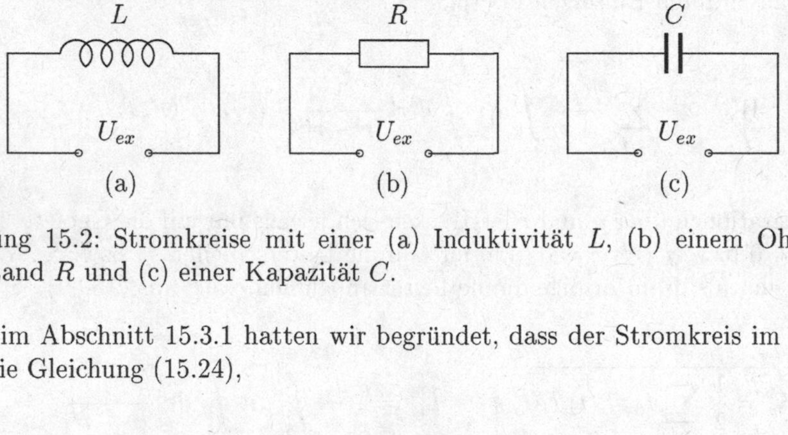

Abbildung 15.2: Stromkreise mit einer (a) Induktivität L, (b) einem Ohmschen Widerstand R und (c) einer Kapazität C.

Bereits im Abschnitt 15.3.1 hatten wir begründet, dass der Stromkreis im Fall (a) durch die Gleichung (15.24),

$$U_{ex} + U_{ind} = U_{ex} - L\,\frac{dI}{dt} = 0, \qquad U_{ex} = L\,\frac{dI}{dt} \tag{15.41}$$

beschrieben wird. Wir ermitteln daraus das Verhalten des Stromes $I(t)$ als Funktion der Zeit für einen Einschalt–Vorgang $U_{ex}(t) = U_0\,\Theta(t)$, worin $\Theta(t)$ die Heavyside–

Funktion ist, also $\Theta(t) = 0$ für $t < 0$ und $\Theta(t) = 1$ für $t \geq 0$. Mit der Annahme, dass $I(t) = 0$ für $t < 0$, folgt

$$I(t) = \frac{1}{L} \int_{-\infty}^{t} dt' \, U_{ex}(t') = \begin{cases} 0, & t < 0 \\ \frac{U_0 \, t}{L} & t \geq 0. \end{cases} \tag{15.42}$$

Im Fall (b) des Ohmschen Widerstands nehmen wir zunächst an, dass dieser die Form eines geradlinigen Leiters mit der Länge l und dem Querschnitt A hat. Wir nehmen weiter an, dass im Material des Leiters das Ohmsche Gesetz $\boldsymbol{j} = \sigma \boldsymbol{E}$ gilt, worin σ die spezifische Leitfähigkeit ist, vgl. Abschnitt 14.2.2. Wir multiplizieren das Ohmsche Gesetz mit dem Querschnitt A und bilden das Linien–Integral längs des Leiters:

$$A \int_l d\boldsymbol{r} \, \boldsymbol{j} = A \, \sigma \int_l d\boldsymbol{r} \, \boldsymbol{E}. \tag{15.43}$$

Wegen $\partial \boldsymbol{j} / \partial \boldsymbol{r} = 0$ ist $\boldsymbol{j}$ längs des Integrationswegs konstant, sodass sich auf der linken Seite $l \, I$ ergibt, worin I der Strom durch den Leiter ist. Auf der rechten Seite erhalten wir $A \, U$, worin $U = U_{ex}$ die Spannungs–Differenz zwischen den Leiterenden ist, hier in der Zählung zwischen Anfang und Ende des Leiters in Stromrichtung. Wir erhalten also

$$U_{ex} = R \, I, \qquad R = \frac{l}{A \sigma} = \frac{l \, \rho}{A}, \tag{15.44}$$

worin $\rho := 1/\sigma$ als *spezifischer Widerstand* des Leiter–Materials bezeichnet wird. R heißt der *Widerstand* des Leiters; seine Einheit ist $R : [V/A] = [\Omega] =$"Ohm". Die obigen Überlegungen gelten auch für einen beliebig geformten Leiter, den wir uns aus stückweise geradlinigen Leitern angenähert denken können. Bei einem Einschaltvorgang im Stromkreis der Abbildung 15.2 (b) folgt der Strom der Spannung $U_{ex}(t)$ instantan.

Im Fall des rein kapazitiven Stromkreises in Abbildung 15.2 (c) gehen wir aus von $Q = C \, U_{ex}$, worin C die Kapazität des Kondensators ist, vgl. Abschnitt 4.1.3, und Q seine Ladung. Wir differenzieren nach der Zeit und erhalten mit $I = dQ/dt$

$$I = C\,\frac{dU_{ex}}{dt}. \tag{15.45}$$

Für einen Einschalt–Vorgang erhalten wir

$$U_{ex}(t) = U_0\,\Theta(t): \qquad I(t) = C\,U_0\,\delta(t), \tag{15.46}$$

also einen Stromstoß in der Form einer δ–Funktion.

Die Stromkreise in den Teilen (a) und (c) der Abbildung 15.2 sind insofern idealisiert, als in ihnen keine Ohmschen Widerstände auftreten. Das ist nicht realistisch, weil schon die Zuleitungen zu L bzw. C Leiter mit Ohmschen Widerständen sind. Sie sind deshalb durch die Stromkreise in der Abbildung 15.3 zu ersetzen. Im Fall (a) sind die Spannungen am Ohmschen Widerstand und an der Induktivität zu addieren und gleich U_{ex} zu setzen:

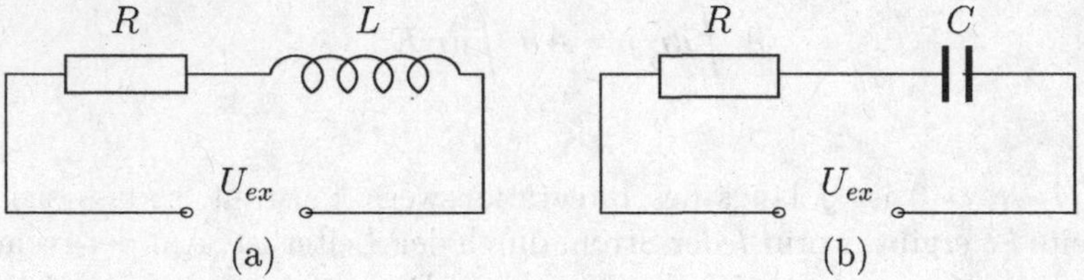

Abbildung 15.3: (a) Induktive und (b) kapazitive Stromkreise mit einem Ohmschen Widerstand.

$$U_{ex} = R\,I + L\,\frac{dI}{dt}. \tag{15.47}$$

Für den Einschalt–Vorgang $U_{ex}(t) = U_0\,\Theta(t)$ erhalten wir dann die Differential–Gleichung

$$\frac{dI}{dt} + \frac{1}{\tau}\,I = \frac{U_0}{L}\,\Theta(t), \qquad \tau := \frac{L}{R} \tag{15.48}$$

mit der Lösung

$$I(t) = \frac{U_0}{L}\,\mathrm{e}^{-t/\tau}\int_{-\infty}^{t} dt'\,\mathrm{e}^{+t'/\tau}\,\Theta(t') = \frac{U_0}{R}\,\left(1 - \mathrm{e}^{-t/\tau}\right), \qquad t \geq 0, \tag{15.49}$$

und $I(t) = 0$ für $t < 0$. Für $R \to 0$ erhalten wir daraus wieder die Lösung $I(t) = U_0\, t/L$ wie oben. Analog wird für den Fall (b) in der Abbildung 15.3

$$U_{ex} = \frac{1}{C}\, Q + R\, I, \qquad \frac{dU_{ex}}{dt} = \frac{1}{C}\, I + R\, \frac{dI}{dt} \tag{15.50}$$

und für den Einschalt–Vorgang $U_{ex}(t) = U_0\, \Theta(t)$:

$$\begin{aligned} \frac{dI}{dt} + \frac{1}{\tau}\, I &= \frac{1}{R}\, \frac{dU_{ex}}{dt} = \frac{U_0}{R}\, \delta(t), \qquad \tau := C\, R, \\ I(t) &= \frac{U_0}{R}\, \mathrm{e}^{-t/\tau} \int_{-\infty}^{t} dt'\, \mathrm{e}^{+t'/\tau}\, \delta(t') = \frac{U_0}{R}\, \mathrm{e}^{-t/\tau}, \qquad t \geq 0, \end{aligned} \tag{15.51}$$

und $I(t) = 0$ für $t < 0$. In beiden Fällen wird der Einschalt–Vorgang durch den Ohmschen Widerstand verzögert, und zwar mit der Verzögerungs– oder Relaxationszeit (a) $\tau = L/R$ bzw. (b) $\tau = C\, R$, vgl. Abbildung 15.4.

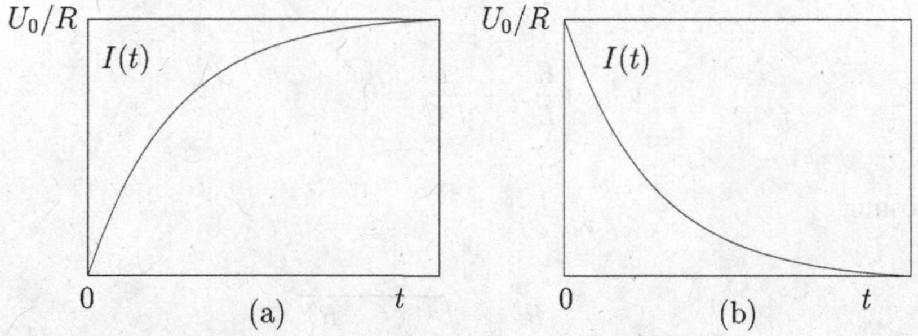

Abbildung 15.4: Strom $I(t)$ für einen Schalt–Vorgang mit einem Ohmschen Widerstand, (a) induktiv, (b) kapazitiv.

15.5.2 Schwingkreis

Von besonderem physikalischen und technischen Interesse sind *Schwingkreise*, geschlossene Kreise aus je einem L–, C– und R–Element wie in der Abbildung 15.5

gezeigt. Hier muss offensichtlich die Summe die drei Spannungen über den Elementen L, C und R verschwinden:

$$L\,\frac{dI}{dt} + R\,I + \frac{1}{C}\,Q = 0, \qquad L\,\frac{d^2I}{dt^2} + R\,\frac{dI}{dt} + \frac{1}{C}\,I = 0. \tag{15.52}$$

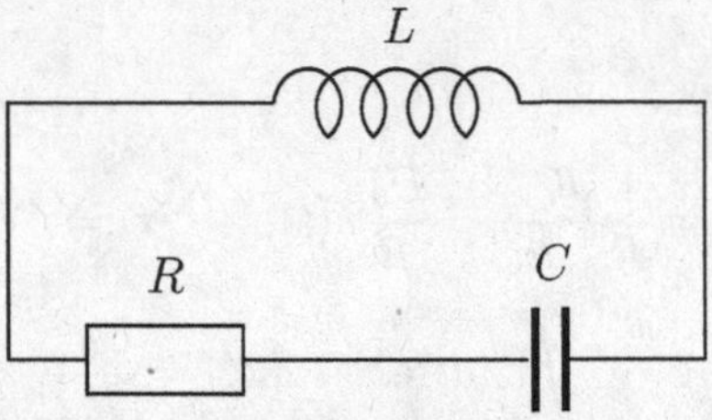

Abbildung 15.5: Gedämpfter Schwingkreis.

Dieses ist die Bewegungs–Gleichung eines gedämpften harmonischen Oszillators, wie sie aus der Theoretischen Mechanik bekannt ist. Wir lösen sie mit dem Ansatz $I(t) = \exp(\mathrm{i}\,\omega\,t)$ und erhalten daraus für die Frequenz ω eine komplexe quadratische Gleichung

$$\omega^2 - \mathrm{i}\,\frac{R}{L}\,\omega - \frac{1}{L\,C} = 0$$

mit der Lösung

$$\omega = \omega_{1,2} = \mathrm{i}\,\frac{R}{2\,L} \pm \sqrt{\frac{1}{L\,C} - \frac{R^2}{4\,L^2}}. \tag{15.53}$$

Damit wird

$$\begin{aligned} I(t) &= \left(I_{0,1}\,\mathrm{e}^{\mathrm{i}\Omega t} + I_{0,2}\,\mathrm{e}^{-\mathrm{i}\Omega t}\right)\,\mathrm{e}^{-t/\tau}, \qquad (15.54) \\ \Omega &:= \sqrt{\omega_0^2 - \frac{1}{\tau^2}}, \qquad \omega_0 = \frac{1}{L\,C}, \qquad \tau = \frac{R}{2\,L}. \end{aligned}$$

Analog verhalten sich auch die Spannungen über L, C, R im Schwingkreis. Es ist $\omega_0 = 1/(LC)$ die *Eigenfrequenz* des ungedämpften Schwingkreises, die durch die Dämpfung infolge des Ohmschen Widerstands bzw. – mechanisch äquivalent – der "Reibung" auf Ω abgesenkt wird. Für sehr große Werte von R bzw. $1/\tau$ kann Ω sogar imaginär werden, sodass überhaupt keine Schwingung mehr auftritt. Die Dämpfung durch den Ohmschen Widerstand tritt am deutlichsten in dem Faktor $\exp(-t/\tau)$ hervor, der ein Abklingen der Amplitude der Schwingung um den Faktor 1/e nach Ablauf der Zeit τ bewirkt, vgl. Abbildung 15.6.

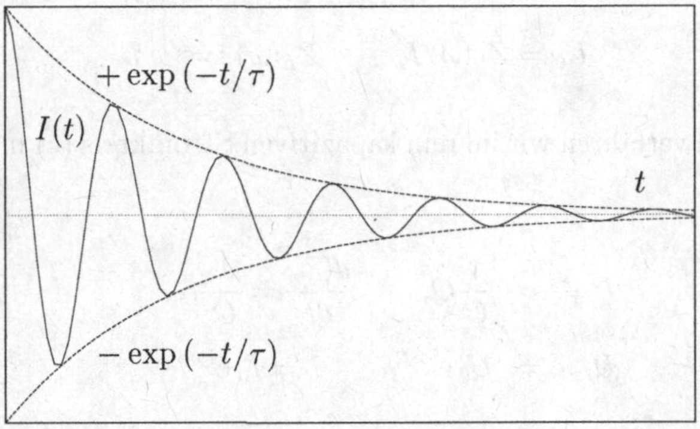

Abbildung 15.6: Schwingung–Amplitude und Einhüllende $\pm\exp(-t/\tau)$ eines gedämpften Schwingkreises.

15.5.3 Komplexe Widerstände: Impedanzen

Sehr häufig werden Stromkreise unter dem Einfluss von harmonisch schwingenden äußeren Spannungen $U_{ex} \propto \exp(\mathrm{i}\,\omega\,t)$ betrieben. Für diesen Fall entwickeln wir jetzt eine sehr kompakte und effektive Formulierung der Theorie, die auch sehr komplexe Systeme von Stromkreisen auf einfache Weise zu analysieren gestattet. Im Übrigen bedeutet der Ansatz $U_{ex} \propto \exp(\mathrm{i}\,\omega\,t)$ noch nicht einmal eine Einschränkung, weil sich andere zeitliche Verläufe von $U_{ex}(t)$ durch Fourier–Transformation auf den Fall $U_{ex} \propto \exp(\mathrm{i}\,\omega\,t)$ reduzieren lassen.

Wir greifen zurück auf die einfachen Stromkreise in der Abbildung 15.2. Wir setzen $U_{ex} = U_0 \exp(\mathrm{i}\,\omega\,t)$ und machen in der Differential–Gleichung für den Fall (a) des rein induktiven Kreises,

$$U_{ex} = U_0\, e^{i\omega t} = L\,\frac{dI}{dt}, \tag{15.55}$$

den Ansatz $I = I_0 \exp(i\,\omega\,t)$. Das führt auf

$$U_0 = i\,\omega\,L\,I_0 \quad \text{oder auch} \quad U_{ex}(t) = i\,\omega\,L\,I(t). \tag{15.56}$$

Diese Beziehung legt es nun nahe, die imaginäre Größe $i\,\omega\,L$ als verallgemeinerten, hier imaginären Widerstand oder auch *Impedanz* $Z_L(\omega)$ zu definieren:

$$U_0 = Z_L(\omega)\,I_0, \qquad Z_L(\omega) := i\,\omega\,L. \tag{15.57}$$

In gleicher Weise verfahren wir im rein kapazitiven Stromkreis (c) in Abbildung 15.2:

$$\begin{aligned} U_{ex} &= \frac{1}{C}\,Q, & \frac{dU_{ex}}{dt} &= \frac{1}{C}\,I, \\ U_{ex} &= U_0\,e^{i\omega t}, & I &= I_0\,e^{i\omega t}, \\ U_0 &= Z_C(\omega)\,I_0, & Z_C(\omega) &= \frac{1}{i\,\omega\,C}. \end{aligned} \tag{15.58}$$

Im Fall (b) des rein Ohmschen Widerstands bleibt es bei $U_0 = R\,I_0$ bzw.

$$Z_R(\omega) = R. \tag{15.59}$$

Der Vorteil dieser Schreibweise liegt nun darin, dass wir mit den Impedanzen ebenso rechnen können wie mit gewöhnlichen (Ohmschen) Widerständen. Dazu betrachten wir in der Abbildung 15.7 die (a) Serien– und (b) Parallal–Schaltung von Impedanzen Z_1, Z_2. Im Fall (a) ist

$$\left.\begin{aligned} U_{ex} &= U_1 + U_2, \\ U_1 &= Z_1\,I, \\ U_2 &= Z_2\,I \end{aligned}\right\} \quad U_{ex} = Z\,I, \quad Z = Z_1 + Z_2. \tag{15.60}$$

Bei der Serienschaltung addieren sich die komplexen Widerstände bzw. die Impedanzen.

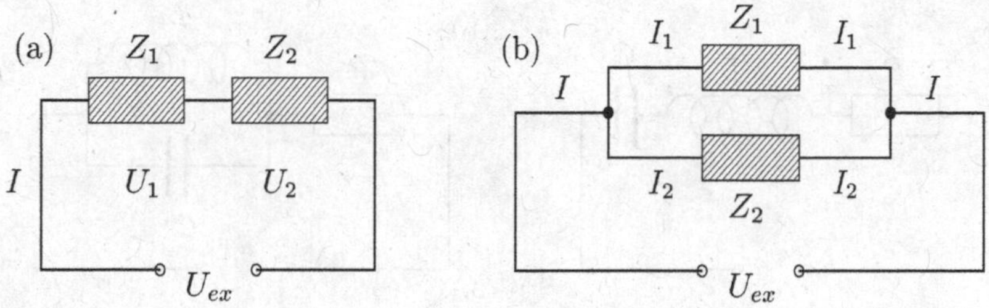

Abbildung 15.7: (a) Serien– und (b) Parallelschaltung von Impedanzen Z_1, Z_2.

Im Fall (b) ist:

$$\left.\begin{aligned} I &= I_1 + I_2, \\ U_{ex} &= Z_1\, I_1, \\ U_{ex} &= Z_2\, I_2 \end{aligned}\right\} \qquad \begin{aligned} I &= \left(\frac{1}{Z_1} + \frac{1}{Z_2}\right) U_{ex}, \\ U_{ex} &= Z\, I, \quad \frac{1}{Z} = \frac{1}{Z_1} + \frac{1}{Z_2}. \end{aligned} \tag{15.61}$$

Bei der Parallelschaltung addieren sich die Kehrwerte der Widerstände bzw. der Impedanzen. (Diese Kehrwerte heißen auch Leitwerte oder *Admittanzen.*)

In der Schreibweise

$$\begin{aligned} Z(\omega) &= |Z(\omega)|\, \mathrm{e}^{\mathrm{i}\phi}, \qquad \tan\phi = \frac{\operatorname{Im} Z(\omega)}{\operatorname{Re} Z(\omega)}, \\ U_{ex} &= U_0\, \mathrm{e}^{\mathrm{i}\omega t} = |Z(\omega)|\; I_0\, \mathrm{e}^{\mathrm{i}(\omega t + \phi)} \end{aligned} \tag{15.62}$$

erkennen wir, dass ein komplexer Widerstand bzw. eine Impedanz im Allgemeinen auch zu einer Phasen–Verschiebung ϕ führt. Für die rein imaginären Impedanzen $Z_L = \mathrm{i}\,\omega\, L$ wird $\phi = \pi/2$ und für $Z_C = -\mathrm{i}/(\omega\, C)$ wird $\phi = -\pi/2$.

In der Abbildung 15.8 sind zwei weitere Beispiele für komplexe Impedanzen gezeigt, in denen jetzt aber Real– *und* Imaginärteil auftreten. Im Teil (a) der Abbildung haben wir eine Serienschaltung von R, L und C. Die Impedanz lautet hier

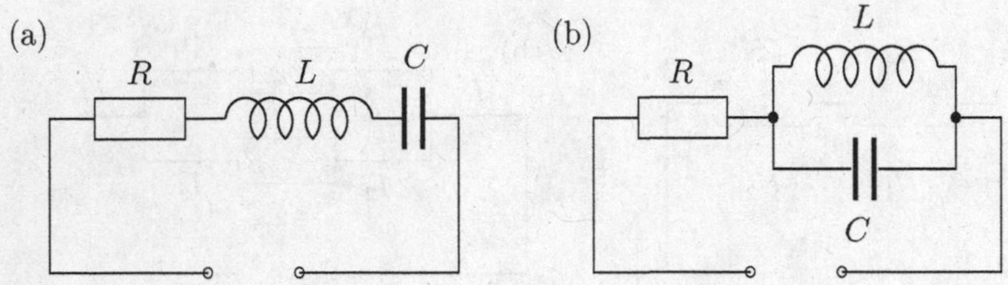

Abbildung 15.8: Zwei Beispiele für komplexe Impedanzen.

$$
\begin{aligned}
Z(\omega) &= R + \mathrm{i}\,\omega\,L + \frac{1}{\mathrm{i}\,\omega\,C} = R + \mathrm{i}\left(\omega\,L - \frac{1}{\omega\,C}\right), \\
|Z(\omega)| &= \sqrt{R^2 + \left(\omega\,L - \frac{1}{\omega\,C}\right)^2}, \qquad \tan\phi = \frac{1}{R}\left(\omega\,L - \frac{1}{\omega\,C}\right). \quad (15.63)
\end{aligned}
$$

Im Teil (b) der Abbildung 15.8 müssen wir beachten, dass L und C parallel geschaltet sind und mit R in Serie liegen:

$$
\begin{aligned}
Z(\omega) &= R + \frac{1}{\frac{1}{\mathrm{i}\,\omega\,L} + \mathrm{i}\,\omega\,C} = R + \frac{\mathrm{i}}{\frac{1}{\omega\,L} - \omega\,C}, \\
|Z(\omega)| &= \sqrt{R^2 + \frac{1}{\left(\frac{1}{\omega\,L} - \omega\,C\right)^2}}, \qquad \tan\phi = \frac{1}{R\left(\frac{1}{\omega\,L} - \omega\,C\right)}. \quad (15.64)
\end{aligned}
$$

Für die Resonanz–Frequenz $\omega = 1/\sqrt{L\,C}$ der L– und C–Elemente wird im Fall (a) der reinen Serien–Schaltung $|Z(\omega)| = R$ =Min, im Fall (b) der Parallel–Schaltung von L und C dagegen $|Z(\omega)| = \infty$ =Max. Die Resonanz–Frequenz wird im Serienkreis "durchgelassen", im Parallelkreis jedoch "gesperrt". Die Phasenwinkel lauten in Resonanz (a) $\phi = 0$ und (b) $\phi = \pm\pi/2$.

15.5.4 Leistungs–Aufnahme in Stromkreisen

Im Abschnitt 8.2.1 haben wir gezeigt, dass die elektromagnetischen Felder die räumliche Leistungsdichte $-\boldsymbol{j}\,\boldsymbol{E}$ auf die Ladungsträger übertragen, d.h., dass $\boldsymbol{j}\,\boldsymbol{E}$ die von den Ladungsträgern aufgenommene räumliche Leistungsdichte ist. Wir bestimmen daraus die Leistung dP, die von einem Leiter–Element mit der Länge ds und mit dem Querschnitt A aus dem Feld aufgenommen wird:

$$dP = A\,\boldsymbol{j}\,\boldsymbol{E}\,ds. \tag{15.65}$$

Wir nehmen wie bisher an, dass $\boldsymbol{j}$ und $\boldsymbol{E}$ im Leiter parallel sind, und zwar in Richtung des Leiters, und erhalten daraus weiter

$$dP = I\,dU \qquad \text{bzw.} \qquad P = U\,I, \tag{15.66}$$

worin $I = A\,j$ und $dU = E\,ds$ jeweils in Leiter–Richtung.[1] Diese Beziehung gilt auch in Ohmschen Widerständen und in Induktivitäten, die wir uns aus leitenden Elementen aufgebaut denken können. Sie gilt aber auch in Kapazitäten, weil wir uns die Ladungsbewegung zwischen den Platten eines Kondensators wie die in einem Leiter vorstellen können.

Wir wollen jetzt die aufgenommene Leistung in Stromkreisen für den Fall harmonisch schwingender Spannungen und Ströme mit der Frequenz ω diskutieren. Für diese Situation hatten wir im vorhergehenden Abschnitt die komplexe Schreibweise für Spannungen, Ströme und Impedanzen gewählt. Als physikalisch real dürfen wir jeweils nur die Realteile interpretieren. Das ist bei der Bildung von Produkten wie in dem Ausdruck (15.66) für die Leistung entscheidend. Für komplexe $U(t), I(t)$ ist demnach

$$P(t) = \mathrm{Re}\left\{U_0\,\mathrm{e}^{\mathrm{i}\omega t}\right\} \cdot \mathrm{Re}\left\{I_0\,\mathrm{e}^{\mathrm{i}\omega t}\right\}, \tag{15.67}$$

Es müssen also *zuerst* die Realteile und erst *danach* die Produkte gebildet werden. Wir setzen

$$U_0 = |U_0|\,\mathrm{e}^{\mathrm{i}\alpha}, \qquad I_0 = |I_0|\,\mathrm{e}^{\mathrm{i}\beta}, \tag{15.68}$$

[1] Das skalare Potential Φ mit der Eigenschaft $\boldsymbol{E} = -\partial\Phi/\partial\boldsymbol{r}$ wird *gegen* die Richtung der Feldlinien gezählt, die Spannung U wird umgekehrt *in* Richtung der Feldlinien gezählt.

und erhalten daraus

$$\begin{aligned} P(t) &= |U_0|\,|I_0|\,\cos(\omega\,t+\alpha)\,\cos(\omega\,t+\beta) \\ &= \frac{1}{2}\,|U_0|\,|I_0|\,\Big[\cos(2\,\omega\,t+\alpha+\beta)+\cos(\alpha-\beta)\Big]. \end{aligned} \tag{15.69}$$

Die zeitabhängige Leistung $P(t)$ enthält einen Anteil, der mit der doppelten Frequenz $2\,\omega$ oszilliert, sowie einen zeitlich konstanten Anteil. Wenn wir nun den Mittelwert P von $P(t)$ über eine Periodendauer $T = 2\,\pi/\omega$ bilden,

$$P := \frac{1}{T}\int_0^T dt\,P(t), \qquad T = 2\,\pi/\omega, \tag{15.70}$$

dann wird

$$\int_0^T dt\,\cos(2\,\omega\,t+\alpha+\beta) = 0,$$

sodass

$$P = \frac{1}{2}\,|U_0|\,|I_0|\,\cos(\alpha-\beta). \tag{15.71}$$

Im zeitlichen Mittel ist also selbst bei Phasengleichheit ($\alpha = \beta$) $P = |U_0|\cdot|I_0|/2$. Das gibt Anlass zur Definition von *effektiven* Amplituden:

$$U_{\text{eff}} := \frac{1}{\sqrt{2}}\,U_0, \qquad I_{\text{eff}} := \frac{1}{\sqrt{2}}\,I_0, \qquad P = U_{\text{eff}}\cdot I_{\text{eff}}\cdot\cos(\alpha-\beta). \tag{15.72}$$

Wenn wir den Zusammenhang zwischen U und I durch eine komplexe Impedanz ausdrücken, $U_0/I_0 = Z(\omega)$, und mit (15.68) vergleichen, dann wird

$$\begin{aligned} \frac{U_0}{I_0} &= \frac{|U_0|}{|I_0|}\,\mathrm{e}^{\mathrm{i}\,(\alpha-\beta)} = Z(\omega) = |Z(\omega)|\,\mathrm{e}^{\mathrm{i}\,\phi}, \\ \frac{|U_0|}{|I_0|} &= |Z(\omega)|, \qquad \alpha-\beta = \phi. \end{aligned} \tag{15.73}$$

Jetzt können wir die aufgenommene mittlere Leistung auch ausdrücken durch

$$P = \frac{|U_0|^2}{2\,|Z(\omega)|} \cos\phi = \frac{1}{2}\,|I_0|^2\,|Z(\omega)|\,\cos\phi. \tag{15.74}$$

Eine andere Schreibweise macht Gebrauch davon, dass $|Z(\omega)|\,\cos\phi = \mathrm{Re}Z(\omega)$, also

$$P = \frac{1}{2}\,\mathrm{Re}Z(\omega)\,|I_0|^2 = \frac{1}{2}\,\frac{\mathrm{Re}Z(\omega)}{|Z(\omega)|^2}\,|U_0|^2. \tag{15.75}$$

Aus dieser Formulierung entnehmen wir, dass rein imaginäre Impedanzen wie Induktivitäten und Kapazitäten keine Leistung aufnehmen. Man bezeichnet deshalb $\mathrm{Re}Z(\omega)$ auch als *Wirkwiderstand* und $\mathrm{Im}Z(\omega)$ als *Blindwiderstand.*

Anhang A

Krummlinige Koordinaten

A.1 Definitionen

Neben den kartesischen Koordinaten werden am häufigsten *Zylinder–* und *Kugel–Koordinaten* verwendet. Der Zusammenhang zwischen den kartesischen Koordinaten x_1, x_2, x_3 und den Zylinder–Koordinaten ρ, ϕ, z lautet

$$x_1 = \rho \cos\phi, \qquad x_2 = \rho \sin\phi, \qquad x_3 = z, \tag{A.1}$$

vgl. Abbildung A.1. Für Kugel–Koordinaten lautet der entsprechnde Zusammenhang

$$x_1 = r \sin\theta \cos\phi, \qquad x_2 = r \sin\theta \sin\phi, \qquad x_3 = r \cos\theta, \tag{A.2}$$

vgl. Abbildung A.2.

Es seien nun q_1, q_2, q_3 beliebige 3–dimensionale, im Allgemeinen krummlinige Koordinaten, in den obigen Beispielen also

$$\begin{array}{lll} \text{Zylinder–Koordinaten:} & q_1 = \rho, \; q_2 = \phi, \; q_3 = z, \\ \text{Kugel–Koordinaten:} & q_1 = r, \; q_2 = \theta, \; q_3 = \phi, \end{array}$$

und es seien

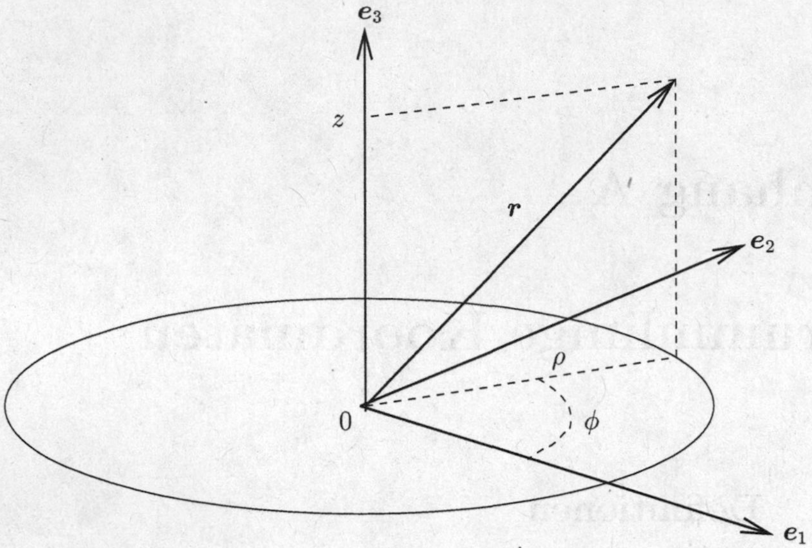

Abbildung A.1: Zylinder–Koordinaten

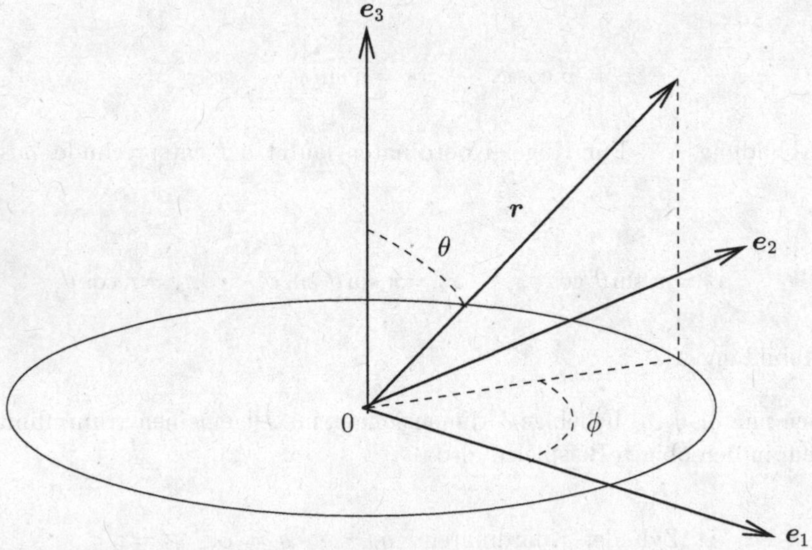

Abbildung A.2: Kugel–Koordinaten

$$x_\alpha = x_\alpha(q_1, q_2, q_3), \qquad \alpha = 1, 2, 3 \tag{A.3}$$

die Beziehungen, die den jeweiligen Zusammenhang der q_1, q_2, q_3 mit den kartesischen Koordinaten x_1, x_2, x_3 angeben, in den Beispielen Zylinder– und Kugel–Koordinaten also die Beziehungen (A.1) bzw. (A.2). Wir fassen diese Beziehungen auch vektoriell zu

$$\boldsymbol{r} = \boldsymbol{r}(q_1, q_2, q_3) = \sum_{\alpha=1}^{3} x_\alpha(q_1, q_2, q_3)\, \boldsymbol{e}_\alpha, \tag{A.4}$$

zusammen, worin die $\boldsymbol{e}_\alpha$ ein orthonormiertes kartesisches Basis–System seien, also

$$\boldsymbol{e}_\alpha\, \boldsymbol{e}_\beta = \delta_{\alpha\beta}. \tag{A.5}$$

Wir definieren nun die Vektoren $\boldsymbol{h}_\alpha(\boldsymbol{r})$ durch

$$\boldsymbol{h}_\alpha(\boldsymbol{r}) := \frac{\partial}{\partial q_\alpha}\, \boldsymbol{r}(q_1, q_2, q_3), \qquad \alpha = 1, 2, 3. \tag{A.6}$$

Die $\boldsymbol{h}_\alpha(\boldsymbol{r})$ hängen selbst wieder von den q_α bzw. gemäß (A.4) vom Ort $\boldsymbol{r}$ ab und sie haben die Richtung der Tangenten an die Kurven, die dadurch entstehen, dass in $\boldsymbol{r}(q_1, q_2, q_3)$ jeweils nur q_α verändert wird. Hieran anschließend ist es einsichtig, dass die krummlinigen Koordinaten q_1, q_2, q_3 als *orthogonal* bezeichnet werden, wenn die $\boldsymbol{h}_\alpha(\boldsymbol{r})$ paarweise senkrecht aufeinander stehen, wenn also

$$\boldsymbol{h}_\alpha(\boldsymbol{r})\, \boldsymbol{h}_\beta(\boldsymbol{r}) = 0 \qquad \text{für} \qquad \alpha \neq \beta. \tag{A.7}$$

Aus (A.1) und (A.2) berechnen wir die $\boldsymbol{h}_\alpha(\boldsymbol{r})$ für Zylinder– und Kugel–Koordinaten:

Zylinder–Koordinaten:

$$\boldsymbol{h}_1 = \begin{pmatrix} \cos\phi \\ \sin\phi \\ 0 \end{pmatrix}, \quad \boldsymbol{h}_2 = \begin{pmatrix} -\rho\,\sin\phi \\ \rho\cos\phi \\ 0 \end{pmatrix}, \quad \boldsymbol{h}_3 = \begin{pmatrix} 0 \\ 0 \\ 1 \end{pmatrix}, \tag{A.8}$$

Kugel–Koordinaten:

$$\boldsymbol{h}_1 = \begin{pmatrix} \sin\theta\cos\phi \\ \sin\theta\sin\phi \\ \cos\theta \end{pmatrix}, \quad \boldsymbol{h}_2 = \begin{pmatrix} r\cos\theta\cos\phi \\ r\cos\theta\sin\phi \\ -r\sin\theta \end{pmatrix}, \quad \boldsymbol{h}_3 = \begin{pmatrix} -r\sin\theta\sin\phi \\ r\sin\theta\cos\phi \\ 0 \end{pmatrix}, \tag{A.9}$$

(Zur Vereinfachung der Schreibweise lassen wir das Argument $\boldsymbol{r}$ im Folgenden weg). Durch eine einfache Rechnung bestätigen wir, dass die Zylinder– und Kugel–Koordinaten im Sinne von (A.7) tatsächlich orthogonal sind. Wir beschränken uns in den folgenden Überlegungen ausschließlich auf orthogonale Koordinaten q_1, q_2, q_3.

Unter Verwendung der $\boldsymbol{h}_\alpha$ definieren wir jetzt eine *lokale* orthonormale kartesische Basis:

$$\boldsymbol{e}_\alpha := \frac{1}{h_\alpha}\,\boldsymbol{h}_\alpha, \qquad h_\alpha := |\boldsymbol{h}_\alpha|, \qquad \alpha = 1, 2, 3. \tag{A.10}$$

Weil die $\boldsymbol{h}_\alpha$ vom Ort $\boldsymbol{r}$ abhängen, s.o., gilt das auch für die $\boldsymbol{e}_\alpha$, d.h., die $\boldsymbol{e}_\alpha$ werden im Allgemeinen an jedem Ort $\boldsymbol{r}$ andere Richtungen besitzen. Für Zylinder– und Kugel–Koordinaten finden wir aus (A.8) und (A.9) für die Beträge $|\boldsymbol{h}_\alpha|$:

$$\left.\begin{array}{llll} \text{Zylinder–Koordinaten:} & h_1 = 1, & h_2 = \rho, & h_3 = 1 \\ \text{Kugel–Koordinaten:} & h_1 = 1 & h_2 = r, & h_3 = r\,\sin\theta. \end{array}\right\} \tag{A.11}$$

A.2 Linien– und Volumen–Element, Gradient

Aus $\boldsymbol{r} = \boldsymbol{r}(q_1, q_2, q_3)$ bestimmen wir

$$d\boldsymbol{r} = \sum_{\alpha=1}^{3} \frac{\partial}{\partial q_\alpha}\,\boldsymbol{r}(q_1, q_2, q_3)\,dq_\alpha = \sum_{\alpha=1}^{3} \boldsymbol{h}_\alpha\,dq_\alpha = \sum_{\alpha=1}^{3} h_\alpha\,dq_\alpha\,\boldsymbol{e}_\alpha. \tag{A.12}$$

Weil die $\boldsymbol{h}_\alpha$ und damit auch die $\boldsymbol{e}_\alpha$ die lokalen Richtungen der Änderungen des Ortes $\boldsymbol{r}$ bei Änderung von q_α haben und die $\boldsymbol{e}_\alpha$ zudem normiert sind, haben die Ausdrücke $h_\alpha\,dq_\alpha$ für $\alpha = 1, 2, 3$ (*keine Summations–Konvention!*) die Bedeutung der Komponenten des *Linien–Elements* $d\boldsymbol{r}$ ausgedrückt in den krummlinigen Koordinaten. Im Sinne von (A.4) können wir auch

$$dx_\alpha = h_\alpha \, dq_\alpha, \qquad \alpha = 1, 2, 3 \tag{A.13}$$

schreiben. Für Zylinder– und Kugelkoordinaten ergibt sich speziell

Linien–Elemente:

$$\begin{aligned} \text{Zylinder–Koordinaten:} \quad d\boldsymbol{r} &= d\rho \, \boldsymbol{e}_\rho + \rho \, d\phi \, \boldsymbol{e}_\phi + dz \, \boldsymbol{e}_z, \\ \text{Kugel–Koordinaten:} \quad d\boldsymbol{r} &= dr \, \boldsymbol{e}_r + r \, d\theta \, \boldsymbol{e}_\theta + r \, \sin\theta \, d\phi \, \boldsymbol{e}_\phi. \end{aligned} \tag{A.14}$$

Wir klären nochmals: $\boldsymbol{e}_\rho$ ist der Einheits–Vektor in Richtung der Änderung der Ortes $\boldsymbol{r}$ bei Änderung der Koordinate ρ, wobei ϕ und z festgehalten werden, usw.

Unter Verwendung der Differentiale $h_\alpha \, dq_\alpha$ in den lokalen orthogonalen Richtungen $\boldsymbol{e}_\alpha$ können wir sogleich auch das *Volumen–Element* in den krummlinigen Koordinaten angeben, nämlich

$$dV = d^3r = h_1 \, h_2 \, h_3 \, dq_1 \, dq_2 \, dq_3, \tag{A.15}$$

für Zylinder– und Kugel–Koordinaten speziell

Volumen–Element:

$$\begin{aligned} \text{Zylinder–Koordinaten:} \quad d^3r &= \rho \, d\rho \, d\phi \, dz, \\ \text{Kugel–Koordinaten:} \quad d^3r &= r^2 \, dr \, \sin\theta \, d\theta \, d\phi. \end{aligned} \tag{A.16}$$

Zur Bestimmung der Komponenten des *Gradienten* in den Richtungen $\boldsymbol{e}_\alpha$ der krummlinigen Koordinaten q_α betrachten wir eine beliebige (differenzierbare) skalare Funktion $f(\boldsymbol{r}) = f(\boldsymbol{r}(q_1, q_2, q_3))$ und berechnen

$$\frac{1}{h_\alpha} \frac{\partial f}{\partial q_\alpha} = \frac{1}{h_\alpha} \sum_{\beta=1}^{3} \frac{\partial f}{\partial x_\beta} \frac{\partial x_\beta}{\partial q_\alpha} = \frac{1}{h_\alpha} \frac{\partial f}{\partial \boldsymbol{r}} \boldsymbol{h}_\alpha = \frac{\partial f}{\partial \boldsymbol{r}} \boldsymbol{e}_\alpha.$$

Daraus entnehmen wir

$$\frac{\partial f}{\partial \boldsymbol{r}} = \sum_{\alpha=1}^{3} \frac{1}{h_\alpha} \frac{\partial f}{\partial q_\alpha} \boldsymbol{e}_\alpha. \tag{A.17}$$

Dieses ist die Darstellung des Gradienten in den krummlinigen Koordinaten. Speziell für Zylinder– und Kugel–Koordinaten:

Gradient:

$$\text{Zylinder–Koordinaten:} \quad \frac{\partial f}{\partial \boldsymbol{r}} = \frac{\partial f}{\partial \rho}\,\boldsymbol{e}_\rho + \frac{1}{\rho}\frac{\partial f}{\partial \phi}\,\boldsymbol{e}_\phi + \frac{\partial f}{\partial z}\,\boldsymbol{e}_z,$$

$$\text{Kugel–Koordinaten:} \quad \frac{\partial f}{\partial \boldsymbol{r}} = \frac{\partial f}{\partial r}\,\boldsymbol{e}_r + \frac{1}{r}\frac{\partial f}{\partial \theta}\,\boldsymbol{e}_\theta + \frac{1}{r\,\sin\theta}\frac{\partial f}{\partial \phi}\,\boldsymbol{e}_\phi. \tag{A.18}$$

A.3 Divergenz

Es sei $\boldsymbol{a} = \boldsymbol{a}(\boldsymbol{r})$ ein Vektorfeld und V ein zunächst beliebiges Volumen im Raum und ∂V seine Einhüllende. Dann besagt der *Gaußsche Integralsatz*

$$\int_V d^3r\,\frac{\partial}{\partial \boldsymbol{r}}\,\boldsymbol{a}(\boldsymbol{r}) = \oint_{\partial V} d\boldsymbol{f}\,\boldsymbol{a}(\boldsymbol{r}). \tag{A.19}$$

Wir wählen jetzt das Volumen V als Quader, dessen eine Ecke durch den Ortsvektor $\boldsymbol{r}$ gegeben sei und dessen Kanten die Richtungen der $\boldsymbol{e}_\alpha = \boldsymbol{h}_\alpha/h_\alpha$ am Ort $\boldsymbol{r}$ und die Längen $dx_\alpha = h_\alpha\,dq_\alpha$ haben. Das Integral auf der linken Seite von (A.19) ergibt

$$\int_V d^3r\,\frac{\partial}{\partial \boldsymbol{r}}\,\boldsymbol{a}(\boldsymbol{r}) = \frac{\partial}{\partial \boldsymbol{r}}\,\boldsymbol{a}(\boldsymbol{r})\,dx_1\,dx_2\,dx_3 = \frac{\partial}{\partial \boldsymbol{r}}\,\boldsymbol{a}(\boldsymbol{r})\,h_1\,h_2\,h_3\,dq_1\,dq_2\,dq_3. \tag{A.20}$$

Das Flächen–Integral auf der rechten Seite über die Einhüllende ∂V des beschriebenen Quaders liefert insgesamt 6 Beiträge, und zwar über die drei Paare von Flächen $F_\alpha^{(-)}$, $F_\alpha^{(+)}$, die jeweils senkrecht auf $\boldsymbol{e}_\alpha$ stehen und den Abstand dx_α haben:

$$\begin{aligned}\oint_{\partial V} d\boldsymbol{f}\,\boldsymbol{a}(\boldsymbol{r}) \;=\; & -\int_{F_1^{(-)}} dx_2\,dx_3\,a_1(x_1, x_2, x_3) \\ & +\int_{F_1^{(+)}} dx_2\,dx_3\,a_1(x_1 + dx_1, x_2, x_3) + \\ & +\text{zyklisch für 2,3,}\end{aligned} \tag{A.21}$$

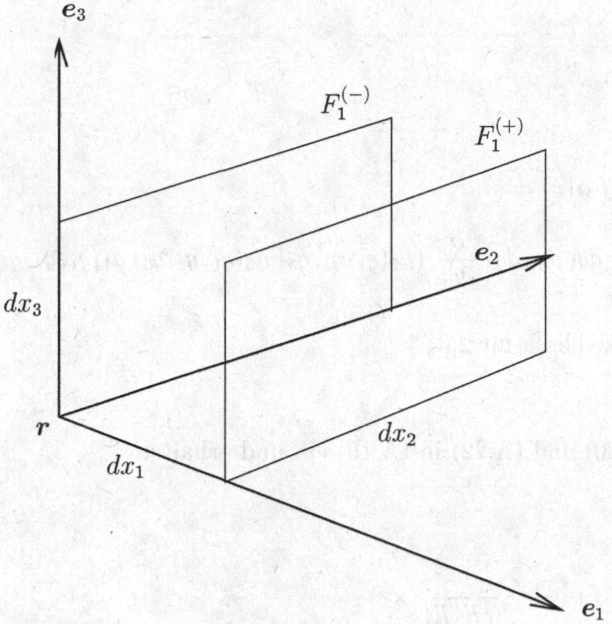

Abbildung A.3: Zur Divergenz

vgl. Abbildung A.3. Die Beiträge von den $F_\alpha^{(-)}$ sind negativ zu zählen, weil die Elemente $\boldsymbol{df}$ die nach außen weisenden Normal–Richtungen haben. Im Beitrag von $F_1^{(+)}$ ist zu beachten, dass die x_1–Koordinate dort den Wert x_1+dx_1 besitzt, entsprechend bei den anderen $F_\alpha^{(+)}$. Die rechte Seite von (A.21) soll nun in den krummlinigen Koordinaten q_1, q_2, q_3 ausgedrückt werden. Dazu beachten wir, dass auf $F_1^{(-)}$

$$dx_2\, dx_3\, a_1(x_1, x_2, x_3) = h_2(q_1, q_2, q_3)\, h_3(q_1, q_2, q_3)\, dq_2\, dq_3\, a_1(q_1, q_2, q_3),$$

während auf $F_1^{(+)}$

$$\begin{aligned} & dx_2\, dx_3\, a_1(x_1 + dx_1, x_2, x_3) = \\ & \quad = h_2(q_1 + dq_1, q_2, q_3)\, h_3(q_1 + dq_1, q_2, q_3)\, dq_2\, dq_3\, a_1(q_1 + dq_1, q_2, q_3) \\ & \quad = h_2(q_1, q_2, q_3)\, h_3(q_1, q_2, q_3)\, dq_2\, dq_3\, a_1(q_1, q_2, q_3) + \\ & \quad + dq_1\, dq_2\, dq_3\, \frac{\partial}{\partial q_1}\left(h_2(q_1, q_2, q_3)\, h_3(q_1, q_2, q_3)\, a_1(q_1, q_2, q_3)\right), \end{aligned}$$

so dass

$$\oint_{\partial V} d\boldsymbol{f}\,\boldsymbol{a}(\boldsymbol{r}) =$$

$$= dq_1\,dq_2\,dq_3\,\frac{\partial}{\partial q_1}\,\left(h_2(q_1,q_2,q_3)\,h_3(q_1,q_2,q_3)\,a_1(q_1,q_2,q_3)\right) +$$

$$+\text{zyklisch für } 2,3, \tag{A.22}$$

Wir setzen (A.20) und (A.22) in (A.19) ein und erhalten

$$\begin{aligned}\frac{\partial}{\partial \boldsymbol{r}}\,\boldsymbol{a}(\boldsymbol{r}) &= \frac{1}{h_1\,h_2\,h_3}\times\\ &\times\Bigg[\frac{\partial}{\partial q_1}\Big(h_2(q_1,q_2,q_3)\,h_3(q_1,q_2,q_3)\,a_1(q_1,q_2,q_3)\Big) +\\ &\quad\frac{\partial}{\partial q_2}\Big(h_3(q_1,q_2,q_3)\,h_1(q_1,q_2,q_3)\,a_2(q_1,q_2,q_3)\Big) +\\ &\quad\frac{\partial}{\partial q_3}\Big(h_1(q_1,q_2,q_3)\,h_2(q_1,q_2,q_3)\,a_3(q_1,q_2,q_3)\Big)\Bigg]\end{aligned} \tag{A.23}$$

In Zylinder– und Kugel–Koordinaten erhalten wir für die Divergenz durch Verwendung von (A.11) die Darstellungen

Zylinder–Koordinaten:

$$\frac{\partial}{\partial \boldsymbol{r}}\,\boldsymbol{a}(\boldsymbol{r}) = \frac{1}{\rho}\left[\frac{\partial}{\partial \rho}\,(\rho\,a_\rho) + \frac{\partial}{\partial \phi}\,a_\phi + \frac{\partial}{\partial z}\,(\rho\,a_z)\right], \tag{A.24}$$

Kugel–Koordinaten:

$$\frac{\partial}{\partial \boldsymbol{r}}\,\boldsymbol{a}(\boldsymbol{r}) = \frac{1}{r^2\,\sin\theta}\left[\frac{\partial}{\partial r}\,(r^2\,\sin\theta\,a_r) + \frac{\partial}{\partial \theta}\,(r\,\sin\theta\,a_\theta) + \frac{\partial}{\partial \phi}\,(r\,a_\phi)\right]. \tag{A.25}$$

A.4 Divergenz–Gradient

Wir stellen den *Laplace–Operator* Δ, angewandt auf eine skalare Funktion $f = f(x_1, x_2, x_3) = f(q_q, q_2, q_3)$ in den krummlinigen Koordinaten q_1, q_2, q_3 dar. Dazu schreiben wir

$$\Delta f = \frac{\partial}{\partial \boldsymbol{r}} \left(\frac{\partial f}{\partial \boldsymbol{r}} \right). \tag{A.26}$$

Durch Einsetzen der Darstellung (A.17) für den Gradienten in die Darstellung (A.23) für die Divergenz erhalten wir

$$\Delta f = \frac{1}{h_1 h_2 h_3} \left[\frac{\partial}{\partial q_1} \left(\frac{h_2 h_3}{h_1} \frac{\partial f}{\partial q_1} \right) + \frac{\partial}{\partial q_2} \left(\frac{h_3 h_1}{h_2} \frac{\partial f}{\partial q_2} \right) + \frac{\partial}{\partial q_3} \left(\frac{h_1 h_2}{h_3} \frac{\partial f}{\partial q_3} \right) \right]. \tag{A.27}$$

Für Zylinder– und Kugel–Koordinaten führt das mit (A.11) auf die Darstellungen

Zylinder–Koordinaten:

$$\begin{aligned} \Delta f &= \frac{1}{\rho} \left[\frac{\partial}{\partial \rho} \left(\rho \frac{\partial f}{\partial \rho} \right) + \frac{\partial}{\partial \phi} \left(\frac{1}{\rho} \frac{\partial f}{\partial \phi} \right) + \frac{\partial}{\partial z} \left(\rho \frac{\partial f}{\partial z} \right) \right] \\ &= \frac{1}{\rho} \left[\frac{\partial}{\partial \rho} \left(\rho \frac{\partial f}{\partial \rho} \right) + \frac{1}{\rho} \frac{\partial^2 f}{\partial \phi^2} + \rho \frac{\partial^2 f}{\partial z^2} \right]. \end{aligned} \tag{A.28}$$

Kugel–Koordinaten:

$$\begin{aligned} \Delta f &= \frac{1}{r^2 \sin\theta} \left[\frac{\partial}{\partial r} \left(r^2 \sin\theta \frac{\partial f}{\partial f} \right) + \frac{\partial}{\partial \theta} \left(\sin\theta \frac{\partial f}{\partial \theta} \right) + \frac{\partial}{\partial \phi} \left(\frac{1}{\sin\theta} \frac{\partial f}{\partial \phi} \right) \right] \\ &= \frac{1}{r^2 \sin\theta} \left[\sin\theta \frac{\partial}{\partial r} \left(r^2 \frac{\partial f}{\partial f} \right) + \frac{\partial}{\partial \theta} \left(\sin\theta \frac{\partial f}{\partial \theta} \right) + \frac{1}{\sin\theta} \frac{\partial^2 f}{\partial \phi^2} \right]. \end{aligned} \tag{A.29}$$

A.5 Rotation

Analog dem Vorgehen bei der Divergenz bestimmen wir die Darstellung der Rotation eines Vektorfeldes $\boldsymbol{a}(\boldsymbol{r})$ in krummlinigen Koordinaten aus einem Integralsatz, nämlich dem *Stokesschen Integralsatz.* Es sei F ein Flächenstück im Raum und ∂F seine Randkurve. Dann besagt der Stokessche Integralsatz

$$\int_F d\boldsymbol{f}\, \frac{\partial}{\partial \boldsymbol{r}} \times \boldsymbol{a}(\boldsymbol{r}) = \oint_{\partial F} d\boldsymbol{r}\, \boldsymbol{a}(\boldsymbol{r}). \tag{A.30}$$

Die $d\boldsymbol{r}$ sind die Linien–Elemente auf der Randkurve ∂F.

In einem ersten Schritt wählen wir das Flächenstück F als Rechteck in der $\boldsymbol{e}_1, \boldsymbol{e}_2$–Koordinaten–Ebene des lokalen Basis–Systems, so dass eine Ecke durch den Ortsvektor $\boldsymbol{r}$ gegeben ist und die Kanten die Richtungen der $\boldsymbol{e}_1, \boldsymbol{e}_2$ und die Längen dx_1 und dx_2 haben. Dann ist $d\boldsymbol{f} = dx_1\, dx_2\, \boldsymbol{e}_3$, und das Integral auf der linken Seite von (A.30) ergibt

$$\int_F d\boldsymbol{f}\, \frac{\partial}{\partial \boldsymbol{r}} \times \boldsymbol{a}(\boldsymbol{r}) = \left(\frac{\partial}{\partial \boldsymbol{r}} \times \boldsymbol{a}(\boldsymbol{r})\right)_3 dx_1\, dx_2 = \left(\frac{\partial}{\partial \boldsymbol{r}} \times \boldsymbol{a}(\boldsymbol{r})\right)_3 h_1\, h_2\, dq_1\, dq_2. \tag{A.31}$$

Hier bezeichnet der Index 3 die Komponente der Rotation von $\boldsymbol{a}(\boldsymbol{r})$ in der lokalen Richtung von $\boldsymbol{e}_3$. Die Integration über den Rand ∂F auf der rechten Seite von (A.30) ergibt

$$\begin{aligned}
&\oint_{\partial F} d\boldsymbol{r}\, \boldsymbol{a}(\boldsymbol{r}) = \\
&= a_1(x_1, x_2, x_3)\, dx_1 + a_2(x_1 + dx_1, x_2, x_3)\, dx_2 \\
&\quad - a_1(x_1, x_2 + dx_2, x_3)\, dx_1 - a_2(x_1, x_2, x_3)\, dx_2 \\
&= \Big[\, a_2(q_1 + dq_1, q_2, q_3)\, h_2(q_1 + dq_1, q_2, q_3) - a_2(q_1, q_2, q_3)\, h_2(q_1, q_2, q_3) \,\Big]\, dq_2 \\
&\quad - \Big[\, a_1(q_1, q_2 + dq_2, q_3)\, h_1(q_1, q_2 + dq_2, q_3) - a_1(q_1, q_2, q_3)\, h_1(q_1, q_2, q_3) \,\Big]\, dq_1 \\
&= \left[\frac{\partial}{\partial q_1}\,(h_2\, a_2) - \frac{\partial}{\partial q_2}\,(h_1\, a_1)\right] dq_1\, dq_2,
\end{aligned} \tag{A.32}$$

vgl. Abbildung A.4. Aus dem Vergleich von (A.31) und (A.32) lesen wir die 3–Komponente der Rotation des Vektorfeldes $\boldsymbol{a}$ ab. Die anderen Komponenten erhalten wir auf dieselbe Weise durch zyklische Permutation $1 \to 2 \to 3 \to 1 \to \ldots$, insgesamt also

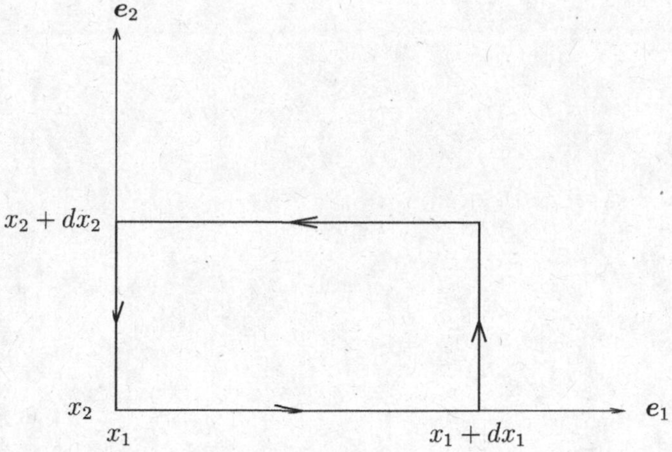

Abbildung A.4: Zur Rotation

$$\begin{aligned}
\left(\frac{\partial}{\partial \boldsymbol{r}} \times \boldsymbol{a}(\boldsymbol{r})\right)_1 &= \frac{1}{h_2\, h_3} \left[\frac{\partial}{\partial q_2} (h_3\, a_3) - \frac{\partial}{\partial q_3} (h_2\, a_2) \right], \\
\left(\frac{\partial}{\partial \boldsymbol{r}} \times \boldsymbol{a}(\boldsymbol{r})\right)_2 &= \frac{1}{h_3\, h_1} \left[\frac{\partial}{\partial q_3} (h_1\, a_1) - \frac{\partial}{\partial q_1} (h_3\, a_3) \right], \\
\left(\frac{\partial}{\partial \boldsymbol{r}} \times \boldsymbol{a}(\boldsymbol{r})\right)_3 &= \frac{1}{h_1\, h_2} \left[\frac{\partial}{\partial q_1} (h_2\, a_2) - \frac{\partial}{\partial q_2} (h_1\, a_1) \right].
\end{aligned} \tag{A.33}$$

Für Zylinder– und Kugel–Koordinaten führt das mit (A.11) auf die Darstellungen

Zylinder–Koordinaten:

$$\begin{aligned}
\frac{\partial}{\partial \boldsymbol{r}} \times \boldsymbol{a} &= \frac{1}{\rho} \left[\frac{\partial}{\partial \phi} a_z - \frac{\partial}{\partial z} (\rho\, a_\phi)\right] \boldsymbol{e}_\rho + \left[\frac{\partial}{\partial z} a_\rho - \frac{\partial}{\partial \rho} a_z\right] \boldsymbol{e}_\phi \\
&\quad + \frac{1}{\rho} \left[\frac{\partial}{\partial \rho} (\rho\, a_\phi) - \frac{\partial}{\partial \phi} a_\rho\right] \boldsymbol{e}_z.
\end{aligned} \tag{A.34}$$

Kugel–Koordinaten:

$$\begin{aligned}
\frac{\partial}{\partial \boldsymbol{r}} \times \boldsymbol{a} &= \frac{1}{r^2 \sin\theta} \left[\frac{\partial}{\partial \theta} (r \sin\theta\, a_\phi) - \frac{\partial}{\partial \phi} (r\, a_\theta)\right] \boldsymbol{e}_r \\
&\quad + \frac{1}{r \sin\theta} \left[\frac{\partial}{\partial \phi} a_r - \frac{\partial}{\partial r} (r \sin\theta\, a_\phi)\right] \boldsymbol{e}_\theta \\
&\quad + \frac{1}{r} \left[\frac{\partial}{\partial r} (r\, a_\theta) - \frac{\partial}{\partial \theta} a_r\right] \boldsymbol{e}_\phi.
\end{aligned} \tag{A.35}$$

Anhang B

Die Diracsche δ–Funktion

Im Abschnitt 2.2.2 haben wir die Diracsche δ–Funktion als eine Schreibweise eingeführt, um den Gaußschen Integralsatz formal auch auf das elektrische Feld einer Punktladung anwenden zu können. Wir hatten nämlich gezeigt, dass

$$\Delta \frac{1}{r} = \partial_\alpha^2 \frac{1}{r} = \frac{\partial}{\partial \boldsymbol{r}} \left(\frac{\partial}{\partial \boldsymbol{r}} \frac{1}{r} \right) = 0 \qquad \text{für} \qquad r \neq 0, \tag{B.1}$$

aber bei formaler Verwendung des Gaußschen Integralsatzes

$$\int_V d^3r \, \Delta \frac{1}{r} = \int_V d^3r \, \frac{\partial}{\partial \boldsymbol{r}} \left(\frac{\partial}{\partial \boldsymbol{r}} \frac{1}{r} \right) = \oint_{\partial V} d\boldsymbol{f} \left(\frac{\partial}{\partial \boldsymbol{r}} \frac{1}{r} \right) = \begin{cases} -4\pi & (\boldsymbol{r} = \boldsymbol{0}) \in V, \\ 0 & (\boldsymbol{r} = \boldsymbol{0}) \notin V. \end{cases} \tag{B.2}$$

Hier ist das Volumenintegral für den Fall $(\boldsymbol{r} = 0) \in V$ wegen der Singularität des Integranden bei $\boldsymbol{r} = \boldsymbol{0}$ nicht definiert, während das Flächenintegral über ∂V definiert ist und die angegebenen Werte besitzt. Hieraus hatten wir die formale Schreibweise

$$\begin{aligned} -\frac{1}{4\pi} \Delta \frac{1}{r} &=: \delta(\boldsymbol{r}), \\ \delta(\boldsymbol{r}) &= 0 \qquad \text{für} \qquad \boldsymbol{r} \neq 0, \\ \text{aber} \quad \int_V d^3r \, \delta(\boldsymbol{r}) &= \begin{cases} 1 & (\boldsymbol{r} = \boldsymbol{0}) \in V, \\ 0 & (\boldsymbol{r} = \boldsymbol{0}) \notin V. \end{cases} \end{aligned} \tag{B.3}$$

entwickelt. Unter formaler Verwendung des Gaußschen Integralsatzes hatten wir im Abschnitt 2.2.2 auch gezeigt, dass für eine stetige Funktion $\phi(\boldsymbol{r})$

$$\int_V d^3r\,\phi(\boldsymbol{r})\,\delta(\boldsymbol{r}) = \phi(\mathbf{0}) \tag{B.4}$$

gilt, wenn $\boldsymbol{r} = \mathbf{0}$ in V liegt, anderenfalls verschwindet das Integral.

Üblicherweise stellt man die δ–Funktion $\delta(\boldsymbol{r})$ für die 3–dimensionale Variable $\boldsymbol{r}$ als Produkt über 3 δ–Funktionen der kartesischen Komponenten x_1, x_2, x_3 von $\boldsymbol{r}$ dar:

$$\delta(\boldsymbol{r}) = \delta(x_1)\,\delta(x_2)\,\delta(x_3), \tag{B.5}$$

wobei in Analogie zu (B.4) für eine stetige Funktion $\phi(x)$

$$\int_{-\infty}^{+\infty} dx\,\phi(x)\,\delta(x) = \phi(0) \tag{B.6}$$

gelten soll. Dass (B.5) im Sinne von (B.4) richtig ist, erkennen wir an der folgenden Umformung:

$$\begin{aligned}\int d^3r\,\phi(\boldsymbol{r})\,\delta(\boldsymbol{r}) &= \int dx_1\,\delta(x_1) \int dx_2\,\delta(x_2) \int dx_3\,\delta(x_3)\,\phi(x_1, x_2, x_3) \\ &= \int dx_1\,\delta(x_1) \int dx_2\,\delta(x_2)\,\phi(x_1, x_2, 0) \\ &= \int dx_1\,\delta(x_1)\,\phi(x_1, 0, 0) = \phi(0,0,0) = \phi(\mathbf{0}).\end{aligned} \tag{B.7}$$

B.1 Die 1–dimensionale Delta–Funktion und die Darstellung durch einen Grenzübergang

Der Grund für die formale Schreibweise mit der δ–"Funktion" liegt darin, dass man mit diesem Symbol in Bezug auf Integration oder Differentiation wie mit einer gewöhnlichen (stetigen oder differenzierbaren) Funktion rechnen kann, obwohl es sich gar nicht um eine Funktion im üblichen Sinne handelt. Es gibt eine mathematische Theorie für Objekte wie die δ–"Funktion", die Theorie der *Distributionen.* Für die überwiegende Zahl der physikalischen Anwendungen der δ–"Funktion" lohnt dieser Aufwand nicht. Dennoch sollte man auch in der Physik über eine mathematisch korrekte Vorstellung über die Verwendung der δ–"Funktion" verfügen. Eine Möglichkeit dafür ist die Darstellung der δ–"Funktion" durch geeignete Grenzübergänge in gewöhnlichen Funktionen. Wir werden im folgenden differenzierbare Funktionen $D_\epsilon(x)$ mit einem Parameter ϵ kennenlernen, die durch den Grenzübergang $\epsilon \to 0$ in die δ–Funktion übergehen:

$$D_\epsilon(x) \stackrel{\epsilon\to 0}{\longrightarrow} \delta(x). \tag{B.8}$$

Dieser Grenzübergang soll dadurch definiert sein, dass er die Beziehung (B.6) liefert, also

$$\lim_{\epsilon\to 0}\int_{-\infty}^{+\infty} dx\, \phi(x)\, D_\epsilon(x) = \phi(0). \tag{B.9}$$

Die Beziehung (B.6) soll also als symbolische Schreibweise für den Grenzübergang in (B.9) interpretiert werden. Da $D_\epsilon(x)$ sogar differenzierbar sein soll, ist das Integral in (B.9) im gewöhnlichen Riemannschen Sinn definiert.

Die am häufigsten in der Physik vorkommenden Darstellungen für $D_\epsilon(x)$ sind:

$$\begin{aligned}
D_\epsilon(x) &= \frac{1}{2\,\epsilon}\,\Theta\left(\epsilon - |x|\right), && \text{(A): Kasten,}\\
&= \frac{1}{2\,\epsilon}\,\exp\left(-\frac{|x|}{\epsilon}\right), && \text{(B): Exponentialfunktion,}\\
&= \frac{1}{\sqrt{2\,\pi\,\epsilon}}\,\exp\left(-\frac{x^2}{2\,\epsilon^2}\right), && \text{(C): Gaußglocke,} \qquad \text{(B.10)}\\
&= \frac{\epsilon}{\pi}\,\frac{1}{\epsilon^2 + x^2}, && \text{(D): Lorentz–Kurve,}\\
&= \frac{\epsilon}{\pi\,x^2}\,\sin^2\frac{x}{\epsilon}, && \text{(E): Spaltfunktion.}
\end{aligned}$$

Hierin ist $\Theta(s)$ die Heavyside–Funktion, definiert durch

$$\Theta(s) = \begin{cases} 1 & \text{für} \quad s \geq 0, \\ 0 & \text{für} \quad s < 0 \end{cases}$$

Wie man leicht erkennt, haben alle obigen Darstellungen von $D_\epsilon(x)$ unter der Transformation $x = \epsilon\,\xi$ die folgende Skalierungseigenschaft:

$$D_\epsilon(\epsilon\,\xi) = \frac{1}{\epsilon}\,D_1(\xi), \tag{B.11}$$

worin $D_1(\xi)$ aus (B.10) für $\epsilon = 1$ folgt. Man kann ebenfalls nachweisen, dass die $D_1(\xi)$ normiert sind, d.h.

$$\int_{-\infty}^{+\infty} d\xi\, D_1(\xi) = 1, \tag{B.12}$$

und zwar entweder durch elementare Integrationen. Dass bedeutet, dass wegen (B.11) dann auch die $D_\epsilon(x)$ normiert sind:

$$\int_{-\infty}^{+\infty} dx\, D_\epsilon(x) = \int_{-\infty}^{+\infty} d\xi\, D_1(\xi) = 1. \tag{B.13}$$

Die Abbildung B.1 zeigt graphische Darstellungen der $D_\epsilon(x)$ aus (B.10).

B.2 Nachweis von (B.9)

Wir weisen jetzt die Beziehung (B.9) für stetige Funktionen $\phi(x)$ und für die $D_\epsilon(x)$ aus (B.10) nach. Wir beachten, dass in allen Fällen $D_\epsilon(x) \geq 0$. Wir führen den Nachweis, indem wir

$$\lim_{\epsilon \to 0} \int_{-\infty}^{+\infty} dx\; [\phi(x) - \phi(0)]\; D_\epsilon(x) = 0 \tag{B.14}$$

zeigen. Das Integral teilen wir in drei Bereiche auf:

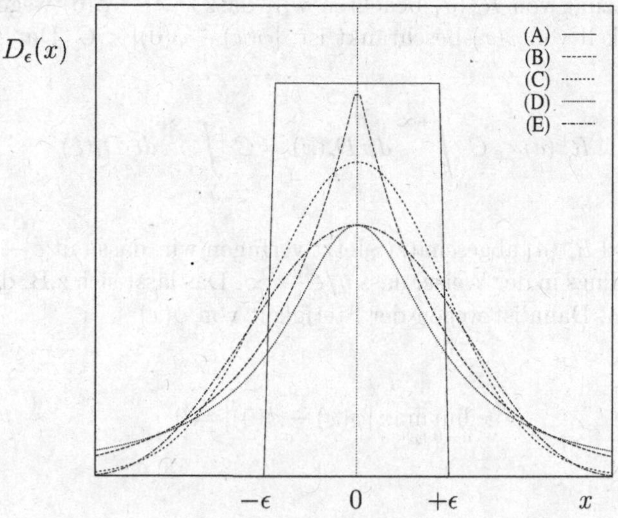

Abbildung B.1: Graphische Darstellungen von $D_\epsilon(x)$

$$\int_{-\infty}^{+\infty} dx\ [\phi(x) - \phi(0)]\ D_\epsilon(x) = J_\epsilon(a) + R_\epsilon^+(a) + R_\epsilon^-(a), \tag{B.15}$$

mit

$$\begin{aligned} J_\epsilon(a) &:= \int_{-a}^{+a} dx\ [\phi(x) - \phi(0)]\ D_\epsilon(x), \\ R_\epsilon^+(a) &:= \int_{a}^{+\infty} dx\ [\phi(x) - \phi(0)]\ D_\epsilon(x), \\ R_\epsilon^-(a) &:= \int_{-\infty}^{-a} dx\ [\phi(x) - \phi(0)]\ D_\epsilon(x), \end{aligned}$$

worin a eine positive Zahl ist, $a > 0$, über die wir sogleich verfügen werden. Zunächst schätzen wir $J_\epsilon(a)$ ab. Unter Beachtung von $D_\epsilon(x) \geq 0$ wird

$$\begin{aligned} |J_\epsilon(a)| &\leq \max_{|x|\leq a} |\phi(x) - \phi(0)| \int_{-a}^{+a} dx\, D_\epsilon(x) \\ &= \max_{|x|\leq a} |\phi(x) - \phi(0)| \int_{-a/\epsilon}^{+a/\epsilon} d\xi\, D_1(\xi). \end{aligned} \tag{B.16}$$

Bei der Abschätzung von $R_\epsilon^+(a)$ beachten wir, dass $\phi(x) - \phi(0)$ wegen der vorausgesetzten Stetigkeit von $\phi(x)$ beschränkt ist: $|\phi(x) - \phi(0)| < C$. Damit wird

$$R_\epsilon^+(a) \leq C \int_a^{+\infty} dx\, D_\epsilon(x) = C \int_{a/\epsilon}^{+\infty} d\xi\, D_1(\xi). \tag{B.17}$$

Ganz analog wird $R_\epsilon^-(a)$ abgeschätzt. Jetzt verfügen wir, dass mit $\epsilon \to 0$ auch $a \to 0$ gehen soll, allerdings in der Weise, dass $a/\epsilon \to \infty$. Das lässt sich z.B. durch die Wahl $a \sim \sqrt{\epsilon}$ erreichen. Dann ist wegen der Stetigkeit von $\phi(x)$

$$\lim_{a \to 0} \max_{|x| \leq a} |\phi(x) - \phi(0)| = 0$$

sowie

$$\lim_{a/\epsilon \to \infty} \int_{a/\epsilon}^{+\infty} d\xi\, D_1(\xi) = 0,$$

und analog für $R_\epsilon^-(a)$. Damit ist der erwünschte Nachweis erbracht.

B.3 Die Fourier–Transformation

Der Fall (D) für $D_\epsilon(x)$ aus (B.10) hat eine besondere Bedeutung für die Fourier–Transformation. Um diesen Zusammenhang herzustellen, schreiben wir

$$D_\epsilon(x) = \frac{\epsilon}{\pi} \frac{1}{\epsilon^2 + x^2} = \frac{1}{2\pi} \int_{-\infty}^{+\infty} dk\, \mathrm{e}^{i\,k\,x - \epsilon\,|k|}. \tag{B.18}$$

Um diese Identität nachzuweisen, spalten wir die Integration auf der rechten Seite in die Bereiche von $-\infty$ bis 0 und von 0 bis $+\infty$ auf und berechnen die beiden verbleibenden Integrale durch elementare Integration. Führen wir den Grenzübergang $\epsilon \to 0$ direkt in (B.18) aus, so finden wir im Sinne der früher eingeführten symbolischen Sprechweise

$$\frac{1}{2\pi}\int_{-\infty}^{+\infty} dk\, e^{ikx} = \delta(x). \tag{B.19}$$

Diese symbolische Aussage wird z.B. bei der Umkehrung der Fourier–Transformation benutzt. Als Fourier–Transformierte $\tilde{f}(k)$ einer Funktion $f(x)$ wird definiert

$$\tilde{f}(k) := \frac{1}{2\pi}\int_{-\infty}^{+\infty} dx\, f(x)\, e^{-ikx}. \tag{B.20}$$

Wir multiplizieren beide Seiten mit $\exp(i\,k\,x')$ und integrieren über k:

$$\int_{-\infty}^{+\infty} dk\, \tilde{f}(k)\, e^{ikx'} = \frac{1}{2\pi}\int_{-\infty}^{+\infty} dk \int_{-\infty}^{+\infty} dx\, f(x)\, e^{ik(x'-x)}. \tag{B.21}$$

Wenn wir die Reihenfolge der k– und x–Integrationen auf der rechten Seite vertauschen dürften und dann (B.19) verwenden, erhalten wir

$$\begin{aligned}\int_{-\infty}^{+\infty} dk\, \tilde{f}(k)\, e^{ikx'} &= \int_{-\infty}^{+\infty} dx\, f(x)\, \frac{1}{2\pi}\int_{-\infty}^{+\infty} dk\, e^{ik(x'-x)} \\ &= \int_{-\infty}^{+\infty} dx\, f(x)\, \delta(x'-x) \\ &= \int_{-\infty}^{+\infty} dx''\, f(x'-x'')\, \delta(x'') = f(x'),\end{aligned} \tag{B.22}$$

worin wir im letzten Schritt $x'' := x' - x$ statt x als Integrationsvariable substituiert haben. Wenn wir nun wieder x statt x' schreiben, wird aus (B.22)

$$f(x) = \int_{-\infty}^{+\infty} dk\, \tilde{f}(k)\, e^{ikx}, \tag{B.23}$$

also die Umkehrung der Fourier–Transformation in (B.20).

Die Tatsache, dass wir durch die Vertauschung der Reihenfolge der k– und x–Integrationen in (B.22) auf die δ–"Funktion" gestoßen sind, weist darauf hin, dass die Vertauschung nicht erlaubt ist, weil das Ergebnis eben keine integrierbare Funktion im Sinne des Riemannschen Integralbegriffs ist. Unter der Voraussetzung, dass aber das x–Integral in (B.20) konvergiert, müsste die korrekte Rechnung statt (B.22) wie folgt lauten:

$$\begin{aligned}
\int_{-\infty}^{+\infty} dk\, \tilde{f}(k)\, e^{i\,k\,x'} &= \lim_{\epsilon\to 0} \int_{-1/\epsilon}^{+1/\epsilon} dk\, \tilde{f}(k)\, e^{i\,k\,x'} \\
&= \lim_{\epsilon\to 0} \frac{1}{2\,\pi} \int_{-1/\epsilon}^{+1/\epsilon} dk \int_{-\infty}^{+\infty} dx\, f(x)\, e^{i\,k\,(x'-x)} \\
&= \lim_{\epsilon\to 0} \int_{-\infty}^{+\infty} dx\, f(x)\, \frac{1}{2\,\pi} \int_{-1/\epsilon}^{+1/\epsilon} dk\, e^{i\,k\,(x'-x)} \\
&= \lim_{\epsilon\to 0} \int_{-\infty}^{+\infty} dx\, f(x)\, D_\epsilon(x'-x). \qquad \text{(B.24)}
\end{aligned}$$

Da wir nun im Abschnitt B.2 nachgewiesen haben, dass die Darstellung (D) für $D_\epsilon(x)$ für $\epsilon \to 0$ die allgemeine Relation (B.9) erfüllt, folgt aus (B.24) für $\epsilon \to 0$ die Umkehrformel (B.23) der Fourier–Transformation.

B.4 Darstellung der 3–dimensionalen δ–Funktion durch einen Grenzübergang

Auch die 3–dimensionale δ–Funktion können wir direkt durch einen Grenzübergang darstellen, ohne auf den 1–dimensionalen Fall zurückgreifen zu müssen. Im Anschluss an (B.3) definieren wir

$$D_\epsilon(\boldsymbol{r}) := -\frac{1}{4\,\pi}\,\Delta\,\frac{1}{r+\epsilon}, \qquad \epsilon > 0. \qquad \text{(B.25)}$$

Wir berechnen nun nach dem Muster im Abschnitt 2.1

$$\partial_\alpha \frac{1}{r+\epsilon} = -\frac{1}{(r+\epsilon)^2}\,\frac{x_\alpha}{r},$$

$$\begin{aligned}\partial_\alpha^2 \frac{1}{r+\epsilon} &= -\partial_\alpha \left(\frac{1}{(r+\epsilon)^2} \frac{x_\alpha}{r} \right) \\ &= \frac{2}{(r+\epsilon)^3} \frac{x_\alpha^2}{r^2} + \frac{1}{(r+\epsilon)^2} \frac{x_\alpha^2}{r^3} - \frac{1}{(r+\epsilon)^2} \frac{3}{r} \\ &= \frac{2}{(r+\epsilon)^3} - \frac{2}{(r+\epsilon)^2 r} = -\frac{2\epsilon}{(r+\epsilon)^3 r}, \\ D_\epsilon(\boldsymbol{r}) &= \frac{1}{2\pi} \frac{\epsilon}{(r+\epsilon)^3 r}. \end{aligned} \tag{B.26}$$

Die Funktion $D_\epsilon(\boldsymbol{r})$ besitzt endliche Werte für $\boldsymbol{r} \neq \boldsymbol{0}$, die jedoch mit $\epsilon \to 0$ verschwinden:

$$\lim_{\epsilon \to 0} D_\epsilon(\boldsymbol{r}) = 0 \qquad \text{für} \qquad \boldsymbol{r} \neq \boldsymbol{0}. \tag{B.27}$$

Bei $\boldsymbol{r} = \boldsymbol{0}$ besitzt $D_\epsilon(\boldsymbol{r})$ eine Singularität, ist jedoch integrierbar. Wir integrieren $D_\epsilon(\boldsymbol{r})$ über $|\boldsymbol{r}| \leq R$, also über eine Kugel mit dem Radius R und dem Mittelpunkt in $\boldsymbol{r} = \boldsymbol{0}$. Mit der Substitution $s := r + \epsilon$ erhalten wir

$$\begin{aligned}\int_{|\boldsymbol{r}| \leq R} d^3 r\, D_\epsilon(\boldsymbol{r}) &= 2 \int_0^R dr\, r^2 \frac{\epsilon}{(r+\epsilon)^3 r} = 2\epsilon \int_\epsilon^{R+\epsilon} ds\, \frac{s-\epsilon}{s^3} = \\ &= -2\epsilon \left[s^{-1}\right]_\epsilon^{R+\epsilon} + \epsilon^2 \left[s^{-2}\right]_\epsilon^\epsilon = \left(\frac{R}{R+\epsilon} \right)^2. \end{aligned} \tag{B.28}$$

Für $\epsilon \to 0$ liefert das Integral den Wert 1, und zwar unabhängig von der Wahl von R:

$$\lim_{\epsilon \to 0} \int_{|\boldsymbol{r}| \leq R} d^3 r\, D_\epsilon(\boldsymbol{r}) = 1. \tag{B.29}$$

Wir können sogar den Radius R mit ϵ verschwinden lassen, allerdings schwächer als ϵ, z.B. $R = \sqrt{\epsilon}$:

$$\int_{|\boldsymbol{r}| \leq \sqrt{\epsilon}} d^3 r\, D_\epsilon(\boldsymbol{r}) = \left(\frac{\sqrt{\epsilon}}{\sqrt{\epsilon} + \epsilon} \right)^2 = \left(\frac{1}{1 + \sqrt{\epsilon}} \right)^2 \xrightarrow{\epsilon \to 0} 1. \tag{B.30}$$

Wir zeigen nun die zu (B.9) entsprechende Relation

$$\lim_{\epsilon\to 0}\int d^3r\,\phi(\boldsymbol{r})\,D_\epsilon(\boldsymbol{r})=\phi(\boldsymbol{0}) \tag{B.31}$$

für stetige Funktionen $\phi(\boldsymbol{r})$, indem wir analog wie im Abschnitt B.2 vorgehen. Wir teilen das zu (B.14) analoge Integral in zwei Teile $|\boldsymbol{r}|\le R$ und $|\boldsymbol{r}|>R$ auf. Außerdem sei $|\phi(\boldsymbol{r})-\phi(\boldsymbol{0})|\le C$ wegen der vorausgesetzten Stetigkeit. Es ist

$$\begin{aligned}
&\int d^3r\,[\phi(\boldsymbol{r})-\phi(\boldsymbol{0})]\,D_\epsilon(\boldsymbol{r})=\\
&=\int_{|\boldsymbol{r}|\le R} d^3r\,[\phi(\boldsymbol{r})-\phi(\boldsymbol{0})]\,D_\epsilon(\boldsymbol{r})+\int_{|\boldsymbol{r}|>R} d^3r\,[\phi(\boldsymbol{r})-\phi(\boldsymbol{0})]\,D_\epsilon(\boldsymbol{r}),\\
&\left|\int_{|\boldsymbol{r}|\le R} d^3r\,[\phi(\boldsymbol{r})-\phi(\boldsymbol{0})]\,D_\epsilon(\boldsymbol{r})\right|\le\max_{|\boldsymbol{r}|\le R}|\phi(\boldsymbol{r})-\phi(\boldsymbol{0})|\int_{|\boldsymbol{r}|\le R} d^3r\,D_\epsilon(\boldsymbol{r})=\\
&=\max_{|\boldsymbol{r}|\le R}|\phi(\boldsymbol{r})-\phi(\boldsymbol{0})|\left(\frac{R}{R+\epsilon}\right)^2,\\
&\left|\int_{|\boldsymbol{r}|>R} d^3r\,[\phi(\boldsymbol{r})-\phi(\boldsymbol{0})]\,D_\epsilon(\boldsymbol{r})\right|\le C\int_{|\boldsymbol{r}|>R} d^3r\,D_\epsilon(\boldsymbol{r})=\\
&=C\left[1-\left(\frac{R}{R+\epsilon}\right)^2\right].
\end{aligned}$$

Jetzt wählen wir wieder $R=\sqrt{\epsilon}$, so dass

$$\lim_{\epsilon\to 0}\max_{|\boldsymbol{r}|\le\sqrt{\epsilon}}|\phi(\boldsymbol{r})-\phi(\boldsymbol{0})|=0$$

wegen der vorausgesetzten Stetigkeit und

$$\lim_{\epsilon\to 0}\left[1-\left(\frac{\sqrt{\epsilon}}{\sqrt{\epsilon}+\epsilon}\right)^2\right]=0,$$

s.o. Damit ist (B.31) nachgewiesen. Die Beiträge zu dem Integral kommen für $\epsilon\to 0$ aus einer beliebig kleinen Umgebung von $\boldsymbol{r}=\boldsymbol{0}$.

Anhang C

Der Levi–Civita–Tensor in 3 und 4 Dimensionen

Wie wir im gesamten Text der Elektrodynamik erfahren, stellt der Levi–Civita–Tensor ein sehr rationelles Hilfsmittel beim Umgang mit Ausdrücken dar, in denen Kreuzprodukte und der Differentialoperator der Rotation vorkommen. Diese Erfahrung bezieht sich zunächst einmal auf den dreidimensionalen Ortsraum. Die 4–Schreibweise der Elektrodynamik zeigt uns jedoch, dass es zum Kreuzprodukt und zur Rotation auch 4–dimensionale Entsprechungen gibt, die sich am geeignetsten mit dem 4–dimensionalen Levi–Civita–Tensor darstellen lassen. Wir wollen deshalb in diesem Anhang einige "Rechenregeln" für den Levi–Civita–Tensor in 3 und in 4 Dimensionen zusammenstellen. Die wichtigsten dieser Regeln betreffen Ausdrücke, in denen Produkte von Levi–Civita–Tensoren auftreten. Solche Ausdrücke ergeben sich immer dann, wenn Kreuzprodukte oder Differentialoperatoren der Rotation mehrfach verschachtelt auftreten.

C.1 Produktausdrücke von zwei 3–dimensionalen Levi–Civita–Tensoren

C.1.1 Die Rechenregeln

Wir erinnern zunächst noch einmal an die Definition

$$\epsilon_{\alpha\beta\gamma} = \begin{cases} +1 & (\alpha,\beta,\gamma) = \text{ gerade Permutation von } (1,2,3) \\ -1 & (\alpha,\beta,\gamma) = \text{ ungerade Permutation von } (1,2,3) \\ 0 & \text{sonst} \end{cases} \tag{C.1}$$

des 3–dimensionalen Levi–Civita–Tensors aus dem Abschnitt 1.3.3. Wir wollen jetzt einen Ausdruck für das Produkt $\epsilon_{\alpha\beta\gamma}\,\epsilon_{\lambda\mu\nu}$ von zwei Levi–Civita–tensoren formulieren, in denen beliebige Indizes (α,β,γ) bzw. (λ,μ,ν) auftreten können. Jeder dieser Indizes darf beliebige Werte von $(1,2,3)$ annehmen. Wir zeigen nun die folgende Identität:

$$\epsilon_{\alpha\beta\gamma}\,\epsilon_{\lambda\mu\nu} = \begin{vmatrix} \delta_{\alpha\lambda} & \delta_{\alpha\mu} & \delta_{\alpha\nu} \\ \delta_{\beta\lambda} & \delta_{\beta\mu} & \delta_{\beta\nu} \\ \delta_{\gamma\lambda} & \delta_{\gamma\mu} & \delta_{\gamma\nu} \end{vmatrix} \tag{C.2}$$

Wir zeigen zunächst, dass beide Seiten dasselbe Verhalten bei Permutation der Indizes α,β,γ untereinander bzw. λ,μ,ν untereinander besitzen. Werden nämlich auf der linken Seite zwei Indizes in α,β,γ oder in λ,μ,ν vertauscht, ändert sich das Vorzeichen. Dem entspricht in der Determinante auf der rechten Seite die Vertauschung von zwei Zeilen oder von zwei Spalten, die ebenfalls zu einer Vorzeichen–Änderung führt.

Wenn zwei der Indizes α,β,γ auf der linken Seite übereinstimmen, so dass $\epsilon_{\alpha\beta\gamma} = 0$, treten in der Determinante auf der rechten Seite zwei gleiche Zeilen auf, so dass auch die Determinante verschwindet. Wenn links zwei der Indizes λ,μ,ν übereinstimmen, so dass $\epsilon_{\lambda\mu\nu} = 0$, treten in der Determinante auf der rechten Seite zwei gleiche Spalten auf, so dass auch die Determinante verschwindet.

Es bleibt zu zeigen, dass kein weiterer Faktor in der Relation (C.2) auftritt. Ein solcher Faktor würde nicht im Widerspruch zur übereinstimmenden Symmetrie auf den beiden Seiten stehen. Um den Faktor zu ermitteln, genügt es, einen speziellen Fall zu betrachten, z.B. $\alpha = \lambda = 1$, $\beta = \mu = 2$, $\gamma = \nu = 3$. Auf der linken Seite erhalten wir dann $\epsilon_{123}\,\epsilon_{123} = 1$ und auf der rechten Seite

$$\begin{vmatrix} 1 & 0 & 0 \\ 0 & 1 & 0 \\ 0 & 0 & 1 \end{vmatrix} = 1,$$

womit (C.2) bewiesen ist.

Aus (C.2) folgen nun weitere wichtige Relationen, auf die wir beim Umrechnen von Produktausdrücken von Levi–Civita–Tensoren zurückgreifen können. Wenn wir in (C.2) z.B. $\lambda = \alpha$ setzen, entsteht auf der linken Seite der Ausdruck $\epsilon_{\alpha\beta\gamma}\,\epsilon_{\alpha\mu\nu}$, in dem per Summations–Konvention über $\alpha = 1, 2, 3$ zu summieren ist. Auf der rechten Seite entwickeln wir die Determinante nach der ersten Zeile. Durch konsequente Beachtung der Summations–Konvention und unter Verwendung von $\delta_{\alpha\alpha} = 3$ erhalten wir

$$\epsilon_{\alpha\beta\gamma}\,\epsilon_{\alpha\mu\nu} = \begin{vmatrix} \delta_{\beta\mu} & \delta_{\beta\nu} \\ \delta_{\gamma\mu} & \delta_{\gamma\nu} \end{vmatrix} = \delta_{\beta\mu}\,\delta_{\gamma\nu} - \delta_{\beta\nu}\,\delta_{\gamma\mu}. \tag{C.3}$$

Statt der soeben beschriebenen Herleitung können wir diese Relation auch wieder durch Symmetrie–Betrachtungen und einen speziellen Fall direkt beweisen. Beide Seiten haben dasselbe Verhalten bei Vertauschung von β, γ bzw. von μ, ν und beide Seiten verschwinden, wenn entweder $\beta = \gamma$ oder $\mu = \nu$ (oder beides). Als speziellen Fall wählen wir $\beta = \mu = 2,\ \gamma = \nu = 3$, so dass die α–Summation links einen Term $\neq 0$ nur noch für $\alpha = 1$ liefert und $\epsilon_{\alpha 23}\,\epsilon_{\alpha 23} = 1$. Auf der rechten Seite erhalten wir für die Determinante ebenfalls

$$\begin{vmatrix} 1 & 0 \\ 0 & 1 \end{vmatrix} = 1,$$

womit (C.3) bewiesen ist.

Jetzt setzen wir in (C.3) auch noch $\mu = \beta$. Unter Beachtung der Summationskonvention, die jetzt auch für β gilt, erhalten wir aus (C.3)

$$\epsilon_{\alpha\beta\gamma}\,\epsilon_{\alpha\beta\nu} = \delta_{\beta\beta}\,\delta_{\gamma\nu} - \delta_{\beta\nu}\,\delta_{\gamma\beta} = 3\,\delta_{\gamma\nu} - \delta_{\gamma\nu} = 2\,\delta_{\gamma\nu}. \tag{C.4}$$

Schließlich sei auch noch $\nu = \gamma$:

$$\epsilon_{\alpha\beta\gamma}\,\epsilon_{\alpha\beta\gamma} = 2\,\delta_{\gamma\gamma} = 2 \cdot 3 = 6. \tag{C.5}$$

Die Summe auf der linken Seite erstreckt sich über alle $3! = 6$ Permutationen (α, β, γ) von $(1, 2, 3)$, für die stets $\epsilon_{\alpha\beta\gamma}\,\epsilon_{\alpha\beta\gamma} = +1$.

C.1.2 Anwendungen

Wir gehen aus von den Darstellungen des Kreuzproduktes und der Rotation durch den Levi–Civita–Tensor im Abschnitt 1.3.3:

$$(\boldsymbol{a} \times \boldsymbol{b})_\alpha = \epsilon_{\alpha\beta\gamma}\, a_\beta\, b_\gamma, \qquad \left(\frac{\partial}{\partial \boldsymbol{r}} \times \boldsymbol{C}(\boldsymbol{r})\right)_\alpha = \epsilon_{\alpha\beta\gamma}\, \partial_\beta\, C_\gamma(\boldsymbol{r}). \tag{C.6}$$

Hier bedeuteten $(\ldots)_\alpha$ die α–Komponente des jeweiligen Vektorausdrucks in $(\ldots)$ und $\partial_\beta = \partial/\partial\, x_\beta$ die β–Komponente von $\partial/\partial\, \boldsymbol{r}$.

Natürlich können wir diese Darstellungen durch Multiplikation mit dem Basisvektor $\boldsymbol{e}_\alpha$ (einschließlich Summationskonvention für α) umschreiben zu

$$\boldsymbol{a} \times \boldsymbol{b} = \epsilon_{\alpha\beta\gamma}\, \boldsymbol{e}_\alpha\, a_\beta\, b_\gamma, \qquad \frac{\partial}{\partial \boldsymbol{r}} \times \boldsymbol{C}(\boldsymbol{r}) = \epsilon_{\alpha\beta\gamma}\, \boldsymbol{e}_\alpha\, \partial_\beta\, C_\gamma(\boldsymbol{r}). \tag{C.7}$$

Unser erstes Anwendungsbeispiel soll die Berechnung des doppelten Kreuzproduktes $\boldsymbol{a} \times (\boldsymbol{b} \times \boldsymbol{c})$ sein. Unter Verwendung der obigen Darstellungen und der Regeln aus dem Abschnitt C.1.1 erhalten wir für dessen α–Komponente

$$\begin{aligned}
(\boldsymbol{a} \times (\boldsymbol{b} \times \boldsymbol{c}))_\alpha &= \epsilon_{\alpha\beta\gamma}\, a_\beta\, \epsilon_{\gamma\mu\nu}\, b_\mu\, c_\nu \\
&= \epsilon_{\gamma\alpha\beta}\, \epsilon_{\gamma\mu\nu}\, a_\beta\, b_\mu\, c_\nu \\
&= (\delta_{\alpha\mu}\, \epsilon_{\beta\nu} - \delta_{\alpha\nu}\, \delta_{\beta\mu})\, a_\beta\, b_\mu\, c_\nu \\
&= a_\beta\, b_\alpha\, c_\beta - a_\beta\, b_\beta\, c_\alpha \\
&= b_\alpha\, (\boldsymbol{a}\, \boldsymbol{c}) - c_\alpha\, (\boldsymbol{a}\, \boldsymbol{b}).
\end{aligned}$$

Hier haben wir benutzt, dass wegen der doppelten Vertauschung von Indizes $\epsilon_{\alpha\beta\gamma} = \epsilon_{\gamma\alpha\beta}$ und dass $a_\beta\, c_\beta = \boldsymbol{a}\, \boldsymbol{c}$ usw., vgl. auch Abschnitt 1.3.2. Durch Multtiplikation mit $\boldsymbol{e}_\alpha$ erhalten wir aus dem obigen Ergebnis die aus der Vektorrechnung bekannte Formel

$$\boldsymbol{a} \times (\boldsymbol{b} \times \boldsymbol{c}) = \boldsymbol{b}\, (\boldsymbol{a}\, \boldsymbol{c}) - \boldsymbol{c}\, (\boldsymbol{a}\, \boldsymbol{b})\,. \tag{C.8}$$

Auf analoge Weise berechnen wir die in der Elektrodynamik häufig vorkommende "doppelte Rotation" eines Vektorfeldes $\boldsymbol{C}(\boldsymbol{r})$. Zur Vereinfachung der Schreibweise schreiben wir das Ortsargument $\boldsymbol{r}$ nicht mehr mit. Es ist nach dem obigen Vorbild

$$\begin{aligned}\left(\frac{\partial}{\partial \boldsymbol{r}} \times \left(\frac{\partial}{\partial \boldsymbol{r}} \times \boldsymbol{C}\right)\right)_\alpha &= \epsilon_{\alpha\beta\gamma}\,\partial_\beta\,\epsilon_{\gamma\mu\nu}\,\partial_\mu\,C_\nu \\ &= \epsilon_{\gamma\alpha\beta}\,\epsilon_{\gamma\mu\nu}\,\partial_\beta\,\partial_\mu\,C_\nu \\ &= (\delta_{\alpha\mu}\,\epsilon_{\beta\nu} - \delta_{\alpha\nu}\,\delta_{\beta\mu})\,\partial_\beta\,\partial_\mu\,C_\nu \\ &= \partial_\alpha\,\partial_\beta\,C_\beta - \partial_\beta\,\partial_\beta\,C_\alpha \\ &= \partial_\alpha\left(\frac{\partial}{\partial \boldsymbol{r}}\boldsymbol{C}\right) - \Delta\,C_\alpha.\end{aligned}$$

In dieser Umformung haben wir die Divergenz des Vektorfeldes $\boldsymbol{C}(\boldsymbol{r})$,

$$\partial_\beta\,C_\beta = \frac{\partial}{\partial \boldsymbol{r}}\boldsymbol{C},$$

sowie die Schreibweise

$$\Delta = \partial_\beta\,\partial_\beta$$

für den Delta–Operator benutzt, vgl. Abschnitt 2.1. Die vektorielle Form des Ergebnisses der obigen Umformung lautet

$$\frac{\partial}{\partial \boldsymbol{r}} \times \left(\frac{\partial}{\partial \boldsymbol{r}} \times \boldsymbol{C}\right) = \frac{\partial}{\partial \boldsymbol{r}}\left(\frac{\partial}{\partial \boldsymbol{r}}\boldsymbol{C}\right) - \Delta\,\boldsymbol{C}. \tag{C.9}$$

Im ersten Term auf der rechten Seite wird der Gradient desjenigen Skalars gebildet, der durch die Divergenz des Vektorfeldes $\boldsymbol{C}$ entsteht. Im zweiten Term wirkt der skalare Operator Δ im Sinne eines Skalarprodukts auf das Vektorfeld $\boldsymbol{C}$.

Ein weiteres Beispiel ist die Berechnung der Rotation des Kreuzproduktes zweier Vektorfelder $\boldsymbol{B} = \boldsymbol{B}(\boldsymbol{r})$ und $\boldsymbol{C} = \boldsymbol{C}(\boldsymbol{r})$:

$$\begin{aligned}
\left(\frac{\partial}{\partial \boldsymbol{r}} \times (\boldsymbol{B} \times \boldsymbol{C})\right)_\alpha &= \epsilon_{\alpha\beta\gamma}\, \partial_\beta\, \epsilon_{\gamma\mu\nu}\, B_\mu\, C_\nu \\
&= \epsilon_{\gamma\alpha\beta}\, \epsilon_{\gamma\mu\nu}\, \partial_\beta\, (B_\mu\, C_\nu) \\
&= (\delta_{\alpha\mu}\, \delta_{\beta\nu} - \delta_{\alpha\nu}\, \delta_{\beta\mu})\, \partial_\beta\, (B_\mu\, C_\nu) \\
&= \partial_\beta\, (B_\alpha\, C_\beta) - \partial_\beta\, (B_\beta\, C_\alpha) \\
&= C_\beta\, \partial_\beta\, B_\alpha + B_\alpha\, \partial_\beta\, C_\beta - C_\alpha\, \partial_\beta\, B_\beta - B_\beta\, \partial_\beta\, C_\alpha \\
&= \left(\boldsymbol{C} \frac{\partial}{\partial \boldsymbol{r}}\right) B_\alpha + B_\alpha \left(\frac{\partial}{\partial \boldsymbol{r}} \boldsymbol{C}\right) - C_\alpha \left(\frac{\partial}{\partial \boldsymbol{r}} \boldsymbol{B}\right) - \left(\boldsymbol{B} \frac{\partial}{\partial \boldsymbol{r}}\right) C_\alpha,
\end{aligned}$$

bzw. in vektorieller Form

$$\begin{aligned}
\frac{\partial}{\partial \boldsymbol{r}} \times (\boldsymbol{B} \times \boldsymbol{C}) &= \left(\boldsymbol{C} \frac{\partial}{\partial \boldsymbol{r}}\right) \boldsymbol{B} + \boldsymbol{B} \left(\frac{\partial}{\partial \boldsymbol{r}} \boldsymbol{C}\right) \\
&\quad - \boldsymbol{C} \left(\frac{\partial}{\partial \boldsymbol{r}} \boldsymbol{B}\right) - \left(\boldsymbol{B} \frac{\partial}{\partial \boldsymbol{r}}\right) \boldsymbol{C}. \qquad \text{(C.10)}
\end{aligned}$$

In der obigen Umformung haben wir die gewöhnliche Produktregel der Differentiation für $\partial_\beta = \partial / \partial x_\beta$ verwendet. Im Ergebnis (C.10) tritt die Operator–Kombination

$$\boldsymbol{C} \frac{\partial}{\partial \boldsymbol{r}} = C_\beta\, \partial_\beta \qquad \text{(C.11)}$$

auf. Dieses ist ein skalarer Operator, der auf ein Vektorfeld analog zur Multiplikation eines Skalars mit einem Vektor wirkt. Das Ergebnis ist also wieder ein Vektor. Der Operator links in (C.11) wird auch als "Vektorgradient" bezeichnet. Das kann jedoch irreführend sein, weil es sich nicht um einen Gradienten handelt, der ja auf eine skalare Funktion wirkt und als Ergebnis ein Vektorfeld hat.

Wenn der Vektor $\boldsymbol{C}$ konstant ist, also nicht vom Ort $\boldsymbol{r}$ abhängt, gilt

$$\boldsymbol{C} \times \left(\frac{\partial}{\partial \boldsymbol{r}} \times \boldsymbol{B}\right) = \frac{\partial}{\partial \boldsymbol{r}} (\boldsymbol{C}\, \boldsymbol{B}) - \left(\boldsymbol{C} \frac{\partial}{\partial \boldsymbol{r}}\right) \boldsymbol{B}. \qquad \text{(C.12)}$$

Wir führen den Beweis dieser Behauptung, indem wir die α–Komponente der linken Seite hinschreiben und wie folgt umformen:

$$\begin{aligned}\left[\boldsymbol{C}\times\left(\frac{\partial}{\partial\boldsymbol{r}}\times\boldsymbol{B}\right)\right]_\alpha &= \epsilon_{\alpha\beta\gamma}\, C_\beta\, \epsilon_{\gamma\mu\nu}\, \partial_\mu\, B_\nu \\ &= \epsilon_{\gamma\alpha\beta}\, \epsilon_{\gamma\mu\nu}\, C_\beta\, \partial_\mu\, B_\nu \\ &= C_\beta\, \partial_\alpha\, B_\beta - C_\beta\, \partial_\beta\, B_\alpha \\ &= \partial_\alpha\, (C_\beta\, B_\beta) - C_\beta\, \partial_\beta\, B_\alpha .\end{aligned}$$

C.2 Produktausdrücke von zwei 4–dimensionalen Levi–Civita–Tensoren

Unter Beachtung der kontra– bzw. ko–varianten Schreibweise von 4–Vektoren, die wir im Abschnitt 11.3 eingeführt haben, ist der 4-dimensionale Levi–Civita–Tensor zu definieren als

$$\epsilon^{ijk\ell} = \begin{cases} +1 & (i,j,k,\ell) = \text{ gerade Permutation von } (0,1,2,3) \\ -1 & (i,j,k,\ell) = \text{ ungerade Permutation von } (0,1,2,3) \\ 0 & \text{sonst} \end{cases} \tag{C.13}$$

Es gilt nun für beliebige Wahlen der Indizes i, j, k, ℓ

$$\epsilon_{ijk\ell} = -\epsilon^{ijk\ell}, \tag{C.14}$$

wobei für den 4-dimensionalen Levi–Civita–Tensor dieselben Regeln für das Heben und Senken von Indizes gelten soll, die wir im Abschnitt 11.3 allgemein eingeführt haben[1]. Damit ist bereits klar, dass $\epsilon_{ijk\ell}$ und $\epsilon^{ijk\ell}$ sich höchstens um ein Vorzeichen unterscheiden können, also auch dieselben Anti–Symmetrie–Eigenschaften besitzen. Beide Seiten verschwinden, wenn auch nur zwei der Indizes i, j, k, ℓ übereinstimmen. Es genügt also, den speziellen Fall $i = 0,\ j = 1,\ k = 2,\ \ell = 3$ zu betrachten. In der Tat ist aber $\epsilon_{0123} = -\epsilon^{0123}$, weil drei räumliche Indizes (1,2,3) gehoben werden, wodurch sich jedesmal das Vorzeichen ändert.

In Analogie zum 3–dimensionalen Fall in (C.2) gilt nun

[1](C.14) ist keine korrekte kontra– oder ko–variante Gleichung, weil dort alle gleichnamigen Indizes entweder in kontra- oder kovarianter Stellung stehen müssen. (C.14) ist nur Element für Element zu lesen.

$$\epsilon^{ijk\ell}\,\epsilon_{mnpq} = -\begin{vmatrix} \delta^i_m & \delta^i_n & \delta^i_p & \delta^i_q \\ \delta^j_m & \delta^j_n & \delta^j_p & \delta^j_q \\ \delta^k_m & \delta^k_n & \delta^k_p & \delta^k_q \\ \delta^\ell_m & \delta^\ell_n & \delta^\ell_p & \delta^\ell_q \end{vmatrix}. \tag{C.15}$$

Völlig analog zum 3–dimensionalen Fall können wir erkennen, dass beide Seiten dasselbe Verhalten bei Vertauschung von Indizes in (i, j, k, ℓ) bzw. in (m, n, p, q) haben. Beide Seiten verschwinden auch, wenn in (i, j, k, ℓ) bzw. in (m, n, p, q) jeweils zwei oder mehr Indizes übereinstimmen. Es bleibt wiederum nur ein spezieller Fall zu betrachten. Wir wählen $i = m = 0$, $j = n = 1$, $k = p = 2$, $\ell = q = 3$ und erhalten unter Beachtung von (C.14) die korrekte Aussage, dass

$$\epsilon^{0123}\,\epsilon_{0123} = -\begin{vmatrix} 1 & 0 & 0 & 0 \\ 0 & 1 & 0 & 0 \\ 0 & 0 & 1 & 0 \\ 0 & 0 & 0 & 1 \end{vmatrix} = -1,$$

womit (C.15) bewiesen ist.

Nach demselben Muster wie im 3–dimensionalen Fall im Abschnitt C.1.1 können wir aus (C.15) weitere Regeln gewinnen, indem wir einen oder mehrere Indizes aus (i, j, k, ℓ) mit einem oder mehreren Indizes aus (m, n, p, q) gleich setzen und dabei die 4–dimensionale Summations–Konvention beachten. Dabei erhalten wir zunächst

$$\epsilon^{ijkl}\,\epsilon_{inpq} = -\begin{vmatrix} \delta^j_n & \delta^j_p & \delta^j_q \\ \delta^k_n & \delta^k_p & \delta^k_q \\ \delta^\ell_n & \delta^\ell_p & \delta^\ell_q \end{vmatrix}. \tag{C.16}$$

Beide Seiten haben dasselbe Verhalten bei Vertauschung oder Übereinstimmung von Indizes. Als speziellen Fall wählt man hier z.B. $j = n = 1$, $k = p = 2$, $\ell = q = 3$, so dass links nur für $i = 0$ ein Term $\neq 0$ auftritt, der gemäß (C.14) den Wert -1 besitzt. Denselben Wert liefert die rechte Seite für diesen Fall, womit (C.16) bewiesen ist.

Nach dem Muster des Abschnitts C.1.1 setzen wir nun auch $j = n$ einschließlich Summations–Konvention nun auch über j und erhalten

$$\epsilon^{ijk\ell}\,\epsilon_{ijpq} = -2\begin{vmatrix} \delta^k_p & \delta^k_q \\ \delta^\ell_p & \delta^\ell_q \end{vmatrix} = -2\left(\delta^k_p\,\delta^\ell_q - \delta^k_q\,\delta^\ell_p\right). \tag{C.17}$$

Beide Seiten haben dasselbe Verhalten bei Vertauschung oder Übereinstimmung von Indizes. Als speziellen Fall wählt man hier z.B. $k = p = 2,\ \ell = q = 3$. Dann gibt es auf der linken Seite zwei Terme $\neq 0$ in der Summe $\epsilon^{ij23}\,\epsilon_{ij23}$, nämlich für $i = 0,\ j = 1$ und $i = 1,\ j = 0$, die beide den Wert -1 liefern, insgesamt also -2. Denselben Wert liefert die rechte Seite für diesen Fall, womit (C.17) bewiesen ist.

Setzen wir auch noch $k = p$ einschließlich Summationskonvention nun auch über k, so erhalten wir

$$\epsilon^{ijk\ell}\,\epsilon_{ijkq} = -6\,\delta^{\ell}_{q}. \tag{C.18}$$

Beide Seiten verschwinden, wenn $\ell \neq q$, weil dann in der Summe $\epsilon^{ijk\ell}\,\epsilon_{ijkq}$ keine Kombinationen von Indizes mit Termen $\neq 0$ mehr auftreten können. Als speziellen Fall wählt man hier z.B. $\ell = q = 3$. Dann gibt es auf der linken Seite in der Summe $\epsilon^{ijk3}\,\epsilon_{ijk3}$ 6 Summanden $\neq 0$, nämlich gerade die Anzahl von Permutationen der drei Index–Werte $(0, 1, 2)$ für (i, j, k). Alle diese Summanden haben den Wert -1, vgl. (C.14).

Schließlich wird, wenn alle Indizes übereinstimmen,

$$\epsilon^{ijk\ell}\,\epsilon_{ijk\ell} = -6\,\delta^{\ell}_{\ell} = -24 = -4!, \tag{C.19}$$

weil links jetzt alle $4! = 24$ Permutationen (i, j, k, l) von $(0, 1, 2, 3)$ den Beitrag -1 liefern.

Anhang D

Formeln der Elektrodynamik

Hinter den Formeln ist der Abschnitt in (...) angegeben, in dem der jeweilige Nachweis geführt wird.

D.1 Vektor–Algebra

3–dimensionale orthogonale Basis:

$$\boldsymbol{e}_\alpha, \quad \alpha = 1, 2, 3, \qquad \boldsymbol{e}_\alpha\,\boldsymbol{e}_\beta = \delta_{\alpha\beta} = \begin{cases} 1 & \alpha = \beta, \\ 0 & \alpha \neq \beta \end{cases} \qquad (1.3.2) \qquad (D.1)$$

Transformation zwischen zwei orthogonalen Basen:

$$\left.\begin{array}{lcl} \boldsymbol{e}_\alpha\,\boldsymbol{e}_\beta = \delta_{\alpha\beta} & & \boldsymbol{e}'_\alpha\,\boldsymbol{e}'_\beta = \delta_{\alpha\beta} \\ & U_{\alpha\beta} = \boldsymbol{e}_\alpha\,\boldsymbol{e}'_\beta & \\ \boldsymbol{e}_\alpha = U_{\alpha\beta}\,\boldsymbol{e}'_\beta & & \boldsymbol{e}'_\alpha = U_{\beta\alpha}\,\boldsymbol{e}_\beta \\ x_\alpha = U_{\alpha\beta}\,x'_\beta & & x'_\alpha = U_{\beta\alpha}\,x_\beta \\ \partial_\alpha = U_{\alpha\beta}\,\partial'_\beta & & \partial'_\alpha = U_{\beta\alpha}\,\partial_\beta \\ & U_{\alpha\gamma}\,U_{\beta\gamma} = U_{\gamma\alpha}\,U_{\gamma\beta} = \delta_{\alpha\beta} & \end{array}\right\} \qquad (1.3.2) \qquad (D.2)$$

Kreuzprodukt

$$\boldsymbol{a} \times \boldsymbol{b} = \begin{vmatrix} \boldsymbol{e}_1 & \boldsymbol{e}_2 & \boldsymbol{e}_3 \\ a_1 & a_2 & a_3 \\ b_1 & b_2 & b_3 \end{vmatrix} = \epsilon_{\alpha\beta\gamma}\,\boldsymbol{e}_\alpha\,a_\beta\,b_\gamma \left(= \sum_{\alpha,\beta,\gamma=1}^{3} \epsilon_{\alpha\beta\gamma}\,\boldsymbol{e}_\alpha\,a_\beta\,b_\gamma \right). \qquad (1.3.3) \quad (D.3)$$

Vektor–Algebra:

$$\boldsymbol{a} \times (\boldsymbol{b} \times \boldsymbol{c}) = \boldsymbol{b}\,(\boldsymbol{a}\,\boldsymbol{c}) - \boldsymbol{c}\,(\boldsymbol{a}\,\boldsymbol{b})\,. \qquad (C.1.2) \qquad (D.4)$$

D.2 Gradient, Divergenz, Rotation

Bezeichnungen:

$$r = \sqrt{x_1^2 + x_2^2 + x_3^2}$$
$$\partial_\alpha = \frac{\partial}{\partial x_\alpha}$$

Vektorgradient:

$$\boldsymbol{a}\,\frac{\partial}{\partial \boldsymbol{r}} = a_\alpha\,\partial_\alpha \qquad \text{(D.5)}$$

Formeln:

$$\partial_\alpha\, r = \frac{x_\alpha}{r}, \qquad \frac{\partial r}{\partial \boldsymbol{r}} = \frac{\boldsymbol{r}}{r} \qquad (1.3.1) \qquad \text{(D.6)}$$

$$\partial_\alpha\,\frac{1}{r} = -\frac{x_\alpha}{r^3}, \qquad \frac{\partial}{\partial \boldsymbol{r}}\frac{1}{r} = -\frac{\boldsymbol{r}}{r^3} \qquad (1.3.1) \qquad \text{(D.7)}$$

Totale Zeitableitung:

$$\frac{d}{dt} = \frac{\partial}{\partial t} + \boldsymbol{v}(\boldsymbol{r},t)\,\frac{\partial}{\partial \boldsymbol{r}} \qquad (5.1.3) \qquad \text{(D.8)}$$

Produkt–Regeln:

$$\left.\begin{array}{lcl} \dfrac{\partial}{\partial \boldsymbol{r}}\,(\phi(\boldsymbol{r})\,\boldsymbol{a}(\boldsymbol{r})) & = & \dfrac{\partial \phi(\boldsymbol{r})}{\partial \boldsymbol{r}}\,\boldsymbol{a}(\boldsymbol{r}) \;+\; \phi(\boldsymbol{r})\,\dfrac{\partial \boldsymbol{a}(\boldsymbol{r})}{\partial \boldsymbol{r}} \\ \text{bzw.}\quad \partial_\alpha\,(\phi\,a_\alpha) & = & (\partial_\alpha\,\phi)\,a_\alpha \;+\; \phi\,(\partial_\alpha\,a_\alpha) \end{array}\right\} \qquad (3.1.2) \qquad \text{(D.9)}$$

$$\frac{\partial}{\partial \boldsymbol{r}} \times (\phi(\boldsymbol{r})\,\boldsymbol{a}(\boldsymbol{r})) = \frac{\partial \phi(\boldsymbol{r})}{\partial \boldsymbol{r}} \times \boldsymbol{a}(\boldsymbol{r}) + \phi(\boldsymbol{r})\,\frac{\partial}{\partial \boldsymbol{r}} \times \boldsymbol{a}(\boldsymbol{r}) \qquad (9.1.2) \qquad \text{(D.10)}$$

$$\frac{\partial}{\partial \boldsymbol{r}}\,(\boldsymbol{a}(\boldsymbol{r}) \times \boldsymbol{b}(\boldsymbol{r})) = \boldsymbol{b}(\boldsymbol{r})\left(\frac{\partial}{\partial \boldsymbol{r}} \times \boldsymbol{a}(\boldsymbol{r})\right) - \boldsymbol{a}(\boldsymbol{r})\left(\frac{\partial}{\partial \boldsymbol{r}} \times \boldsymbol{b}(\boldsymbol{r})\right) \qquad (8.2.1) \qquad \text{(D.11)}$$

Wenn $\boldsymbol{c}$ ein konstanter Vektor ist:

$$\boldsymbol{c} \times \left(\frac{\partial}{\partial \boldsymbol{r}} \times \boldsymbol{a}(\boldsymbol{r})\right) = \frac{\partial}{\partial \boldsymbol{r}}\,(\boldsymbol{c}\,\boldsymbol{a}(\boldsymbol{r})) - \left(\boldsymbol{c}\,\frac{\partial}{\partial \boldsymbol{r}}\right)\boldsymbol{a}(\boldsymbol{r}) \qquad (3.3.2) \qquad \text{(D.12)}$$

$$\frac{\partial}{\partial \boldsymbol{r}} \times (\boldsymbol{c} \times \boldsymbol{a}(\boldsymbol{r})) = \boldsymbol{c}\left(\frac{\partial}{\partial \boldsymbol{r}}\,\boldsymbol{a}(\boldsymbol{r})\right) - \left(\boldsymbol{c}\,\frac{\partial}{\partial \boldsymbol{r}}\right)\boldsymbol{a}(\boldsymbol{r}) \qquad 6.6.1 \qquad \text{(D.13)}$$

$$\boldsymbol{a}(\boldsymbol{r}) \times \left(\frac{\partial}{\partial \boldsymbol{r}} \times \boldsymbol{a}(\boldsymbol{r})\right) = \frac{\partial}{\partial \boldsymbol{r}}\left(\frac{1}{2}\,\boldsymbol{a}^2(\boldsymbol{r})\right) - \left(\boldsymbol{a}(\boldsymbol{r})\,\frac{\partial}{\partial \boldsymbol{r}}\right)\boldsymbol{a}(\boldsymbol{r}). \qquad (8.3.1) \qquad \text{(D.14)}$$

D.3 Laplace–Operator

Definition:

$$\Delta = \partial_\alpha\,\partial_\alpha = \frac{\partial^2}{\partial x_1^2} + \frac{\partial^2}{\partial x_2^2} + \frac{\partial^2}{\partial x_3^2} \qquad \text{(D.15)}$$

Formeln:

$$\Delta\,\frac{1}{r} = -4\,\pi\,\delta(\boldsymbol{r}) \qquad (2.2.2) \qquad \text{(D.16)}$$

$$\frac{\partial}{\partial \boldsymbol{r}} \times \left(\frac{\partial}{\partial \boldsymbol{r}} \times \boldsymbol{C}\right) = \frac{\partial}{\partial \boldsymbol{r}}\left(\frac{\partial}{\partial \boldsymbol{r}}\,\boldsymbol{C}\right) - \Delta\,\boldsymbol{C}. \qquad (C.1.2). \qquad \text{(D.17)}$$

D.4 Partielle Integration

Wenn $\phi(\boldsymbol{r}) = 0$ oder $\psi(\boldsymbol{r}) = 0$ (oder beides) für $\boldsymbol{r} \in \partial V$ =Randfläche des Integrations–Gebietes V:

$$\int_V d^3r\;(\partial_\alpha\,\phi)\;\psi = -\int_V d^3r\,\phi\;(\partial_\alpha\,\psi) \qquad (3.1.2) \qquad \text{(D.18)}$$

$\phi(\boldsymbol{r}) \to a_\alpha(\boldsymbol{r})$ in (D.18):

$$\int_V d^3r\;(\partial_\alpha\,a_\alpha)\;\psi = -\int_V d^3r\,a_\alpha\;(\partial_\alpha\,\psi) \qquad (3.1.2) \qquad \text{(D.19)}$$

$\psi(\boldsymbol{r}) \to b_\beta(\boldsymbol{r})$ in (D.19):

$$\int_V d^3r\;(\partial_\alpha\,a_\alpha)\;b_\beta = -\int_V d^3r\,a_\alpha\;(\partial_\alpha\,b_\beta) \qquad (6.6.1) \qquad \text{(D.20)}$$

$\phi(\boldsymbol{r}) \to \partial_\alpha\,\chi(\boldsymbol{r})$ in (D.18):

$$\int_V d^3r\,(\Delta\chi)\,\psi = -\int_d d^3r\,(\partial_\alpha\,\chi)\,(\partial_\alpha\,\psi). \qquad \text{(D.21)}$$

D.5 Integralsätze

Stokesscher Integralsatz:

$$\int_F d\boldsymbol{f}\,\frac{\partial}{\partial \boldsymbol{r}} \times \boldsymbol{a}(\boldsymbol{r}) = \oint_{\partial F} d\boldsymbol{r}\,\boldsymbol{a}(\boldsymbol{r}) \qquad (1.4.1) \qquad \text{(D.22)}$$

Gaußscher Integralsatz:

$$\int_V d^3r \, \frac{\partial}{\partial \boldsymbol{r}} \, \boldsymbol{a}(\boldsymbol{r}) = \oint_{\partial V} d\boldsymbol{f} \, \boldsymbol{a}(\boldsymbol{r}) \qquad (2.2.1) \qquad (D.23)$$

In Komponenten:

$$\int_V d^3r \, \partial_\alpha \, a_\alpha = \oint_{\partial V} df_\alpha \, a_\alpha. \qquad (D.24)$$

$a_\alpha \to a_\alpha \, b_\beta$ in (D.24)

$$\int_V d^3r \, \partial_\alpha \left(a_\alpha \, b_\beta\right) = \oint_{\partial V} df_\alpha \, a_\alpha \, b_\beta. \qquad (10.3.1) \qquad (D.25)$$

Andere Version:

$$\int_V d^3r \, \frac{\partial}{\partial \boldsymbol{r}} \times \boldsymbol{a}(\boldsymbol{r}) = \oint_{\partial V} d\boldsymbol{f} \times \boldsymbol{a}(\boldsymbol{r}). \qquad (13.2.3) \qquad (D.26)$$

Definition:

$$\frac{\partial}{\partial n} = \boldsymbol{n} \, \frac{\partial}{\partial \boldsymbol{r}},$$

worin $\boldsymbol{n}$ der Einheits–Vektor in Normalen–Richtung auf einer vorzugebenden Fläche ist.

1. Greensche Identität:

$$\int_V d^3r \, \left(\frac{\partial \phi}{\partial \boldsymbol{r}} \, \frac{\partial \psi}{\partial \boldsymbol{r}} + \phi \, \Delta \, \psi \right) = \oint_{\partial V} df \, \phi \, \frac{\partial \psi}{\partial n} \qquad (4.3.1) \qquad (D.27)$$

2. Greensche Identität:

$$\int_V d^3r \, (\phi \, \Delta \, \psi - \psi \, \Delta \, \phi) = \oint_{\partial V} df \, \left(\phi \, \frac{\partial \psi}{\partial n} - \psi \, \frac{\partial \phi}{\partial n} \right). \qquad (4.3.1) \qquad (D.28)$$

Anhang E

Übungsaufgaben

E.1 Zu Kapitel 1: Das elektrische Feld und seine Wirbel

E.1.1 Aufgaben

Aufgabe 1.1

Nehmen Sie an, dass sich die Kraft $\boldsymbol{F}_{12}$ zwischen zwei Ladungen q_1 und q_2 wie $|\boldsymbol{F}_{12}| \sim 1/r_{12}^n$ verhält, worin n eine natürliche Zahl ist. Nach wie vor soll aber $\boldsymbol{F}_{12}$ die Richtung der Verbindungslinie zwischen den Orten der Ladungen haben.

(a) Formulieren Sie $\boldsymbol{F}_{12}$.

(b) Wie lautet das elektrische Feld einer Punktladung q am Ort $\boldsymbol{r} = \boldsymbol{0}$?

(c) Wie lautet das zuhehörige Potential $\Phi(\boldsymbol{r})$?

Aufgabe 1.2

Geben Sie die allgemeine Form der Gradienten der folgenden Funktionen von $\boldsymbol{r}$ an:

$$\begin{array}{lrcl} \text{(a)} & f(\boldsymbol{r}) & = & g(\boldsymbol{a}\,\boldsymbol{r}), \\ \text{(b)} & f(\boldsymbol{r}) & = & h(\boldsymbol{a} \times \boldsymbol{r}) \end{array}$$

Wenden Sie die Ergebnisse auf die folgenden Beispiele an:

$$\begin{aligned} &\text{(a)} & f(\boldsymbol{r}) &= \mathrm{e}^{i\boldsymbol{k}\boldsymbol{r}}, \\ &\text{(b)} & f(\boldsymbol{r}) &= \cos(\boldsymbol{k}\,\boldsymbol{r}), \\ &\text{(b)} & f(\boldsymbol{r}) &= (\boldsymbol{a}\times\boldsymbol{r})^2. \end{aligned}$$

Aufgabe 1.3

Das Feld $\boldsymbol{D}(\boldsymbol{r})$ besitze an jedem Punkt im Raum dieselbe Richtung.

(a) Unter welcher Bedingung ist das Feld wirbelfrei?

(b) Wählen Sie ein möglichst einfaches Beispiel eines nicht–wirbelfreien Feldes $\boldsymbol{D}(\boldsymbol{r})$ der oben beschriebenen Art, geben Sie eine geschlossene Kurve an, entlang derer das Linienintegral über das als Beispiel gewählte Feld nicht verschwindet, und überprüfen Sie daran die Aussage des Stokesschen Integralsatzes.

Aufgabe 1.4

Die Wirbel des Feldes $\boldsymbol{D}(\boldsymbol{r})$ seien überall konstant. Welche allgemeine Form besitzt $\boldsymbol{D}(\boldsymbol{r})$?

Aufgabe 1.5

Haben die Vektorfelder $\boldsymbol{D}(\boldsymbol{r})$, die im Folgenden gegeben sind, Wirbel? Falls das nicht der Fall ist, wie lauten dann jeweils ihre Potentiale?

(a) $D_1 = a\,x_2 + c\,x_3, \qquad D_2 = a\,x_1 + b\,x_3, \qquad D_3 = b\,x_2 + c\,x_1,$

(b) $D_1 = a\,x_2\,x_3, \qquad D_2 = b\,x_3\,x_1, \qquad D_3 = c\,x_1\,x_2,$

(c) $D_1 = a\,(x_2^2 + x_3^2), \qquad D_2 = b\,(x_3^2 + x_1^2), \qquad D_3 = c\,(x_1^2 + x_2^2),$

(d) $D_1 = 2\,a\,x_1\,x_2 + b\,x_2\,x_3, \qquad D_2 = a\,x_1^2 + b\,x_1\,x_3 + 2\,c\,x_2\,x_3^3,$
$D_3 = b\,x_1\,x_2 + 3\,c\,x_2^2\,x_3^2$

(e) $\boldsymbol{D}(\boldsymbol{r}) = \boldsymbol{a}\times\boldsymbol{r},$

(f) $\boldsymbol{D}(\boldsymbol{r}) = (\boldsymbol{a}\,\boldsymbol{r})\,\boldsymbol{r},$

(g) $\boldsymbol{D}(\boldsymbol{r}) = r^2\,\boldsymbol{a},$

(h) $\boldsymbol{D}(\boldsymbol{r}) = a\,r\,\boldsymbol{r}.$

E.1.2 Lösungen der Aufgaben zu Kapitel 1

Aufgabe 1.1

(a)

$$\boldsymbol{F}_{12} = \kappa \, \frac{q_1 \, q_2}{r_{12}^n} \, \frac{\boldsymbol{r}_1 - \boldsymbol{r}_2}{r_{12}}.$$

(b)

$$\boldsymbol{E}(\boldsymbol{r}) = \kappa \, \frac{q}{r^n} \, \frac{\boldsymbol{r}}{r}.$$

(c) Für $n \neq 1$ ist

$$\Phi(\boldsymbol{r}) = \frac{\kappa}{n-1} \, \frac{q}{r^{n-1}},$$

und für $n = 1$ ist

$$\Phi(\boldsymbol{r}) = -\kappa \, \ln r,$$

wie sich durch Bildung des Gradienten sofort bestätigen lässt.

Aufgabe 1.2

(a) $g(u)$ ist eine skalarwertige Funktion der skalaren Variablen u, hier $u = \boldsymbol{a}\,\boldsymbol{r}$.

$$\partial_\alpha \, f = \partial_\alpha \, g(a_\beta \, x_\beta) = g'(a_\beta \, x_\beta) \, a_\alpha,$$

worin $g'(u) = dg(u)/du$. In vektorieller Schreibweise also

$$\frac{\partial}{\partial \boldsymbol{r}} \, g(\boldsymbol{a}\,\boldsymbol{r}) = g'(\boldsymbol{a}\,\boldsymbol{r}) \, \boldsymbol{a}.$$

(b) $h(\boldsymbol{s})$ ist eine skalarwertige Funktion der vektoriellen Variablen $\boldsymbol{s}$, hier $\boldsymbol{s} = \boldsymbol{a} \times \boldsymbol{r}$. Unter Verwendung der Kettenregel ist

$$\begin{aligned} \partial_\alpha \, f &= \partial_\beta \, h(\boldsymbol{a} \times \boldsymbol{r}) \, \partial_\alpha \, (\epsilon_{\beta\mu\nu} \, a_\mu \, x_\nu) \\ &= \partial_\beta \, h(\boldsymbol{a} \times \boldsymbol{r}) \, \epsilon_{\beta\mu\alpha} \, a_\mu = \epsilon_{\alpha\beta\mu} \, \partial_\beta \, h(\boldsymbol{a} \times \boldsymbol{r}) \, a_\mu, \end{aligned}$$

vektoriell geschrieben:

$$\frac{\partial}{\partial \boldsymbol{r}} \, h(\boldsymbol{a} \times \boldsymbol{r}) = \left(\frac{\partial h(\boldsymbol{s})}{\partial \boldsymbol{s}} \right)_{\boldsymbol{s} = \boldsymbol{a} \times \boldsymbol{r}} \times \boldsymbol{a}.$$

Beispiele:

(a) $f(\boldsymbol{r}) = \mathrm{e}^{i\boldsymbol{k}\boldsymbol{r}}$,

$g(u) = \mathrm{e}^{u}$, $g'(u) = \mathrm{e}^{u}$, $u = i\boldsymbol{k}\boldsymbol{r}$, $\boldsymbol{a} = i\boldsymbol{k}$

$$\frac{\partial}{\partial \boldsymbol{r}} \mathrm{e}^{i\boldsymbol{k}\boldsymbol{r}} = i\,\boldsymbol{k}\,\mathrm{e}^{i\boldsymbol{k}\boldsymbol{r}}.$$

(b) $f(\boldsymbol{r}) = \cos(\boldsymbol{k}\,\boldsymbol{r})$,

$g(u) = \cos u$, $g'(u) = -\sin u$, $u = \boldsymbol{k}\,\boldsymbol{r}$, $\boldsymbol{a} = \boldsymbol{k}$,

$$\frac{\partial}{\partial \boldsymbol{r}} \cos(\boldsymbol{k}\,\boldsymbol{r}) = -\boldsymbol{k}\,\sin(\boldsymbol{k}\,\boldsymbol{r}).$$

(c) $f(\boldsymbol{r}) = (\boldsymbol{a} \times \boldsymbol{r})^2$,

$h(\boldsymbol{s}) = \boldsymbol{s}^2$, $\partial h(\boldsymbol{s})/\partial \boldsymbol{s} = 2\,\boldsymbol{s}$, $\boldsymbol{s} = \boldsymbol{a} \times \boldsymbol{r}$,

$$\frac{\partial}{\partial \boldsymbol{r}} (\boldsymbol{a} \times \boldsymbol{r})^2 = 2\,(\boldsymbol{a} \times \boldsymbol{r}) \times \boldsymbol{a} = 2\,\left[\boldsymbol{a}^2\,\boldsymbol{r} - (\boldsymbol{a}\,\boldsymbol{r})\,\boldsymbol{a}\right].$$

Aufgabe 1.3

(a) Ohne Beschränkung der Allgemeinheit wählen wir die Achse $\boldsymbol{e}_1$ in Richtung von $\boldsymbol{D}(\boldsymbol{r})$, sodass

$$\boldsymbol{D}(\boldsymbol{r}) = D_1(\boldsymbol{r})\,\boldsymbol{e}_1.$$

Dann ist

$$\frac{\partial}{\partial \boldsymbol{r}} \times \boldsymbol{D}(\boldsymbol{r}) = \boldsymbol{e}_2\,\partial_3\,D_1(\boldsymbol{r}) - \boldsymbol{e}_3\,\partial_2\,D_1(\boldsymbol{r}).$$

$\boldsymbol{D}(\boldsymbol{r})$ ist also genau dann wirbelfrei, wenn $\partial_3\,D_1(\boldsymbol{r}) = 0$ und $\partial_2\,D_1(\boldsymbol{r}) = 0$, bzw. wenn $D_1(\boldsymbol{r}) = D_1(x_1)$: das Feld $D_1(\boldsymbol{r})$ darf nur von der Koordinate in der Feldrichtung abhängen.

(b) Ein einfaches Beispiel für ein nicht–wirbelfreies Feld unter der Bedingung der Aufgabe ist $D_1(\boldsymbol{r}) = c\,x_2$ mit $c =$const. Dieses Feld liegt in der Ebene x_1, x_2 und ist in der Abbildung E.1 skizziert. Als geschlossener Weg sei der Rand des ebenfalls in der Abbildung skizzierten Quadrats der Kantenlänge $2\,a$ gewählt. Dann ist

$$\oint d\boldsymbol{r}\,\boldsymbol{D}(\boldsymbol{r}) \;=\; \int_{-a}^{+a} dx_1\,c\,a + \int_{+a}^{-a} dx_1\,c\,(-a) = 4\,a^2\,c \neq 0,$$

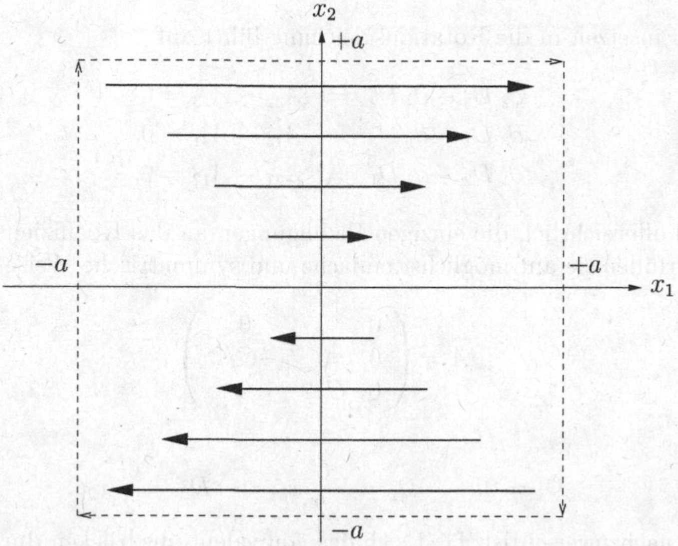

Abbildung E.1: Beispiel für ein nicht–wirbelfreies Feld und eine geschlossene Kurve

$$\begin{aligned}\frac{\partial}{\partial \boldsymbol{r}} \times \boldsymbol{D}(\boldsymbol{r}) &= -\boldsymbol{e}_3\, \partial_2\, D_1 = -c\, \boldsymbol{e}_3, \\ \int d\boldsymbol{f} \left(\frac{\partial}{\partial \boldsymbol{r}} \times \boldsymbol{D}(\boldsymbol{r})\right) &= 4\, a^2\, c,\end{aligned}$$

womit der Stokessche Integralsatz bestätigt ist. Zum Vorzeichen: der Rand des Quadrats ist im Uhrzeigersinn orientiert, sodass die $d\boldsymbol{f}$ in die Richtung $-\boldsymbol{e}_3$ zeigen.

Aufgabe 1.4

Ohne Beschränkung der Allgemeinheit wählen wir die x_1–Achse in Richtung der Wirbel von $\boldsymbol{D}(\boldsymbol{r})$, die ja ein konstanter Vektor $\boldsymbol{C}$ sein sollten, also

$$\frac{\partial}{\partial \boldsymbol{r}} \times \boldsymbol{D}(\boldsymbol{r}) = \boldsymbol{C} = C\, \boldsymbol{e}_1.$$

Wir suchen zunächst ein spezielles $\boldsymbol{D}(\boldsymbol{r})$, das diese Bedingung erfüllt. Wenn die Rotation von $\boldsymbol{D}(\boldsymbol{r})$ ein konstanter Vektor ist, liegt es nahe, für $\boldsymbol{D}(\boldsymbol{r})$ einen linearen Ansatz zu machen, den wir (mit Summationskonvention) in der Form

$$D_\alpha = A_{\alpha\beta}\, x_\beta$$

schreiben. Einsetzen in die Rotationsgleichung führt auf

$$\begin{aligned}
\partial_2 D_3 - \partial_3 D_2 &= A_{32} - A_{23} = C, \\
\partial_3 D_1 - \partial_1 D_3 &= A_{13} - A_{31} = 0, \\
\partial_1 D_2 - \partial_2 D_1 &= A_{21} - A_{12} = 0.
\end{aligned}$$

Dieses sind offensichtlich die einzigen Bedingungen an das Koeffizientenschema der $A_{\alpha\beta}$. Wir erfüllen sie auf möglichst einfache und symmetrische Weise durch

$$A = \begin{pmatrix} 0 & 0 & 0 \\ 0 & 0 & -C/2 \\ 0 & C/2 & 0 \end{pmatrix}$$

sodass

$$D_1 = 0, \qquad D_2 = -\frac{C}{2}\,x_3, \qquad D_3 = \frac{C}{2}\,x_2.$$

Wie sofort nachzuweisen ist, lässt sich das äquivalent ausdrücken durch

$$\boldsymbol{D}(\boldsymbol{r}) = \frac{1}{2}\boldsymbol{C} \times \boldsymbol{r}.$$

Wenn nun $\boldsymbol{D}'(\boldsymbol{r})$ ein zweites Feld mit den Wirbeln $\boldsymbol{C}$ ist, dann gilt für die Differenz der beiden Felder

$$\frac{\partial}{\partial \boldsymbol{r}} \times (\boldsymbol{D}'(\boldsymbol{r}) - \boldsymbol{D}(\boldsymbol{r})) = 0.$$

Hieraus folgt, dass die Differenz $\boldsymbol{D}'(\boldsymbol{r}) - \boldsymbol{D}(\boldsymbol{r})$ der Gradient einer beliebigen (differenzierbaren) Funktion $F(\boldsymbol{r})$ ist, also

$$\boldsymbol{D}'(\boldsymbol{r}) = \boldsymbol{D}(\boldsymbol{r}) + \frac{\partial}{\partial \boldsymbol{r}} F(\boldsymbol{r}) = \frac{1}{2}\boldsymbol{C} \times \boldsymbol{r} + \frac{\partial}{\partial \boldsymbol{r}} F(\boldsymbol{r}).$$

Aufgabe 1.5

(a)

$$\partial_2 D_3 - \partial_3 D_2 = b - b = 0$$

usw. ebenso für die anderen Komponenten. Es existiert also ein Potential $F(\boldsymbol{r})$. Um dieses zu berechnen, beginnen wir mit

$$\partial_1 F = -D_1 = -a\,x_2 - c\,x_3.$$

Durch Integration nach x_1 bei festgehaltenen x_2, x_3 finden wir

$$F = -a\,x_1\,x_2 - c\,x_3\,x_1 + f(x_2, x_3),$$

worin $f(x_2, x_3)$ eine beliebige Funktion von x_2, x_3 ist. Im nächsten Schritt bilden wir unter Benutzung des bisherigen Ergebnisses

$$\begin{aligned}
\partial_2 F &= -D_2 = -a\,x_1 - b\,x_3 \\
&= -a\,x_1 + \frac{\partial f(x_2, x_3)}{\partial x_2}, \\
\frac{\partial f(x_2, x_3)}{\partial x_2} &= -b\,x_3, \\
f(x_2, x_3) &= -b\,x_2\,x_3 + g(x_3), \\
F &= -a\,x_1\,x_2 - b\,x_2\,x_3 - c\,x_3\,x_1 + g(x_3),
\end{aligned}$$

worin $g(x_3)$ eine beliebige Funktion von x_3 ist. Mit der gleichen Schlussweise finden wir im dritten Schritt

$$\begin{aligned}
\partial_3 F &= -D_3 = -b\,x_2 - c\,x_1 \\
&= -b\,x_2 - c\,x_1 + \frac{dg_3}{dx_3}, \\
\frac{dg_3}{dx_3} &= 0, \qquad g(x_3) = d = \text{const}, \\
F &= -a\,x_1\,x_2 - b\,x_2\,x_3 - c\,x_3\,x_1 + d.
\end{aligned}$$

(b)

$$\begin{aligned}
\partial_2 D_3 - \partial_3 D_2 &= (c - b)\,x_1, \\
\partial_3 D_1 - \partial_1 D_3 &= (a - c)\,x_2, \\
\partial_1 D_2 - \partial_2 D_1 &= (b - a)\,x_3.
\end{aligned}$$

Es existiert nur dann ein Potential, wenn $a = b = c$. Dieses lässt sich entweder auf dem gleichen Weg wie im Teil (a) berechnen oder hier aus der Symmetrie auch erraten:

$$F = -a\,x_1\,x_2\,x_3 + \text{const}.$$

(c)

$$\partial_2 D_3 - \partial_3 D_2 = 2\,c\,x_2 - 2\,b\,x_3 \neq 0$$

usw. (in zyklischer Folge). Für keine Wahl der Konstanten a, b, c verschwinden die Wirbel, sodass kein Potential existiert.

(d) Wie sich leicht bestätigen lässt, verschwinden die Wirbel. Das Potential lässt sich auf demselben Weg wie im Teil (a) der Aufgabe berechnen:

$$F = -a\,x_2^2\,x_2 - b\,x_1\,x_2\,x_3 - c\,x_2^2\,x_3^3 + \text{const}$$

(e)

$$D_1 = a_2\,x_3 - a_3\,x_2, \quad D_2 = a_3\,x_1 - a_1\,x_3, \quad D_3 = a_1\,x_2 - a_2\,x_1,$$

sodass

$$\partial_2\,D_3 - \partial_3\,D_2 = 2\,a_1$$

usw., vektoriell geschrieben

$$\frac{\partial}{\partial \boldsymbol{r}} \times \boldsymbol{D}(\boldsymbol{r}) = 2\,\boldsymbol{a}.$$

Es existiert also im Allgemeinen kein Potential. (Später werden wir die Rechnung zu diesem Teil der Aufgaben durch Verwendung des Levi–Civita–Tensors erheblich vereinfachen können.)

(f)

$$D_1 = (a_1\,x_1 + a_2\,x_2 + a_3\,x_3)\,x_1$$

usw., sodass

$$\partial_2\,D_3 - \partial_3\,D_2 = a_2\,x_3 - a_3\,x_2$$

usw., in vektorieller Form

$$\frac{\partial}{\partial \boldsymbol{r}} \times \boldsymbol{D}(\boldsymbol{r}) = \boldsymbol{a} \times \boldsymbol{r}.$$

Es existiert also im Allgemeinen kein Potential.

(g) Mit $\partial_\alpha\,r^2 = 2\,x_\alpha$ wird

$$\begin{aligned} \partial_2\,D_3 - \partial_3\,D_2 &= \partial_2\,(r^2\,a_3) - \partial_3\,(r^2\,a_2) \\ &= 2\,x_2\,a_3 - 2\,x_3\,a_2 \end{aligned}$$

usw., vektoriell

$$\frac{\partial}{\partial \boldsymbol{r}} \times \boldsymbol{D}(\boldsymbol{r}) = -2\,\boldsymbol{a} \times \boldsymbol{r}.$$

Es existiert also im Allgemeinen kein Potential.

(h)

$$\partial_2 D_3 - \partial_3 D_2 = \partial_2 (a\, r\, x_3) - \partial_3 (a\, r\, x_2) = a\, \frac{x_2\, x_3}{r} - a\, \frac{x_3\, x_2}{r} = 0$$

usw. Das Feld hat keine Wirbel, und es existiert ein Potential $F(\boldsymbol{r})$. Es ist

$$\frac{\partial F}{\partial x_1} = -a\, r\, x_1 = -a\, r^2\, \frac{x_1}{r} = \frac{\partial}{\partial r} \left(-\frac{a}{3}\, r^3\right) \frac{\partial r}{\partial x_1} = \frac{\partial}{\partial x_1} \left(-\frac{a}{3}\, r^3\right).$$

Es gilt auch allgemein

$$\partial_\alpha \left(-\frac{a}{3}\, r^3\right) = a\, r^2\, \frac{x_\alpha}{r} = a\, r\, x_\alpha,$$

sodass

$$F = -\frac{a}{3}\, r^3 + \text{const.}$$

E.2 Zu Kapitel 2: Die Quellen des elektrischen Feldes

E.2.1 Aufgaben

Aufgabe 2.1

Untersuchen Sie, ob oder unter welchen Bedingungen die folgenden Felder $\boldsymbol{E}(\boldsymbol{r})$ mögliche elektrostatische Felder sind:

(a) $\boldsymbol{E}(\boldsymbol{r}) = f(\boldsymbol{r})\, \boldsymbol{a}$,

(b) $\boldsymbol{E}(\boldsymbol{r}) = \boldsymbol{a} \times \boldsymbol{r}$,

(c) $\boldsymbol{E}(\boldsymbol{r}) = f(\boldsymbol{r})\, \boldsymbol{r}$.

Wenn $\boldsymbol{E}(\boldsymbol{r})$ ein mögliches elektrostatisches Feld ist, geben Sie auch die Ladungsdichte $\rho(\boldsymbol{r})$ an.

Aufgabe 2.2

Bestimmen Sie die Ladungsdichte, das elektrische Feld und sein Potential der beiden folgenden Situationen:

(a) Eine Kugel mit dem Radius R ist homogen mit der Ladung Q geladen.

(b) Die Oberfläche einer Kugel mit dem Radius R ist homogen mit der Ladung Q geladen.

Aufgabe 2.3

Gegeben sei ein radialsymmetrisches Potential

$$\Phi(r) = \frac{Q}{4\,\pi\,\epsilon_0}\,\frac{g(r)}{r}.$$

Es soll $g(0) = 1$ sein, d.h., in der Nähe von $r = 0$ soll sich $\Phi(r)$ wie das Potential einer Punktladung Q bei $r = 0$ verhalten. Für $r \to \infty$ sollen $g(r) \to 0$ und auch die Ableitung $g'(r) \to 0$ streben, und zwar stärker als $1/r$ bzw. seine Ableitung $-1/r^2$. Man nennt ein derartiges $\Phi(r)$ auch ein *abgeschirmtes* Potential.

Zeigen Sie, dass die Ladungsverteilung, die $\Phi(r)$ erzeugt, neutral ist, also eine verschwindende Gesamtladung besitzt.

Aufgabe 2.4

Gegeben sei die Ladungsverteilung einer *Doppelschicht*

$$\rho(x) = A\,x\,\mathrm{e}^{-\lambda\,|x|}.$$

mit $\lambda > 0$. Die Ladungsverteilung soll also nur von einer kartesischen Koordinate x abhängen und in den beiden anderen Richtungen homogen sein.

(a) Welche Bedeutungen haben die Konstanten A und λ?

(b) Bestimmen Sie den Verlauf des elektrischen Feldes.

(c) Bestimmen Sie den Verlauf des elektrischen Potentials.

Skizzieren Sie die Verläufe von Ladungsdichte, elektrischem Feld und elektrischem Potential.

E.2.2 Lösungen der Aufgaben zu Kapitel 2

Aufgabe 2.1

(a) Ohne Beschränkung der Allgemeinheit wählen wir $\boldsymbol{e}_3$ in Richtung von $\boldsymbol{a}$, sodass $\boldsymbol{a} = a\,\boldsymbol{e}_3$. Dann ist

$$\frac{\partial}{\partial \boldsymbol{r}} \times \boldsymbol{E}(\boldsymbol{r}) = \epsilon_{\alpha\beta\gamma}\, \boldsymbol{e}_\alpha \,(\partial_\beta f)\, a_\gamma = \epsilon_{\alpha\beta 3}\, \boldsymbol{e}_\alpha \,(\partial_\beta f)\, a.$$

Wenn $\boldsymbol{E}(\boldsymbol{r})$ ein elektrostatisches Feld sein soll, muss dieser Ausdruck verschwinden. Das ist nur möglich, wenn für alle $\alpha = 1, 2, 3$

$$\epsilon_{\alpha\beta 3}\, \partial_\beta f = 0.$$

Für $\alpha = 3$ ist das identisch erfüllt. Für $\alpha = 1, 2$ finden wir

$$\partial_1 f = 0, \qquad \partial_2 f = 0.$$

Die Funktion f darf also nur von der Koordinate längs des Vektors $\boldsymbol{a}$ abhängen. Wir schreiben

$$\boldsymbol{E}(\boldsymbol{r}) = f(x_3)\, a\, \boldsymbol{e}_3.$$

Für die Ladungsdichte erhalten wir in diesem Fall

$$\rho(\boldsymbol{r}) = \epsilon_0 \frac{\partial}{\partial \boldsymbol{r}}\, \boldsymbol{E}(\boldsymbol{r}) = \epsilon_0\, \partial_\alpha E_\alpha = \epsilon_0\, f'(x_3)\, a.$$

($f'(x_3)$ ist die Ableitung von $f(x_3)$ nach x_3.)

(b)

$$\begin{aligned}\left(\frac{\partial}{\partial \boldsymbol{r}} \times \boldsymbol{E}(\boldsymbol{r})\right)_1 &= \partial_2 E_3 - \partial_3 E_2 = \partial_2\,(a_1 x_2 - a_2 x_1) - \partial_3\,(a_3 x_1 - a_1 x_3) = \\ &= 2\, a_1\end{aligned}$$

usw. sodass

$$\frac{\partial}{\partial \boldsymbol{r}} \times \boldsymbol{E}(\boldsymbol{r}) = 2\,\boldsymbol{a}.$$

Nur für $\boldsymbol{a} = 0$ handelte es sich um ein mögliches elektrostatisches Feld, jedoch wäre dann auch $\boldsymbol{E}(\boldsymbol{r}) = 0$.

(c)

$$\begin{aligned}\frac{\partial}{\partial \boldsymbol{r}} \times \boldsymbol{E}(\boldsymbol{r}) &= \epsilon_{\alpha\beta\gamma}\, \boldsymbol{e}_\alpha\, \partial_\beta\,(f\, x_\gamma) = \epsilon_{\alpha\beta\gamma}\, \boldsymbol{e}_\alpha\, (\partial_\beta f\; x_\gamma + f\, \delta_{\beta\gamma}) = \\ &= \epsilon_{\alpha\beta\gamma}\, \boldsymbol{e}_\alpha\, \partial_\beta f\; x_\gamma = \frac{\partial f}{\partial \boldsymbol{r}} \times \boldsymbol{r}.\end{aligned}$$

Damit die Wirbel von $\boldsymbol{E}(\boldsymbol{r})$ verschwinden, muss $\partial f/\partial \boldsymbol{r}$ parallel zu $\boldsymbol{r}$ sein. Daraus folgt

$$df = \frac{\partial f}{\partial \boldsymbol{r}}\, d\boldsymbol{r} \sim \boldsymbol{r}\, d\boldsymbol{r} = \frac{1}{2}\, d(\boldsymbol{r}^2) = \frac{1}{2}\, d(r^2) = r\, dr.$$

Das bedeutet, dass $f(\boldsymbol{r})$, aufgefasst als Funktion von Kugelkoordinaten, $f(\boldsymbol{r}) = f(r, \theta, \phi)$, sich nur dann ändert, wenn der Radiusbetrag r sich ändert, d.h., f hängt nur vom Radiusbetrag r und nicht von θ und ϕ ab:

$$\boldsymbol{E}(\boldsymbol{r}) = f(r)\, \boldsymbol{r}.$$

Für die Ladungsdichte folgt

$$\begin{aligned}\rho(\boldsymbol{r}) &= \epsilon_0 \frac{\partial}{\partial \boldsymbol{r}} \boldsymbol{E}(\boldsymbol{r}) = \epsilon_0\, \partial_\alpha \left(f(r)\, x_\alpha\right) = \epsilon_0\, \left(\partial_\alpha f\, x_\alpha + f\, \partial_\alpha\, x_\alpha\right) = \\ &= \epsilon_0 \left(f'(r) \frac{x_\alpha^2}{r} + 3\, f\right) = \epsilon_0\, \left(r\, f'(r) + 3\, f(r)\right).\end{aligned}$$

Aufgabe 2.2

(a) Im Fall der Massivkugel ist offensichtlich $\rho(\boldsymbol{r}) = \rho(r) \sim \Theta(R - r)$, wo $\Theta(x)$ die Heavyside–Funktion ist:

$$\Theta(x) = \begin{cases} 0 & x < 0 \\ 1 & x \geq 0. \end{cases}$$

Wir schreiben $\rho(r) = A\, \Theta(R - r)$. Damit

$$\int d^3r\, \rho(\boldsymbol{r}) = 4\, \pi \int_0^\infty dr\, r^2\, \rho(r) = 4\, \pi\, A \int_0^R dr\, r^2 = \frac{4\, \pi}{3} R^3\, A = Q,$$

muss

$$\rho(r) = q\, \Theta(R - r), \qquad q = \frac{Q}{(4\, \pi/3)\, R^3}$$

sein. q ist die Ladung pro Volumen.

Das elektrische Feld $\boldsymbol{E}(\boldsymbol{r})$ ist in diesem Fall rotationssymmetrisch: $\boldsymbol{E}(\boldsymbol{r}) = E(r)\, \boldsymbol{e}_r$. Wir benutzen die Darstellung der Divergenz des Feldes in Kugelkoordinaten, vgl. Anhang A, wobei hier $E_\theta = 0$, $E_\phi = 0$, und erhalten

$$\frac{\partial}{\partial \boldsymbol{r}} \boldsymbol{E}(\boldsymbol{r}) = \frac{1}{r^2} \frac{\partial (r^2\, E(r))}{\partial r} = \frac{q}{\epsilon_0}\, \Theta(R - r).$$

Für $r \leq R$ erhalten wir daraus durch Integration von $r = 0$ bis r:

$$\frac{\partial (r^2\, E(r))}{\partial r} = \frac{q}{\epsilon_0} r^2, \qquad r^2\, E(r) = \frac{q}{3\, \epsilon_0} r^3, \qquad E(r) = \frac{q}{3\, \epsilon_0} r = \frac{Q}{4\, \pi \epsilon_0} \frac{r}{R^3}.$$

Für $r \geq R$ haben wir

$$\frac{\partial(r^2\,E(r))}{\partial r} = 0, \qquad r^2\,E(r) = \text{const}, \qquad E(r) = \frac{\text{const}}{r^2}.$$

Damit die beiden Bereiche bei $r = R$ stetig aneinander anschließen, also $E(R-0) = E(R+0)$, folgt const$= Q/(4\,\pi\epsilon_0)$, sodass insgesamt

$$E(r) = \frac{Q}{4\,\pi\epsilon_0}\begin{cases} \dfrac{r}{R^3} & r \leq R \\ \dfrac{1}{r} & r \geq R. \end{cases}$$

Aus der Darstellung des Gradienten in Kugelkoordinaten im Anhang A folgt, dass im Fall der Rotationssymmetrie $\boldsymbol{E}(\boldsymbol{r}) = E(r)\,\boldsymbol{e}_r$

$$E(r) = \frac{\partial\Phi(r)}{\partial r},$$

woraus durch elementare Integration folgt

$$\Phi(r) = \begin{cases} \Phi_0 - \dfrac{Q}{4\,\pi\epsilon_0}\dfrac{r^2}{2\,R^3} & r \leq R \\ \Phi_1 + \dfrac{Q}{4\,\pi\epsilon_0}\dfrac{1}{r} & r \geq R \end{cases}$$

Auch hier ist die Anschlussbedingung $\Phi(R-0) = \Phi(R+0)$ zu erfüllen, woraus für die Konstanten Φ_0, Φ_1

$$\Phi_0 - \Phi_1 = \frac{Q}{4\,\pi\epsilon_0}\,\frac{3}{2\,R}$$

folgt. Ohne Beschränkung der Allgemeinheit können wir $\Phi_1 = 0$ setzen und erhalten somit

$$\Phi(r) = \frac{Q}{4\,\pi\epsilon_0}\begin{cases} \dfrac{3}{2\,R} - \dfrac{r^2}{2\,R^3} & r \leq R \\ \dfrac{1}{r} & r \geq R \end{cases}$$

Wir können die obigen Ergebnisse aber auch sehr viel schneller gewinnen, wenn wir die Integralversion der Quellengleichung

$$\int_V d^3r\,\frac{\partial}{\partial\boldsymbol{r}}\,\boldsymbol{E}(\boldsymbol{r}) = \int_{\partial V} d\boldsymbol{f}\,\boldsymbol{E}(\boldsymbol{r}) = \frac{1}{\epsilon_0}\int_V d^3r\,\rho(\boldsymbol{r})$$

benutzen. Als Integrationsvolumen V wählen wir eine Kugel vom Radius r und mit dem Mittelpunkt bei $\boldsymbol{r} = \mathbf{0}$. Dann wird wegen der Rotationssymmetrie $\boldsymbol{E}(\boldsymbol{r}) = E(r)\,\boldsymbol{e}_r$

$$\int_{\partial V} d\boldsymbol{f}\,\boldsymbol{E}(\boldsymbol{r}) = 4\,\pi\,r^2\,E(r).$$

Das Volumenintegral über die Ladungsdichte ergibt die von der Einhüllenden ∂V eingeschlossene Ladung. Für $r \leq R$ erhalten wir also

$$4\,\pi\,r^2\,E(r) = \frac{Q}{\epsilon_0}\frac{(4\,\pi/3)\,r^3}{(4\,\pi/3)\,R^3}, \qquad E(r) = \frac{Q}{4\,\pi\,\epsilon_0}\frac{r}{R^3},$$

und für $r \geq R$ entsprechend

$$4\,\pi\,r^2\,E(r) = \frac{Q}{\epsilon_0} \qquad E(r) = \frac{Q}{4\,\pi\,\epsilon_0}\frac{1}{r}$$

usw.

(b) Im Fall der Hohlkugel ist offensichtlich $\rho(\boldsymbol{r}) = \rho(r) \sim \delta(r - R)$, wo $\delta(x)$ die δ–Funktion ist. Wir schreiben $\rho(r) = A\,\delta(r - R)$. Damit

$$\int d^3r\,\rho(\boldsymbol{r}) = 4\,\pi \int_0^\infty dr\,r^2\,\rho(r) = 4\,\pi\,A\,R^2 = Q,$$

muss

$$\rho(r) = \sigma\,\delta(r - R), \qquad q = \frac{Q}{4\,\pi\,R^2}$$

sein. σ ist die Ladung pro Fläche.

Zur Bestimmung von $E(r)$ benutzen wir die Quellengleichung in integraler Form wie im Teil (a). Da eine Kugel mit einem Radius $r < R$ und und dem Mittelpunkt bei $\boldsymbol{r} = \mathbf{0}$ keine Ladung einschließt, ist $E(r) = 0$ und entsprechend $\Phi(r) = \Phi_0$ =const für $r < R$. Für $r > R$ schließt die Kugel mit dem Mittelpunkt bei $\boldsymbol{r} = \mathbf{0}$ die volle Ladung Q ein. Wir erhalten also

$$E(r) = \begin{cases} 0 & r < R \\ \dfrac{Q}{4\,\pi\,\epsilon_0}\dfrac{1}{r^2} & r > R \end{cases}$$

Das elektrische Feld springt also bei $r = R$. Das daraus durch Integration zu bestimmende Potential $\Phi(r)$ muss aber bei $r = R$ stetig sein. Aus der Anschlussbedingung $\Phi(R - 0) = \Phi(R + 0)$ lässt sich $\Phi(r) = \Phi_0$ =const für $r < R$ bestimmen. Das Ergebnis lautet

$$\Phi(r) = \frac{Q}{4\,\pi\,\epsilon_0}\begin{cases} \dfrac{1}{R} & r \leq R \\ \dfrac{1}{r} & r \geq R \end{cases}$$

Aufgabe 2.3

Wir berechnen zunächst die Ladungsverteilung $\rho(r)$ gemäß

$$\rho(r) = -\epsilon_0 \, \Delta \, \Phi(r) = -\frac{Q}{4\,\pi} \, \Delta \, (f \cdot g)$$

mit $f = 1/r$. Es ist

$$\begin{aligned} \partial_\alpha \, (f \cdot g) &= \partial_\alpha f \cdot g + f \cdot \partial_\alpha g, \\ \Delta \, (f \cdot g) &= \partial_\alpha^2 f \cdot g + 2 \, \partial_\alpha f \cdot \partial_\alpha g + f \cdot \partial_\alpha^2 g \\ &= \Delta \, f \cdot g + 2 \, \partial_\alpha f \cdot \partial_\alpha g + f \cdot \Delta \, g. \end{aligned}$$

Aus dem Kapitel 2 entnehmen wir, dass

$$\Delta \, f = \Delta \, \frac{1}{r} = -4 \, \pi \, \delta(\boldsymbol{r}), \qquad \partial_\alpha f = \partial_\alpha \, \frac{1}{r} = -\frac{x_\alpha}{r^3}.$$

Außerdem ist

$$\partial_\alpha g(r) = \frac{\partial g(r)}{\partial r} \, \partial_\alpha \, r = \frac{\partial g(r)}{\partial r} \, \frac{x_\alpha}{r}$$

und unter Verwendung der Darstellung des Laplace–Operators Δ in Kugelkoordinaten im Anhang A

$$\Delta \, g(r) = \frac{1}{r^2} \frac{\partial}{\partial r} \left(r^2 \, \frac{\partial g(r)}{\partial r} \right).$$

Einsetzen in den obigen Ausdruck für $\rho(r)$ ergibt

$$\rho(r) = \frac{Q}{4\,\pi} \left[4\,\pi\,\delta(\boldsymbol{r}) \, g(r) + 2 \, \frac{x_\alpha}{r^3} \, \frac{x_\alpha}{r} \, \frac{\partial g(r)}{\partial r} - \frac{1}{r^3} \, \frac{\partial}{\partial r} \left(r^2 \, \frac{\partial g(r)}{\partial r} \right) \right].$$

Nun ist $x_\alpha \, x_\alpha = r^2$ sowie $\delta(\boldsymbol{r}) \, g(r) = \delta(\boldsymbol{r}) \, g(0) = \delta(\boldsymbol{r})$, weil voraussetzungsgemäß $g(0) = 1$, sodass

$$\rho(r) = Q \left[\delta(\boldsymbol{r}) + \frac{1}{2\,\pi\,r^2} \, \frac{\partial g(r)}{\partial r} - \frac{1}{4\,\pi\,r^3} \, \frac{\partial}{\partial r} \left(r^2 \, \frac{\partial g(r)}{\partial r} \right) \right].$$

Jetzt führen wir die Integration über den gesamten Raum durch, indem wir die drei Summanden in [...] einzeln integrieren:

$$\begin{aligned} \int d^3 r \, \delta(\boldsymbol{r}) &= 1, \\ \int d^3 r \, \frac{1}{2\,\pi\,r^2} \, \frac{\partial g(r)}{\partial r} &= \int_0^\infty dr \, 4\,\pi\,r^2 \, \frac{1}{2\,\pi\,r^2} \, \frac{\partial g(r)}{\partial r} = \\ &= 2 \int_0^\infty dr \, \frac{\partial g(r)}{\partial r} = 2 \, [g(\infty) - g(0)] = -2, \end{aligned}$$

$$
\begin{aligned}
-\int d^3r\,\frac{1}{4\,\pi\,r^3}\,\frac{\partial}{\partial r}\left(r^2\,\frac{\partial g(r)}{\partial r}\right) &= -\int_0^\infty dr\,4\,\pi\,r^2\,\frac{1}{4\,\pi\,r^3}\,\frac{\partial}{\partial r}\left(r^2\,\frac{\partial g(r)}{\partial r}\right) = \\
&= -\int_0^\infty dr\,\frac{1}{r}\,\frac{\partial}{\partial r}\left(r^2\,\frac{\partial g(r)}{\partial r}\right) = \\
&= -\left[r\,\frac{\partial g(r)}{\partial r}\right]_0^\infty + \int_0^\infty dr\left(\frac{\partial}{\partial r}\,\frac{1}{r}\right) r^2\,\frac{\partial g(r)}{\partial r} = \\
&= -\int_0^\infty dr\,\frac{\partial g(r)}{\partial r} = -g(\infty) + g(0) = 1.
\end{aligned}
$$

In dieser Umformung haben wir einmal partiell integriert. Einsetzen in den Ausdruck für die Gesamtladung führt auf das nachzuweisende Ergebnis

$$\int d^3r\,\rho(r) = 0.$$

Aufgabe 2.4

(a) Wenn wir die angegebene Ladungsdichte $\rho(\boldsymbol{r})$ von $x = -\infty$ bis $x = +\infty$ und über eine Fläche F senkrecht zur x–Richtung integrieren, erhalten wir

$$\int d^3r\,\rho(\boldsymbol{r}) = A\,F \int_{-\infty}^{+\infty} dx\,x\,\mathrm{e}^{-\lambda\,|x|} = 0,$$

die Ladungsverteilung ist insgesamt also neutral. Integrieren wir jedoch nur über $x \geq 0$, erhalten wir

$$
\begin{aligned}
\int_{x\geq 0} d^3r\,\rho(\boldsymbol{r}) &= A\,F \int_0^{+\infty} dx\,x\,\mathrm{e}^{-\lambda\,x} = \frac{A\,F}{\lambda^2}\int_0^{+\infty} d\xi\,\xi\,\mathrm{e}^{-\xi} = \\
&= \frac{A\,F}{\lambda^2}\left[-(\xi+1)\,\mathrm{e}^{-\xi}\right]_0^{+\infty} = \frac{A\,F}{\lambda^2} =: Q.
\end{aligned}
$$

Hier ist Q die positive Ladung im Bereich $x \geq 0$. Wir schreiben deshalb $A = q\,\lambda^2$ mit $q := Q/F$ =Flächenladungsdichte der Doppelschicht.

$1/\lambda$ hat offensichtlich die Bedeutung der Ausdehnung der Doppelschicht in x–Richtung.

(b) Das elektrische Feld hat aus Symmetriegründen hier nur eine Komponente in x–Richtung: $\boldsymbol{E}(\boldsymbol{r}) = E(x)\,\boldsymbol{e}_x$. Wir bestimmen es aus der Quellengleichung

$$\epsilon_0\,\frac{\partial}{\partial \boldsymbol{r}}\,\boldsymbol{E}(\boldsymbol{r}) = \epsilon_0\,\frac{\partial E(x)}{\partial x} = q\,\lambda^2\,x\,\mathrm{e}^{-\lambda\,|x|},$$

woraus durch Integration von $x = -\infty$ bis x folgt:

$$E(x) = \frac{q\,\lambda^2}{\epsilon_0} \int_{-\infty}^{x} dx'\, x'\, \mathrm{e}^{-\lambda\,|x'|} = \frac{q}{\epsilon_0} \int_{-\infty}^{\lambda\,x} d\xi\, \xi\, \mathrm{e}^{-|\xi|}.$$

Hier haben wir $\xi = \lambda\, x'$ substituiert, s.o. Für $x \leq 0$ erhalten wir

$$\begin{aligned} x \leq 0: \; E(x) &= \frac{q}{\epsilon_0} \int_{-\infty}^{\lambda x} d\xi\, \xi\, \mathrm{e}^{\xi} = \frac{q}{\epsilon_0} \left[(\xi - 1)\, \mathrm{e}^{\xi}\right]_{-\infty}^{\lambda x} = \\ &= \frac{q}{\epsilon_0} (\lambda\, x - 1)\, \mathrm{e}^{\lambda\, x} = -\frac{q}{\epsilon_0} (\lambda\, |x| + 1)\, \mathrm{e}^{-\lambda\, |x|}. \end{aligned}$$

Für $x \geq 0$ erhalten wir

$$\begin{aligned} x \geq 0: \; E(x) &= \frac{q}{\epsilon_0} \left\{ \int_{-\infty}^{0} d\xi\, \xi\, \mathrm{e}^{\xi} + \int_{0}^{\lambda x} d\xi\, \xi\, \mathrm{e}^{-\xi} \right\} = \\ &= E(0) + \frac{q}{\epsilon_0} \left[-(\xi + 1)\, \mathrm{e}^{-\xi}\right]_0^{\lambda x} = \\ &= -\frac{q}{\epsilon_0} + \frac{q}{\epsilon_0} \left[-(\lambda\, x + 1)\, \mathrm{e}^{-\lambda\, x} + 1\right] = -\frac{q}{\epsilon_0} (\lambda\, x + 1)\, \mathrm{e}^{-\lambda\, x}. \end{aligned}$$

Die beiden Ergebnisse für $x \leq 0$ und $x \geq 0$ lassen sich zusammenfassen zu

$$E(x) = -\frac{q}{\epsilon_0} (\lambda\, |x| + 1)\, \mathrm{e}^{-\lambda\, |x|}.$$

(c) Das Potential $\Phi(x)$ beziehen wir auf den Punkt $x = 0$ und bestimmen es durch Integration aus

$$\begin{aligned} \Phi(x) &= -\int_0^x dx'\, E(x') = \frac{q}{\epsilon_0} \int_0^x dx'\, (\lambda\, |x'| + 1)\, \mathrm{e}^{-\lambda\, |x|'} = \\ &= \frac{q}{\epsilon_0\, \lambda} \int_0^{\lambda x} d\xi\, (|\xi| + 1)\, \mathrm{e}^{-|\xi|}. \end{aligned}$$

Wir unterscheiden wiederum die Fälle $x \leq 0$ und $x \geq 0$. Die einzelnen Integrationen sind wie unter Teil (b) ausführbar. Das Ergebnis lautet:

$$\Phi(x) = \begin{cases} -\frac{q}{\epsilon_0\, \lambda} \left[2 - (\lambda\, |x| + 2)\, \mathrm{e}^{-\lambda\, |x|}\right], & x \leq 0 \\ \frac{q}{\epsilon_0\, \lambda} \left[2 - (\lambda\, x + 2)\, \mathrm{e}^{-\lambda\, x}\right], & x \geq 0 \end{cases}$$

Die beiden Ergebnisse lassen sich zusammenfassen zu

$$\Phi(x) = \frac{q}{\epsilon_0\, \lambda} \left[2 - (\lambda\, |x| + 2)\, \mathrm{e}^{-\lambda\, |x|}\right] \operatorname{sgn}(x),$$

worin $\operatorname{sgn}(x)$ das Vorzeichen von x bedeutet.

Die Abbildung E.2 skizziert die Verläufe von $\rho(x), E(x)$ und $\Phi(x)$ in einem Bild, d.h., auf verschiedenen Maßstäben.

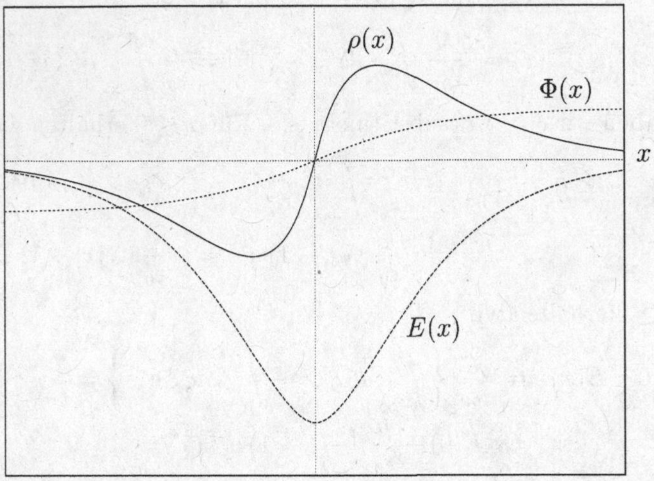

Abbildung E.2: Verlauf von $\rho(x), E(x)$ und $\Phi(x)$.

E.3 Zu Kapitel 3: Feldenergie, Multipole, Kräfte und Momente

E.3.1 Aufgaben

Aufgabe 3.1

Auf den vier Eckpunkten eines Quadrats befinden sich die Punktladungen q_1, q_2, q_3, q_4. Diese Ladungsverteilung soll neutral sein. Lassen sich die Ladungen so wählen, dass

(a) das Dipolmoment verschwindet?

(b) das Quadrupolmoment verschwindet?

Können auch gleichzeitig Dipol- und Quadrupolmoment verschwinden?

Aufgabe 3.2

Zwei gleiche Dipole werden einander so angenähert, dass ihre Dipolmomente antiparallel orientiert sind. Zeigen Sie, dass das von ihnen erzeugte Potential bei hinreichender Annäherung als Quadrupolpotential beschreibbar ist und bestimmen Sie das Quadrupolmoment. Erfüllt dieses die Bedingung verschwindender Spur?

Aufgabe 3.3

Gegeben sei die Ladungsdichte

$$\rho(x) = A\,x\,\mathrm{e}^{-x^2/b^2},$$

die nur von der x–Koordinate, nicht jedoch von y und z abhängt.

a) Welche Bedeutung hat der Parameter b?

b) Berechnen Sie das zugehörige elektrische Feld unter der Annahme, dass dieses für $|x| \to \infty$ verschwindet.

c) Welchen Zusammenhang hat das unter b) berechnete elektrische Feld mit dem Dipolmoment der Ladungsverteilung?

d) Diskutieren Sie den Fall $b \to 0$.

Aufgabe 3.4

Es sei $\boldsymbol{P}(\boldsymbol{r})$ die räumliche Dichte von kontinuierlich im Raum verteilten Dipolen, also

$$\boldsymbol{P}(\boldsymbol{r}) = \lim_{\Delta V \to 0} \frac{\Delta \boldsymbol{p}}{\Delta V},$$

worin $\Delta \boldsymbol{p}$ das im Volumen ΔV am Ort $\boldsymbol{r}$ enthaltene elektrische Dipol–Moment ist.

(a) Wie drückt sich das elektrische Potential $\Phi(\boldsymbol{r})$ durch $\boldsymbol{P}(\boldsymbol{r})$ aus? (Randbedingung: verschwindendes elektrisches Feld für $|\boldsymbol{r}| \to \infty$.)

(b) Lässt sich für diese Situation eine äquivalente elektrische Ladungsdichte $\rho(\boldsymbol{r})$ angeben?

E.3.2 Lösungen der Aufgaben zu Kapitel 3

Aufgabe 3.1

Wir wählen ein Koordinatensystem, sodass das Quadrat in der x_1–x_2–Ebene, sein

Mittelpunkt im Ursprung liegt und die Eckpunkte des Quadrats auf den Koordinatenachsen liegen. Dann lässt sich die Ladungsverteilung schreiben als

$$\begin{aligned}\rho(\boldsymbol{r}) = \quad & q_1\,\delta(x_1-a)\,\delta(x_2)\,\delta(x_3)\\ + \quad & q_2\,\delta(x_1)\,\delta(x_2-a)\,\delta(x_3)\\ + \quad & q_3\,\delta(x_1+a)\,\delta(x_2)\,\delta(x_3)\\ + \quad & q_4\,\delta(x_1)\,\delta(x_2+a)\,\delta(x_3).\end{aligned}$$

a ist die Länge der halben Diagonale des Quadrats. Die Bedingung, dass die Ladungsverteilung neutral ist, lautet

$$Q = q_1 + q_2 + q_3 + q_4 = 0.$$

Wir berechnen zunächst das Diplomoment. Aus der Definition

$$\boldsymbol{p} = \int d^3r\,\boldsymbol{r}\,\rho(\boldsymbol{r})$$

erhalten wir durch eine einfache Rechnung

$$p_1 = (q_1 - q_3)\,a, \qquad p_2 = (q_2 - q_4)\,a, \qquad p_3 = 0.$$

Aus der Definition des Quadrupolmoments

$$D_{\alpha\beta} = \int d^3r\,\left(3\,x_\alpha\,x_\beta - \delta_{\alpha\beta}\,r^2\right)\,\rho(\boldsymbol{r})$$

folgt ebenfalls durch eine einfache Rechnung

$$\begin{aligned}D_{11} &= (2\,q_1 - q_2 + 2\,q_3 - q_4)\,a^2, \quad D_{22} = (-q_1 + 2\,q_2 - q_3 + 2\,q_4)\,a^2, \quad D_{33} = 0,\\ D_{12} &= D_{23} = D_{31} = 0.\end{aligned}$$

(a) Damit das Dipolmoment verschwindet, muss $q_1 = q_3$ und $q_2 = q_4$ sein, eingesetzt in die Neutralitätsbedingung $Q = 0$ ergibt das $q_2 = -q_1$, also insgesamt mit $q := q_1$

$$q_1 = q, \quad q_2 = -q, \quad q_3 = q, \quad q_4 = -q.$$

Diese Ladungsanordnung ist in der Abbildung E.3 skizziert.

Für das Quadrupolmoment folgt daraus

$$D_{11} = 6\,q\,a^2, \qquad D_{22} = -6\,q\,a^2.$$

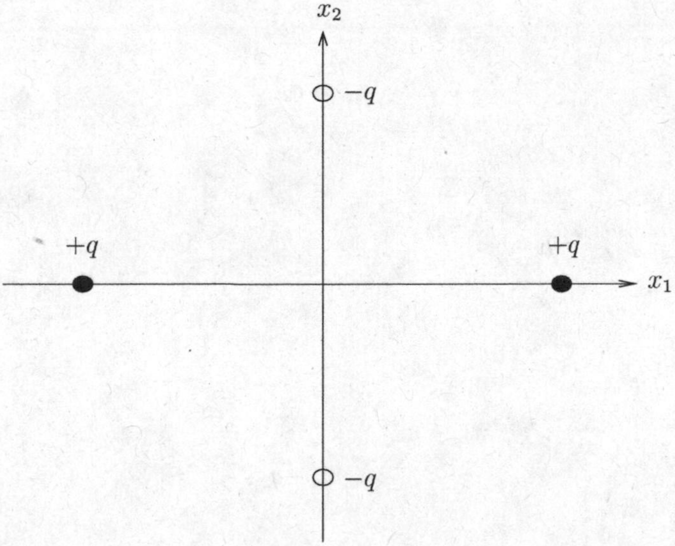

Abbildung E.3: Ladungsanordnung für verschwindendes Dipolmoment

(b) Wenn das Quadrupolmoment verschwinden soll, müssen die Bedingungen

$$2\,(q_1 + q_3) = q_2 + q_4, \qquad 2\,(q_2 + q_4) = q_1 + q_3$$

erfüllt sein, woraus

$$q_1 + q_3 = 0, \qquad q_2 + q_4 = 0$$

folgt. Damit ist die Neutralitätsbedingung bereits erfüllt, d.h., die Ladungen q_1 und q_2 sind beliebig wählbar. Diese Ladungsanordnung ist in der Abbildung E.4 skizziert.

Für das Dipolmoment folgt daraus

$$p_1 = 2\,q_1\,a, \qquad p_2 = 2\,q_2\,a, \qquad p_3 = 0.$$

Dipolmoment und Quadrupolmoment können nur dann gleichzeitig verschwinden, wenn alle Ladungen verschwinden.

Aufgabe 3.2

Das überlagerte Potential zweier Dipole mit den Dipolmomenten $\boldsymbol{p}_1$ und $\boldsymbol{p}_2$ an den Orten $\boldsymbol{r}_1$ bzw. $\boldsymbol{r}_2$ lautet

$$\Phi(\boldsymbol{r}) = \frac{1}{4\,\pi\,\epsilon_0}\left(\frac{\boldsymbol{p}_1\,(\boldsymbol{r}-\boldsymbol{r}_1)}{|\boldsymbol{r}-\boldsymbol{r}_1|^3} + \frac{\boldsymbol{p}_2\,(\boldsymbol{r}-\boldsymbol{r}_2)}{|\boldsymbol{r}-\boldsymbol{r}_2|^3}\right),$$

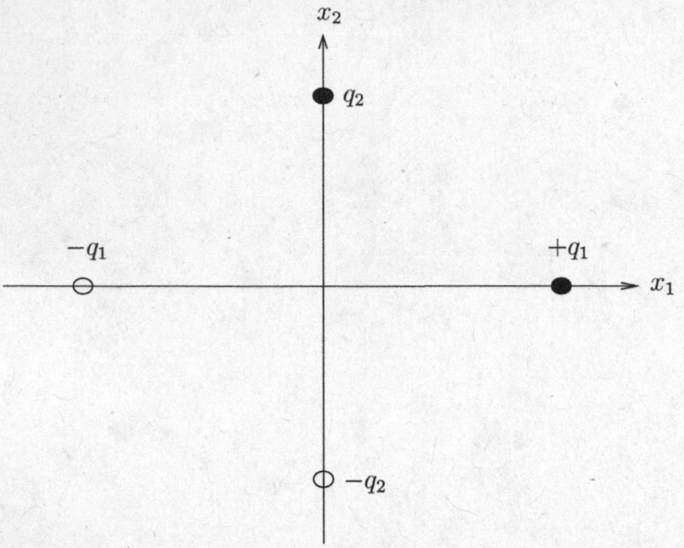

Abbildung E.4: Ladungsanordnung für verschwindendes Quadrupolmoment

vgl. Abschnitt 3.2.1. Für die Aufgabenstellung ist $\boldsymbol{p}_2 = -\boldsymbol{p}_1 =: \boldsymbol{p}$. Es sei $\boldsymbol{r}_1 - \boldsymbol{r}_2 =: \boldsymbol{a}$ der Abstandsvektor zwischen den beiden Dipolen, sodass wir durch Wahl des Ursprungs $\boldsymbol{r}_1 = \boldsymbol{a}/2$ und $\boldsymbol{r}_2 = -\boldsymbol{a}/2$ erreichen können. Damit lautet das Potential

$$\Phi(\boldsymbol{r}) = \frac{1}{4\,\pi\,\epsilon_0}\left(\frac{\boldsymbol{p}\,(\boldsymbol{r}-\boldsymbol{a}/2)}{|\boldsymbol{r}-\boldsymbol{a}/2|^3} - \frac{\boldsymbol{p}\,(\boldsymbol{r}+\boldsymbol{a}/2)}{|\boldsymbol{r}+\boldsymbol{a}/2|^3}\right).$$

Diesen Ausdruck entwickeln wir in eine Taylor–Reihe nach $\boldsymbol{a}/2$ bis einschließlich zur ersten Ordnung. Es ist

$$\begin{aligned}
\frac{\boldsymbol{p}\,(\boldsymbol{r}-\boldsymbol{a}/2)}{|\boldsymbol{r}-\boldsymbol{a}/2|^3} &= \frac{\boldsymbol{p}\,\boldsymbol{r}}{r^3} - \frac{a_\alpha}{2}\,\partial_\alpha\,\frac{\boldsymbol{p}\,\boldsymbol{r}}{r^3} + \dots \\
&= \frac{\boldsymbol{p}\,\boldsymbol{r}}{r^3} - \frac{a_\alpha}{2}\,\partial_\alpha\,\frac{p_\beta\,x_\beta}{r^3} + \dots \\
&= \frac{\boldsymbol{p}\,\boldsymbol{r}}{r^3} - \frac{a_\alpha}{2}\left(-\frac{3}{r^5}\,p_\beta\,x_\beta\,x_\alpha + \frac{1}{r^3}\,p_\alpha\right) + \dots \\
&= \frac{\boldsymbol{p}\,\boldsymbol{r}}{r^3} + \frac{1}{2\,r^5}\left(3\,a_\alpha\,p_\beta\,x_\alpha\,x_\beta - a_\alpha\,p_\alpha\,r^2\right) + \dots .
\end{aligned}$$

Den zweiten Beitrag zu $\Phi(\boldsymbol{r})$ entwickeln wir völlig analog, indem wir in der obigen Entwicklung $\boldsymbol{a} \to -\boldsymbol{a}$ setzen. Einsetzen in $\Phi(\boldsymbol{r})$ führt auf

$$\Phi(\boldsymbol{r}) = \frac{1}{4\,\pi\,\epsilon_0}\,\frac{1}{r^5}\left(3\,a_\alpha\,p_\beta\,x_\alpha\,x_\beta - a_\alpha\,p_\alpha\,r^2\right) + \dots .$$

Dieses Ergebnis haben wir nun zu vergleichen mit dem Quadrupolbeitrag zum Potential

$$\Phi(\boldsymbol{r}) = \frac{1}{4\,\pi\,\epsilon_0}\,\frac{1}{2\,r^5}\,D_{\alpha\beta}\,x_\alpha\,x_\beta + \ldots .$$

In beiden Fällen handelt es sich um eine quadratische Form. Diese beiden Formen können nur dann übereinstimmen, wenn die symmetrischen Anteile ihrer Koeffizientenmatrizen übereinstimmen. Wir müssen also zunächst symmetrisieren

$$3\,a_\alpha\,p_\beta\,x_\alpha\,x_\beta = \frac{3}{2}\,(a_\alpha\,p_\beta + a_\beta\,p_\alpha)\;x_\alpha\,x_\beta .$$

Außerdem formen wir um

$$a_\alpha\,p_\alpha\,r^2 = a_\mu\,p_\mu\,\delta_{\alpha\beta}\,x_\alpha\,x_\beta .$$

Damit könen wir das Ergebnis unserer Entwicklung wie folgt schreiben:

$$\Phi(\boldsymbol{r}) = \frac{1}{4\,\pi\,\epsilon_0}\,\frac{1}{2\,r^5}\,[3\;(a_\alpha\,p_\beta + a_\beta\,p_\alpha) - 2\,a_\mu\,p_\mu\,\delta_{\alpha\beta}] + \ldots .$$

Jetzt können wir ablesen, dass

$$D_{\alpha\beta} = 3\;(a_\alpha\,p_\beta + a_\beta\,p_\alpha) - 2\,a_\mu\,p_\mu\,\delta_{\alpha\beta} .$$

Die Berechnung der Spur ergibt

$$D_{\alpha\alpha} = 3\;(a_\alpha\,p_\alpha + a_\alpha\,p_\alpha) - 2\,a_\mu\,p_\mu\,\delta_{\alpha\alpha} = 0,$$

weil $\delta_{\alpha\alpha} = 3$.

Aufgabe 3.3

a) Der Parameter b hat die Bedeutung einer Breite der Ladungsverteilung in x–Richtung.

b) Aus Symmetrie–Gründen besitzt das elektrische Feld nur eine Komponente in x–Richtung und hängt auch nur von der x–Koordinate ab: $\boldsymbol{E}(\boldsymbol{r}) = E(x)\,\boldsymbol{e}_x$. Aus

$$\frac{\partial E(x)}{\partial x} = \frac{1}{\epsilon_0}\,\rho(x) = \frac{A}{\epsilon_0}\,x\,\mathrm{e}^{-x^2/b^2}$$

folgt

$$\begin{aligned} E(x) &= E_0 + \frac{A}{\epsilon_0} \int_0^x dx'\, x'\, \mathrm{e}^{-x'^2/b^2} \\ &= E_0 + \frac{A\,b^2}{2\,\epsilon_0} \left(1 - \mathrm{e}^{-x^2/b^2}\right) \\ &\to E_0 + \frac{A\,b^2}{2\,\epsilon_0} \qquad \text{für} \qquad |x| \to \infty, \end{aligned}$$

woraus mit der Randbedingung, dass $E(x) \to 0$ für $|x| \to \infty$,

$$E(x) = -\frac{A\,b^2}{2\,\epsilon_0}\, \mathrm{e}^{-x^2/b^2}$$

folgt.

c) Die x–Komponente des Dipol–Moments lautet

$$p = \int_{-\infty}^{+\infty} dx\, x\, \rho(x) = A \int_{-\infty}^{+\infty} dx\, x^2\, \mathrm{e}^{-x^2/b^2} = \frac{\sqrt{\pi}}{2}\, A\, b^3,$$

sodass wir den Parameter A aus dem Ausdruck für $E(x)$ eliminieren können und

$$E(x) = -\frac{p}{\sqrt{\pi}\, b\, \epsilon_0}\, \mathrm{e}^{-x^2/b^2}$$

erhalten.

d) Es ist

$$\int_{-\infty}^{+\infty} dx\, \frac{1}{\sqrt{\pi}\, b}\, \mathrm{e}^{-x^2/b^2} = 1,$$

also

$$b \to 0: \qquad \frac{1}{\sqrt{\pi}\, b}\, \mathrm{e}^{-x^2/b^2} \to \delta(x),$$

($\delta(x)$ =Diracsche Delta–Funktion). Für $b \to 0$ wird also

$$E(x) \to -\frac{p}{\epsilon_0}\, \delta(x).$$

Aufgabe 3.4

(a) Aus der Beziehung

$$\Phi(\boldsymbol{r}) = \frac{1}{4\,\pi\,\epsilon_0}\,\frac{1}{r^3}\,\boldsymbol{p}\,\boldsymbol{r}$$

für das elektrische Potential eines Dipols $\boldsymbol{p}$, der sich am Ort $\boldsymbol{r}' = 0$ befindet, folgt für das elektrische Potential eines Dipols $\Delta\boldsymbol{p} = \boldsymbol{P}(\boldsymbol{r}')\Delta V$, der sich am Ort $\boldsymbol{r}'$ befindet,

$$\Delta\Phi(\boldsymbol{r}) = \frac{1}{4\,\pi\,\epsilon_0}\,\frac{1}{|\boldsymbol{r}-\boldsymbol{r}'|^3}\,\boldsymbol{P}(\boldsymbol{r}')\,\Delta V\,(\boldsymbol{r}-\boldsymbol{r}')$$

und daraus durch Überlagerung aller Dipole

$$\Phi(\boldsymbol{r}) = \frac{1}{4\,\pi\,\epsilon_0}\int d^3r'\,\frac{1}{|\boldsymbol{r}-\boldsymbol{r}'|^3}\,\boldsymbol{P}(\boldsymbol{r}')\,(\boldsymbol{r}-\boldsymbol{r}')\,.$$

In diesem Schritt wurde von den in der Aufgabenstellung vorgegebenen Randbedingungen Gebrauch gemacht.

(b) Es ist

$$\frac{\boldsymbol{r}-\boldsymbol{r}'}{|\boldsymbol{r}-\boldsymbol{r}'|^3} = -\frac{\partial}{\partial\boldsymbol{r}}\,\frac{1}{|\boldsymbol{r}-\boldsymbol{r}'|} = \frac{\partial}{\partial\boldsymbol{r}'}\,\frac{1}{|\boldsymbol{r}-\boldsymbol{r}'|},$$

sodass

$$\Phi(\boldsymbol{r}) = \frac{1}{4\,\pi\,\epsilon_0}\int d^3r'\,\boldsymbol{P}(\boldsymbol{r}')\,\frac{\partial}{\partial\boldsymbol{r}'}\,\frac{1}{|\boldsymbol{r}-\boldsymbol{r}'|}$$

und weiter mit einer partiellen Integration

$$\Phi(\boldsymbol{r}) = -\frac{1}{4\,\pi\,\epsilon_0}\int d^3r'\,\frac{1}{|\boldsymbol{r}-\boldsymbol{r}'|}\,\frac{\partial}{\partial\boldsymbol{r}'}\,\boldsymbol{P}(\boldsymbol{r}')$$

unter der Annahme, dass $\boldsymbol{P}(\boldsymbol{r}') \to 0$ für $|\boldsymbol{r}'| \to 0$. Aus diesem Ergebnis lesen wir ab, dass die Situation äquivalent durch eine elektrische Ladungsdichte

$$\rho(\boldsymbol{r}') = -\frac{\partial}{\partial\boldsymbol{r}'}\,\boldsymbol{P}(\boldsymbol{r}')$$

beschreibbar ist.

E.4 Zu Kapitel 4: Elektrostatik

E.4.1 Aufgaben

Aufgabe 4.1

Geben Sie ein allgemeines Lösungsverfahren zur Berechnung eines elektrischen Feldes für eine rotationssymetrische Ladungs–Verteilung $\rho(r)$ an. Führen Sie das Problem auf eine "Quadratur" zurück, d.h., auf die Ausführung eines gewöhnlichen Integrals. Welche Bedingung ist an $\rho(r)$ zu stellen, damit das elektrische Feld die Randbedingung $\boldsymbol{E}(\boldsymbol{r}) \to 0$ für $r = |\boldsymbol{r}| \to \infty$ erfüllt?

Aufgabe 4.2

Vor einer ebenen Leiter–Oberfläche L befindet sich im Abstand a ein Dipol $\boldsymbol{p}$. Bestimmen Sie das elektrische Potential der Anordnung sowie die Flächendichte der Influenz–Ladung auf der Leiter–Oberfläche L. Diskutieren Sie insbesondere die Fälle $\boldsymbol{p} \perp L$ und $\boldsymbol{p} \| L$.

Aufgabe 4.3

Zeigen Sie: Wenn $U = U(r, \theta, \phi)$ die Laplace–Gleichung $\Delta U = 0$ erfüllt, dann gilt das auch für

$$V(r, \theta, \phi) = \frac{1}{r} U\left(\frac{1}{r}, \theta, \phi\right).$$

Aufgabe 4.4

Man kann die Laplace–Gleichung

$$\Delta \Phi(\boldsymbol{r}) = -\frac{1}{\epsilon_0} \rho(\boldsymbol{r})$$

auch durch eine Fourier–Transformation

$$\begin{aligned} \left\{ \begin{array}{c} \Phi(\boldsymbol{r}) \\ \rho(\boldsymbol{r}) \end{array} \right\} &= \int d^3k \, e^{i\boldsymbol{k}\boldsymbol{r}} \left\{ \begin{array}{c} \widetilde{\Phi}(\boldsymbol{k}) \\ \widetilde{\rho}(\boldsymbol{k}) \end{array} \right\}, \\ \left\{ \begin{array}{c} \widetilde{\Phi}(\boldsymbol{r}) \\ \widetilde{\rho}(\boldsymbol{r}) \end{array} \right\} &= \frac{1}{(2\pi)^3} \int d^3r \, e^{-i\boldsymbol{k}\boldsymbol{r}} \left\{ \begin{array}{c} \Phi(\boldsymbol{r}) \\ \rho(\boldsymbol{r}) \end{array} \right\} \end{aligned}$$

lösen, worin jeweils die oberen bzw. unteren Zeilen für Potential Φ und Ladungsdichte ρ bzw. ihre Fourier–Transformierten $\tilde{\Phi}$ und $\tilde{\rho}$ zu lesen sind. Zur Fourier–Transformation und ihre Umkehrung vgl. auch Anhang B. Da in der Fourier–Transformation über den gesamten Raum $\boldsymbol{r}$ bzw. über alle $\boldsymbol{k}$ zu integrieren ist, liegt damit auch schon die Art der Randbedingungen fest: für $|\boldsymbol{r}| \to \infty$ soll $\Phi(\boldsymbol{r}) \to 0$ streben.

(a) Verwenden Sie die Fourier–Transformation, um zu zeigen, dass die Lösung $\Phi(\boldsymbol{r})$ der Laplace–Gleichung bei gegebenem $\rho(\boldsymbol{r})$ in der Form

$$\Phi(\boldsymbol{r}) = \int d^3r' \, G(\boldsymbol{r} - \boldsymbol{r}') \, \rho(\boldsymbol{r}')$$

darstellbar ist.

(b) Berechnen Sie die *Greensche Funktion* $G(\boldsymbol{r}-\boldsymbol{r}')$.

(c) Gegeben sei das Potential

$$\Phi(\boldsymbol{r}) = \frac{Q}{4\,\pi\,\epsilon_0}\,\frac{\mathrm{e}^{-\mu\,r}}{r}$$

als Lösung der Laplace–Gleichung. Berechnen Sie daraus $\tilde{\Phi}(\boldsymbol{k})$, $\tilde{\rho}(\boldsymbol{k})$ und $\rho(\boldsymbol{r})$.

E.4.2 Lösungen der Aufgaben zu Kapitel 4

Aufgabe 4.1

Das elektrische Feld $\boldsymbol{E}(\boldsymbol{r})$ für eine rotationssymmetrische Ladungs–Verteilung ist ebenfalls rotationssymmetrisch. Wir machen deshalb den Ansatz

$$\boldsymbol{E}(\boldsymbol{r}) = \frac{1}{4\,\pi\,\epsilon_0}\,f(r)\,\frac{\boldsymbol{r}}{r}.$$

Zur Erfüllung der Quellen–Gleichung

$$\frac{\partial}{\partial \boldsymbol{r}}\boldsymbol{E}(\boldsymbol{r}) = \frac{1}{\epsilon_0}\,\rho(r)$$

berechnen wir

$$\begin{aligned}
\frac{\partial}{\partial \boldsymbol{r}}\boldsymbol{E}(\boldsymbol{r}) &= \frac{1}{4\,\pi\,\epsilon_0}\,\partial_\alpha\left[f(r)\,\frac{x_\alpha}{r}\right] \\
&= \frac{1}{4\,\pi\,\epsilon_0}\left[(\partial_\alpha f(r))\,\frac{x_\alpha}{r} + f(r)\left(\partial_\alpha\,\frac{1}{r}\right)x_\alpha + \frac{f(r)}{r}\,\partial_\alpha x_\alpha\right] \\
&= \frac{1}{4\,\pi\,\epsilon_0}\left[f'(r)\,\frac{x_\alpha^2}{r^2} - f(r)\,\frac{x_\alpha^2}{r^3} + 3\,\frac{f(r)}{r}\right] \\
&= \frac{1}{4\,\pi\,\epsilon_0}\left[f'(r) + \frac{2}{r}\,f(r)\right],
\end{aligned}$$

worin wir $x_\alpha^2 = r^2$ und $\partial_\alpha x_\alpha = 3$ benutzt haben. Um $f(r)$ zu berechnen, ist also die lineare, inhomogene Differential–Gleichung 1. Ordnung

$$f'(r) + \frac{2}{r}\,f(r) = 4\,\pi\,\rho(r)$$

zu lösen. Die zugehörige homogene Gleichung, $f_0'(r) + 2\, f_0(r)/r = 0$, besitzt die Lösung $f_0(r) \sim 1/r^2$, sodass wir den Ansatz $f(r) = g(r)/r^2$ machen und daraus nach kurzer elementarer Rechnung

$$g'(r) = 4\,\pi\, r^2\, \rho(r), \qquad g(r) = g_0 + \int_0^r dr'\, 4\,\pi\, r'^2\, \rho(r')$$

erhalten. Damit lautet das gesuchte elektrische Feld

$$\boldsymbol{E}(\boldsymbol{r}) = \frac{1}{4\,\pi\,\epsilon_0} \left(\frac{g_0}{r^2} + \frac{1}{r^2} \int_0^r dr'\, 4\,\pi\, r'^2\, \rho(r') \right) \frac{\boldsymbol{r}}{r}.$$

Die Integrations–Konstante g_0 hat offensichtlich die Bedeutung einer zusätzlichen Punktladung im Ursprung $r = 0$. Da diese in der Problemstellung nicht auftritt, ist $g_0 = 0$ zusetzen und es ist

$$\boldsymbol{E}(\boldsymbol{r}) = \frac{1}{4\,\pi\,\epsilon_0} \frac{1}{r^2} \frac{\boldsymbol{r}}{r} \int_0^r dr'\, 4\,\pi\, r'^2\, \rho(r').$$

Das Integral hat die Bedeutung der elektrischen Ladung Q_r innerhalb des Radius r. Damit $|\boldsymbol{E}(\boldsymbol{r})| \to 0$ für $r \to \infty$, muss $Q_r < M\, r^\alpha$ mit M =const und $\alpha < 2$ sein. Daraus folgt $r^2\, \rho(r) < M\, r^{\alpha-1}$ und $\rho(r) < M\, r^{\alpha-3}$, $\alpha - 3 < -1$. Die Ladungsdichte $\rho(r)$ muss mit $r \to \infty$ also stärker als $\sim 1/r$ abfallen.

Aufgabe 4.2

Wir versuchen, das Problem durch Einführung eines fiktiven "Spiegel–Dipols" $\boldsymbol{p}'$ im Abstand a hinter der Leiter–Oberfläche L zu lösen. Wir wählen ein Koordinatensystem $\boldsymbol{e}_x, \boldsymbol{e}_y, \boldsymbol{e}_z$,, sodass dessen $x - y$–Ebene die Leiter–Oberfläche L bildet bzw. $\boldsymbol{e}_x$ der Normalen–Vektor auf L ist, vgl. Abbildung E.5. Die Orte von $\boldsymbol{p}$ und $\boldsymbol{p}'$ lauten

$$\boldsymbol{p}: \quad \boldsymbol{r_p} = a\, \boldsymbol{e}_x =: \boldsymbol{a}, \qquad \boldsymbol{p}': \quad \boldsymbol{r_{p'}} = -a\, \boldsymbol{e}_x = -\boldsymbol{a}.$$

Mit diesem Ansatz lautet das Potential vor der Leiter–Oberfläche $z \geq 0$

$$\Phi(\boldsymbol{r}) = \frac{1}{4\,\pi\,\epsilon_0} \left[\frac{\boldsymbol{p}\,(\boldsymbol{r}-\boldsymbol{a})}{|\boldsymbol{r}-\boldsymbol{a}|^3} + \frac{\boldsymbol{p}'\,(\boldsymbol{r}+\boldsymbol{a})}{|\boldsymbol{r}+\boldsymbol{a}|^3} \right].$$

Auf L wird $x = 0$ bzw. $\boldsymbol{r} = \boldsymbol{r}_L = y\, \boldsymbol{e}_y + z\, \boldsymbol{e}_z$ und somit

$$\begin{aligned}
\boldsymbol{r} = \boldsymbol{r}_L: \qquad \boldsymbol{r}_L \mp \boldsymbol{a} &= \mp a\, \boldsymbol{e}_x + y\, \boldsymbol{e}_y + z\, \boldsymbol{e}_z, \\
|\boldsymbol{r}_L \mp \boldsymbol{a}| &= \sqrt{a^2 + y^2 + z^2} = \sqrt{a^2 + \rho^2}, \qquad \rho := \sqrt{y^2 + z^2}, \\
\boldsymbol{p}\,(\boldsymbol{r}_L - \boldsymbol{a}) &= -a\, p_x + y\, p_y + z\, p_z, \\
\boldsymbol{p}'\,(\boldsymbol{r}_L + \boldsymbol{a}) &= a\, p_x' + y\, p_y' + z\, p_z'.
\end{aligned}$$

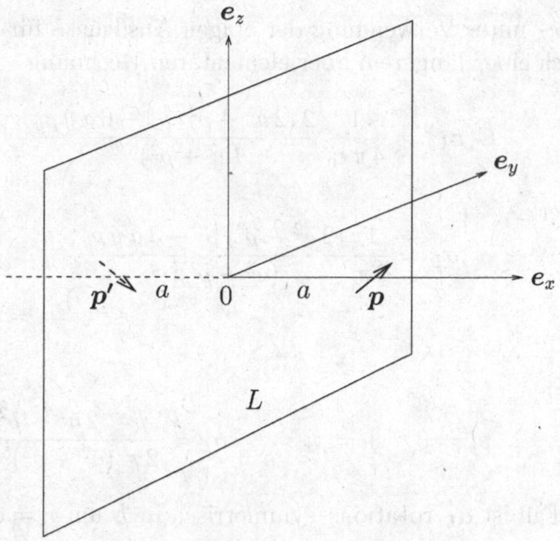

Abbildung E.5: Dipol vor einer leitenden Fläche

Einsetzen in den Ausdruck für das Potential ergibt auf L

$$\Phi(\boldsymbol{r}_L) = \frac{1}{4\,\pi\,\epsilon_0}\,\frac{-a\,(p_x - p'_x) + y\,(p_y + p'_y) + z\,(p_z + p'_z)}{(a^2 + \rho^2)^{3/2}}.$$

Es muss $\Phi(\boldsymbol{r}_L)$ =const sein. Das ist nur mit der Wahl

$$p'_x = p_x, \quad p'_y = -p_y, \quad p'_z = p_z$$

möglich. Zusätzlich drehen wir nun noch (ohne Beschränkung der Allgemeinheit) das Koordinaten–System in der Ebene L derart, dass $p_z = 0$ wird.

Die Flächendichte σ_L der Influenz–Ladung auf L bestimmen wir aus

$$\epsilon_0\,\boldsymbol{E}(\boldsymbol{r}_L) = \sigma_L\,\boldsymbol{n} = \sigma_L\,\boldsymbol{e}_x.$$

Allgemein lautet das elektrische Feld

$$\boldsymbol{E}(\boldsymbol{r}) = \frac{1}{4\,\pi\,\epsilon_0}\left[\frac{3\,[\boldsymbol{p}\,(\boldsymbol{r}-\boldsymbol{a})]\,(\boldsymbol{r}-\boldsymbol{a}) - (\boldsymbol{r}-\boldsymbol{a})^2\,\boldsymbol{p}}{|\boldsymbol{r}-\boldsymbol{a}|^5} + \right.$$

$$\left. + \frac{3\,[\boldsymbol{p}'\,(\boldsymbol{r}+\boldsymbol{a})]\,(\boldsymbol{r}+\boldsymbol{a}) - (\boldsymbol{r}+\boldsymbol{a})^2\,\boldsymbol{p}'}{|\boldsymbol{r}+\boldsymbol{a}|^5}\right].$$

Wir setzen $\boldsymbol{r} = \boldsymbol{r}_L$ unter Verwendung der obigen Ausdrücke für $\boldsymbol{p}', \boldsymbol{r}_L \mp \boldsymbol{a}$ usw. ein und erhalten nach einer längeren, aber elementaren Rechnung

$$\boldsymbol{E}(\boldsymbol{r}_L) = \frac{1}{4\,\pi\,\epsilon_0}\,\frac{2\,(2\,a^2 - \rho^2)\,p_x - 6\,a\,y\,p_y}{(a^2 + \rho^2)^{5/2}}$$

und daraus weiter

$$\sigma_L = \frac{1}{2\,\pi}\,\frac{(2\,a^2 - \rho^2)\,p_x - 3\,a\,y\,p_y}{(a^2 + \rho^2)^{5/2}}.$$

$\boldsymbol{p} \perp L$:

$$p_y = 0, \quad p = p_x : \qquad \sigma_L = \frac{p}{2\,\pi}\,\frac{2\,a^2 - \rho^2}{(a^2 + \rho^2)^{5/2}}.$$

In diesem Fall ist σ_L rotations–symmetrisch in L um $\boldsymbol{r} = 0$.

$\boldsymbol{p} \| L$:

$$p_x = 0, \quad p = p_y : \qquad \sigma_L = -\frac{p}{2\,\pi}\,\frac{3\,a\,y}{(a^2 + \rho^2)^{5/2}}.$$

Erwartungsgemäß ist dieses Ergebnis nicht rotations–symmetrisch.

Aufgabe 4.3

Unter Verwendung des Laplace–Operators in Kugelkoordinaten aus dem Anhang A schreiben wir mit $U = U(r, \theta, \phi)$

$$\begin{aligned}
\Delta\,U &= \frac{1}{r^2}\,\frac{\partial}{\partial r}\left(r^2\,\frac{\partial U}{\partial r}\right) + \frac{1}{r^2\,\sin\theta}\,\frac{\partial}{\partial \theta}\left(\sin\theta\,\frac{\partial U}{\partial \theta}\right) + \frac{1}{r^2\,\sin^2\theta}\,\frac{\partial^2 U}{\partial \phi^2} \\
&= \Delta_r\,U + \frac{1}{r^2}\,\mathcal{L}(\theta, \phi)\,U, \\
\Delta_r\,U &:= \frac{1}{r^2}\,\frac{\partial}{\partial r}\left(r^2\,\frac{\partial U}{\partial r}\right) = \frac{\partial^2 U}{\partial r^2} + \frac{2}{r}\,\frac{\partial U}{\partial r}, \\
\mathcal{L}(\theta, \phi)\,U &:= +\frac{1}{\sin\theta}\,\frac{\partial}{\partial \theta}\left(\sin\theta\,\frac{\partial U}{\partial \theta}\right) + \frac{1}{\sin^2\theta}\,\frac{\partial^2 U}{\partial \phi^2}.
\end{aligned}$$

Wir setzen $\rho := 1/r$, sodass $V(r, \theta, \phi) = (1/r)\,U(\rho, \theta, \phi)$. Dann gilt voraussetzungsgemäß für $U = U(\rho, \theta, \phi)$ die Laplace–Gleichung mit der Variablen ρ statt r:

$$\Delta_\rho\,U + \frac{1}{\rho^2}\,\mathcal{L}(\theta, \phi)\,U = 0.$$

Nun ist mit $\partial\rho/\partial r = -1/r^2$

$$\frac{\partial V}{\partial r} = \frac{\partial}{\partial r}\left(\frac{1}{r}U\right) = \frac{1}{r}\frac{\partial U}{\partial r} - \frac{1}{r^2}U = \frac{1}{r}\frac{\partial U}{\partial \rho}\frac{\partial \rho}{\partial r} - \frac{1}{r^2}U = -\frac{1}{r^3}\frac{\partial U}{\partial \rho} - \frac{1}{r^2}U.$$

Auf völlig analoge Weise berechnen wir

$$\frac{\partial^2 V}{\partial r^2} = \frac{1}{r^5}\frac{\partial^2 U}{\partial \rho^2} + \frac{4}{r^4}\frac{\partial U}{\partial \rho} + \frac{2}{r^3}U,$$

sodass

$$\Delta_r V = \frac{\partial^2 V}{\partial r^2} + \frac{2}{r}\frac{\partial V}{\partial r} = \frac{1}{r^5}\left(\frac{\partial^2 U}{\partial \rho^2} + \frac{2}{\rho}\frac{\partial U}{\partial \rho}\right) = \frac{1}{r^5}\Delta_\rho U.$$

Daraus folgt weiter

$$\begin{aligned}\Delta V &= \Delta_r V + \frac{1}{r^2}\mathcal{L}(\theta,\phi)V = \frac{1}{r^5}\Delta_\rho U + \frac{1}{r^2}\mathcal{L}(\theta,\phi)\frac{1}{r}U = \\ &= \frac{1}{r^5}\left(\Delta_\rho U + \frac{1}{\rho^2}\mathcal{L}(\theta,\phi)U\right) = 0,\end{aligned}$$

womit der gewünschte Nachweis erbracht ist.

Aufgabe 4.4

(a) Es ist

$$\Delta\Phi(\boldsymbol{r}) = \int d^3k\left(\frac{\partial^2}{\partial \boldsymbol{r}^2}\mathrm{e}^{i\boldsymbol{k}\boldsymbol{r}}\right)\tilde{\Phi}(\boldsymbol{k}) = \int d^3k\,(-\boldsymbol{k}^2)\,\mathrm{e}^{i\boldsymbol{k}\boldsymbol{r}}\,\tilde{\Phi}(\boldsymbol{k}).$$

Einsetzen in die Laplace–Gleichung führt auf

$$\int d^3k\,\mathrm{e}^{i\boldsymbol{k}\boldsymbol{r}}\left(-\boldsymbol{k}^2\,\tilde{\Phi}(\boldsymbol{k}) + \frac{1}{\epsilon_0}\tilde{\rho}(\boldsymbol{k})\right) = 0.$$

Diese Aussage soll für beliebige $\boldsymbol{r}$ gelten. Das ist nur möglich, wenn der Ausdruck in $(\ldots)$ im Integranden verschwindet. Daraus folgt

$$\tilde{\Phi}(\boldsymbol{k}) = \frac{1}{\epsilon_0\,k^2}\tilde{\rho}(\boldsymbol{k}).$$

$(\boldsymbol{k}^2 = k^2)$. Wir setzen dieses Ergebnis in die Fourier–Darstellung für $\Phi(\boldsymbol{r})$ ein und ersetzen $\tilde{\rho}(\boldsymbol{k})$ durch die Umkehrtransformation:

$$\Phi(\boldsymbol{r}) \;=\; \int d^3k\,\mathrm{e}^{i\boldsymbol{k}\boldsymbol{r}}\,\frac{1}{\epsilon_0\,k^2}\,\tilde{\rho}(\boldsymbol{k}) =$$

$$
\begin{aligned}
&= \int d^3k\, \mathrm{e}^{i\boldsymbol{k}\boldsymbol{r}} \frac{1}{(2\pi)^3 \epsilon_0 k^2} \int d^3r'\, \mathrm{e}^{-i\boldsymbol{k}\boldsymbol{r}'} \rho(\boldsymbol{r}') = \\
&= \frac{1}{\epsilon_0} \int d^3r'\, G(\boldsymbol{r}-\boldsymbol{r}')\, \rho(\boldsymbol{r}'), \\
G(\boldsymbol{r}-\boldsymbol{r}') &= \frac{1}{(2\pi)^3} \int d^3k\, \frac{1}{k^2}\, \mathrm{e}^{i\boldsymbol{k}(\boldsymbol{r}-\boldsymbol{r}')}.
\end{aligned}
$$

(b) Zur Berechnung von $G(\boldsymbol{r}-\boldsymbol{r}')$ setzen wir als Abkürzung $\boldsymbol{s} := \boldsymbol{r}-\boldsymbol{r}'$ und führen die k–Integration durch Verwendung von Kugelkoordinaten für $\boldsymbol{k}$ aus: $d^3k = k^2\, \sin\theta\, dk\, d\theta\, d\phi$. Dabei sei der Winkel θ bezüglich der Richtung von $\boldsymbol{s}$ definiert, so dass $\boldsymbol{k}\,\boldsymbol{s} = k\,s\,\cos\theta$. Der Integrand hängt nicht von der Kugelkoordinate ϕ ab, sodass die ϕ–Integration den Wert 2π ergibt. Auf diese Weise erhalten wir

$$G(\boldsymbol{s}) = \frac{1}{(2\pi)^2} \int_0^\infty dk \int_0^\pi d\theta\, \sin\theta\, \mathrm{e}^{i\,k\,s\,\cos\theta}.$$

Nun wird mit der Substitution $\xi = \cos\theta$

$$\int_0^\pi d\theta\, \sin\theta\, \mathrm{e}^{i\,k\,s\,\cos\theta} = \int_{-1}^{+1} d\xi\, \mathrm{e}^{i\,k\,s\,\xi} = \frac{\mathrm{e}^{i\,k\,s} - \mathrm{e}^{-i\,k\,s}}{i\,k\,s} = \frac{2\,\sin k\,s}{k\,s},$$

sodass mit der anschließenden Substitution $\eta = k\,s$

$$G(\boldsymbol{s}) = \frac{1}{2\pi^2\, s} \int_0^\infty dk\, \frac{\sin k\,s}{k} = \frac{1}{2\pi^2\, s} \underbrace{\int_0^\infty d\eta\, \frac{\sin\eta}{\eta}}_{=\pi/2} = \frac{1}{4\pi\, s}.$$

Damit wird

$$\Phi(\boldsymbol{r}) = \frac{1}{\epsilon_0} \int d^3r'\, G(\boldsymbol{r}-\boldsymbol{r}')\, \rho(\boldsymbol{r}') = \frac{1}{4\pi\,\epsilon_0} \int d^3r'\, \frac{\rho(\boldsymbol{r}')}{|\boldsymbol{r}-\boldsymbol{r}'|}.$$

Wir erhalten auf diesem Weg also die uns bereits bekannte formale Lösung der Laplace–Gleichung für die in der Aufgabenstellung genannten Randbedingungen.

(c) Für das im Teil (c) der Aufgabenstellung genannte Potential berechnen wir zunächst die Fourier–Transformierte:

$$\tilde{\Phi}(k) = \frac{1}{(2\pi)^3} \frac{Q}{4\pi\,\epsilon_0} \int d^3r\, \frac{1}{r}\, \mathrm{e}^{-i\boldsymbol{k}\boldsymbol{r}-\mu r}.$$

Jetzt verwenden wir ähnlich wie im Teil (b) Kugelkoordinaten für die $\boldsymbol{r}$–Integration: $d^3r = r^2\, \sin\theta\, dr\, d\theta\, d\phi$. Die Winkelvariable θ sei nun bezüglich der Richtung von $\boldsymbol{k}$. definiert. Wir erhalten

$$\begin{aligned}
\tilde{\Phi}(k) &= \frac{1}{(2\pi)^3}\frac{Q}{2\epsilon_0}\int_0^\infty dr\, r\int_0^\pi d\theta\,\sin\theta\, \mathrm{e}^{-i k r\cos\theta-\mu r} \\
&= \frac{1}{(2\pi)^3}\frac{Q}{\epsilon_0}\frac{1}{k}\int_0^\infty dr\,\sin k r\,\mathrm{e}^{-\mu r} \\
&= \frac{1}{(2\pi)^3}\frac{Q}{\epsilon_0}\frac{1}{2ik}\left\{\int_0^\infty dr\,\mathrm{e}^{-(\mu-ik)r}-\int_0^\infty dr\,\mathrm{e}^{-(\mu+ik)r}\right\} \\
&= \frac{1}{(2\pi)^3}\frac{Q}{\epsilon_0}\frac{1}{2ik}\left\{\frac{1}{\mu-ik}-\frac{1}{\mu+ik}\right\}=\frac{1}{(2\pi)^3}\frac{Q}{\epsilon_0}\frac{1}{\mu^2+k^2}.
\end{aligned}$$

Daraus ergibt sich mit dem im Teil (a) gezeigten Zusammenhang zwischen $\tilde{\Phi}$ und $\tilde{\rho}$, dass

$$\tilde{\rho}(\boldsymbol{k})=\frac{Q}{(2\pi)^3}\frac{k^2}{\mu^2+k^2}.$$

Schließlich müssen wir $\tilde{\rho}$ noch zurücktransformieren:

$$\begin{aligned}
\rho(\boldsymbol{r}) &= \frac{Q}{(2\pi)^3}\int d^3k\,\frac{k^2}{\mu^2+k^2}\,\mathrm{e}^{i\boldsymbol{k}\boldsymbol{r}} \\
&= \frac{Q}{(2\pi)^3}\int d^3k\left(1-\frac{\mu^2}{\mu^2+k^2}\right)\mathrm{e}^{i\boldsymbol{k}\boldsymbol{r}} \\
&= Q\,\delta(\boldsymbol{r})-\frac{Q\,\mu^2}{(2\pi)^3}\int d^3k\,\frac{1}{\mu^2+k^2}\,\mathrm{e}^{i\boldsymbol{k}\boldsymbol{r}}, \\
\int d^3k\,\frac{1}{\mu^2+k^2}\,\mathrm{e}^{i\boldsymbol{k}\boldsymbol{r}} &= 2\pi\int_0^\infty dk\,\frac{k^2}{\mu^2+k^2}\int_0^\pi d\theta\,\sin\theta\,\mathrm{e}^{i k r\cos\theta} \\
&= \frac{4\pi}{r}\int_0^\infty dk\,\frac{k\,\sin k r}{\mu^2+k^2} \\
&= \frac{4\pi}{r}\int_0^\infty d\eta\,\frac{\eta\,\sin\eta}{(\mu r)^2+\eta^2}=\frac{2\pi^2}{r}\,\mathrm{e}^{-\mu r}. \\
\rho(\boldsymbol{r}) &= Q\left(\delta(\boldsymbol{r})-\frac{\mu^2}{4\pi r}\,\mathrm{e}^{-\mu r}\right).
\end{aligned}$$

Es handelt sich um eine abgeschirmte punktförmige Ladung mit einer insgesamt verschwindenden Gesamtladung.

E.5 Zu Kapitel 5: Elektrischer Strom und magnetische Flussdichte

E.5.1 Aufgaben

Aufgabe 5.1

Beschreiben Sie die folgenden elektrischen Flussdichten $\boldsymbol{j}(\boldsymbol{r})$ und untersuchen Sie, ob sie stationär sind:

$$\text{(a): } \boldsymbol{j}(\boldsymbol{r}) = \frac{I}{r^2}\frac{\boldsymbol{r}}{r}, \quad \text{(b): } \boldsymbol{j}(\boldsymbol{r}) = f\Big(|\boldsymbol{a}\times\boldsymbol{r}|\Big)\,\boldsymbol{a}\times\boldsymbol{r}, \quad \text{(c): } \boldsymbol{j}(\boldsymbol{r}) = f(r)\,\boldsymbol{a}\times\boldsymbol{r}.$$

Aufgabe 5.2

Betrachten Sie ein System von Punktladungen q_i, $i = 1, 2, \ldots, n$, deren jede sich auf einer gegebenen Bahn $\boldsymbol{r}_i(t)$ bewege. Geben Sie formale Ausdrücke für die Ladungsdichte $\rho(\boldsymbol{r}, t)$ und die Stromdichte $\boldsymbol{j}(\boldsymbol{r}, t)$ des Systems an und achten Sie dabei auf die Erfüllung der Ladungserhaltung. Geben Sie außerdem Ausdrücke für das Dipolmoment $\boldsymbol{p}(t)$ des Systems und für dessen zeitliche Ableitung an.

Aufgabe 5.3

Zwei geradlinige, parallele und ∞–ausgedehnte Drähte im Abstand $2\,a$ werden jeweils vom Strom I in entgegengesetzten Richtungen durchflossen. Bestimmen Sie die magnetische Flussdichte $\boldsymbol{B}$ dieser Anordnung, insbesondere für Abstände, die groß gegen den Abstand a der beiden Leiter sind.

Aufgabe 5.4

(a) Ein kreisförmiger metallischer Leiter mit dem Radius R werde von dem Strom I durchflossen. Bestimmen Sie die magnetische Flussdichte $\boldsymbol{B}$ auf der Symmetrie–Achse des Leiters. (Der metallische Leiter soll als Stromfaden behandelt werden können, d.h., sein Radius ist klein im Vergleich zu R.)

(b) Eine *Helmholtz–Spule* besteht aus zwei kreisförmigen Leitern wie im Teil (a) dargestellt. Sie sind parallel angeordnet und haben eine gemeinsame Symmetrie–Achse, vgl. Abbildung E.6. Die Ströme sollen in den beiden Leitern gleich und gleich orientiert sein. Bestimmen Sie die magnetische Flussdichte

$\boldsymbol{B}$ auf der gemeinsamen Symmetrie–Achse. Wie muss der Abstand a zwischen den beiden kreisförmigen Leitern gewählt werden, damit das $\boldsymbol{B}$–Feld auf der Symmetrie–Achse möglichst homogen ist? "Möglichst homogen" soll bedeuten, dass in der Taylor–Entwicklung von $\boldsymbol{B}$ als Funktion des Abstands vom Mittelpunkt zwischen den beiden Leitern möglichst viele Terme verschwinden.

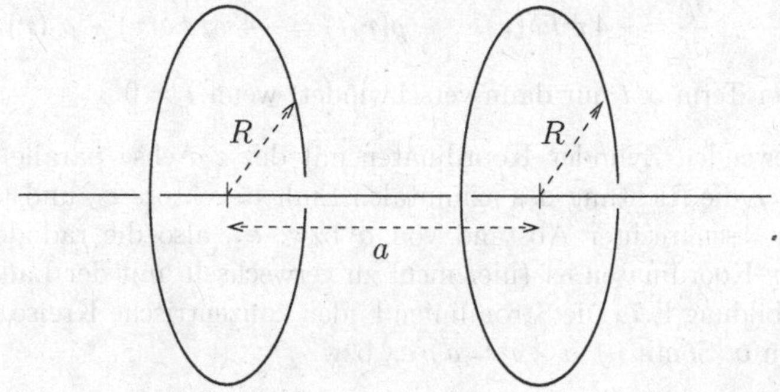

Abbildung E.6: Helmholtz–Spule

E.5.2 Lösungen der Aufgaben zu Kapitel 5

Aufgabe 5.1

Zu untersuchen ist in allen Fällen, ob die Kontinuitäts–Gleichung

$$\frac{\partial \rho}{\partial t} + \frac{\partial \boldsymbol{j}}{\partial \boldsymbol{r}} = 0$$

für die elektrische Ladung mit einer stationären Ladungsdichte ρ verträglich ist, ob also $\partial \boldsymbol{j}/\partial \boldsymbol{r} = 0$ ist.

(a) Die angegebene Flussdichte hat formal die Struktur wie die eines elektrischen Feldes einer Punktladung, beschreibt also einen Fluss, der aus einem Punkt rotations–symmetrisch in alle Richtungen fließt bzw. aus allen Richtungen in einen Punkt hineinfließt. Dieser Punkt ist eine Quelle bzw. eine Senke für die elektrische Ladung. Diese Situation kann nicht stationär sein. Das wird durch die Rechnung bestätigt. Die Übertragung der elektrischen Feldgleichung

$$\frac{\partial}{\partial \boldsymbol{r}} \left(\frac{1}{4\,\pi\,\epsilon_0} \frac{q}{r^2} \frac{\boldsymbol{r}}{r} \right) = \frac{q}{\epsilon_0}\, \delta(\boldsymbol{r})$$

($\delta(\boldsymbol{r})$ =3–dimensionale δ–Funktion) auf die angegebene Flussdichte ergibt

$$\frac{\partial}{\partial \boldsymbol{r}}\,\boldsymbol{j}(\boldsymbol{r}) = \frac{\partial}{\partial \boldsymbol{r}}\left(\frac{I}{r^2}\,\frac{\boldsymbol{r}}{r}\right) = 4\,\pi\,I\,\delta(\boldsymbol{r}).$$

Die Kontinuitäts–Gleichung führt also zu

$$\frac{\partial \rho}{\partial t} = -4\,\pi\,I\,\delta(\boldsymbol{r}), \qquad \rho(\boldsymbol{r},t) = -4\,\pi\,I\,t\,\delta(\boldsymbol{r}) + \rho_0(\boldsymbol{r}),$$

worin der Term $\propto t$ nur dann verschwindet, wenn $I = 0$.

(b) Wir verwenden Zylinder–Koordinaten mit der z–Achse parallel zu $\boldsymbol{a}$. Dann hat $\boldsymbol{a} \times \boldsymbol{r}$ die Richtung des azimutalen Einheitsvektors $\boldsymbol{e}_\phi$ und $|\boldsymbol{a} \times \boldsymbol{r}| = a\,\rho$, worin ρ =senkrechter Abstand von $\boldsymbol{a}$ bzw. $\boldsymbol{e}_z$, also die radiale Variable in Zylinder–Koordinaten ist (hier nicht zu verwechseln mit der Ladungsdichte!), vgl. Abbildung E.7. Die Stromlinien bilden konzentrische Kreise um die Richtung von $\boldsymbol{a}$. Somit ist $\boldsymbol{a} \times \boldsymbol{r} = a\,\rho\,\boldsymbol{e}_\phi$ bzw.

$$\boldsymbol{j}(\boldsymbol{r}) = g(\rho)\,\boldsymbol{e}_\phi, \qquad g(\rho) = f(\rho)\,a\,\rho.$$

Die Divergenz von $\boldsymbol{j}(\boldsymbol{r})$ lautet in Zylinder–Koordinaten allgemein

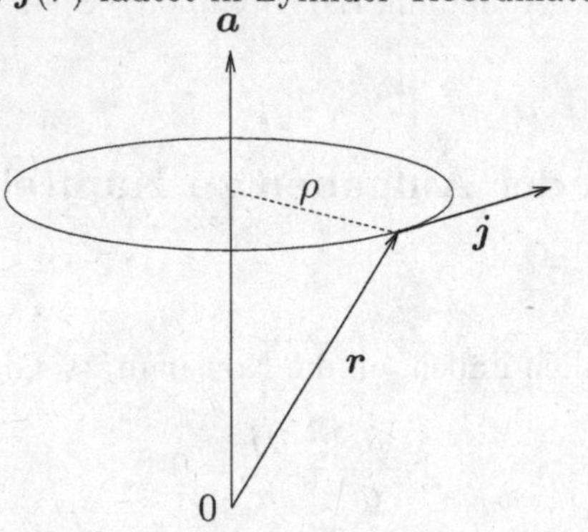

Abbildung E.7: Flussdichte im Fall (b)

$$\frac{\partial \boldsymbol{j}}{\partial \boldsymbol{r}} = \frac{1}{\rho}\left[\frac{\partial}{\partial \rho}\,(\rho\,j_\rho) + \frac{\partial}{\partial \phi}\,j_\phi + \frac{\partial}{\partial z}\,(\rho\,j_z)\right].$$

Da hier nur eine Komponente j_ϕ auftritt, folgt daraus

$$\frac{\partial \boldsymbol{j}}{\partial \boldsymbol{r}} = \frac{1}{\rho}\,\frac{\partial}{\partial \phi}\,j_\phi = \frac{1}{\rho}\,\frac{\partial}{\partial \phi}\,g(\rho) = 0,$$

weil $g(\rho)$ nicht vom Winkel ϕ abhängt. Die angegebene elektrische Flussdichte ist für alle $f(\ldots)$ stationär.

(c) Analoge Umformungen wie im Teil (b) führen jetzt auf

$$\boldsymbol{j}(\boldsymbol{r}) = f(\rho, \phi, z)\, a\, \rho\, \boldsymbol{e}_\phi.$$

Es tritt zwar wiederum nur eine azimutale Komponente von $\boldsymbol{j}$ auf, doch ist die im Allgemeinen von allen Koordinaten ρ, ϕ, z abhängig, also

$$\frac{\partial \boldsymbol{j}}{\partial \boldsymbol{r}} = \frac{1}{\rho}\frac{\partial}{\partial \phi}\Big(f(\rho, \phi, z)\, a\, \rho\Big) = a\,\frac{\partial}{\partial \phi} f(\rho, \phi, z).$$

Die Divergenz verschwindet genau dann, wenn $f(\ldots)$ nicht vom Winkel ϕ abhängt, die elektrische Flussdichte also rotations–symmetrisch um die Richtung von $\boldsymbol{a}$ ist.

Aufgabe 5.2

Die Ladungsdichte des Systems der q_i lautet offensichtlich

$$\rho(\boldsymbol{r}, t) = \sum_{i=1}^{n} q_i\, \delta\Big(\boldsymbol{r} - \boldsymbol{r}_i(t)\Big),$$

worin $\delta(\ldots)$ hier die 3–dimensionale δ–Funktion bedeutet. Wir versuchen, daraus einen Ausdruck für die Stromdichte $\boldsymbol{j}(\boldsymbol{r}, t)$ durch Verwendung der Ladungserhaltung

$$\frac{\partial}{\partial t}\rho(\boldsymbol{r}, t) + \frac{\partial}{\partial \boldsymbol{r}}\boldsymbol{j}(\boldsymbol{r}, t) = 0$$

zu gewinnen. Durch formale Bildung der Ableitung mit der Kettenregel erhalten wir

$$\frac{\partial}{\partial t}\rho(\boldsymbol{r}, t) = \sum_{i=1}^{n} q_i\, \frac{\partial}{\partial t}\delta\Big(\boldsymbol{r} - \boldsymbol{r}_i(t)\Big) = -\sum_{i=1}^{n} q_i\, \frac{\partial}{\partial \boldsymbol{r}}\delta\Big(\boldsymbol{r} - \boldsymbol{r}_i(t)\Big)\,\frac{d\boldsymbol{r}_i(t)}{dt}.$$

Die ursprünglich partielle Ableitung nach t wird zu einer totalen Ableitung in $d\boldsymbol{r}_i(t)/dt = \boldsymbol{v}_i(t)$, da die Bahn $\boldsymbol{r}_i(t)$ nur von der Zeit t abhängt. Der Gradient der δ–Funktion soll durch die folgende partielle Integration definiert sein:

$$\int d^3r\, f(\boldsymbol{r})\,\frac{\partial}{\partial \boldsymbol{r}}\delta\Big(\boldsymbol{r} - \boldsymbol{r}_0\Big) = -\int d^3r\, \frac{\partial f(\boldsymbol{r})}{\partial \boldsymbol{r}}\,\delta\Big(\boldsymbol{r} - \boldsymbol{r}_0\Big) = -\left.\frac{\partial f(\boldsymbol{r})}{\partial \boldsymbol{r}}\right|_{\boldsymbol{r}=\boldsymbol{r}_0}.$$

Der obige Ausdruck für $\partial\rho/\partial t$ legt es nahe, die gesuchte Stromdichte als

$$\boldsymbol{j}(\boldsymbol{r}, t) = \sum_{i=1}^{n} q_i\, \boldsymbol{v}_i(t)\, \delta\Big(\boldsymbol{r} - \boldsymbol{r}_i(t)\Big)$$

zu formulieren, denn daraus folgt

$$\frac{\partial}{\partial \boldsymbol{r}}\, \boldsymbol{j}(\boldsymbol{r},t) = \sum_{i=1}^{n} q_i\, \boldsymbol{v}_i(t)\, \frac{\partial}{\partial \boldsymbol{r}}\, \delta\Big(\boldsymbol{r} - \boldsymbol{r}_i(t)\Big),$$

womit die Ladungserhaltung erfüllt ist.

Für das Dipolmoment einer Ladungsverteilung,

$$\boldsymbol{p}(t) = \int d^3r\, \boldsymbol{r}\, \rho(\boldsymbol{r},t)$$

folgt unter Verwendung der Ladungserhaltung und mit Ausführung einer partiellen Integration allgemein

$$\begin{aligned}
\dot{\boldsymbol{p}} &= \int d^3r\, \boldsymbol{r}\, \frac{\partial}{\partial t}\, \rho(\boldsymbol{r},t) = -\int d^3r\, \boldsymbol{r}\, \frac{\partial}{\partial \boldsymbol{r}}\, \boldsymbol{j}(\boldsymbol{r},t), \\
\dot{p}_\alpha &= -\int d^3r\, x_\alpha\, \partial_\beta\, j_\beta(\boldsymbol{r},t) = \int d^3r\, \Big(\partial_\beta\, x_\alpha\Big)\, j_\beta(\boldsymbol{r},t) = \int d^3r\, j_\alpha(\boldsymbol{r},t), \\
\dot{\boldsymbol{p}} &= \int d^3r\, \boldsymbol{j}(\boldsymbol{r},t).
\end{aligned}$$

Setzen wir die obigen Ausdrücke für $\rho(\boldsymbol{r},t)$ und $\boldsymbol{j}(\boldsymbol{r},t)$ für das System von Punktladungen ein, erhalten wir

$$\boldsymbol{p}(t) = \sum_{i=1}^{n} q_i\, \boldsymbol{r}_i(t), \qquad \dot{\boldsymbol{p}}(t) = \sum_{i=1}^{n} q_i\, \boldsymbol{v}_i(t).$$

Aufgabe 5.3

Wir wählen ein Koordinaten–System mit der z–Achse parallel zu den Leitern und in der Mitte zwischen ihnen sowie mit der x–Achse durch die beiden Leiter. Die Abbildung E.8 zeigt einen Schnitt senkrecht zu den Leitern, also parallel zur $x-y$–Ebene. Die Symbole $+$ und $-$ deuten die Stromrichtung in den Leitern an. r_1 und r_2 sind die senkrechten Abstände des Aufpunktes A zu den Leitern, $r = \sqrt{x^2+y^2}$ ist der senkrechte Abstand zur z–Achse. Die $\boldsymbol{B}$–Felder der beiden Leiter überlagern sich, also

$$\boldsymbol{B} = \frac{\mu_0\, I}{2\,\pi}\left(\frac{1}{r_1}\, \boldsymbol{e}_{\phi,1} - \frac{1}{r_2}\, \boldsymbol{e}_{\phi,2}\right),$$

worin

$$r_1 = \sqrt{(x-a)^2+y^2}, \qquad r_2 = \sqrt{(x+a)^2+y^2}$$

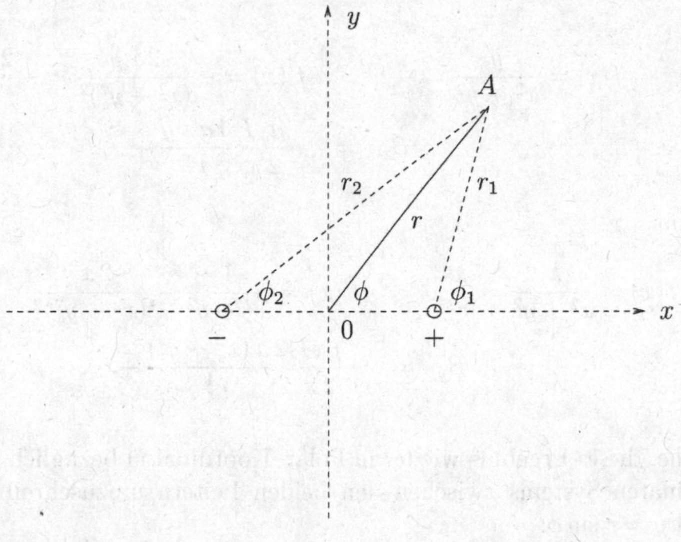

Abbildung E.8: Koordinaten für zwei stromdurchflossene Leiter

und $\boldsymbol{e}_{\phi,1}$ und $\boldsymbol{e}_{\phi,2}$ die Einheitsvektoren in Azimutal–Richtung um die beiden Leiter sind. Deren kartesische Komponenten lauten

$$\begin{aligned}\boldsymbol{e}_{\phi,1}: &\qquad (-\sin\phi_1, \cos\phi_1, 0) = \left(-\frac{y}{r_1}, \frac{x-a}{r_1}, 0\right),\\ \boldsymbol{e}_{\phi,2}: &\qquad (-\sin\phi_2, \cos\phi_2, 0) = \left(-\frac{y}{r_2}, \frac{x+a}{r_2}, 0\right).\end{aligned}$$

Die kartesischen Komponenten von $\boldsymbol{B}$ lauten also

$$\begin{aligned}B_x &= \frac{\mu_0 I}{2\pi}\left(-\frac{y}{(x-a)^2+y^2}+\frac{y}{(x+a)^2+y^2}\right),\\ B_y &= \frac{\mu_0 I}{2\pi}\left(\frac{x-a}{(x-a)^2+y^2}-\frac{x+a}{(x+a)^2+y^2}\right)\end{aligned}$$

und $B_z = 0$.

Für Abstände $r = \sqrt{x^2+y^2} \gg 2\,a$ entwickeln wir diese Ausdrücke nach dem Schema

$$f(x+a) - f(x-a) = 2\,a\,f'(x) + O\left(a^3\right)$$

und erhalten

– für

$$f(x) = \frac{y}{x^2+y^2} = \frac{y}{r^2}, \qquad f'(x) = -\frac{2\,x\,y}{(x^2+y^2)^2} = -\frac{2\,x\,y}{r^4}$$

$$B_x \;=\; -\frac{\mu_0\,I}{2\,\pi}\,\frac{4\,a\,x\,y}{r^4} + \ldots$$

– und für

$$f(x) = \frac{x}{x^2+y^2} = \frac{x}{r^2}, \qquad f'(x) = \frac{1}{x^2+y^2} - \frac{2\,x^2}{(x^2+y^2)^2} = \frac{y^2-x^2}{r^4}$$

$$B_y \;=\; -\frac{\mu_0\,I}{2\,\pi}\,\frac{2\,a\,(x^2-y^2)}{r^4} + \ldots$$

Es liegt nahe, dieses Ergebnis wieder in Polar–Koordinaten bezüglich des Zentrums des Koordinaten–Systems zwischen den beiden Leitern umzuschreiben, also $x = r\,\cos\phi$ und $y = r\,\sin\phi$:

$$\boldsymbol{B} = \frac{\mu_0\,I}{2\,\pi}\,\frac{2\,a}{r^2}\,(-\boldsymbol{e}_x\,\sin 2\,\phi + \boldsymbol{e}_y\,\cos 2\,\phi)\,.$$

Das Feld $\boldsymbol{B}$ fällt im Fernbereich $\sim 1/r^2$ mit dem Abstand r ab. Es besitzt nicht mehr die Richtung des Einheits–Vektors $\boldsymbol{e}_\phi$ in Azimutal–Richtung. Sein Verlauf ist in der Abbildung E.9 skizziert.

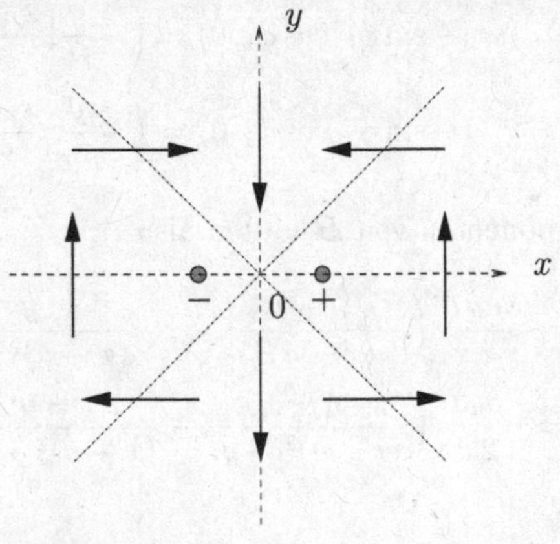

Abbildung E.9: Feldverlauf für zwei stromdurchflossene Leiter

Aufgabe 5.4

(a) Wir wählen ein Koordinaten–System mit dem Ursprung im Zentrum des kreisförmigen Leiters und mit der Symmetrie–Achse als z–Achse. Zu berechnen ist

$$\boldsymbol{B}(\boldsymbol{r}) = \frac{\mu_0}{4\pi} \oint d\boldsymbol{r}' \times \frac{\boldsymbol{r}-\boldsymbol{r}'}{|\boldsymbol{r}-\boldsymbol{r}'|^3},$$

worin $\boldsymbol{r}'$ die Orte auf dem kreisförmigen Leiter sind, also

$$\boldsymbol{r}' = R\,(\cos\phi\,\boldsymbol{e}_x + \sin\phi\,\boldsymbol{e}_y)\,, \qquad 0 \le \phi \le 2\pi.$$

Die Aufpunkte $\boldsymbol{r}$ sollen auf der z–Achse liegen, also $\boldsymbol{r} = z\,\boldsymbol{e}_z$. Damit wird

$$\begin{aligned}
\boldsymbol{r}-\boldsymbol{r}' &= -R\,(\cos\phi\,\boldsymbol{e}_x + \sin\phi\,\boldsymbol{e}_y) + z\,\boldsymbol{e}_z, \\
|\boldsymbol{r}-\boldsymbol{r}'| &= \left(R^2+z^2\right)^{1/2}, \\
d\boldsymbol{r}' &= R\,(-\sin\phi\,\boldsymbol{e}_x + \cos\phi\,\boldsymbol{e}_y)\,d\phi, \\
d\boldsymbol{r}' \times (\boldsymbol{r}-\boldsymbol{r}') &= \left(R\,z\,\cos\phi\,\boldsymbol{e}_x + R\,z\,\sin\phi\,\boldsymbol{e}_y + R^2\,\boldsymbol{e}_z\right)d\phi,
\end{aligned}$$

sodass

$$\begin{aligned}
\boldsymbol{B}(z) &= \frac{\mu_0\,I}{4\pi}\,\frac{R}{(R^2+z^2)^{3/2}} \int_0^{2\pi} d\phi\,(z\,\cos\phi\,\boldsymbol{e}_x + z\,\sin\phi\,\boldsymbol{e}_y + R\,\boldsymbol{e}_z) = \\
&= \frac{\mu_0\,I}{2}\,\frac{R^2}{(R^2+z^2)^{3/2}}\,\boldsymbol{e}_z.
\end{aligned}$$

(b) Jetzt wählen wir den Mittelpunkt zwischen den beiden kreisförmigen Leitern als Ursprung des Koordinaten–Systems, jedoch bleibe die Symmetrie–Achse die z–Achse. Dann lautet mit dem Ergebnis aus dem Teil (a) der Aufgabe die magnetische Flussdichte $\boldsymbol{B}$ auf der Symmetrie–Achse

$$\begin{aligned}
\boldsymbol{B}(z) &= \frac{\mu_0\,I}{2}\,R^2\,f(z)\,\boldsymbol{e}_z, \\
f(z) &= \left[R^2 + \left(z-a/2\right)^2\right]^{-3/2} + \left[R^2 + \left(z+a/2\right)^2\right]^{-3/2}.
\end{aligned}$$

Es ist $f(-z) = f(z)$, d.h., die Funktion $f(z)$ ist gerade. Darum hat ihre Taylor–Entwicklung nach dem Abstand z vom Ursprung (=Mittelpunkt) die Form

$$f(z) = f(0) + \frac{1}{2}\,f''(0)\,z^2 + \frac{1}{4!}\,f^{(4)}(0)\,z^4 + \ldots.$$

Unser Ziel ist es, a so zu wählen, dass $|f''(0)|$ möglichst klein wird.

$$f'(z) = -3\left(z-a/2\right)\left[R^2 + \left(z-a/2\right)^2\right]^{-5/2}$$

$$
\begin{aligned}
& -3\left(z+a/2\right)\left[R^2+\left(z+a/2\right)^2\right]^{-5/2}, \\
f''(z) &= 15\left(z-a/2\right)^2\left[R^2+\left(z-a/2\right)^2\right]^{-7/2} \\
& -3\left[R^2+\left(z-a/2\right)^2\right]^{-5/2} \\
& +15\left(z+a/2\right)^2\left[R^2+\left(z+a/2\right)^2\right]^{-7/2} \\
& -3\left[R^2+\left(z+a/2\right)^2\right]^{-5/2}, \\
f''(0) &= \frac{15}{2}a^2\left[R^2+a^2/4\right]^{-7/2}-6\left[R^2+a^2/4\right]^{-5/2}.
\end{aligned}
$$

Dieser Ausdruck kann durch die Wahl

$$
\frac{15}{2}a^2=6\left[R^2+a^2/4\right] \qquad \Longrightarrow \qquad a=R
$$

sogar zum Verschwinden gebracht werden. Das $\boldsymbol{B}$–Feld hat auf der Symmetrie–Achse dann die Form

$$
\boldsymbol{B}(z)=\frac{\mu_0\,I}{2}R^2\left[f(0)+O(z^4)\right]\boldsymbol{e}_z=\frac{\mu_0\,I}{R}\left[\left(\frac{4}{5}\right)^{3/2}+O(z^4)\right]\boldsymbol{e}_z.
$$

E.6 Zu Kapitel 6: Magnetische Feldgleichungen

E.6.1 Aufgaben

Aufgabe 6.1

Welches ist die allgemeinste Eichung des Vektor–Potentials für ein räumlich homogenes Feld der magnetischen Flussdichte $\boldsymbol{B}$?

Aufgabe 6.2

Bestimmen Sie das Vektor–Potential $\boldsymbol{A}(\boldsymbol{r})$ eines geradlinigen Leiters, der ∞–lang ist und vom Strom I durchflossen wird, indem Sie von dem bekannten Feld

$$
\boldsymbol{B}(\boldsymbol{r})=\frac{\mu_0\,I}{2\,\pi}\,\frac{1}{r}\,\boldsymbol{e}_\phi
$$

(r = senkrechter Abstand vom Draht, $\boldsymbol{e}_\phi$ = Einheitsvektor in Azimutal–Richtung, vgl. Skriptum zur Vorlesung) ausgehen und eine Lösung der Gleichung

$$\boldsymbol{B}(\boldsymbol{r}) = \frac{\partial}{\partial \boldsymbol{r}} \times \boldsymbol{A}(\boldsymbol{r})$$

aufsuchen. Lässt sich $\boldsymbol{A}(\boldsymbol{r})$ in diesem Fall auch aus der Darstellung

$$\boldsymbol{A}(\boldsymbol{r}) = \frac{\mu_0}{4\pi} \int d^3r' \, \frac{\boldsymbol{j}(\boldsymbol{r}')}{|\boldsymbol{r} - \boldsymbol{r}'|}$$

berechnen? (Betrachten Sie zunächst einen endlichen Leiter der Länge L und diskutieren Sie den Limes $L \to \infty$.)

Aufgabe 6.3

Die Ausdrücke

$$\Phi(\boldsymbol{r}) = \frac{1}{4\pi\epsilon_0}\frac{1}{r^3}\boldsymbol{p}\,\boldsymbol{r}, \qquad \boldsymbol{A}(\boldsymbol{r}) = \frac{\mu_0}{4\pi}\frac{1}{r^3}\boldsymbol{m} \times \boldsymbol{r}$$

für das skalare Potential Φ eines elektrischen Dipols $\boldsymbol{p}$ bzw. für das Vektor–Potential $\boldsymbol{A}$ eines magnetischen Dipols $\boldsymbol{m}$ legen nahe, die "komplementären" Potentiale

$$\boldsymbol{C}(\boldsymbol{r}) = \frac{1}{4\pi\epsilon_0}\frac{1}{r^3}\boldsymbol{p} \times \boldsymbol{r}, \qquad V(\boldsymbol{r}) = \frac{\mu_0}{4\pi}\frac{1}{r^3}\boldsymbol{m}\,\boldsymbol{r}$$

zu betrachten. Lassen sich die Felder $\boldsymbol{E}$ und $\boldsymbol{B}$ auch durch die Potentiale $\boldsymbol{C}$ und $\boldsymbol{V}$ darstellen? Hat eine solche Darstellung Auswirkungen auf die statischen Feld–Gleichungen?

Aufgabe 6.4

Es sei $\boldsymbol{M}(\boldsymbol{r})$ die räumliche Dichte von kontinuierlich im Raum verteilten magnetischen Dipolen, also

$$\boldsymbol{M}(\boldsymbol{r}) = \lim_{\Delta V \to 0} \frac{\Delta \boldsymbol{m}}{\Delta V},$$

worin $\Delta \boldsymbol{m}$ das im Volumen ΔV am Ort $\boldsymbol{r}$ enthaltene magnetische Dipol–Moment ist.

(a) Wie drückt sich das Vektor–Potential $\boldsymbol{A}(\boldsymbol{r})$ durch $\boldsymbol{M}(\boldsymbol{r})$ aus? (Randbedingung: verschwindendes Feld für $|\boldsymbol{r}| \to \infty$.)

(b) Lässt sich für diese Situation eine äquivalente Stromdichte $\boldsymbol{j}(\boldsymbol{r})$ angeben?

E.6.2 Lösungen der Aufgaben zu Kapitel 6

Aufgabe 6.1

Damit

$$\boldsymbol{B} = \frac{\partial}{\partial \boldsymbol{r}} \times \boldsymbol{A}(\boldsymbol{r}),$$

für ein ortsunabhängiges Feld $\boldsymbol{B}$, muss $\boldsymbol{A}(\boldsymbol{r})$ eine lineare Funktion sein:

$$A_\alpha(\boldsymbol{r}) = C_{\alpha\beta}\, x_\beta,$$

worin $C_{\alpha\beta}$ eine konstante Koeffizienten–Matrix ist. Diese muss die folgende Forderung erfüllen:

$$\left\{\frac{\partial}{\partial \boldsymbol{r}} \times \boldsymbol{A}(\boldsymbol{r})\right\}_\alpha = \epsilon_{\alpha\beta\gamma}\, \partial_\beta\, A_\gamma = \epsilon_{\alpha\beta\gamma}\, \partial_\beta\, C_{\gamma\mu}\, x_\mu = \epsilon_{\alpha\beta\gamma}\, C_{\gamma\beta} = B_\alpha.$$

Wir spalten $C_{\gamma\beta}$ in einen symmetrischen und einen antisymmetrischen Teil auf,

$$C_{\gamma\beta} = C^{(s)}_{\gamma\beta} + C^{(a)}_{\gamma\beta}, \qquad C^{(s)}_{\gamma\beta} = C^{(s)}_{\beta\gamma}, \qquad C^{(a)}_{\gamma\beta} = -C^{(a)}_{\beta\gamma},$$

und erkennen, dass der symmetrische Teil $C^{(s)}_{\gamma\beta}$ beliebig ist, weil $\epsilon_{\alpha\beta\gamma}\, C^{(s)}_{\gamma\beta} = 0$. Es bleibt also $\epsilon_{\alpha\beta\gamma}\, C^{(a)}_{\gamma\beta} = B_\alpha$ zu erfüllen. Durch Multiplikation (und Summation!) dieser Gleichung mit $\epsilon_{\alpha\mu\nu}$ und Verwendung der Multiplikations–Regeln für den Levi–Civita–Tensor folgt daraus

$$C^{(a)}_{\nu\mu} - C^{(a)}_{\mu\nu} = 2\, C^{(a)}_{\nu\mu} = \epsilon_{\alpha\mu\nu}\, B_\alpha.$$

Wenn – ohne Beschränkung der Allgemeinheit – $B_3 =: B,\ B_1 = B_2 = 0$, hat $C^{(a)}_{\nu\mu}$ die Gestalt

$$\left(C^{(a)}_{\nu\mu}\right) = \begin{pmatrix} 0 & -B/2 & 0 \\ B/2 & 0 & 0 \\ 0 & 0 & 0 \end{pmatrix}.$$

Das Ergebnis in allgemeiner Form lautet

$$\begin{aligned} A_\alpha &= C^{(s)}_{\alpha\beta}\, x_\beta + \frac{1}{2}\, \epsilon_{\gamma\beta\alpha}\, B_\gamma\, x_\beta = C^{(s)}_{\alpha\beta}\, x_\beta + \frac{1}{2}\, \epsilon_{\alpha\gamma\beta}\, B_\gamma\, x_\beta \\ &= C^{(s)}_{\alpha\beta}\, x_\beta + \frac{1}{2}\, \{\boldsymbol{B} \times \boldsymbol{r}\}_\alpha . \end{aligned}$$

Aufgabe 6.2

Wir schreiben

$$\boldsymbol{B}(\boldsymbol{r}) = \frac{\mu_0 I}{2\pi}\,\boldsymbol{b}(\boldsymbol{r}), \qquad \boldsymbol{b}(\boldsymbol{r}) = \frac{1}{r}\,\boldsymbol{e}_\phi.$$

Wir wählen ein kartesisches Koordinaten–System, dessen z–Achse im Leiter liegt. Der senkrechte Abstand zum Leiter lautet dann $r = \sqrt{x^2 + y^2}$. Die Komponenten des Einheitsvektors $\boldsymbol{e}_\phi$ in Azimutal–Richtung lauten

$$\boldsymbol{e}_\phi : \quad (-\sin\phi, \cos\phi, 0)$$

worin $\cos\phi = x/r$ und $\sin\phi = y/r$, also

$$\boldsymbol{b}(\boldsymbol{r}) : \quad \left(-\frac{\sin\phi}{r}, \frac{\cos\phi}{r}, 0\right) = \left(-\frac{y}{x^2+y^2}, \frac{x}{x^2+y^2}, 0\right).$$

Zu lösen ist also

$$\left.\begin{aligned} -\frac{y}{x^2+y^2} &= \frac{\partial a_z}{\partial y} - \frac{\partial a_y}{\partial z}, \\ \frac{x}{x^2+y^2} &= \frac{\partial a_x}{\partial z} - \frac{\partial a_z}{\partial x}, \\ 0 &= \frac{\partial a_y}{\partial x} - \frac{\partial a_x}{\partial y} \end{aligned}\right\} \qquad \boldsymbol{A}(\boldsymbol{r}) =: \frac{\mu_0 I}{2\pi}\,\boldsymbol{a}(\boldsymbol{r}).$$

Hieraus lässt sich $\boldsymbol{a}(\boldsymbol{r})$ nicht eindeutig, sondern nur bis auf eine Umeichung bestimmen. Es liegt nahe, $a_x = a_y = 0$ zu wählen, so dass

$$-\frac{y}{x^2+y^2} = \frac{\partial a_z}{\partial y}, \qquad \frac{x}{x^2+y^2} = -\frac{\partial a_z}{\partial x}$$

mit der Lösung

$$a_z = -\frac{1}{2}\ln(x^2+y^2) = -\ln r, \qquad \boldsymbol{A}(\boldsymbol{r}) = -\frac{\mu_0 I}{2\pi}\ln r\,\boldsymbol{e}_z.$$

Die Integral–Darstellung für $\boldsymbol{A}(\boldsymbol{r})$ lautet für einen stromdurchflossenen Draht

$$\boldsymbol{A}(\boldsymbol{r}) = \frac{\mu_0 I}{4\pi}\int_L \frac{d\boldsymbol{r}'}{|\boldsymbol{r}-\boldsymbol{r}'|},$$

vgl. Skriptum zur Vorlesung. Mit der obigen Wahl von Koordinaten wird $d\boldsymbol{r}' = dz'\,\boldsymbol{e}_z$, sodass $\boldsymbol{A}(\boldsymbol{r})$ nur eine Komponente in z–Richtung besitzt. Außerdem ist mit der obigen Schreibweise $|\boldsymbol{r}-\boldsymbol{r}'| = \sqrt{r^2+z'^2}$. Für einen Draht der Länge L wird also

$$\boldsymbol{A}(\boldsymbol{r}) = \frac{\mu_0 I}{2\pi}\,a_z\,\boldsymbol{e}_z, \qquad a_z = \frac{1}{2}\int_{-L/2}^{L/2}\frac{dz'}{\sqrt{r^2+z'^2}}.$$

Mit der Substitution $z' = r\,\mathrm{Ar\,sinh}\,\xi$ erhalten wir nach elementarer Rechnung

$$a_z = \mathrm{Ar\,sinh}\,\frac{L}{2\,r} = \ln\left(\sqrt{\frac{L^2}{4\,r^2}+1}+\frac{L}{2\,r}\right).$$

Für $L \to \infty$ wird

$$\sqrt{\frac{L^2}{4\,r^2}+1} \to \frac{L}{2\,r}, \qquad a_z \to \ln\frac{L}{r}.$$

Die Eigenschaft von $\boldsymbol{a}(\boldsymbol{r})$ als Vektor–Potential ändert sich nicht, wenn seine Komponenten um additive Konstanten verändert werden. Wir subtrahieren deshalb $\ln L$ von dem obigen Ergebnis und erhalten

$$a_z \to -\ln r,$$

gleichlautend mit dem Ergebnis des ersten Lösungswegs.

Aufgabe 6.3

Es liegt zunächst einmal nahe, die Rotation des Vektor–Potentials $\boldsymbol{C}$ zu berechnen. Mit den üblichen Regeln für die Differentiation und für den Levi–Civita–Tensor wird

$$\begin{aligned}\left(\frac{\partial}{\partial \boldsymbol{r}} \times \boldsymbol{C}(\boldsymbol{r})\right)_\alpha &= \frac{1}{4\,\pi\,\epsilon_0}\,\epsilon_{\alpha\beta\gamma}\,\partial_\beta\,\epsilon_{\gamma\mu\nu}\,\frac{1}{r^3}\,p_\mu\,x_\nu \\ &= \frac{1}{4\,\pi\,\epsilon_0}\,\partial_\beta\left[\frac{1}{r^3}\,(p_\alpha\,x_\beta - p_\beta\,x_\alpha)\right] \\ &= \frac{1}{4\,\pi\,\epsilon_0}\,\frac{1}{r^5}\,\left[3\,(\boldsymbol{p}\,\boldsymbol{r})\,x_\alpha - r^2\,p_\alpha\right]\end{aligned}$$

bzw.

$$\frac{\partial}{\partial \boldsymbol{r}} \times \boldsymbol{C}(\boldsymbol{r}) = \frac{1}{4\,\pi\,\epsilon_0}\,\frac{1}{r^5}\,\left[3\,(\boldsymbol{p}\,\boldsymbol{r})\,\boldsymbol{r} - r^2\,\boldsymbol{p}\right].$$

Die Berechnung des elektrischen Feldes $\boldsymbol{E}$ aus dem skalaren Potential Φ ergibt

$$E_\alpha = -\partial_\alpha\,\Phi = -\frac{1}{4\,\pi\,\epsilon_0}\,\partial_\alpha\left(\frac{1}{r^3}\,\boldsymbol{p}\,\boldsymbol{r}\right) = \frac{1}{4\,\pi\,\epsilon_0}\,\frac{1}{r^5}\,\left[3\,(\boldsymbol{p}\,\boldsymbol{r})\,x_\alpha - r^2\,p_\alpha\right],$$

also

$$\boldsymbol{E} = \frac{\partial}{\partial \boldsymbol{r}} \times \boldsymbol{C}(\boldsymbol{r}).$$

Diese Darstellung von $\boldsymbol{E}$ als Wirbelfeld hat zur Konsequenz, dass

$$\frac{\partial}{\partial \boldsymbol{r}}\,\boldsymbol{E}(\boldsymbol{r}) = 0,$$

also eine verschwindende elektrische Ladungsdichte $\rho(\boldsymbol{r}) = 0$. Allerdings gelten alle obigen Rechnungen nur für $r \neq 0$, also außerhalb des Ortes des elektrischen Dipols $\boldsymbol{p}$. Dort verschwindet die elektrische Ladungsdichte tatsächlich.

Für den magnetischen Fall zeigen wir ganz analog

$$\boldsymbol{B}(\boldsymbol{r}) = -\frac{\partial}{\partial \boldsymbol{r}} V(\boldsymbol{r}),$$

woraus

$$\frac{\partial}{\partial \boldsymbol{r}} \times \boldsymbol{B}(\boldsymbol{r}) = 0,$$

also verschwindende elektrische Stromdichte außerhalb des magnetischen Dipols folgt.

Aufgabe 6.4

(a) Aus der Beziehung

$$\boldsymbol{A}(\boldsymbol{r}) = \frac{\mu_0}{4\pi} \frac{1}{r^3} \boldsymbol{m} \times \boldsymbol{r}$$

für das Vektor–Potential eines magnetischen Dipol–Moments $\boldsymbol{m}$, das sich am Ort $\boldsymbol{r}' = 0$ befindet, folgt für das Vektor–Potential des magnetischen Dipol–Moments $\Delta\boldsymbol{m} = \boldsymbol{M}(\boldsymbol{r}')\,\Delta V$, das sich am Ort $\boldsymbol{r}'$ befindet,

$$\Delta\boldsymbol{A}(\boldsymbol{r}) = \frac{\mu_0}{4\pi} \frac{1}{|\boldsymbol{r} - \boldsymbol{r}'|^3} \boldsymbol{M}(\boldsymbol{r}') \times (\boldsymbol{r} - \boldsymbol{r}')\,\Delta V,$$

und daraus weiter durch Überlagerung aller magnetischen Dipol–Momente

$$\boldsymbol{A}(\boldsymbol{r}) = \frac{\mu_0}{4\pi} \int d^3r' \, \frac{1}{|\boldsymbol{r} - \boldsymbol{r}'|^3} \boldsymbol{M}(\boldsymbol{r}') \times (\boldsymbol{r} - \boldsymbol{r}')\,.$$

(b) Es ist

$$\frac{\boldsymbol{r} - \boldsymbol{r}'}{|\boldsymbol{r} - \boldsymbol{r}'|^3} = -\frac{\partial}{\partial \boldsymbol{r}} \frac{1}{|\boldsymbol{r} - \boldsymbol{r}'|} = \frac{\partial}{\partial \boldsymbol{r}'} \frac{1}{|\boldsymbol{r} - \boldsymbol{r}'|},$$

sodass

$$\boldsymbol{A}(\boldsymbol{r}) = \frac{\mu_0}{4\pi} \int d^3r' \, \boldsymbol{M}(\boldsymbol{r}') \times \left(\frac{\partial}{\partial \boldsymbol{r}'} \frac{1}{|\boldsymbol{r} - \boldsymbol{r}'|} \right).$$

Wir führen eine partielle Integration durch, die sich auf die Produkt–Regel

$$\frac{\partial}{\partial \boldsymbol{r}'} \times \left(\frac{\boldsymbol{M}(\boldsymbol{r}')}{|\boldsymbol{r}-\boldsymbol{r}'|} \right) = \frac{1}{|\boldsymbol{r}-\boldsymbol{r}'|} \frac{\partial}{\partial \boldsymbol{r}'} \times \boldsymbol{M}(\boldsymbol{r}') + \left(\frac{\partial}{\partial \boldsymbol{r}'} \frac{1}{|\boldsymbol{r}-\boldsymbol{r}'|} \right) \times \boldsymbol{M}(\boldsymbol{r}')$$

stützt, und erhalten unter der Annahme, dass $\boldsymbol{m}(\boldsymbol{r}') \to 0$ für $|\boldsymbol{r}'| \to \infty$,

$$\boldsymbol{A}(\boldsymbol{r}) = \frac{\mu_0}{4\pi} \int d^3r' \, \frac{1}{|\boldsymbol{r}-\boldsymbol{r}'|} \frac{\partial}{\partial \boldsymbol{r}'} \times \boldsymbol{M}(\boldsymbol{r}').$$

Aus diesem Ergebnis lesen wir ab, dass die Situation äquivalent durch eine Stromdichte

$$\boldsymbol{j}(\boldsymbol{r}') = \frac{\partial}{\partial \boldsymbol{r}'} \times \boldsymbol{M}(\boldsymbol{r}')$$

beschreibbar ist.

E.7 Zu Kapitel 7: Die Maxwellschen Gleichungen

E.7.1 Aufgaben

Aufgabe 7.1

Im Abschnitt 7.4.2 hatten wir die Wellengleichungen für die Felder $\boldsymbol{E}$ und $\boldsymbol{B}$ unter Rückgriff auf die Wellengleichungen für die Potentiale Φ und $\boldsymbol{A}$ hergeleitet. Die Wellengleichungen für die Felder $\boldsymbol{E}$ und $\boldsymbol{B}$ lassen sich aber auch direkt aus den Maxwellschen Gleichungen ohne Verwendung von Potentialen herleiten. Führen Sie diese Herleitung durch.

Aufgabe 7.2

Eine kreisförmige Leiterschleife mit dem Radius R bewegt sich mit konstanter Geschwindigkeit v senkrecht zu ihrer Ebene im Feld eines magnetischen Dipols $\boldsymbol{m}$. Die Bahn des Zentrums der Leiterschleife verläuft durch $\boldsymbol{m}$, vgl. Abbildung E.10. Berechnen Sie die in der Leiterschleife induzierte Spannung $\Delta U(t)$ und skizzieren Sie deren zeitlichen Verlauf.

Aufgabe 7.3

Eine beliebig geformte, aber ebene Leiterschleife L rotiert in einem homogenen $\boldsymbol{B}$–Feld mit konstanter Winkelgeschwindigkeit ω um eine feste Achse, an der sie an zwei

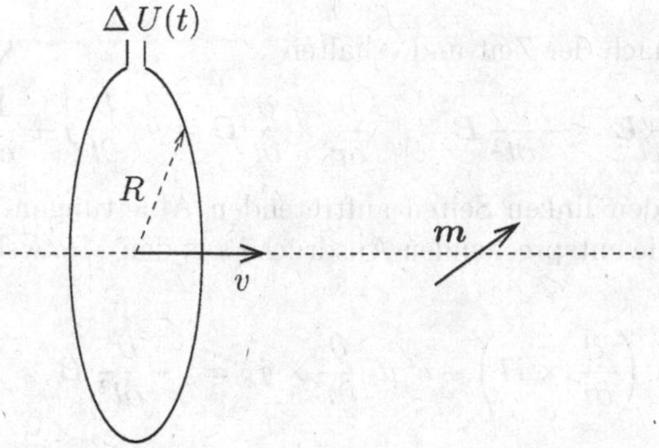

Abbildung E.10: Kreisförmige Leiterschleife und magnetisches Moment

Punkten fixiert ist. (Die Achse liegt also stets in der Ebene von L.) Bestimmen Sie, von welchen Parametern die in L induzierte Spannung $\Delta U(t)$ abhängt.

Aufgabe 7.4

Eine an beiden Enden eingespannte Metallsaite der Länge L schwingt in einer Ebene senkrecht zu einem homogenen $\boldsymbol{B}$–Feld. Welche Spannung wird an den Enden der leitenden Saite induziert?

Hinweis: Die Auslenkung $u(x,t)$ am Ort x der Saite zur Zeit t ist Lösung der Wellengleichung

$$\left(\frac{\partial^2}{\partial x^2} - \frac{1}{a^2}\frac{\partial^2}{\partial t^2}\right) u(x,t) = 0,$$

worin a die Ausbreitungs–Geschwindigkeit von Wellen auf der Saite ist. Formulieren Sie die allgemeine Lösung $u(x,t)$ für die eingespannte Saite und bestimmen Sie daraus die induzierte Spannung $\Delta U(t)$.

E.7.2 Lösungen der Aufgaben zu Kapitel 7

Aufgabe 7.1

Die beiden Maxwellschen Gleichungen für die Rotationen von $\boldsymbol{E}$ und $\boldsymbol{B}$,

$$\frac{\partial}{\partial \boldsymbol{r}} \times \boldsymbol{E} = -\frac{\partial}{\partial t}\boldsymbol{B}, \qquad \frac{\partial}{\partial \boldsymbol{r}} \times \boldsymbol{B} = \mu_0\, \boldsymbol{j} + \frac{1}{c^2}\frac{\partial}{\partial t}\boldsymbol{E}$$

differenzieren wir nach der Zeit und erhalten

$$\frac{\partial}{\partial \boldsymbol{r}} \times \frac{\partial}{\partial t} \boldsymbol{E} = -\frac{\partial^2}{\partial t^2} \boldsymbol{B}, \qquad \frac{\partial}{\partial \boldsymbol{r}} \times \frac{\partial}{\partial t} \boldsymbol{B} = \mu_0 \frac{\partial}{\partial t} \boldsymbol{j} + \frac{1}{c^2} \frac{\partial^2}{\partial t^2} \boldsymbol{E}.$$

Für die darin auf den linken Seiten auftretenden Ableitungen $\partial \boldsymbol{E}/\partial t$ und $\partial \boldsymbol{B}/\partial t$ setzen wir wieder die entsprechenden Ausdrücke aus den Maxwellschen Gleichungen ein:

$$c^2 \frac{\partial}{\partial \boldsymbol{r}} \times \left(\frac{\partial}{\partial \boldsymbol{r}} \times \boldsymbol{B} \right) - c^2 \mu_0 \frac{\partial}{\partial \boldsymbol{r}} \times \boldsymbol{j} = -\frac{\partial^2}{\partial t^2} \boldsymbol{B},$$

$$-\frac{\partial}{\partial \boldsymbol{r}} \times \left(\frac{\partial}{\partial \boldsymbol{r}} \times \boldsymbol{E} \right) = \mu_0 \frac{\partial}{\partial t} \boldsymbol{j} + \frac{1}{c^2} \frac{\partial^2}{\partial t^2} \boldsymbol{E}.$$

In einem nächsten Schritt machen wir von der bereits mehrfach im Text verwendeten Beziehung

$$\frac{\partial}{\partial \boldsymbol{r}} \times \left(\frac{\partial}{\partial \boldsymbol{r}} \times \boldsymbol{E} \right) = \frac{\partial}{\partial \boldsymbol{r}} \left(\frac{\partial}{\partial \boldsymbol{r}} \boldsymbol{E} \right) - \Delta \boldsymbol{E}$$

Gebrauch, gleichlautend für $\boldsymbol{B}$, verwenden die beiden Maxwellschen Gleichungen mit den Divergenzen für $\boldsymbol{E}$ und $\boldsymbol{B}$,

$$\frac{\partial}{\partial \boldsymbol{r}} \boldsymbol{E} = \frac{1}{\epsilon_0} \rho, \qquad \frac{\partial}{\partial \boldsymbol{r}} \boldsymbol{B} = 0,$$

und erhalten die Wellengleichungen

$$\left(\Delta - \frac{1}{c^2} \frac{\partial^2}{\partial t^2} \right) \boldsymbol{E} = \Box \boldsymbol{E} = \frac{1}{\epsilon_0} \frac{\partial}{\partial \boldsymbol{r}} \rho + \mu_0 \frac{\partial}{\partial t} \boldsymbol{j},$$

$$\left(\Delta - \frac{1}{c^2} \frac{\partial^2}{\partial t^2} \right) \boldsymbol{B} = \Box \boldsymbol{B} = \mu_0 \frac{\partial}{\partial \boldsymbol{r}} \times \boldsymbol{j},$$

gleichlautend mit den Ergebnissen im Abschnitt 7.4.2.

Aufgabe 7.2

Zur Berechnung des magnetischen Flusses Ψ durch die Leiterschleife verwenden wir den Stokesschen Integralsatz, sodass

$$\Psi = \int_F d\boldsymbol{f}\, \boldsymbol{B} = \int_F d\boldsymbol{f}\, \frac{\partial}{\partial \boldsymbol{r}} \times \boldsymbol{A} = \oint_{\partial F} d\boldsymbol{r}\, \boldsymbol{A},$$

worin F die von der Leiterschleife berandete Kreisfläche und ∂F deren Rand, also die Schleife selbst ist. Das Vektorpotential eines magnetischen Dipols $\boldsymbol{m}$ lautet

$$\boldsymbol{A}(\boldsymbol{r}) = \frac{\mu_0}{4\,\pi} \frac{1}{r^3} \boldsymbol{m} \times \boldsymbol{r}.$$

Wir wählen ein Koordinaten–System mit dem Ursprung in $\boldsymbol{m}$ und der z–Achse in der Bewegungsrichtung der Leiterschleife. Wir parametrisieren die Orte $\boldsymbol{r}$ auf der Leiterschleife durch den Winkel ϕ im Zentrum der Schleife, sodass

$$\begin{aligned}
\boldsymbol{r} &= R\cos\phi\,\boldsymbol{e}_x + R\sin\phi\,\boldsymbol{e}_y + v\,t\,\boldsymbol{e}_z, \qquad 0 \leq \phi \leq 2\pi, \\
r &= |\boldsymbol{r}| = \left[R^2 + v^2\,t^2\right]^{1/2}, \\
d\boldsymbol{r} &= (-R\sin\phi\,\boldsymbol{e}_x + R\cos\phi\,\boldsymbol{e}_y)\,d\phi, \\
\boldsymbol{m}\times\boldsymbol{r} &= (m_y\,v\,t - m_z\,R\sin\phi)\,\boldsymbol{e}_x + (m_z\,R\cos\phi - m_x\,v\,t)\,\boldsymbol{e}_y + \\
&\quad + (m_x\,R\sin\phi - m_y\,R\cos\phi)\,\boldsymbol{e}_z, \\
d\boldsymbol{r}\,(\boldsymbol{m}\times\boldsymbol{r}) &= R\,(m_x\,v\,t\cos\phi - m_y\,v\,t\sin\phi + R\,m_z)\,d\phi.
\end{aligned}$$

Man beachte, dass sich das Differential $d\boldsymbol{r}$ hier auf die Linien–Integration über die Leiterschleife bezieht, nicht etwa auf die Bewegung der Schleife. Diese Integration (über ϕ von $\phi = 0$ bis $\phi = 2\pi$) liefert

$$\begin{aligned}
\Psi &= \frac{\mu_0}{4\pi}\left[R^2 + v^2\,t^2\right]^{-3/2} R\int_0^{2\pi} d\phi\,(m_x\,v\,t\cos\phi - m_y\,v\,t\sin\phi + R\,m_z) = \\
&= \frac{1}{2}\,\mu_0\,R^2\,m_z\left[R^2 + v^2\,t^2\right]^{-3/2}.
\end{aligned}$$

Die Komponenten m_x, m_y in der Ebene der Leiterschleife geben keinen Beitrag zum magnetischen Fluss. Die in der Schleife induzierte Spannung wird

$$\Delta U(t) = -\frac{\partial\Psi}{\partial t} = \frac{3}{2}\,\mu_0\,R^2\,m_z\,\frac{v^2\,t}{[R^2 + v^2\,t^2]^{5/2}}.$$

Der gesamte Bewegungsablauf verläuft von $t = -\infty$ bis $t = +\infty$. Der Verlauf von $\Delta U(t)$ ist in der Abbildung E.11 skizziert.

Aufgabe 7.3

In der Abbildung E.12 ist als Zeichenebene diejenige Ebene dargestellt, die von $\boldsymbol{B}$ und dem Vektor $\boldsymbol{\omega}$ aufgespannt wird. (Der Vektor $\boldsymbol{\omega}$ hat die Richtung der Drehachse und die Länge ω =Winkelgeschwindigkeit.) Die beiden Vektoren $\boldsymbol{B}$ und ω schließen den Winkel α ein. Wenn $\alpha = \pi/2$ (rechter Winkel) ist, also $\boldsymbol{B}$ die Lage von $\boldsymbol{B}_\perp$ in der Abbildung hat, dann gibt es im Zeitablauf der Rotation von L periodisch wiederkehrende Zeitpunkte, zu denen die Flächennormale $\boldsymbol{n}$ der von L berandeten Fläche F parallel zu $\boldsymbol{B}$ ist. Dann hat der magnetische Fluss durch L den Wert $\Psi_0 = B\,F$. Zu allen anderen Zeitpunkten schließen die Flächennormale $\boldsymbol{n}$ und $\boldsymbol{B}$ den Winkel $\omega\,t$ ein, sodass

$$\Psi_\perp(t) = \Psi_0\,\cos\omega\,t = B\,F\,\cos\omega\,t.$$

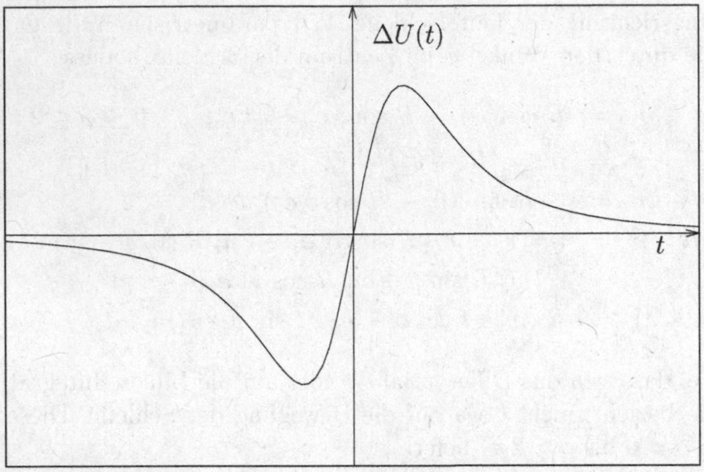

Abbildung E.11: Zeitlicher Verlauf der induzierten Spannung

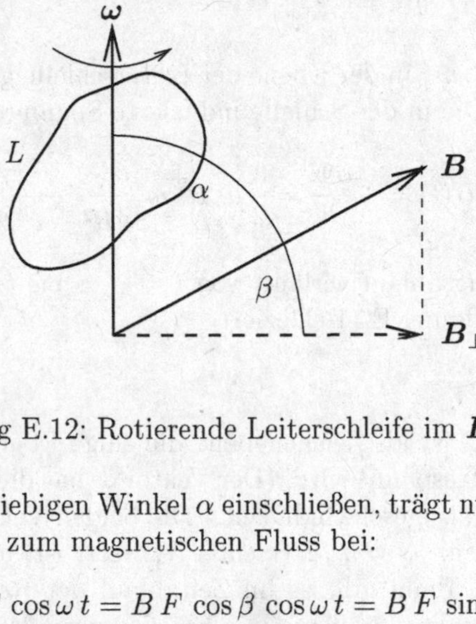

Abbildung E.12: Rotierende Leiterschleife im $\boldsymbol{B}$–Feld

Wenn $\boldsymbol{B}$ und $\boldsymbol{\omega}$ einen beliebigen Winkel α einschließen, trägt nur die zu $\boldsymbol{\omega}$ senkrechte Komponente $\boldsymbol{B}_\perp$ von $\boldsymbol{B}$ zum magnetischen Fluss bei:

$$\Psi(t) = B_\perp F \cos\omega t = B F \cos\beta \cos\omega t = B F \sin\alpha \cos\omega t.$$

Die in der Schleife L induzierte Spannung ist also

$$\Delta U(t) = -\frac{d}{dt}\Psi = \omega B F \sin\alpha \sin\omega t.$$

Aufgabe 7.4

Wir wählen die x–Skala derart, dass $x = 0$ und $x = L$ die eingespannten Enden der Saite sind. Dann muss die allgemeine Lösung der Wellengleichung die Randbedingungen $u(0,t) = 0$ und $u(L,t) = 0$ erfüllen. Das erreichen wir mit dem Ansatz

$$u(x,t) = A(t)\,\sin k\,x.$$

$u(0,t) = 0$ ist identisch erfüllt. Damit $u(L,t) = 0$, muss $\sin k\,L = 0$ bzw.

$$k\,L = n\,\pi, \qquad k = \frac{n\,\pi}{L}, \qquad n = 1, 2, 3, \ldots$$

gewählt werden. Einsetzen des Ansatz in die Wellengleichung führt auf

$$\ddot{A}(t) = -\left(\frac{n\,\pi\,a}{L}\right)^2 A(t)$$

mit der allgemeinen Lösung

$$A(t) = A_k(t) = A_n\,\sin\left(\frac{n\,\pi\,a}{L}\,t + \alpha_n\right),$$

worin A_n eine beliebige Amplitude und α_n eine beliebige Phase sind, die durch die Anfangs–Bedingungen bestimmbar sind. Die allgemeine Lösung für die Auslenkungen $u(x,t)$ erhalten wir wegen der Linearität der Wellengeleichung durch Überlagerung der obigen Lösungen:

$$u(x,t) = \sum_{n=1}^{\infty} A_n\,\sin\left(\frac{n\,\pi\,a}{L}\,t + \alpha_n\right)\,\sin\left(\frac{n\,\pi}{L}\,x\right).$$

Mit diesem Ergebnis betrachten wir den eigentlichen Induktions–Vorgang. Es sei Δx ein infinitesimales Element der Saite. Innerhalb des Zeitintervalls dt überstreicht es eine Fläche $\Delta x\,v\,dt$, worin $v = \partial u(x,t)/\partial t$ seine Geschwindigkeit ist. Die Bewegung von Δx ist also mit einer Änderungs–Geschwindigkeit

$$\frac{d(\Delta\Psi)}{dt} = B\,\frac{\partial u(x,t)}{\partial t}\,\Delta x$$

des magnetischen Flusses verknüpft, für die gesamte Saite

$$\frac{d\Psi}{dt} = B\int_0^L dx\,\frac{\partial u(x,t)}{\partial t}.$$

Mit dieser x–Integration werden zugleich die in den Elementen Δx induzierten Spannung linear überlagert. Aus dem obigen Ergebnis für $u(x,t)$ berechnen wir

$$\frac{\partial u(x,t)}{\partial t} = \sum_{n=1}^{\infty} A_n\,\frac{n\,\pi\,a}{L}\,\cos\left(\frac{n\,\pi\,a}{L}\,t + \alpha_n\right)\,\sin\left(\frac{n\,\pi}{L}\,x\right),$$

$$\begin{aligned}
\int_0^L dx\, \frac{\partial u(x,t)}{\partial t} &= a \sum_{n=1}^{\infty} A_n \cos\left(\frac{n\,\pi\,a}{L}\,t + \alpha_n\right) \left[-\cos\left(\frac{n\,\pi}{L}\,x\right)\right]_0^L , \\
\left[-\cos\left(\frac{n\,\pi}{L}\,x\right)\right]_0^L &= 1 - \cos n\,\pi = \left\{ \begin{array}{ll} 2 & n = 2\,m+1, \\ 0 & n = 2\,(m+1) \end{array} \right\}, \qquad m = 0,1,2,\ldots, \\
\Delta U(t) &= -\frac{d\Psi}{dt} = -2\,a\,B \sum_{m=0}^{\infty} A_m \cos\left[\frac{(2\,m+1)\,\pi\,a}{L}\,t + \alpha_m\right].
\end{aligned}$$

Zur induzierten Spannung tragen nur die Moden mit einer ungeraden Anzahl von Wellenbergen (bzw. –tälern) längs der Saite bei; bei einer Mode mit einer geraden Anzahl von Wellenbergen (bzw. –tälern) heben sich die Beiträge von Paaren von Wellenbergen mit entgegengesetzten Vorzeichen gegeneinander auf.

E.8 Zu Kapitel 8: Bilanz–Gleichungen

E.8.1 Aufgaben

Aufgabe 8.1

In einem (schwach) leitfähigen Material bestehe zur Zeit $t = 0$ eine Ladungsverteilung $\rho(\boldsymbol{r}, 0)$. Zeigen Sie, dass die Ladungsverteilung mit $t \to \infty$ verschwindet. Wo bleibt die "verschwundene" Ladung?

Hinweis: In dem leitfähigen Material soll das Ohmsche Gesetz $\boldsymbol{j} = \sigma\,\boldsymbol{E}$ gelten, σ =spezifische Leitfähigkeit. Ferner soll das Material räumlich homogen sein. In dem Material sei das elektrische Feld durch die modifizierte Maxwellsche Gleichung

$$\epsilon\,\epsilon_0\,\frac{\partial}{\partial \boldsymbol{r}}\,\boldsymbol{E} = \rho$$

mit den elektrischen Ladungen verknüpft, worin ϵ die (dimensionslose) *Dielektrizitäts-Konstante* ist, vgl. Kapitel 14.

Aufgabe 8.2

Es sei ρ eine stationäre elektrische Ladungsdichte, d.h., es sei $\partial\rho/\partial t = 0$. Welche Form kann dann eine zugehörige elektrische Flussdichte $\boldsymbol{j}(\boldsymbol{r}, t)$ haben, wenn

(a) $\boldsymbol{j}(\boldsymbol{r}, t)$ überall dieselbe Richtung besitzt,

(b) $\boldsymbol{j}(\boldsymbol{r},t)$ ein radiales Strömungsfeld darstellt, also $\boldsymbol{j}(\boldsymbol{r},t) \propto \boldsymbol{r}$?

Aufgabe 8.3

Im Abschnitt 7.2 haben wir die statischen Feldgleichungen zu den dynamischen Maxwellschen Gleichungen erweitert. Allein mit den Argumenten, dass die dynamischen Gleichungen linear und invariant gegen C, P und T sein sollten, erhielten wir

$$\frac{\partial}{\partial \boldsymbol{r}} \times \boldsymbol{E} - a\,\frac{\partial}{\partial t}\boldsymbol{B} = 0, \qquad \frac{\partial}{\partial \boldsymbol{r}} \times \boldsymbol{B} - b\,\frac{\partial}{\partial t}\boldsymbol{E} = \mu_0\,\boldsymbol{j},$$

$$\frac{\partial}{\partial \boldsymbol{r}}\boldsymbol{E} = \frac{1}{\epsilon_0}\rho, \qquad \frac{\partial}{\partial \boldsymbol{r}}\boldsymbol{B} = 0.$$

Aus der Forderung der Erhaltung der elektrischen Ladung ergab sich die Konstante $b = \epsilon_0\,\mu_0$, aus der Forderung der Relativität und der statisch bekannten Form der Lorentz–Kraft auch für die dynamische Theorie ergab sich die Konstante $a = -1$.

Zeigen Sie: $a = -1$ lässt sich auch damit begründen, dass die Impuls–Bilanz des Feldes zur bekannten Form der Lorentz–Kraft führt.

E.8.2 Lösungen der Aufgaben zu Kapitel 8

Aufgabe 8.1

In der Kontinuitäts–Gleichung für die elektrische Ladung,

$$\frac{\partial}{\partial t}\rho + \frac{\partial}{\partial \boldsymbol{r}}\boldsymbol{j} = 0,$$

wird mit dem Ohmsche Gesetz

$$\frac{\partial}{\partial \boldsymbol{r}}\boldsymbol{j} = \frac{\partial}{\partial \boldsymbol{r}}(\sigma\,\boldsymbol{E}) = \sigma\,\frac{\partial}{\partial \boldsymbol{r}}\boldsymbol{E},$$

weil σ =const in einem räumlich homogenen Material. Mit der modifizierten Maxwellschen Gleichung

$$\epsilon\,\epsilon_0\,\frac{\partial}{\partial \boldsymbol{r}}\boldsymbol{E} = \rho$$

erhalten wir schließlich

$$\frac{\partial}{\partial t}\rho = -\frac{\sigma}{\epsilon\,\epsilon_0}\rho$$

mit der Lösung

$$\rho(\boldsymbol{r},t)=\rho(\boldsymbol{r},0)\,\exp\left(-\frac{\sigma}{\epsilon\,\epsilon_0}\,t\right).$$

Die Ladungsdichte verschwindet exponentiell mit $t\to\infty$. Die "verschwundene" elektrische Ladung fließt nach außen ab, bis sie die Grenzflächen des Materials erreicht, wo sie sich als Oberflächen–Ladung ansammelt.

Aufgabe 8.2

Wegen der Erhaltung der elektrischen Ladung muss wegen $\partial\rho/\partial t=0$ in jedem Fall

$$\frac{\partial}{\partial \boldsymbol{r}}\,\boldsymbol{j}(\boldsymbol{r},t)=0$$

sein.

(a) In diesem Fall wählen wir ein Koordinaten–System derart, dass $\boldsymbol{j}(\boldsymbol{r},t)$ überall die x–Richtung besitzt:

$$\boldsymbol{j}(\boldsymbol{r},t)=j_x(\boldsymbol{r},t)\,\boldsymbol{e}_x.$$

Damit wird

$$\frac{\partial}{\partial \boldsymbol{r}}\,\boldsymbol{j}(\boldsymbol{r},t)=\frac{\partial}{\partial x}\,j_x(\boldsymbol{r},t).$$

Die Divergenz verschwindet, wenn $j_x(\boldsymbol{r},t)$ nicht mehr von x abhängt. Eine Abhängigkeit von den anderen Koordinaten y,z und von der Zeit t darf aber noch auftreten, d.h., die allgemeine Lösung lautet hier

$$j_x=j_x(y,z,t),\qquad \boldsymbol{j}(\boldsymbol{r},t)=j_x(y,z,t)\,\boldsymbol{e}_x.$$

(b) Wir wählen Kugelkoordinaten, sodass hier

$$\boldsymbol{j}(\boldsymbol{r},t)=j(\boldsymbol{r},t)\,\boldsymbol{e}_r,$$

worin $\boldsymbol{e}_r$ der Einheitsvektor in radialer Richtung ist. Die Divergenz dieses Flussdichte–Feldes lautet in Kugelkoordinaten

$$\frac{\partial}{\partial \boldsymbol{r}}\,\boldsymbol{j}(\boldsymbol{r},t)=\frac{1}{r^2}\,\frac{\partial}{\partial r}\,\left(r^2\,j(\boldsymbol{r},t)\right).$$

Die Divergenz verschwindet, wenn

$$\frac{\partial}{\partial r}\,\left(r^2\,j(\boldsymbol{r},t)\right)=0,\qquad r^2\,j(\boldsymbol{r},t)=\text{ unabhängig von } r,$$

jedoch darf der Ausdruck rechts von den anderen Kugelkoordinaten θ,ϕ und von der Zeit abhängen, also

$$r^2\,j(\boldsymbol{r},t)=k(\theta,\phi,t),\qquad \boldsymbol{j}(\boldsymbol{r},t)=\frac{k(\theta,\phi,t)}{r^2}\,\boldsymbol{e}_r.$$

Aufgabe 8.3

Wir haben die Umformungen des Abschnitts 8.3 mit einer noch unbekannten Konstante a durchzuführen. Das führt schließlich unter Verwendung der dortigen Rechnungen auf

$$\left\{\frac{\partial}{\partial t}\boldsymbol{D}\times\boldsymbol{B} - a\,\boldsymbol{D}\times\frac{\partial}{\partial t}\boldsymbol{B}\right\}_\alpha + \partial_\beta P_{\alpha\beta} = -\left(\rho\,\boldsymbol{E} + \boldsymbol{j}\times\boldsymbol{B}\right)_\alpha,$$

worin der Maxwellsche Spannungstensor $P_{\alpha\beta}$ dieselbe Form wie im Abschnitt 7.2 besitzt und insbesondere die hier noch unbekannte Konstante a nicht enthält. Auf der rechten Seite tritt die geforderte Lorentz–Kraftdichte $\boldsymbol{f} = \rho\,\boldsymbol{E} + \boldsymbol{j}\times\boldsymbol{B}$ auf, also eine zeitliche Änderung der räumlichen Dichte des Feld–Impulses. Folglich muss die linke Seite die Bilanz–Struktur

$$\partial_t\,\pi_\alpha + \partial_\beta\,P_{\alpha\beta}$$

besitzen bzw., es muss

$$\left\{\frac{\partial}{\partial t}\boldsymbol{D}\times\boldsymbol{B} - a\,\boldsymbol{D}\times\frac{\partial}{\partial t}\boldsymbol{B}\right\}_\alpha = \partial_t\,\pi_\alpha$$

sein. Das ist offensichtlich nur für $a = -1$ möglich.

E.9 Zu Kapitel 9: Freie elektromagnetische Wellen

E.9.1 Aufgaben

Aufgabe 9.1

Es soll eine elektromagnetische Welle vom Typ

$$\boldsymbol{E}(\boldsymbol{r},t) = \boldsymbol{f}\Big(\boldsymbol{n}\,\boldsymbol{r} - c\,t\Big), \qquad \boldsymbol{B}(\boldsymbol{r},t) = \boldsymbol{g}\Big(\boldsymbol{n}\,\boldsymbol{r} - c\,t\Big)$$

konstruiert werden, worin $\boldsymbol{f}(\ldots)$ und $\boldsymbol{g}(\ldots)$ vektorwertige Funktionen der Phase $\boldsymbol{n}\,\boldsymbol{r} - c\,t$ seien und $\boldsymbol{n}$ ein beliebiger Normalen–Vektor. Welche Bedingungen sind an diese Funktionen zu stellen? Wie viele Wahlmöglichkeiten gibt es?

Aufgabe 9.2

Zeigen Sie, dass

$$u(r,t) = \int_{-1}^{+1} ds\, f(c\,t + s\,r), \qquad r = |\boldsymbol{r}|$$

eine Lösung der Wellengleichung $\Box u = 0$ ist, worin $f(\xi)$ eine beliebige (zweimal stetig differenzierbare) Funktion ist. Führen Sie den Nachweis zunächst für $r > 0$ und zeigen Sie dann, dass auch der Fall $r = 0$ eingeschlossen ist. Formulieren Sie diese Lösung für $f(\xi) = \exp(\mathrm{i}\,\xi)$.

Aufgabe 9.3

Finden Sie eine Lösung der Maxwellschen Gleichungen für ein elektromagnetisches Feld, das sich im ladungs– und stromfreien Raum zwischen zwei parallelen Leiterplatten im Abstand a ausbreitet. Formulieren Sie zunächst die Randbedingungen für die Felder $\boldsymbol{E}$ und $\boldsymbol{B}$ an den Leiteroberflächen. Geben Sie eine reelle Lösung für das $\boldsymbol{E}$–Feld an.

Aufgabe 9.4

Finden Sie eine Lösung der Maxwellschen Gleichungen für ein elektromagnetisches Feld in einem quaderförmigen, von leitenden Wänden umgebenen ladungs– und stromfreien Hohlraum. Der quaderförmige Hohlraum habe die Kantenlängen a_1, a_2, a_3 in den kartesischen Richtungen von x_1, x_2, x_3. Bestimmen Sie die elektrischen und magnetischen Felder, indem Sie von den Ergebnissen der Aufgabe 9.3 Gebrauch machen.

E.9.2 Lösungen der Aufgaben zu Kapitel 9

Aufgabe 9.1

$\boldsymbol{f}(\phi)$ und $\boldsymbol{g}(\phi)$ sind vektorwertige Funktionen der skalaren Phase $\phi = \boldsymbol{n}\,\boldsymbol{r} - c\,t$. Wie man sofort bestätigt, ist

$$\frac{\partial}{\partial \boldsymbol{r}}\boldsymbol{E} = \boldsymbol{n}\,\boldsymbol{f}'(\phi), \qquad \frac{\partial}{\partial \boldsymbol{r}}\boldsymbol{B} = \boldsymbol{n}\,\boldsymbol{g}'(\phi),$$

worin $\boldsymbol{f}'(\phi)$, $\boldsymbol{g}'(\phi)$ die Ableitungen nach der Phase ϕ bedeuten. Die Funktionen $\boldsymbol{f}(\phi)$ und $\boldsymbol{g}(\phi)$ müssen also

$$\boldsymbol{n}\,\boldsymbol{f}'(\phi) = 0, \qquad \boldsymbol{n}\,\boldsymbol{g}'(\phi) = 0$$

erfüllen. Wir bestimmen die Rotationen von $\boldsymbol{E}$ und $\boldsymbol{B}$. Es ist

$$\left(\frac{\partial}{\partial \boldsymbol{r}} \times \boldsymbol{E}\right)_1 = \partial_2 E_3 - \partial_3 E_2 = n_2 f_3'(\phi) - n_3 f_2'(\phi)$$

usw., allgemein

$$\frac{\partial}{\partial \boldsymbol{r}} \times \boldsymbol{E} = \boldsymbol{n} \times \boldsymbol{f}'(\phi), \qquad \frac{\partial}{\partial \boldsymbol{r}} \times \boldsymbol{B} = \boldsymbol{n} \times \boldsymbol{g}'(\phi).$$

Die Erfüllung der Maxwellschen Gleichungen für die Rotationen von $\boldsymbol{E}$ und $\boldsymbol{B}$ führt auf

$$\boldsymbol{n} \times \boldsymbol{f}'(\phi) = c\, \boldsymbol{g}'(\phi), \qquad \boldsymbol{n} \times \boldsymbol{g}'(\phi) = -\frac{1}{c}\, \boldsymbol{f}'(\phi).$$

Zunächst überzeugen wir uns, dass diese beiden Gleichungen äquivalent sind. Wir mulitplizieren die zweite der beiden Gleichungen von links mit $\boldsymbol{n}$ und erhalten

$$\boldsymbol{n} \times \boldsymbol{f}'(\phi) = -c\, \boldsymbol{n} \times \Big(\boldsymbol{n} \times \boldsymbol{g}'(\phi)\Big) = -c\Big(\,(\boldsymbol{n}\, \boldsymbol{g}'(\phi)) - \boldsymbol{n}^2\, \boldsymbol{g}'(\phi)\Big) = c\, \boldsymbol{g}'(\phi),$$

weil $\boldsymbol{n}\, \boldsymbol{g}'(\phi) = 0$, s.o., und $\boldsymbol{n}^2 = 1$. Zur weitere Auswertung wählen wir ein kartesisches Koordinatensystem $\boldsymbol{e}_1, \boldsymbol{e}_2, \boldsymbol{e}_3$ mit $\boldsymbol{e}_3 = \boldsymbol{n}$. Wir erfüllen $\boldsymbol{n}\, \boldsymbol{f}'(\phi) = 0$ und $\boldsymbol{n}\, \boldsymbol{g}'(\phi) = 0$ durch $f_3(\phi) = 0$ und $g_3(\phi) = 0$, also

$$\boldsymbol{f}(\phi) = f_1(\phi)\, \boldsymbol{e}_1 + f_2(\phi)\, \boldsymbol{e}_2, \qquad \boldsymbol{g}(\phi) = g_1(\phi)\, \boldsymbol{e}_1 + g_2(\phi)\, \boldsymbol{e}_2.$$

Es hätte natürlich auch $f_3(\phi)$ =const und $g_3(\phi)$ =const ausgereicht, doch damit hätten wir zusätzlich zu der elektromagnetischen Welle ein konstantes Feld eingeführt. Es bleibt noch $\boldsymbol{n} \times \boldsymbol{f}'(\phi) = c\, \boldsymbol{g}'(\phi)$ zu erfüllen. Es ist jetzt

$$\boldsymbol{n} \times \boldsymbol{f}'(\phi) = \boldsymbol{e}_3 \times \Big(f_1'(\phi)\, \boldsymbol{e}_1 + f_2'(\phi)\, \boldsymbol{e}_2\Big) = f_1'\, \boldsymbol{e}_2 - f_2'\, \boldsymbol{e}_1,$$

sodass sich die Bedingung

$$g_1(\phi) = -\frac{1}{c}\, f_2(\phi), \qquad g_2(\phi) = \frac{1}{c}\, f_1(\phi)$$

ergibt. (Die Berücksichtigung von Integrations–Konstanten würde wiederum auf zusätzliche statische Felder führen.) Es sind demnach zwei Funktionen $f_1(\phi)$, $f_2(\phi)$ frei wählbar.

Aufgabe 9.2

Da $u(r,t)$ nur von $r = |\boldsymbol{r}|$ abhängt, liegt die Verwendung von Kugel–Koordinaten nahe. Dann ist

$$\Box\, u = \frac{\partial^2}{\partial r^2}\, u + \frac{2}{r}\, \frac{\partial}{\partial r}\, u - \frac{1}{c^2}\, \frac{\partial^2}{\partial t^2}\, u.$$

Einsetzen der gegebenen Form von $u(r,t)$ führt auf

$$\Box\, u(r,t) = \int_{-1}^{+1} ds \left[s^2 f''(ct+sr) + \frac{2s}{r} f'(ct+sr) - f''(ct+sr) \right],$$

worin $f'(\xi) = df(\xi)/d\xi$ usw. Durch Ausführung von partiellen Integrationen berechnen wir:

$$\begin{aligned}
\int_{-1}^{+1} ds \frac{2s}{r} f'(ct+sr) &= \int_{-1}^{+1} ds \frac{1}{r} \frac{ds^2}{ds} f'(ct+sr) = \\
&= \frac{1}{r} \left[s^2 f'(ct+sr) \right]_{s=-1}^{s=+1} - \int_{-1}^{+1} ds \frac{s^2}{r} \frac{d}{ds} f'(ct+sr) \\
&= \frac{1}{r} \left[f'(ct+r) - f'(ct-r) \right] - \int_{-1}^{+1} ds\, s^2 f''(ct+sr), \\
\int_{-1}^{+1} ds\, f''(ct+sr) &= \frac{1}{r} \int_{-1}^{+1} ds \frac{d}{ds} f'(ct+sr) = \\
&= \frac{1}{r} \left[f'(ct+r) - f'(ct-r) \right].
\end{aligned}$$

Durch Einsetzen dieser Ausdrücke in den obigen Ausdruck für $\Box\, u$ folgt unmittelbar $\Box\, u(r,t) = 0$. Auch für $r \to 0$ ist diese Rechnung korrekt, weil alle Terme für $r \to 0$ konvergent sind, z.B.

$$\lim_{r \to 0} \frac{1}{r} \left[f'(ct+r) - f'(ct-r) \right] = 2 f''(ct).$$

Darum erfüllt die angegebene Form für $u(r,t)$ die Wellengleichung $\Box\, u(r,t) = 0$ für alle $r \geq 0$. Für $f(\xi) = \exp(\mathrm{i}\,\xi)$ wird

$$u(r,t) = \int_{-1}^{+1} ds\, \mathrm{e}^{\mathrm{i}k(ct+sr)} = \mathrm{e}^{\mathrm{i}ckt} \int_{-1}^{+1} ds\, \mathrm{e}^{\mathrm{i}krs} = \mathrm{e}^{\mathrm{i}ckt} \frac{2}{kr} \sin kr.$$

Aufgabe 9.3

Die Maxwellschen Gleichungen und die Wellengleichung lauten für den ladungs– und stromfreien Raum zwischen den parallelen Leiterplatten

$$\frac{\partial}{\partial \boldsymbol{r}} \times \boldsymbol{E} = -\frac{\partial}{\partial t} \boldsymbol{B}, \qquad \frac{\partial}{\partial \boldsymbol{r}} \boldsymbol{E} = 0,$$

$$\frac{\partial}{\partial \boldsymbol{r}} \times \boldsymbol{B} = -\frac{1}{c^2} \frac{\partial}{\partial t} \boldsymbol{E}, \qquad \frac{\partial}{\partial \boldsymbol{r}} \boldsymbol{B} = 0,$$

$$\Box\, \boldsymbol{E} = 0, \qquad \Box\, \boldsymbol{B} = 0.$$

Die Randbedingung für das $\boldsymbol{E}$–Feld an den Leiteroberflächen können wir aus der Elektrostatik übernehmen: Das elektrische Feld muss senkrecht auf der Leiteroberfläche L stehen, bzw.

$$(\boldsymbol{n} \times \boldsymbol{E})_L = 0,$$

worin $\boldsymbol{n}$ der nach außen weisende Normalenvektor auf der Leiteroberfläche L ist. Zur Begründung merken wir an, dass in einem Leiter auch kein orts– und zeitabhängiges elektrisches Feld $\boldsymbol{E}(\boldsymbol{r}, t)$ existieren kann. Die Randbedingung für das $\boldsymbol{B}$–Feld erhalten wir, indem wir das Induktionsgesetz über ein beliebiges ebenes Flächenstück F parallel zu L im Abstand $\epsilon \to 0$ vor L integrieren und den Stokesschen Satz verwenden:

$$\int_F d\boldsymbol{f}\, \frac{\partial}{\partial t} \boldsymbol{B} = -\int_F d\boldsymbol{f}\, \frac{\partial}{\partial \boldsymbol{r}} \times \boldsymbol{E} = -\oint_{\partial F} d\boldsymbol{r}\, \boldsymbol{E} = 0,$$

weil der Rand ∂F wie F selbst parallel zu L verläuft, $\boldsymbol{E}$ aber senkrecht auf L steht. Da $d\boldsymbol{f}$ die Richtung der Normalen $\boldsymbol{n}$ hat und F beliebig ist, verschwindet die Normalen–Komponente von $\partial \boldsymbol{B}/\partial t$ auf L und damit auch von $\boldsymbol{B}$, wenn wir ein statisches $\boldsymbol{B}$–Feld ausschließen:

$$(\boldsymbol{n}\, \boldsymbol{B})_L = 0.$$

Wir wählen jetzt ein kartesisches Koordinatensystem mit der x_3–Achse senkrecht zu den Leiteroberflächen, sodass $x_3 = 0$ und $x_3 = a$ die beiden Leiteroberflächen beschreiben. Zur Lösung der Wellengleichung für das $\boldsymbol{E}$–Feld machen wir z.B. für E_1 den Ansatz

$$E_1 = u(x_1)\, v(x_2)\, w(x_3)\, f(t),$$

der, eingesetzt in die Wellengleichung, auf

$$\frac{u''(x_1)}{u(x_1)} + \frac{v''(x_2)}{v(x_2)} + \frac{w''(x_3)}{w(x_3)} - \frac{1}{c^2}\, \frac{f''(t)}{f(t)} = 0$$

führt. Da jeder dieser vier Summanden von jeweils einer unabhängigen Variablen abhängt, kann diese Gleichung nur erfüllt sein, wenn jeder Term konstant ist:

$$\frac{u''(x_1)}{u(x_1)} = -k_1^2, \quad \frac{v''(x_2)}{v(x_2)} = -k_2^2, \quad \frac{w''(x_3)}{w(x_3)} = -k_3^2,$$
$$\frac{f''(t)}{f(t)} = -\omega^2, \quad \omega^2 = c^2 \left(k_1^2 + k_2^2 + k_3^2\right).$$

Da wir laufende Wellen in den Richtungen x_1, x_2 und stehende Wellen in der Richtung x_3 erwarten wählen wir als Lösungen

$$u(x_1) \propto \mathrm{e}^{\mathrm{i}\, k_1 x_1}, \quad v(x_2) \propto \mathrm{e}^{\mathrm{i}\, k_2 x_2}, \quad w(x_3) \propto \sin\left(k_3\, x_3 + \alpha_3\right), \quad f(t) \propto \mathrm{e}^{-\mathrm{i}\, \omega\, t},$$

also für E_1

$$E_1 = C_1\,\mathrm{e}^{\mathrm{i}\,\phi}\,\sin\,(k_3\,x_3 + \alpha_3), \qquad \phi := k_1\,x_1 + k_2\,x_2 - \omega\,t.$$

E_1 hat Tangential–Richtung zu den Leiteroberflächen bei $x_3 = 0$ und $x_3 = a$, sodass als Randbedingungen

$$E_1(x_1, x_2, 0) = 0:\ \sin\alpha_3 = 0, \qquad E_1(x_1, x_2, a) = 0:\ \sin\,(k_3\,a + \alpha_3) = 0$$

auftreten, die wir durch

$$\alpha_3 = 0, \qquad k_3 = \frac{n\,\pi}{a}, \quad n = 1, 2, 3, \ldots$$

erfüllen. (Für $n = 0$ wäre $E_1 = 0$, und negative Werte von n führen nur zu einem Vorzeichenwechsel des Amplitudenfaktors C_1, ergeben also keine neue Lösung.) Die Frequenz ω ist jetzt gegeben durch

$$\omega^2 = c^2\,\left(k_1^2 + k_2^2 + \frac{n^2\,\pi^2}{a^2}\right) \geq \frac{c^2\,\pi^2}{a^2}.$$

Damit wird

$$E_1 = C_1\,\mathrm{e}^{\mathrm{i}\,\phi}\,\sin\frac{n\,\pi\,x_3}{a}$$

und für E_2 analog

$$E_2 = C_2\,\mathrm{e}^{\mathrm{i}\,\phi'}\,\sin\frac{n'\,\pi\,x_3}{a}, \qquad \phi' := k_1'\,x_1 + k_2'\,x_2 - \omega'\,t,$$

aber möglicherweise mit anderen Werten von k_1', k_2', n', ω'. Für E_3 folgt zunächst nur

$$E_3 = C_3\,\mathrm{e}^{\mathrm{i}\,\phi''}\,\sin\,(k_3''\,x_3 + \alpha_3''), \qquad \phi'' := k_1''\,x_1 + k_2''\,x_2 - \omega''\,t,$$

weil für E_3 keine Randbedingung bei $x_3 = 0, a$ auftritt. Wir erfüllen jetzt $\partial\boldsymbol{E}/\partial\boldsymbol{r} = 0$. Es ist

$$\begin{aligned}\frac{\partial}{\partial\boldsymbol{r}}\,\boldsymbol{E} \;&=\; \mathrm{i}\,k_1\,C_1\,\mathrm{e}^{\mathrm{i}\,\phi}\,\sin\frac{n\,\pi\,x_3}{a} + \mathrm{i}\,k_2'\,C_2\,\mathrm{e}^{\mathrm{i}\,\phi'}\,\sin\frac{n'\,\pi\,x_3}{a}\\ &\quad + k_3''\,C_3\,\mathrm{e}^{\mathrm{i}\,\phi''}\,\cos\,(k_3''\,x_3 + \alpha_3'') = 0.\end{aligned}$$

Diese Bedingung soll identisch in x_1, x_2, x_3, t erfüllt sein. Das ist nur möglich, wenn in allen drei Summanden identische Funktionen von $x_1, x_2.x_3, t$ auftreten. Daraus folgt

$$k_1' = k_1'' = k_1, \qquad k_2' = k_2'' = k_2, \qquad \omega' = \omega'' = \omega, \qquad n' = n$$

sowie

$$\sin\frac{n\,\pi\,x_3}{a} \equiv \cos\,(k_3''\,x_3 + \alpha_3''), \quad \succ \quad k_3'' = n, \quad \alpha_3'' = -\pi/2.$$

Die Amplitudenfaktoren müssen dann die Bedingung

$$\mathrm{i}\,(k_1\,C_1 + k_2\,C_2) - \frac{n\,\pi}{a}\,C_3 = 0$$

erfüllen und die Lösungen für das $\boldsymbol{E}$–Feld lauten

$$E_1 = C_1\,\mathrm{e}^{\mathrm{i}\,\phi}\,\sin\frac{n\,\pi\,x_3}{a}, \quad E_2 = C_2\,\mathrm{e}^{\mathrm{i}\,\phi}\,\sin\frac{n\,\pi\,x_3}{a}, \quad E_3 = C_3\,\mathrm{e}^{\mathrm{i}\,\phi}\,\cos\frac{n\,\pi\,x_3}{a}.$$

Das $\boldsymbol{B}$–Feld bestimmen wir aus dem Induktionsgesetz

$$\frac{\partial}{\partial t}\,B_1 = -\partial_2\,E_3 + \partial_3\,E_2 \quad \text{usw.}$$

Daraus finden wir

$$\frac{\partial}{\partial t}\,B_1 = \left(-\mathrm{i}\,k_2\,C_3 + \frac{n\,\pi}{a}\,C_2\right)\,\mathrm{e}^{\mathrm{i}\,\phi}\,\cos\frac{n\,\pi\,x_3}{a},$$

und weiter durch zeitliche Integration

$$B_1 = \frac{1}{\omega}\,\left(k_2\,C_3 + \mathrm{i}\,\frac{n\,\pi}{a}\,C_2\right)\,\mathrm{e}^{\mathrm{i}\,\phi}\,\cos\frac{n\,\pi\,x_3}{a}.$$

Nach demselben Muster folgt für B_2, B_3

$$\begin{aligned} B_2 &= \frac{1}{\omega}\,\left(-\mathrm{i}\,\frac{n\,\pi}{a}\,C_1 - k_1\,C_3\right)\,\mathrm{e}^{\mathrm{i}\,\phi}\,\cos\frac{n\,\pi\,x_3}{a}, \\ B_3 &= \frac{1}{\omega}\,(k_1\,C_2 - k_2\,C_1)\,\mathrm{e}^{\mathrm{i}\,\phi}\,\sin\frac{n\,\pi\,x_3}{a}. \end{aligned}$$

Die Randbedingung für $\boldsymbol{B}$ lautet $B_3 = 0$ für $x_3 = 0, a$. Sie ist in dem obigen Ausdruck für B_3 bereits erfüllt. Unter Beachtung der Bedingung für die Amplituden, die aus $\partial\boldsymbol{E}/\partial\boldsymbol{r} = 0$ folgte, lässt sich nun in einer elementaren Rechnung nachweisen, dass auch die übrigen Maxwellschen Gleichungen erfüllt sind. Eine reelle Lösung für das $\boldsymbol{E}$–Feld erhalten wir z.B. durch Wahl reeller Amplitudenfaktoren C_1, C_2, sodass

$$C_3 = \frac{\mathrm{i}\,a}{n\,\pi}\,(k_1\,C_1 + k_2\,C_2)\,.$$

Als Lösung wählen wir dann die Realteile der E_1, E_2, E_3, die oben komplex angegeben waren:

$$\begin{aligned} \mathrm{Re}\,E_1 &= C_1\,\cos\left(k_1\,x_1 + k_2\,x_2 - \omega\,t\right)\,\sin\frac{n\,\pi\,x_3}{a}, \\ \mathrm{Re}\,E_2 &= C_2\,\cos\left(k_1\,x_1 + k_2\,x_2 - \omega\,t\right)\,\sin\frac{n\,\pi\,x_3}{a}, \\ \mathrm{Re}\,E_3 &= -\frac{a}{n\,\pi}\,(k_1\,C_1 + k_2\,C_2)\,\sin\left(k_1\,x_1 + k_2\,x_2 - \omega\,t\right)\,\cos\frac{n\,\pi\,x_3}{a}. \end{aligned}$$

Aufgabe 9.4

Die leitenden Begrenzungsflächen des Quaders liegen bei $x_1 = 0, a_1$, $x_2 = 0, a_2$, $x_3 = 0, a_3$. An einer leitenden Fläche L sind die Randbedingungen

$$(\boldsymbol{n} \times \boldsymbol{E})_L = 0, \qquad (\boldsymbol{n}\,\boldsymbol{B})_L = 0$$

zu erfüllen, worin $\boldsymbol{n}$ der außen weisende Normalenvektor auf L ist. Mit dem Ansatz

$$E_1 = C_1\, u(x_1)\, v(x_2)\, w(x_3)\, f(t)$$

in der Wellengleichung $\Box\, E_1 = 0$ für E_1 erhalten wir

$$\frac{u''(x_1)}{u(x_1)} + \frac{v''(x_2)}{v(x_2)} + \frac{w''(x_3)}{w(x_3)} + \frac{1}{c^2}\,\frac{f''(t)}{f(t)} = 0,$$

worin $u'' = d^2u(x_1)/dx_1^2$ usw. Da jeder dieser vier Terme jeweils von einer unabhängigen Variablen x_1, x_2, x_3, t abhängt, ist diese Gleichung nur dann zu erfüllen, wenn jeder Term konstant ist. Wir schreiben

$$\frac{u''(x_1)}{u(x_1)} = -k_1^2, \quad \frac{v''(x_2)}{v(x_3)} = -k_2^2, \quad \frac{w''(x_3)}{w(x_3)} = -k_3^2, \quad \frac{f''(t)}{f(t)} = -\omega^2.$$

Die Konstanten müssen die Bedingung

$$\omega^2 = c^2\,\left(k_1^2 + k_2^2 + k_3^2\right)$$

erfüllen. Um stehende Wellen in den Richtungen x_1, x_2, x_3 zu beschreiben, wählen wir die Lösungen

$$u(x_1) \;\propto\; \sin\left(k_1\, x_1 + \alpha_1\right), \qquad v(x_2) \;\propto\; \sin\left(k_2\, x_2 + \alpha_2\right),$$
$$w(x_3) \;\propto\; \sin\left(k_3\, x_3 + \alpha_3\right),$$

während wir für $f(t)$ die handlichere komplexe Form

$$f(t) \propto \mathrm{e}^{-\mathrm{i}\omega t}$$

wählen, insgesamt also

$$E_1 = C_1\, \sin\left(k_1\, x_1 + \alpha_1\right)\, \sin\left(k_2\, x_2 + \alpha_2\right)\, \sin\left(k_3\, x_3 + \alpha_3\right) \mathrm{e}^{-\mathrm{i}\omega t}.$$

Für E_1 lautet die Randbedingung $E_1 = 0$ bei $x_2 = 0, a_2$ und bei $x_3 = 0, a_3$. Daraus folgt

$$\alpha_2 = 0, \qquad k_2 = \frac{m\,\pi}{a_2}, \quad m = 0, 1, 2, 3, \ldots,$$

$$\alpha_3 = 0, \qquad k_3 = \frac{n\,\pi}{a_2}, \quad n = 0, 1, 2, 3, \ldots.$$

Analog verfahren wir mit E_2, E_3, sodass die Lösung für $\boldsymbol{E}$ wie folgt lautet:

$$\begin{aligned}
E_1 &= C_1 \sin(k_1 x_1 + \alpha_1) \sin\frac{m\pi x_2}{a_2} \sin\frac{n\pi x_3}{a_3} \mathrm{e}^{-\mathrm{i}\omega t}, \\
E_2 &= C_2 \sin\frac{l'\pi x_1}{a_1} \sin(k_2' x_1 + \alpha_2') \sin\frac{n'\pi x_3}{a_3} \mathrm{e}^{-\mathrm{i}\omega' t}, \\
E_3 &= C_3 \sin\frac{l''\pi x_1}{a_1} \sin\frac{m''\pi x_3}{a_3} \sin(k_3'' x_3 + \alpha_3'') \mathrm{e}^{-\mathrm{i}\omega'' t},
\end{aligned}$$

worin die $l', l'', n', m'' = 0, 1, 2, 3, \ldots$. Im nächsten Schritt erfüllen wir $\partial\boldsymbol{E}/\partial\boldsymbol{r} = 0$:

$$\begin{aligned}
\frac{\partial}{\partial\boldsymbol{r}}\boldsymbol{E} &= k_1 C_1 \cos(k_1 x_1 + \alpha_1) \sin\frac{m\pi x_2}{a_2} \sin\frac{n\pi x_3}{a_3} \mathrm{e}^{-\mathrm{i}\omega t} \\
&\quad + k_2 C_2 \sin\frac{l'\pi x_1}{a_1} \cos(k_2' x_1 + \alpha_2') \sin\frac{n'\pi x_3}{a_3} \mathrm{e}^{-\mathrm{i}\omega' t} \\
&\quad + k_3 C_2 \sin\frac{l''\pi x_1}{a_1} \sin\frac{m''\pi x_3}{a_3} \cos(k_3'' x_3 + \alpha_3'') \mathrm{e}^{-\mathrm{i}\omega'' t} = 0.
\end{aligned}$$

Diese Beziehung soll für alle x_1, x_2, x_3, t gelten. Das ist nur möglich, wenn die drei Ausdrücke auf der rechten Seite dieselben Funktionen von x_1, x_2, x_3, t enthalten. Daraus folgt $l'' = l' =: l$, $m'' = m$, $n' = n$, $\omega' = \omega'' = \omega$ sowie

$$\cos(k_1 x_1 + \alpha_1) = \sin\frac{l\pi x_1}{a_1}: \quad k_1 = \frac{l\pi}{a_1}, \quad \alpha_1 = -\frac{\pi}{2}$$

und analog für x_2, x_3. Damit können wir die Komponenten E_1, E_2, E_3 wie folgt schreiben:

$$\begin{aligned}
E_1 &= C_1 \cos\frac{l\pi x_1}{a_1} \sin\frac{m\pi x_2}{a_2} \sin\frac{n\pi x_3}{a_3} \mathrm{e}^{-\mathrm{i}\omega t}, \\
E_2 &= C_2 \sin\frac{l\pi x_1}{a_1} \cos\frac{m\pi x_2}{a_2} \sin\frac{n\pi x_3}{a_3} \mathrm{e}^{-\mathrm{i}\omega t}, \\
E_3 &= C_3 \sin\frac{l\pi x_1}{a_1} \sin\frac{m\pi x_2}{a_2} \cos\frac{n\pi x_3}{a_3} \mathrm{e}^{-\mathrm{i}\omega t},
\end{aligned}$$

worin wir die C_1, C_2, C_3 mit dem umgekehrten Vorzeichen neu definiert haben. Die Bedingung $\partial\boldsymbol{E}/\partial\boldsymbol{r} = 0$ ist jetzt durch

$$\frac{l\,C_1}{a_1} + \frac{m\,C_2}{a_2} + \frac{n\,C_3}{a_3} = 0$$

zu erfüllen, und die Frequenz ω ist gegeben durch

$$\omega^2 = c^2\,\pi^2 \left(\frac{l^2}{a_1^2} + \frac{m^2}{a_2^2} + \frac{n^2}{a_3^2}\right).$$

Aus den oben angegebenen Ausdrücken für E_1, E_2, E_3 lesen wir ab, dass höchstens einer der Werte von l, m, n verschwinden darf, weil sonst $\boldsymbol{E} = 0$. Das $\boldsymbol{B}$–Feld bestimmen wir aus dem Induktionsgesetz

$$\frac{\partial}{\partial t} B_1 = -\partial_2 E_3 + \partial_3 E_2 \qquad \text{usw.}$$

Wir berechnen daraus

$$\frac{\partial}{\partial t} B_1 = \pi \left(-\frac{m\,C_3}{a_2} + \frac{n\,C_2}{a_3} \right) \sin \frac{l\,\pi\,x_1}{a_1} \cos \frac{m\,\pi\,x_2}{a_2} \cos \frac{n\,\pi\,x_3}{a_3}\, \mathrm{e}^{-\mathrm{i}\omega t}$$

und durch zeitliche Integration und analog für B_2, B_3

$$\begin{aligned}
B_1 &= \frac{\mathrm{i}\,\pi}{\omega} \left(-\frac{m\,C_3}{a_2} + \frac{n\,C_2}{a_3} \right) \sin \frac{l\,\pi\,x_1}{a_1} \cos \frac{m\,\pi\,x_2}{a_2} \cos \frac{n\,\pi\,x_3}{a_3}\, \mathrm{e}^{-\mathrm{i}\omega t}, \\
B_2 &= \frac{\mathrm{i}\,\pi}{\omega} \left(-\frac{n\,C_1}{a_3} + \frac{l\,C_3}{a_1} \right) \cos \frac{l\,\pi\,x_1}{a_1} \sin \frac{m\,\pi\,x_2}{a_2} \cos \frac{n\,\pi\,x_3}{a_3}\, \mathrm{e}^{-\mathrm{i}\omega t}, \\
B_3 &= \frac{\mathrm{i}\,\pi}{\omega} \left(-\frac{l\,C_2}{a_1} + \frac{m\,C_1}{a_2} \right) \cos \frac{l\,\pi\,x_1}{a_1} \cos \frac{m\,\pi\,x_2}{a_2} \sin \frac{n\,\pi\,x_3}{a_3}\, \mathrm{e}^{-\mathrm{i}\omega t}.
\end{aligned}$$

Die Randbedingungen für B_1, B_2, B_3 lauten $B_1 = 0$ für $x_1 = 0, a_1$ usw. Die obigen Ausdrücke für B_1, B_2, B_3 erfüllen diese Randbedingungen bereits. Ebenso lässt sich durch elementare Rechnungen und unter Verwendung der Bedingung für die Amplituden C_1, C_2, C_3 und für die Frequenz ω zeigen, dass auch die übrigen Maxwellschen Gleichungen erfüllt sind.

E.10 Zu Kapitel 10: Die inhomogene Wellengleichung, Ausstrahlung

E.10.1 Aufgaben

Aufgabe 10.1

Finden Sie eine Lösung der 1–dimensionalen Wellengleichung

$$\frac{\partial^2 u(x,t)}{\partial x^2} - \frac{1}{c^2} \frac{\partial^2 u(x,t)}{\partial t^2} = -f(x,t)$$

für eine räumlich δ–artige, harmonisch schwingende Quelle

$$f(x,t) = A\,\delta(x)\,\sin\omega\,t.$$

Suchen Sie eine "stationäre", ebenfalls mit der Frequenz ω harmonisch schwingende Lösung.

Aufgabe 10.2

Führen Sie die Berechnung der Greenschen Funktion der Wellengleichung für den Fall von zwei Raum–Dimensionen nach dem Muster im Abschnitt 10.1.2 durch. Vergleichen Sie das Ergebnis mit dem Fall von drei Raum–Dimensionen.

Hinweis: Verwenden Sie die Integral–Darstellung der *Bessel–Funktion* $J_0(z)$ 0–ter Ordnung

$$J_0(z) = \frac{1}{2\,\pi}\int_{-\pi}^{+\pi} d\alpha\,\mathrm{e}^{\mathrm{i}\,z\,\sin\alpha} = \frac{1}{2\,\pi}\int_{-\pi}^{+\pi} d\phi\,\mathrm{e}^{\mathrm{i}\,z\,\cos\phi}$$

(mit der Substitution $\phi = \pi/2 - \alpha$) sowie

$$\int_0^\infty dx\,J_0(a\,x)\,\sin b\,x = \begin{cases} \dfrac{1}{\sqrt{b^2-a^2}}, & |a| < |b|, \\ 0 & |a| > |b|. \end{cases}$$

Aufgabe 10.3

Die dynamische Multipol–Entwicklung lässt sich erheblich vereinfachen, indem man von der allgemeinen Lösung

$$\boldsymbol{A}(\boldsymbol{r},t) = \frac{\mu_0}{4\,\pi}\int d^3r'\,\frac{\boldsymbol{j}\left(\boldsymbol{r}', t - \dfrac{|\boldsymbol{r}-\boldsymbol{r}'|}{c}\right)}{|\boldsymbol{r}-\boldsymbol{r}'|}$$

für das Vektor–Potential ausgeht und die Fernfeld–Näherung von vornherein durch die folgenden Forderungen ausführt:

(1) Es werden nur Terme berechnet, die sich asymptotisch für $r \to \infty$ wie $\propto 1/r$ verhalten.

(2) Für $r \to \infty$ soll die räumliche Ausdehnung der Ladungs– und Stromdichten ρ und $\boldsymbol{j}$ klein sein, d.h., es soll in den Integralen $|\boldsymbol{r}'| \ll |\boldsymbol{r}|$ angenommen werden und nur die niedrigsten nicht verschwindenden Terme sollen berücksichtigt werden.

Aufgrund von (1) wird also für das Vektor–Potential nur

$$\boldsymbol{A}(\boldsymbol{r},t) = \frac{\mu_0}{4\pi}\frac{1}{r}\int d^3r'\,\boldsymbol{j}\left(\boldsymbol{r}',t-\frac{|\boldsymbol{r}-\boldsymbol{r}'|}{c}\right)+\ldots$$

berücksichtigt. Für den rein elektrischen Dipol war im Abschnitt 10.3.1 bereits gezeigt worden, dass

$$\int d^3r'\,\boldsymbol{j}(\boldsymbol{r}',t) = \dot{\boldsymbol{p}}(t),$$

sodass für diesen Fall

$$\boldsymbol{A}(\boldsymbol{r},t) = \frac{\mu_0}{4\pi}\frac{1}{r}\dot{\boldsymbol{p}}\left(t-\frac{r}{c}\right)$$

in Übereinstimmung mit dem Ergebnis im Abschnitt 10.3.1.

Führen Sie die Auswertung auch für den Fall eines rein magnetischen Dipols aus, indem Sie die Hilfsgröße

$$M_{\alpha\beta}(t) = \int d^3r'\,x'_\alpha\,j_\beta(\boldsymbol{r}',t)$$

sowie $M_{\alpha\beta}(t) = -M_{\beta\alpha}(t)+\ldots$ bis auf höhere Ordnungen in $\boldsymbol{r}'$ verwenden, vgl. Abschnitt 10.3.1.

Aufgabe 10.4

Zwei Teilchen mit den Massen m_1, m_2 und den Ladungen $e_1 = e > 0$, $e_2 = -e < 0$ rotieren umeinander auf einer ebenen Kreisbahn.

(a) Bestimmen Sie den Zusammenhang zwischen dem Radius r der Kreisbahn und der Kreisfrequenz ω für eine stabile Bewegung.

(b) Welche Verlustleistung tritt für die Bewegung durch Abstrahlung auf?

(c) Formulieren Sie die Energie–Bilanz unter der Annahme, dass die Bewegung jeweils im mechanisch stabilen Zustand verläuft. Leiten Sie daraus eine Gleichung für die zeitliche Abnahme des Radius r aufgrund der Abstrahlung her.

(d) Die geschilderte Situation soll auf die Bewegung eines Elektrons um das Proton im H-Atom angewendet werden. Der Ausgangszustand des Atoms sei gegeben durch seinen Drehimpuls $L = m\,r^2\,\omega = \hbar$ =Plancksches Wirkungsquantum. Nach welcher Zeit wäre das Atom "zusammengestürzt"? Wie viele Umdrehungen führt das Elektron bis dahin aus? Wie ist dieses Ergebnis zu interpretieren?

E.10.2 Lösungen der Aufgaben zu Kapitel 10

Aufgabe 10.1

Wir suchen eine Lösung mit der geforderten Eigenschaft durch den Ansatz

$$u(x,t) = v(x)\,\sin\omega\,t,$$

der auf die gewöhnliche DGl

$$v''(x) + k^2\,v(x) = -A\,\delta(x), \qquad k := \omega/c$$

führt. Für $x \neq 0$ besitzt diese DGl die allgemeine Lösung

$$v(x) = \begin{cases} a_1 \cos k\,x & + \quad b_1 \sin k\,x, & x < 0, \\ a_2 \cos k\,x & + \quad b_2 \sin k\,x, & x > 0. \end{cases}$$

Aus der Stetigkeit bei $x = 0$ folgt $a_1 = a_2$. Wenn wir die DGl für $v(x)$ über x von $x = -\epsilon$ bis $x = +\epsilon$ (mit $\epsilon > 0$) integrieren, erhalten wir

$$v'(+\epsilon) - v'(-\epsilon) + k^2 \int_{-\epsilon}^{+\epsilon} dx\,v(x) = -A$$

und für $\epsilon \to +0$ die "Sprung–Bedingung" für die Ableitung $v'(x)$

$$v'(+\epsilon) - v'(-\epsilon) = -A.$$

Mit

$$v'(x) = \begin{cases} -a_1\,k\,\sin k\,x & + \quad b_1\,k\,\cos k\,x, & x < 0, \\ -a_2\,k\,\sin k\,x & + \quad b_2\,k\,\cos k\,x, & x > 0. \end{cases}$$

folgt daraus $k\,(b_2 - b_1) = -A$. Wir schreiben

$$a := a_1 = a_2, \qquad b_1 = b + \frac{A}{2\,k}, \quad b_2 = b - \frac{A}{2\,k},$$

sodass die Lösung für $v(x)$ nunmehr

$$v(x) = \begin{cases} a\cos k\,x & + \quad \left(b + \dfrac{A}{2\,k}\right)\sin k\,x, & x < 0, \\ a\cos k\,x & + \quad \left(b - \dfrac{A}{2\,k}\right)\sin k\,x, & x > 0 \end{cases}$$

lautet.

Aufgabe 10.2

Die im Fall von zwei Raum–Dimension ($d = 2$) zu lösende Wellengleichung lautet

$$\left(\frac{\partial^2}{\partial x_1^2} + \frac{\partial^2}{\partial x_2^2} - \frac{1}{c^2}\frac{\partial^2}{\partial t^2}\right) u(\boldsymbol{r}, t) = -f(\boldsymbol{r}, t).$$

Deren formale Lösung durch Fourier–Transformation wird in Analogie zum Abschnitt 10.1.2 durch eine Greensche Funktion $G(\boldsymbol{r} - \boldsymbol{r}', t - t')$ ausgedrückt:

$$\begin{aligned} u(\boldsymbol{r}, t) &= \int d^2\boldsymbol{r}' \int_{-\infty}^{+\infty} dt'\, G(\boldsymbol{r} - \boldsymbol{r}', t - t')\, f(\boldsymbol{r}', t'), \\ G((\boldsymbol{r} - \boldsymbol{r}', t - t') &= \frac{1}{(2\,\pi)^3} \int d^2k \int_{-\infty}^{+\infty} d\omega\, \frac{\mathrm{e}^{\mathrm{i}\,[\boldsymbol{k}\,((\boldsymbol{r}-\boldsymbol{r}')-\omega\,(t-t')]}}{\boldsymbol{k}^2 - \dfrac{\omega^2}{c^2}} \\ &= \frac{1}{(2\,\pi)^3} \int d^2k\, g(\boldsymbol{k}, t - t')\, \mathrm{e}^{\mathrm{i}\,\boldsymbol{k}\,(\boldsymbol{r}-\boldsymbol{r}')}, \\ g(\boldsymbol{k}, \tau) &= \int_{-\infty}^{+\infty} d\omega\, \frac{\mathrm{e}^{-\mathrm{i}\,\omega\,\tau}}{\boldsymbol{k}^2 - \dfrac{\omega^2}{c^2}}, \qquad \tau = t - t'. \end{aligned}$$

Die Berechnung von $g(\boldsymbol{k}, \tau)$ verläuft wie im Abschnitt 10.1.2 für $d = 3$ und liefert unter Beachtung der Forderung nach Kausalität

$$g(\boldsymbol{k}, \tau) =: g(k, \tau) = 2\,\pi\,c\,\frac{\sin(c\,k\,\tau)}{k} \qquad \text{für} \qquad \tau > 0$$

und $g(k, \tau) \doteq 0$ für $\tau < 0$. Somit wird (mit der Abkürzung $\boldsymbol{s} = \boldsymbol{r} - \boldsymbol{r}'$)

$$G(\boldsymbol{s}, \tau) = \frac{c}{(2\,\pi)^2} \int d^2k\, \mathrm{e}^{\mathrm{i}\,\boldsymbol{k}\,\boldsymbol{s}}\, \frac{\sin(c\,k\,\tau)}{k}.$$

Für die 2–dimensionale k–Integration verwenden wir Polar–Koordinaten:

$$d^2k = k\,dk\,d\phi, \qquad \boldsymbol{k}\,\boldsymbol{s} = k\,s\,\cos\phi,$$

sodass

$$G(\boldsymbol{s}, \tau) =: G(s, \tau) = \frac{c}{(2\,\pi)^2} \int_0^\infty dk \int_{-\pi}^{+\pi} d\phi\, \mathrm{e}^{\mathrm{i}\,k\,s\,\cos\phi}\, \sin(c\,k\,\tau).$$

Mit den angegebenen Integral–Formeln berechnen wir weiter

$$G(s, \tau) = \frac{c}{2\,\pi} \int_0^\infty dk\, J_0(k\,s)\, \sin(c\,k\,\tau) = \begin{cases} \dfrac{c}{2\,\pi}\, \dfrac{1}{\sqrt{(c\,\tau)^2 - s^2}}, & c\,\tau > s \geq 0, \\ 0 & c\,\tau < s,\; c\,\tau < 0. \end{cases}$$

Diese Greensche Funktion $G(s,\tau)$ für $d=2$ zeigt *Kausalität*, indem $G(s,\tau)=0$ für $\tau=t-t'<0$ bzw. für $t<t'$, und auch *Retardierung*, indem $G(s,\tau)=0$ für $c\,\tau<s$ bzw. $t<t'+|\boldsymbol{r}-\boldsymbol{r}'|/c$. Allerdings ist jetzt im Fall $d=2$ $G(s,\tau)\neq 0$ für *alle* Zeiten $t\geq t'+|\boldsymbol{r}-\boldsymbol{r}'|/c$ nach der Retardierung, während im Fall $d=3$ $G(s,\tau)\neq 0$ nur für die retardierte Zeit $t=t'+|\boldsymbol{r}-\boldsymbol{r}'|/c$. Die Wellen–Ausbreitung in $d=2$ zeigt also einen zeitlich ∞–langen "Nachhall". Es lässt sich zeigen, dass das in allen geradzahligen Dimensionen $d=2,4,6,\ldots$ auftritt.

Man kann die obige Berechnung auch ohne Verwendung der Bessel–Funktion durchführen, indem man zunächst in

$$G(s,\tau)=\frac{c}{(2\,\pi)^2}\int_0^\infty dk\int_{-\pi}^{+\pi}d\phi\,\mathrm{e}^{\mathrm{i}\,k\,s\,\cos\phi}\,\sin\left(c\,k\,\tau\right)$$

durch eine Substitution $\phi=\pi-\phi'$ zeigt, dass $G^*(s,\tau)=G(s,\tau)$ und somit

$$\begin{aligned}G(s,\tau)&=\frac{c}{(2\,\pi)^2}\int_0^\infty dk\int_{-\pi}^{+\pi}d\phi\,\cos\left(k\,s\,\cos\phi\right)\,\sin\left(c\,k\,\tau\right)\\&=\frac{c}{2\,(2\,\pi)^2}\int_0^\infty dk\int_{-\pi}^{+\pi}d\phi\,\Big\{\sin\left[k\left(c\,\tau+s\,\cos\phi\right)\right]+\sin\left[k\left(c\,\tau-s\,\cos\phi\right)\right]\Big\}.\end{aligned}$$

Wenn man jetzt versucht, zunächst die k–Integration auszuführen, entsteht das Problem, dass das betreffende Integral divergiert. Man führt deshalb einen *konvergenz-erzeugenden Faktor* ein, der nach der Integration wieder eliminiert wird, also nach dem Muster

$$\int_0^\infty dk\,\sin k\,x:=\lim_{\epsilon\to+0}\int_0^\infty dk\,\mathrm{e}^{-\epsilon\,k}\,\sin k\,x=\lim_{\epsilon\to+0}\frac{x}{\epsilon^2+x^2}=\frac{1}{x}.$$

Damit wird

$$G(s,\tau)=\frac{c}{2\,(2\,\pi)^2}\int_{-\pi}^{+\pi}d\phi\left\{\frac{1}{c\,\tau+s\,\cos\phi}+\frac{1}{c\,\tau-s\,\cos\phi}\right\}.$$

Diese Integrale sind elementar ausführbar und führen wieder auf das obige Ergebnis.

Aufgabe 10.3

$$\int d^3r'\,j_\alpha\left(\boldsymbol{r}',t-\frac{|\boldsymbol{r}-\boldsymbol{r}'|}{c}\right)=$$

$$=\int d^3r'\,\delta_{\alpha\beta}\,j_\beta\left(\boldsymbol{r}',t-\frac{|\boldsymbol{r}-\boldsymbol{r}'|}{c}\right)=\int d^3r'\,(\partial'_\beta\,x'_\alpha)\,j_\beta\left(\boldsymbol{r}',t-\frac{|\boldsymbol{r}-\boldsymbol{r}'|}{c}\right)=$$

$$= -\int d^3r'\, x'_\alpha\, \partial'_\beta\, j_\beta \left(\boldsymbol{r}', t - \frac{|\boldsymbol{r}-\boldsymbol{r}'|}{c} \right) =$$

$$= -\int d^3r'\, x'_\alpha \left[\partial'_\beta\, j_\beta\, (\boldsymbol{r}', \tau) \right]_{\tau = t - |\boldsymbol{r}-\boldsymbol{r}'|/c} - \int d^3r'\, x'_\alpha \left[\partial'_\beta\, j_\beta \left(\boldsymbol{r}'', t - \frac{|\boldsymbol{r}-\boldsymbol{r}'|}{c} \right) \right]_{\boldsymbol{r}''=\boldsymbol{r}'}$$

$$= \partial_t \int d^3r'\, x'_\alpha\, \rho \left(\boldsymbol{r}', t - \frac{|\boldsymbol{r}-\boldsymbol{r}'|}{c} \right) + \partial_\beta \int d^3r'\, x'_\alpha\, j_\beta \left(\boldsymbol{r}', t - \frac{|\boldsymbol{r}-\boldsymbol{r}'|}{c} \right)$$

$$= \dot{p}_\alpha \left(t - \frac{r}{c} \right) + \partial_\beta\, M_{\alpha\beta} \left(t - \frac{r}{c} \right) + \ldots$$

bis auf höhere Ordnungen in $\boldsymbol{r}'$. Der Term $\dot{p}_\alpha(\ldots)$ gehört zum elektrischen Dipol und wird hier nicht weiter berücksichtigt. Das magnetische Moment lautet

$$m_\gamma \left(t - \frac{r}{c} \right) = \frac{1}{2} \int d^3r'\, \epsilon_{\gamma\mu\nu}\, x'_\mu\, j_\nu \left(\boldsymbol{r}', t - \frac{r}{c} \right) = \frac{1}{2}\, \epsilon_{\gamma\mu\nu}\, M_{\mu\nu} \left(t - \frac{r}{c} \right),$$

sodass

$$\left\{ \frac{\partial}{\partial \boldsymbol{r}} \times \boldsymbol{m} \left(t - \frac{r}{c} \right) \right\}_\alpha =$$

$$= \epsilon_{\alpha\beta\gamma}\, \partial_\beta\, m_\gamma \left(t - \frac{r}{c} \right) = \frac{1}{2}\, \epsilon_{\alpha\beta\gamma}\, \epsilon_{\gamma\mu\nu}\, \partial_\beta\, M_{\mu\nu} \left(t - \frac{r}{c} \right) =$$

$$= \frac{1}{2} \left(\delta_{\alpha\mu}\, \delta_{\beta\nu} - \delta_{\alpha\nu}\, \delta_{\beta\mu} \right) \partial_\beta\, M_{\mu\nu} \left(t - \frac{r}{c} \right) =$$

$$= \frac{1}{2}\, \partial_\beta \left[M_{\alpha\beta} \left(t - \frac{r}{c} \right) - M_{\beta\alpha} \left(t - \frac{r}{c} \right) \right] = \partial_\beta\, M_{\alpha\beta} \left(t - \frac{r}{c} \right) + \ldots$$

Damit ist für den rein magnetischen Dipol gezeigt, dass

$$\boldsymbol{A}(\boldsymbol{r}, t) = \frac{\mu_0}{4\pi} \frac{1}{r} \frac{\partial}{\partial \boldsymbol{r}} \times \boldsymbol{m} \left(t - \frac{r}{c} \right) + \ldots.$$

Das ist bis auf höhere Ordnungen in $1/r$ äquivalent zu dem Ergebnis

$$\boldsymbol{A}(\boldsymbol{r}, t) = \frac{\mu_0}{4\pi} \frac{\partial}{\partial \boldsymbol{r}} \times \left[\frac{1}{r}\, \boldsymbol{m} \left(t - \frac{r}{c} \right) \right] + \ldots$$

aus dem Abschnitt 10.3.1.

Aufgabe 10.4

(a) Die Bewegung ist stabil, wenn sich die Anziehungskraft F_e und die Fliehkraft F_z im Gleichgewicht befinden:

$$F_e = -\frac{\kappa}{r^2}, \qquad \kappa := \frac{e^2}{4\pi\, \epsilon_0}$$

$$F_z = m\,\omega^2\,r, \qquad m = \frac{m_1\,m_2}{m_1 + m_2} = \text{reduzierte Masse},$$

$$F_e + F_z = 0: \qquad m\,\omega^2\,r - \frac{\kappa}{r^2} = 0, \quad \omega^2 = \frac{\kappa}{m\,r^3}.$$

(b) Die Verlustleistung durch Abstrahlung beträgt

$$P = \frac{1}{4\,\pi\,\epsilon_0}\,\frac{2}{3\,c^2}\,|\ddot{\boldsymbol{p}}|^2,$$

worin das Dipolmoment $\boldsymbol{p}$ und $\ddot{\boldsymbol{p}}$ gegeben sind durch

$$\boldsymbol{p} = e\,\boldsymbol{r}, \quad \ddot{\boldsymbol{p}} = e\,\ddot{\boldsymbol{r}} = -e\,\omega^2\,\boldsymbol{r},$$

eingesetzt in P:

$$P = \frac{2\,\kappa}{3\,c^2}\,\omega^4\,r^2.$$

(c) Die kinetische Energie T, die potentielle Energie V und die Gesamt–Energie E lauten

$$T = \frac{m}{2}\,\omega^2\,r^2, \qquad V = -\frac{\kappa}{r}, \qquad E = \frac{m}{2}\,\omega^2\,r^2 - \frac{\kappa}{r},$$

die Energie–Bilanz also

$$\frac{d}{dt}\left(\frac{m}{2}\,\omega^2\,r^2 - \frac{\kappa}{r}\right) = -P = -\frac{2\,\kappa}{3\,c^2}\,\omega^4\,r^2.$$

Unter der Annahme, dass die Bewegung jeweils im mechanisch stabilen Zustand verläuft, können wir darin ω durch die obige Stabilitäts–Bedingung $\omega^2 = \kappa/(m\,r^3)$ ersetzen und erhalten

$$\frac{d}{dt}\left(-\frac{\kappa}{2\,r}\right) = -\frac{2}{3}\,\frac{\kappa^3}{c^3\,m^2\,r^4}$$

und daraus weiter

$$\frac{dr}{dt} = -\frac{4}{3}\,\frac{\kappa^2}{c^3\,m^2\,r^2}.$$

Dieses ist eine Differential–Gleichung für r mit der Lösung

$$r_0^3 - r^3 = \frac{4\,\kappa^2}{c^3\,m^2}\,t,$$

worin r_0 der Anfangswert für den Radius r bei $t = 0$ ist.

(d) Wir verwenden wieder die mechanische Stabilitäts–Bedingung und berechnen

$$L^2 = m^2\, r^4\, \omega^2 = m\, \kappa\, r.$$

Der Anfangs–Radius beträgt also $r_0 = \hbar^2/(m\,\kappa)$. Daraus bestimmen wir die Zeit τ, nach der $r = 0$ erreicht ist, das H–Atom also "zusammengestürzt" ist, zu

$$\tau = \frac{c^3\, m^2}{4\,\kappa^2}\, r_0^3 = \frac{c^3\, \hbar^6}{4\, m\, \kappa^5}.$$

Die Zahl der Umdrehungen bis dahin beträgt

$$N = \frac{\Phi}{2\,\pi} = \frac{1}{2\,\pi} \int_0^\tau dt\, \omega =$$

$$= \frac{1}{2\,\pi} \sqrt{\frac{\kappa}{m}} \int_0^\tau \frac{dt}{r^{3/2}} = \frac{1}{2\,\pi} \sqrt{\frac{\kappa}{m}} \int_0^\tau \frac{dt}{\sqrt{r_0^3 - \dfrac{4\,\kappa^2}{c^3\, m^2}\, t}}$$

$$= \frac{1}{2\,\pi} \sqrt{\frac{\kappa}{m\, r_0^3}} \int_0^\tau \frac{dt}{\sqrt{1 - t/\tau}} = \frac{1}{4\,\pi} \left(\frac{c\,\hbar}{\kappa}\right)^3 = \frac{1}{4\,\pi}\, \alpha^{-3},$$

worin

$$\alpha = \frac{\kappa}{c\,\hbar} = \frac{e^2}{4\,\pi\, \epsilon_0\, c\,\hbar} \approx \frac{1}{137}$$

die (dimensionslose) *Feinstruktur–Konstante* ist. Das Einsetzen dieses Wertes ergibt $N \approx 2 \cdot 10^6$. Die Zeit τ ergibt sich durch Einsetzen der Werte für die auftretenden Konstanten in der Größenordnung von $10^{-10} \ldots 10^{-9}$ s. Das H–Atom wäre also nach dieser Zeit durch Abstrahlung elektromagnetischer Wellen zerfallen, *wenn* man die *klassische* Elektrodynamik in dieser Weise auf das Atom anwenden würde. Die korrekte Theorie für das H–Atom liefert jedoch die *Quantentheorie*, in der der stabile Zustand von Atomen als strahlungsloser Grundzustand beschrieben wird.

E.11 Zu Kapitel 11: Grundlagen der Relativitätstheorie

E.11.1 Aufgaben

Aufgabe 11.1

Es sei B ein Beobachter, der in einem Inertialsystem S ruht. Ein zweiter Beobachter B' beginnt nach einem Uhrenvergleich mit B eine Bewegung mit konstanter Geschwindigkeit v relativ zu B. Nachdem B' eine gewisse Strecke zurückgelegt hat, kehrt er seine Bewegung um und kommt mit der Geschwindigkeit $-v$ zu B zurück.

(a) Was liefert der Uhrenvergleich von B und B' nach der Rückkehr von B'?

(b) Kommt es zu einem Widerspruch, wenn derselbe Vorgang vom Standpunkt von B' aus beschrieben wird?

Diese Situation wird gelegentlich auch als "Zwillings–Paradoxon" bezeichnet.

Hinweis: Die für die Beschleunigung und Abbremsung von B' erforderlichen Zeiten seien vernachlässigbar kurz.

Aufgabe 11.2

Es werden zwei Lorentz–Transformationen für zwei parallele Relativ–Geschwindigkeiten v_1, v_2 hintereinander ausgeführt. Zeigen Sie, dass das Ergebnis wieder eine Lorentz–Transformation ist, die der Geschwindigkeits–Addition der beiden Relativ–Geschwindigkeiten entspricht.

Aufgabe 11.3

Das Inertialsystem S' bewege sich mit der Geschwindigkeit $\boldsymbol{v}$ relativ zum Inertialsystem S.

(a) In S bewege sich ein Punkt P mit einer Geschwindigkeit $\boldsymbol{u}$, die einen Winkel α mit der Relativgeschwindigkeit $\boldsymbol{v}$ einschließt. Geben Sie den entsprechenden Winkel α' für die in S' beobachtete Geschwindigkeit $\boldsymbol{u}'$ von P sowie deren Betrag an.

(b) Mit welcher Länge und mit welcher Orientierung wird von S' aus ein in S ruhender Stab beobachtet?

Beachten Sie im Teil (b), dass bei Längenmessungen in einem Inertialsystem die Messungen der Endpunkte einer Strecke ("Mess–Ereignisse") dort jeweils zur gleichen Zeit erfolgen.

E.11.2 Lösungen der Aufgaben zu Kapitel 11

Aufgabe 11.1

(a) Während sich B' mit konstanter Geschwindigkeit v von B fortbewegt, begleitet ihn ein Inertialsystem S'. Wir nehmen an, dass sich beide Beobachter jeweils im Ursprung ihrer Inertialsysteme befinden. Dann folgt aus der Lorentz–Transformation

$$t = \gamma\, t', \qquad \gamma = \frac{1}{\sqrt{1 - v^2/c^2}},$$

worin t die von B und t' die von B' gemessene Zeit ist. Wegen des Uhrenvergleichs zu Beginn entsprechen sich $t = 0$ und $t' = 0$. Für die Rückkehr von B' mit der Geschwindigkeit $-v$ gilt dieselbe Überlegung wie oben, also ebenfalls $t = \gamma\, t'$. Daraus folgt für die Zeiten T bzw. T', die von B bzw. B' für den gesamten Vorgang festgestellt werden, bei Vernachlässigung der Zeiten für die Beschleunigungs– und Abbremsungs–Phasen

$$T = \gamma\, T', \qquad \frac{T'}{T} = \sqrt{1 - \frac{v^2}{c^2}},$$

d.h., die Uhr von B' geht langsamer.

(b) Die Beschreibung des Vorgangs vom Standpunkt von B' aus führt zu keinem Widerspruch, weil die Situation *nicht symmetrisch* ist: Während B mit seiner Uhr relativ zu seinem Inertialsystem in Ruhe bleibt, muss B' bei der Bewegungs–Umkehr sein Inertialsystem wechseln, bzw. ein mit B' fest verbundenes System kann nicht inertial sein, weil es seine Geschwindigkeit bei der Bewegungsumkehr ändert, so kurz zeitlich diese Phase auch immer sein mag.

Aufgabe 11.2

Wir schreiben die beiden Lorentz–Transformationen in der Form

$$x^i = U^{(1)\,i}{}_k\, x'^k, \qquad x'^k = U^{(2)\,k}{}_l\, x''^l,$$

sodass ineinander eingesetzt

$$x^i = U^i{}_l\, x''^l, \qquad U^i{}_l = U^{(1)\,i}{}_k\, U^{(2)\,k}{}_l.$$

Die Matrix der Gesamt–Transformation ist also das Produkt der Matrizen für die beiden einzelnen Transformationen. Wir wählen die x–Achsen in Richtung der parallelen Relativ–Geschwindigkeiten. Dann haben die Matrizen der beiden einzelnen Transformationen gemäß Abschnitt 11.3.2 die Form

$$(U^{(1)\,i}{}_k) = \begin{pmatrix} \gamma_1 & \beta_1\gamma_1 & 0 & 0 \\ \beta_1\gamma_1 & \gamma_1 & 0 & 0 \\ 0 & 0 & 1 & 0 \\ 0 & 0 & 0 & 1 \end{pmatrix}, \qquad (U^{(2)\,k}{}_l) = \begin{pmatrix} \gamma_2 & \beta_2\gamma_2 & 0 & 0 \\ \beta_2\gamma_2 & \gamma_2 & 0 & 0 \\ 0 & 0 & 1 & 0 \\ 0 & 0 & 0 & 1 \end{pmatrix},$$

und ihr Produkt ergibt

$$\left(U^i{}_l\right) = \left(U^{(1)\,i}{}_k\, U^{(2)\,k}{}_l\right) = \begin{pmatrix} \gamma_1\,\gamma_2\,(1+\beta_1\,\beta_2) & \gamma_1\,\gamma_2\,(\beta_1+\beta_2) & 0 & 0 \\ \gamma_1\,\gamma_2\,(\beta_1+\beta_2) & \gamma_1\,\gamma_2\,(1+\beta_1\,\beta_2) & 0 & 0 \\ 0 & 0 & 1 & 0 \\ 0 & 0 & 0 & 1 \end{pmatrix},$$

worin

$$\beta_{1,2} = v_{1,2}/c, \qquad \gamma_{1,2} = \left(1-\beta_{1,2}^2\right)^{-1/2}.$$

In der Produkt–Matrix treten die beiden folgenden Elemente auf:

$$\gamma_1\,\gamma_2\,(1+\beta_1\,\beta_2) = \frac{1+\dfrac{v_1}{c}\dfrac{v_2}{c}}{\sqrt{1-\dfrac{v_1^2}{c^2}}\sqrt{1-\dfrac{v_1^2}{c^2}}}, \qquad \gamma_1\,\gamma_2\,(\beta_1+\beta_2) = \frac{\dfrac{v_1+v_2}{c}}{\sqrt{1-\dfrac{v_1^2}{c^2}}\sqrt{1-\dfrac{v_1^2}{c^2}}}.$$

Wir erwarten, dass diese beiden Ausdrücke die Form von

$$\gamma = \frac{1}{\sqrt{1-\dfrac{v^2}{c^2}}}, \qquad \beta\,\gamma = \frac{\dfrac{v}{c}}{\sqrt{1-\dfrac{v^2}{c^2}}}$$

haben, worin für v die relativistische Geschwindigkeits–Überlagerung

$$v = \frac{v_1+v_2}{1+\dfrac{v_1\,v_2}{c^2}}$$

gemäß Abschnitt 11.2 einzusetzen ist. Wir setzen diesen Ausdruck in γ und β ein und bestätigen nach einer kurzen elementaren Rechnung, dass wir wie erwartet dieselbe Form wie aus der obigen Matrizen–Multiplikation erhalten. Damit ist der Nachweis in der Aufgaben–Stellung geführt.

Aufgabe 11.3

(a) Wir wählen räumliche Koordinatensysteme in S und S' in der Weise, dass die x– bzw. x'–Achsen parallel zur Relativgeschwindigkeit $\boldsymbol{v}$ sind und die Geschwindigkeit $\boldsymbol{u}$ von P in der $x-y$– bzw. $x'-y'$–Ebene liegt. Wir schreiben die Lorentz–Transformation zwischen S und S' in der Form

$$x' = \gamma\,(x-\beta\,c\,t), \quad y' = y, \quad z' = z, \quad t' = \gamma\left(t-\frac{\beta}{c}\,x\right),$$

mit $\beta = v/c$, $\gamma = 1/\sqrt{1-\beta^2}$, $v = |\boldsymbol{v}|$. Für die Komponenten von $\boldsymbol{u}$ bzw. $\boldsymbol{u}'$ gilt dann

$$u_x = u\,\cos\alpha, \quad u_y = u\,\sin\alpha, \quad u_z = 0, \quad u := |\boldsymbol{u}|,$$
$$u_x' = u'\,\cos\alpha', \quad u_y' = u'\,\sin\alpha', \quad u_z' = 0, \quad u' := |\boldsymbol{u}'|.$$

Aus der Lorentz–Transformation folgt für die Transformation der Geschwindigkeits–Komponenten

$$u_x' = \frac{dx'}{dt'} = \frac{dx - \beta\,c\,dt}{dt - \beta\,dx/c} = \frac{u_x - v}{1 - v\,u_x/c^2},$$
$$u_y' = \frac{dy'}{dt} = \frac{dy}{\gamma\,(dt - \beta\,dx/c)} = \frac{u_y}{\gamma\,(1 - v\,u_x/c^2)}.$$

Daraus bestimmen wir den Winkel α' in der Form

$$\tan\alpha' = \frac{u_y'}{u_x'} = \frac{1}{\gamma}\,\frac{u_y}{u_x - v} = \frac{1}{\gamma}\,\frac{u\,\sin\alpha}{u\,\cos\alpha - v}.$$

und den Betrag

$$u' = \sqrt{u_x'^2 + u_y'^2} = \frac{1}{1 - v\,u_x\,c^2}\sqrt{(u_x - v)^2 + \left(\frac{u_y}{\gamma}\right)^2} =$$
$$= \frac{1}{1 - \dfrac{u\,v}{c^2}\,\cos\alpha}\sqrt{(u\,\cos\alpha - v)^2 + \left(\frac{u\,\sin\alpha}{\gamma}\right)^2}.$$

Die Geschwindigkeit von P erscheint in S' relativ zu S also in Richtung und Betrag verändert.

(b) Wir wählen dieselben räumlichen Koordinatensysteme wie im Teil (a), nur soll jetzt der Stab (anstelle der Geschwindigkeit $\boldsymbol{u}$) in der $x-y$– bzw. $x'-y'$–Ebene liegen. Die Lorentz–Transformation hat dieselbe Form wie im Teil (a). Die Ereignisse der Stabmessung in S lauten für die beiden Endpunkte 1 und 2:

$$1: \quad x_1,\, y_1,\, z_1,\, t_1, \qquad 2: \quad x_2,\, y_2,\, z_2,\, t_2.$$

Die Messung der Stabenden erfolgt gleichzeitig, also $t_1 = t_2$, sodass die Länge des Stabs l und sein Winkel α zur Relativ–Geschwindigkeit gegeben sind durch

$$l = \sqrt{(x_2 - x_1)^2 + (y_2 - y_1)^2}, \qquad \tan\alpha = \frac{y_2 - y_1}{x_2 - x_1}$$

oder auch

$$x_2 - x_1 = l\,\cos\alpha, \qquad y_2 - y_1 = l\,\sin\alpha.$$

Die Ereignisse der Stabmessung in S' lauten für die beiden Endpunkte 1' und 2':

$$1': \quad x_1',\, y_1',\, z_1',\, t_1', \qquad 2': \quad x_2',\, y_2',\, z_2',\, t_2'$$

und es ist gemäß der Lorentz–Transformation

$$\begin{aligned} x_1' &= \gamma\,(x_1 - \beta\, c\, t_1), \quad & y_1' &= y_1, \quad & z_1' &= z_1, \quad & t_1' &= \gamma\,(t_1 - \beta\, x_1/c)\,, \\ x_2' &= \gamma\,(x_2 - \beta\, c\, t_2), \quad & y_2' &= y_2, \quad & z_2' &= z_2, \quad & t_2' &= \gamma\,(t_2 - \beta\, x_2/c) \end{aligned}$$

Die Mess–Ereignisse $1', 2'$ der Stabenden müssen in S' gleichzeitig erfolgen, also $t_1' = t_2'$, im Allgemeinen aber nicht in S, also $t_1 \neq t_2$. Aus $t_1' = t_2'$ folgt

$$t_1 - \beta\, x_1/c = t_2 - \beta\, x_2/c, \qquad t_2 - t_1 = \beta\,(x_2 - x_1)/c,$$

eingesetzt in die Lorentz–Transformation für $x_2' - x_1'$:

$$x_2' - x_1' = \gamma\,[x_2 - x_1 - \beta\, c\,(t_2 - t_1)] = \gamma\,(1 - \beta^2)\,(x_2 - x_1) = \frac{1}{\gamma}\,(x_2 - x_1).$$

Daraus erhalten wir für die in S' gemessene Länge l'

$$l' = \sqrt{(x_2' - x_1')^2 + (y_2' - y_1')^2} = \sqrt{(1 - \beta^2)\,(x_2 - x_1)^2 + (y_2 - y_1)^2},$$

oder ausgedrückt durch l, α

$$l' = l\,\sqrt{(1 - \beta^2)\,\cos^2\alpha + \sin^2\alpha}.$$

Für den in S' beobachteten Winkel α' zwischen dem Stab und der Relativ–Geschwindigkeit folgt

$$\tan\alpha' = \frac{y_2' - y_1'}{x_2' - x_1'} = \gamma\,\frac{y_2 - y_1}{x_2 - x_1} = \frac{1}{\sqrt{1 - \beta^2}}\,\tan\alpha.$$

Für die folgende Diskussion vereinbaren wir für die Zählung der Winkel $-\pi/2 \leq \alpha, \alpha' \leq \pi/2$. Aus dem Ergebnis für l' folgt $l' \leq l$ und sogar $l' < l$, wenn $|\alpha| < \pi/2$: Der Stab erscheint aus dem bewegten System verkürzt. Die Verkürzung ("Längenkontraktion") ist maximal, wenn $\alpha = 0$, der Stab also in der Richtung der Relativ–Geschwindigkeit liegt. Aus dem Ergebnis für α' folgt, dass stets $|\alpha'| > |\alpha|$: Aus dem bewegten System erscheint der Stab stärker aus der Richtung der Relativ–Geschwindigkeit herausgedreht.

E.12 Zu Kapitel 12: Lorentz–Kovarianz der Elektrodynamik

E.12.1 Aufgaben

Aufgabe 12.1

Ein Teilchen der Masse m und der Ladung e wird in einem homogenen elektrischen Feld $\boldsymbol{E}$ aus der Ruhelage beschleunigt. Geben Sie (relativistisch korrekt) an, wie seine Geschwindigkeit v mit der Zeit zunimmt und nach welcher Strecke s es einen vorgegebenen Bruchteil $\beta = v/c$ der Lichtgeschwindigkeit c erreicht. Bestimmen Sie diese Strecke für ein Elektron in einem Feld $E = 10^6$ V/m für $\beta = 0.9$.

Aufgabe 12.2

Drücken Sie die folgenden, Lorentz–kovariant formulierten Ausdrücke in der gewöhnlichen Schreibweise aus und interpretieren Sie deren Bedeutung.

$$\text{(a): } F^{ik}\, j_k, \qquad \text{(b): } F^{ik}\, F_{ik}, \qquad \text{(c): } \epsilon_{ijkl}\, F^{ij}\, F^{kl}.$$

Aufgabe 12.3

Zeigen Sie

$$\partial^j\, F^{kl} + \partial^k\, F^{lj} + \partial^l\, F^{jk} = 0.$$

Diese Aussage soll für beliebige Indizes $j, k, l = 0, 1, 2, 3$ zutreffen. Die Summanden auf der linken Seite entstehen durch zyklische Vertauschung der Indizes j, k, l.

Aufgabe 12.4

Der Energie–Impuls–Tensor des elektromagnetischen Feldes ist definiert durch

$$T^{ik} = \epsilon_0 \left(-F^{ij}\, F^k{}_j + \frac{1}{4}\, g^{ik}\, F_{jl}\, F^{jl} \right).$$

(Der Tensor $g^{ik} = \delta^{ik}$ entsteht aus dem Kronecker–Symbol δ^i_k durch Heben des Index k.)

(a) Formulieren Sie die zeitlichen und räumlichen Komponenten von T^{ik} in der gewöhnlichen Schreibweise und stellen Sie deren physikalische Bedeutung fest.

(b) Zeigen Sie, dass

$$\partial_k T^{ik} = -\frac{1}{c} F^{ik} j_k.$$

Welche physikalische Bedeutung hat diese Gleichung?

E.12.2 Lösungen der Aufgaben zu Kapitel 12

Aufgabe 12.1

Die relativistisch korrekte Bewegungs–Gleichung lautet

$$\frac{dp}{dt} = \frac{d}{dt} \frac{m\,v}{\sqrt{1 - v^2/c^2}} = e\,E$$

in Feldrichtung $\boldsymbol{E}$. Außerhalb dieser Richtung findet bei der Beschleunigung aus der Ruhelage keine Bewegung statt. Die Integration liefert

$$\frac{m\,v}{\sqrt{1 - v^2/c^2}} = e\,E\,t, \qquad \frac{m^2\,v^2}{1 - v^2/c^2} = e^2\,E^2\,t^2,$$

aufgelöst nach v^2 bzw. nach v

$$\frac{v(t)}{c} = \frac{\lambda\,t}{\sqrt{1 + \lambda^2\,t^2}}, \qquad \lambda := \frac{e\,E}{m\,c}.$$

Diese Funktion ist in der Abbildung E.13 skizziert.

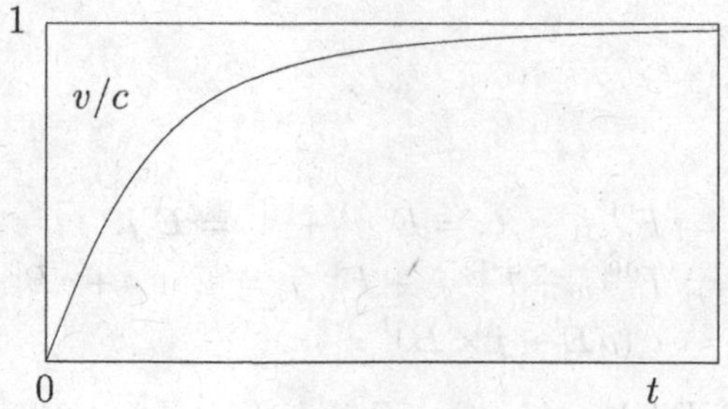

Abbildung E.13: Geschwindigkeit als Funktion der Zeit

Die vom Teilchen zurückgelegte Strecke $s(t)$ berechnen wir aus dem obigen Ergebnis $v(t)/c$ durch eine elementare Integration:

$$s(t) = c \int_0^t dt' \frac{\lambda\,t'}{\sqrt{1 + \lambda^2\,t'^2}} = \frac{c}{\lambda} \left(\sqrt{1 + \lambda^2\,t^2} - 1 \right).$$

In der obigen Berechnung von $v(t)/c$ hatten wir als Zwischenergebnis

$$\frac{\beta^2}{1-\beta^2} = \lambda^2 t^2$$

gefunden, das, eingesetzt in $s(t)$,

$$s(\beta) = \frac{c}{\lambda}\left(\frac{1}{\sqrt{1-\beta^2}} - 1\right)$$

liefert.

$$\frac{c}{\lambda} = \frac{m\,c^2}{e\,E}.$$

Mit der Ruhenergie $m\,c^2 \approx 0,51\,\mathrm{MeV}$ des Elektrons und $E = 10^6$ V/m wird daraus

$$s(\beta) = 0,51\left(\frac{1}{\sqrt{1-\beta^2}} - 1\right) \quad [\mathrm{m}],$$

und für $\beta = 0.9$ ergibt sich $s(0,9) = 0,66\,\mathrm{m}$.

Aufgabe 12.2

Wir benutzen die Darstellungen

$$(j^i) := (c\,\rho, \boldsymbol{j}), \qquad (F^{ik}) := \begin{pmatrix} 0 & -E^1 & -E^2 & -E^3 \\ E^1 & 0 & -c\,B^3 & c\,B^2 \\ E^2 & c\,B^3 & 0 & -c\,B^1 \\ E^3 & -c\,B^2 & c\,B^1 & 0 \end{pmatrix},$$

vgl. Kapitel 12.

(a)

$$\begin{aligned} F^{0k}\,j_k &= F^{01}\,j_1 + \ldots = E^1\,j^1 + \ldots = \boldsymbol{E}\,\boldsymbol{j}, \\ F^{1k}\,j_k &= F^{10}\,j_0 + F^{12}\,j_2 + F^{13}\,j_3 = E^1\,c\,\rho + c\,B^3\,j^2 - c\,B^2\,j^3 \\ &= c\,(\rho\,\boldsymbol{E} + \boldsymbol{j}\times\boldsymbol{B})^1 \end{aligned}$$

usw. für $i = 2,3$. Die Kombination $F^{ik}\,j_k$ ist also ein kontravarianter 4–Vektor mit den Komponenten

$$(F^{ik}\,j_k) = \Big(\boldsymbol{E}\,\boldsymbol{j},\, c\,(\rho\,\boldsymbol{E} + \boldsymbol{j}\times\boldsymbol{B})\Big).$$

Die zeitliche Komponente ist die räumliche Leistungsdichte, die räumliche Komponente (bis auf den Faktor c) die räumliche Kraftdichte, die die elektromagnetischen Felder auf Ladungen ρ und Stromdichten $\boldsymbol{j}$ übertragen.

(b) Bei der Berechnung von $F^{ik}\,F_{ik}$ treten insgesamt 12 mögliche Summanden i, k auf. Das Ergebnis lautet

$$F^{ik}\,F_{ik} = -2\,\boldsymbol{E}^2 + 2\,c^2\,\boldsymbol{B}^2 = -\frac{4}{\epsilon_0}\left(\frac{\epsilon_0}{2}\,\boldsymbol{E}^2 - \frac{1}{2\,\mu_0}\,\boldsymbol{B}^2\right).$$

Diese Kombination ist also offensichtlich ein Lorentz–Skalar, also eine Invariante unter Lorentz–Transformationen. Sie lässt sich nicht etwa auf die Energiedichte des elektromagnetischen Feldes reduzieren.

(c) Bei der Berechnung von $\epsilon_{ijkl}\,F^{ij}\,F^{kl}$ treten sämtliche $4! = 24$ Permutationen i, j, k, l von $0, 1, 2, 3$ auf. Die entsprechenden Summanden reduzieren sich jedoch wegen der Symmetrie von F^{ij} auf drei verschiedene Typen. Das Ergebnis lautet

$$\epsilon_{ijkl}\,F^{ij}\,F^{kl} = 8\,c\,\boldsymbol{E}\,\boldsymbol{B}.$$

Das Skalarprodukt $\boldsymbol{E}\,\boldsymbol{B}$ ist also ein Lorentz–Pseudoskalar bzw. $\boldsymbol{E}\,\boldsymbol{B}$ ist (bis auf ein mögliches Vorzeichen) invariant unter Lorentz–Transformationen.

Aufgabe 12.3

Für $j = 0, k = 1, l = 2$ lautet die behauptete Aussage

$$\partial^0\,F^{12} + \partial^1\,F^{20} + \partial^2\,F^{01} = 0,$$

ausgedrückt in der gewöhnlichen Schreibweise

$$\partial_t\,B^3 + \partial_1\,E^2 - \partial_2\,E^1 = 0.$$

Das ist die 3–Komponente der Maxwellschen Gleichung

$$\frac{\partial}{\partial \boldsymbol{r}} \times \boldsymbol{E} = -\frac{\partial}{\partial t}\,\boldsymbol{B}.$$

Auf diese Weise könnte man fortfahren, indem man alle Kombinationen von Indizes in der behaupteten Aussage nachprüft. Der Beweis der Aussage lässt sich aber auch allgemein führen. Da die behauptete Aussage äquivalent zu den homogenen Maxwellschen Gleichungen erscheint, beginnen wir mit deren kovarianter Form

$$\epsilon_{imnp}\,\partial^m\,F^{np} = 0$$

und multiplizieren (einschließlich Summations–Konvention) mit ϵ^{ijkl}:

$$\epsilon^{ijkl}\,\epsilon_{imnp}\,\partial^m\,F^{np} = 0.$$

Nun ist

$$\epsilon^{ijkl}\,\epsilon_{imnp} = \begin{vmatrix} \delta^j_m & \delta^j_n & \delta^j_p \\ \delta^k_m & \delta^k_n & \delta^k_p \\ \delta^l_m & \delta^l_n & \delta^l_p \end{vmatrix}.$$

Die Auswertung der 3 × 3–Determinante ergibt 6 Terme:

$$\begin{aligned} &\epsilon^{ijkl}\,\epsilon_{imnp}\,\partial^m\,F^{np} = \\ &= \partial^j\,F^{kl} + \partial^k\,F^{lj} + \partial^l\,F^{jk} - \partial^j\,F^{lk} - \partial^l\,F^{kj} - \partial^k\,F^{jl}. \end{aligned}$$

Mit der Asymmetrie des Feld–Tensors, $F^{lk} = -F^{kl}$, wird daraus

$$\epsilon^{ijkl}\,\epsilon_{imnp}\,\partial^m\,F^{np} = 2\,\left(\partial^j\,F^{kl} + \partial^k\,F^{lj} + \partial^l\,F^{jk}\right).$$

Damit ist die behauptete Aussage bewiesen.

Aufgabe 12.4

(a) Bei der folgenden Berechnung können wir ausnutzen, dass T^{ik} symmetrisch ist:

$$T^{ki} = \epsilon_0\,\left(-F^{kj}\,F^i{}_j + \frac{1}{4}\,g^{ki}\,F_{jl}\,F^{jl}\right) = \epsilon_0\,\left(-F^k{}_j\,F^{ij} + \frac{1}{4}\,g^{ik}\,F_{jl}\,F^{jl}\right) = T^{ik},$$

weil auch $g^{ik} = g^{ki}$. Ferner ist

$$F^{jl}\,F_{jl} = -2\,\boldsymbol{E}^2 + 2\,c^2\,\boldsymbol{B}^2 =: \Lambda,$$

vgl. auch Aufgabe 12.2.

$$\begin{aligned} T^{00} &= \epsilon_0\,\left(-F^{0j}\,F^0{}_j + \frac{1}{4}\,g^{00}\,\Lambda\right), \qquad g^{00} = 1 \\ F^{0j}\,F^0{}_j &= F^{01}\,F^0{}_1 + \ldots = -F^{01}\,F^{01} + \ldots = -\boldsymbol{E}^2, \\ T^{00} &= \frac{\epsilon_0}{2}\,\boldsymbol{E}^2 + \frac{1}{2\,\mu_0}\,\boldsymbol{B}^2. \end{aligned}$$

T^{00} ist die räumliche Energiedichte des elektromagnetischen Feldes.

$$\begin{aligned} T^{01} &= \epsilon_0\,\left(-F^{0j}\,F^1{}_j + \frac{1}{4}\,g^{01}\,\Lambda\right), \qquad g^{01} = 0, \\ F^{0j}\,F^1{}_j &= F^{02}\,F^1{}_2 + F^{03}\,F^1{}_3 = -F^{02}\,F^{12} - F^{03}\,F^{13} = \\ &= -c\,\left(E^2\,B^3 - E^3\,B^2\right) = -c\,(\boldsymbol{E}\times\boldsymbol{B})^1, \\ T^{0\alpha} &= \epsilon_0\,c\,(\boldsymbol{E}\times\boldsymbol{B})^\alpha = \frac{1}{c}\,S^\alpha. \end{aligned}$$

S^α ist räumliche Komponente α des Poynting–Vektors

$$\boldsymbol{S} = \boldsymbol{E} \times \boldsymbol{H} = \frac{1}{\mu_0}\,\boldsymbol{E} \times \boldsymbol{B},$$

vgl. Abschnitt 8.2.1. Es ist aber auch die Deutung

$$T^{0\alpha} = c\,(\boldsymbol{D} \times \boldsymbol{B})^\alpha = c\,\pi^\alpha$$

möglich, worin

$$\boldsymbol{\pi} = \boldsymbol{D} \times \boldsymbol{B} = \epsilon\,\boldsymbol{E} \times \boldsymbol{B}$$

die räumliche Impulsdichte des elektromagnetischen Feldes ist, vgl Abschnitt 8.3.1.

$$\begin{aligned}
T^{11} &= \epsilon_0 \left(-F^{1j}\,F^1{}_j + \frac{1}{4}\,g^{11}\,\Lambda \right), \qquad g^{11} = -1, \\
F^{1j}\,F^1{}_j &= F^{10}\,F^1{}_0 + F^{12}\,F^1{}_2 + F^{13}\,F^1{}_3 = F^{10}\,F^{10} - F^{12}\,F^{12} - F^{13}\,F^{13} = \\
&= (E^1)^2 - c^2\,(B^2)^2 - c^2\,(B^3)^2, \\
T^{11} &= \epsilon_0 \left(\frac{1}{2}\,\boldsymbol{E}^2 - (E^1)^2 + \frac{1}{2}\,\boldsymbol{B}^2 - c^2\,(B^1)^2 \right).
\end{aligned}$$

Wir vergleichen mit der (11)–Komponente des Maxwellschen Spannungstensors $P^{\alpha\beta}$, vgl. Abschnitt 8.3.1:

$$P^{11} = \epsilon_0 \left(\frac{1}{2}\,\boldsymbol{E}^2 - (E^1)^2 \right) + \frac{1}{\mu_0} \left(\frac{1}{2}\,\boldsymbol{B}^2 - (B^1)^2 \right).$$

Es ist also $T^{11} = P^{11}$ und ebenso $T^{22} = P^{22}$, $T^{33} = P^{33}$.

$$\begin{aligned}
T^{12} &= \epsilon_0 \left(-F^{1j}\,F^2{}_j + \frac{1}{4}\,g^{12}\,\Lambda \right), \qquad g^{12} = 0, \\
F^{1j}\,F^2{}_j &= F^{10}\,F^2{}_0 + F^{13}\,F^2{}_3 = F^{10}\,F^{20} - F^{13}\,F^{23} = E^1\,E^2 + c^2\,B^1\,B^2, \\
T^{12} &= \epsilon_0\,\left(-E^1\,E^2 - c^2\,B^1\,B^2\right).
\end{aligned}$$

Wir vergleichen wieder mit dem Maxwellschen Spannungtensor und finden direkt $T^{12} = P^{12}$. Die Struktur des Energie–Impuls–Tensors T ist also

$$(T) = \begin{pmatrix} w & \epsilon_0\,c\,(\boldsymbol{E} \times \boldsymbol{B})^T \\ \epsilon_0\,c\,\boldsymbol{E} \times \boldsymbol{B} & P \end{pmatrix}.$$

Mit $\boldsymbol{E} \times \boldsymbol{B}$ ist hier die Spalten–Darstellung des 3–dimensionalen Vektors gemeint, mit $(\boldsymbol{E} \times \boldsymbol{B})^T$ seine Zeilen–Darstellung.

(b)

$$\begin{aligned}
\partial_k T^{ik} &= \epsilon_0 \left[-\partial_k \left(F^{ij} F^k{}_j \right) + \frac{1}{4} g^{ik} \partial_k \left(F_{jl} F^{jl} \right) \right], \\
\partial_k \left(F^{ij} F^k{}_j \right) &= F^{ij} \partial_k F^k{}_j + F^k{}_j \partial_k F^{ij}, \\
\partial_k F^{kj} = \frac{1}{\epsilon_0 c} j^j &\Rightarrow \partial_k F^k{}_j = \frac{1}{\epsilon_0 c} j_j, \\
F^{ij} \partial_k F^k{}_j &= \frac{1}{\epsilon_0 c} F^{ij} j_j = \frac{1}{\epsilon_0 c} F^{ik} j_k, \\
g^{ik} \partial_k \left(F_{jl} F^{jl} \right) &= \delta^i_k \partial^k \left(F_{jl} F^{jl} \right) = \partial^i \left(F_{jl} F^{jl} \right) = \\
&= F_{jl} \partial^i F^{jl} + F^{jl} \partial^i F_{jl} = 2 F_{jl} \partial^i F^{jl}.
\end{aligned}$$

Diese Teilergebnisse in $\partial_k T^{ik}$ eingesetzt ergeben zunächst

$$\partial_k T^{ik} = -\frac{1}{c} F^{ik} j_k + \epsilon_0 \left(-F^k{}_j \partial_k F^{ij} + \frac{1}{2} F_{jl} \partial^i F^{jl} \right).$$

Die behauptete Gleichung im Teil (b) der Aufgabenstellung ist bewiesen, wenn sich zeigen lässt, dass der Ausdruck in (...) verschwindet. Unter Verwendung der Regeln für das Heben und Senken der Indizes und der Antisymmetrie von F^{ij} sowie durch Vertauschen der Benennungen von Indizes zeigen wir zunächst, dass

$$-F^k{}_j \partial_k F^{ij} + \frac{1}{2} F_{jl} \partial^i F^{jl} = \frac{1}{2} F_{kj} \left(\partial^i F^{kj} - 2 \partial^k F^{ij} \right).$$

Im nächsten Schritt benutzen wird, dass

$$\partial^i F^{kj} = -\partial^k F^{ji} - \partial^j F^{ik} = \partial^k F^{ij} + \partial^j F^{ki},$$

vgl. auch Aufgabe 12.3. Damit wird

$$\begin{aligned}
&-F^k{}_j \partial_k F^{ij} + \frac{1}{2} F_{jl} \partial^i F^{jl} = \\
&= \frac{1}{2} F_{kj} \left(\partial^j F^{ki} - \partial^k F^{ij} \right) = \frac{1}{2} \left(F_{kj} \partial^j F^{ki} - F_{kj} \partial^k F^{ij} \right) = \\
&= \frac{1}{2} \left(F_{kj} \partial^j F^{ki} - F_{jk} \partial^j F^{ik} \right) = \frac{1}{2} \left(F_{kj} \partial^j F^{ki} - F_{kj} \partial^j F^{ki} \right) = 0.
\end{aligned}$$

Damit ist die behauptete Beziehung in der Aufgabenstellung bewiesen. Ihre Bedeutung ist mit den Ergebnissen aus dem Teil (a) offensichtlich: Es handelt sich um die kovariante Schreibweise der Bilanz–Gleichung für den 4–Vektor, der aus Energie und Impuls besteht. Der Term auf der rechten Seite lautet nämlich in der 3–Schreibweise

$$-\frac{1}{c} F^{ik} j_k = \left(-\frac{1}{c} \boldsymbol{E}\, \boldsymbol{j}, -\left(\rho\, \boldsymbol{E} + \boldsymbol{j} \times \boldsymbol{B} \right) \right),$$

vgl. Aufgabe 12.3.

E.13 Zu Kapitel 13: Elektrische und magnetische Felder in Materie

E.13.1 Aufgaben

Aufgabe 13.1

In einem Material tragen die Teilchen $i = 1, 2, \ldots, N$ lokale mikroskopische, quellfreie Stromdichten $\widehat{\boldsymbol{j}}_i(\boldsymbol{r} - \boldsymbol{r}_i)$, d.h. $\widehat{\boldsymbol{j}}_i(\boldsymbol{r} - \boldsymbol{r}_i) \neq 0$ nur in einer mikroskopischen Umgebung $|\boldsymbol{r} - \boldsymbol{r}_i|$. Zeigen Sie einen möglichst einfachen Weg (ohne Multipol-Entwicklungen) dafür auf, wie die Maxwellschen Gleichungen des Vakuums zu erweitern sind.

Aufgabe 13.2

In einem Material sollen die Teilchen außer elektrischen und magnetischen Dipolen auch stationäre (zeitunabhängige) elektrische Quadrupol–Momente tragen. Wie sind die phänomenologischen Maxwellschen Gleichungen zu erweitern?

Aufgabe 13.3

Im Abschnitt 13.3 haben wir den Übergang von mikroskopischen zu gemittelten Feldgrößen unter Verwendung einer "Glättungsfunktion" durchgeführt, z.B. für das elektrische Potential Φ:

$$\Phi(\boldsymbol{r}) = \int d^3s\, f(\boldsymbol{s})\, \widehat{\Phi}(\boldsymbol{r} + \boldsymbol{s}), \qquad \int d^3s\, f(\boldsymbol{s}) = 1.$$

(a) Die Glättungsfunktion soll vom Typ einer *Gauß–Glocke* sein,

$$f(\boldsymbol{r}) = A \exp\left(-\alpha\, |\boldsymbol{s}|^2\right), \qquad \alpha > 0.$$

Welchen Wert muss die Konstante A haben? Drücken Sie außerdem die Konstante α durch ein Maß für die "Breite" der Gauß–Glocke aus.

(b) Betrachten Sie ein 1–dimensionales Modell mit dem mikroskopischen Potential–Verlauf

$$\widehat{\Phi}(x) = \sum_{n=-\infty}^{+\infty} \Phi_n\, \delta(x - n\,a), \qquad \Phi_n = \Phi_0 \cos\frac{n\,\pi}{N}, \qquad N \gg 1,$$

worin a der Abstand zwischen je zwei benachbarten Teilchen in einer linear angeordneten, ortsfesten Kette ("Lineare Kette") sein soll. Beschreiben Sie den mikroskopischen Potential–Verlauf $\widehat{\Phi}(x)$ und führen Sie die Mittelung mit der Glättungsfunktion aus dem Teil (a) (in der 1–dimensionalen Version) durch. Das Ergebnis enthält noch eine n–Summation, die man unter bestimmten Voraussetzungen näherungsweise durch ein n–Integral von $n = -\infty$ bis $n = +\infty$ ersetzen kann. Wie lauten diese Voraussetzungen? Führen Sie die Näherung aus und diskutieren Sie anhand des Ergebnisses die Wahl der Breite b.

E.13.2 Lösungen der Aufgaben zu Kapitel 13

Aufgabe 13.1

Die gesamte mikroskopische Stromdichte entsteht durch Überlagerung der einzelnen $\widehat{\boldsymbol{j}}_i(\boldsymbol{r}-\boldsymbol{r}_i)$:

$$\widehat{\boldsymbol{j}}(\boldsymbol{r}) = \sum_{i=1}^{N} \widehat{\boldsymbol{j}}_i(\boldsymbol{r}-\boldsymbol{r}_i).$$

Daraus gewinnen wir die mittlere Stromdichte

$$\boldsymbol{j}_M(\boldsymbol{r}) = \int d^3s\, f(\boldsymbol{s})\, \widehat{\boldsymbol{j}}(\boldsymbol{r}+\boldsymbol{s})$$

durch Integration mit einer geeigneten Mittelungsfunktion $f(\boldsymbol{s})$. Den Index M fügen wir hinzu, um diese Stromdichte von einer möglicherweise auftretenden Stromdichte wahrer Ladungen unterscheiden zu können. Wir erwarten auch, dass die geschilderte Situation zu einer Magnetisierung führt, weil die mikroskopischen Stromdichten $\widehat{\boldsymbol{j}}_i(\boldsymbol{r}-\boldsymbol{r}_i)$ mikroskopische magnetische Dipole tragen. Diese müssen wir jedoch gar nicht explizit einführen, wie sich zeigen wird. Die Quellfreiheit der mikroskopischen Stromdichten überträgt sich auf $\widehat{\boldsymbol{j}}(\boldsymbol{r})$ und $\boldsymbol{j}_M(\boldsymbol{r})$:

$$\frac{\partial}{\partial \boldsymbol{r}}\, \widehat{\boldsymbol{j}}_i(\boldsymbol{r}-\boldsymbol{r}_i) = 0 \quad \Rightarrow \quad \frac{\partial}{\partial \boldsymbol{r}}\, \widehat{\boldsymbol{j}}(\boldsymbol{r}) = \sum_{i=1}^{N} \frac{\partial}{\partial \boldsymbol{r}}\, \widehat{\boldsymbol{j}}_i(\boldsymbol{r}-\boldsymbol{r}_i) = 0,$$

$$\Rightarrow \quad \frac{\partial}{\partial \boldsymbol{r}}\, \boldsymbol{j}_M(\boldsymbol{r}) = \int d^3s\, f(\boldsymbol{s})\, \frac{\partial}{\partial \boldsymbol{r}}\, \widehat{\boldsymbol{j}}(\boldsymbol{r}+\boldsymbol{s}) = 0.$$

Die Stromdichte $\boldsymbol{j}_M(\boldsymbol{r})$ ist verknüpft mit einem Vektor–Potential

$$\boldsymbol{A}_M(\boldsymbol{r}) = \frac{\mu_0}{4\pi} \int d^3r'\, \frac{\boldsymbol{j}_M(\boldsymbol{r}')}{|\boldsymbol{r}-\boldsymbol{r}'|}.$$

Im skalaren Potential tritt durch die stationären mikroskopischen Ströme keine Änderung auf. Die homogenen Maxwellschen Gleichungen bleiben unverändert:

$$\boldsymbol{E} = -\frac{\partial}{\partial t}\,(\boldsymbol{A}+\boldsymbol{A}_M) - \frac{\partial}{\partial \boldsymbol{r}}\,\Phi, \qquad \boldsymbol{B} = \frac{\partial}{\partial \boldsymbol{r}} \times (\boldsymbol{A}+\boldsymbol{A}_M)\,.$$

Φ und $\boldsymbol{A}$ sind die Potentiale aufgrund der freien Ladungen und ihrer Stromdichten. Daraus folgen für die inhomogenen Maxwellschen Gleichungen gegenüber denen im Vakuum folgende Änderungen:

$$\begin{aligned}
\frac{\partial}{\partial \boldsymbol{r}} \boldsymbol{E} &= \frac{1}{\epsilon_0} \rho - \frac{\partial}{\partial \boldsymbol{r}} \frac{\partial}{\partial t} \boldsymbol{A}_M, \\
\frac{\partial}{\partial \boldsymbol{r}} \times \boldsymbol{B} &= \mu_0 \, \boldsymbol{j} + \epsilon_0 \, \mu_0 \frac{\partial}{\partial t} \boldsymbol{E} + \frac{\partial}{\partial \boldsymbol{r}} \times \left(\frac{\partial}{\partial \boldsymbol{r}} \times \boldsymbol{A}_M \right).
\end{aligned}$$

Es ist

$$\begin{aligned}
\frac{\partial}{\partial \boldsymbol{r}} \frac{\partial}{\partial t} \boldsymbol{A}_M &= \frac{\partial}{\partial t} \frac{\partial}{\partial \boldsymbol{r}} \boldsymbol{A}_M, \\
\frac{\partial}{\partial \boldsymbol{r}} \boldsymbol{A}_M &= \frac{\mu_0}{4\pi} \int d^3 r' \, \boldsymbol{j}_M(\boldsymbol{r}') \frac{\partial}{\partial \boldsymbol{r}} \frac{1}{|\boldsymbol{r} - \boldsymbol{r}'|} = \\
&= -\frac{\mu_0}{4\pi} \int d^3 r' \, \boldsymbol{j}_M(\boldsymbol{r}') \frac{\partial}{\partial \boldsymbol{r}'} \frac{1}{|\boldsymbol{r} - \boldsymbol{r}'|} = \\
&= \frac{\mu_0}{4\pi} \int d^3 r' \, \frac{1}{|\boldsymbol{r} - \boldsymbol{r}'|} \frac{\partial}{\partial \boldsymbol{r}'} \boldsymbol{j}_M(\boldsymbol{r}') = 0,
\end{aligned}$$

weil die Stromdichte $\boldsymbol{j}_M$ quellenfrei ist, s.o.

$$\frac{\partial}{\partial \boldsymbol{r}} \times \left(\frac{\partial}{\partial \boldsymbol{r}} \times \boldsymbol{A}_M \right) = \frac{\partial}{\partial \boldsymbol{r}} \left(\frac{\partial}{\partial \boldsymbol{r}} \boldsymbol{A}_M \right) - \Delta \, \boldsymbol{A}_M = -\mu_0 \, \boldsymbol{j}_M.$$

Die inhomogenen Maxwellschen Gleichungen lauten also

$$\frac{\partial}{\partial \boldsymbol{r}} \boldsymbol{E} = \frac{1}{\epsilon_0} \rho, \qquad \frac{\partial}{\partial \boldsymbol{r}} \times \boldsymbol{B} = \mu_0 \, (\boldsymbol{j} + \boldsymbol{j}_M) + \epsilon_0 \, \mu_0 \frac{\partial}{\partial t} \boldsymbol{E}.$$

Weil $\boldsymbol{j}_M$ quellenfrei ist, lässt es sich als Wirbelfeld einer Magnetisierung darstellen,

$$\boldsymbol{j}_M = \frac{\partial}{\partial \boldsymbol{r}} \times \boldsymbol{M},$$

sodass die inhomogenen Maxwellschen Gleichungen in der üblichen Form

$$\frac{\partial}{\partial \boldsymbol{r}} \boldsymbol{E} = \frac{1}{\epsilon_0} \rho, \qquad \frac{\partial}{\partial \boldsymbol{r}} \times \boldsymbol{H} = \boldsymbol{j} + \epsilon_0 \frac{\partial}{\partial t} \boldsymbol{E}$$

geschrieben werden können, worin

$$\boldsymbol{H} = \frac{1}{\mu_0} \boldsymbol{B} - \boldsymbol{M} \quad \text{bzw.} \quad \boldsymbol{B} = \mu_0 \, (\boldsymbol{H} + \boldsymbol{M}).$$

Erwartungsgemäß liefern die mikroskopischen Stromdichten nur einen Beitrag zur Magnetisierung, nicht zur elektrischen Polarisation.

Aufgabe 13.2

Das mikroskopische elektrische Potential ist um Quadrupol–Terme zu erweitern, also

$$\begin{aligned}\widehat{\boldsymbol{\Phi}}(\boldsymbol{r},t) &= \widehat{\boldsymbol{\Phi}}^{(1)}(\boldsymbol{r},t)+\widehat{\boldsymbol{\Phi}}^{(2)}(\boldsymbol{r}),\\ \widehat{\boldsymbol{\Phi}}^{(1)}(\boldsymbol{r},t) &= -\frac{1}{4\pi\epsilon_0}\sum_i \frac{\partial}{\partial \boldsymbol{r}}\left[\frac{1}{|\boldsymbol{r}-\boldsymbol{r}_i|}\boldsymbol{p}_i\left(t-\frac{|\boldsymbol{r}-\boldsymbol{r}_i|}{c}\right)\right],\\ \widehat{\boldsymbol{\Phi}}^{(2)}(\boldsymbol{r}) &= \frac{1}{4\pi\epsilon_0}\sum_i \frac{1}{2|\boldsymbol{r}-\boldsymbol{r}_i|^5}(x_\alpha-x_{i,\alpha})(x_\beta-x_{i,\beta})\,D_{i,\alpha\beta}.\end{aligned}$$

Hierin ist $D_{i,\alpha\beta}$ das Quadrupol–Moment des Teilchens Nr. i am Ort $\boldsymbol{r}_i$, und $x_\alpha, x_{i,\alpha}$ sind die α–Komponenten von $\boldsymbol{r}$ bzw. $\boldsymbol{r}_i$. Im Übrigen wurde der Quadrupol–Term im Abschnitt 3.2.1 hergeleitet. Das Quadrupol–Potential kann durch eine Quadrupol–Dichte

$$\widehat{\boldsymbol{Q}}_{\alpha\beta}(\boldsymbol{r})=\sum_i D_{i,\alpha\beta}\,\delta(\boldsymbol{r}-\boldsymbol{r}_i)$$

dargestellt werden:

$$\widehat{\boldsymbol{\Phi}}^{(2)}(\boldsymbol{r})=\frac{1}{4\pi\epsilon_0}\int d^3r'\,\frac{1}{2|\boldsymbol{r}-\boldsymbol{r}'|^5}(x_\alpha-x'_\alpha)(x_\beta-x'_\beta)\,\widehat{\boldsymbol{Q}}_{\alpha\beta}(\boldsymbol{r}').$$

Auch die Mittelung folgt dem Schema im Abschnitt 13.3.2, sodass

$$\boldsymbol{\Phi}^{(2)}(\boldsymbol{r})=\frac{1}{4\pi\epsilon_0}\int d^3r'\,\frac{1}{2|\boldsymbol{r}-\boldsymbol{r}'|^5}(x_\alpha-x'_\alpha)(x_\beta-x'_\beta)\,\boldsymbol{Q}_{\alpha\beta}(\boldsymbol{r}')$$

mit

$$\left.\begin{matrix}\boldsymbol{Q}_{\alpha\beta}(\boldsymbol{r})\\ \boldsymbol{\Phi}^{(2)}(\boldsymbol{r})\end{matrix}\right\}=\int d^3s\,f(\boldsymbol{s})\left\{\begin{matrix}\widehat{\boldsymbol{Q}}_{\alpha\beta}(\boldsymbol{r})\\ \widehat{\boldsymbol{\Phi}}^{(2)}(\boldsymbol{r})\end{matrix}\right.$$

Das mittlere Quadrupol–Potential $\boldsymbol{\Phi}^{(2)}(\boldsymbol{r})$ ist dem mittleren Potential

$$\boldsymbol{\Phi}^{(1)}(\boldsymbol{r})=\frac{1}{4\pi}\int d^3r'\,\frac{1}{|\boldsymbol{r}-\boldsymbol{r}'|}\left[\rho\left(\boldsymbol{r}',t-\frac{|\boldsymbol{r}-\boldsymbol{r}'|}{c}\right)+\rho_P\left(\boldsymbol{r}',t-\frac{|\boldsymbol{r}-\boldsymbol{r}'|}{c}\right)\right],$$

der freien Ladungen und der Dipol–Beiträge hinzuzufügen, also

$$\Phi(\boldsymbol{r},t)=\Phi^{(1)}(\boldsymbol{r},t)+\Phi^{(2)}(\boldsymbol{r},t).$$

Das mittlere Vektor–Potential bleibt unberührt:

$$\begin{aligned} \boldsymbol{A}(\boldsymbol{r},t) &= \frac{\mu_0}{4\pi}\int d^3r'\,\frac{1}{|\boldsymbol{r}-\boldsymbol{r}'|}\left[\boldsymbol{j}\left(\boldsymbol{r}',t-\frac{|\boldsymbol{r}-\boldsymbol{r}'|}{c}\right)\right. \\ &\left. +\boldsymbol{j}_P\left(\boldsymbol{r}',t-\frac{|\boldsymbol{r}-\boldsymbol{r}'|}{c}\right)+\boldsymbol{j}_M\left(\boldsymbol{r}',t-\frac{|\boldsymbol{r}-\boldsymbol{r}'|}{c}\right)\right]. \end{aligned}$$

Die mittleren Felder sind gegeben durch

$$\boldsymbol{E} = -\frac{\partial}{\partial\boldsymbol{r}}\Phi - \frac{\partial}{\partial t}\boldsymbol{A}, \qquad \boldsymbol{B} = \frac{\partial}{\partial\boldsymbol{r}}\times\boldsymbol{A},$$

sodass die homogenen Maxwellschen Gleichungen unverändert bleiben. Die Berechnung der inhomogenen Maxwellschen Gleichungen ergibt

$$\begin{aligned} \frac{\partial}{\partial\boldsymbol{r}}\boldsymbol{E} &= -\frac{\partial}{\partial\boldsymbol{r}}\left(\frac{\partial}{\partial\boldsymbol{r}}\Phi\right) - \frac{\partial}{\partial t}\frac{\partial}{\partial\boldsymbol{r}}\boldsymbol{A} = -\Delta\,\Phi - \frac{\partial}{\partial t}\frac{\partial}{\partial\boldsymbol{r}}\boldsymbol{A}, \\ \Delta\,\Phi &= \Delta\,\Phi^{(1)} + \Delta\,\Phi^{(2)}, \\ \frac{\partial}{\partial\boldsymbol{r}}\times\boldsymbol{B} &= \frac{\partial}{\partial\boldsymbol{r}}\left(\frac{\partial}{\partial\boldsymbol{r}}\times\boldsymbol{A}\right) = \frac{\partial}{\partial\boldsymbol{r}}\left(\frac{\partial}{\partial\boldsymbol{r}}\boldsymbol{A}\right) - \Delta\,\boldsymbol{A}. \end{aligned}$$

Wir wählen nun die Lorentz–Eichung nur mit $\Phi^{(1)}$, also

$$\frac{\partial}{\partial\boldsymbol{r}}\boldsymbol{A} + \epsilon_0\,\mu_0\,\frac{\partial}{\partial t}\Phi^{(1)} = 0.$$

Dann erhalten wir

$$\begin{aligned} \frac{\partial}{\partial\boldsymbol{r}}\boldsymbol{E} &= -\Box\,\Phi^{(1)} - \Delta\,\Phi^{(2)} = \frac{1}{\epsilon_0}\,(\rho+\rho_P) - \Delta\,\Phi^{(2)}, \\ \frac{\partial}{\partial\boldsymbol{r}}\times\boldsymbol{B} &= \frac{1}{c^2}\frac{\partial}{\partial t}\boldsymbol{E} - \Box\,\boldsymbol{A} = \frac{1}{c^2}\frac{\partial}{\partial t}\boldsymbol{E} + \mu_0\,(\boldsymbol{j}+\boldsymbol{j}_P+\boldsymbol{j}_M) \end{aligned}$$

bzw.

$$\frac{\partial}{\partial\boldsymbol{r}}\boldsymbol{D} = \rho - \epsilon_0\,\Delta\,\Phi^{(2)}, \qquad \frac{\partial}{\partial\boldsymbol{r}}\times\boldsymbol{H} = \boldsymbol{j} + \frac{\partial}{\partial t}\boldsymbol{D}$$

mit den bisherigen Definitionen von $\boldsymbol{D}$ und $\boldsymbol{H}$. Wir können $\Delta\,\Phi^{(2)}$ aber noch durch die mittlere Quadrupol–Dichte ausdrücken. Dazu benutzen wir, dass

$$\partial_\alpha\,\frac{1}{r} = -\frac{x_\alpha}{r^3}, \qquad \partial_\alpha\,\partial_\beta\,\frac{1}{r} = \frac{3\,x_\alpha\,x_\beta}{r^5} - \frac{\delta_{\alpha\beta}}{r^3},$$

und somit

$$\frac{1}{2\,|\boldsymbol{r}-\boldsymbol{r}'|^5}\,(x_\alpha - x'_\alpha)\,(x_\beta - x'_\beta) = \frac{1}{6}\left(\partial'_\alpha\,\partial'_\beta\,\frac{1}{|\boldsymbol{r}-\boldsymbol{r}'|} + \frac{\delta_{\alpha\beta}}{|\boldsymbol{r}-\boldsymbol{r}'|^3}\right),$$

$$\Phi^{(2)}(\boldsymbol{r},t) = \frac{1}{4\,\pi\,\epsilon_0}\,\frac{1}{6}\int d^3r'\,Q_{\alpha\beta}(\boldsymbol{r}')\left(\partial'_\alpha\,\partial'_\beta\,\frac{1}{|\boldsymbol{r}-\boldsymbol{r}'|} + \frac{\delta_{\alpha\beta}}{|\boldsymbol{r}-\boldsymbol{r}'|^3}\right),$$

Nun ist

$$Q_{\alpha\beta}(\boldsymbol{r}')\,\delta_{\alpha\beta} = Q_{\alpha\alpha}(\boldsymbol{r}') = 0,$$

weil die Spur des Dipol–Tensors verschwindet, $D_{\alpha\alpha} = 0$, vgl. Abschnitt 3.2.2, sodass

$$\Phi^{(2)}(\boldsymbol{r},t) = \frac{1}{4\,\pi\,\epsilon_0}\,\frac{1}{6}\int d^3r'\,Q_{\alpha\beta}(\boldsymbol{r}')\,\partial'_\alpha\,\partial'_\beta\,\frac{1}{|\boldsymbol{r}-\boldsymbol{r}'|} =$$

$$= \frac{1}{4\,\pi\,\epsilon_0}\,\frac{1}{6}\int d^3r'\,\frac{1}{|\boldsymbol{r}-\boldsymbol{r}'|}\,\partial'_\alpha\,\partial'_\beta\,Q_{\alpha\beta}(\boldsymbol{r}'),$$

worin wir im letzten Schritt zwei partielle Integrationen ausgeführt haben. Die Anwendung des Operators Δ führt schließlich auf

$$\Delta\,\Phi^{(2)}(\boldsymbol{r},t) = \frac{1}{4\,\pi\,\epsilon_0}\,\frac{1}{6}\int d^3r'\,\underbrace{\Delta\,\frac{1}{|\boldsymbol{r}-\boldsymbol{r}'|}}_{=-4\,\pi\,\delta(\boldsymbol{r}-\boldsymbol{r}')}\,\partial'_\alpha\,\partial'_\beta\,Q_{\alpha\beta}(\boldsymbol{r}') = -\frac{1}{6\,\epsilon_0}\,\partial_\alpha\,\partial_\beta\,Q_{\alpha\beta}(\boldsymbol{r}).$$

Die erweiterte inhomogene Maxwellsche Gleichung lautet also

$$\frac{\partial}{\partial \boldsymbol{r}}\,\boldsymbol{D} = \rho + \frac{1}{6}\,\partial_\alpha\,\partial_\beta\,Q_{\alpha\beta}(\boldsymbol{r}).$$

Aufgabe 13.3

(a) Die Konstante A ist so zu wählen, dass $f(\boldsymbol{s})$ normiert ist. Es ist

$$\begin{aligned}
\int d^3s\,f(\boldsymbol{s}) &= A\int d^3s\,\exp\left(-\alpha\,|\boldsymbol{s}|^2\right) = 4\,\pi\,A\int_0^\infty ds\,s^2\,\exp\left(-\alpha\,s^2\right)\\
&= -\frac{2\,\pi\,A}{\alpha}\int_0^\infty ds\,s\,\frac{d}{ds}\,\exp\left(-\alpha\,s^2\right) = \frac{2\,\pi\,A}{\alpha}\int_0^\infty ds\,\exp\left(-\alpha\,s^2\right)\\
&= \frac{2\,\pi\,A}{\alpha^{3/2}}\int_0^\infty d\xi\,\exp\left(-\xi^2\right) = \left(\frac{\pi}{\alpha}\right)^{3/2} A.
\end{aligned}$$

Es ist also

$$A = \left(\frac{\alpha}{\pi}\right)^{3/2}$$

zu wählen. Die 3–dimensionale Gauß–Glocke hängt nur vom Betrag $s := |\boldsymbol{s}|$ ab. Ein Maß für ihre Breite ist der Abstand des Wendepunktes in der Variablen s vom Mittelpunkt $s = 0$. Wir bestimmen den Wendepunkt und verwenden die Schreibweise $f(\boldsymbol{s}) \to f(s)$:

$$f(s) = \left(\frac{\alpha}{\pi}\right)^{3/2} \exp\left(-\alpha\, s^2\right), \qquad f'(s) = \left(\frac{\alpha}{\pi}\right)^{3/2} (-2\,\alpha\, s) \exp\left(-\alpha\, s^2\right),$$

$$f''(s) = \left(\frac{\alpha}{\pi}\right)^{3/2} \left(4\,\alpha^2\, s^2 - 2\,\alpha\right) \exp\left(-\alpha\, s^2\right),$$

$$f''(s = b) = 0: \qquad b = \frac{1}{\sqrt{2\,\alpha}}.$$

b ist ein Maß für die Breite. Wir ersetzen α durch die Breite b und finden

$$f(s) = \frac{1}{(2\,\pi)^{3/2}\, b^3} \exp\left(-\frac{s^2}{2\,b^2}\right).$$

(b) Das angegebene mikroskopische Potential $\widehat{\Phi}(x)$ ist eine Folge von Diracschen δ–Funktionen, die jeweils an den Orten $n\,a$ der Teilchen lokalisiert sind und deren Vorfaktoren Φ_n periodisch moduliert sind. Die Periodenlänge entspricht $2\,N \gg 1$ Teilchen. Die Glättungsfunktion aus dem Teil (a) hat im eindimensionalen Fall die Form

$$f(s) = \frac{1}{\sqrt{2\,\pi}\, b} \exp\left(-\frac{s^2}{2\,b^2}\right).$$

Die Mittelung ergibt

$$\begin{aligned}
\Phi(x) &= \int_{-\infty}^{+\infty} ds\, \frac{1}{\sqrt{2\,\pi}\, b} \exp\left(-\frac{s^2}{2\,b^2}\right) \sum_{n=-\infty}^{+\infty} \Phi_n\, \delta(x + s - n\,a) \\
&= \frac{1}{\sqrt{2\,\pi}\, b} \sum_{n=-\infty}^{+\infty} \Phi_n \int_{-\infty}^{+\infty} ds \exp\left(-\frac{s^2}{2\,b^2}\right) \delta(x + s - n\,a) \\
&= \frac{\Phi_0}{\sqrt{2\,\pi}\, b} \sum_{n=-\infty}^{+\infty} \exp\left[-\frac{(n\,a - x)^2}{2\,b^2}\right] \cos\frac{n\,\pi}{N}.
\end{aligned}$$

Die n–Summe lässt sich näherungsweise durch ein n–Integral ersetzen, wenn der Summand sich als Funktion von n hinreichend langsam ändert. Das ist offensichtlich der Fall, wenn $b \gg a$ und $N \gg 1$. Die letztere Annahme war in der Aufgabenstellung vorausgesetzt. $b \gg a$ bedeutet, dass die Glättungsfunktion sich über eine hinreichend große Zahl von Teilchen in der Kette erstrecken muss. Mit dieser Näherung erhalten wir

$$\Phi(x) \;\approx\; \frac{\Phi_0}{\sqrt{2\,\pi}\, b} \int_{-\infty}^{+\infty} dn \exp\left[-\frac{(n\,a - x)^2}{2\,b^2}\right] \cos\frac{n\,\pi}{N} =$$

$$= \frac{\Phi_0}{a} \exp\left[-\frac{1}{2}\left(\frac{\pi\, b}{N\, a}\right)^2\right] \cos\frac{\pi\, x}{N\, a}.$$

Für das gemittelte Potential $\Phi(x)$ erhalten wir eine glatte periodische Funktion $\propto \cos\left(\pi\, x/N\, a\right)$ mit der Periode $\Delta\, x = 2\, N\, a$. Der Amplitudenfaktor erhält die Größenordnung 1, wenn wir $b \approx N\, a$ wählen. Ein wesentlich größerer Wert der Breite b würde zu einem Verschwinden der periodischen Modulation führen. Die Wahl $b \approx N\, a$ glättet die mikroskopischen Unstetigkeiten aufgrund der δ–Funktionen und bewahrt gleichzeitig die periodische Struktur mit der Periode $2\, N\, a$.

E.14 Zu Kapitel 14: Phänomenologische Material–Relationen, Suszeptibilitäten

E.14.1 Aufgaben

Aufgabe 14.1

Wie breiten sich elektromagnetische Wellen in einem isolierenden Material aus, das durch skalare elektrische und magnetische Suszeptibilitäten $\widetilde{\chi}^{(e)}(\boldsymbol{k}, \omega)$ bzw. $\widetilde{\chi}^{(m)}(\boldsymbol{k}, \omega)$ beschrieben wird?

Aufgabe 14.2

In einem Material, das durch skalare elektrische und magnetische Suszeptibilitäten $\widetilde{\chi}^{(e)}(\boldsymbol{k}, \omega)$ bzw. $\widetilde{\chi}^{(m)}(\boldsymbol{k}, \omega)$ beschrieben wird, soll außerdem eine skalare spezifische elektrische Leitfähigkeit $\widetilde{\sigma}(\boldsymbol{k}, \omega)$ auftreten, d.h., es soll sich um einen elektrischen Leiter handeln.

(a) Wie ist in diesem Fall die allgemeine Problemstellung der Aufgabe 14.1 zu erweitern?

(b) Diskutieren Sie den folgenden Spezialfall: $\epsilon(\boldsymbol{k}, \omega)$, $\mu(\boldsymbol{k}, \omega)$, $\sigma(\boldsymbol{k}, \omega)$ haben näherungsweise konstante Werte, insbesondere $\mu(\boldsymbol{k}, \omega) \approx 1$, was für elektromagnetische Wellen in sehr vielen Materialien erfüllt ist. Außerdem breite sich die Welle nur in x–Richtung aus. Bestimmen Sie nicht ω, sondern eine (komplexwertige) Wellenzahl k. Interpretieren Sie das Ergebnis.

Aufgabe 14.3

Im Drude–Modell hat die komplexe spezifische Leitfähigkeit die Form

$$\sigma = \frac{n\,e^2\,\tau}{m\,(1 - \mathrm{i}\,\omega\,\tau)}.$$

Wie lautet die spezifische Leitfähigkeit $\sigma(\boldsymbol{r}, t)$ als Funktion von Ort $\boldsymbol{r}$ und Zeit t? Formulieren Sie das Ohmsche Gesetz in der Version als Funktion von $\boldsymbol{r}, t$ und diskutieren Sie den Grenzfall $\tau \to 0$. Was bedeutet dieser Grenzfall, d.h., im Vergleich zu welcher Zeit wird τ sehr klein?

Aufgabe 14.4

Die Näherung der funktionalen Abhängigkeit der Polarisation $\boldsymbol{P}(\boldsymbol{r}, t)$ von $\boldsymbol{E}(\boldsymbol{r}, t)$ bzw. der Magnetisierung $\boldsymbol{M}(\boldsymbol{r}, t)$ von $\boldsymbol{H}(\boldsymbol{r}, t)$ durch einen linearen funktionalen Zusammenhang ist für sehr hohe Felder $\boldsymbol{E}$ und $\boldsymbol{B}$, wie sie in Laser–erzeugten Wellen auftreten, nicht mehr hinreichend. Man muss die Entwicklung dann durch Terme zweiter und dritter Ordnung ergänzen ("Nicht–lineare Optik").

(a) Wie lautet die allgemeine Form der funktionalen Entwicklung bis zu Termen dritter Ordnung?

(b) Wie lautet diese Entwicklung in der Fourier–transformierten Version?

(c) Zeigen Sie, dass der Beitrag 2. Ordnung zu einer "Frequenz–Verdopplung" führen kann.

(d) Von den diskreten Symmetrie–Operationen C, P, T (vgl. Kapitel 7) trifft in Materialien höchstens noch P zu, und zwar auch nur in der Klasse von Materialien, die ein "Inversions–Zentrum" besitzen. Welche Terme in der Entwicklung bis zur 3. Ordnung können in P–invarianten Materialien auftreten?

Hinweis: Verwenden Sie eine verkürzte Schreibweise für die Variablen $\boldsymbol{r}, t$ bzw. $\boldsymbol{k}, \omega$ und deren Integrationen.

E.14.2 Lösungen der Aufgaben zu Kapitel 14

Aufgabe 14.1

Zu lösen sind die Maxwellschen Gleichungen

$$\frac{\partial}{\partial \boldsymbol{r}} \times \boldsymbol{E}(\boldsymbol{r},t) = -\frac{\partial}{\partial t}\boldsymbol{B}(\boldsymbol{r},t), \qquad \frac{\partial}{\partial \boldsymbol{r}}\boldsymbol{B}(\boldsymbol{r},t) = 0,$$
$$\frac{\partial}{\partial \boldsymbol{r}} \times \boldsymbol{H}(\boldsymbol{r},t) = \frac{\partial}{\partial t}\boldsymbol{D}(\boldsymbol{r},t), \qquad \frac{\partial}{\partial \boldsymbol{r}}\boldsymbol{D}(\boldsymbol{r},t) = 0,$$

worin wir angenommen haben, dass sich auch keine (makroskopische) elektrische Ladung in dem Material befindet. Der Zusammenhang zwischen $\boldsymbol{D}$ und $\boldsymbol{E}$ bzw. zwischen $\boldsymbol{B}$ und $\boldsymbol{H}$ ist durch die elektrischen und magnetischen Suszeptibilitäten gegeben und lässt sich am einfachsten in der Fourier–transformierten Form darstellen:

$$\begin{aligned}
\boldsymbol{D}(\boldsymbol{k},\omega) &= \epsilon_0\,\boldsymbol{E}(\boldsymbol{k},\omega) + \boldsymbol{P}(\boldsymbol{k},\omega) = \epsilon_0\,\left(1+\chi^{(e)}(\boldsymbol{k},\omega)\right)\boldsymbol{E}(\boldsymbol{k},\omega) = \\
&= \epsilon_0\,\epsilon(\boldsymbol{k},\omega)\,\boldsymbol{E}(\boldsymbol{k},\omega), \qquad \epsilon(\boldsymbol{k},\omega) := 1+\chi^{(e)}(\boldsymbol{k},\omega), \\
\boldsymbol{B}(\boldsymbol{k},\omega) &= \mu_0\,\left(\boldsymbol{H}(\boldsymbol{k},\omega) + \boldsymbol{M}(\boldsymbol{k},\omega)\right) = \mu_0\,\left(1+\chi^{(m)}(\boldsymbol{k},\omega)\right)\boldsymbol{H}(\boldsymbol{k},\omega) \\
&= \mu_0\,\mu(\boldsymbol{k},\omega)\,\boldsymbol{H}(\boldsymbol{k},\omega), \qquad \mu(\boldsymbol{k},\omega) := 1+\chi^{(m)}(\boldsymbol{k},\omega).
\end{aligned}$$

Das legt es nahe, auch die obigen Maxwellschen Gleichungen einer Fourier–Transformation

$$\boldsymbol{E}(\boldsymbol{r},t) = \int d^3k \int d\omega\,\mathrm{e}^{\mathrm{i}\,(\boldsymbol{k}\,\boldsymbol{r}-\omega\,t)}\,\boldsymbol{E}(\boldsymbol{k},\omega) \qquad \text{usw.}$$

zu unterziehen, wobei wir wie schon oben zur Vereinfachung $\boldsymbol{E}(\boldsymbol{k},\omega)$ statt $\widetilde{\boldsymbol{E}}(\boldsymbol{k},\omega)$ schreiben und die beiden Versionen nur anhand ihrer Argumente unterscheiden. Die Maxwellschen Gleichung lauten in der Fourier–transformierten Version .

$$\boldsymbol{k}\times\boldsymbol{E}(\boldsymbol{k},\omega) = \omega\,\boldsymbol{B}(\boldsymbol{k},\omega), \qquad \boldsymbol{k}\,\boldsymbol{B}(\boldsymbol{k},\omega) = 0,$$
$$\boldsymbol{k}\times\boldsymbol{H}(\boldsymbol{k},\omega) = -\omega\,\boldsymbol{D}(\boldsymbol{k},\omega), \qquad \boldsymbol{k}\,\boldsymbol{D}(\boldsymbol{k},\omega) = 0.$$

Wir multiplizieren $\boldsymbol{k}\times\boldsymbol{E} = \ldots$ nochmals von links mit $\boldsymbol{k}\times\ldots$, verwenden die Zusammenhänge mit den Suszeptibilitäten sowie $\boldsymbol{k}\times\boldsymbol{H} = \ldots$:

$$\begin{aligned}
\boldsymbol{k}\times\Big(\boldsymbol{k}\times\boldsymbol{E}(\boldsymbol{k},\omega)\Big) &= \omega\,\boldsymbol{k}\times\boldsymbol{B}(\boldsymbol{k},\omega) = \omega\,\mu_0\,\mu(\boldsymbol{k},\omega)\,\boldsymbol{k}\times\boldsymbol{H}(\boldsymbol{k},\omega) = \\
&= -\omega^2\,\mu_0\,\mu(\boldsymbol{k},\omega)\,\boldsymbol{D}(\boldsymbol{k},\omega) = -\omega^2\,\epsilon_0\,\mu_0\,\epsilon(\boldsymbol{k},\omega)\,\mu(\boldsymbol{k},\omega)\,\boldsymbol{E}(\boldsymbol{k},\omega).
\end{aligned}$$

Auf der linken Seite wird

$$\boldsymbol{k}\times\Big(\boldsymbol{k}\times\boldsymbol{E}(\boldsymbol{k},\omega)\Big) = \boldsymbol{k}\,\Big(\boldsymbol{k}\,\boldsymbol{E}(\boldsymbol{k},\omega)\Big) - \boldsymbol{k}^2\,\boldsymbol{E}(\boldsymbol{k},\omega).$$

Nun folgt aus $\boldsymbol{k}\,\boldsymbol{D}(\boldsymbol{k},\omega) = 0$ auch $\boldsymbol{k}\,\boldsymbol{E}(\boldsymbol{k},\omega) = 0$, weil die Suszeptibilitäten skalar sein sollten. Wir erhalten aus der obigen Umformung

$$\left[\boldsymbol{k}^2 - \frac{\omega^2}{c^2}\,\epsilon(\boldsymbol{k},\omega)\,\mu(\boldsymbol{k},\omega)\right]\boldsymbol{E}(\boldsymbol{k},\omega) = 0,$$

worin $c = 1/\sqrt{\epsilon_0\,\mu_0}$ wieder die Lichtgeschwindigkeit im Vakuum ist. Es ist demnach $\boldsymbol{E}(\boldsymbol{k},\omega) = 0$ für alle $\boldsymbol{k},\omega$, für die $[\ldots] \neq 0$ bzw. $\boldsymbol{E}(\boldsymbol{k},\omega) \neq 0$ nur für $[\ldots] = 0$, d.h., aus

$$\boldsymbol{k}^2 - \frac{\omega^2(\boldsymbol{k})}{c^2}\,\epsilon(\boldsymbol{k},\omega)\,\mu(\boldsymbol{k},\omega) = 0$$

ist die Frequenz $\omega = \omega(\boldsymbol{k})$ als Funktion des Wellenzahlvektors zu lösen und in die Fourier–Transformation für $\boldsymbol{E}$ einzusetzen:

$$\boldsymbol{E}(\boldsymbol{r},t) = \int d^3k\,\boldsymbol{E}(\boldsymbol{k})\,\exp\{\mathrm{i}\,(\boldsymbol{k}\,\boldsymbol{r} - \omega(\boldsymbol{k})\,t)\}, \qquad \boldsymbol{E}(\boldsymbol{k}) := \boldsymbol{E}(\boldsymbol{k},\omega(\boldsymbol{k})).$$

$\boldsymbol{E}(\boldsymbol{k})$ ist wie üblich aus $\boldsymbol{E}(\boldsymbol{r},t=0)$ zu bestimmen. Ganz analog kann man auch für die anderen Feldgrößen $\boldsymbol{D},\boldsymbol{H},\boldsymbol{B}$ verfahren und zwar jedesmal mit derselben Frequenz $\omega(\boldsymbol{k})$. Wenn $\epsilon(\boldsymbol{k},\omega)$ und $\mu(\boldsymbol{k},\omega)$ in dem betrachteten Wellenzahl– bzw. Frequenz–Bereich als näherungsweise konstant betrachtet werden dürfen, $\epsilon(\boldsymbol{k},\omega) \approx \epsilon$ und $\mu(\boldsymbol{k},\omega) \approx \mu$, können wir aus der obigen Beziegung für $\omega(\boldsymbol{k})$ auch direkt die Ausbreitungs–Geschwindigkeit $\widetilde{c}$ elektromagnetischer Wellen in dem Material ablesen, nämlich

$$\widetilde{c} = \frac{c}{n}, \qquad n = \sqrt{\epsilon\,\mu},$$

worin n die sogenannte *Brechzahl* des jeweiligen Materials ist.

Aufgabe 14.2

(a) Die zu lösenden Maxwellschen Gleichungen lauten jetzt

$$\begin{aligned}
\frac{\partial}{\partial \boldsymbol{r}} \times \boldsymbol{E}(\boldsymbol{r},t) &= -\frac{\partial}{\partial t}\boldsymbol{B}(\boldsymbol{r},t), & \frac{\partial}{\partial \boldsymbol{r}}\boldsymbol{B}(\boldsymbol{r},t) &= 0,\\
\frac{\partial}{\partial \boldsymbol{r}} \times \boldsymbol{H}(\boldsymbol{r},t) &= \boldsymbol{j}(\boldsymbol{r},t) + \frac{\partial}{\partial t}\boldsymbol{D}(\boldsymbol{r},t), & \frac{\partial}{\partial \boldsymbol{r}}\boldsymbol{D}(\boldsymbol{r},t) &= 0,
\end{aligned}$$

worin $\boldsymbol{j}(\boldsymbol{r},t)$ die vom Feld $\boldsymbol{E}(\boldsymbol{r},t)$ erzeugte Ohmsche Stromdichte ist. Die Fourier–Transformation der Maxwellschen Gleichungen führt jetzt auf

$$\begin{aligned}
\boldsymbol{k} \times \boldsymbol{E}(\boldsymbol{k},\omega) &= \omega\,\boldsymbol{B}(\boldsymbol{k},\omega), & \boldsymbol{k}\,\boldsymbol{B}(\boldsymbol{k},\omega) &= 0,\\
\boldsymbol{k} \times \boldsymbol{H}(\boldsymbol{k},\omega) &= -\mathrm{i}\,\boldsymbol{j}(\boldsymbol{k},\omega) - \omega\,\boldsymbol{D}(\boldsymbol{k},\omega), & \boldsymbol{k}\,\boldsymbol{D}(\boldsymbol{k},\omega) &= 0,
\end{aligned}$$

wozu die folgenden linearen Beziehungen hinzukommen:

$$\begin{aligned}
\boldsymbol{D}(\boldsymbol{k},\omega) = \epsilon_0\,\epsilon(\boldsymbol{k},\omega)\,\boldsymbol{E}(\boldsymbol{k},\omega), &\qquad \boldsymbol{B}(\boldsymbol{k},\omega) = \mu_0\,\mu(\boldsymbol{k},\omega)\,\boldsymbol{H}(\boldsymbol{k},\omega),\\
\boldsymbol{j}(\boldsymbol{k},\omega) \;&=\; \sigma(\boldsymbol{k},\omega)\,\boldsymbol{E}(\boldsymbol{k},\omega).
\end{aligned}$$

Wir gehen in derselben Weise wie in der Aufgabe 14.1 vor, bilden also $\boldsymbol{k} \times (\boldsymbol{k} \times \boldsymbol{E})$, benutzen $\boldsymbol{k} \times \boldsymbol{H} = \ldots$ und setzen die linearen Beziehungen ein. Auf diese Weise erhalten wir

$$\left[\boldsymbol{k}^2 - \frac{\omega^2}{c^2}\,\epsilon(\boldsymbol{k},\omega)\,\mu(\boldsymbol{k},\omega) - \mathrm{i}\,\omega\,\sigma(\boldsymbol{k},\omega)\,\mu_0\,\mu(\boldsymbol{k},\omega)\right]\boldsymbol{E}(\boldsymbol{k},\omega) = 0,$$

und gleichlautend für die anderen Felder. Aus

$$\boldsymbol{k}^2 - \frac{\omega^2}{c^2}\,\epsilon(\boldsymbol{k},\omega)\,\mu(\boldsymbol{k},\omega) - \mathrm{i}\,\omega\,\sigma(\boldsymbol{k},\omega)\,\mu_0\,\mu(\boldsymbol{k},\omega) = 0$$

ist jetzt wieder eine Frequenz $\omega = \omega(\boldsymbol{k})$ zu bestimmen, die in die Fourier-Darstellungen für die Felder einzusetzen ist. Die Lösung $\omega = \omega(\boldsymbol{k})$ wird jetzt jedoch komplex sein.

(b) Das $\boldsymbol{E}$-Feld wird jetzt in der Form

$$\boldsymbol{E}(x,t) = \int_{-\infty}^{+\infty} dk \int_{-\infty}^{+\infty} d\omega\,\boldsymbol{E}(k,\omega)\,\mathrm{e}^{\mathrm{i}\,(k\,x-\omega\,t)}$$

dargestellt, und die Wellenzahl ist aus

$$k^2 = \frac{\omega^2}{c^2}\,\epsilon + \mathrm{i}\,\omega\,\sigma\,\mu_0$$

zu lösen. Dazu machen wir den Ansatz $k = k' + \mathrm{i}\,k''$ und erhalten zunächst

$$k'^2 - k''^2 = \frac{\omega^2}{c^2}\,\epsilon, \qquad 2\,k'\,k'' = \omega\,\sigma\,\mu_0 = \frac{\omega\,\sigma}{c^2\,\epsilon_0}.$$

Wir eliminieren k'' aus der zweiten Gleichung und setzen es in die erste Gleichung ein. Das führt auf eine quadratische Gleichung für k'^2 mit der Lösung

$$k'^2 = \frac{\omega^2\,\epsilon}{2\,c^2}\left[1 + \sqrt{1 + \left(\frac{\sigma}{\epsilon_0\,\epsilon\,\omega}\right)^2}\,\right] \geq 0,$$

und daraus weiter

$$k''^2 = k'^2 - \frac{\omega^2\,\epsilon}{c^2} = \frac{\omega^2\,\epsilon}{2\,c^2}\left[-1 + \sqrt{1 + \left(\frac{\sigma}{\epsilon_0\,\epsilon\,\omega}\right)^2}\,\right] \geq 0.$$

Für eine einzelne Frequenz ω hat die Lösung damit die Gestalt

$$E(x,t) = E_0\,\exp\left\{\mathrm{i}\left[(k' + \mathrm{i}\,k'')\,x - \omega\,t\right]\right\} = E_0\,\mathrm{e}^{-k''\,x}\,\mathrm{e}^{\mathrm{i}\,(k'\,x-\omega\,t)}.$$

Die Welle nimmt mit fortschreitendem x exponentiell ab. Man nennt dieses Verhalten einer Welle *Extinktion*. $k'' = 0$, wenn die Leitfähigkeit $\sigma = 0$ ist und k'' nimmt monoton, für große σ linear mit σ zu. Das obige Ergebnis darf nicht für $x \to -\infty$ interpretiert werden, sondern beschreibt eine Situation, in der von außen (Vakuum) eine Welle auf das Material einfällt und dort nur eine endliche Eindringtiefe $\propto 1/k''$ besitzt.

Aufgabe 14.3

Aus dem Abschnitt 14.3.2 folgt, dass

$$\sigma(\boldsymbol{r},t) = \frac{1}{(2\,\pi)^4} \int d^3k \int_{-\infty}^{+\infty} d\omega\, \mathrm{e}^{\mathrm{i}\,(\boldsymbol{k}\,\boldsymbol{r}-\omega\,t)}\, \sigma(\boldsymbol{k},\omega).$$

Für $\sigma(\boldsymbol{k},\omega)$ setzen wir das Ergebnis des Drude–Modells ein. Da dieses nicht von $\boldsymbol{k}$ abhängt, erhalten wir unter Verwendung von

$$\frac{1}{(2\,\pi)^3} \int d^3k\, \mathrm{e}^{\mathrm{i}\,\boldsymbol{k}\,\boldsymbol{r}} = \delta(\boldsymbol{r})$$

zunächst

$$\sigma(\boldsymbol{r},t) = \frac{n\,e^2\,\tau}{m}\,\delta(\boldsymbol{r})\,\frac{1}{2\,\pi} \int_{-\infty}^{+\infty} d\omega\, \frac{\mathrm{e}^{-\mathrm{i}\,\omega\,t}}{1-\mathrm{i}\,\omega\,\tau}.$$

Das verbleibende ω–Integral lösen wir durch Anwendung des Residuensatzes. Wir schreiben

$$\frac{1}{2\,\pi} \int_{-\infty}^{+\infty} d\omega\, \frac{\mathrm{e}^{-\mathrm{i}\,\omega\,t}}{1-\mathrm{i}\,\omega\,\tau} = -\frac{1}{2\,\pi\,\mathrm{i}\,\tau} \int_{-\infty}^{+\infty} d\omega\, \frac{\mathrm{e}^{-\mathrm{i}\,\omega\,t}}{\omega+\mathrm{i}/\tau}.$$

Der Integrand besitzt einen Pol bei $\omega_1 = -\mathrm{i}/\tau$, also in der Halbebene $\mathrm{Im}(\omega) < 0$. Nun ist

$$-\mathrm{i}\,\omega\,t = -\mathrm{i}\,\mathrm{Re}(\omega)\,t + \mathrm{Im}(\omega)\,t.$$

Für $t < 0$ schließen wir den Integrationsweg in der Halbebene $\mathrm{Im}(\omega) > 0$. Da der Integrand dort regulär ist, verschwindet das Integral für $t < 0$. Für $t > 0$ schließen wir den Integrationsweg in der Halbebene $\mathrm{Im}(\omega) < 0$, in der der Pol des Integranden bei $\omega_1 = -\mathrm{i}/\tau$ liegt. Wir beachten, dass der so gebildete geschlossene Integrationsweg das Innere im mathematisch negativen Sinn umläuft, sodass

$$\frac{1}{2\,\pi} \int_{-\infty}^{+\infty} d\omega\, \frac{\mathrm{e}^{-\mathrm{i}\,\omega\,t}}{1-\mathrm{i}\,\omega\,\tau} = -\frac{1}{2\,\pi\,\mathrm{i}\,\tau}\,(-2\,\pi\,\mathrm{i}) \left(\mathrm{Res}\frac{\mathrm{e}^{-\mathrm{i}\,\omega\,t}}{\omega+\mathrm{i}/\tau}\right)_{\omega=-\mathrm{i}/\tau} = \frac{1}{\tau}\,\mathrm{e}^{-t/\tau}.$$

Das Ergebnis für $\sigma(\boldsymbol{r},t)$ lautet somit

$$\sigma(\boldsymbol{r},t) = \begin{cases} \dfrac{n\,e^2}{m}\,\mathrm{e}^{-t/\tau}\,\delta(\boldsymbol{r}) & t \geq 0, \\ 0 & t < 0. \end{cases}$$

Daraus folgt für das Ohmsche Gesetz als Funktion von $\boldsymbol{r}, t$

$$\boldsymbol{j}(\boldsymbol{r},t) = \frac{n\,e^2}{m}\int_{-\infty}^{t} dt'\, \mathrm{e}^{-(t-t')/\tau}\,\boldsymbol{E}(\boldsymbol{r},t').$$

Es ist räumlich lokal, weil im Drude–Modell keine Abhängigkeit von $\boldsymbol{k}$ auftritt. Zeitlich ist es jedoch nicht–lokal, weil im Drude–Modell eine ω–Abhängigkeit auftritt. Der Grenzfall $\tau \to 0$ bedeutet, dass τ kurz im Vergleich zu einer Zeitabhängigkeit in $\boldsymbol{E}(\boldsymbol{r},t)$ ist, z.B. klein im Vergleich zur Periode $T = 2\,\pi/\omega$ eines oszillierenden Feldes, bzw. $\omega\,\tau \ll 1$. Für $\tau \to 0$ wird die Funktion $\exp\,[-(t-t')/\tau]$ immer schärfer bei $t' = t$ lokalisiert. Andererseits ist

$$\int_{-\infty}^{t} dt'\, \mathrm{e}^{-(t-t')/\tau} = \tau.$$

Für $\tau \to 0$ wird also

$$\mathrm{e}^{-(t-t')/\tau} \to \tau\,\delta(t-t')$$

und somit

$$\boldsymbol{j}(\boldsymbol{r},t) = \frac{n\,e^2\,\tau}{m}\,\boldsymbol{E}(\boldsymbol{r},t).$$

In diesem Grenzfall wird das Ohmsche Gesetz also auch zeitlich lokal.

Aufgabe 14.4

(a) Wir schreiben $f(\boldsymbol{r},t)$ für die Komponenten von $\epsilon_0\,\boldsymbol{E}$ bzw. von $\boldsymbol{H}$ und $g(\boldsymbol{r},t)$ für die Komponenten von $\boldsymbol{P}$ bzw. von $\boldsymbol{M}$. Dann hat die gefragte Entwicklung die allgemeine Form

$$\begin{aligned} g(\boldsymbol{r},t) = & \int d^3r_1 \int dt_1\, \chi_1(\boldsymbol{r}-\boldsymbol{r}_1, t-t_1)\, f(\boldsymbol{r}_1,t_1) + \\ & + \int d^3r_1 \int dt_1 \int d^3r_2 \int dt_2\, \chi_2(\boldsymbol{r}-\boldsymbol{r}_1, \boldsymbol{r}-\boldsymbol{r}_2, t-t_1, t-t_2)\cdot \\ & \qquad \cdot f(\boldsymbol{r}_1,t_1)\, f(\boldsymbol{r}_2,t_2) + \\ & + \int d^3r_1 \int dt_1 \int d^3r_2 \int dt_2 \int d^3r_3 \int dt_3 \,\cdot \\ & \qquad \cdot\chi_3(\boldsymbol{r}-\boldsymbol{r}_1, \boldsymbol{r}-\boldsymbol{r}_2, \boldsymbol{r}-\boldsymbol{r}_3, t-t_1, t-t_2, t-t_3)\cdot \\ & \qquad \cdot f(\boldsymbol{r}_1,t_1)\, f(\boldsymbol{r}_2,t_2)\, f(\boldsymbol{r}_3,t_3) + \ldots \end{aligned}$$

Wir verwenden eine verkürzte Schreibweise

$$x \cong \boldsymbol{r}, t, \qquad \int dx \cong \int d^3r \int dt \quad \text{usw,}$$

sodass

$$
\begin{aligned}
g(x) = & \int dx_1\, \chi_1(x-x_1)\, f(x_1) + \\
& + \int dx_1 \int dx_2\, \chi_2(x-x_1, x-x_2)\, f(x_1)\, f(x_2) + \\
& + \int dx_1 \int dx_2 \int dx_3\, \chi_2(x-x_1, x-x_2, x-x_3)\, f(x_1)\, f(x_2)\, f(x_3) + \\
& + \ldots
\end{aligned}
$$

(b) Wir erweitern unsere verkürzte Schreibweise durch

$$\int dx\, \mathrm{e}^{\mathrm{i}\,k\,x} \ldots \cong \int d^3r \int dt\, \mathrm{e}^{\mathrm{i}\,(\boldsymbol{k}\,\boldsymbol{r} - \omega\, t)} \ldots \qquad \text{usw.}$$

und bestimmen zunächst nochmals die Fourier–Transformierte des Terms 1. Ordnung. Unter Verwendung der Nomenklatur des Abschnitts 14.3.2 gehen wir nach dem folgenden Muster vor:

$$
\begin{aligned}
\chi_1(x-x_1) &= \frac{1}{(2\,\pi)^4} \int dk_1\, \mathrm{e}^{\mathrm{i}\,k_1\,(x-x_1)}\, \chi_1(k_1), \\
f(x_1) &= \int dk_1'\, \mathrm{e}^{\mathrm{i}\,k_1'\,x_1}\, f(k_1'), \\
g(x) &= \frac{1}{(2\,\pi)^4} \int dx\, \mathrm{e}^{-\mathrm{i}\,k\,x}\, g(x) \\
&= \int dk_1 \int dk_1'\, \mathrm{e}^{\mathrm{i}\,k_1\,x}\, \chi_1(k_1)\, f(k_1')\, \frac{1}{(2\,\pi)^4} \int dx_1\, \mathrm{e}^{\mathrm{i}\,(k_1'-k_1)\,x_1} \\
&= \int dk_1\, \mathrm{e}^{\mathrm{i}\,k_1\,x}\, \chi_1(k_1)\, f(k_1), \\
g(k) &= \frac{1}{(2\,\pi)^4} \int dx\, \mathrm{e}^{-\mathrm{i}\,k\,x}\, g(x) \\
&= \int dk_1\, \frac{1}{(2\,\pi)^4} \int dx\, \mathrm{e}^{\mathrm{i}\,(k_1-k)\,x}\, \chi_1(k_1)\, f(k_1) \\
&= \chi_1(k)\, f(k).
\end{aligned}
$$

Analog formen wir den Beitrag 2. Ordnung $g_2(x)$ um:

$$\chi_2(x-x_1, x-x_2) = \frac{1}{(2\,\pi)^8} \int dk_1 \int dk_2\, \mathrm{e}^{\mathrm{i}\,k_1\,(x-x_1) + \mathrm{i}\,k_2\,(x-x_2)}\, \chi_2(k_1, k_2),$$

$$f(x_1) = \int dk_1'\, \mathrm{e}^{\mathrm{i}\,k_1'\,x_1}\, f(k_1'), \quad f(x_2) = \int dk_2'\, \mathrm{e}^{\mathrm{i}\,k_2'\,x_2}\, f(k_2'),$$

$$g_2(x) = \int dk_1 \int dk_1' \int dk_2 \int dk_2'\, \mathrm{e}^{\mathrm{i}\,(k_1+k_2)\,x}\, \chi_2(k_1, k_2)\, f(k_1')\, f(k_2') \cdot$$

$$\cdot \frac{1}{(2\,\pi)^8} \int dx_1 \int dx_2\, \mathrm{e}^{\mathrm{i}\,(k_1'-k_1)\,x_1+\mathrm{i}\,(k_2'-k_2)\,x_2}$$

$$= \int dk_1 \int dk_2\, \mathrm{e}^{\mathrm{i}\,(k_1+k_2)\,x}\, \chi_2(k_1,k_2)\, f(k_1)\, f(k_2),$$

$$g_2(k) = \frac{1}{(2\,\pi)^4} \int dx\, \mathrm{e}^{-\mathrm{i}\,k\,x}\, g(x)$$

$$= \int dk_1 \int dk_2\, \chi_2(k_1,k_2)\, f(k_1)\, f(k_2)\, \frac{1}{(2\,\pi)^4} \int dx\, \mathrm{e}^{\mathrm{i}\,(k_1+k_2-k)\,x}$$

$$= \int dk_1\, \chi_2(k_1, k-k_1)\, f(k_1)\, f(k-k_1),$$

in ausführlicher Schreibweise

$$g_2(\boldsymbol{k},\omega) = \int d^3k_1 \int d\omega_1\, \chi_2(\boldsymbol{k}_1, \boldsymbol{k}-\boldsymbol{k}_1, \omega_1\,\omega-\omega_1)\, f(\boldsymbol{k}_1,\omega_1)\, f(\boldsymbol{k}-\boldsymbol{k}_1, \omega-\omega_1).$$

Man kann das Ergebnis so beschreiben, dass auf der rechten Seite alle möglichen Kombinationen von Wellenzahlen und Frequenzen auftreten, für die die "Erhaltungssätze" $\boldsymbol{k}_1 + \boldsymbol{k}_2 = \boldsymbol{k}$ und $\omega_1 + \omega_2 = \omega$ gelten. Diese "Erhaltungssätze" sind offenbar Konsequenzen der angenommenen räumlichen und zeitlichen Homogenität des Materials. Analog folgt für den Beitrag 3. Ordnung

$$g_3(k) = \int dk_1 \int dk_2\, \chi_3(k_1, k_2, k-k_1-k_2)\, f(k_1)\, f(k_2)\, f(k-k_1-k_2).$$

(c) Wenn das eingestrahlte Feld die scharfe Frequenz ω_0 besitzt,

$$f(\boldsymbol{k},\omega) \propto \delta(\omega-\omega_0),$$

dann folgt

$$g_2(\boldsymbol{k},\omega) \propto \int d\omega_1\, \delta(\omega_1-\omega_0)\delta(\omega-\omega_1-\omega_0) \propto \delta(\omega - 2\,\omega_0).$$

(d) $\boldsymbol{E}$ und $\boldsymbol{P}$ sowie $\boldsymbol{H}$ und $\boldsymbol{M}$ haben jeweils das gleiche Verhalten unter P, nämlich

$$P\,(\boldsymbol{E},\boldsymbol{P}) = -(\boldsymbol{E},\boldsymbol{P}), \qquad P\,(\boldsymbol{H},\boldsymbol{M}) = +(\boldsymbol{H},\boldsymbol{M}).$$

Deshalb können die Beiträge 2. Ordnung in der funktionalen Entwicklung von $\boldsymbol{P}$ nach $\boldsymbol{E}$ in Materialien mit einem Inversions–Zentrum nicht auftreten. Dieses Verhalten begründet die Bedeutung der Beiträge 3. Ordnung.

E.15 Zu Kapitel 15: Quasistationäre Felder

E.15.1 Aufgaben

Aufgabe 15.1

Zwei kreisförmige Leiterschleifen mit demselben Radius R sind parallel zueinander im Abstand a so angeordnet, dass ihre Symmetrie–Achsen (Geraden durch den Kreismittelpunkt senkrecht zur Ebene der Schleife) zusammenfallen. Formulieren Sie den Ausdruck für die Gegeninduktivität zwischen den beiden Schleifen und reduzieren Sie ihn bis auf eine Quadratur (Integration). Versuchen Sie Näherungsmethoden für große und kleine Abstände der beiden Leiterschleifen.

Aufgabe 15.2

An den beiden Kreisen in der Abbildung E.14 liegt je eine äußere Wechselspannung U mit der Frequenz ω an. Welche Amplitude und Phase hat jeweils die Spannung U_1 über dem Ohmschen (Belastungs–)Widerstand R? Skizzieren Sie das Verhältnis $|U_1/U|$ als Funktion der Frequenz. Welche Funktion kann man den beiden Kreisen bezüglich ihres Frequenz–Verhalten zuordnen?

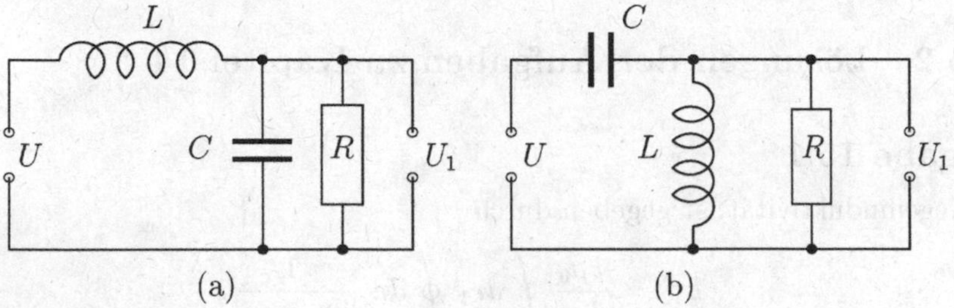

Abbildung E.14: Schaltkreise

Aufgabe 15.3

An einem Stromkreis mit der Impedanz $Z(\omega)$ liegt eine zeitabhängige äußere Spannung $U(t)$ an. Zeigen Sie, dass sich der Strom $I(t)$ in dem Kreis durch eine Greensche Funktion darstellen lässt:

$$I(t) = \int_{-\infty}^{t} dt'\, G(t-t')\, U(t').$$

Wie ist die Greensche Funktion $G(t-t')$ aus $Z(\omega)$ zu bestimmen? Welche allgemeine Eigenschaft muss $Z(\omega)$ besitzen, damit $G(t-t')$ kausal ist, also $G(t-t') = 0$ für $t - t' < 0$?

Führen Sie die Berechnung von $G(t-t')$ für die beiden Stromkreise in der Abbildung 15.3 im Text (Abschnitt 15.5.1) durch und rechnen Sie den dort betrachteten Einschalt–Vorgang mit $U(t) = U_0\,\Theta(t)$ unter Verwendung der Greenschen Funktion nach.

Hinweis: Aus Konvergenz–Gründen ist

$$\int_{-\infty}^{+\infty} d\omega\, \frac{\omega\, e^{i\omega t}}{\omega - \omega_1} = \int_{-\infty}^{+\infty} d\omega\, \frac{(\omega - \omega_1 + \omega_1)\, e^{i\omega t}}{\omega - \omega_1} =$$
$$= 2\,\pi\,\delta(t) + \omega_1 \int_{-\infty}^{+\infty} d\omega\, \frac{e^{i\omega t}}{\omega - \omega_1}$$

zu berechnen.

Aufgabe 15.4

An den Stromkreis im Teil (a) der Abbildung 15.8 im Abschnitt 15.5.3 (R, L, C in Serie) wird eine äußere Spannung $U(t)$ angelegt. Wie verhält sich der Strom $I(t)$ als Funktion der Zeit, wenn die Spannung $U(t)$ zum Zeitpunkt $t = 0$ auf einen konstanten Wert U_0 eingeschaltet wird, also $U(t) = U_0\,\Theta(t)$? Es sei $I(t) = 0$ für $t < 0$.

E.15.2 Lösungen der Aufgaben zu Kapitel 14

Aufgabe 15.1

Die Gegeninduktivität ist gegeben durch

$$L_{12} = \frac{\mu\,\mu_0}{4\,\pi} \oint_{L_1} d\boldsymbol{r}_1 \oint_{L_2} d\boldsymbol{r}_2\, \frac{1}{|\boldsymbol{r}_1 - \boldsymbol{r}_2|}.$$

Wir wählen ein Koordinatensystem mit der z–Achse längs der Symmetrie–Achse der beiden kreisförmigen Schleifen und dem Ursprung in der Mitte zwischen den beiden Kreismittelpunkten. Die Ortsvektoren $\boldsymbol{r}_1, \boldsymbol{r}_2$ der Punkte auf den beiden Schleifen L_1, L_2 parametrisieren wir durch die jeweiligen Winkel ϕ_1, ϕ_2:

$$\begin{aligned}
\boldsymbol{r}_1 &= R\Big(\cos\phi_1\,\boldsymbol{e}_x + \sin\phi_1\,\boldsymbol{e}_y\Big) + \frac{a}{2}\,\boldsymbol{e}_z, \\
\boldsymbol{r}_2 &= R\Big(\cos\phi_2\,\boldsymbol{e}_x + \sin\phi_2\,\boldsymbol{e}_y\Big) - \frac{a}{2}\,\boldsymbol{e}_z, \\
d\boldsymbol{r}_1 &= R\Big(-\sin\phi_1\,\boldsymbol{e}_x + \cos\phi_1\,\boldsymbol{e}_y\Big)\, d\phi_1 \\
d\boldsymbol{r}_2 &= R\Big(-\sin\phi_2\,\boldsymbol{e}_x + \cos\phi_2\,\boldsymbol{e}_y\Big)\, d\phi_2,
\end{aligned}$$

$$
\begin{aligned}
|\boldsymbol{r}_1 - \boldsymbol{r}_2| &= \sqrt{R^2 \left[(\cos\phi_1 - \cos\phi_2)^2 + (\sin\phi_1 - \sin\phi_2)^2\right] + a^2} = \\
&= \sqrt{2\,R^2 \left[1 - \cos(\phi_1 - \phi_2)\right] + a^2}, \\
d\boldsymbol{r}_1\, d\boldsymbol{r}_2 &= R^2 \Big(\sin\phi_1 \sin\phi_2 + \cos\phi_1 \cos\phi_2 \Big)\, d\phi_1\, d\phi_2 = \\
&= R^2 \cos(\phi_1 - \phi_2)\, d\phi_1\, d\phi_2,
\end{aligned}
$$

eingesetzt in den obigen Ausdruck für L_{12}:

$$
L_{12} = \frac{\mu\,\mu_0}{4\,\pi} R^2 \int_{-\pi}^{+\pi} d\phi_1 \int_{-\pi}^{+\pi} d\phi_2 \, \frac{\cos(\phi_1 - \phi_2)}{\sqrt{2\,R^2 \left[1 - \cos(\phi_1 - \phi_2)\right] + a^2}}.
$$

Bei der Ausführung der ϕ_1–Integration substituieren wir $\phi = \phi_1 - \phi_2$. Mit der Schreibweise $f(\phi_1 - \phi_2)$ für den Integranden wird

$$
\int_{-\pi}^{+\pi} d\phi_1\, f(\phi_1 - \phi_2) = \int_{-\pi-\phi_2}^{+\pi-\phi_2} d\phi\, f(\phi) = \int_{-\pi}^{+\pi} d\phi\, f(\phi),
$$

worin wir im letzten Schritt die Periodizität $f(\phi \pm 2\,\pi) = f(\phi)$ des Integranden verwendet haben. Nach der Ausführung der ϕ_1–Integration ist das Ergebnis unabhängig von ϕ_2. Darin drückt sich die Rotations–Invarianz bezüglich des Winkels ϕ aus. Damit vereinfacht sich der Ausdruck für L_{12} zu

$$
\begin{aligned}
L_{12} = \frac{1}{2}\, \mu\, \mu_0\, R^2 \int_{-\pi}^{+\pi} d\phi \, \frac{\cos\phi}{\sqrt{2\,R^2 \left[1 - \cos\phi\right] + a^2}} &= \\
= \mu\,\mu_0\, R^2 \int_0^{+\pi} d\phi \, \frac{\cos\phi}{\sqrt{4\,R^2 \sin^2(\phi/2) + a^2}}&.
\end{aligned}
$$

Wir schreiben dieses Ergebnis in der Form

$$
L_{12} = \frac{1}{2}\, \mu\, \mu_0\, R\, F\Big(\frac{a}{2\,R}\Big), \qquad F(x) := \int_0^{\pi} d\phi \, \frac{\cos\phi}{\sqrt{\sin^2(\phi/2) + x^2}}.
$$

Das verbleibende Integral ist nicht elementar lösbar. Für *große Abstände* der beiden Leiterschleifen im Sinne von $a \gg 2\,R$ bzw. $x \gg 1$ können wir nach $1/x$ entwickeln:

$$
\begin{aligned}
F(x) &= \frac{1}{x} \int_0^{\pi} d\phi \, \frac{\cos\phi}{\sqrt{1 + \left(\dfrac{1}{x} \sin\dfrac{\phi}{2}\right)^2}} \\
&= \sum_{k=0}^{\infty} \binom{-1/2}{k} x^{-2\,k-1} \int_0^{\pi} d\phi\, \cos\phi\, \sin^{2\,k} \frac{\phi}{2}.
\end{aligned}
$$

Der Summand niedrigster Ordnung $k = 0$ verschwindet, weil

$$\int_0^\pi d\phi \, \cos\phi = 0.$$

Der Summand für $k = 1$ ergibt

$$\int_0^\pi d\phi \, \cos\phi \, \sin^2\frac{\phi}{2} = -\frac{\pi}{4}, \qquad \binom{-1/2}{1} = -\frac{1}{2}, \qquad F(x) = \frac{\pi}{8\,x^3} + \dots,$$

d.h., für große Abstände verhält sich

$$L_{12} \approx \frac{\pi}{16}\,\mu\,\mu_0\,\frac{R^4}{a^3}.$$

Für *kleine Abstände* im Sinne von $a \ll 2\,R$ bzw. $x \ll 1$ stellen wir zunächst fest, dass

$$x \to 0: \qquad \int_0^\pi d\phi \, \frac{\cos\phi}{\sqrt{\sin^2(\phi/2) + x^2}} \to \infty$$

wegen der nicht–integrablen Singularität bei $\phi = 0$. Allerdings tragen hier nur sehr kleine Werte von ϕ zum wesentlichen Teil des Integrals bei, sodass wir jetzt $\cos\phi \approx 1$ und $\sin(\phi/2) \approx \phi/2$ annähern können. Damit wird

$$F(x) \approx \int_0^\pi d\phi \, \frac{1}{\sqrt{\phi^2/4 + x^2}}.$$

Wir substituieren $\phi = 2\,x \sinh u$ und erhalten nach einer elementaren Rechnung

$$F(x) \approx 2\,\mathrm{Ar}\sinh\left(\frac{\pi}{2\,x}\right) \approx 2\,\ln\frac{\pi}{x}, \qquad L_{12} \approx \mu\,\mu_0\,R\,\ln\frac{2\,\pi\,R}{a}.$$

L_{12} divergiert also logarithmisch mit $a \to 0$. Die Abbildung E.15 zeigt ein numerisches Ergebnis für $F(a/(2\,R))$.

Aufgabe 15.2

Für beide Schaltkreise sei $U = U_0 \exp(\mathrm{i}\,\omega\,t)$.

(a) Die Gesamt–Impedanz lautet

$$Z(\omega) = \mathrm{i}\,\omega\,L + Z_{CR}(\omega), \qquad Z_{CR}(\omega) = \frac{1}{\mathrm{i}\,\omega\,C + 1/R},$$

sodass der Strom I durch den Kreis (also z.B. durch L) gegeben ist als

$$I = I_0\,\mathrm{e}^{\mathrm{i}\,\omega\,t}, \qquad I_0 = \frac{U_0}{Z(\omega)}.$$

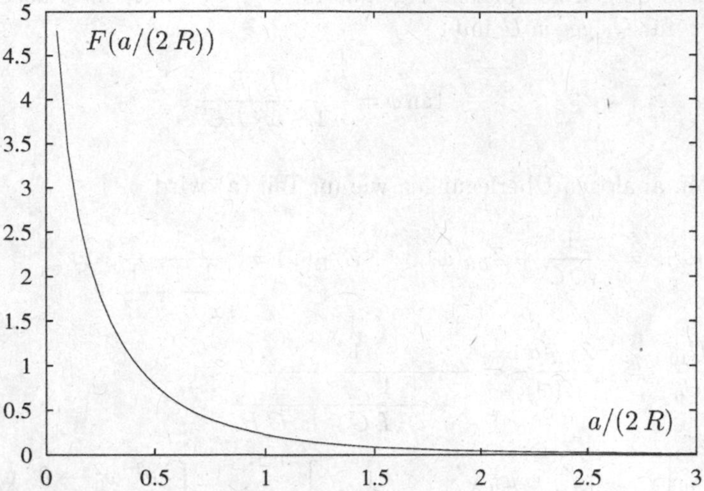

Abbildung E.15: $F(a/(2\,R))$ aus einer numerischen Berechnung

Die gesuchte Spannung $U_1 = U_{10}\exp(\mathrm{i}\,\omega\,t)$ fällt an der Impedanz $Z_{CR}(\omega)$ ab. Somit ist

$$U_{10} = Z_{CR}(\omega)\,I_0, \quad \frac{U_{10}}{U_0} = \frac{Z_{CR}(\omega)}{Z(\omega)}.$$

Einsetzen der obigen Werte für $Z(\omega)$ und $Z_{CR}(\omega)$ führt auf

$$\frac{U_{10}}{U_0} = \frac{1}{1-\omega^2\,L\,C + \mathrm{i}\,\omega\,L/R}.$$

Unter Verwendung der Resonanz–Frequenz $\omega_0^2 := 1/(L\,C)$ für das $L-C$–Glied wird

$$\left|\frac{U_{10}}{U_0}\right| = \left[\left(1-\frac{\omega^2}{\omega_0^2}\right)^2 + \frac{\omega^2\,L^2}{R^2}\right]^{-1/2} \longrightarrow \begin{cases} 1 & \omega \to 0, \\ \omega_0^2/\omega^2 \to 0 & \omega \to \infty. \end{cases}$$

$|U_{10}/U_0| = |U_1/U|$ ist für drei Werte von R in der Abbildung E.16 (a) als Funktion von ω aufgetragen. Wie man in einer einfachen Rechnung bestätigt besitzt sie ein Maximum bei

$$\omega_1 = \omega_0\sqrt{1-\frac{\omega_0^2\,L^2}{2\,R^2}} \qquad \text{für} \qquad \frac{\omega_0^2\,L^2}{2\,R^2} \leq 1.$$

Aus dem obigen komplexen Ergebnis für U_{10}/U_0 folgt eine Phasen–Verschiebung ϕ für U_1 gegen U mit

$$\tan\phi = -\frac{\omega\,L/R}{1-\omega^2\,L\,C}.$$

(b) Mit den analogen Überlegungen wie im Teil (a) wird

$$Z(\omega) = \frac{1}{\mathrm{i}\,\omega\,C} + Z_{LR}(\omega), \qquad Z_{LR}(\omega) = \frac{1}{\dfrac{1}{\mathrm{i}\,\omega\,L} + \dfrac{1}{R}},$$

$$\frac{U_{10}}{U_0} = \frac{Z_{LR}(\omega)}{Z(\omega)} = \frac{1}{1 - \dfrac{1}{\omega^2\,L\,C} - \dfrac{\mathrm{i}}{\omega\,C\,R}},$$

$$\left|\frac{U_{10}}{U_0}\right| = \left[\left(1-\frac{\omega_0^2}{\omega^2}\right)^2 + \frac{1}{\omega^2\,C^2\,R^2}\right]^{-1/2} \longrightarrow \begin{cases} \omega^2/\omega_0^2 \to 0 & \omega \to 0, \\ 1 & \omega \to \infty. \end{cases}$$

worin wieder $\omega_0^2 := 1/(L\,C)$. $|U_{10}/U_0| = |U_1/U|$ ist für drei Werte von R in der Abbildung E.16 (b) als Funktion von ω aufgetragen. Ein Maximum liegt hier bei

$$\omega_1 = \frac{1}{\sqrt{1-\dfrac{1}{2\,\omega_0^2\,C^2\,R^2}}} \qquad \text{für} \qquad \frac{1}{2\,\omega_0^2\,C^2\,R^2} \le 1.$$

Der Phasenwinkel ϕ von U_1 gegen U ist gegeben durch

$$\tan\phi = \frac{1/(\omega\,C\,R)}{1-1/(\omega^2\,C\,L)}.$$

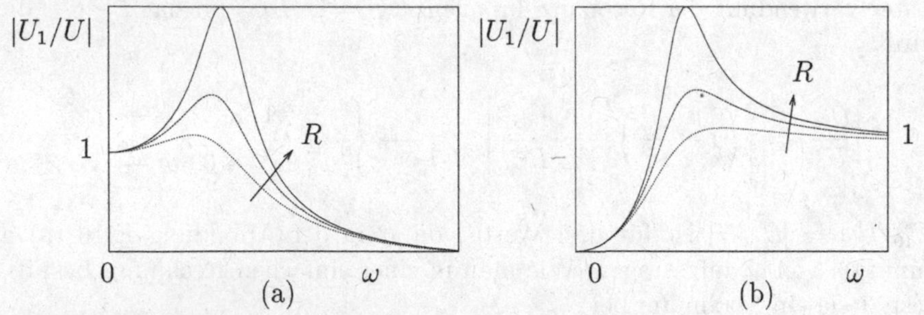

Abbildung E.16: $|U_1/U|$ als Funktion der Frequenz für die beiden Stromkreise (a) und (b) in Abbildung E.14. Pfeilrichtung: Zunehmender Wert für R als Parameter.

Die Auftragung von $|U_1/U|$ in der Abbildung E.16 zeigt, dass der Schaltkreis im Teil (a) tiefe Frequenzen $\omega \ll \omega_0$ passieren lässt und hohe Frequenzen $\omega \gg \omega_0$ unterdrückt: Es handelt sich um einen *Tiefpass–Filter*. Umgekehrt wirkt der Schaltkreis im Teil (b) als *Hochpass–Filter*. Die Filter–Wirkung ist in den beiden Fällen um so stärker ausgeprägt, je kleiner der Außen–Widerstand R ist, d.h., je höher die Belastung ist. Bei großen Werten von R haben die Filterkurven $|U_1/U|$ noch das ausgeprägte Maximum bei $\omega = \omega_1$.

Aufgabe 15.3

Wir stellen $U(t)$ und $I(t)$ durch ihre Fourier–Transformierten dar,

$$U(t) = \int_{-\infty}^{+\infty} d\omega\, \mathrm{e}^{\mathrm{i}\,\omega\, t}\, \widetilde{U}(\omega), \qquad I(t) = \int_{-\infty}^{+\infty} d\omega\, \mathrm{e}^{\mathrm{i}\,\omega\, t}\, \widetilde{I}(\omega),$$

worin $\widetilde{I}(\omega) = \widetilde{U}(\omega)/Z(\omega)$. Unter Verwendung der Umkehrformel

$$\widetilde{U}(\omega) = \frac{1}{2\,\pi} \int_{-\infty}^{+\infty} dt'\, \mathrm{e}^{-\mathrm{i}\,\omega\, t'}\, U(t')$$

berechnen wir

$$\begin{aligned} I(t) &= \int_{-\infty}^{+\infty} d\omega\, \mathrm{e}^{\mathrm{i}\,\omega\, t}\, \frac{\widetilde{U}(\omega)}{Z(\omega)} = \int_{-\infty}^{+\infty} dt'\, G(t-t')\, U(t'), \\ G(t-t') &= \frac{1}{2\,\pi} \int_{-\infty}^{+\infty} d\omega\, \frac{\mathrm{e}^{\mathrm{i}\,\omega\,(t-t')}}{Z(\omega)}. \end{aligned}$$

Das ω–Integral in dem Ausdruck für $G(t-t')$ werden wir mit dem Residuensatz berechnen. Dabei ist zu beachten, dass wegen

$$\mathrm{i}\,\omega\,(t-t') = \mathrm{i}\,\mathrm{Re}(\omega)\,(t-t') - \mathrm{Im}(\omega)\,(t-t')$$

der ω–Integrationsweg für $t - t' < 0$ in der unteren komplexen ω–Halbebene zu schließen ist. Die Greensche Funktion ist demnach kausal, wenn $Z(\omega) = 0$ keine Lösungen mit $\mathrm{Im}(\omega) < 0$ besitzt.

Für den $R-L$–Kreis im Teil (a) der Abbildung 15.3 ist

$$Z(\omega) = R + \mathrm{i}\,\omega\, L = \mathrm{i}\, L\,(\omega - \omega_1)\,, \qquad \omega_1 = \mathrm{i}\, R/L, \quad \mathrm{Im}(\omega_1) > 0.$$

Der Residuensatz liefert hier für $t - t' \geq 0$

$$G(t-t') = \frac{1}{L}\, \frac{1}{2\,\pi\,\mathrm{i}} \int_{-\infty}^{+\infty} d\omega\, \frac{\mathrm{e}^{\mathrm{i}\,\omega\,(t-t')}}{\omega - \omega_1} = \frac{1}{L}\, \exp\left[-\frac{R}{L}\,(t-t')\right],$$

und für den Einschalt–Vorgang für $t \geq 0$

$$\begin{aligned} I(t) &= \int_{-\infty}^{t} dt'\, G(t-t')\, U_0\, \Theta(t') = \frac{U_0}{L} \exp\left(-\frac{R}{L}\, t\right) \int_0^t dt' \exp\left(\frac{R}{L}\, t'\right) = \\ &= \frac{U_0}{R} \left[1 - \exp\left(-\frac{R}{L}\, t\right)\right] \end{aligned}$$

in Übereinstimmung mit dem Ergebnis im Abschnitt 15.5.1. Für den $R-C$–Kreis im Teil (b) der Abbildung 15.3 ist

$$Z(\omega) = R + \frac{1}{\mathrm{i}\,\omega\, C} = \frac{R}{\omega}\,(\omega - \omega_1)\,, \qquad \omega_1 = \frac{\mathrm{i}}{C\,R}, \quad \mathrm{Im}(\omega_1) > 0.$$

Der Residuensatz liefert hier für $t - t' \geq 0$ und unter Beachtung des Hinweises in der Aufgaben–Stellung

$$\begin{aligned} G(t-t') &= \frac{1}{R}\,\frac{1}{2\pi} \int_{-\infty}^{+\infty} d\omega\, \frac{\omega\, \mathrm{e}^{\mathrm{i}\,\omega\,(t-t')}}{\omega - \omega_1} \\ &= \frac{1}{R} \left[\delta(t-t') - \frac{1}{C\,R}\,\frac{1}{2\pi\,\mathrm{i}} \int_{-\infty}^{+\infty} d\omega\, \frac{\mathrm{e}^{\mathrm{i}\,\omega\,(t-t')}}{\omega - \omega_1}\right] \\ &= \frac{1}{R} \left[\delta(t-t') - \frac{1}{C\,R} \exp\left(-\frac{t-t'}{C\,R}\right)\right] \end{aligned}$$

Für den Einschalt–Vorgang erhalten wir jetzt für $t \geq 0$

$$\begin{aligned} I(t) &= \frac{U_0}{R} \int_0^t dt'\, \delta(t-t') - \frac{U_0}{C\,R^2} \int_0^t dt' \exp\left(-\frac{t-t'}{C\,R}\right) \\ &= \frac{U_0}{R} - \frac{U_0}{R} \left[1 - \exp\left(-\frac{t}{C\,R}\right)\right] = \frac{U_0}{R} \exp\left(-\frac{t}{C\,R}\right) \end{aligned}$$

wiederum in Übereinstimmung mit dem Ergebnis im Abschnitt 15.5.1.

Aufgabe 15.4

Die zu lösende Differential–Gleichung lautet hier

$$L\,\frac{dI}{dt} + R\,I + \frac{Q}{C} = U(t) = U_0\,\Theta(t),$$

nach nochmaliger Differentiation (mit $dQ/dt = I$)

$$L\,\frac{d^2 I}{dt^2} + R\,\frac{dI}{dt} + \frac{1}{C}\,I = U_0\,\delta(t),$$

worin $d\Theta(t)/dt = \delta(t)$ =Delta–Funktion ist. Die rechte Seite ist nur für $t = 0$ von Null verschieden. Wir lösen deshalb

$$L\,\frac{d^2 I}{dt^2} + R\,\frac{dI}{dt} + \frac{1}{C}\,I = 0$$

für $t \neq 0$ und schließen die Lösungen für $t < 0$ und $t > 0$ aneinander an. Für $t < 0$ soll als Lösung voraussetzungsgemäß $I(t) = 0$ gewählt werden. Wir machen den Standard–Ansatz $I(t)$ =exp$(\lambda\, t)$ und finden nach Einsetzen in die Differential–Gleichung für λ die quadratische Gleichung

$$\lambda^2 + \frac{R}{L}\,\lambda + \frac{1}{L\,C} = 0$$

mit den beiden Lösungen

$$\lambda_{1,2} \;=\; -\frac{R}{2\,L} \pm \sqrt{\left(\frac{R}{2\,L}\right)^2 - \frac{1}{L\,C}} = \pm \mathrm{i}\,\Omega - \gamma,$$

$$\Omega = \sqrt{\omega_0^2 - \gamma^2}, \qquad \omega_0 = \frac{1}{\sqrt{L\,C}}, \qquad \gamma = \frac{R}{2\,L}.$$

Wir betrachten hier den Fall "sschwacher Dämpfung" $\gamma < \omega_0$, analog lässt sich $\gamma \geq \omega_0$ behandeln. Die allgemeine komplexe Lösung lautet

$$I(t) = \mathrm{e}^{-\gamma\, t}\left(I_1\, \mathrm{e}^{\mathrm{i}\,\Omega\, t} + I_2\, \mathrm{e}^{-\mathrm{i}\,\Omega\, t}\right)$$

mit im Allgemeinen komplexen Faktoren I_1, I_2. Daraus bilden wir die allgemeine reelle Lösung

$$I(t) = A\,\mathrm{e}^{-\gamma\, t}\,\cos\left(\Omega\, t + \alpha\right)$$

mit zunächst beliebigem Amplituden–Faktor A und beliebiger Phase α. Deren Werte werden nun durch die Anschluss–Bedingung an $I(t) = 0$ für $t < 0$ festgelegt. Der Strom $I(t)$ muss für $t = 0$ stetig sein, weil dI/dt an L existieren muss. Daraus folgt $I(0) = A\,\cos\alpha = 0$. Wir wählen $\alpha = -\pi/2$. Das führt auf

$$I(t) = A\,\mathrm{e}^{-\gamma\, t}\,\sin\Omega\, t.$$

Zur Bestimmung von A integrieren wir die Differential–Gleichung (mit der δ–Funktion auf der rechten Seite) über die Zeit t von $t = -\tau$ bis $t = +\tau$ $(\tau > 0)$.

$$L\,\left[\frac{dI}{dt}\right]_{-\tau}^{+\tau} + R\left[I(+\tau) - I(-\tau)\right] + \frac{1}{C}\int_{-\tau}^{+\tau} dt\, I(t) = U_0 \int_{-\tau}^{+\tau} dt\,\delta(t) = U_0.$$

Jetzt führen wir $\tau \to +0$ aus. Wegen $I(t) = 0$ (und damit auch $dI/dt = 0$) für $t < 0$ und wegen der Stetigkeit von $I(t)$ für alle t erhalten wir

$$\lim_{\tau \to +0} \frac{dI(t)}{dt} = \frac{U_0}{L}.$$

Nun folgt aus der obigen Lösung

$$\frac{dI(t)}{dt} = \Omega\, A\, \mathrm{e}^{-\gamma t} \cos \Omega\, t - \gamma\, A\, \mathrm{e}^{-\gamma t} \sin \Omega\, t, \qquad \lim_{\tau \to +0} \frac{dI(t)}{dt} = \Omega\, A.$$

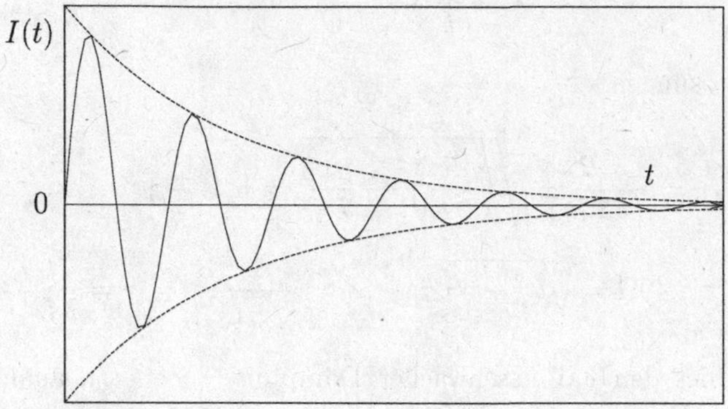

Abbildung E.17: Einschalt–Vorgang in einem Kreis mit L, C, R in Serie.

Somit ist $A = U_0/(\Omega\, L)$ zu wählen, und der Stromverlauf ist durch

$$I(t) = \frac{U_0}{\Omega\, L}\, \mathrm{e}^{-\gamma t} \sin \Omega\, t$$

gegeben. Dieses ist eine exponentiell abklingende Schwingung, die bei $I(0) = 0$ beginnt, vgl. Abbildung E.17.

Index